引调水工程物理探测与检测技术应用研究

刘康和　王志豪　雷　杰
刘栋臣　王　杰　刘庆国　段　伟　编著

黄河水利出版社
·郑州·

内容提要

本书系统介绍了引调水工程前期勘察中所采用的物理探测方法、技术特点以及引调水工程质量无损检测技术与方法。全书共分5章。第1章主要介绍了引调水工程发展历程、功能分类、主要建筑物等,并结合主要建筑类型详细说明了不同建筑物存在的主要工程地质问题;第2章主要介绍了引调水工程勘察的工程地质基础、勘察对象地质特征以及物理探测方法综述等;第3章主要针对引调水工程勘察中的物理探测方法和技术进行了详细的总结和分析,并就其基本原理、外业工作方法及成果解释等作了详细介绍;第4章结合引调水工程建设中或完成后的质量特征,详细介绍了无损检测方法的应用条件、现场测试技术以及成果分析等,并就有关工程质量无损检测问题进行了有益的探讨;第5章给出了引调水工程物理探测的工程实践和质量无损检测实例。

本书内容丰富,资料翔实,实用性强,可供从事水利、电力、铁路、公路、矿山开采等工程领域的勘测设计人员使用,也可供大专院校相关专业师生学习参考。

图书在版编目(CIP)数据

引调水工程物理探测与检测技术应用研究/刘康和等编著.—郑州:黄河水利出版社,2016.6

ISBN 978-7-5509-1350-9

Ⅰ.①引… Ⅱ.①刘… Ⅲ.①引水-水利工程-地球物理勘探-研究 ②调水工程-地球物理勘探-研究 ③引水-水利工程-水利工程测量-研究 ④调水工程-水利工程测量-研究 Ⅳ.①TV698.1 ②TV221

中国版本图书馆CIP数据核字(2016)第024372号

组稿编辑:王路平　电话:0371-66022212　E-mail:hhslwlp@126.com

出 版 社:黄河水利出版社

地址:河南省郑州市顺河路黄委会综合楼14层　邮政编码:450003

发行单位:黄河水利出版社

发行部电话:0371-66026940、66020550、66028024、66022620(传真)

E-mail:hhslcbs@126.com

承印单位:郑州龙洋印务有限公司

开本:787 mm×1 092 mm　1/16

印张:29.5

字数:680千字　印数:1—1 000

版次:2016年6月第1版　印次:2016年6月第1次印刷

定价:86.00元

前 言

水资源是人类赖以生存的自然资源之一,自古以来河流两侧是人类最重要的繁衍生息之地。但随着人口的增长和现代工业的发展,对水资源的需求量也越来越大,加之水资源的分布极不均衡(体现在地域上和季节上),已给工农业生产和人民生活造成很大困难,成为影响国民经济发展提高的主要因素之一。所以,合理开发和利用水资源就显得尤为重要,不论是农业灌溉用水、城乡人畜饮用水,还是经济建设工业用水,都需要人为地调控才能达到水资源的最佳利用,而水利基础建设为水资源调控提供了便利条件。

引调水工程是人类开发、利用水资源的重要手段,是将水从某一流域向其他流域或区域输送,从而实现水资源合理调配和开发利用的工程措施,以此达到解决城市、工业缺水问题以及城乡饮水安全的重要途径。

从目前已建引调水工程运营情况来看,通过引调水工程优化了局部地区的水资源配置,缓解了我国区域水资源时空分布不均和区域缺水问题,取得了显著的经济效益、社会效益和环境效益。引调水工程是一项系统而复杂的工程,在以往的工程勘测设计和建设中,取得了一些成功的经验。

近年来,大规模的节水供水工程开始实施,建设规模越来越大,技术条件更加复杂,因此必须全面、科学论证,审慎决策。为适应当前引调水工程实际需要,及时总结引调水工程物理探测及无损检测经验,本书在总结和分析前人工作和研究成果的基础上编纂而成,期望对从事本专业的技术人员有所裨益,以飨读者。

物理探测技术是地质科学中一门新兴的、十分活跃、发展很快的学科,又是工程勘察的重要方法之一,在某种程度上讲,它的应用与发展已成为衡量地质勘察现代化水平的重要标志。

应用物理探测技术对引调水线路的工程地质条件进行分析和论证,具有快速、经济、全面等优点,在地表地质测绘的配合下可以取得引调水沿线的工程地质特征,为引调水工程的勘测设计提供可靠的科学依据。

引调水工程质量检测是随着工程建设的发展需要应运而生的,它是测试技术在施工阶段的具体应用。它的应用既可进行施工质量监督检查,又能促进施工动态设计管理,而且是安全施工的重要保证。

本书由中水北方勘测设计研究有限责任公司(简称中水北方公司)和宁夏水务投资集团有限公司(简称宁夏水投公司)共同合作完成。全书共分5章,具体分工为:第1章由中水北方公司刘康和教授级高工编写;第2章2.1节~2.4节由中水北方公司王志豪高级工程师编写;第2章2.5节、2.6节和第3章3.1节由中水北方公司刘栋臣工程师、王杰工程师编写;第3章3.2节、3.3节由中水北方公司王杰工程师、刘庆国工程师编写;第3章3.4节~3.6节和第4章由中水北方公司段伟高级工程师编写;第5章由宁夏水投公司雷杰高级工程师、中水北方公司刘庆国工程师编写。全书由中水北方勘测设计研究有限责任公司刘康和教授级高工负责统稿。

在本书编撰过程中,得到了中水北方勘测设计研究有限责任公司勘察院领导和专家的大力支持与帮助,同时书中参考和引用了前人大量的技术资料和成果,虽参考文献中已列出,但难免遗漏。中水北方勘测设计研究有限责任公司宋子玺先生审阅了部分章节,中水北方勘测设计研究有限责任公司童广秀高级工程师为本书绘制了部分图件,在此一并表示衷心的感谢!

由于编著者水平有限,书中难免存在疏漏之处,欢迎读者批评指正。

刘康和

2015 年 8 月于天津

目 录

第 1 章　概　论

1.1　引调水工程发展概况

河川径流是人类最早利用的水资源,也是上、中、下游地区重新分配水资源的必由之路,但是随着社会经济的发展,仅凭流域内调水已难以满足经济发达地区的用水需求。而且河川径流的绝大部分淡水资源分布在人口稀少甚至人迹罕至的地区,而一些人口密集的地区,淡水资源严重短缺,严重制约着当地经济社会的发展。如何正确开发利用水资源,是摆在人类面前的一大问题。因此,为解决水资源短缺问题,世界上很多国家都对跨流域调水产生了浓厚的兴趣,修建了很多工程,来解决水资源时空分布不均的问题。于是,跨流域调水工程便应运而生了。

调水工程是人类开发、利用水资源的重要手段,是将水从某一流域向其他流域或区域输送,从而实现水资源合理调配和开发利用的工程措施。

1.1.1　国外引调水工程概况

国外最早的跨流域调水工程可追溯到公元前 2400 年前的古埃及,从尼罗河引水灌溉至埃塞俄比亚高原南部,在一定程度上促进了埃及文明的发展与繁荣。据有关资料统计,国外已有 39 个国家建成了 345 项调水工程(不包括干渠长度 20 km 以下、年调水量 1 000 万m^3 以下的小型引水工程),调水量约 6 000 亿 m^3,主要集中在加拿大、印度、巴基斯坦、美国、法国、澳大利亚、罗马尼亚、德国、伊拉克、西班牙、秘鲁和苏联等国家(见表 1-1),占世界总调水量的 80% 以上。下面简要介绍几项著名的跨流域调水工程。

1.1.1.1　美国加利福尼亚州北水南调工程

1. 必要性及可行性

加利福尼亚州(简称加州)位于美国西海岸,北部气候湿润多雨,萨克拉门托河水系水量丰沛。南部气候干燥,地势平坦,光热条件好,是美国著名的阳光地带,那里生活着该州 2/3 的人口,水源却与人口成反比例。

2. 建设情况

针对上述情况,加州政府在 20 世纪 50 年代初不得不开始通盘考虑解决北涝南旱的调水之策。1960 年,加州进行了全民投票公决,以 51% 的支持率使调水决策获得通过。于是,一项规模宏大的北水南调工程开工了。从加州最北边的奥罗维尔湖到最南端的佩里斯湖,整个调水工程主干道南北绵延 1 000 多 km,占加州南北总长度的 2/3,途中采用一次性提升水位 600 多 m 的大功率抽水机,让北水顺畅越过蒂哈查皮山,流到干旱的加州南方地区,成为目前美国最大的调水工程。该工程经过了 13 年的努力,终于在 1973 年完成了输水主管道的建设。

表 1-1　国外部分已建跨流域调水工程基本情况

国家	工程名称	水量调出区	水量调入区	调水方式	引水流量 (m^3/s)	年调水量 (亿 m^3)	引水线路长度(km)				水库		水泵站		水电站		灌溉面积 (万 km^2)	开工年份
							总长	渠道	管道	隧洞	数量 (座)	库容 (亿 m^3)	数量 (座)	扬程 (m)	数量 (座)	装机 (万 kW)		
美国	中央河谷	萨克拉门托河	圣华金地区	提水	636	134	986	700		21. 3	19	154	8	1 151	11	163	109. 84	1937
美国	加州水利	费瑟河等	南加州地区	提水	292	52	715	1 028		12. 7	21	71	15	2 085	8	300	29. 10	1959
加拿大		尼切克河	凯马诺电厂	自流	185				16. 3		1	81. 4			1	70. 7		1925
埃及	努巴里亚	尼罗河	努巴里亚	提水	116			150					5	60			2. 50	1966
苏联		额尔齐斯河	努拉河	提水	75	25	458				14	30	26	418			7. 30	1962
巴基斯坦	西水东调	印度河	巴基斯坦东部	自流	1 492	160	593	593			2	210			2	310	153. 10	1960
法国	普罗旺斯	迪朗斯河	唐德贝尔湖	自流	40		210	90		120							5. 99	1963
澳大利亚	雪山工程	雪山河	墨累河	自流		23. 7	644	76		135	15	115	2	387	7	374	53. 50	1949
印度		比阿斯河	萨特累季河	自流	225	47	40			25	2	81			2	136	53. 30	1961
罗马尼亚		多瑙河	罗通海湖	提水	200	20						17	11				34. 95	
伊拉克	萨萨尔	底格里斯河	萨萨尔湖等地	自流	600			177				854						1956
西班牙	北水南调			提水	66	10							1	260				
德国		多瑙河	莱茵河	提水	27	3			100		2	3	5	68				1974
秘鲁	马赫斯			自流	260					95						60	5. 99	

3. 工程影响

至2005年,加州北水南调工程的年调水量达49.3亿m^3,供加州南部2 000万人使用,即全州2/3人口因此受益。这些北水70%用于城市,30%用于农村,2 430 km^2的农田得以灌溉。该工程与联邦政府建设的中央河谷调水工程相辅相成,共同把加州北部丰富的水资源调到南部缺水地区,为加州南部经济和社会发展、生态环境的改善提供了充沛的水资源,使以洛杉矶为中心的加州南部成为果树、蔬菜等经济作物生产出口基地,并保证了那里的生活和工业用水,从而促使加州成为美国人口最多的州,洛杉矶成为美国第二大城市,洛杉矶周围地区也因此获得了迅速的发展。

1.1.1.2 以色列北水南调工程

1. 必要性及可行性

以色列地处地中海沿岸,属地中海气候,夏季炎热干燥,冬季温和多雨,年降水量为200~900 mm,北多南少。以色列南方干旱缺水,北方水源相对丰沛,东北部的太巴列湖高水位时蓄水量可高达43亿m^3。为此,以色列建设北水南调工程,以利用太巴列湖水解决南方地区的沙漠干旱地区的缺水问题。

2. 建设情况

北水南调工程从1953年开挖6.5 km长的艾拉本隧洞开始,至1964年建成投入使用,前后历时11年,投资1.47亿美元。北水南调的龙头工程即太巴列湖取水口工程,它是建于地下岩洞的取水厂,安装了3台抽水泵,总抽水量达每秒20.25 m^3。工程设两级泵站,将水位提升400 m。由输水隧洞将湖水送到调节池,经检测化验、沉沙、灭菌消毒处理,达到饮用水标准后,输入内径2.8 m的主干管道,送到以色列的行政中心、最大的城市特拉维夫的东北部。在特拉维夫主干管道分为东西两路,向南输送到内格夫沙漠干旱地。

至20世纪80年代末,北水南调工程输水管线南北延长到约300 km,主干管管径2.2~2.8 m,沿途设多座泵站加压,并吸纳全国主要地表水和地下水源,同时向外辐射出供水管道,与各地区的供水管网相连通,形成全国统一调配的供水系统。至80年代后期,通过北水南调输配水系统年供水量达12亿m^3,其中调到南部水量达5.0亿m^3,高峰日供水450万m^3。

3. 工程影响

北水南调工程的建设,改善了以色列水资源配置的不利状况,缓解了制约南部地区发展的主要因素。同时,该工程向外辐射的供水管道与各地区的自来水管网相连通,形成了一个全国统一取水、统一调配、统一供水的管道系统。由此使全国的水务得到了高效的统一管理,实行全国统一水价,让南方沙漠地区用到与北方湖区一样便宜的水,保障了南部人民能够有足够的水资源来发展农业生产。由于全国南北实行统一水价,得以在水源地200 km以外的南部发展灌溉,改善严酷的生态环境条件,从而带动南部经济社会的发展,同时也扩大了以色列的生存空间,把大片不毛之地变为绿洲,利用南部充足的光热条件,产出高质量的水果、蔬菜和花卉等农产品。

1.1.1.3 澳大利亚雪山调水工程

1. 必要性及可行性

澳大利亚虽然地广人稀,人均占有淡水资源不少。但是澳洲大陆全境年均降水量仅

470 mm,水资源分布不均。澳大利亚东部有自北向南纵贯的大分水岭(海拔一般为800～1 000 m),墨累—达令盆地处于大分水岭的西部。从东部海洋吹来的湿润气流在大分水岭的东侧降下丰富的地形雨。在大分水岭的西侧,气流下沉,降雨稀少。而墨累—达令盆地正处于大分水岭的背风坡,因此较为干旱。广大的内陆部分地区存在着干旱缺水较为严重的状况。若要经济发展,急需解决水资源问题。

2. 建设情况

据以上情况,澳大利亚政府在雪河及其支流上修建水库,通过自流或抽水,经隧洞或明渠将向南流入塔斯曼海的雪河水调入墨累—达令盆地。这就是澳大利亚闻名世界的雪山调水工程。

澳大利亚雪山调水工程从1949年开始修建,直至1975年完全竣工,历时26年。该调水工程包括7座水电站、80 km引水管道、11条共145 km压力隧洞、16座大坝及其形成的调节水库、1座泵站、510 km/330 kV高压电网等,是澳大利亚跨州界、跨流域,集发电、调水功能于一体的水利工程,也是世界上较为复杂的大型调水工程。

3. 工程影响

调水产生了巨大的经济效益:一是大大促进了墨累—达令盆地农牧业的发展;二是产生了巨大的发电效益,电能输送到堪培拉、悉尼等重要城市;三是为调水建造的16座大大小小的水库,点缀于绿树雪山之间,形成了旅游胜地;四是西部的水质大为改善,生态环境宜人。

4. 借鉴意义

澳大利亚雪山调水工程全面投入运营后,为了更好地发挥调水效益,采取了一系列的水环境保护措施。

一是严格控制农牧业用水量的增长。有关州政府已达成共识,不再签发新的农牧业取水许可证。主要目的是防止农牧业规模盲目扩大。因为农田或牧场灌溉扩大,不仅消耗大量水资源,而且排出的水体挟带农药、化肥与有机物、盐分,会污染下游地区。此外,大量开垦加大了水土流失,都不利于生态环境的保护。

二是全面加强水土保持工作。雪山调水工程全线有诸多大坝形成调节蓄水库,它们的作用举足轻重,一旦让淤泥沉积便会减少调蓄库容量,直接破坏调水工程的长久效益。因此,调水工程沿途要特别注意水土保持,一律不发展任何产业,全部开辟成国家公园供游人观赏游览。为了保护植被,游人只能在高于地面的木制栈桥上通行,地面一律不得踩踏。

三是严格保护水质。为了防止农田污水流入或有机物进入引起蓝藻疯长,在输水河道沿岸修筑拦截板,防止落叶、枯草被风吹入水中,更不能让污水排入河道,以确保输送的水体质量。

四是采取防止土壤盐渍化措施。澳大利亚地下水很丰富,可是大多含盐量过高,幸亏地下水位低,对地表环境不产生负面影响。但是大面积开垦,使得雨水和灌溉水大量渗入地下,抬高了高盐分的地下水位,造成了地表盐碱化,酿成大片树木、草原死亡的后果。调水工程假如造成原来干旱地区的高盐分地下水位的上升,则危害十分严重。为此,澳大利亚采取严格限制农田灌溉用水量的增长和让河道有足够的水量冲洗并带走沿途盐分的方法,来防止土壤盐渍化。

1.1.1.4　埃及横跨亚、非两大洲调水工程

1. 必要性及可行性

埃及国土面积100万km^2，绝大部分为沙化地和沙漠，适宜于人居和农业生产的地区只有尼罗河三角洲和尼罗河谷地，仅占国土面积的4%。尼罗河水如同母亲的乳汁，不仅孕育了埃及的古文明，还让埃及人民过上了富庶的生活，并世代繁衍至今。然而，随着埃及人口的增长和人民生活水平的提高，这条贯穿埃及全境的河流再也不能以其自然流淌来满足社会发展的需求了，必须通过水利建设，整合尼罗河水资源，开发雨水及地下水等新资源，更科学合理地分配利用水资源来适应埃及经济和社会发展的新要求。于是20世纪70年代埃及修建了著名的阿斯旺水坝，控制了尼罗河水流，使其盈时不涝、缺时不旱。同时增加了农业耕地面积，改善了农产品结构，提高了粮食和经济作物的产量。几十年来，阿斯旺水坝给埃及带来了巨大的经济效益和社会效益。

然而，埃及年均2.5%~3.0%的人口增长率逐渐抵消了阿斯旺水坝带来的经济效益与社会效益。如今，6 700多万埃及人的生活与生产高度集中于仅占国土面积约5%的区域(主要是尼罗河三角洲和尼罗河谷地)，制约了埃及的进一步发展。埃及政府认识到，人口多、耕地少的埃及不能仅局限于在尼罗河流域进行发展了，必须拓展到流域之外去。西奈半岛是埃及处于亚洲部分的国土，面积约6万km^2。其地势南高北低，南部是最高峰为海拔2 637 m的凯瑟琳山，北部地势平坦，可惜多为沙漠，也有不少被沙化的旱荒地，只要有水就可以改造成耕地，于是埃及政府毅然决定修建调水工程。

2. 建设情况

该工程是把非洲的尼罗河水调到亚洲的西奈半岛去。工程从尼罗河三角洲地区建萨拉姆渠，引尼罗河(杜米亚特河)水向东，穿越苏伊士运河，调到西奈半岛去灌溉那里的干旱土地。

3. 工程影响

这项跨越亚、非两大洲的调水工程为苏伊士运河两岸新增25多万hm^2的耕地，为150多万人口提供生活用水，缓解了埃及的粮食短缺状况，大大促进了干旱的西奈半岛的全面发展和繁荣。

1.1.1.5　秘鲁马赫斯东水西调工程

1. 必要性及可行性

秘鲁位于南美洲西北部，全国年均降水量1 691 mm，人均占有的水资源也不少，可是降水量和水资源的分布却极不均衡。秘鲁西部太平洋沿岸是沙漠地区，宽30~130 km，为一狭长干旱地带，有断续平原分布，面积占全国的11.2%，气候宜人，属热带沙漠草原气候，年均气温12~32 ℃，作物可以常年生长，年均降水量不足50 mm，是世界上最干旱的地区之一。发源于安第斯山的河流均是季节性的河流，河流短，入海快，河道经常干枯见底。这些河流两岸形成了众多绿洲，建有灌溉工程，农业发达，由于历史原因，全国人口和经济多集中于西部及中部干旱地区。首都利马也位于西海岸中部的干旱地区，是一座被沙漠环绕的城市。干旱成为阻碍秘鲁西部经济和社会发展的制约因素。而秘鲁东部为亚马孙河上游地区，属热带雨林气候，年降水量均超过2 000 mm，面积占全国的62.7%，人口稀少，大量水资源根本得不到利用。为了改变水资源不合理分布的局面、发展秘鲁经

济,政府作出重大的战略决策,集全国之力,修建马赫斯调水工程,将东部充沛的水资源,引到西部安第斯山区,彻底解决首都利马及西部其他大城市严重缺水的问题。

2. 建设情况

秘鲁作为一个发展中国家,不惜倾全国之力,用了二三十年时间,在安第斯山区建成一项迄今为止世界上海拔最高的调水工程。调水工程在安第斯山区建两座水库作为调水水源:

(1)在科尔卡河上建孔多罗马水库,坝高 100 m,坝顶高程 4 185 m,库容 2.85 亿 m^3,用于调节科尔卡河径流。

(2)在亚马孙河水系上游的阿布里克河上修建安戈斯图拉水库,坝高 105 m,坝顶高程 4 180 m,库容 10 亿 m^3,通过 17 km 长的隧洞和明渠将大西洋水系阿布里克河水调入太平洋水系的科尔卡河。

马赫斯调水工程是将两个水库的水汇入科尔卡河,通过 89 km 隧洞和 12 km 明渠,将水调入西瓜斯河。输水工程设计流量 34 m^3/s(加大流量 39 m^3/s),输水隧洞起始水位 3 740 m,终端水位 3 369 m。而后利用约 2 000 m 落差建两座水电站,装机 650 MW(380 MW+270 MW),年发电 22.6 亿 kWh,为阿雷帕省等地供电,发电尾水进入西瓜斯河,用于发展灌溉。

马赫斯和西瓜斯灌区规划灌溉面积 5.7 万 hm^2,远景规划 7 万 hm^2,均在西瓜斯河皮塔伊水闸引水,水位 1 600 m。马赫斯灌区,引水流量 20 m^3/s,灌溉面积 3.5 万 hm^2,经 11 km 隧洞、4 km 明渠送水到马赫斯灌区,再经沉沙池和渠道,最后将清水导入压力钢管,利用地形高差在管道内形成压力,实行喷灌,灌水定额为$(15\sim18)\times10^3$ m^3/hm^2,喷头压力为 3.5 kg/cm^2。西瓜斯灌区,引水流量为 12 m^3/s,灌溉面积 2.2 万 hm^2,经 17 km 隧洞和明渠引水到灌区,灌溉方式同马赫斯灌区。

3. 工程影响

(1)榜样示范作用。马赫斯调水工程经过了多年的运营,证实了工程质量优良。特别是 1998 年,百年不遇的暴雨袭击了安第斯山区,马赫斯东水西调工程输水线路上不少地区发生泥石流等地质灾害,然而调水工程却经受住了考验。无论是输水隧洞还是输水渠道,均未遭受到地质灾害的破坏,始终巍然屹立在安第斯山区的崇山峻岭之中,发挥着输送亚马孙河流域充沛的水资源、解安第斯山区之渴的作用。

(2)促进经济发展。为城市生活、工矿企业和农业发展提供了水资源保障,从而改善了太平洋沿岸缺水地区生产要素的组合条件,促进了经济社会发展和环境改善,不少沙漠地变成了绿洲。

1.1.1.6 巴基斯坦西水东调工程

1. 必要性及可行性

巴基斯坦大部分地区为亚热带气候,南部为热带气候,年均降水量不足 300 mm,干旱半干旱地区占国土面积的 60% 以上。巴基斯坦为农业国,耕地集中在印度河平原,由于气候干旱,农业生产很大程度上依靠灌溉。全国水资源总量为 1 858 亿 m^3,1990 年用水量 1 557 亿 m^3,其中农业用水量占 95%,人均年用水量 1 278 m^3,全国灌溉面积 1 693 万 hm^2,位居世界第四位,仅次于中国、印度和美国。

印度河发源于中国,经克什米尔进入巴基斯坦,全长 2 880 km,年径流量 2 072 亿 m^3。

1947年,实行印度、巴基斯坦分治,同年巴基斯坦宣布独立。印度、巴基斯坦国界划分时将印度河左岸主要支流,即在杰卢姆河、奇纳布河、腊维河、萨特莱季河和比阿斯河的上游部分划在印度和克什米尔境内,下游部分划在巴基斯坦境内。独立后,两国均致力于发展经济,大兴水利,扩大灌溉面积,发展农业生产解决粮食问题,用水矛盾逐渐发生。1949~1950年冬,印度截断东三河向下游的供水,巴基斯坦农业生产遭受巨大损失,引发印度、巴基斯坦两国用水纠纷。在国际机构和世界银行等协调下,经过8年谈判,于1960年印度、巴基斯坦两国签订《印度河条约》,条约规定,巴基斯坦从西三河,即印度河干流、杰卢姆河、奇纳布河分水,每年有地表径流量1 665亿m^3,约占印度河径流量的80%;印度从东三河,即腊维河、萨特莱季河、比阿斯河分水,每年约分水407亿m^3,并为巴基斯坦修建调水工程提供6 206万英镑补偿。据1961~1981年水文资料,印度河进入巴基斯坦年均径流量为1 813亿m^3,高于《印度河条约》规定的分水标准。

2. 建设情况

该工程分为以下三部分完成:

(1)水源工程。为西水东调提供可靠水源,在西三河的印度河干流上建塔贝拉水库,拦蓄洪水,调节径流,水电装机3 500 MW,工程具有灌溉、发电、防洪等综合效益。在杰卢姆河上建曼格拉水库,水电装机1 000 MW,具有灌溉、发电、防洪等综合效益。

(2)调水工程。兴建连接东西三河的输水渠道,将西三河水调往东三河,共建8条输水渠,总长622 km,输水流量为116~614 m^3/s,总输水能力近3 000 m^3/s,主要建筑物400余座。

(3)大型拦河闸工程。巴基斯坦西水东调工程连接渠道与河流基本是平交,河流上建拦河闸,平时控制水位,汛期宣泄洪水,拦河闸规模宏大,6座拦河闸总长5 000余m,泄洪流量为4 200~31 000 m^3/s,总泄洪能力达124×10^3 m^3/s,引水流量3 000 m^3/s。

3. 工程影响

西水东调工程自1960年实施以来,大部分工程于1965~1970年年底完成,塔贝拉水库于1975年完成,通过水库、闸坝、灌溉系统的建设,至20世纪70年代,工程在灌溉供水、发电、防洪等方面的效益陆续发挥。

(1)灌溉供水和防洪。通过西水东调工程建设,进一步完善了巴基斯坦印度河平原的灌溉系统,逐步恢复并发展了东三河地区灌溉系统供水,农业生产条件得到了极大改善。西水东调工程大型水库的建设,汛期削减洪峰滞蓄洪水作用显著,发挥了很大的防洪效益。

(2)水力发电。西水东调两大水源工程塔贝拉水库和曼格拉水库,水电总装机达4 500 MW,对发展中国家巴基斯坦来讲具有举足轻重的作用,可以说为巴基斯坦工农业生产,乃至整个经济社会的发展提供了强大的动力。至20世纪80年代末曼格拉水库的发电供水效益已超过投资的10倍,塔贝拉水库由于竣工较晚也达到2.6倍。

巴基斯坦西水东调工程,改善了巴基斯坦水资源配置状况,促进了经济社会的发展,效益显著,工程总体上是非常成功的,受到普遍赞誉。但也不是十全十美的,工程运行后发现,灌排系统规划不完善,输水损失严重,土壤盐碱化发展,随后采取渠系防渗衬砌、平整土地、管井排水等措施,灌区面貌得以改观。

1.1.1.7　小结

综上所述,在20世纪40~80年代,是世界范围内建设调水工程的高峰期,国外绝大多数调水工程是在这期间建成的。此时发达国家调水工程的建设速度显著放慢,而发展中国家仍在大力建设调水工程。由此可见,国外跨流域调水工程研究与建设具有如下特点:

(1)国外调水工程主要以发电和供水为主,通过"以电养水""以电补农"等措施,实现工程的经济、社会效益。

(2)日益重视调水对生态环境影响方面的研究与保护,特别强调对调水可能产生的不利生态环境方面的研究与防治。

(3)重视工程规划管理过程中的水权研究与保护、法制建设与执行,特别是强调工程水量调出区的水量拥有权和优先使用权的保护。

(4)国外已建的调水工程大多以州(相当于我国的省、直辖市、自治区)内调水为主,从而减少了地区之间的水量纠纷。

(5)不仅调水工程规模已由近距离、小流量逐步向远距离、大流量方面转化,而且工程结构已由简单到复杂,用途由单一的发电、灌溉或供水开发向发电、灌溉、供水、养殖、旅游、防洪、航运及改善生态环境等方面综合利用的多用途、多目标方向转化。

(6)调水方式也日益多样化,如既有自流、提水及自流与提水相结合的调水系统,也有采用渠道、管道、隧洞、天然河道及其相互连接的多种复杂结构形式。在提水调水系统中,还有大流量、低扬程泵站或小流量、高扬程泵站等形式。

(7)广泛实行了工程的集中控制与自动化管理,建立了一整套工程运营管理的信息系统与决策支持系统。

(8)重视工程规划管理中的随机等不确定因素的研究,建立了许多随机规划模型与实时调度模型。

(9)强调工程的经济可行性研究,基本上采用"谁投资、谁受益"和"谁建设、谁管理"的原则,进行工程的建设与管理。如美国的中央河谷工程由美国联邦政府投资兴建和运营管理,而加州水利工程则由加利福利亚州地方政府兴建和运营管理等。

(10)国外调水工程的建设,大多是在当地水资源得以充分挖潜且难以满足当地社会经济发展用水需求(即出现严重供水不足)的情况下进行的。

(11)调水规划中非常重视节约用水。工业要求循环用水和废水回收利用,农业大力发展喷灌、滴灌,并要求农作物品种作相应调整。此外,还非常重视渠道防渗等减少输水损失的措施研究。

(12)十分重视用水区和水源区利益冲突的协商研究。国外大多已建调水工程,都是长期争论、反复研究、充分协商后的结果。

所有这些,都将为我国跨流域调水工程建设提供借鉴经验。

1.1.2　国内引调水工程概况

我国位于欧亚大陆东南部,大部分处于北温带季风区,地域辽阔,水资源总量丰富,多年平均径流量27 000亿m^3,居世界第五位,但人均占有年径流量仅为2 200 m^3左右,约为世界人均值的1/4,而且水资源的地区分布也极不均匀。长江、珠江、松花江水资源较丰富,多年平均径流量达 13 000 亿 m^3 以上;黄河、淮河、海河、辽河的水资源则十分紧张,其径流量仅为前者的 1/8。此外,我国东部沿海一些中小河流由于源短流浅,人口密集,也常常出现水资源紧缺局面。

我国水土资源、人口分布和经济发展极不均衡。东部开发程度较高,但人多地少;淮河、海河、辽河流域都是人口密集、经济发达地区,但人均水资源占有量只有 350 ~ 500 m^3,其中海河流域人均水资源占有量比 2000 年全国人均用水量少 140 m^3,入海水量由 20 世纪 60 年代的 200 多亿 m^3 减少到现在的 10 多亿 m^3;而西部地区的大片干旱土地也期待调水后进行开发。改革开放以来,我国经济发展突飞猛进,工农业生产和人民生活水平不断提高,对水资源的需求也迅速增加,使原来就缺水的华北、西北、东北等地区和经济发展迅速的东南沿海地区的水资源供需矛盾更加突出。

我国现有城市 600 多个,严重缺水城市达 400 多个,其中特别严重缺水的城市有 110 多个,水资源短缺已经成为这些城市和地区经济发展的主要制约因素。

在这种形势下,我国一些大型跨流域调水工程应运而生,部分巨型调水工程也势在必行。

我国是世界上从事调水工程建设最早的国家之一。据考证,早在公元前 486 年,我国就兴建了沟通长江、淮河流域的邗沟工程;此后,又兴建了沟通黄河、淮河流域的鸿沟工程(公元前 360 年)以及引岷江水灌溉成都平原的都江堰工程(公元前 256 年)等。其中,最著名的古代跨流域调水工程主要有两项:一是公元前 221 ~ 公元前 219 年形成的沟通长江和珠江水系的灵渠工程,它至今仍在发挥灌溉、航运等综合利用效益;二是京杭大运河,即以公元前 486 年兴建的"邗沟"为基础,经过多次改建扩建后,至 1293 年全线连通,形成全长 1 700 余 km、贯穿 5 大流域(钱塘江、长江、淮河、黄河、海河)的京杭大运河。所有这些都为发展华夏的水上交通和农业灌溉作出了重大贡献。

新中国成立以来,我国的跨流域调水工程得到了长足发展。江苏省修建了江都江水北调工程,广东省修建了东深引水工程,甘肃省修建了引大入秦工程,河北省与天津市修建了引滦入津工程,山东省修建了引黄济青工程,西安市修建了黑河引水工程,大连市修建了引碧入连调水工程等。这些工程为当地经济社会发展提供了必要的水源保障。已于 2014 年 12 月建成通水的南水北调中线一期工程是全世界已建成的最大规模的调水工程,也是我国实施跨流域调水的标志性工程。

21 世纪以来,我国大型引调水工程建设发展迅速。据不完全统计,投资 50 亿元已建和在建工程达 15 项,调水工程项目统计见表 1-2。以下概述部分大型调水工程的基本情况。

1.1.2.1 南水北调工程

为从水资源上解决中国经济可持续发展的瓶颈,中华人民共和国成立以来,经过科学论证,提出了南水北调的重大战略构想:规划分别从长江上、中、下游向北方调水的西、中、东三条调水线路,形成与长江、淮河、黄河和海河相互连通,构成我国中部地区水资源"四横三纵、南北调配、东西互济"的总体格局。2002 年国务院批准了南水北调工程总体规划,2008 年 12 月批复了南水北调东、中线第一期工程可行性研究总报告,目前一期主体工程建设已全面完成。西线工程也已初步完成项目建议书的论证工作,工程立项的制约因素是生态环境和移民问题。

表 1-2　我国部分跨流域调水工程基本情况表

序号	工程名称	调出调入地	总调水量（亿 m^3/年）	总流量（m^3/s）	分期调水量（亿 m^3）	分期流量（m^3/s）	输水方式	线路总长（km）	主要输水建筑物类型	设计建设完成情况
1	南水北调东线一期工程	江苏至山东、天津	130～170	800	45	500	黄河以南泵站抽水、黄河以北自流	1 150	泵站、渠道、运河	2013 年年底主体工程完工
2	南水北调中线一期工程	湖北至河北、河南、北京、天津			95	50～350	自流	1 427	明渠管涵及各类交叉建筑物	2014 年年底主体工程完工
3	南水北调西线一期工程	雅砻江干支流、大渡河支流至黄河上游	80	303	80	303	推荐明流洞/备用压力洞	325	隧洞(320 km)，渡槽，倒虹吸	项目建议书阶段
4	大伙房水库输水二期工程	抚顺大伙房水库至 6 个城市	18.34	58.16	一步 11.97	38	重力压力流和加压力流	239	分层取水塔、输水洞、PCCP 管、玻璃钢管、配水站 5 座和加压站 1 座	2009 年年底主体工程完工
5	哈尔滨磨盘山水库输水工程	新建磨盘山水库调入哈尔滨市	3.53	11.37	一期 1.765 二期 1.765	5.685(一期) 5.685(二期)	重力压力流	180	新建磨盘山水库及取水建筑物、稳压井、PCCP 压力管道及跨河建筑物	2006 年 10 月建成(一期)，2009 年建成(二期)
6	昆明市掌鸠河引水供水工程	云龙水库至昆明市	2.52	8(设计) 10(加大)			分段低压控制输水	97.6	输水隧洞、倒虹吸钢管、沟埋管、连接建筑物	2001 年 11 月开工，2007 年 3 月试运行
7	万家寨引黄入晋工程	万家寨至太原、朔州、大同	12	48,南、北干线各 25.8、22.2			重力自流	452.65	输水隧洞与明渠、地下上泵站、渡槽、埋涵、调节水库	总干线、南干线已建成通水，北干线在建
8	陕西省引汉济渭工程	调出地:汉江；调入地:渭河关中地区	15	75	10	55	抽水＋自流	169/771	水库、泵站、隧洞	项目已批复，正在筹建
9	陕西省引红济石调水工程	陕南红岩河至关中石头河	0.921 0	13.5	0.921	13.5	自流引水	197.6	低坝枢纽，引水隧洞	在建
10	黔中水利枢纽一期工程	六枝三叉河至贵阳、安顺	2.51/0.63	23.1	一期 3.6 二期 5.5		自流或泵站提水	547.46	水库、水电站、引水隧洞、输水渠、泵站	设计阶段
11	吉林中部城市引松供水工程	丰满水库至四平市等 11 个地区	132.66	38			隧洞、有压管道、泵站	262	隧洞、有压管道、泵站	设计阶段

续表 1-2

序号	工程名称	调出调入地	总调水量(亿 m^3/年)	总流量(m^3/s)	分期调水量(亿 m^3)	分期流量(m^3/s)	输水方式	线路总长(km)	主要输水建筑物类型	设计建设完成情况
12	引洮供水一期工程	九甸峡水利枢纽至渭源、陇西等地区	5.5	32	一期 2.19		水库、隧洞、干渠、供水管线	一期 146.183	水库、隧洞、干渠、供水管线	施工
13	引岳济淀	邯郸岳城水库至白洋淀	3.9	40	1.6	15	明渠输水	457	利用并维修节制闸原有灌区、河道	
14	引黄济津	黄河位山到天津	33	100			明渠自流	580	闸、倒虹吸、河道	
15	引黄济淀	黄河位山到白洋淀	12	80			明渠自流	399	闸、倒虹吸、河道	
16	内蒙古通辽市“引乌入通”输水工程	乌力吉木仁河至通辽市	0.443 6	3.63			明渠及玻璃钢管道结合	120	混凝土板衬砌明渠及玻璃钢管道	在建
17	陕西省黑河引水	周至县至西安	3.05	15			自流	140	水库枢纽、隧洞、倒虹渡槽	在建
18	云南月亮坪水电站长引水方案论证	硕夺岗河调至金沙江	7.07	47.5	7.07	7.07	压力隧洞	20.28	输水隧洞:内径 5.2 m,TBM 机成洞	方案论证,可研设计
19	引大入港输水工程	大浪淀水库至黄骅市、大港油田等	3 312	1.06			管道输水	79.8	倒虹吸、管桥、铁路顶管	已建成
20	舟山市大陆引水工程	宁波至舟山	1.27	5	一期 0.277 二期 0.663 三期 0.33	一期 1.0 二期 2.8 三期 1.2	管道有压	66.4、54.0	泵站、陆上和海底管道、隧洞	一期 2006 年完建,二期 2009 年 4 月开工
21	赵山渡引水工程	飞云江引水至温州瑞安平阳	7.3	39			无压引水	62.8	隧洞、渡槽、倒虹吸、暗渠	2002 年竣工
22	大朝山电站莲花塘等移民灌区供水	绿荫塘水库至供莲花塘、红豆箐、橄榄箐	0.015 9	0.22			管道供给	9.135	玻璃钢夹砂管道	2008 年竣工通过初验
23	引大济湟调水工程	青海省门源县至大通县	7.5	35			隧洞	2.43		在建

续表 1-2

序号	工程名称	调出调入地	总调水量（亿 m^3/年）	总流量（m^3/s）	分期调水量（亿 m^3）	分期流量（m^3/s）	输水方式	线路总长（km）	主要输水建筑物类型	设计建设完成情况
24	引滦入津河暗渠工程	引滦入津			10	50	重力流	33.8	暗渠	已建成
25	引滦入津水源保护工程	从蓟县于桥电站尾水至引滦专用明渠		50			前段无压流和后段有压流	124	混凝土箱涵，渠首枢纽、调节池、倒虹吸	建成
26	淮水北调临涣输水管道工程	蚌埠怀远至淮北濉溪	0.78	3			压力管道两级加压	90	泵站	在建
27	引黄济津紧急调水	黄河至天津	15.86	50～80			开敞式	586	河道、倒虹吸、渡槽、闸涵	
28	引青济秦	从青龙河桃林口小坝至秦皇岛市区	1.75	6	1.05	3.36		79.7	各类水闸、隧洞、暗涵及沿线交叉建筑物	一期工程1991年6月建成，东线扩建2010年完成
29	山东省引黄济青工程	调出：近期黄河、远期长江；调入：青岛	已累计调水约15	约38.5	0.9		提水泵站明渠输水	253	泵站、闸站、隧洞、渡槽、明渠、暗渠、暗管	工程于1986年4月开工，1989年11月通水
30	山东省胶东地区引黄调水工程	调出：近期黄河、远期长江；调入：烟台、威海	1.43	22宋庄；12.6；5.5	近期1.43 远期3.83		明渠、暗渠提水泵站输水；管道加压输水	482	泵站、闸站、隧洞、渡槽、明渠、暗渠、暗管	2003年年底开工，2012年竣工
31	牛栏江—滇池补水工程	牛栏江干流的德泽水库工程至昆明滇池	5.72	23			提水泵站明渠输水	115.6	泵站、闸站、隧洞、明渠、河道	2008年年底开工，2013年建成
32	宁夏固原城乡饮水安全水源工程	泾河上游龙潭水库至宁夏中南部的固原市部分区（县）及中卫市部分区（县）	0.398	3.75			无压隧洞；有压管道相结合的重力流输水方式	75.3	隧洞、管桥、路涵及沿线交叉建筑物	2012年年底开工，预计2016年竣工

南水北调中线干线工程，全长约1 427 km，包括南起湖北省丹江口水库、北至北京市颐和园团城湖的输水总干渠（1 273.4 km）和自河北省徐水县西黑山分水闸至天津外环河出口闸的天津干渠（153.8 km）。总干渠渠首设计流量630 m³/s，过黄河440 m³/s，进北京、天津各70 m³/s。南水北调中线干线工程共布置各类建筑物1 800多座，规模大、战线长、建筑物型式多样、工程地质条件复杂。

南水北调中线工程以黄河为界可分为两大段，其中黄河以南实体工程包括淅川段、湍河渡槽、镇平段、南阳市段、南阳膨胀土试验段、白河倒虹吸工程、方城段、叶县段、澧河渡槽、鲁山南1段、鲁山南2段、沙河渡槽段工程、鲁山北段、宝丰郏县段、北汝河渠倒虹吸工程、禹州长葛段、新郑南段、潮河段、双洎河渡槽、郑州2段、郑州1段、荥阳段工程共22个设计单元，总长474 km。主要工程除干渠明渠外，有河渠交叉建筑物71座、排水建筑物188座、渠渠交叉建筑物56座、铁路交叉建筑物14座、公路交叉建筑物299座、控制建筑物65座（见表1-3）。

黄河以北实体工程包括穿黄工程、温博段、沁河倒虹吸工程、焦作1段、焦作2段、辉县段、石门河倒虹吸工程、新乡卫辉段、鹤壁段、汤阴段、潞王坟试验段工程、安阳段、穿漳工程、磁县段、邯郸市县段、永年县段、洺河渡槽、沙河市段、南沙河倒虹吸、邢台市区段、邢台县和内邱县段、临城县段、高邑至元氏段、鹿泉市段、石家庄市区段共25个设计单元，总长495 km（注：京石段已于2008年建成通水）。穿黄工程主要为双线隧洞，另有河渠交叉建筑物2座、排水建筑物1座、渠渠交叉建筑物2座、公路交叉建筑物7座、控制建筑物2座；穿漳工程为倒虹吸配1座节制闸；其他主要工程除干渠明渠外，有河渠交叉建筑物81座、排水建筑物162座、渠渠交叉建筑物42座、铁路交叉建筑物25座、公路交叉建筑物298座、控制建筑物73座（见表1-3）。

表1-3　南水北调中线工程建筑物基本情况（不含京石段、天津干渠）

<table>
<tr><td rowspan="3">黄河以南</td><td>设计单元</td><td>河渠交叉建筑物</td><td>排水建筑物</td><td>渠渠交叉建筑物</td><td>铁路交叉建筑物</td><td>公路交叉建筑物</td><td>控制建筑物</td></tr>
<tr><td>22个</td><td>71座</td><td>188座</td><td>56座</td><td>14座</td><td>299座</td><td>65座</td></tr>
<tr><td colspan="7">淅川段、湍河渡槽、镇平段、南阳市段、南阳膨胀土试验段、白河倒虹吸工程、方城段、叶县段、澧河渡槽、鲁山南1段、鲁山南2段、沙河渡槽段工程、鲁山北段、宝丰郏县段、北汝河渠倒虹吸工程、禹州长葛段、新郑南段、潮河段、双洎河渡槽、郑州2段、郑州1段、荥阳段工程</td></tr>
<tr><td rowspan="3">黄河以北</td><td>设计单元</td><td>河渠交叉建筑物</td><td>排水建筑物</td><td>渠渠交叉建筑物</td><td>铁路交叉建筑物</td><td>公路交叉建筑物</td><td>控制建筑物</td></tr>
<tr><td>25个</td><td>83座</td><td>163座</td><td>44座</td><td>25座</td><td>305座</td><td>75座</td></tr>
<tr><td colspan="7">穿黄工程、温博段、沁河倒虹吸工程、焦作1段、焦作2段、辉县段、石门河倒虹吸工程、新乡卫辉段、鹤壁段、汤阴段、潞王坟试验段工程、安阳段、穿漳工程、磁县段、邯郸市县段、永年县段、洺河渡槽、沙河市段、南沙河倒虹吸、邢台市区段、邢台县和内邱县段、临城县段、高邑至元氏段、鹿泉市段、石家庄市区段（注：京石段已于2008年建成通水）</td></tr>
</table>

1.1.2.2 已建城市供水工程

已建城市供水工程已成为我国跨流域调水工程的一大特色,无论是水资源调配利用和工程技术难度,还是安全措施配置和调度运用手段均达世界先进水平。如开发建设大伙房水库输水工程是解决辽宁省中部地区的抚顺、沈阳等城市工业和居民生活用水的大型工程,对实现辽宁省东部与中部地区的水资源优化配置,促进辽宁省社会、经济和环境的可持续协调发展具有重要的战略意义。利用两座水电站作为调节池,大伙房水库,经水库反调节后向辽宁省中部地区城市输水。工程设计输水流量为70 m^3/s,多年平均输水量17.86 亿 m^3。哈尔滨磨盘山水库供水工程由新建磨盘山水库、输水管线(长176.22 km)、净水厂及市网四部分组成。昆明市掌鸠河引水供水工程由水源工程云龙水库、输水总干线、净水工程和城市配水工程组成。近期设计供水规模为40 万 t/d,远期为60 万 t/d;利用昆明市北郊松华坝水库作为该工程的调节水源。输水系统流量按8 m^3/s 设计,10 m^3/s 校核。山西省万家寨引黄一期工程是从黄河万家寨水库取水,贯穿山西省北中部地区,解决太原、朔州和大同三个主要工业城市水资源紧缺问题,引水线路由总干线、南干线、连接段和北干线四部分组成,全长约460 km,设计年引水总量12 亿 m^3,按设计规模每年可向太原市供水6.4 亿 m^3,向朔州市和大同市供水5.6 亿 m^3。一期完成了总干线、南干线、连接段工程。

1.1.2.3 在建的综合供水工程

甘肃引洮供水水源工程九甸峡已建成发电,工程开发任务是以供水为主,兼有发电、灌溉和防洪,供水线路长。陕西省引红济石调水工程是把褒河上游支流红岩河的富余水量通过19.76 km 的隧洞自流引入已建成的石头河水库,经调节后应急补充近期用水严重不足的西安、咸阳、杨凌等城市。工程自秦岭南麓红岩河上游取水,通过穿越秦岭的长隧洞自流调水入秦岭北麓石头河上游桃川河,经约40 km 的天然河道进入石头河水库,经调节后入石头河至黑河的输水渠道,在马召镇输水渠道设分水闸以压力管道向北跨过渭河进入咸阳、杨凌受水区。主体工程由水源工程(包括低坝引水枢纽和输水隧洞)、输水渠道、输水管道等三大部分组成,输水线路总长约180 km,调水量9 200 万 m^3。

1.1.2.4 待建的综合供水工程

贵州黔中水利枢纽调水工程任务以灌溉和城市供水为主,并为改善当地生态环境创造条件,工程建成后可解决黔中地区65 万亩(1 亩 =1/15 hm^2)土地农灌用水,向贵阳、安顺净供水5.3 亿 m^3,需建设总干渠长64 km,支干渠长284 km。

引汉济渭工程是从陕西省陕南汉江流域调水至渭河流域的关中地区,解决关中地区水资源短缺和实施省内水资源优化配置,改善渭河流域生态环境。工程主要由调水区汉江干流的黄金峡水库、黄金峡泵站、黄三隧洞,支流子午河上的三河口水利枢纽以及连接调水区与受水区的秦岭隧洞等工程组成。工程调水以基本不影响南水北调中线一期工程调水量95 亿 m^3 为原则;工程建成可有效缓解关中地区水资源供需矛盾,通过替代超采地下水、归还河道生态水量,改善渭河流域生态与环境继续恶化的状况。

引江济汉工程是从长江上荆江河段附近引水补济汉江下游流量的一项涉及范围广、总干渠规模大、输水距离较长的大型输水工程,其工程规模的确定与长江、汉江、四湖地区的来水、用水及水环境等多种不确定性因素有关。工程的主要任务是向汉江兴隆以下河段(含东荆河)补充因南水北调中线调水而减少的水量,同时改善该河段的生态、灌溉、供水和航运用水条件。

吉林省中部城市引松供水工程从第二松花江上游的丰满水库取水调至长春、四平等11个县(市),解决该地区生活、工业供水,改善农业用水和生态环境;输水线路总长266.3 km,年输水量约9亿 m^3。

1.1.2.5 我国调水工程新特点

我国目前实施的调水工程大多为跨流域调水工程,和以前实施的调水工程相比有以下几方面新特点:

(1)调水规模越来越大。

除南水北调工程外,许多工程的年调水量都超过10亿 m^3。如已实施的辽宁大伙房二期输水工程年调水规模为11.9亿 m^3,拟实施的引汉济渭工程年调水规模为10亿~15亿 m^3,云南滇中引水工程规划年调水量达34亿 m^3 等。

(2)输水线路长,工程建设条件复杂。

大部分调水工程线路长度在100 km以上。如已实施的辽宁大伙房二期输水工程线路总长259 km,正在实施的牛栏江—滇池补水工程线路总长116 km,拟实施的滇中引水工程线路总长约870 km,正在实施的南水北调中线一期工程总干渠线路总长更是超过1 000 km,达到1 427 km。同时,地形地质条件、工程技术条件、施工技术条件等都相对更为复杂。

(3)调水工程的类型和用途更加广泛。

调水工程已不仅局限于满足灌溉、供水的需要,更开始向水环境治理、生态保护、航运等多方面拓展。如云南牛栏江—滇池补水工程开发目标就是以改善滇池生态环境为主;引江济汉工程不仅承担从长江向汉江下游补水的任务,还兼有巨大的航运效益;引江济太等工程不仅具有水资源配置的功能,还兼有太湖水环境治理的作用。

(4)社会和环境影响大。

调水工程给调出区、工程区、调入区的经济社会和环境带来的影响是非常广泛和复杂的,不仅涉及相关流域、区域的水资源配置,还涉及大量的移民征地、利益分配调整以及环境影响等多方面问题,需要深入研究,妥善处理。

1.2 引调水工程功能分类及效益分析

1.2.1 功能分类

跨流域调水是合理开发利用水资源、实现水资源优化配置的有效手段,水资源优化配置是多目标决策的大系统问题,必须应用大系统理论进行分析研究,传统的水资源配置存在对环境保护重视不够、强调节水忽视高效、注重缺水地区的水资源优化配置而忽视水资源充足地区的用水效率提高、突出水资源的分配效率而忽视行业内部用水合理性等问题,影响了区域经济的发展和水资源的可持续利用,在水资源严重短缺的今天,必须注重水资源优化配置研究,特别是新理论和新方法的研究,协调好资源、社会、经济和生态环境的动态关系,确保实现社会、经济、环境和资源的可持续发展。

大型跨流域调水工程通常是发电、供水、航运、灌溉、防洪、旅游、养殖及改善生态环境等目标和用途的集合体。

按跨流域调水工程功能划分,它主要有以下7大类:

(1)以航运为主体的跨流域调水工程,如中国古代的京杭大运河等。

(2)以灌溉为主的跨流域灌溉工程,如中国甘肃省的引大入秦工程等。

(3)以供水为主的跨流域供水工程,如中国山东省的引黄济青工程、广东省的东深供水工程等。

(4)以水电开发为主的跨流域水电开发工程,如澳大利亚的雪山工程、中国云南省的以礼河梯级水电站开发工程等。

(5)以生态环境保护为主的跨流域调水工程,如中国陕西省的引汉济渭工程、新疆的北天山调水工程等。

(6)跨流域综合开发利用工程,如中国的南水北调工程和美国的中央河谷工程等。

(7)以除害为主要目的(如防洪)的跨流域分洪工程,如江苏、山东两省的沂沭泗水系供水东调南下工程等。

1.2.2 效益分析

不同调水工程的目的和功能决定不同的工程效益,但归纳起来无非是以下几个方面。

1.2.2.1 供水效益

有计划地建设长距离调水工程,可有效缓解受水地区缺水的状况,提高受水区的供水保证率,解决缺水给工业生产和人民群众生活带来的不利影响,对于保障当地经济的可持续发展、人民生活水平的整体提高和社会稳定等方面都有显著的作用。如南水北调工程是一个可持续发展工程,对于解决北方地区的水资源短缺问题,促进这一地区经济、社会的发展和城市化进程都具有重大意义。南水北调工程建成以后,将促进北方地区的经济发展,增强当地的水资源承载能力。

1.2.2.2 发电效益

大规模、长距离、跨流域调水,往往都有大量落差可以利用,可为调水区和受水区提供廉价电能。有的调水工程甚至就是专门为水力发电而设计修建的。水电是永不枯竭的清洁能源,可以取代化石原料和核能。与建火电站相比,水电具有不污染环境、减少温室效应和酸雨危害的优势,还可以减轻北煤南运的压力。

1.2.2.3 生态效益

调水还可以增加受水区地表水补给量和土壤含水量,形成局部湿地,有利于净化污水和空气,汇集、储存水分,补偿调节江湖水量,保护濒危野生动植物。可以增加生态供水,使生态环境恶化趋势得到改善,并逐步恢复和改善生态环境。

1.2.2.4 防洪效益

调水工程是一项集输水工程、蓄水工程、引水工程和提水工程等于一体的大型项目,蓄水工程可以科学蓄泄洪水,输水工程及引水工程在洪水期间,根据防汛部门的需要,可以排洪减灾,以减轻河道行洪压力,合理利用弃水,化害为利。所以,大多数调水工程都具有不同程度的防洪作用。

1.2.2.5 地质效益

调水灌溉可以减少地下水的开采,有利于地表水、土壤水和地下水的入渗、下渗和毛管上升、潜流排泄等循环,有利于水土保持和防止地面沉降。如南水北调工程通水后,增加了受水地区水资源总量,使该地区对地下水资源的需求量下降,地下开采量也随之下降,同时区域地表水量的增加会对地下水资源量进行很好的补给。所以,调水对缓解地下水资源量急剧下降、防止地面继续沉降、降低地质灾害的发生有显著的效益。

1.2.2.6 航运效益

调水可以增加通行线路和里程,促进航运事业发展,降低运输成本,加强区域经济交流。南水北调东线一期工程输水河道总长1 466 km,可通航河道长度839 km,占输水河道总长的57%。输水河道中京杭运河济宁到扬州段全部通航。山东也在“十一五”期间投资续建京杭大运河济宁至东平段,航道全长98 km,此段航道线路大体与南水北调东线一期工程线路一致。南水北调东线一期工程的实施并通水,对航运的保障和改善作用将非常明显,沿线的航运事业会得到更大的发展。

1.2.2.7 其他效益

引调水可以把营养盐带入调水体系,有利于饵料生物和鱼类的生长与繁殖,促进渔业发展;调水还可以改善水质,扩大水域,营造人工和生态景观,发展旅游、娱乐业等。调水工程的实施促使沿线地区开展节水、治污和生态环境保护工作,促进当地环境状况有较大改善,对保障经济、社会健康可持续发展有很大的促进作用。

1.3 引调水工程主要建筑物

引调水工程是一个系统工程,涉及调水区、输水区与受水区,包括水源工程、输水工程、分水口门、配水工程及其他工程。

(1)水源工程包括水源水库枢纽、湖泊、河流等。

(2)输水工程包括输水明渠、埋涵、管线、隧洞、渡槽、倒虹吸、涵洞、箱涵等建筑物(注:有时把输水渠道跨越天然河道、其他渠道、道路或天然河道等穿越输水渠道的渡槽、倒虹吸、涵洞、箱涵、排水建筑物等统称为交叉建筑物)。

(3)分水口门包括节制闸、分水闸、退水闸等建筑物(也称为控制建筑物)。

(4)配水工程包括泵站、调蓄水库等建筑物。

(5)其他工程包括排水建筑物、动能回收电站等建筑物。

1.4 主要工程地质问题

1.4.1 水源水库主要工程地质问题

按地形地貌不同,水库可分为山谷型水库、丘陵型水库和平原型水库。由于水库蓄水,库区的水文地质条件发生较大的改变,使得水库周围地带的地质环境也随之发生变化，因此产生了各种水库工程地质问题，如水库渗漏、库岸稳定、水库浸没、泥石流以及水库诱发地震等问题。这些问题并不一定同时存在于一个水库工程中，并且问题的严重性也各不相同，一般情况下，山谷型水库、丘陵型水库的库岸稳定、水库诱发地震等问题比较突出，而平原型水库的浸没、塌岸问题较多。当水库有可溶岩分布、存在河弯（河间）地块时，水库渗漏的可能性较大；当库区内有活断层通过时，水库蓄水诱发地震的概率较大。水库工程地质问题及其造成的次生地质灾害，威胁到建筑物以及人们生命财产安全的事件越来越突出，水库工程地质勘察工作越来越引起重视。

1.4.1.1 水库渗漏

水库渗漏的特征因地形地貌、构造条件、岩性分布不同而有差异，无论是平缓地形区水库，还是高山峡谷区水库都可能存在渗漏。常见的水库渗漏类型与特点详见表1-4。

表1-4 水库渗漏类型与特点

渗漏类型	渗漏部位	水库地形	产生渗漏的基本条件
松散地层、砂卵砾石等渗漏	坝基、河间地块、低邻谷	平缓地形区、第四系堆积物深厚的峡谷区	①砂卵砾石层深厚、透水性强；②强透水层贯通上下游或通向邻谷；③强透水层分布高程低于水库蓄水位
基岩裂隙渗漏	单薄分水岭、河间地块	峡谷区	①地下水分水岭低于水库蓄水位；②岩体裂隙发育强烈、透水性强、渗径短
断层破碎带、褶皱带渗漏	坝基、低邻谷、河间地块	峡谷区	①断层破碎带规模大；②透水性强；③贯通水库上下游或低邻谷；④地下水分水岭低于水库蓄水位
岩溶渗漏	坝基、低邻谷、河间地块	峡谷区	①库水位以下岩溶发育；②相对隔水层不连续；③地下水分水岭低于水库蓄水位

1.4.1.2 库岸稳定

水库库岸稳定是指库岸在水库形成和运行阶段维持稳定状态的性能。水库周边岸坡在水库初次蓄水后，其自然环境和水文地质条件将发生强烈改变，如岸坡岩土体浸水饱和，地下水壅高，运行水位的升降导致岸坡内动水压力、静水压力的变化，以及波浪的作用等，都将打破原有岸坡的稳定状态，引起库岸的变形和破坏，即岸坡再造过程。经历一段时间后，库岸在新的环境条件下达到新的稳定。库岸的变形和破坏称为岸坡失稳。根据水库岸坡变形的破坏型式与物质组成，大致分为塌岸、崩塌、滑坡及其他变形等四种类型。水库岸坡变形的分类及变形特征见表1-5。

1.4.1.3 水库浸没

水库浸没是指由于水库蓄水使水库周边地区的地下水位壅高，导致地面产生盐渍化和沼泽化、建筑物地基沉陷或破坏、居住环境恶化、地下工程和矿井充水或涌水量增加等次生地质灾害的现象。浸没可按水库类型、浸没区组成物质及其结构、浸没后果、浸没影响对象、浸没影响程度进行分类（见表1-6）。

表 1-5　水库岸坡变形的分类与变形类型

类型		变形特征	规模及方式
塌岸	黄土塌岸	黄土浸水湿陷,坡脚失去稳定	层层塌落,范围较大
	崩坡积层塌岸	基岸界面倾向河床,上有松软带,水浸后各层透水性不一,孔隙压力增大,排水慢,坡脚冲淘,基岩面以上或黏土夹层以上能维持稳定	范围较大
	湖相沉积	库岸陡峻,岩层松散,平缓层面有细颗粒夹层	范围较大
	河流冲洪积	河流阶地细粒堆积物,在库水的浪蚀或淘蚀作用下,向库中移动,使库岸稳定线向岸坡边移动	范围较大
崩塌	块状崩塌		
	软弱基座崩塌		
滑坡	老滑坡复活	水库水渗入滑动面后,已稳定的老滑坡复活,也可产生新的滑动面,使老滑坡产生部分滑动	规模较大或大,具有突发性
	顺层滑坡	千枚岩、页岩、泥板岩、泥岩层面倾向河床 15°～35°,有易滑动的软弱夹层	规模较大或大
	深厚堆积层浅部滑移		
	基岩—覆盖层界面滑移	坡积土或强风化以上的碎石土沿下部相对完整的强风化岩体界面滑动	
其他变形	流动		
	蠕动带	卸荷带软弱岩体裂隙张开,岩层变位,蓄水后不能维持原来稳定	变形缓慢,规模小

表 1-6　水库浸没分类表

分类依据	类型	备注
水库类型	平原型水库浸没	易发生浸没,且其影响范围较大
	盆地型水库浸没	
	峡谷型水库浸没	不易发生浸没,且其影响范围小
浸没区组成物质及其结构	冲积型浸没	浸没区土壤组成物质以冲积物为主
	洪积型浸没	浸没区土壤组成物质以洪积物为主
	残坡型浸没	浸没区土壤组成物质以残积物、坡积物或残坡积物为主
浸没后果	沼泽化浸没	一般发生在潮湿气候地区,即多年平均降水量大于蒸发量的地区
	盐渍化浸没	一般发生在干旱、半干旱气候地区,即多年平均蒸发量大于降水量的地区

续表 1-6

分类依据	类型	备注
浸没影响对象	农作物浸没	浸没影响对象主要为农作物、果木等，又可分为农田浸没、旱地浸没、果园浸没等
	林地浸没	浸没影响对象主要为林木
	建筑浸没	浸没影响对象包括工业与民用建筑、古迹、道路等
	矿山浸没	浸没影响对象为矿山
浸没影响程度	严重浸没	土壤重度盐渍化或沼泽化，建筑物地基重度沉陷或破坏，地下工程和矿井充水或涌水量显著增加
	中等浸没	土壤中度盐渍化或沼泽化，建筑物地基中度沉陷，地下工程和矿井涌水量较明显增加
	轻微浸没	土壤轻度盐渍化或沼泽化，建筑物地基轻微沉陷，地下工程和矿井涌水量有所增加

此外，根据浸没的影响范围可分为大范围浸没、中范围浸没、小范围浸没等。

1.4.1.4 泥石流

泥石流是由于降雨（暴雨、冰川、积雪融化水）在山谷或山坡上产生的一种挟带大量泥沙、石块和巨砾等固体物质的特殊洪流。其汇水、汇沙过程十分复杂，是多种自然和（或）人为因素综合作用的产物。它多见于地质构造复杂、断层褶皱发育、新构造运动强烈、地震烈度较高、岩体结构疏松软弱或易于风化的地区。它常常具有暴发突然，历时短暂，来势凶猛、迅速的特点，并兼有崩塌、滑坡和洪水破坏的双重作用，泥石流危害程度常比单一的崩塌、滑坡和洪水的危害更为广泛和严重，因此具有强大的破坏力。泥石流对水库工程的危害具体表现为：①造成水库淤积；②对水库区移民居民点的危害；③对水库区专业复建设施的危害。

泥石流分类见表 1-7。

表 1-7 泥石流分类

分类依据	类别	特征
地貌位置	山麓区	堆积扇位于山麓地带，不能充分发育（或缺失），扇面纵坡陡，扇形变幅大，扇面难以全面反映泥石流的发展规模和活动特征
	山前区	堆积扇位于山前地带，能充分发育，扇面纵坡较缓，扇面特征可以全面反映泥石流的规模和活动特征
流域形态	标准型	流域呈扇形，能明显地区分出形成区、流通区和堆积区。河床下切强烈，滑坡、崩塌等发育，松散物质多，主沟坡度大，地表径流集中。泥石流的规模和破坏力较大
	沟谷型	沟谷明显，沟长坡缓，分形成区、流通区和堆积区，发生、运动、堆积过程完整，堆积区呈扇形或带状，规模大，一般流域面积大于 1.0 km^2，颗粒有一定磨圆度
	山坡型	沟浅、坡陡、流程短、规模小，一般流域面积小于 1.0 km^2，发生、运动过程沿山坡或在坡面冲沟中进行，堆积在坡脚或冲沟沟口，堆积区呈锥形，堆积物棱角明显

续表1-7

分类依据	类别	特征
流体性质	黏性	流体密度大于1 600 kg/m^3,黏度大于0.3 Pa·s,层流运动,有阵流,浆体浓稠,流体中常有原状土块,悬浮大,流体直进性强,堆积物无分选性,有铺床作用
	稀性	密度1 200~1 600 kg/m^3,黏度小于0.3 Pa·s,紊流,固、液体呈不等速运动,有股流及散流现象,浆体混浊,悬浮力弱,堆积物松散而渗水性强,堆积物有分选性
物质组成	泥流	由黏粒、粉粒和砂组成,很少砾石和卵石颗粒,颗粒级配偏细,密度偏高,有稀性和黏性,分布地域主要集中在西北黄土高原
	泥石流	物质组成复杂,颗粒级配域宽,密度幅度域大,有黏性和稀性,分布地域广,几乎散布在全国各地山区,并以我国西部为主
	水石流	堆积物分选性强,由砾石、碎块石及砂砾组成,夹少量黏粒和粉粒,颗粒级配偏粗,密度偏低,为稀性,分布地域较零散,主要集中在我国东部
发育阶段	发展期	幼年期地貌,山体较破碎,坡面冲蚀、崩塌、滑坡等重力侵蚀作用日趋严重,发展明显,上冲下淤,淤积速度递增,扇面新鲜,泥石流暴发规模及频度呈渐进扩增趋势,塌方面积率1% ~10%
	旺盛期	壮年期地貌,沟坡极不稳定,松散物质极为丰富,堆积和堵塞现象严重,以滑坡、崩塌等重力侵蚀作用为主,泥石流暴发频繁,泥石流扇发育旺盛,扇面新鲜,规模大,上冲下淤和大冲大淤,塌方面积率>10%
	衰退期	老年期地貌,崩滑体明显衰减,沟坡趋于稳定,物质以沟槽侵蚀、侧蚀搬运为主,沟槽有冲有淤,冲大于淤,扇面陈旧,已生长植物,植被较好,泥石流暴发频率及规模明显衰减,塌方面积率1% ~10%
	停歇期	有老泥石流地貌而无泥石流活动的沟谷,沟坡稳定,植被恢复,出现清水流沟槽,沟槽固定,全沟下切,以冲为主,多年不见泥石流活动,扇形地常被开发与利用,塌方面积率<10%
	潜伏期	潜伏期泥石流是指未曾发生过泥石流的沟谷,但有泥石流的潜在能力而无泥石流的具体表现,有泥石流的周边环境,尚未出现有效的激发机遇,有宁静的表面现象,却又潜伏着一定的风险性
发生频率	高频泥石流	泥石流发生从几年一次到一年几十次,规模大小不一。泥石流沟床上涨明显。老泥石流堆积扇可明显辨认,沟内台地延伸不远。形成区崩塌、滑坡发育,活动强烈,植被较差,侵蚀模数>2 000 t/(km^2·年)。泥石流经常性地冲毁和淤埋,使得危险区内土地难以利用,向主河输送大量泥沙
	低频泥石流	泥石流发生数十年一次到上百年一次,暴发规模巨大,沟床稍有上涨,泥石流往往强烈刷深沟槽,老泥石流堆积扇一般发育较好,但不被开垦利用,沟内老台地保存较好,延伸较远。流域内滑坡不活跃、植被好,侵蚀模数多<2 000 t/(km^2·年)。由于扇形地被充分利用,泥石流活动迹象不明显,而一旦暴发则来势猛,规模大,往往造成巨大灾害

续表 1-7

分类依据	类别	特征
水源	降雨型	泥石流一般在充分的前期降雨和当场暴雨激发作用下形成，激发雨量和雨强因不同沟谷而异
	冰雪消融型	冰雪融水冲蚀沟床，侵蚀岸坡而引发泥石流。有时也有降雨和冰雪融水共同作用的情形，这时可根据两种水流对泥石流形成贡献的大小分别归入降雨类或冰雪消融类
	堤坝溃决型	由于水流冲刷、地震、工程质量和自身的稳定性引起的水库、池塘、水渠、河道、堤坝和由泥石流、滑坡、冰渍等形成的堰塞湖坝体的溃决造成突发性高强度洪水冲蚀而引发泥石流
规模	特大型	泥石流一次堆积总量 >1 000 000 m^3，泥石流洪峰流量 >200 m^3/s
	大型	泥石流一次堆积总量 100 000 ~ 1 000 000 m^3，泥石流洪峰流量 100 ~ 200 m^3/s
	中型	泥石流一次堆积总量 10 000 ~ 100 000 m^3，泥石流洪峰流量 50 ~ 100 m^3/s
	小型	泥石流一次堆积总量 <10 000 m^3，泥石流洪峰流量 <50 m^3/s

1.4.1.5 水库诱发地震

1. 水库诱发地震的特点

(1)空间分布上主要集中在库盆和距离库岸边 3 ~ 5 km 范围内，少有超过 10 km 者。

(2)主震发震时间和水库蓄水过程密切相关。在水库蓄水早期阶段，地震活动与库水位升降变化有较好的相关性。较强的地震活动高潮多出现在前几个蓄水期的高水位季节，且有一定的滞后，并与水位的增长速率、高水位的持续时间有一定关系。

(3)水库蓄水所引起的岩体内外条件的改变，随着时间的推移，逐步调整而趋于平衡，因而水库诱发地震的频度和强度，随时间的延长呈明显的下降趋势。根据 55 个水库的统计，主震在水库蓄水后 1 年内发生的有 37 个，占 67.3%；2 ~ 3 年发震的有 12 个，占 21.8%；5 年发震的有 2 个，占 3.6%；5 年以上发震的有 4 个，占 7.3%。

(4)水库诱发地震的震级绝大部分是微震和弱震，一般都在 4 级以下。据统计，震级在 4 级以下的水库诱发地震占总数的 70% ~80%，震级在 6 级以上(6.1 ~6.5 级)的强震仅占 3%。

(5)震源深度极浅，绝大部分震源深度在 3 ~ 5 km，直至近地表。

(6)由于震源较浅，与天然地震相比，水库诱发地震具有较高的地震动频率、地面峰值加速度和震中烈度，但极震区范围很小，烈度衰减快。

(7)总体上，水库诱发地震产生的概率只有工程总数的 0.1% ~0.2%，但随着坝高和库容的增大，比例明显增高。我国坝高在 100 m 以上的和库容在 100 亿 m^3 以上的高坝大库，发震比例均在 30% 左右。

(8)较强的水库诱发地震有可能超过当地发生过的最大历史地震，也可能会超过当地的基本地震烈度，因此不能以这二者作为判断一个地区可能发生水库诱发地震的最大强度的依据。

2. 水库诱发地震的类型

(1)构造型。由于库水触发库区某些敏感断裂构造的薄弱部位而引发的地震,发震部位在空间上与相关断裂的展布相一致。这种类型的水库诱发地震强度较高,对水利工程的影响较大,也是各国研究最多的主要类型。

(2)岩溶型。发生在碳酸盐岩分布区岩溶发育的地段,通常是由于库水位升高突然涌入岩溶洞穴,高水压在洞穴中形成气爆、水锤效应及大规模岩溶塌陷等引起的地震活动。这是最常见的一种类型的水库诱发地震,中国的水库诱发地震70%属于这一类型。但这种类型地震震级不高,多为2~3级,最大也只在4级左右。

(3)浅表微破裂型,又称浅表卸荷型。在库水作用下引起浅表部岩体调整性破坏、位移或变形而引起的地震,多发生在坚硬性脆的岩体中或河谷下部的所谓卸荷不足区。这一类型地震震级一般很小,多小于3级,持续时间不长。近些年的资料表明,该类型的诱发地震比原先预想的更为常见。

此外,库水抬升淹没废弃矿井造成的矿井塌陷、库水抬升导致库岸边坡失稳变形等,也都可能引起浅表部岩体振动成为"地震",且在很多地区成为常见的一种类型。

3. 水库诱发地震的主要影响因素

通常认为,水库诱发地震的主要影响因素有库水深度、库容、应力场、断层活动性、库区岩石性质及库区地震活动性等。

1.4.2 坝基主要工程地质问题

1.4.2.1 覆盖层坝基主要工程地质问题

当河床覆盖层深厚,全部挖除不经济,或初步判断可以利用覆盖层作为坝基时,在查明覆盖层地基厚度、物理力学、渗透性特性参数的基础上,应针对覆盖层地基存在的问题和建坝适宜性进行全面评价。

河谷深厚覆盖层具有结构松散、土层不连续的性质,岩性在水平和垂直两个方向上均有较大变化,且成因类型复杂,物理力学性质呈现较大的不均匀性。

在河谷深厚覆盖层上修建水利水电工程时,常常存在渗漏、渗透稳定、沉陷、不均匀沉陷及地震液化等问题,是在砂卵砾石或碎石土上修建水工建筑物的主要问题,许多水工建筑物的破坏和失事,多由渗透破坏所造成。另外,深厚覆盖层对防渗墙的应力和变形影响较大。

在深厚覆盖层上修建水利水电工程,其主要工程地质问题为:①承载和变形稳定问题;②渗漏和渗透稳定问题;③抗滑稳定问题;④砂土地震液化稳定问题与软土震陷问题。

深厚覆盖层作为水工建筑物地基,要查明土体分布范围、成因类型、厚度、层次结构、物理力学性质、水理性质、水文地质条件等,提出坝基土体渗透系数、容许渗透水力比降和承载力、变形模量、强度等各种物理力学性质参数,对地基沉陷、抗滑稳定、渗漏、渗透变形、液化、震陷等问题作出评价。

1.4.2.2 岩石坝基主要工程地质问题

岩石坝基的主要工程地质问题可归结为坝基岩体的承载强度及变形稳定问题、大坝的坝基抗滑稳定问题、坝基的渗漏及渗透变形问题、大坝下游的冲刷及雾化问题。

1. 坝基的承载强度及变形稳定

一般情况下，岩石地基的承载能力均满足设计要求。但在某些条件下，特别是坝基中分布有软弱岩层或大规模的断层破碎带时，就可能出现岩体承载能力不能满足大坝地基的受力要求。

对于岩石地基而言，大坝特别是刚性坝，坝基变形稳定主要是研究岩石地基的不均匀变形。

对于不均匀变形，在坝址选择及坝轴线选择时就应尽量避开，如不能避开则应采取相应的措施，减少或消除地基不均匀变形对坝体安全的影响。

对于坝基承载强度及变形稳定性，应查明坝基及其影响范围内的地层岩性，合理划分工程岩组。查明坝基地质构造的规模、空间分布及性状，岩体结构的类型及岩体的完整程度，建立合理的坝基岩体质量分类体系。在试验及工程类比的基础上，合理确定各岩类的岩体承载强度和抗变形参数，分析、评价可能导致不均匀变形的部位。对于拱坝，尤其要注意坝基及抗力岩体范围内局部地带抗变形能力的突变对拱坝稳定性的影响。

2. 坝基的抗滑稳定

坝基的抗滑稳定性是指坝基岩体在建坝后各种工程荷载作用下，抵抗发生剪切滑动破坏的能力。不同坝型的大坝的抗滑稳定要求是不相同的。

当地材料坝由于是用散粒体材料堆砌而成的，其水推力转化为坝体及地基的渗透力，大坝的抗滑稳定主要是在渗流作用下坝坡自身的稳定。只有在坝基中存在大规模的、力学强度很低的软弱结构面的非常不利情况下，才可能出现在渗透水及坝体荷载作用下，沿结构面产生失稳并牵动坝体滑移的情况，否则，一般不存在坝基岩体的抗滑稳定问题。

重力坝是依靠自身的重量在某一可能的滑移面上所产生的摩阻力或称为抗滑力来保持坝基或坝基岩体的抗滑稳定。坝基中总常存在的风化破碎岩体、软弱结构面、地下水等这样那样的地质缺陷，可造成坝基滑动，使大坝遭受破坏。

拱坝是将坝体所受荷载的大部分经拱的作用传递到两岸岩体，仅小部分经梁向作用传递到河床坝基。因此，两岸抗力岩体的稳定性成为了主要问题。一般情况下支撑拱座的抗力岩体不会是由风化破碎的软弱岩石构成的岩体，坝肩岩体的失稳破坏型式主要是沿结构面的滑移失稳问题。

针对坝基抗滑稳定性的分析和评价，工程地质勘察的总体要求是力求做到基本地质条件清楚，重点问题明确，基础资料齐全，各类数据可靠，分析论证充分，工程评价准确。

在具体的工程地质勘察工作中，需要在查明有关工程地质条件的基础上建立起坝基岩体工程地质质量分类和结构面工程特性分类体系，分析可能存在的滑移模式及滑移失稳的边界条件。当可能存在重力坝坝基的深层滑动或拱坝抗力岩体的稳定问题时，应根据查明的岩体结构特征，采用赤平投影或实体比例投影的方法判明滑移结构体的形态、规模、可能滑动的方向；确定控制滑移面、切割面及临空面等边界条件；合理确定岩体及结构面的物理力学参数地质建议值。在稳定性验算及工程处理措施选定的基础上，进行多方面的综合分析、评判，最终作出坝基、坝肩岩体稳定性的综合评价。

3. 坝基的渗漏及渗透变形

坝基渗透可分为坝基渗漏和绕坝渗漏两类，对于岩石地基，除岩溶地区外，主要考虑渗透形成的扬压力对坝体稳定性的影响。

渗透变形分为化学管涌与机械渗透变形两大类。

对于化学管涌，一般在坝址及坝轴线选择时就应避开，在无法回避的情况下，在查明易溶地层的基础上，应根据埋藏条件、水动力条件、可能的处理措施，进行综合的分析与评价，并提出处理措施建议。

对于坝基岩体中的各类结构面的机械渗透变形，应调查结构面的特征、物质组成、颗粒级配，判明渗透变形的类型，根据理论分析、试验成果及工程类比，综合确定临界和容许比降。然后根据实际水力比降进行综合判断和分析。

4. 冲刷及雾化问题

坝体或岸边泄水、冲砂建筑物泄水时水流跌入水垫后形成回流，剧烈冲刷建筑物地基导致地基及建筑物失稳；长期冲刷河床，破坏岩体稳定，形成冲坑后溯流发展，危及坝基稳定及大坝安全；冲刷坑不断加深，切断坝基下的软弱夹层、缓倾角断层等结构面，形成临空面，可能引起坝基的深层滑动；淘刷两岸岸坡，诱发产生崩塌、滑坡等地质灾害，危及下游两岸边坡稳定及建筑物安全；抬高电站尾水位，影响电站效益；破坏溢洪设施等。

对冲刷问题的工程地质勘察，主要是调查和分析评价岩石的强度及软硬岩层的组合情况，岸坡结构，岩体的完整性，风化及风化的均一性，岸坡的卸荷特征，断层、构造破碎带、节理的产状及性状，发育程度和相互切割组合的形式。根据岩体结构结合有关试验及通过工程地质类比，确定抗冲岩体的抗冲流速或冲刷系数，分析评价岩体的抗冲性能及冲刷时对坝基、建筑物地基和边坡等的影响，提出处理措施建议。

泄洪雾化引起的主要工程地质问题是下游岸坡在雾化雨雾作用下的稳定问题。

1.4.2.3　各种坝型对地质条件的要求

不同坝型对地质条件的要求见表1-8。

表1-8　不同坝型对地质条件的要求

地质条件	土石坝	混凝土重力坝	混凝土拱坝
岩土性质	坝基岩(土)应具有抗水性(不溶解)，压缩性也较小，尽量避免有很厚的泥炭、淤泥、软黏土、粉细砂、湿陷性黄土等不良土层	坝基要求尽可能为岩基，应有足够的整体性和均一性，并具有一定的承载力、抗水性和耐风化性能，覆盖层与风化层不宜过厚	坝基应为完整、均一、承载力高、强度大、耐风化、抗水的坚硬岩基，覆盖层和风化层不宜过厚
地质构造	以土层均一、结构简单、层次较稳定、厚度变化小的为佳，最好避开严重破碎的大断层带	尽量避开大断层带、软弱带以及节理密集带等不良地质构造	应避开大断层带、软弱带以及节理密集带等不良地质构造

续表1-8

地质条件	土石坝	混凝土重力坝	混凝土拱坝
坝基与坝肩稳定	应避免有能使坝体滑动的性质不良的软弱层及软弱夹层。两岸坝肩接头处，地形坡度不宜过陡	坝基应有足够的抗滑稳定性，应尽量避免有不利于稳定的滑移面（软弱夹层、缓倾角断层等）	两岸坝基在地形地质条件上应大致对称（河谷宽高比最好不超过3.5），在拱推力作用下，不能发生滑移和过大变形，拱座下游应有足够的稳定岩体
渗漏与渗透稳定	应有足够的渗流稳定性，应避开难以处理的易渗透变形破坏的土层与可液化土层，并避免渗漏量过大	岩石的渗水性不宜过大，不致产生大量漏水，避免产生过大的渗透压力	岩石的透水性要小，应避免产生过大的渗透压力（特别是两岸坝肩的侧向渗透压力）

1.4.3　水闸、泵站主要工程地质问题

（1）抗滑稳定性问题。对于土基，主要是由于建筑物与地基土间的摩擦力偏小或由于建筑物建基面高低差异而产生的浅层或深层滑动。对于岩基，主要是由于建筑物与岩石间的摩擦力偏小或岩土中存在对滑动有利的软弱结构面（如层面、裂隙、断层等）组合而形成的浅层或深层滑动。

（2）不均匀变形问题。主要是由于地基浅部分布有软弱地层或建筑物基础跨越强度、性状差异较大的地层，从而引起建筑物产生变形和裂缝。

（3）渗漏及渗透变形问题。主要是由于建筑物地基浅部或表层分布有渗透性较大的土、岩层，在出现较大水头差的作用下，会产生渗漏或散浸、流土、管涌等渗透变形，从而威胁建筑物的安全。

（4）高扬程的提水泵站，由于出水管道较长且顺山坡从下向上布置，管道镇墩地基和边坡稳定问题较为突出。

1.4.4　堤防主要工程地质问题

（1）渗透变形问题。堤防工程中渗漏普遍存在，由地下水在土体中渗流时产生的渗透力而导致坝基土体破坏所带来的渗透变形问题，是堤防堤基存在的主要工程地质问题。

（2）岸坡稳定问题。堤防岸坡多由第四系土层组成，在迎流顶冲、深泓逼岸、顺流淘刷等水应力作用下，存在岸坡稳定问题，其破坏形式主要为塌岸和滑坡。特别是在窄外滩或无外滩的情况下，岸坡稳定问题已危及堤防的安全，是堤防主要工程地质问题之一。

（3）软土沉降变形与稳定问题。堤防堤基土体多为第四系全新统冲湖积物，多分布有软土，软土有机质含量较高，含水量较大，压缩性高，抗剪强度低，易引起大堤沉降或不均匀沉降变形，使堤身遭受不同程度的破坏并导致抗滑稳定问题。

（4）其他地质问题。此外，还存在饱和砂土地震液化与震陷、岩溶地面塌陷、地下有

害气体等问题。

1.4.5 输水隧洞主要工程地质问题

输水隧洞可能存在的主要工程地质问题有围岩大变形、塌方、岩爆、高外水压力、突水、突泥和涌水、高地温、岩溶、膨胀岩、有害气体、有害水质、放射性危害等。其中,突涌水、高应力条件下的岩爆与软弱破碎围岩大变形和高地温问题是最为常见的问题,对工程影响较大。有害气体常见的有煤层瓦斯、天然气和硫化氢等。

1.4.5.1 大断层带围岩失稳及涌水问题

隧洞断层带围岩失稳及涌(突)水问题是隧洞施工中常见的不良地质现象,也是危害性最大的问题,它是影响隧洞施工和隧洞运营的主要地质灾害。

涌(突)水属于隧洞施工中遇到的流体地质灾害类型之一,与其他灾种相比,其具有以下特点:

(1)发生概率高。

(2)一旦发生大规模的隧洞涌(突)水,不仅施工本身会严重受阻,而且可能引起浅层地下水及地表水枯竭,甚至引起地面塌陷等伴生的环境地质问题。

也正是由于上述原因,无论是在隧洞勘测设计阶段还是在施工阶段,涌(突)水都是重点研究的施工地质灾害之一,研究的核心则在于超前预测预报。

断裂带不仅仅是一种大的地质结构面,同时也可能是地质单元的控制边界,而且其本身也是一种特殊的地质体。断层带本身具有很差的工程性质,因而由于断层造成的隧洞不良地质问题十分突出,主要表现在围岩失稳和涌(突)水方面,往往对施工造成很大影响。因而,穿越大断层破碎带也是一个重要的工程地质问题。

1.4.5.2 岩溶及突水突泥问题

岩溶(又称喀斯特)是可溶性岩石在水的溶蚀作用下产生的各种地质作用、形态和现象的总称。岩溶发育形成的条件主要为:①具有可溶性的岩层;②具有溶解能力(含CO_2)和足够流量的水;③具有地表水下渗、地下水流动的途径。

岩溶对隧洞工程的影响主要为洞害、水害、洞穴充填物及塌陷、洞顶地表塌陷四个方面:

(1)有的岩溶洞穴深浚或基底充填物松散;有的顶板高悬不稳,有严重崩坠的危险;有的岩溶发育情况复杂,洞穴、暗河上下迂回交错,通道重叠;有的溶蚀洞穴长、宽上百米,高达几十米。如隧洞通过该处,其工程艰巨,结构处理复杂,施工困难。

(2)在岩溶地区修建隧洞工程时,施工中常遇到水囊或暗河岩溶水的突然袭击,往往泥沙通流,堵塞坑道,给施工安全造成威胁。

(3)由于岩溶洞穴围岩节理、裂隙发育、岩石破碎或充填物松软,在施工中极易发生坍塌,危害施工安全。

(4)隧洞地表塌陷和水资源流失,使得隧洞沿线地表生态环境恶化,给当地生产、生活等造成严重影响。

前期勘测阶段能够从宏观上查明岩溶的发育层位、分布规律、充填及水文地质情况等。而对岩溶的具体分布位置、规模和充填物的性质还是要在施工中去发现去处理。所以,对岩溶问题施工中的超前探测是非常重要的。

研究岩溶地区输水隧洞突涌水、突涌泥沙及地表塌陷和水源枯竭灾害的规律,不仅对今后的岩溶地区输水隧洞的勘测设计和施工有重要的指导意义,而且对既有岩溶地区输水隧洞岩溶水害、泥害、砂害及地表塌陷和水资源枯竭灾害防治也有重要的现实意义。

1.4.5.3 高地应力条件下软质围岩变形问题

隧洞围岩大变形,是指以软弱岩为主的围岩中,在地下水、高地应力、岩体结构等控制条件下,隧洞洞壁变形量超过设计预留变形量,或有超过设计预留变形量(如 15 cm)的趋势,即认为围岩发生大变形。

一般根据变形的原因和形式,变形可分为膨胀变形和挤压变形两种。

1. 膨胀变形

膨胀变形是指膨胀性围岩在一定条件下会发生膨胀。如上第三系(N_2)黏土岩为软岩,含有石膏、蒙脱石等膨胀性矿物,因而具有一定的膨胀性。施工中若岩石的含水量变化较大,或发生干湿交替的变化,围岩就会发生膨胀变形。

2. 挤压变形

围岩强度应力比(S)为

$$S = \frac{R_b K_v}{\sigma_m} \tag{1-1}$$

式中 R_b——岩石饱和单轴抗压强度,MPa;

K_v——岩体完整系数;

σ_m——围岩最大主应力,MPa。

在隧洞围岩压力集中部位,当 $S<4$(Ⅱ类围岩)时,围岩会出现应力超限,形成塑性区,围岩稳定性差;当 $S<2$(Ⅲ、Ⅳ类围岩)时,围岩变形显著,围岩不稳定。

围岩变形和破坏与主应力方向有关。当以水平应力为主时,易出现围岩侧壁膨胀、片帮等;当以垂直应力为主时,可出现顶板下沉、底板隆起等;当为混合应力时,围岩变形形式比较复杂。

随着地下工程向深部发展,围岩变形及其稳定性控制越来越突出,并且难以准确预测预报。其原因是围岩变形与围岩岩性、岩体强度、地应力、地下水、岩体结构及洞室断面的形态等均有着密切的关系。

高地应力条件下软质围岩工程性质十分复杂,其主要原因是:

(1)它既有与岩石本身有关的地层、岩性、矿物成分、水理性质、岩体结构及强度等多方面的内容,也有应力和应力变化引发围岩状态和性质改变的许多内容。

(2)对高地应力条件的软质围岩目前还没有完善的定义。按围岩强度应力比的概念(见式(1-1)),围岩类别均相应降低一级。随着地下工程向深部发展,围岩 S 值可能更小,变形将更加严重。

(3)目前人们对深部地应力情况了解的很少,特别是地下洞室开挖后,三维的地应力变化情况很难了解清楚。

(4)深埋地下洞室软质围岩变形往往具有变形量大、变形期长、变形形态复杂等特点,因而也带来了“支护难”问题。

1.4.5.4 岩爆问题

岩爆也称冲击地压,是一种岩体中聚积的弹性变形势能在一定条件下突然猛烈释放,导致岩石爆裂并弹射出来的现象。

岩爆是深埋输水隧洞在施工过程中常见的动力破坏现象。轻微的岩爆仅有剥落岩片,无弹射现象;严重的岩爆伴有很大的声响,往往造成开挖工作面严重破坏、设备损坏和人员伤亡,还可能使地面建筑遭受破坏。岩爆可瞬间突然发生,也可以持续几天到几个月。

岩爆产生的条件主要为:

(1)近代构造活动山体内地应力较高,岩体内储存着很大的应变能,且该部分能量超过了岩石自身的强度。

(2)围岩坚硬、新鲜、完整,裂隙极少或仅有隐裂隙,且具有较高的脆性和弹性,能够储存能量,而其变形特征属于脆性破坏类型,当应力解除后,回弹变形很小。

(3)埋深较大(一般埋藏深度多大于200 m),且远离沟谷切割的卸荷裂隙带。

(4)地下水较少,岩体干燥。

(5)开挖断面形状不规则、大型深埋输水隧洞的地下工程,或断面变化造成局部应力集中的地带。

1.4.5.5 隧洞高地温问题

地球内部蕴藏着巨大的热能,这些热能通过火山爆发、地热泉和放射性元素的衰变等形式向地表散发。研究地温场的变化特征对深埋隧洞的施工安全具有重要的现实意义。

高地温问题(热害)是隧洞(道)工程、采矿工程及其他地下工程中常遇到的灾害地质问题之一。特别是深埋隧洞的高地温问题,给隧洞施工带来了极为不利的影响。资料表明,当隧洞原始地温达到28 ℃时,施工中就要采取适当的降温措施。当原始岩体温度达到35 ℃、湿度达到80%时,深埋隧洞中的高地温问题已非常严重,这不仅危害作业人员的健康和人身安全,同时也将使机械效率降低和劳动生产率下降,甚至使施工无法进行。同时,隧道内高温高湿也使得机械设备的工作条件恶化,效率低下,故障增多。各国在修建深埋隧洞时,都不同程度地出现了热害,并对此进行了专门的研究。随着隧洞工程向深部的发展,地温危害的报道也日趋增多。

影响隧洞天然地温的因素很多,如隧洞埋深与地温梯度、地层岩性分布与地应力环境、岩石的性质及导热率、岩体放射性环境、水文地质单元及地下水循环条件、地质构造特别是活动断裂构造带、地下水温度、气温条件、地面起伏及切割深度等。再如,从构造变形来看,一般背斜区地温随深度的增加高于相邻的向斜区,平缓岩层出露区高于相同岩性的直立岩层出露区;从岩性来看,在构造条件相同的情况下,导热率高的岩层(如砂岩、结晶岩)的地温随深度的增加低于导热率低的岩层(如页岩、灰岩),等等。

1.4.5.6 有害气体问题

天然形成的有害气体一般赋存于产生这些气体的源岩和岩体的孔隙、裂隙中,也有少量溶于地下水中。当地下洞室开挖后,有害气体在地应力的作用下就会迅速或缓慢地向地下洞室(低压区)中释放和溢出。通过实践人们认识到有害气体有时运移距离很大,所以在许多不含有害气体源岩的地层中开挖洞室也会遇到有害气体问题。

有害气体的种类多种多样，其中危害大的主要有煤层瓦斯（CH_4）、石油天然气（nCH_4）、一氧化碳（CO）、二氧化碳（CO_2）、二氧化硫（SO_2）、硫化氢（H_2S）等，应在勘测期间及工程实施阶段对有害气体可能产生的部位开展观测。

地下洞室有害气体最大允许浓度见表1-9，瓦斯隧洞类别见表1-10。

表1-9　地下洞室有害气体最大允许浓度

有害气体名称	符号	最大允许浓度	
		按体积比（$\times10^{-3}$%）	按质量比（mg/m^3）
一氧化碳	CO	2.40	30
氮氧化合物	换算成 NO_2	0.25	5
二氧化硫	SO_2	0.50	15
氨	NH_3	4.00	30
硫化氢	H_2S	0.66	10

注：地下工作面空气成分的主要指标：氧气应不低于20%（体积比），二氧化碳含量不高于0.5%（体积比）。

表1-10　瓦斯隧洞类别

类别	瓦斯涌出量（mg/（min·m^3））	吨煤瓦斯含量（m^3/t）	瓦斯压力 P（MPa）
低瓦斯隧洞	<0.5	<0.5	<0.15
高瓦斯隧洞	≥0.5	≥0.5	0.15～0.74
瓦斯突出隧洞			≥0.74

1.4.5.7　有害水质问题

西部地区第三系（N_{1+2}）地层的地下水水质普遍较差，其原因主要是泥岩、砂岩中含有石膏等盐岩，SO_4^{2-}、Cl^-离子含量较高，一般对混凝土具有硫酸盐型强～弱腐蚀性，对混凝土钢筋具有中等～弱腐蚀性，对钢结构具有中等～弱腐蚀性。

如天山地区花岗岩体地下水即存在局部水质异常问题，地下水中SO_4^{2-}、Cl^-离子含量较高，pH值较高。对混凝土具有硫酸盐型强腐蚀性和重碳酸型中等腐蚀性，对混凝土钢筋具有中等腐蚀性，对钢结构具有中等腐蚀性等。其成因可能在于，花岗岩侵入岩体周边的矽卡岩带、断层带和不整合古风化壳中，常形成有色金属矿产，其中的黄铜矿（$CuSO_4$）、方铅矿（PbS_2）、磁黄铁矿（FeS_2）、闪锌矿（ZnS_2）等，遇水可产生硫酸根，形成侵蚀性地下水。

总体而言，大部分地区地表水和浅层地下水水质良好，对普通混凝土无腐蚀性。但深部岩体中的地下水受地层岩性、构造及特殊矿物影响，水质比较复杂并难以查明。由于深部岩体的透水性一般较弱，有害水质的影响相对整个隧洞工程来讲是局部的，施工中只要加强地下水质监测、遇有害水质及矿脉点采取有效措施及时封堵，是可以防治其扩散、污染输水水质和对隧洞衬砌结构产生腐蚀的。

1.4.5.8 膨胀岩问题

我国北方(包括西北地区)膨胀岩主要分布在二叠、三叠、侏罗、白垩及第三系中。岩性为富含蒙脱石和石膏的泥岩、砂质泥岩、黏土岩等。通过工程实践认识到,尽可能地减少对围岩的扰动和采取防水结构设计,使围岩的含水量不发生较大的变化,是可以减少甚至避免膨胀岩的危害。这种方法和措施是能够有效地阻止膨胀岩干燥活化作用的发生,从而抑制了膨胀岩膨胀作用的发挥。

1.4.5.9 放射性元素危害问题

在我国一些地区(如新疆天山地区)放射性矿藏比较多,有侵入型、火山热液充填型、沉积型等。当地下洞室通过酸性岩浆岩体、伟晶岩脉等具有放射性物源地层,或洞室虽未直接通过放射性物源地层,但邻近地区存在该类放射性物源和洞室深埋时,可能存在放射性物质浓度超标,对施工、运行人员产生内外照射辐射危害,应对洞室进行环境放射性影响评价。在放射性元素含量高的地区进行专门性勘测工作时,一般应解决以下几个问题:

(1)明确放射性矿层及富集区(或异常区)的分布。

(2)对施工人员和输水水质的影响做出评价。

(3)对放射性超标的隧洞弃渣提出避免二次污染环境的堆放要求。

参考《铀矿勘探开采中的辐射安全》《铀矿井排氡通风技术规范》(EJ/T 359—2006)等进行分析,工程可能产生的对周围辐射环境影响主要有:

(1)隧洞掘进废石排放所致辐射环境影响。

应符合《建筑材料放射性核素限量》(GB 6566—2001)中“作为建材主体时产销与使用范围均不受限制”的限值要求,以使隧洞掘进排放废石不对周围辐射环境产生不利影响。

(2)隧洞围岩暴露产生的 γ 辐射影响。

对于隧洞围岩暴露产生的 γ 贯穿辐射产生的周围辐射环境和施工人员影响,《铀矿勘探开采中的辐射安全》给出了铀矿地下巷道围岩 γ 辐射剂量率的估算公式。

(3)隧洞围岩和地下水暴露以及施工用水所产生的氡及氡子体影响。

工程隧洞内氡及氡子体主要以围岩氡的析出为主。对于围岩氡的析出量,可依据《铀矿井排氡通风技术规范》(EJ/T 359—2006)给定方法估算,估算公式如下:

$$D_a = J_d L P a K_p \tag{1-2}$$

式中 D_a——隧洞围岩氡的析出量,kBq/s;

J_d——围岩当量氡析出率,kBq/(s · m^2 · 1%);

L——隧洞长度,m;

P——隧洞壁周长,m;

a——隧洞围岩铀品位(%);

K_p——铀镭平衡系数。

按^{238}U 含量估算,在连续施工 1 年以上而未采取任何人工通风的假定条件下,隧洞氡浓度的最高水平不应超过《电离辐射防护与辐射源安全基本标准》(GB 18871—2002)中规定的工作场所 500 ~ 1 000 Bq/m^{3}的补救行动水平。因此,必须采取通风等有效的降氡和防氡措施,将隧洞内氡的浓度水平降至标准限值以下。

(4)隧洞地下水暴露、施工废水对周围水体的辐射影响。

由于衬砌封闭等措施,地下水的暴露将被控制在非常低的水平,因此不存在对周围环境水体以及隧洞流经水体的放射性不利影响。

(5)输水隧洞对所流经输水水体带来的辐射影响。

由于深部地质条件的复杂性,对深部岩石的放射性特征的推断是存在不确定性的。建议关注以下问题:①对隧洞沿线已施工的钻孔进行放射性测井,以获取深部岩石的放射性资料;②制订工程施工期间放射性测量计划。

1.4.5.10 隧洞高外水压力问题

隧洞衬砌与围岩接触面形成间隙,作用于衬砌内的渗流体积力可近似用衬砌内外缘的水压力代替,衬砌外缘的水压力称为外水压力(即地下水作用于隧洞衬砌上的压力)。深埋隧洞往往具有较大的外水压力,致使隧洞衬砌破坏。例如,万家寨引黄入晋工程7号隧洞,地下水位水头为60~300 m时,隧洞开挖中的涌水量均不大,但在外水压力实测值超过60 m的洞段,TBM衬砌管片有的发生挤压破坏;引滦入津隧洞工程,在外水压力几十米水头的情况下,使约4 000 m城门洞型隧洞底板衬砌产生鼓起破坏。

地下水对隧洞衬砌的不利影响是显而易见的,而外水压力的量值目前还不易计算准确。在工程处理方法上采取堵排结合的方法是可行的,只排(打孔排水)不堵(接触灌浆与固结灌浆)往往会造成大面积地下水位的下降,直接对水文地质条件和生态环境形成威胁直至恶化。

目前,计算外水压力的方法主要有外水压力作用系数法和渗流场分析法。

根据《水工隧洞设计规范》(SL 279—2002),作用在洞室衬砌上的外水压力可按下式进行估算:

$$P_e = \beta_e \gamma_w H_e \tag{1-3}$$

式中 P_e——作用于洞壁的地下水压力,kN/m²;

β_e——外水压力折减系数;

γ_w——水的容重,kN/m³,一般采用9.81 kN/m³;

H_e——地下水位到隧洞中心的作用水头,m。

1.4.6 渠道主要工程地质问题

渠道(包括部分渠系建筑物)的主要工程地质问题有以下几个。

1.4.6.1 与地下水有关的问题

它主要包括渠道开挖施工期间的涌水、涌沙和底板突涌问题,渠道通水前的衬砌抗浮稳定问题,渠道运行期间的渗漏问题,地下水水质对工程的影响等问题。

1.4.6.2 与渠道边坡稳定有关的问题

它主要包括滑坡(包括膨胀土地区的浅层与深层滑坡)、坍塌、渠水冲刷及雨水冲刷(雨淋沟)、冻胀。

1.4.6.3 与地基稳定有关的问题

它主要包括黄土及黄土类土中的湿陷问题、软基问题或承载力不足问题、不均匀沉降问题、膨胀土地基抬升变形问题。

湿陷性是黄土的主要工程地质问题,主要是对边坡及地基产生湿陷变形破坏。修建在黄土区的水利工程、房屋、公路、铁路等,常易发生与湿陷有关的坝体裂缝、渠道不均匀沉陷、管道断裂、房屋破坏、库岸及边坡塌滑等问题。

膨胀土具有胀缩性、多裂隙性和超固结性等特征,通常具有较高的黏粒含量和较大的塑性指数。膨胀土对渠道工程的影响可以通过自有膨胀率和膨胀力去评价。在大气环境作用下,近地表膨胀土会形成一个深度3 m左右的大气剧烈影响带,多数情况下在剧烈影响带下部会形成一个土体含水量较高的相对软弱带,再向下土体逐步变为不受外部环境影响的非饱和带。在我国河南、湖北、湖南、云南、安徽、广西、广东、河北、四川、新疆等地,膨胀土分布面积较大。

采空区也是影响地基稳定的问题之一。地下矿层被开采后形成的空间称为采空区。采空区分为老采空区、现采空区和未来采空区。地下矿层被开采后,其上部岩层失去支撑,平衡条件被破坏,随之产生弯曲、塌落,以致地表下沉变形,造成地表塌陷,形成凹地。随着采空区的不断扩大,凹地不断发展而成凹陷盆地,即地表移动盆地。地表移动盆地的地表变形分为两种移动和三种变形。两种移动是指垂直移动(下沉)和水平移动;三种变形是指倾斜、曲率(弯曲)和水平变形(压缩变形和拉伸变形)。采空区地表移动盆地的变形发展,会使地表产生下沉、裂缝、倾斜、水平位移等一系列变形现象,会造成地面开裂、塌陷,边坡滑坡,渠道开裂渗漏,渠道边坡滑移,建筑物不均匀沉陷甚至倒塌,影响地基的稳定。由此可见,采空区对水利水电工程具有较大的危害。

1.4.6.4 环境地质问题

它主要包括渠道渗漏引起的周边浸没问题,渠道建设对地下渗流场的影响问题,渠道周边滑坡、泥石流(水石流)对渠道安全的影响问题。

1.4.7 渠系建筑物主要工程地质问题

渠系建筑物的类型很多,包括倒虹吸、渡槽、分水闸、节制闸、退水闸等。渠系建筑物主要的工程地质问题多为与地基稳定、渗透稳定有关的问题,但是,由于各类建筑物的荷载条件和基础型式不同,对地基地质条件的评价应有所区别,地基失稳的型式、抗滑稳定的边界条件以及抗滑指标的选择应按有关规程规范执行。

参考文献

[1] 穆汗默德·阿布-赛义德. 埃及尼罗河的主要调水工程及其对农业的影响[C]//左大康,刘昌明. 远距离调水——中国南水北调和国际调水经验. 王广德,译. 北京:科学出版社,1983:12-22.

[2] 刘春发. 国内外大型调水工程现状和启示[J]. 水科学与工程技术,2009(5):77-78.

[3] 王龙,徐厚臻. 国内著名的调水工程概览[J]. 地理教学,2010(14):4-7.

[4] 关志成,刘志明. 大型引调水工程的建设发展与应用技术[C]//中国水利水电勘测设计协会. 调水工程应用技术研究与实践. 北京:中国水利水电出版社,2009:3-14.

[5] 董安建. 我国调水工程设计实践与创新[J]. 中国水利,2010(20):13-16.

[6] 彭土标,等. 水力发电工程地质手册[M]. 北京:中国水利水电出版社,2011.

[7] 梅锦山,侯传河,司福安. 水工设计手册:第2卷 规划、水文、地质[M]. 2版. 北京:中国水利水电出

版社,2014.
[8] GB 50487—2008 水利水电工程地质勘察规范[S]. 北京:中国计划出版社,2009.
[9] GB 50287—2006 水力发电工程地质勘察规范[S]. 北京:中国计划出版社,2008.
[10] SL 279—2002 水工隧洞设计规范[S]. 北京:中国水利水电出版社,2003.
[11] SL 430—2008 调水工程设计导则[S]. 北京:中国水利水电出版社,2008.
[12] SL 629—2014 引调水线路工程地质勘察规范[S]. 北京:中国水利水电出版社,2014.
[13] 贾国臣,刘康和. 深埋长隧洞勘察技术与思考[J]. 工程勘察(S),2006:70-74.
[14] 刘康和,练余勇. 深埋长隧洞地球物理勘察及施工超前预报[M]. 天津:天津科学技术出版社,2010.
[15] 白学翠,余波,卢昆华,等. 天生桥二级水电站强岩溶深埋长隧洞勘察与设计[M]. 北京:中国水利水电出版社,2011.
[16] 刘康和,段伟,王光辉,等. 深埋长隧洞勘测技术及超前预报[M]. 北京:学苑出版社,2013.
[17] 宋嶽,高玉生,贾国臣,等. 水利水电工程深埋长隧洞工程地质研究[M]. 北京:中国水利水电出版社,2014.
[18] 陈德基. 中国水利百科全书 水利工程勘测分册[M]. 北京:中国水利水电出版社,2004.
[19] 水利电力部水利水电规划设计院. 水利水电工程地质手册[M]. 北京:中国水利电力出版社,1985.
[20] 白万山,童广秀,赵晓斌,等. 长大深埋隧洞勘测技术研究与实践[M]. 郑州:黄河水利出版社,2013.

第 2 章　地球与物理探测基础

2.1　地球构造简述

地球是一个球状物体，由固体、液体和气体物质组成。地球外壳主要由固体组成，外层称为岩石圈。岩石圈表面由一层并不连续的水体所包围，称之为水圈。水圈外围由气体覆盖，称之为大气圈。水圈不连续包围地球，当中含有吸收的气体和岩石粒子。水圈的 98%为海水，分布于海洋之中，其余小部分则在陆地上形成湖泊、河流或冰雪。另外还有极小部分水渗入地下而成为地下水。除以上三者外，在地表处尚有生物圈包围在外。

地球圈层分为地球外圈和地球内圈两大部分。地球外圈可进一步划分为四个基本圈层，即大气圈、水圈、生物圈和岩石圈；地球内圈可进一步划分为三个基本圈层，即地幔圈、外核液体圈和固体内核圈。此外，在地球外圈和地球内圈之间还存在一个软流圈，它是地球外圈与地球内圈之间的一个过渡圈层，位于地面以下平均深度约 150 km 处。这样算来，整个地球总共包括八个圈层，其中岩石圈、软流圈和地球内圈一起。

地球物理的基本数据主要有：

(1)地区年龄：46 亿年。

(2)公转周期：365. 25 d。

(3)自转周期：23 小时 56 分钟 4 秒(平太阳时)。

(4)地球体积：约 10 832 亿 km^3。

(5)地球质量：约 600 000 亿亿 t。

(6)地球平均密度：5. 5 g/cm^3。

(7)赤道半径：6 378. 140 km。

(8)两极半径：6 356. 755 km。

(9)地球表面积：5. 1 亿 km^2。

(10)海洋面积：3. 61 亿 km^2。

(11)大气主要成分：氮(78. 5%)、氧(21. 0%)。

(12)地壳主要成分：氧(47%)、硅(28%)、铝(8%)。

此外，地球上 29%是陆地、71%是海洋。全球的陆地分为七大洲，即亚洲、非洲、欧洲、大洋洲、南美洲、北美洲和南极洲。全球的海洋分为四大洋，即太平洋、大西洋、印度洋和北冰洋。

2.2　工程地质基础

工程地质学是地质学的一个分支学科，是水利、电力、铁路、交通、城建等工程建设领域中重要的基础学科之一，是研究工程建设所涉及的地质问题的学科。其任务是查明工程地质条件，包括地形地貌、地层岩性、地质构造、水文地质、物理力学与渗透性质等；其目标是为工程建设服务，保证工程建设达到安全可靠、经济合理、技术先进、环境优美的现代理念。

作为一门综合学科和应用科学，工程地质学涵盖若干专门学科领域，如论述岩土体的工程性质及其形成与演化规律，以及作为建筑物地基、围岩稳定性和天然建筑材料适用性研究的工程岩土学；研究与工程有关的各种动力地质现象和过程，以及地质灾害的发生、发育和分布规律的工程动力地质学；研究各类地区工程地质条件的形成和演化规律，进行区域性工程地质特性和区域构造稳定性评价的区域工程地质学；研究人类工程活动与地质环境的相互作用，进行地质环境质量评价和环境效应预测，协调工程建设和环境的依存关系的环境地质学；为指导工程勘察工作，运用正确的勘察程序、技术手段和方法，以查明工程地质条件，进行工程地质问题预测，为工程设计和施工提供所需地质资料的工程地质勘察原理；以及研究地质体加固和支护、不良地质环境治理和地质灾害防治的地质工程等。

工程地质学的发展在总体上经历了工程地质特性和条件评价、工程地质问题分析、工程地质力学分析，达到环境工程地质和地质工程阶段，即追求地质、环境与工程的协调，是今后工程地质学继续发展的主攻方向。

在各行业半个世纪的大规模的工程建设中，中国工程地质工作者在工程地质学的理论研究和实践经验方面，取得了丰富的成果。尤其是水利水电工程建设，在区域构造稳定性研究、坝基工程、高陡边坡工程、大型地下厂房和洞室群工程、岩溶地区建坝、河床深厚覆盖层勘探等方面，都有重大进展，积累了许多新经验，积极推动了我国工程地质事业的发展。

工程地质勘察是应用工程地质学和其他相关学科理论及各种勘察手段和技术方法，对工程建设地区的地质条件和工程地质问题进行勘察和研究的工作，其任务是查清建设场址及相关地区与工程建设有关的各类地质问题，为工程的规划（决策）、设计、施工及安全运行提供必要的资料。

2.2.1 地貌单元分类

地貌单元分类见表2-1。

2.2.2 岩土分类

2.2.2.1 岩石分类

（1）一级分类：按成因进行分类。

自然界的岩石按其成因可以划分为三类：岩浆岩、沉积岩和变质岩。

岩浆岩是上地幔或地壳深部产生的炽热黏稠的岩浆冷凝固结形成的岩石，如花岗岩、闪长岩、玄武岩等。

沉积岩是成层堆积的松散沉积物固结而成的岩石。在地壳表层，母岩经风化作用、生物作用、火山喷发作用而形成的松散碎屑物及少量宇宙物质经过介质（主要是水）的搬运、沉积、成岩作用形成沉积岩，如灰岩、白云岩、砂岩等。

表2-1　地貌单元分类

成因	地貌单元		主要地质作用
构造剥蚀	山地	高山	构造作用为主,强烈的冰川刨蚀作用
		中山	构造作用为主,强烈的剥蚀切割作用和部分的冰川刨蚀作用
		低山	构造作用为主,长期强烈的剥蚀切割作用
	丘陵		中等强度的构造作用,长期剥蚀切割作用
	剥蚀残丘		构造作用微弱,长期剥蚀切割作用
	剥蚀准平原		构造作用微弱,长期剥蚀和堆积作用
山麓斜坡堆积	洪积扇		山谷洪流洪积作用
	坡积裙		山坡面流坡积作用
	山前平原		山谷洪流洪积作用为主,夹有山坡面流洪积作用
	山间凹地		周围的山谷洪流洪积作用和山坡面流坡积作用
河流侵蚀堆积	河谷	河床	河流的侵蚀切割作用或冲积作用
		河漫滩	河流的冲积作用
		牛轭湖	河流的冲积作用或转变为沼泽堆积作用
		阶地	河流的侵蚀切割作用或冲积作用
	河间地块		河流的侵蚀作用
河流堆积	冲积平原		河流的冲积作用
	河口三角洲		河流的冲积作用,间有滨海堆积或湖泊堆积
大陆停滞水堆积	湖泊平原		湖泊堆积作用
	沼泽地		沼泽堆积作用
大陆构造-侵蚀	构造平原		中等构造作用,长期堆积和侵蚀作用
	黄土塬、黄土梁、黄土峁		中等构造作用,长期黄土堆积和侵蚀作用
海成	海岸		海水冲蚀或堆积作用
	海岸阶地		河水冲蚀或堆积作用
	海岸平原		河水堆积作用
岩溶(喀斯特)	岩溶盆地		地表水、地下水强烈的溶蚀作用
	峰林地形		地表水强烈的溶蚀作用
	石芽残丘		地表水的溶蚀作用
	溶蚀准平原		地表水的长期溶蚀作用及河流的堆积作用

续表 2-1

成因	地貌单元		主要地质作用
冰川	冰斗		冰川刨蚀作用
	幽谷		冰川刨蚀作用
	冰蚀凹地		冰川刨蚀作用
	冰碛丘陵、冰碛平原		冰川堆积作用
	终碛堤		冰川堆积作用
	冰前扇地		冰川堆积作用
	冰水阶地		冰水侵蚀作用
	蛇堤		冰川接触堆积作用
	冰碛阜		冰川接触堆积作用
风成	沙漠	石漠	风的吹蚀作用
		沙漠	风的吹蚀和堆积作用
		泥漠	风的堆积作用和水的再次堆积作用
	风蚀盆地		风的吹蚀作用
	沙丘		风的堆积作用

变质岩是由于地质环境和物理化学条件的改变,使原先已形成的岩石的矿物成分、结构构造发生改变所形成的岩石,如片麻岩、大理岩等。

(2)二级分类:是岩浆岩、沉积岩和变质岩的进一步分类。

岩浆岩通常按其成因、产状和岩石的化学与矿物成分进行分类。常用的岩浆岩分类见表 2-2。

表 2-2 常用的岩浆岩分类

<table>
<tr><td colspan="3" rowspan="3">岩类</td><td>橄榄岩－苦橄岩类</td><td>辉长岩－玄武岩类</td><td>闪长岩－安山岩类</td><td>花岗闪长岩－英安岩类</td><td colspan="2">花岗岩－流纹岩类</td><td colspan="2">正长岩－粗面岩类</td></tr>
<tr><td rowspan="2">超基性岩类</td><td rowspan="2">基性岩类</td><td rowspan="2">中性岩类</td><td rowspan="2">中酸性岩类</td><td>钙碱性系</td><td>碱性系</td><td>钙碱性系</td><td>碱性系</td></tr>
<tr><td colspan="2">酸性岩类</td><td colspan="2">中性岩类</td></tr>
<tr><td rowspan="3">侵入岩</td><td>深成岩</td><td>全晶质等粒、半自行粒状或似斑状结构</td><td>橄榄岩、辉岩、角闪岩</td><td>辉长岩、苏长岩、橄长岩、斜长岩</td><td>闪长岩</td><td>花岗闪长岩、斜长花岗岩、英闪岩</td><td>花岗岩</td><td>碱性花岗岩</td><td>正长岩、二长岩</td><td>碱性正长岩</td></tr>
<tr><td>浅成岩</td><td>全晶质细粒等粒斑状结构</td><td rowspan="2">苦橄玢岩、金伯利岩</td><td rowspan="2">辉绿岩、橄辉煌斑岩、拉辉煌斑岩</td><td rowspan="2">闪长玢岩、云斜煌斑岩、闪斜煌斑岩</td><td rowspan="2">花岗闪长斑岩</td><td rowspan="2">花岗斑岩、花岗伟晶岩、细晶岩</td><td rowspan="2"></td><td rowspan="2">正长斑岩、云煌岩、闪辉正长岩</td><td rowspan="2"></td></tr>
<tr><td>次喷出岩</td><td>介于浅成岩和喷出岩之间</td></tr>
</table>

续表 2-2

<table>
<tr><td colspan="2" rowspan="3">岩类</td><td>橄榄岩－苦橄岩类</td><td>辉长岩－玄武岩类</td><td>闪长岩－安山岩类</td><td>花岗闪长岩－英安岩类</td><td colspan="2">花岗岩－流纹岩类</td><td colspan="2">正长岩－粗面岩类</td></tr>
<tr><td rowspan="2">超基性岩类</td><td rowspan="2">基性岩类</td><td rowspan="2">中性岩类</td><td rowspan="2">中酸性岩类</td><td>钙碱性系</td><td>碱性系</td><td>钙碱性系</td><td>碱性系</td></tr>
<tr><td colspan="2">酸性岩类</td><td colspan="2">中性岩类</td></tr>
<tr><td>喷出岩</td><td>无斑隐晶质或斑状半晶质玻璃质结构</td><td>苦橄岩、麦美奇岩、玻基橄榄岩、玻基辉橄岩、玻基辉岩</td><td>拉斑玄武岩、橄榄玄武岩、玄武玻璃细碧岩</td><td>安山岩</td><td>英安岩</td><td>流纹岩</td><td>碱性流纹岩</td><td>粗面岩</td><td>碱性粗面岩角斑岩</td></tr>
</table>

沉积岩主要根据岩性不同进行分类。常用的沉积岩分类见表 2-3。

表 2-3　常用的沉积岩分类

大类	主要类型	基本类型
母岩风化产物组成	碎屑岩	砾岩($d>2$ mm)[1]、砂岩($d=0.1\sim0.2$ mm)[1]、粉砂岩($d=0.01\sim0.1$ mm)[1]
	黏土岩	各类黏土岩、泥岩、页岩
	化学岩	碳酸盐岩、硅质岩、蒸发岩[盐岩、其他化学岩(Fe、Mn、Al、P)]
生物遗体组成	生物岩	可燃有机岩、非可燃有机岩
火山碎屑物组成	火山碎屑岩	普通火山碎屑岩 溶结火山碎屑岩

注:①该粒度碎屑含量大于 50%。

变质岩一般根据岩石的结构、构造、矿物成分、变质作用及其程度进行分类。常用的变质岩分类见表 2-4。

表 2-4　常用的变质岩分类

分类	主要岩石类型		代表性种属名称
区域变质岩	板状构造	板岩	粉砂质板岩、碳质板岩
	千枚状构造	千枚岩	绢云母千枚岩、绿泥绢云母千枚岩
	片状构造	片岩	白云母片岩、黑云母片岩、角闪片岩
	片麻状构造	片麻岩	钾长片麻岩、斜长片麻岩、花岗片麻岩
	块状构造	石英岩、大理岩、麻粒岩、角闪岩	
接触变质岩	块状构造	斑点板岩	黑云母斑点板岩、红柱石斑点板岩
		角岩	白云母角岩、堇青石角岩

续表 2-4

分类	主要岩石类型		代表性种属名称
气—液变质岩	块状构造	云英岩 矽卡岩	白云母云英岩、电气石云英岩 辉石矽卡岩、石榴矽卡岩
动力变质岩	碎裂结构 碎斑结构 糜棱结构	碎裂岩 碎斑岩 糜棱岩	花岗碎裂岩、石英碎裂岩
混合岩	块状构造 条带状构造 肠状构造 眼球状构造	角砾状混合岩 条带状混合岩 肠状混合岩 眼球状混合岩	

(3)岩石强度分类。从工程地质角度,岩石按其饱和单轴抗压强度(R_b)可分为硬质岩、软质岩两大类,见表 2-5。

表 2-5　岩石硬度分类

分类	硬质岩		软质岩		
	坚硬岩	中硬岩	较软岩	软岩	极软岩
饱和单轴抗压强度 R_b(MPa)	$R_b>60$	$60\geqslant R_b>30$	$30\geqslant R_b>15$	$15\geqslant R_b>5$	$R_b\leqslant 5$

(4)岩体按完整程度分类。岩体完整程度的定量划分见表 2-6。

表 2-6　岩体完整程度的定量划分

岩体完整性系数(K_v)	$K_v>0.75$	$0.75\geqslant K_v>0.55$	$0.55\geqslant K_v>0.35$	$0.35\geqslant K_v>0.15$	$K_v\leqslant 0.15$
完整程度	完整	较完整	较破碎	破碎	极破碎

注:岩体完整性系数(K_v),按式 $K_v=(V_p/V_{pr})^2$ 计算。式中,V_p、V_{pr} 分别为岩体和岩石的纵波速度,m/s。

岩体完整程度的定性划分见表 2-7。

表 2-7　岩体完整程度的定性划分

完整程度	结构面发育程度		主要结构面的结合程度	主要结构面类型	相应结构类型
	组数	平均间距(m)			
完整	1~2	>1.0	结合好或结合一般	裂隙、层面	整体状或巨厚状结构
较完整	1~2	>1.0	结合差	裂隙、层面	块状或厚层状结构
	2~3	1.0~0.4	结合好或结合一般		块状结构

续表 2-7

完整程度	结构面发育程度		主要结构面的结合程度	主要结构面类型	相应结构类型
	组数	平均间距(m)			
较破碎	2～3	1.0～0.4	结合差	裂隙、层面、小断层	裂隙块状或中厚层状结构
	≥3	0.4～0.2	结合好		镶嵌碎裂结构
			结合一般		中、薄层状结构
破碎	≥3	0.4～0.2	结合差	各种类型结构面	裂隙块状结构
		≤0.2	结合一般或结合差		碎裂状结构
极破碎	无序		结合很差		散体状结构

注：平均间距指主要结构面(1～2组)间距的平均值。

(5)岩体基本质量等级分类。

岩体基本质量等级划分见表2-8。

表2-8　岩体基本质量等级划分

坚硬程度	完整程度				
	完整	较完整	较破碎	破碎	极破碎
坚硬岩	Ⅰ	Ⅱ	Ⅲ	Ⅳ	Ⅴ
较硬岩	Ⅱ	Ⅲ	Ⅳ	Ⅳ	Ⅴ
较软岩	Ⅲ	Ⅳ	Ⅳ	Ⅴ	Ⅴ
软岩	Ⅳ	Ⅳ	Ⅴ	Ⅴ	Ⅴ
极软岩	Ⅴ	Ⅴ	Ⅴ	Ⅴ	Ⅴ

(6)岩石按风化程度分类。

岩石按风化程度划分见表2-9。

表2-9　岩石按风化程度划分

风化程度	野外特征	风化程度参数指标	
		波速比 K_b	风化系数 K_f
未风化	岩质新鲜，偶见风化痕迹	0.9～1.0	0.9～1.0
微风化	机构基本未变，仅节理面有渲染或略有变色，有少量风化痕迹	0.8～0.9	0.8～0.9
弱风化	结构部分破坏，沿节理面有次生矿物、风化裂隙发育，岩体被切割成岩块。用镐难挖，岩芯钻方可钻进	0.6～0.8	0.4～0.8
强风化	结构大部分破坏，矿物成分显著变化，风化裂隙很发育，岩体破碎，用镐可挖，干钻不易钻进	0.4～0.6	<0.4

续表 2-9

风化程度	野外特征	风化程度参数指标	
		波速比 K_b	风化系数 K_f
全风化	结构基本破坏，但尚可辨认，有残余结构强度，可用镐挖，干钻可钻进	0.2 ~ 0.4	—
残积土	组织结构全部破坏，已风化成土状，锹镐易挖掘，干钻易钻进，具可塑性	<0.2	—

注：1. 波速比 K_b 为风化岩与新鲜岩纵波速度之比；
2. 风化系数 K_f 为风化岩石与新鲜岩石饱和单轴抗压强度之比；
3. 岩体风化程度除按表列野外特征和定量指标划分外，也可根据当地经验划分；
4. 花岗岩类岩体可采用标准贯入试验划分，$N \geq 50$ 为强风化，$50 > N \geq 30$ 为全风化，$N < 30$ 为残积土；
5. 泥岩和半成岩，可不进行风化程度划分。

(7)岩体按岩石的质量指标(*RQD*)分类

岩体按岩石质量指标分类见表 2-10。

表 2-10 岩体按岩石的质量指标(*RQD*)分类

岩体分类	*RQD*(%)	岩体分类	*RQD*(%)
好	>90	差	25 ~ 50
较好	75 ~ 90	极差	<25
较差	50 ~ 75	—	—

注：*RQD* 指钻孔中用 N 型(75 mm)二重管金刚石钻头获取的大于 10 cm 的岩芯段长度与该回次钻进深度之比。

2.2.2.2 土体分类

土体按粒组划分为巨粒、粗粒和细粒(见表 2-11)。

表 2-11 粒组划分

粒组	颗粒名称		粒径 d 的范围(mm)
巨粒	漂石(块石)		$d > 200$
	卵石(碎石)		$60 < d \leq 200$
粗粒	砾粒	粗砾	$20 < d \leq 60$
		中砾	$5 < d \leq 20$
		细砾	$2 < d \leq 5$
	砂粒	粗砂	$0.5 < d \leq 2$
		中砂	$0.25 < d \leq 0.5$
		细砂	$0.075 < d \leq 0.25$
细粒	粉粒		$0.005 < d \leq 0.075$
	黏粒		$d \leq 0.005$

巨粒类土、砾类土、砂类土和细粒土的进一步分类分别见表 2-12 ~ 表 2-15。

表2-12　巨粒类土的分类

土类	粒组含量		土类代号	土类名称
巨粒土	巨粒含量>75%	漂石含量大于卵石含量	B	漂石(块石)
		漂石含量不大于卵石含量	Cb	卵石(碎石)
混合巨粒土	50%<巨粒含量≤75%	漂石含量大于卵石含量	BSI	混合土漂石(块石)
		漂石含量不大于卵石含量	CbSI	混合土卵石(块石)
巨粒混合土	15%<巨粒含量≤50%	漂石含量大于卵石含量	SIB	漂石(块石)混合土
		漂石含量不大于卵石含量	SICb	卵石(碎石)混合土

注:巨粒混合土可根据所含粗粒或细粒的含量进行细分。

表2-13　砾类土的分类

土类	粒组含量		土类代号	土类名称
砾	细粒含量<5%	级配 $C_u \geqslant 5, 1 \leqslant C_c \leqslant 3$	GW	级配良好砾
		级配:不同时满足上述要求	GP	级配不良砾
含细粒土砾	5%≤细粒含量<15%		GF	含细粒土砾
细粒土质砾	15%≤细粒含量<50%	细粒组中粉粒含量不大于50%	GC	黏土质砾
		细粒组中粉粒含量大于50%	GM	粉土质砾

表2-14　砂类土分类

土类	粒组含量		土类代号	土类名称
砂	细粒含量<5%	级配:$C_u \geqslant 5, 1 \leqslant C_c \leqslant 3$	SW	级配良好砂
		级配:不同时满足上述要求	SP	级配不良砂
含细粒土砂	5%≤细粒含量<15%		SF	含细粒土砂
细粒土质砂	15%≤细粒含量<50%	细粒组中粉粒含量不大于50%	SC	黏土质砂
		细粒组中粉粒含量大于50%	SM	粉土质砂

表2-15　细粒土的分类

土的塑性指标在塑性图中的位置		土类代号	土类名称
塑性指数(I_P)	液限(ω_L)		
$I_P \geqslant 0.73(\omega_L - 20)$ 和 $I_P \geqslant 7$	$\omega_L \geqslant 50\%$	CH	高液限黏土
	$\omega_L < 50\%$	CL	低液限黏土
$I_P < 0.73(\omega_L - 20)$ 或 $I_P < 4$	$\omega_L \geqslant 50\%$	MH	高液限粉土
	$\omega_L < 50\%$	ML	低液限粉土

注:黏土—粉土过渡区(CL—ML)的土可按相邻土层的类别细分。

2.2.3 地质构造与岩体构造

2.2.3.1 地质体基本产状

1.面状构造的产状要素

平面的产状是以其在空间的延伸方位及其倾斜程度来确定的。任何面状构造或地质体界面的产状均以其走向、倾向和倾角的数据表示。

走向:倾斜平面与水平面的交线叫走向线(见图2-1中AOB),走向线两端延伸的方向即为该平面的走向。走向线两端的方位相差180°。任何一个平面都有无数条相互平行的不同高度的走向线。

倾向:倾斜平面上与走向线相垂直的线叫倾斜线(见图2-1中OD),倾斜线在水平面上的投影所指的沿平面向下倾斜的方位即倾向(见图2-1中OD')。

倾角:倾斜平面上的倾斜线与其在水平面上的投影线之间的夹角(见图2-1及图2-2中的α角),即在垂直倾斜平面走向的直立剖面上该平面与水平面间的夹角。

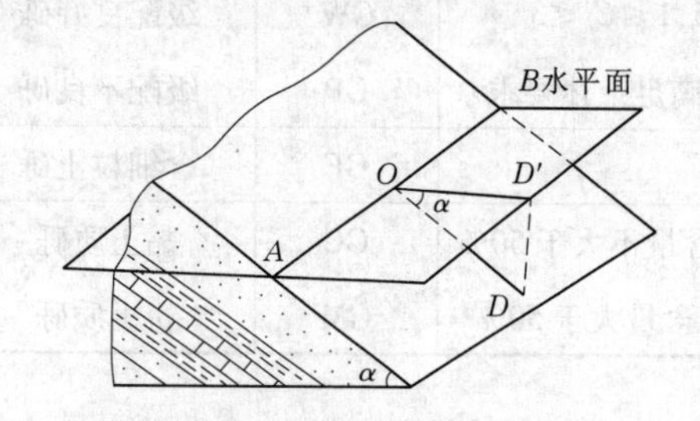

图2-1 倾斜平面的产状要素图示

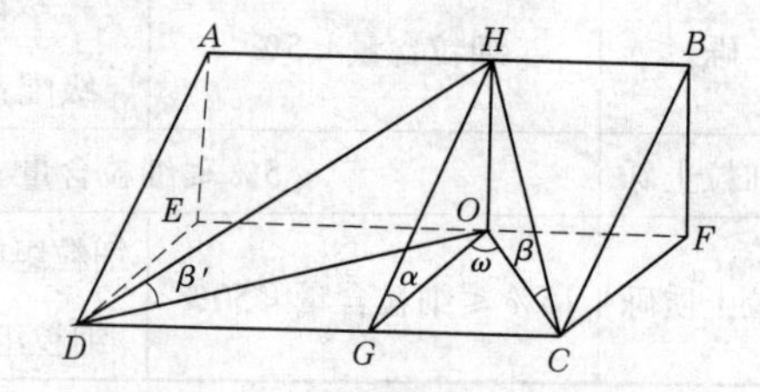

α—真倾角;β、β'—视倾角;ω—二者夹角

图2-2 真倾角与视倾角的关系图示

当剖面与岩层的走向斜交时,岩层与该剖面的交迹线叫视倾斜线;视倾斜线与其在水平面上的投影线间的夹角称为视倾角(见图2-2中β、β'),也叫假倾角。视倾角值比倾角值小。

倾角与视倾角的关系如图2-2所示。两者间的关系可用数学式表示:

$$\tan\beta = \tan\alpha\cos\omega \tag{2-1}$$

视倾向偏离倾向越大,视倾角越小;当视倾向为平行走向时,视倾角等于零。

2.线状构造的产状要素

直线的产状是直线在空间的方位和倾斜角度,直线的产状要素包括倾伏向、倾伏角及其所在平面上的侧伏向和侧伏角。

倾伏向(指向):某一直线在空间的延伸方向,即某一倾斜直线在水平面的投影线所指示的该直线向下倾斜的方位,用方位角或象限角表示(见图2-3(a))。

倾伏角:直线的倾斜角,即直线与其水平投影线间所夹之锐角,见图2-3(a)中γ角。

侧伏向:构成侧伏锐角的走向线的那一端的方位,如24°N,表示侧伏角24°,构成24°的走向线指向北。

侧伏角:当线状构造包含在某一倾斜平面内时,此线与该平面走向线所夹之锐角即为此线在那个平面上的侧伏角,见图2-3(b)中θ角。

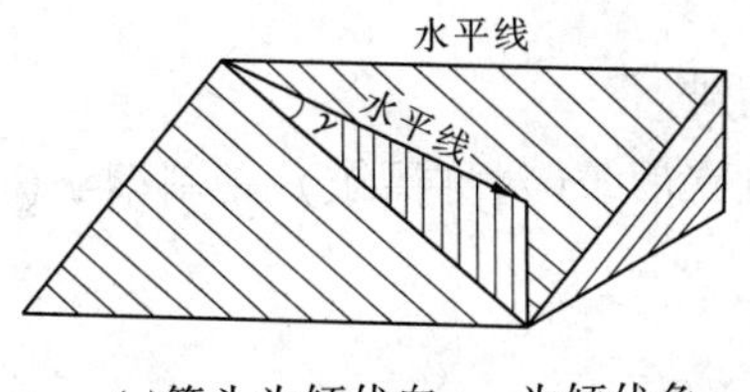

(a)箭头为倾伏向，　为倾伏角

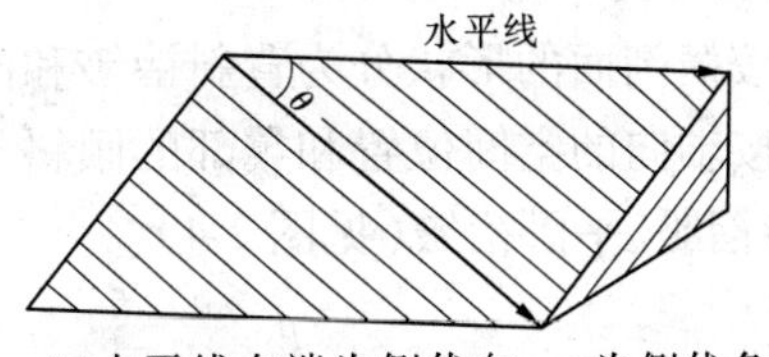

(b)水平线右端为侧伏向，θ 为侧伏角

图 2-3　直线的产状要素

2.2.3.2　沉积岩原生构造

1. 岩层和层理的分类

岩层按厚度分类见表 2-16。

表 2-16　岩层按厚度分类

分类名称	薄层	中厚层	厚层	巨厚层
单层厚度 h(cm)	$h \leqslant 10$	$10 < h \leqslant 50$	$50 < h \leqslant 100$	$h > 100$

层理按形成条件的分类见表 2-17。

表 2-17　层理按形成条件的分类

类型	形成过程	形成环境
水平层理	在沉积环境相当固定和稳定的条件下形成	平静的沉积环境，如牛轭湖、深水湖、海
波状层理	在两个或多个方向上的振荡运动环境中形成	湖泊浅水、带海湾或河漫滩
斜层理	在一个方向运动的沉积环境中形成	河流的三角洲、海岸的潮汐带
块状层理	物质在快速沉积过程中形成	浊流沉积环境，洪积或冰碛

2. 岩层的产状和接触关系

岩层的接触关系从成因特征上可分为整合和不整合两种基本类型，见表 2-18。

表 2-18　岩层的接触关系

接触关系		产状特征
整合		岩层在沉积时间上没有间断，形成连续的平行层理，各层的走向和倾向一致
不整合	平行不整合（假整合）	沉积物在沉积过程中发生间断，虽然不同地质时代的各个岩系相互接触，层理彼此平行，但在接触面上通常可见冲刷或风化的痕迹，常有底砾岩分布
	角度不整合（斜交不整合）	较老的岩层经过构造运动发生褶曲与错动，再经过长期侵蚀作用后，新的沉积物覆盖其上，新老岩层之间呈显著的角度切交现象
	假角度不整合	在平行不整合中，由于交错层理的出现而造成

2.2.3.3　褶皱

1. 褶皱的基本概念

岩层受挤压作用发生弯曲变形称褶皱。褶皱的基本类型有背斜和向斜两种。背斜两侧岩层倾向相背，中部为老岩层；向斜两侧岩层倾向相向，中部为新岩层。

2. 褶皱主要形态的分类

(1)按横剖面的形状分为背斜褶皱和向斜褶皱。

(2)按轴向的空间位置和翼部的倾斜分为直立褶皱(对称褶皱)、歪斜褶皱(不对称褶皱)、倒转褶皱、平卧褶皱(见图2-4)。

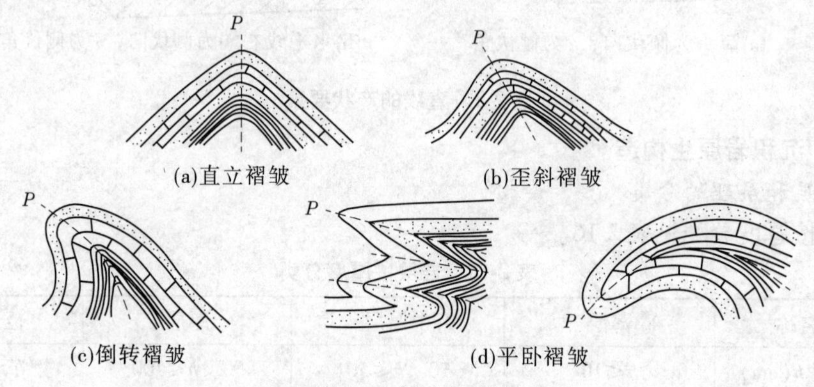

(a)直立褶皱　(b)歪斜褶皱　(c)倒转褶皱　(d)平卧褶皱

图2-4　褶皱主要形态

(3)按两翼和顶部的形态分为尖顶褶皱、圆顶褶皱、箱形褶皱、扇形褶皱、等斜褶皱。

(4)按顶部和翼部岩层厚度的变化分为平行褶皱、相似褶皱、薄顶褶皱、底辟褶皱。

(5)按脊线的长短和两翼的倾斜方向分为线状褶皱、短轴褶皱、穹窿构造、盆地构造。

(6)按剖面组合形态分为复背斜褶皱、复向斜褶皱、隔挡式褶皱、隔槽式褶皱。

2.2.3.4　裂隙(或节理)

没有(或有很微小)位移的岩石断裂面称裂隙(或节理)。裂隙(或节理)的主要类型有:

(1)按成因分为原生裂隙(或节理)和次生裂隙(或节理)。

(2)按力的来源分为构造裂隙(或节理)和非构造裂隙(或节理)。

(3)按力的性质分为剪裂隙(或节理)和张裂隙(或节理)。其中,剪裂隙产状较稳定,沿走向和倾向延伸较远,裂隙面垂直、平滑,裂隙面常有擦痕和摩擦镜面,裂隙多呈闭合状,由于发育较密,常形成裂隙密集带;张裂隙产状不稳定,往往延伸不远即消失,裂隙面粗糙不平,呈弯曲状或锯齿状,裂隙呈开口状或楔形,由于发育稀疏,很少构成裂隙密集带。

(4)按其与岩层产状关系分为走向裂隙、倾向裂隙、斜向裂隙和顺层裂隙,见图2-5。

(5)按其与褶皱轴向关系分为纵裂隙、斜裂隙和横裂隙,见图2-6。

2.2.3.5　断层

(1)按断层两盘的相对位移可分为正断层、逆断层(冲断层、逆掩断层、辗掩断层、叠瓦式断层)和平移断层(逆—平断层、正—平断层),见图2-7。

(2)按断层走向与岩层走向的关系分为走向断层、倾向断层和斜交断层。

(3)按断层走向与褶曲轴向的关系分为纵断层、横断层和斜断层。

(4)按断层组合形态可分为阶梯式断层、地垒、地堑和叠瓦式断层。

2.2.3.6　劈理

劈理是指在构造应力作用下,岩体沿一定方向分裂成大致平行排列的密集(间距在几厘米以下)的细微破裂面称劈理,它是比节理更次一级的构造。劈理的发育多见于受构造变动强烈的褶皱和断层带附近及某些变质岩中。

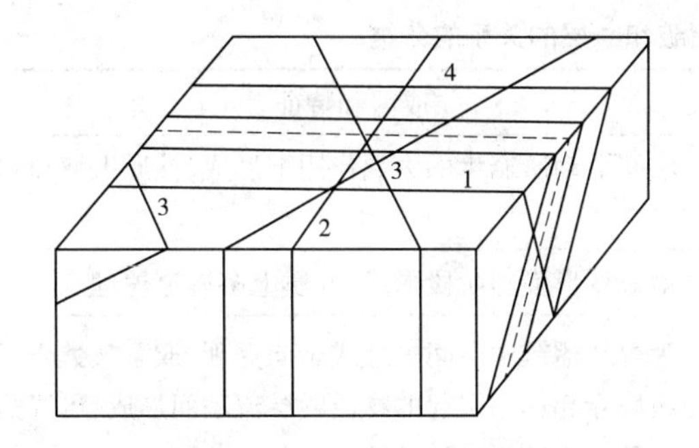

1—走向裂隙;2—倾向裂隙;3—斜向裂隙;4—顺层裂隙

图 2-5　按裂隙产状与岩层产状关系的裂隙(节理)分类

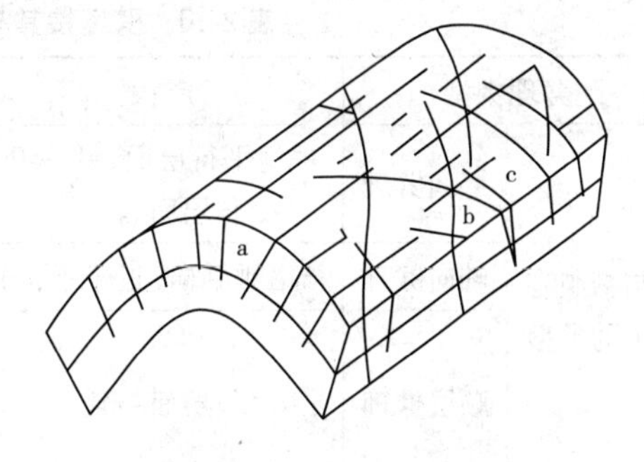

a—纵裂隙;b—斜裂隙;c—横裂隙

图 2-6　按裂隙产状与褶皱轴向关系的裂隙(节理)分类

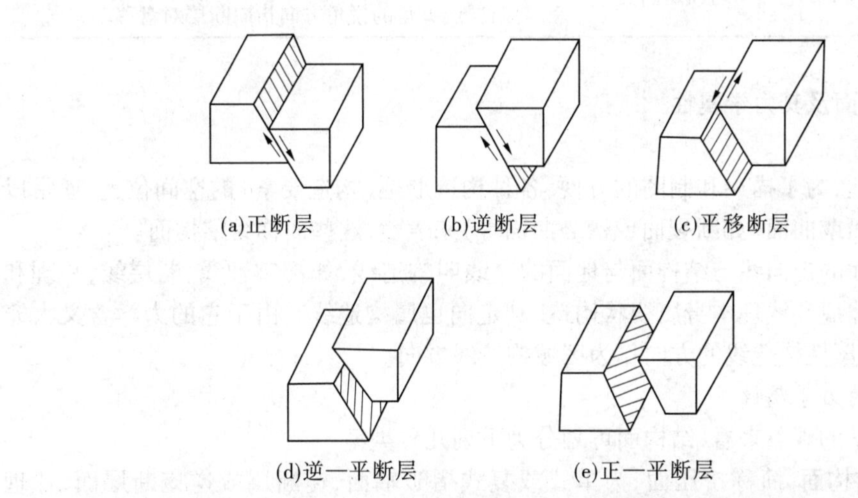

图 2-7　按断层两盘的相对运动划分的断层

劈理按其力学成因可分为流劈理、破劈理和滑劈理三类,它们的主要特征见表 2-19。劈理常和褶皱或断裂相伴生,根据其与褶皱和断裂的关系所作的分类见表 2-20。

表 2-19　劈理的力学成因分类表

名称	成因	主要特征
流劈理	压应力作用下,性质上属塑性变形中的流变构造	矿物颗粒沿垂直压应力方向平行排列,沿劈理面易于裂开,主要发育在泥质软弱岩石中,如板岩中的板状劈理。也有把变质岩的片理视为流劈理的
破劈理	剪切应力构成,性质上属断裂构造	间距几毫米至几厘米的密集剪裂隙,裂面间矿物颗粒无定向排列,多发育在脆性岩石
滑劈理	剪裂属流劈理和破劈理的中间类型	劈理面附近矿物呈平行排列,在两劈理面中间则无定向,多见于细粒层状泥岩,有微小位移

表 2-20　劈理按其与褶皱和断层的关系的分类

劈理类型		产状	成因和特征
与褶皱有关的类型	层间劈理	一组平行层面,另一组与层面斜交	层间滑动所产生的力偶作用下形成,性质上属滑劈理
	轴向劈理	与褶皱轴向(近于平行)	褶皱变形强烈阶段形成,性质上多属流劈理
	顺层劈理	与层面一致	为等斜褶皱中层间劈理或轴向劈理,或系塑数岩石受区域隆起作用引起的物质顺层流动而形成,可以是破劈理,也可以是流劈理
与断层有关的劈理类型		与断层平行	在断层形成以前产生,多见于压性或压扭性断层中
		与断层斜交	在断层形成过程中,由于断层的剪切滑动而形成。与断层成夹角的锐角方向指向断层对盘移动方向

2.2.3.7　结构面及其力学属性

1. 结构面

地质力学上,为了描述和制图的方便,各种构造形迹(构造要素)的空间位置,通常以具代表性的平面或曲面(如断裂面或褶皱曲面等)来表示,这些面称为结构面。

各种结构面的走向线与结构面与地面的交线叫构造线,如褶皱轴线、断层线、片理和劈理的走向。擦痕和线理本身属线状构造,其走向也属构造线。由于它的力学含义太笼统,故通常只把压性构造线的方向作为区域构造线方向。

2. 结构面的力学属性

从地质力学的观点来看,结构面可划分为下列几种类型:

(1)压性结构面,简称挤压面,为单式或复式褶皱轴面、逆断层或逆掩断层面、片理面、一部分劈理面。

(2)张性结构面,简称张裂面,一部分正断层和节理、裂隙。

(3)扭(剪)性结构面,简称扭裂面,如平行断层、平面上的 X 型节理和一部分裂隙。

(4)压性兼扭性结构面,简称压扭结构面。

(5)压性兼张性结构面,简称张扭结构面。

2.2.4　岩体按结构类型分类

岩体按结构类型分类见表 2-21。

2.2.5　地下水类型与岩土体渗透性分级

2.2.5.1　地下水的类型

存在于岩石空隙中的地下水,根据物理力学性质分为气态水、结合水(吸湿水和薄膜水)、毛管水、重力水和固态水等形态。从地下水资源利用的角度看,重力水最为重要,按其埋藏条件分为上层滞水、潜水和承压水。地面以下的岩石与土体依含水状况分为包气带和饱水带,如图 2-8 所示。从地表到地下稳定自由水面之间的地带,岩石与土体中的空

表 2-21　岩体按结构类型分类

岩体结构类型	岩体地质类型	主要结构体形状	结构面发育情况	岩土工程特征	可能发生的工程地质问题
整体状结构	巨块状岩浆岩、变质岩、巨厚层沉积岩	巨块状	以层面和原生构造节理为主,多呈闭合型,结构面间距大于 1.5 m,一般为 1 ~ 2 组,无危险结构面组成的落石、掉块	整体强度高,岩体稳定,在变形特征上可视为均质弹性各向同性体	要注意由结构面组合而成的不稳定结构体的局部滑动或倒塌,深埋洞室要注意岩爆
块状结构	厚层状沉积岩、块状岩浆岩、变质岩	块状柱状	只具有少量贯穿性较好节理裂隙,结构面间距 0.7 ~ 1.5 m。一般为 2 ~ 3 组,有少量分离体	整体强度较高,结构面互相牵制,岩体基本稳定,在变形特征上接近弹性各向同性体	
层状结构	多韵律的薄层及中厚层状沉积岩、副变质岩	层状板状	层理、片理、节理裂隙,但以风化裂隙为主,常有层间错动面	岩体接近均一的各向异性体,其变形及强度特征受层面控制,可视为弹塑性体,稳定性较差	可沿结构面滑塌,可产生塑性变形
破裂状结构	构造影响严重的破碎岩层	碎块状	层理及层间结构面较发育,结构面间距 0.25 ~ 0.50 m,一般在 3 组以上,有许多分离体	完整性破坏较大,整体强度很低,并受软弱结构面控制,多呈弹塑性体,稳定性很差	易引起规模较大的岩块失稳,地下水加剧岩体失稳
散体状结构	断层破碎带、强风化及全风化带	碎屑状	构造及风化裂隙密集,结构面错综复杂,并多充填黏性土,形成无序小块和碎屑	完整性遭到极大破坏,稳定性极差,岩体属性接近松散体介质	

隙没有完全被水充满,其中含有许多与大气连通的气体,称为包气带。自由水面之下的地带,岩石与土体中的空隙全部被水充满,即为饱水带。

包气带内局部隔水层积聚下渗的重力水,形成局部饱水带,称为上层滞水。其范围和水量均很有限。饱水带中自地表向下第一个具有自由水面的含水层中的重力水,称为潜水。潜水一般埋藏在第四系松散沉积物的孔隙中或出露地表的基岩裂隙中,分布区与补水区基本一致,具有较稳定的隔水层和较大的水量。由于潜水面通过包气带的孔隙与大气相连通,受外界气象、水文因素的影响呈季节性变化。受地形、岩性等因素的制约,潜水表面常常为向下游微倾斜的斜面(见图 2-9)。

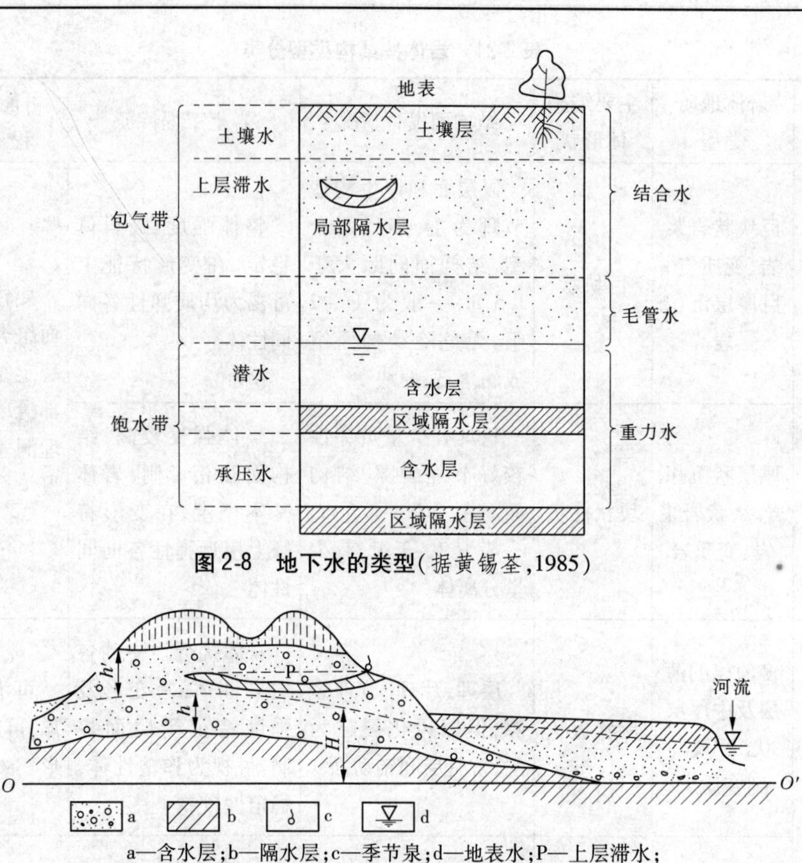

图 2-8　地下水的类型(据黄锡荃,1985)

a—含水层;b—隔水层;c—季节泉;d—地表水;P—上层滞水;

H—潜水位高程;*h*—含水层厚度;*h'*—潜水埋藏深度

图 2-9　潜水剖面图

饱水带中充满两个稳定隔水层之间的含水层中的地下水称为承压水。承压水由于存在隔水层顶板而承受静压力。当钻孔穿透隔水层顶板时,孔中地下水将上升到一定的高度才能静止下来,此时静止水面的高度就是该点的承压水位。如果承压水位高于地表,地下水将能自喷而出,成为自流水,见图 2-10。与潜水不同的是,承压水的补给区和分布区不一致。相对封闭的存在环境,使承压水具有受外界影响较小、动态变化相对稳定的特点。因此,承压水成为地下水资源开发的重点。

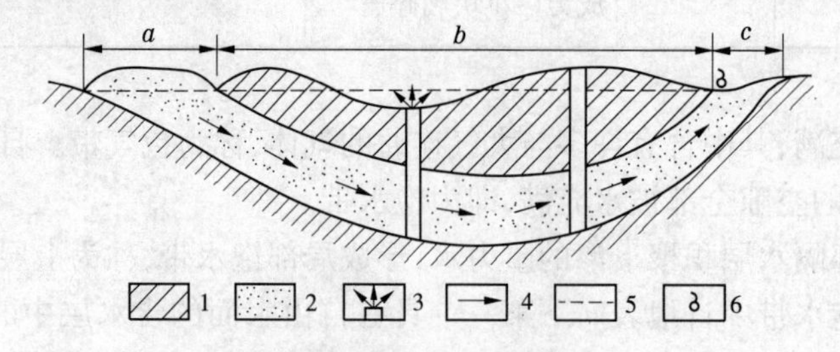

1—隔水层;2—含水层;3—自喷井;4—地下水流向;5—承压水位;6—泉

图 2-10　承压水与自流盆地(据黄锡荃,1985)

2.2.5.2　岩土体渗透性分级

岩土渗透性分级见表 2-22。

表2-22　岩土渗透性分级

渗透性等级	标准		岩体特征	土类
	渗透系数 k (cm/s)	透水率 q (Lu)		
极微透水	$k<10^{-6}$	$q<0.1$	完整岩石，含等价开度 <0.025 mm 裂隙的岩体	黏土
微透水	$10^{-6}\leqslant k<10^{-5}$	$0.1\leqslant q<1$	含等价开度 0.025 ~ 0.05 mm 裂隙的岩体	黏土—粉土
弱透水	$10^{-5}\leqslant k<10^{-4}$	$1\leqslant q<10$	含等价开度 0.05 ~ 0.01 mm 裂隙的岩体	粉土—细粒土质砂
中等透水	$10^{-4}\leqslant k<10^{-2}$	$10\leqslant q<100$	含等价开度 0.01 ~ 0.5 mm 裂隙的岩体	砂—砂砾
强透水	$10^{-2}\leqslant k<100$	$q\geqslant 100$	含等价开度 0.5 ~ 2.5 mm 裂隙的岩体	砂砾—砾石、卵石
极强透水	$k\geqslant 100$		含连通孔洞或等价开度 >2.5 mm 裂隙的岩体	粒径均匀的巨粒

注：Lu—吕荣单位，是 1 MPa 压力下，每米试段的平均压入流量，以 L/min 计。

2.2.6　边坡与滑坡分类

2.2.6.1　边坡分类

边坡一般性分类见表2-23。

表2-23　边坡一般性分类

分类依据	分类名称	分类特征说明
与工程关系	自然边坡	自然营力作用下形成的边坡
	工程边坡	由人类工程活动而形成的边坡
	库岸边坡	水库周边受库水作用影响的边坡
岩性	岩质边坡	由各种结构面切割的岩体组成的边坡
	土质边坡	由土、砂石土或土石混杂组成的边坡
边坡坡度 α	缓坡	$\alpha\leqslant 10°$
	斜坡	$10°<\alpha\leqslant 30°$
	陡坡	$30°<\alpha\leqslant 45°$
	峻坡	$45°<\alpha\leqslant 65°$
	悬坡	$65°<\alpha\leqslant 90°$
	倒坡	$\alpha>90°$
边坡高度 h (m)	超高边坡	$h\geqslant 100$
	高边坡	$30\leqslant h<100$
	中边坡	$10\leqslant h<30$
	低边坡	$h<10$

2.2.6.2 滑坡分类

滑坡类型见表 2-24。

表 2-24 滑坡分类

分类依据	类型	特征	
滑动规模	小型滑坡	体积 V（万 m^3）	$V<10$
	中型滑坡		$10 \leqslant V<100$
	大型滑坡		$100 \leqslant V<1\ 000$
	巨型滑坡		$V \geqslant 1\ 000$
滑坡体厚度	浅层滑坡	最大垂直厚度 D（m）	$D \leqslant 5$
	中层滑坡		$5<D \leqslant 20$
	厚层滑坡		$20<D \leqslant 50$
	深层滑坡		$D>50$
岩层产状	顺层滑坡	沿岩层层面滑动的滑坡	
	切层滑坡	滑动面切过岩层层面的滑坡	
滑动面部位	土质滑坡	滑动面在土层内或基岩接触面	
	岩质滑坡	滑动面在岩层内	
滑动速度	快速滑坡	突然发生的滑坡，易造成突发性的灾害	
	蠕动滑坡	坡体沿滑动面缓慢断续地滑动	

2.2.7 地层与地质年代

地层是指在地壳发展过程中形成的各种成层和非成层岩石的总称，包括沉积岩、火成岩和变质岩。从时代上讲，地层有老有新，具有时间的概念。在正常情况下，先形成的沉积岩地层居下，后形成的居上；未受构造变动或构造变动极轻微的地层处于水平或近水平状态。

一般来讲，年代越老的地层岩石，成岩程度越高，密度越大，越有利于工程围岩的稳定；年代越新的地层岩石，成岩程度越低，密度越小，越不利于工程围岩的稳定；第三、四系地层中的岩石，多呈半成岩状态或松散状态，作为工程围岩，其稳定性极差。

地质年代是指地球上各地质体中，有剧烈的构造运动、大规模的岩浆活动、海陆变迁以及生物的兴盛与灭绝等重大地质事件发生的时代。它包含两个方面：一是各地质事件发生的先后顺序，即相对地质年代；二是指各地质事件发生的历时年龄，即绝对年代。

地层与地质年代分类见表 2-25。

表 2-25　地层与地质年代分类

界	系	统	代号	同位素年龄(Ma)	构造运动(幕)		地质事件
新生界 Cz	第四系 Q	全新统	Q_4	0.01			
		上更新统	Q_3				
		中更新统	Q_2				
		下更新统	Q_1	2.6	喜马拉雅运动(晚)	喜马拉雅阶段	
	新近系 N	上新统	N_2	5.3			
		中新统	N_1	23.3			
	古近系 E	渐新统	E_3	32	喜马拉雅运动(早)		联合古陆解体阶段
		始新统	E_2	56.5	燕山运动(晚)		
		古新统	E_1	65			
中生界 Mz	白垩系 K	上白垩统	K_2				
		下白垩统	K_1	137	燕山运动(中)	燕山阶段	
	侏罗系 J	上侏罗统	J_3				
		中侏罗统	J_2				
		下侏罗统	J_1	205	燕山运动(早)		
	三叠系 T	上三叠统	T_3		印支运动(晚)		
		中三叠统	T_2				
		下三叠统	T_1	250			
上古生界 Pz_2	二叠系 P	上二叠统	P_3		印支运动(早)		
		中二叠统	P_2			印支海西阶段	
		下二叠统	P_1	295			
	石炭系 C	上石炭统	C_3		伊宁运动		
		中石炭统	C_2				
		下石炭统	C_1	354			
	泥盆系 D	上泥盆统	D_3		天山运动		
		中泥盆统	D_2				联合古陆形成阶段
		下泥盆统	D_1	410			
下古生界 Pz_1	志留系 S	顶志留统	S_4		广西(祁连)运动		
		上志留统	S_3				
		中志留统	S_2				
		下志留统	S_1	438		加里东阶段	
	奥陶系 O	上奥陶统	O_3		古浪运动		
		中奥陶统	O_2				
		下奥陶统	O_1	490			
	寒武系 ∈	上寒武统	$\in_3$				
		中寒武统	$\in_2$		兴凯运动		
		下寒武统	$\in_1$	543			
新元古界 Pt_3	震旦系 Z	上震旦统	Z_2				
		下震旦统	Z_1	680	晋宁运动(晚)		
	南华系 Nh	上南华统	Nh_2				
		下南华统	Nh_1	800			板块形成阶段
	青白口系 Qb	上青白口统	Qb_2			吕梁晋宁阶段	
		下青白口统	Qb_1	1 000			
中元古界 Pt_2	蓟县系 Jx	上蓟县统	Jx_2		晋宁运动(早)		
		下蓟县统	Jx_1	1 400			
	长城系 Ch	上长城统	Ch_2				
		下长城统	Ch_1	1 800			
古元古界 Pt_1		滹沱系	Ht	2 500	吕梁(中条)运动		
新太古界 Ar_3				2 800	五台运动		
中太古界 Ar_2				3 200		五台阜平阶段	陆核形成阶段
古太古界 Ar_1				3 600			
始太古界 Ar_0					阜平运动		

注:本表引自中华人民共和国水利行业标准《水利水电工程制图标准　勘测图》(SL 73.3—2013)附录 B.1。

2.3 探测介质地质特征

2.3.1 覆盖层地质特征

在地球表面内外营力相互作用过程中,岩石圈发生破坏—搬运—堆积,便形成了第四纪沉积地层。第四纪沉积物是指处于搬运、堆积和厚度加大过程中的沉积盖层。

在第四纪中,由原岩风化产物经过剥蚀、搬运、沉积等地质作用而形成的沉积物,其沉积历史不长,所以只形成了硬结(固结)的松散堆积物,也就是通常所说的土。按照成因划分,第四纪沉积物可以分为残积物、坡积物、洪积物、冲积物、海洋沉积物、湖泊沉积物、冰川沉积物和风积物等。它们各具有一定的分布规律和工程地质特性。

覆盖层的基本特性主要有:

(1)松散性。第四纪沉积层时代较新,一般都是呈松散状态,胶结成岩作用较低,仅在个别情况下才比较坚硬。如第四纪当中所形成的喷出岩流、温泉堆积、洞穴堆积等。

(2)岩相的多变性。第四纪沉积物的沉积环境极为复杂,因为沉积物的性质、结构和厚度在水平方向或垂直方向都具有很大的差异性,甚至属于同一时代的沉积物,在较短距离内可以变为另一种岩性,厚度可由几米变为几十米或突变缺失。

(3)沉积物的移动性。第四纪沉积时间较短也较晚,来不及胶结成岩,又受到各种内外营力的作用,使沉积物经常处于再搬运堆积过程,物质成分上也不断发生变化,大多数难以找到其原始产状。

(4)地貌形态的多样性。第四纪沉积物常构成各种堆积地貌形态,并在各地貌单元中呈现规律性的分布。第四纪沉积物的成因类型、分布、产状、厚度等与地貌是紧密联系的。如山地地区的残积物经常分布在起伏平缓的山顶面、剥蚀面或较平坦的地段;坡积物多形成于山坡至坡麓地段;洪积物多以洪积扇形态分布于山麓、沟口地段,甚至可由几个洪积扇联结而成洪积裙或冲积平原;沉积物分布在河谷地带和山前冲积平原;湖积物多分布在现代湖泊和古代湖盆中。

第四纪沉积物对水利、水电、交通、建筑和水运等工程都有重要影响。对大型长效和安全性要求高的现代工程,如大型水库、水坝、主航道、核电站、地铁、隧洞和高层建筑等,不仅要研究可利用的地形、地质条件,还应研究工程建成后由于局部地质、地貌条件变化对工程可能产生的影响。因此,对第四纪覆盖层厚度的准确探测,是研究利用第四纪沉积物的基础。

2.3.2 断层破碎带地质特征

破碎带是指后期受构造变动或次生作用所形成的由碎屑岩块所组成的、呈松散(或松软)状态的软弱带。它们包括断层破碎带、挤压破碎带、接触破碎带、假整合面、不整合面、风化夹层(沟、槽)以及层间错动等。在工程建设中,最常见的破碎带主要是断层破碎带。断层破碎带主要由断层构造岩以及两侧影响带组成。断层两盘岩体相互错动、摩擦、搓碎,使断层或夹在两盘间的岩石碎成角砾、细粉或泥,这种由断层错动所形成的岩石称为构造岩。常见的构造岩有断层角砾岩、糜棱岩和断层泥。凡有较坚硬的岩石碎块和岩屑经岩粉胶结而成的岩石称为断层角砾岩；而岩石搓碎成很细的带棱角的小颗粒，只在显微镜下才能识别其成分的岩石叫糜棱岩；被磨成极细的岩粉或黏土颗粒未经胶结的破碎物质叫断层泥。这类软弱带总的特点是，无论破碎带两侧界面的形态如何，其碎屑物质的总厚度一般大于两侧界面的起伏差。因此，其抗剪强度取决于碎屑物质的强度。此强度不同于胶结良好的角砾岩和糜棱岩，仍然与泥质多寡、泥质条带在破碎带中分布的情况及其成分有关。一般角砾、碎屑以及透镜体起着正面的作用，它们可以被挤紧相互咬合，在滑移过程中还包含多处的局部啃断，从而提高了抗剪强度。

然而，由于泥质物的存在，无论是连续分布的条带，还是断续的囊状分布都会造成抗剪强度的急剧下降。应该特别指出的是，构造变动所产生的各种破碎带，在其两侧或内部往往具有泥质错动面，它们的存在通常是滑移的优先部位。对这些破碎带同样要注意地下水的存在及其作用后变化的趋势。所有泥化了的结构面往往成为危险结构面，应结合工程部位进行专题研究。

断层是构造应力作用形成的主要地质构造类型，在地壳中广泛分布。断层种类很多，形态各异，规模大小不一，小断层在岩石标本上就可见到，大断层延伸很远，可达数百千米以上，影响范围很广。规模较大的地层常形成宽度较大的断层破碎带，其宽窄可自几厘米至数十米，甚至数百米，与岩性、断距和断层性质有关。

断层破碎带是工程建设中最常见的地质缺陷，也是引起各类地质灾害的主要地质因素。因此，在工程地质勘察中，都必须以破碎带等不良地质现象为研究的主要对象，查明其发育情况与活动性，并对其影响作出评价。

2.3.3　岩溶地质特征

岩溶又称为喀斯特，是在以碳酸盐类为主的可溶性岩石分布区，由于水，特别是地下水，对岩石以溶蚀为主的作用所形成的诸现象的综合。最主要的地表水系特点是，缺乏完整的地表水系，而不相沟通的封闭洼地则很多，河流进入这类地区往往潜入地下转化为伏流河，即使一些主要河道仍保持为地表河，也缺乏发育完整的支流体系，而是通过各种地下管道或裂隙与附近的封闭洼地发生水文联系。所以，地下溶蚀裂隙或管道非常发育也是其主要特征。南斯拉夫的喀斯特高原是这种现象的典型代表，因此国际上就用喀斯特这个地名来代表所有上述现象的综合，我国则按其成因而将之统称为岩溶。

岩溶是水与可溶岩介质相互作用的产物，岩溶化过程实际上就是水作为营力对可溶岩层的改造过程。因此，岩溶发育必不可少的两个基本条件是：①岩层具有可溶性；②地下水具有侵蚀能力。由上述两个基本因素派生出一系列影响因素。一般认为岩溶发育应具备四个条件：①可溶岩的存在；②可溶岩必须是透水的；③具有侵蚀能力的水；④水是流动的。

岩溶作用过程是由微观至宏观的过程，也相应形成微观至宏观的各种岩溶现象。这些现象包括在显微镜下看到的微观岩溶现象，溶孔、生物蚀痕、水流痕、溶蚀层面、溶蚀裂隙、溶蚀断层、溶沟溶槽、溶牙等岩面喀斯特现象，石柱、岩溶岗丘、峰林等正态岩溶地貌个体现象和岩溶漏斗、溶蚀洼地、岩溶谷地等负态岩溶地貌个体现象，复杂的岩溶洞穴现象等。

岩溶与工程关系密切,在岩溶地区进行水利水电工程建设,往往存在岩溶渗漏、岩溶塌陷、地下洞室稳定、地基稳定以及岩溶型水库诱发地震等工程地质问题。由于岩溶具有不均一性与各向异性的发育特点,岩溶工程地质问题是工程地质勘察的重点与难点。

岩溶发育与岩性及其组合特征、地质构造及气候条件等因素有关。

2.3.3.1 岩溶与岩性的关系

岩石成分、成层条件和组织结构等直接影响岩溶的发育程度。一般来说,硫酸盐类和卤素类岩层岩溶发育速度较快;碳酸盐类岩层岩溶则发育速度较慢。质纯层厚的岩层,岩溶发育强烈,且形态齐全,规模较大;含泥质或其他杂质的岩层,岩溶发育较弱。结晶颗粒粗大的岩石岩溶较为发育;结晶颗粒细小的岩石,岩溶发育较弱。

2.3.3.2 岩溶与地质构造的关系

岩溶与地质构造的关系主要有:

(1)节理裂隙:裂隙的发育过程和延伸方向通常决定了岩溶的发育程度和发展方向。在节理裂隙的交叉处或密集带,岩溶最易于发育。

(2)断层:沿断裂带是岩溶易于发育的部位,常分布有漏斗、竖井、落水洞、溶洞、暗河等。往往在正断层处岩溶较发育,逆断层处岩溶发育较弱。

(3)褶皱:轴部岩溶一般较发育。在单斜地层中,岩溶一般顺层面发育。在不对称褶曲中,陡的一翼岩溶较缓的一翼发育。

(4)岩层产状:倾斜或陡斜的岩层,一般岩溶发育较强烈;水平或缓倾斜的岩层,当上覆或下伏非可溶性岩层时,岩溶发育较弱。

(5)可溶性岩与非可溶性岩接触带或不整合面岩溶往往发育。

2.3.3.3 岩溶与新构造运动的关系

地壳强烈上升地区,岩溶以垂直方向发育为主;地壳相对稳定地区,岩溶以水平方向发育为主;地壳下降地区,既有水平方向发育又有垂直方向发育,岩溶发育较为复杂。

2.3.3.4 岩溶与地形的关系

地形陡峻、岩石裸露的斜坡上,岩溶多呈溶沟、溶槽、石芽等地表形态;地形平缓地带,岩溶多以漏斗、竖井、落水洞、塌陷洼地、溶洞等形态为主。

2.3.3.5 地形水体同岩层产状关系对岩溶发育的影响

水体与层面反向或斜交时,岩溶易于发育;水体与层面顺向时,岩溶不易于发育。

2.3.3.6 岩溶与气候的关系

在大气降水丰沛、气候潮湿的地区,地下水能经常得到补给,水的来源充沛,岩溶易于发育。

2.3.4 岩体卸荷风化地质特征

表生作用是岩体次生演化重要的外动力地质作用,卸荷作用和风化作用是其主要代表。表生作用不仅使岩体进一步裂隙化,而且有的还导致岩体整体特性的转化。在工程选址、条件评价和岩体稳定性分析等方面有着重要的意义。

2.3.4.1　**卸荷作用特点**

所谓卸荷作用,是指地表岩体在综合地质营力作用下,上覆岩体被蚀掉,遗留岩体经受一个卸荷过程。卸荷就是法向应力减小,连同岩体内残存应力一起释放,岩体发生回弹、拉张,形成卸荷裂隙(张裂隙)。前人研究认为:

(1)卸荷过程是长期与缓慢的,卸荷所引起的变形破裂亦是漫长的、缓慢的和持续的。

(2)卸荷裂隙通常与原始地面平行,在河谷地带则与谷坡坡面平行。随着河谷的深切,卸荷裂隙逐渐向深部发展,而顶部累积变形和卸荷裂隙张开度越来越大。

(3)卸荷裂隙带的发育与斜坡高度及应力状态、岩组,尤其是与地质界面发育情况的关系密切。在有利条件下,卸荷裂隙带宽度可达 100 m 左右。

(4)卸荷裂隙为风化作用开辟了更多的通道。卸荷与风化叠加,则统称为风化卸荷带。

(5)卸荷和应力释放,会引起两个基本的力学过程:一是由于应力释放、弹性回跳,在拉应力状态下,产生张裂隙或微裂隙被拉张;二是处于深部岩体,有较高的应力,一旦处于地表或被揭露,其应力值大幅度下降,加之不均一性岩体中单元体变形不协调,综合产生一定的应力差,即明显的剪应力环境,从而可形成剪切裂隙岩体的卸荷变形,对建筑物地基选择、边坡工程、地下工程以及深基坑开挖的设计和施工有着重要影响,常使这些建筑物的表部岩体的工程性质受到不同程度的破坏。因此,在工程地质勘察中,对岩体卸荷现象的研究和卸荷程度的鉴别具有重要的意义。地面工程中将岩体按卸荷程度划分为强卸荷带和弱卸荷带,作为建基面可开挖边坡设计的重要依据;地下工程中按围岩卸荷深度确定松动圈的范围,作为保证工程设计质量的重要依据。

2.3.4.2　**风化作用特点**

地壳表层的岩石,在太阳辐射、大气、水和生物等风化营力的作用下,发生物理和化学变化,使岩石崩解破碎以至逐渐分解而在原地形成松散堆积物的过程,称为风化作用。风化作用是最为普遍的一种外力地质作用,在地表最为显著,随着深度的增加,其影响就逐渐减弱以至消失。风化作用改变了岩石原有的矿物组成和化学成分,使岩石的强度和稳定性大为降低。滑坡、崩塌、岩堆及泥石流等不良地质现象,大部分都与风化作用有关。对工程建筑条件具有不良的影响作用。

通常岩石的风化由表及里,地表部分受风化作用的影响最显著,由地表往下风化作用的影响逐渐减弱以至消失,因此在风化剖面的不同深度上,岩石的物理力学性质也会有明显的差异。从工程地质的角度,一般把风化岩层自下而上相应于风化程度分级划分为五个带:新鲜、微风化、弱风化、强风化、全风化。岩体风化带的界线,在工程实践中是一项重要的工程地质资料。在许多地方都需要运用风化带的概念来划分地表岩体不同风化带的分界线,作为拟定挖方边坡坡度、基坑开挖深度,以及采取相应的加固与补强措施的参考。但是到目前为止,由于不同地区的地质条件差异,很难给出比较确切的定量指标作为风化分界的依据,通常只是根据当地的地质条件并结合工程实践经验予以确定。此外,虽然岩石的风化是由表及里的,但往往由于各地的岩性、地质构造、地形和水文地质条件不同,岩体风化带的分布情况变化很大,不一定都能清晰地划分出上述五个风化带。有时由于受到其他外力作用，部分风化层已被剥蚀，因此看不到完整的风化带的情况也是相当普遍的。

2.3.5 软弱夹层地质特征

软弱夹层是岩层中厚度相对较薄、力学强度较低的软弱层或带。其泥化部分又称为泥化夹层。软弱夹层由于其抗剪强度低，软弱夹层的工程危害已为人们所熟知，常构成影响坝基、边坡、地下洞室稳定及许多地质灾害形成的重要因素。因此，对软弱夹层的勘察研究一直是工程地质勘察的一项重要任务。

软弱夹层通常具有以下特征：①厚度薄，单层厚度一般为数厘米至十余厘米，有的仅数毫米；②多呈相互平行、延伸长度和宽度不一的多层状；③结构松散；④岩性、厚度、性状及延伸范围常有很大变化；⑤力学强度低，软弱夹层的结构、矿物成分和颗粒组成不同，其抗剪强度有很大差别。

软弱夹层通常分为原生夹层、构造夹层和次生夹层 3 类。原生夹层又分为沉积型、喷发沉积型、浅变质软弱矿物富集型；构造夹层多为层间挤压错动形成的层间剪切带，是最主要的软弱夹层类型；次生夹层分为风化型、充填型。软弱夹层大多是各种地质作用的综合产物，成层分布，性质相对软弱的地层经构造作用而破碎，在水的作用下进一步风化和软化而形成。由于岩性和地质作用的差异，同一夹层表现出不均一性和各向异性，在剖面上软弱夹层的物质常有一定的分带性，泥化带与碎屑带可交替出现；在走向上夹层的性状可能发生很大的变化，表现为时断时续。

2.3.6 崩塌体与滑坡体地质特征

崩滑体是边坡工程中特殊的但又是特别重要的研究对象，这是因为全球崩滑型地质灾害和泥石流首先是在崩滑体中出现的。非崩滑体部位，人类的活动或地震活动等也可能导致岸坡大体积失稳，但这类灾害的发生频率远远小于崩滑体的二次改造甚至整体失稳频度。以倾倒（外倾型）和倾滑（内倾型）为主要形式的失稳称为崩塌，它的堆积体称为崩塌堆积体或简称崩塌体。边坡的变形与失稳基本上受控于诸如层面、软弱夹层等大体上统一且规则的地质界面，并以滑移（动）为主要形式的运动称为滑坡，其滑坡堆积体称为滑坡体或滑体。

2.3.6.1 崩塌

斜坡岩土体中被陡倾的张性破裂面分割的块体突然脱离母体并以垂直运动为主，翻滚跳跃而下，这种现象和过程称为崩塌。它的堆积体称为崩塌堆积体或简称崩塌体。在有些场合，崩塌与坡积同时发生而形成崩坡积层，这也是一种地质体，故称为崩坡积体。崩塌体与崩坡积体二者间的区别主要在于以哪一种成分为主：前一类以块石、碎石为主体且多架空，堆积区间有限；后一类以细粒成分乃至土质成分增多且堆积面积大。根据崩塌物质的不同，可分为土崩和岩崩；按其规模大小不同，又可分为山崩和坠落石；如果这种现象发生在海湖、河岸边者则称为岸崩。

崩塌主要发生在 60°以上的高陡斜坡处。厚层脆性岩石中的陡倾张裂隙将坡体切割成孤立块石,在一定条件配合下即可崩塌。例如,湖北省秭归县境内的长江链子崖崩塌体即由于三面临空、底部采煤等原因掏空,形成了链子崖崩塌体。

崩塌是斜坡破坏的一种形式。它对岸崖下的房屋、道路和其他建筑物常带来威胁,尤其对各种线性工程的危害最严重。如我国的成昆线、宝成线、襄渝线等铁路沿线崩塌就很发育,影响铁路的正常运营。因此,研究崩塌的形成条件、运动学特点,进行合理的分类,制定评价和预测其威胁性的方法,是斜坡破坏研究的一项重要内容。

崩塌一般发生在厚层坚硬岩体中。灰岩、砂岩、石英岩等厚层硬脆性岩石常能形成高陡的斜坡,其前缘常由于卸荷裂隙的发育形成陡而深的张裂隙,并与其他结构面组合,逐渐发展而形成连续贯通的分离面,在触发因素作用下发生崩塌。此外,由缓倾角软硬相间岩层组合的陡坡,由于软弱岩层被风化剥蚀而形成凹龛,使上部的坚硬岩层失去依托,故也常发生局部崩塌。

构造和非构造成因的岩石裂隙对崩塌的形成影响很大。硬脆性岩石往往发育两组或两组以上陡倾节理,其中与坡面平行的一组常演化为张裂隙,此时裂隙的切割密度对崩塌块体的大小起控制作用。当坡体被稀疏但贯通性较好的裂隙切割时,常能形成较大的落石,这种崩塌具有更大的危害性;当岩石裂隙密集而极度破碎时,仅能形成小岩块,一般只能在坡脚处形成倒石堆。

崩塌的形成与地形直接相关。在地形强烈切割的山区,高陡斜坡分布区和深开挖的基坑、矿坑中,崩塌现象多见。发生崩塌的地面坡度一般大于45°,而大部分分布在大于60°的斜坡上。地形切割越强烈,高差越大,形成崩塌的可能性和能量也就越大。

2.3.6.2　滑坡

斜坡上的岩土体,沿着贯通的剪切面(带),产生以水平运动为主的现象,称为滑坡。与崩塌相比,滑坡在运动过程中基本保持了岩土的完整性,且在较平缓的斜坡中仍可发生。

滑坡分布极为广泛,不仅可以发生在陆地,而且也可以发生在海洋中。正因为其广为分布,且与人类工程及经济活动密切相关,所以受到各国学者的高度重视。目前正形成一门成熟的独立学科,是以滑坡作用过程以及滑坡防治为研究对象的滑坡学。

滑坡现象常以自己独有的地貌形态与其他的坡地地貌形态相区别。滑坡形态既是滑坡特征的一部分,又是滑坡力学性质在地表的反映。不同的滑坡有不同的形态特征。滑坡的不同发育阶段也有各自的形态特征。因此,在滑坡工程地质研究中,识别滑坡形态是认识滑坡极其重要的方面。一般滑坡体包括如下要素:①滑坡体、滑坡床、滑动面、滑坡周界;②滑坡壁、滑坡台地、封闭洼地、滑坡舌;③滑坡裂隙、滑坡轴(主滑线)。

上述的形态要素一般是发育完全的新生滑坡才具备。自然界许多新老滑坡,由于要素不全或经过长期剥蚀及堆积作用,常常会消失掉一种或多种要素,应注意观察。在滑坡的工程地质研究中,一个重要的课题就是确定滑动面的位置和形状。这是因为在斜坡稳定性计算和防治措施的制定中都必须首先确定滑动面,才能取得正确的结果。对滑动面的探测是研究滑坡体稳定性的基础性工作。

2.4 物理探测基础

2.4.1 地球物理场

2.4.1.1 地球物理场的分类

物理场可以理解为某种可以感知或被仪器测量的物理量的分布。地球物理场是指由地球、太空、人类活动等因素形成的、分布于地球内部和外部近地表的各种物理场。

(1)地球物理场可分为天然地球物理场和人工激发地球物理场两大类。

天然存在和自然形成的地球物理场主要有地球的重力场、地磁场、电磁场、大地电流场、大地热流场、核物理场(放射性射线场)等。

由人工振动产生弹性波在地下传播的弹性波场、向地下供电在地下产生的局部电场、向地下发射电磁波激发出的电磁场等,属于人工激发的地球物理场。人工场源的优点是场源参数已知、便于控制、分辨力较高、探测效果好,但成本较大。

(2)地球物理场还可分为正常场和异常场。

正常场是指场的强度、方向等量符合全球或区域范围总体趋势、正常水平的场的分布。

异常场是由探测对象引起的局部地球物理场,往往叠加于正常场之上、以正常场为背景场的局部差异和变化。例如,富存在地下的磁铁矿体或磁性岩体产生的异常磁场,叠加在正常磁场之中;铬铁矿的密度比围岩的密度大,盐丘岩体的密度比围岩的密度小,分别引起重力场局部增强或减弱的异常现象。

2.4.1.2 重力场

1.万有引力

万有引力是由于物体具有质量而在物体之间产生的一种相互作用、相互吸引的作用力。万有引力定律是牛顿(Newton)在1687年出版的《自然哲学的数学原理》一书中首先提出的。根据牛顿的万有引力定律,万有引力的大小和物体的质量以及两个物体之间的距离有关。物体的质量越大,它们之间的万有引力就越大;物体之间的距离越远,它们之间的万有引力就越小。如果用 m_1、m_2 表示两个物体的质量,r 表示它们之间的距离,则物体间相互吸引力 F 为

$$F = U\frac{m_1 m_2}{r^2} \tag{2-2}$$

式中 U——万有引力常数,其值约为 $6.67\times10^{-11}\ \mathrm{N\cdot m^2/kg^2}$,此为英国科学家卡文迪许通过扭秤实验测得。

万有引力定律表明,任何物体(大到天体,小到微观粒子)相互之间都有引力存在。

2.重力

物体的重力主要是物体受到地球的吸引力,太阳、月亮、其他物体的引力暂可忽略不计。物体的重力(G)与质量(m)的关系为

$$G = mg \tag{2-3}$$

式中　g——重力加速度，其单位在CGS单位制中为 cm/s^2，简称伽(Gal)，在国际单位制(SI)中为 m/s^2，其 10^{-6} 为国际通用重力单位，简写为“g.u.”，即

$$1\ \mathrm{Gal}=1\ \mathrm{cm/s^2}=10^{-2}\ \mathrm{m/s^2}=10^4\ \mathrm{g.u.}$$

$$1\ \mathrm{g.u.}=10^{-6}\ \mathrm{m/s^2}=0.1\ \mathrm{mGal}$$

3. 地球的重力场

地球是个椭球体，赤道离地心的距离较大，离两极较近，引力随纬度的增加而增大，方向也略偏离中心。由于地球的自转，地表面是非惯性参考系，一切物体都要受到与地球自转轴垂直的惯性离心力；数值和对地轴的距离成正比，赤道处最大，两极为零。两者的合力即地球重力，其方向可由铅垂线确定，其大小因惯性离心力是向外的而较地球引力为小(物体在赤道处的惯性离心力约为其地球引力的1/300)，并使重力的实测值随纬度的增加而增大。这种重力的分布，或者说重力加速度的变化情况，即所谓的重力场。

与大地水准面形状十分接近的正常椭球体表面的重力定义为正常重力，可以计算获得。然而，地球不是一个正球体，而是一个近似于两极压缩的扁球体，且地表起伏不平、地下密度不均。地表的起伏不平，可引起6万g.u.的重力变化；地球自转，可产生3.4万g.u.的重力变化；地下物质密度不均，可引起几千g.u.的重力变化。根据万有引力定律，物体的重力与距离的平方成反比，自海平面向上随着距离增加，重力会越来越小。

在地球的重力场中，满足下面两个条件：①场中任意一点的重力的大小和方向是单值、连续的函数；②力场所做的功与路径无关。

这样就可以根据场论方法给出重力位函数，并进而推出正常重力计算公式。正常重力公式因推导方法不同而有几种形式，我国统一使用的是赫尔默特公式：

$$g_\varphi = 9.780\,30 \times (1 + 0.005\,302 \sin^2\varphi - 0.000\,007\sin^2 2\varphi) \tag{2-4}$$

式中　g_φ——地理纬度处的正常重力值，m/s^2。

重力异常就是实测重力值与该点的正常值之差，是由于地下岩体密度不均匀所引起的重力变化。

2.4.1.3　磁场

1. 地球的磁性

磁性是地球的基本物理性质之一。地球是一个大磁体，在其内部和周围形成磁场，是一个与置于地心的磁偶极子很近似的磁场，表现出磁力作用的空间，称作地磁场。在地球的南极、北极附近分别存在一个地磁指南极(磁性为N极，吸引磁针的S极)、指北极(磁性为S极，吸引磁针的N极)，这两个地磁极是地表磁力线出发和汇聚的地点，是地磁倾角为90°的地点。

2. 地球的磁场

地磁场有磁纬度、磁赤道，在磁赤道附近磁倾角为0°，见图2-11。磁场是在一定空间区域内

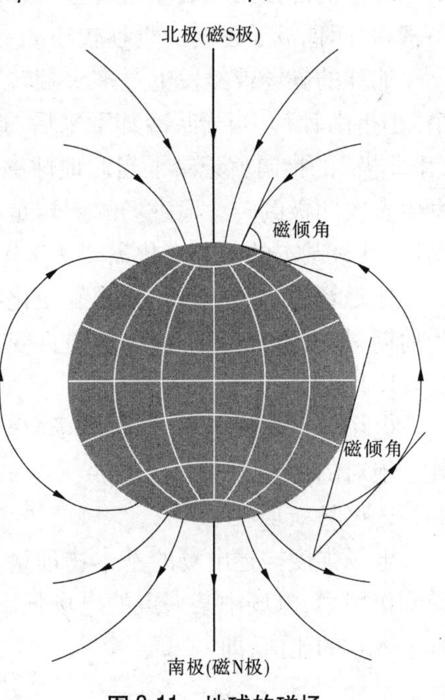

图2-11　地球的磁场

连续分布的矢量场,可以用磁力线形象地图示。表述磁场强度的物理量为磁通密度,或称磁感应强度,一般用符号 B 表示,单位为特拉斯(T)。

$$1\ \mathrm{T} = 1\ \mathrm{N/(A \cdot m)}$$

地磁场强度很弱,这是地磁场的另一特性,在最强的两极其强度不到 10^{-4} T,平均强度约为 0.6×10^{-4} T,而它随地点或时间的变化就更小,因此常用 10^{-9} T 作为磁场强度单位。

地磁场包括基本磁场和变化磁场两个部分,它们在成因上完全不同。基本磁场是地磁场的主要部分,起源于地球内部,比较稳定,变化非常缓慢。变化磁场包括地磁场的各种短期变化,主要起源于地球外部,并且很微弱。

地球的基本磁场还可分为偶极子磁场、非偶极子磁场和地磁异常几个组成部分。

偶极子磁场是地磁场的基本成分,其强度约占地磁场总强度的90%,产生于地球液态外核内的电磁流体力学过程,即自激发电机效应。

非偶极子磁场主要分布在亚洲东部、非洲西部、南大西洋和南印度洋等几个地域,又称大陆磁场或世界异常,平均强度约占地磁场的10%。

偶极子磁场、非偶极子磁场构成地球基本磁场。

地磁异常是和地磁正常场相对的概念,是在正常场基础上场的局域变化,又分为区域异常和局部异常。磁异常与岩石和矿体的分布等因素有关。

3. 地球磁场的变化和倒转

地球的磁场是相对稳定的,是一直在缓慢、有时可能剧烈的变化之中的。地磁场的变化有长期变化和短期变化。

地球的磁偏角和磁倾角有长期、缓慢变化的现象。这种长期变化与非偶极子磁场关系密切,而偶极子磁场的贡献较小。变化特点是地磁场中心西移、数值变化。

地球的磁场曾经发生过多次翻转。炽热的岩浆中含有数以万计的矿物质,犹如一个个"小指南针"。当岩浆冷却下来后,这些"指南针"也被固定住不再发生变化。这样,其"南北极"的指向就记录了当时地球磁场的方向。有研究表明,地球磁极在地质年代中已发生多次两极倒转。地磁场的倒转是一个极其漫长的过程,地球磁矩的变化有明显的波动性,其最基本的磁矩变化需要7 000~8 000年才能完成。

地磁场的短期变化包括平静变化和扰动变化。地磁场的平静变化以一个太阳日24 h为周期,是太阳日变化,或称地磁日变。地磁场的扰动变化包括磁暴、地磁扰动等。

2.4.1.4 电场

电场分可为静电场、稳定电场、交变电场。地电场相对稳定、有局部的静电场存在、又处于绝对的变化之中。

1. 电场强度

电场强度描述电场的基本物理量。在静电场中,电场的基本特征是能使其中的电荷受到作用力,电场中某一点的电场强度 E 定义为放在该点的静止试验电荷所受力的 F 与其电量 q 的比值,即

$$E = \frac{F}{q} \tag{2-5}$$

场强矢量的方向为正电荷的受力方向，其大小等于单位试验电荷所受的力。场强的单位是V/m或N/C。

$$1\ \mathrm{V/m} = 1\ \mathrm{N/C}$$

电力线可以形象地图示场强的空间分布。

电场强度遵从场强叠加原理，即空间总的场强等于各电场单独存在时场强的矢量和。场强叠加原理是实验规律，它表明各个电场都在独立地起作用，并不因存在其他电场而有所影响。

以上关于电场强度的描述，既适用于静电场、稳定电场，也适用于有旋的交变电场或由两者构成的普遍电场。

2. 稳定电流场的分布规律

采用稳定直流电对地下供电，形成稳定的人工电流场。稳定电流场遵从以下规律。

1）欧姆定律

稳定电流场中任何一点的电流密度j与该点的电场强度E成正比，与介质的电阻率ρ成反比。其形式是

$$j = \frac{E}{\rho} \tag{2-6}$$

2）克希霍克定律

稳定电流场中电荷的分布不随时间改变，任何一个不含源的闭合曲面的流入电流通量等于流出电流通量，或者说闭合曲面的电流密度通量等于零，即

$$\oint_s j \cdot \boldsymbol{n} \mathrm{d}s = \int_v \mathrm{div} j \mathrm{d}v = 0 \tag{2-7}$$

式中　$\boldsymbol{n}$——法线方向单位矢量；

s——闭合面；

v——闭合面所包围的体积。

所以，稳定电流场的散度$\mathrm{div} j$等于零，电流是处处连续的。

3）稳定电流场的势场性

稳定电流场中电荷的分布不随时间而改变，是势场。其场中任一点的电位U只与该点到场源距离r有关，与场力做功路径无关。电场强度E等于单位距离的电位U变化，场强正方向指向电位降低方向，见式(2-8)。

$$E = -\mathrm{grad} U \tag{2-8}$$

式中，E与r的方向相同。

4）基本方程

$$\begin{gathered} \nabla^2 U = 0 \\ \frac{\partial^2 U}{\partial x^2} + \frac{\partial^2 U}{\partial y^2} + \frac{\partial^2 U}{\partial z^2} = 0 \end{gathered} \tag{2-9}$$

5）边界条件

稳定电流场的边界条件是：

(1)在接近场源处($r \to 0$)，$U = I\rho/2\pi r$，和单一介质中情形一致。

(2)在无限远处($r\to\infty$),$U=0$。

(3)在两种介质分界面处:

①电位连续,$U_1=U_2$;

②电流密度的法向分量连续,$j_{1n}=j_{2n}$;

③电场强度的切向分量连续,$E_{1t}=E_{2t}$。

3. 地电场

地球的固体表层有电流流动,大气和海洋中也有电流流动。有研究表明,地球大气存在电场,地表存在负电场,电离层下部存在正电场,正负电场间的电势约为 30 万 V。

地球表层存在着的天然变化电场和稳定电场,总称为地电场,对地电场的专门研究形成了地电学。

各种天然的全球性或区域性的变化电场称为大地电场,而天然的地方性和局部性的稳定电场称为局部电场或自然电场。

地电场的观测简单易行。在地下相距几十米到百米远的地方,埋放两个铅板,用导线分别连接到电流表(毫安表)或电压表(毫伏表)的两端,就能从表头上观察到指针的日变化、年变化特征,不需外加任何人工电源。

天然地震会产生地电流异常。

4. 大地电场

大地电场有以下基本特征:

(1)大地电场区域较大,可把局部区域电性均匀地段视为均匀场。

(2)大地电场强度是矢量。将所有大地电场强度矢量的顶端连成一条曲线,称为矢端曲线。矢端曲线一般是一条不规则的曲线。根据其形状可分为两种类型:一种是曲线形状趋于直线,称为线性极化;另一种是曲线形状不规则,称为非线性极化。

(3)大地电场在地面上的分布,不仅取决于外部场源,还取决于地壳和地幔的电性结构。

(4)大地电场的变化可分为平静变化和干扰变化两大类。

(5)大地电场的平静变化是连续出现的,具有周期性。它具有以下 4 种周期:

①11 年周期变化。它与太阳黑子出现的周期相同。

②年变化周期变化。它与太阳公转周期相同,夏季场强幅度大,冬季场强幅度小。

③月变化周期变化。它与月球绕地球周期相同。

④静日地电日变化。它与地球的自转周期相同,整个过程有 2 次起伏、平均变化幅值为 10 mV/km,是地电日变化中最重要的变化。

(6)大地电场的干扰变化是偶然发生的变化,主要有以下 5 种:

①高频地电变化。其周期为 $10^{-4}\sim1$ s,场源是对流层中产生的雷电,主要产生于赤道上空 8 km 附近,变化幅度小,又称为地电微变化。

②地电脉动。周期为 0.2 ~ 1 000 s,场源是太阳粒子沿磁力线方向振荡所产生的电磁效应,持续时间从几分钟到 8 h 不等。

③地电湾流。也是来源于太阳粒子流(高速太阳风),在极区约 300 km 高度形成电流系,造成有规则、无周期的干扰,持续时间为 1 ~ 3 h。

④扰日地电日变化。周期为 1 d ,与静日地电日变化叠加在一起,总称为地电日

变化。

⑤地电暴。几乎与地磁暴在全球同时发生,变化幅度大,持续时间长达 1 ~3 d。

5. 自然电场

自然电场是指地球的天然电场中局部存在的电场。能够形成自然电场的物理化学作用主要有以下 4 种:

(1)氧化还原作用。发生在电子导体(硫化矿体等)和溶液接触面上,可以形成地下电子导体(矿体等)的氧化还原电场。

(2)过滤作用。是由于地下水的渗流和过滤所产生的,形成过滤电场。过滤电场包括裂隙电场、上升泉电场、山地电场、河流电场等。图 2-12 ~ 图 2-17 是受地下水(包括裂隙水、泉水、河水等)流动的过滤作用和地形(如山地、谷地)影响所产生的几种电场电位剖面示意图,其中山地、谷地的电位剖面与地形剖面呈镜像关系。

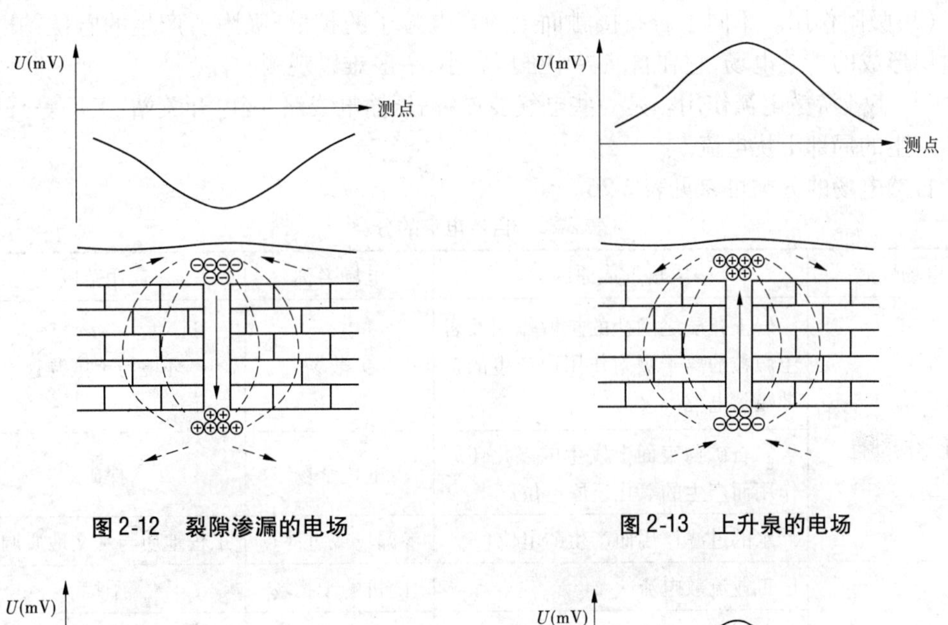

图 2-12　裂隙渗漏的电场　　图 2-13　上升泉的电场

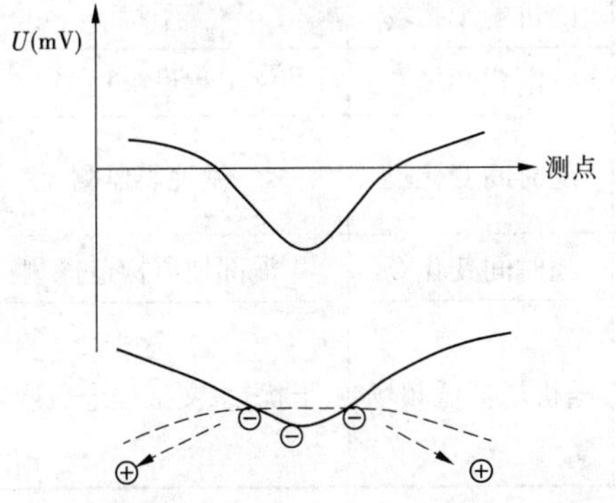

图 2-14　河水补给地下水的电场

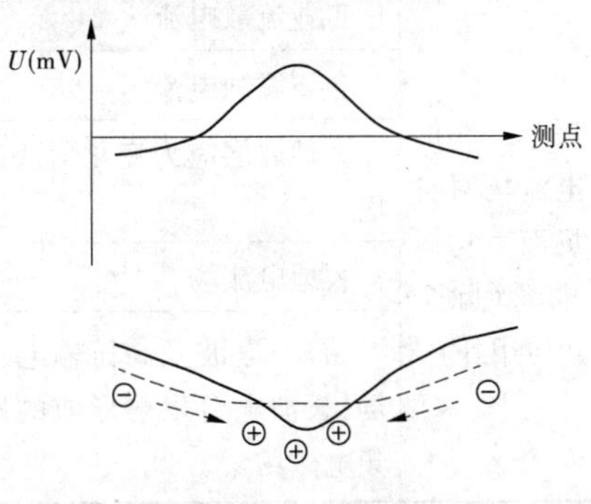

图 2-15　地下水补给河水的电场

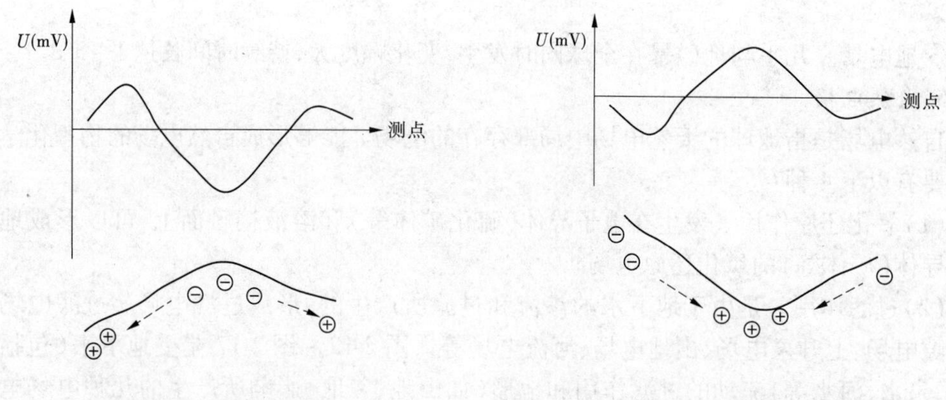

图 2-16　山地的电场　　　　图 2-17　谷地的电场

(3)吸附作用。不同于岩石接触面上的带电粒子的扩散、吸附所产生的电位差以及双电层形成的扩散电场,它在自然界中强度较小,一般难以观测。

(4)工业游散电流作用。是一些电气装置(高压输电线路、变电开关站、工厂等)的漏电所产生的局部干扰电流。

自然电场的分类可参见表 2-26。

表 2-26　自然电场的分类

电场性质	电场形成原因	电场名称	应用范围
岩土体本身的电化学活动性	岩土介质之间盐的扩散作用及岩土微粒的离子吸附作用而产生的扩散吸附电位	扩散场	环境与土壤调查
	岩石矿物表面上发生的氧化还原作用而产生的氧化还原电位	电化学场	探矿
	水的过滤作用而产生的电位	渗漏场或过滤场	工程地质与水文地质调查
地层中存在的外部电流场对自然电场而言均属干扰电场(除个别专题应用外)	工业流散电流	随机的干扰场	干扰
	金属腐蚀电流	电化学场	工程设施检测
	大地岩层应力变化形成的自然电场	随时间变化场	微地震监测
	大地电流场	随时间变化场	深部地质构造探测
	雷电、电波及高压输电线路感应场;长波电台发射形成的地下甚低频电磁场	随机场甚低频场	干扰、水文工程地质调查

2.4.1.5　**电磁场**

上述所谈磁场是地球、地下异常或稳定电流形成的稳定磁场,电场是稳定、直流电流所形成的稳定电场。而交变的电场和磁场之间是互相感应、互相产生、密不可分的,从而形成统一的、相互作用的电磁场。

1. 电磁场基本方程

在真空和介质中,基于宏观电磁场理论的电磁场基本方程为麦克斯韦(Maxwell)方程组:

$$\nabla H = J + \frac{\partial D}{\partial t} \tag{2-10}$$

$$\nabla E = -\frac{\partial B}{\partial t} \tag{2-11}$$

$$\nabla B = 0 \tag{2-12}$$

$$\nabla D = \rho \tag{2-13}$$

式中　E——电场强度,V/m;

H——磁场强度,A/m;

B——磁通密度(磁感应强度),Wb/m^2 或 T(1 T = 1 W/m^2);

D——电位移(电感应强度),C/m^2;

J——电流密度,A/m^2;

ρ——电荷密度,C/m^3;

t——时间,s。

式(2-10)为安培定律或 Maxwell 第一方程,表明空间中具有随时间变化的电场,则所有各点都有磁场发生。式(2-11)为法拉第定律或 Maxwell 第二方程,表明空间中任一点的磁场变化都激发起相应的电场。因此可以说,电场变化激发磁场,磁场变化激发电场,电场与磁场互相联系、互相激发,形成电磁场中相互对应的关系。式(2-12)为磁通量连续原理,式(2-13)为库仑定律。

同时,电荷密度 ρ 和电流密度 J 可以通过式(2-14)连续性方程(电量守恒定律)相互联系:

$$\nabla J = -\frac{\partial \rho}{\partial t} \tag{2-14}$$

上述各基本矢量间关系的状态方程式为

$$D = \varepsilon E \tag{2-15}$$

$$B = \mu H \tag{2-16}$$

$$J = \sigma E \tag{2-17}$$

式中　ε——介电常数,F/m;

μ——磁导率,H/m;

σ——电导率,C/m。

电场强度 E、电感应强度 D、磁场强度 H、磁通密度 B、介电常数 ε、磁导率 μ、电导率 σ、电流密度 J、电荷密度 ρ 是描述电磁场的基本物理量。

2. 电磁波传播

当工作频率 $f > 10^4$ Hz 时,电磁场能以波动形式传播,形成电磁波。电磁波这种交变场,传播的只可能是横波,波的偏振可以是任意的,这是电磁场所具有的横波性质。

1) 电磁场波动方程

在均匀介质中,电磁场的波动方程为

$$\nabla^2 E = \varepsilon\mu \frac{\partial^2 E}{\partial t^2} + \sigma\mu \frac{\partial E}{\partial t} \tag{2-18}$$

$$\nabla^2 H = \varepsilon\mu \frac{\partial^2 H}{\partial t^2} + \sigma\mu \frac{\partial H}{\partial t} \tag{2-19}$$

当场源为时谐变化时,其产生的电磁场也是时谐变化的,式(2-18)、式(2-19)就变成:

$$\nabla^2 E + k^2 \frac{\partial^2 E}{\partial t^2} = 0 \tag{2-20}$$

$$\nabla^2 H + k^2 \frac{\partial^2 H}{\partial t^2} = 0 \tag{2-21}$$

式(2-20)、式(2-21)称为亥姆霍兹方程,其中 k 称为波数或传播常数。

2)电磁场波动方程的一维通解

从场源出发的电磁波在均匀导电介质中传播时,其电场强度都随距离(深度)的增大而衰减。将 k 分解为

$$k = a + \mathrm{i}b \tag{2-22}$$

在一维情况下,式(2-20)的通解为

$$E_z = E_0 \mathrm{e}^{-\mathrm{i}(\omega t - kz)} = E_0 \mathrm{e}^{-bz} \mathrm{e}^{-\mathrm{i}(\omega t - az)} \tag{2-23}$$

式中 E_0——地面(场源处)的电场强度,V/m;

E_z——距离(深度)z 处电场强度,V/m;

a——相位常数,表征电磁波传播过程中相位的变化;

b——衰减常数或吸收系数,表征电磁波传播过程中幅值的衰减。

$$\phi = -(\omega t - az) \tag{2-24}$$

$$V_{\mathrm{p}} = \frac{\mathrm{d}z}{\mathrm{d}t} = \frac{\omega}{a} \tag{2-25}$$

式中 ϕ——波的相位,rad;

V_{p}——波的相速度,rad/s。

3)频率、波长和趋肤深度

设电磁波的频率为 f,则圆频率 $\omega = 2\pi f$,波长为

$$\lambda = \frac{V_{\mathrm{p}}}{f} = \frac{2\pi}{a} \tag{2-26}$$

在理想电介质中,$\varepsilon\omega \gg \sigma$,传导电流可以忽略,波数 k 为实数,即

$$k = a = \omega\sqrt{\varepsilon\mu} = \frac{2\pi}{\lambda} \tag{2-27}$$

电磁波在地下衰减很快,其幅值按指数规律衰减。定义波的幅值衰减至地面波幅值 1/e 时的距离为穿透深度或透入深度或趋肤深度 δ,即

$$\delta = \frac{1}{b} \tag{2-28}$$

这时,电磁波的大部分能量已经被衰减、吸收,或者说电磁波的主要能量集中在深度为 δ 的表层内。

4)准静态极限和介电极限

当 $\sigma \gg \varepsilon\omega$ 时,介质中传导电流占主导,称准静态极限,有以下关系:

$$a = b = \sqrt{\frac{\mu\omega\sigma}{2}} \tag{2-29}$$

$$k = (1 + \mathrm{i})\sqrt{\frac{\mu\omega\sigma}{2}} = (1 + \mathrm{i})a \tag{2-30}$$

$$\delta = \sqrt{\frac{2}{\mu\omega\sigma}} = \frac{1}{a} \tag{2-31}$$

$$\lambda = 2\pi\delta \tag{2-32}$$

波数 k 与介电常数 ε 无关，电磁场的波动方程中主要以扩散项（一阶导数项）为主。

如果取大地中导磁率 μ 的常见值为 $\mu_0 = 1.256 \times 10^{-6}$ H/m，则趋肤深度为

$$\delta = 503\sqrt{\frac{\rho}{f}} \tag{2-33}$$

当 $\sigma \ll \varepsilon\omega$ 时，介质中位移电流占支配，电磁场的波动方程中主要以波动项（二阶导数项）为主。此时，有以下关系：

$$a \approx \omega\sqrt{\mu\varepsilon}\left[1 + \frac{1}{8}\left(\frac{\sigma}{\varepsilon\mu}\right)^2\right] \tag{2-34}$$

$$b \approx \frac{\sigma}{2}\sqrt{\frac{\mu}{\varepsilon}} \tag{2-35}$$

$$V_{\mathrm{p}} \approx \frac{\omega}{a} = \frac{1}{\sqrt{\mu\varepsilon}}\left[1 - \frac{1}{8}\left(\frac{\sigma}{\varepsilon\mu}\right)^2\right] \tag{2-36}$$

$$\delta \approx \frac{1}{b} = \frac{2}{\sigma}\sqrt{\frac{\varepsilon}{\mu}} \tag{2-37}$$

当 $\sigma = 0$ 时，无传导类电流存在，介质为理想电介质，则有

$$k^2 = \omega^2\varepsilon\mu \tag{2-38}$$

$$a = \omega\sqrt{\varepsilon\mu} \tag{2-39}$$

$$b = 0 \tag{2-40}$$

$$V_{\mathrm{p}} = \frac{\omega}{a} = \frac{1}{\sqrt{\mu\varepsilon}} = C \tag{2-41}$$

$$\delta \to \infty \tag{2-42}$$

式中　C——光速，等于 3.0×10^9 m/s。

这时电磁波不被吸收，没有能量损耗。

通常情况下，如果大地电阻率不大于 1 000 Ω·m，电磁波频率不高于 100 kHz，可以认为 $\sigma \gg \varepsilon\omega$，电磁场为准静态极限状态。

5）电磁场的远区和近区

引入无量纲的距离 p：

$$p = \frac{2\sqrt{2}\pi r}{\lambda} \tag{2-43}$$

式中　r——接收点到场源的距离，m。

电磁场的远区和近区的划分：

(1) $p \gg 1$ 时称为远区,收发距离很大或频率很高,电磁波具有平面波的性质。

(2) $p \ll 1$ 时称为近区,收发距离很小或频率很低,电磁波不具有平面波的性质,受场源影响较大。

(3)位于远区和近区之间的范围称为中区。

3. 电磁场的等效原理和互易定理

(1)唯一性定理:如果给定某区域内的电荷、电流分布,并且在包围此区域的闭合面上的电场强度和磁场强度的值(即边界条件),以及在 $t=0$ 时刻区域内任一点的值(即初始条件)为已知,则区域内任一点任一时刻 Maxwell 方程组的解是唯一的。

(2)镜像原理和场等效原理:在确定一个给定区域的电磁场时,只需确定这个区域边界面上电场和磁场的切线分量,而不必顾及产生场的源,因此可以用镜像源来等效代替区域边界上的面分布源。

(3)互易定理:对于随时间简谐变化的电磁场,引入复数表示后,对于只存在电型源的电磁场或只存在磁型源的电磁场,两组方程式存在明显对应关系,场量和场源之间的反应是可以互换的,即电磁场具有对偶性。

2.4.1.6 弹性波场

弹性波在地下介质中传播形成弹性波场,其传播过程具有运动学和动力学两方面特性。由于震源的不同、介质的复杂性以及弹性波本身类型不同,其传播过程经常是非常复杂的,需要将介质理想化,将问题简单化,以求问题较为圆满地得以解决。

1. 介质模型

实际地质体是千变万化的。为使波的传播问题得以简化、解决,有必要建立不同的物理模型。关于弹性形变的两种理想情况,一种是理想弹性体(或称胡克固体)、完全弹性体,另一种是理想塑性体(或称完全塑性体)。对于远离震源处传播振动的介质,受到的作用力非常小(位移小于 1 μm)且作用时间短(小于 100 ms),可以近似地看作理想弹性体。根据胡克定律,理想线性弹性体的应力 τ 与应变 γ 的关系是

$$\tau = \mu\gamma \tag{2-44}$$

式中　μ——弹性模量,GPa。

理想弹性体的假定是弹性波理论的基本假设,也使得问题大为简化、有效解决。然而,实际岩体存在着阻尼效应和吸收作用,是既有弹性性质又有黏性性质,更接近黏弹性体。

在实际地质环境下,岩体有均匀介质,也有层状介质、连续介质;有各向同性介质,也有各向异性介质;有单相介质,也有双相介质。考虑这些介质模型和介质的黏性,则会使理想化的模型更具实际情况。

2. 弹性波分类

弹性波是震源所产生的应变在介质中的传播,按照频率特征不同而分为地震波和声波两大类。其中,地震波频率范围为 1 ~ 1 000 Hz;而声波频率范围为 20 ~ 20 000 Hz,顾名思义,声波可引起人的听觉振动。人们习惯把声波频率低于 20 Hz 的定义为次声波,把声波频率高于 20 000 Hz 的定义为超声波。

胀缩震源所产生质点的运动方向与传播方向一致的弹性波叫纵波(或称压缩波、疏

密波、胀缩波、非旋转波)。旋转震源所产生的质点运动方向与传播方向垂直的弹性波称为横波(或称剪切波、旋转波)。横波还可分为垂直偏振的 SV 波和水平偏振的 SH 波。纵波和横波都是在介质体内传播的波,统称为体波。

在均匀、无限、各向同性弹性介质中,纵波速度 V_p、横波速度 V_s 由式(2-45)、式(2-46)确定:

$$V_p = \sqrt{\frac{\lambda + 2\mu}{\rho}} = \sqrt{\frac{E(1-\sigma)}{\rho(1+\sigma)(1-2\sigma)}} \tag{2-45}$$

$$V_s = \sqrt{\frac{\mu}{\rho}} = \sqrt{\frac{E}{2\rho(1+\sigma)}} \tag{2-46}$$

式中　λ——拉梅常数,Pa;

μ——切变模量,又称拉梅常数,Pa;

E——杨氏模量,Pa;

σ——泊松比;

ρ——密度,g/cm^3。

为了便于换算,表 2-27 列出介质弹性参数之间的相互关系。由表可知:当已知纵、横波速度时即可求取各种弹性模量,而岩土介质的物性往往与弹性模量有关,所以可以从纵、横波速度来提取岩土介质的有关物性信息。

表 2-27　弹性参数之间的相互关系

参数	符号	公式	单位
纵波速度	V_p	$V_p = \sqrt{\frac{\lambda+2\mu}{\rho}} = \sqrt{\frac{E(1-\sigma)}{\rho(1+\sigma)(1-2\sigma)}}$	m/s
横波速度	V_s	$V_s = \sqrt{\frac{\mu}{\rho}} = \sqrt{\frac{E}{2\rho(1+\sigma)}}$	m/s
纵、横波速度比	$\frac{V_p}{V_s}$	$\frac{V_p}{V_s} = \sqrt{\frac{\lambda+2\mu}{\mu}} = \sqrt{\frac{2(1-\sigma)}{1-2\sigma}}$	
杨氏模量	E	$E = \frac{\rho V_s^2(3V_p^2-4V_s^2)}{2V_p^2-V_s^2}$	Pa
泊松比	σ	$\sigma = \frac{V_p^2-2V_s^2}{2(V_p^2-V_s^2)}$	
体积模量	k	$k = \rho(V_p^2-\frac{4}{3}V_s^2)$	Pa
拉梅常数	λ	$\lambda = \rho(V_p^2-2V_s^2)$	Pa
切变模量	μ	$\mu = \rho V_s^2 = \frac{E}{2(1-\sigma)}$	Pa

弹性波速度的倒数称为波慢度，通常用 S 表示，单位为 s/m。

在介质边界面上传播的波称为面波，分别有瑞雷波、拉夫波、斯通利波、槽波、驻波。地滚波是一直沿地面传播的面波，瑞雷波是其主要成分。在钻孔孔壁表面传播的面波称井筒波。

按照震源的不同，弹性波可分为天然震源和人工震源。天然地震是人们较为熟悉的一种天然场源振动，是通过感觉或仪器观察到的地壳局部震动，地壳在内、外应力作用下，集聚的构造应力突然释放，产生震动弹性波，从震源向四周传播引起的地面颤动，是地壳运动的一种表现形式。人工激发而产生的地震波和声波则是进行勘探和测试所广泛运用的弹性波。人工震源具有可控、高精度的特点，当然会增加震源和激发的费用。

按照波与介质界面的关系，弹性波可分为入射波、直达波、折射波、反射波及透射波。

弹性波分类可由图 2-18 简化表述。

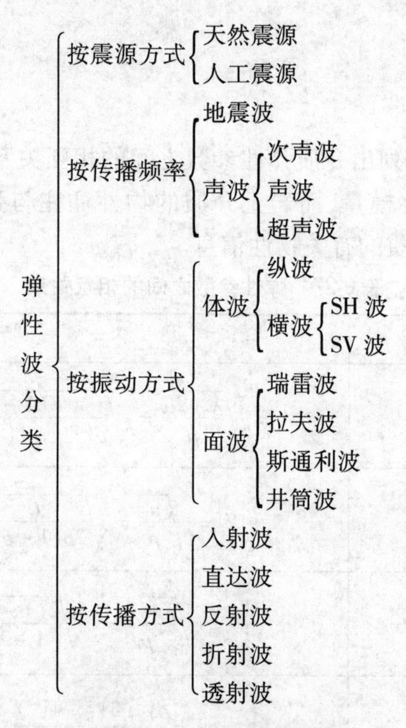

图 2-18　弹性波分类简图

3. 弹性波的波动方程

根据广义胡克定律，在均匀、单相、各向同性、理想弹性介质中，三维波动方程式是：

$$\rho \frac{\partial^2 u}{\partial t^2} = (\lambda + \mu)\mathrm{grad}\theta + \mu \nabla^2 u + \rho F \tag{2-47}$$

式中　ρ——介质密度；

u——介质的位移向量；

λ、μ——介质的拉梅系数；

θ——体变系数，等于 $\mathrm{div}u$；

∇^2——拉普拉斯(Laplace)算子；

F——作用在介质上的外力向量。

对式(2-47)分别取散度、旋度,并令 $\omega=\mathrm{rot}u$,则得到以下两式:

$$\mathrm{div}F=\frac{\partial^2\theta}{\partial t^2}-\frac{\lambda+2\mu}{\rho}\nabla^2\theta \tag{2-48}$$

$$\mathrm{rot}F=\frac{\mathrm{d}^2\omega}{\mathrm{d}t^2}-\frac{\mu}{\rho}\nabla^2\omega \tag{2-49}$$

div$F$ 表示一种胀缩力,产生与体变系数有关的扰动—体积胀缩,rot$F$ 表示一种旋转力,产生由 rot$u$ 决定的扰动—转动。

如果设 $u=\mathrm{grad}\phi+\mathrm{rot}\psi$,$\phi$ 和 ψ 分别表示位移场 u 的标量位和向量位,并令外力为零,只考虑波的传播问题,则波动方程就简化为奇次方程式:

$$\frac{\partial^2\phi}{\partial t^2}-V_{\mathrm{p}}^2\nabla^2\phi=0 \tag{2-50}$$

$$\frac{\mathrm{d}^2\psi}{\mathrm{d}t^2}-V_{\mathrm{s}}^2\nabla^2\psi=0 \tag{2-51}$$

已知初始条件和边界条件,就可以解波动方程了。

4. 弹性波的动力学特征

弹性波的动力学特征是指波在传播过程中波的形态、振幅、频率、偏振、衰减等波形变化和能量方面的特点。

1)波形变化

计算表明,在距离小于波长 λ 的近震源处,波形不能保持稳定,波幅衰减得快;而当波的传播距离大于波长 λ 后,波的形态开始保持相对稳定,振幅衰减得慢。

描述某一位置(如 $r=r_1$ 处)的质点位移 u 随时间 t 变化的图形称为波的振动图(见图2-19),正极值或副极值为波的相位,极值的绝对值为波的振幅,极值间一个时间间隔为视周期 T^*,主要两相邻波谷(或波峰)间的周期称主周期,视周期的倒数为视频率 $f^*=1/T^*$,起始振动和终止振动之间的时间为波的时间延续长度。

描述某一时刻(如 $t=t_1$)的质点位移 u 随距离 r 变化的图形称为波的剖面图(见图2-20),波的极大、极小位移称为波峰、波谷,相邻波峰(谷)间的距离称视波长 λ^*,视波长的倒数为视波数 $k^*=1/\lambda^*$,主要两相邻波谷(或波峰)间的波长称主波长。

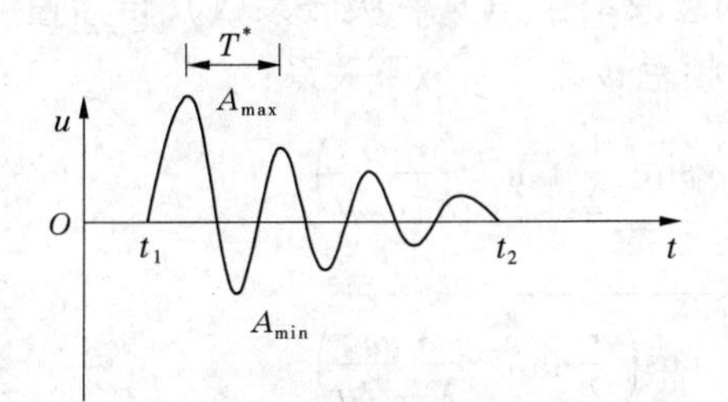

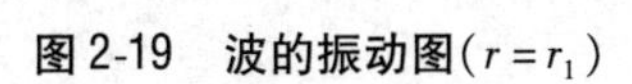
图2-19　波的振动图($r=r_1$)

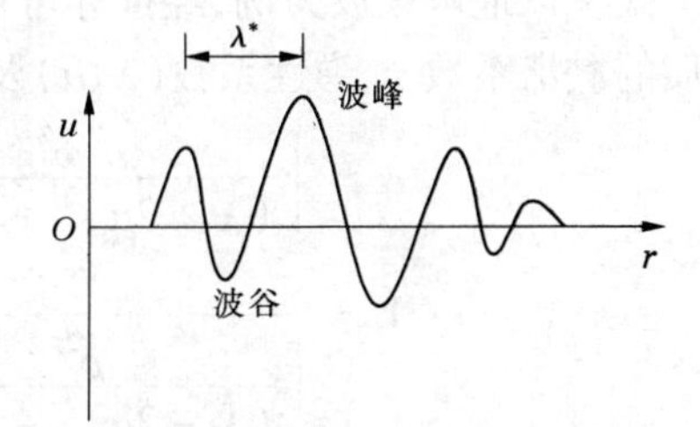

图2-20　波的剖面图($t=t_1$)

上述各物理量间有如下关系:

$$\lambda^*=TV^*=\frac{V^*}{f} \tag{2-52}$$

$$k = \frac{1}{\lambda^*} = \frac{1}{TV^*} = \frac{f}{V^*} \tag{2-53}$$

2) 惠更斯－夫列涅尔原理

惠更斯原理:在弹性介质中,可以把已知 t 时刻的同一波前面上的各点看作从该时刻产生子波的新点震源,在经过 Δt 时间后,这些子波的包络面就是原波前面到 $t+\Delta t$ 时刻新的波前。后来,夫列涅尔补充了惠更斯原理,认为由波前面各点所形成的新扰动在空间上相互干涉叠加,其叠加结果成为该点的总扰动。

3) 叠加原理

两个或更多同时存在的原因产生的结果可以通过对各个原因单独产生的结果求和得到。在地震勘探中,采用叠加技术可以有效地压制干扰、提高有效波的信噪比。

4) 波的能量

波在介质中传播时的能量 E 等于动能 E_k 和位能 E_p 之和,即

$$E = E_k + E_p \propto \rho A^2 f^2 W \tag{2-54}$$

式中 ρ——介质密度;

A——波振幅;

f——波频率;

W——波通过介质体积。

波的能量密度 ε 定义为单位体积内的能量,能通量密度或称波的强度 I 为时间 dt 内通过面积 ds 的能量,则

$$\varepsilon = \frac{E}{W} \propto \rho A^2 f^2 \tag{2-55}$$

$$I = \frac{\varepsilon V_p \mathrm{d}t \mathrm{d}s}{\mathrm{d}t \mathrm{d}s} = \varepsilon V_p \propto A^2 \tag{2-56}$$

式(2-54)还表明,介质中储存的波的能量,包括全部动能和位能,也是以波速传播的。

5) 波的吸收

弹性波在实际介质中传播时,波的能量、振幅衰减很快。弹性波衰减的原因:一是波前扩散,二是介质的吸收损耗。这种吸收,主要原因是介质的黏滞力,使振动能量转化成其他形式。以地震纵波为例,经推导可得介质的衰减系数 α(或称吸收系数)、传播速度 V 与介质的黏滞系数 η、弹性系数(λ、μ)及波的圆频率 ω 之间有以下关系:

$$\alpha = \left[\frac{\rho^2\omega^2}{(\lambda+2\mu)^2+\eta'^2\omega^2}\right]^{1/4} \sin\left(\frac{1}{2}\tan^{-1}\frac{\eta'\omega}{\lambda+2\mu}\right) \tag{2-57}$$

$$V = \frac{1}{\left[\frac{\rho^2}{(\lambda+2\mu)^2+\eta'^2\omega^2}\right]^{1/4} \cos\left(\frac{1}{2}\tan^{-1}\frac{\eta'\omega}{\lambda+2\mu}\right)} \tag{2-58}$$

其中,$\eta' = \frac{4}{3}\eta$。

(1)当波的频率很低、满足 $\omega\eta' \ll \lambda+2\mu$ 时,式(2-57)、式(2-58)可简化为

$$\alpha \approx \frac{1}{2}\frac{\eta'\omega^2\rho^{1/2}}{(\lambda+2\mu)^{3/2}} \tag{2-59}$$

$$V \approx V_{\mathrm{p}} = \left(\frac{\lambda + 2\mu}{\rho}\right)^{1/2} \tag{2-60}$$

(2)当波的频率较高、满足 $\omega\eta' \gg \lambda + 2\mu$ 时,式(2-57)、式(2-58)可简化为

$$\alpha \approx \left(\frac{\omega\rho}{2\eta'}\right)^{1/2} \tag{2-61}$$

$$V \approx \left(\frac{2\eta'\omega}{\rho}\right)^{1/2} \tag{2-62}$$

可见,当波的频率很低时,地震纵波在黏滞介质中以恒速度 V_{p} 传播,振幅随 ω^2 增加而衰减;当频率较高时,振幅和传播速度都与圆频率的平方根成正比。所以,随着距离的增加,高频成分很快被吸收,而低频成分延续传播时间则较长。地下介质仿佛是一个滤波器(见图 2-21),滤去高频,保留低频,使频率成分改变、频谱变窄。

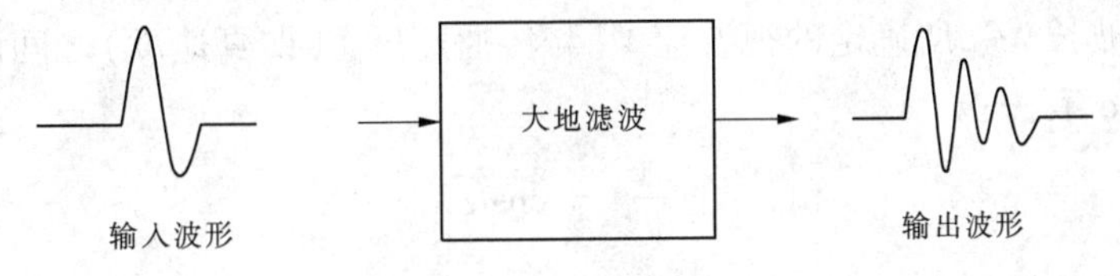

图 2-21　大地的滤波作用

6)波的频谱分析

弹性波的动力学特征,除在时间域研究、分析波形和振幅外,还可以在频率域研究波的频谱,进行频谱分析。采用傅里叶变换可以进行波的时间域函数和频率域函数之间的变换。

$$S(f) = \int_{-\infty}^{\infty} G(t)\,\mathrm{e}^{-\mathrm{j}2\pi ft}\,\mathrm{d}t \tag{2-63}$$

$$G(t) = \int_{-\infty}^{\infty} S(f)\,\mathrm{e}^{\mathrm{j}2\pi ft}\,\mathrm{d}f \tag{2-64}$$

式(2-63)为傅里叶变换,式(2-64)为傅里叶逆变换。频率域函数 $S(f)$ 是时间域函数 $G(t)$ 的频谱,一般为复数,包括振幅谱和相位谱两方面:

$$S(f) = |A(f)|\,\mathrm{e}^{\mathrm{i}\theta(f)} \tag{2-65}$$

振幅谱 $A(f)$、相位谱 $\theta(f)$ 是实数,$|A(f)|^2$ 是功率谱。

$$A(f) = \{\{\mathrm{Re}[S(f)]\}^2 + \{\mathrm{Im}[S(f)]\}^2\}^{1/2} \tag{2-66}$$

$$\theta(f) = \tan^{-1}\frac{\mathrm{Im}[S(f)]}{\mathrm{Re}[S(f)]} \tag{2-67}$$

式中　$\mathrm{Re}[S(f)]$——复数 $S(f)$ 的实部;

$\mathrm{Im}[S(f)]$——复数 $S(f)$ 的虚部。

频谱分析常用的方法是傅里叶变换的离散、二进制、快速算法,称为快速傅里叶变换。

5. 弹性波的运动学特征

波的运动学特征是指波传播的时间和空间之间的关系。

1)球面扩散纵波的位移解

球面扩散纵波在弹性波探测中应用广泛,具有典型代表性。将式(2-48)的球面扩散三维波动方程用球坐标(r,α,β)表示,就简化得到一维的弦方程(见式(2-68)),其解即为

达朗贝尔解(见式 2-69)。

$$\frac{\partial^2 \phi'}{\partial t^2} - V_p^2 \frac{\nabla^2 \phi'}{\partial r^2} = 0 \tag{2-68}$$

$$\phi' = \phi r = C_1\left(t - \frac{r-a}{V_p}\right) + C_2\left(t + \frac{r-a}{V_p}\right) \tag{2-69}$$

2)费马原理

1661 年,法国数学家皮尔·费马提出关于射线路径的最小时间原理:波沿旅行时间最小的路径传播,即地震波沿射线传播的旅行时间和沿其他路径传播的旅行时间相比为最小,亦称时间最小原理、射线原理。据此原理,弹性波射线和波前面总是互相垂直的。

3)视速度定理

由于弹性波出射至地表的射线一般与地面不是垂直的(见图 2-22),在地面观测的弹性波波长为视波长 λ^*,所确定的视波速 V^* 与传播速度 V(即真速度)之间的关系与射线和地面的夹角 α 有关:

$$\frac{V}{V^*} = \cos\alpha \tag{2-70}$$

式(2-70)称为视速度定理。

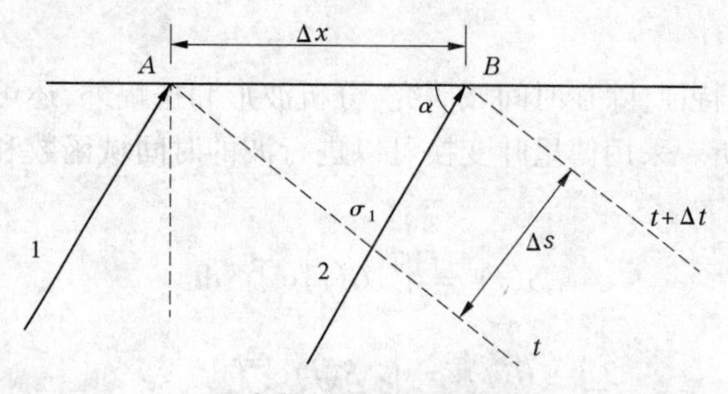

图 2-22　视速度示意图

一般情况下:

(1)当 $\alpha<90°$时,视速度 V^* 总大于真速度 V。

(2)当 $\alpha=90°$时,视速度 V^* 趋于无穷大,射线同时到达各测点。

(3)当 $\alpha=0°$时,波沿观测方向传播,$V^*=V$,视速度等于真速度。

4)斯奈尔定律

弹性波在传播过程中遇到两种介质的弹性分界面 R 时会产生波的反射、波的透射,入射弹性波速度 $V_{入}$、射线与界面法线 n 夹角(入射角)$\alpha_{入}$ 和反射波速度 $V_{反}$、反射角 $\alpha_{反}$ 及透射波速度 $V_{透}$、透射角 $\alpha_{透}$ 之间有如下关系(见图 2-23):

$$\frac{\sin\alpha_{入}}{V_{入}} = \frac{\sin\alpha_{反}}{V_{反}} = \frac{\sin\alpha_{透}}{V_{透}} = p \tag{2-71}$$

$$\frac{\sin\alpha_{入}}{V_{p入}} = \frac{\sin\alpha_{反}}{V_{p反}} = \frac{\sin\alpha_{反}}{V_{s反}} = \frac{\sin\alpha_{透}}{V_{p透}} = \frac{\sin\alpha_{透}}{V_{s透}} = p \tag{2-72}$$

式(2-71)就是著名的斯奈尔定律(也称笛卡儿定律),式中 $\alpha_{入}=\alpha_{反}$,$V_{入}=V_{反}$,p 称为射线参量。对于界面反射、透射过程中存在波型转换的情形,射线参量 p 仍然不变,斯奈尔定律扩展为式(2-72)的形式。

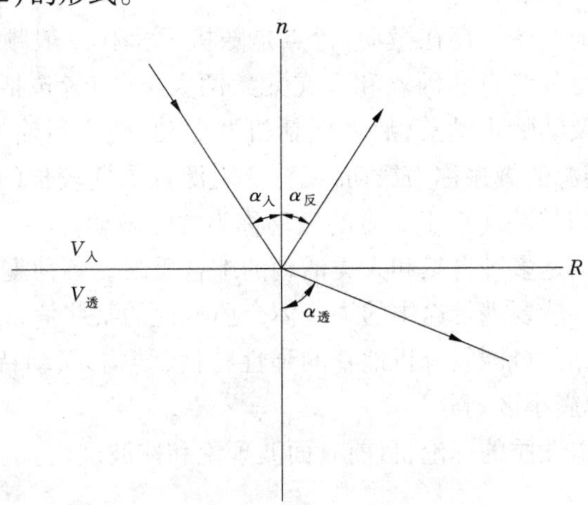

图2-23　弹性波在界面 R 处的反射与透射

5)互换原理

互换原理是指弹性波的激发点位置和接收点位置互换后其波旅行时间不变,即激发点和接收点可以互换而不影响波旅行时间。

6.地球的速度与分层

地震波的传播速度总体上是随深度而递增变化的。但其中出现2个明显的一级波速不连续界面、1个明显的低速带和几个次一级的波速不连续面。

莫霍洛维奇不连续面(简称莫氏界面、莫氏面,为地壳、地幔分界面,深度在5~60 km、平均约33 km)附近,纵波的速度从7 000 m/s左右突然增加到8 100 m/s左右,横波的速度也从4 200 m/s突然增至4 400 m/s。

低速带(或低速层)出现的深度一般介于60~250 km,接近地幔的顶部。在低速带内,地震波速度不仅未随深度而增加,反而比上层减小5%~10%。低速带的上、下没有明显的界面,波速的变化是渐变的;同时,低速带的埋深在横向上是起伏不平的,厚度在不同地区也有较大变化。横波的低速带是全球性普遍发育的,纵波的低速带在某些地区可能缺失或处于较深部位。

古登堡不连续面(为地幔、地核的分界面,深度约为2 600 km)上下,纵波速度由13 640 m/s突然降低为7 980 m/s,横波速度由7 230 m/s向下突然消失。该不连续面上地震波出现极明显的反射、折射现象。

7.地脉动和微动

1)微动与微震

与人工激发震源无关的、非地下地壳运动产生的地面扰动通称为微动,其振幅常不超过数微米、周期在0.5 s至数秒。而微震(微地震)是指由美国地震学家里希特(C. F. Richter)于1935年提出的里氏震级小于3级的天然地震。

岩体在变形破坏的整个过程中几乎都伴随着裂纹的产生、扩展、摩擦,积聚的能量以应力波的形式释放,从而产生微震事件。在矿山开采、地下工程、边坡工程等人类岩土工程施工活动工程中,会引起岩体的应力改变,进一步会引起岩裂、岩爆而产生微震事件。

2）脉动、微动及常时微动

地球表面的任何地点始终存在微动，特点是随机、宽频（一般频率在 1～150 Hz）、振幅微小。微动发生源可分为自然因素和人文元素两大类，前者包括风吹、草动、降雨、水流、海浪、火山活动以及动物走动等，后者包括机器振动、交通运输、建造施工、行走活动等。通常，将有特定震源的微振称为振动，无特定震源且周期较长（长于 5 s）的微动称为脉动，无特定震源且周期较短（小于 5 s）的微动称为常时微动。

地脉动和常时微动是多种自然和人类活动的综合反映。各种震源的综合作用所产生的波动在传播过程中必然要携带途中的岩土体介质特性的某些信息。因而，研究地表、地下岩土体的常时微动，可以推断、分析地基的弹性特性、结构、振动特性，常用于地基土类型划分、地基评价和地震小区划分。

研究常时微动基本性质的理论，目前有面波理论和体波理论。

2.4.1.7　地温场

1. 温度和热量

1）温度

温度是热力学的一个物理量，衡量其高低的值称为温标。

在一定温度下，一定质量的气体，其压强 p 和体积 V 的乘积为一常数，这就是波义耳定律。不同温度，这个常量不同。各种气体都近似地遵从这个定律，而且气压越低则符合程度越高。

为表示气体共性，引入理想气体的概念，称在各种压强情况下都严格遵从波义耳定律的气体为理想气体。这样，压强 p 和体积 V 的乘积只取决于温度。定义理想气体温标，与 p、V 的乘积成正比。标准温度就是冰、水、水汽共存的三相点平衡时的温度，即水的三相点热力学温度，其值为 $T = 273.15$ K。其中，K（开尔文，简写开）表示理想气体温标的温度单位，是水的三相点热力学温度的 1/273.15。

用摄氏温标计量，二者关系为 $t = T - 273.15$。摄氏温标的单位为℃（摄氏度）。273.15 K 为水的冰点，即 0 ℃。

2）热量

热量 Q 是能量的一种，单位为 J（焦耳）。热流密度 q 则表示单位时间内流过单位面积的热量，即

$$q = \frac{Q}{St} \tag{2-73}$$

式中　S——横截面面积，m^2；

t——热传递的时间，s；

q——热流密度（简称热流），W/m^2。

q 是个矢量，以温度降低的方向为正。

3）热交换方式

热交换方式有三种，即热传导、热对流、热辐射。定义大地热流密度 q，简称大地热流或热流，表征热能传输、散失情况，矢量，方向同地热强度、指向地表。

对于热传导，其热流密度 q 表达式为

$$q = -k\frac{\mathrm{d}T}{\mathrm{d}z} \tag{2-74}$$

式中　k——介质的热导率，是指温度梯度为 1 个单位时，单位时间内通过与温度梯度方向垂直的单位面积的热量，W/(m·℃)；

$\mathrm{d}T/\mathrm{d}z$——地热梯度，即单位深度介质的温度变化值，z 向下为正。

热对流固体与周围紧邻的流体间的换热方式，其热流密度 q 可以用牛顿冷却定律确定，即

$$q = h(T_s - T_g) \tag{2-75}$$

式中　h——介质的传热系数，W/(m^2·K)；

T_s——固体界面温度，℃；

T_g——气体或液体界面温度，℃。

对于物体的热辐射，其热流密度 q 可表示为

$$q = \sigma T^4 \tag{2-76}$$

式中　σ——介质的热辐射系数，W/(m^2·K^4)。

2. 大地热流场

大地热流场，或称地温场、地热场，表征地球内部热量或温度的分布情况。

地球的热流场是地球内部空间各点在某一时刻的温度值的分布。

$$T = f(x,y,z,t) \tag{2-77}$$

若 T 的变化与时间无关，则称地温场为时间上的稳定场。

地温场的分布及其时空变化主要受地球内部热源的控制。连接地温场中各温度相同的点，可形成许多等温面。定义地温场强度 E 为

$$E = -\frac{\mathrm{d}T}{\mathrm{d}z} \tag{2-78}$$

地温场强度 E 就是地温梯度，为方向指向地表的矢量（热量流向温度减小方向），单位为 K/m。

地热的来源主要有太阳辐射、地球内部热源、火山和地震等构造运动、地下热水温泉、潮汐摩擦等。就地球内部而言，主要热源是放射性同位素衰变而释放的热量，而在地表的热量主要来源是太阳辐射（这也是产生潮汐的能量来源）。表 2-28 给出了地表的几种能流分布情况。

表 2-28　地表能流类型及其大小

类型	太阳辐射	大地热流	潮汐摩擦	火山喷发	地震释放
平均能流(mW/m^2)	1.46×10^5	1.47×41.87	0.03×41.87	0.047×41.87	0.001×41.87
总能流(J/年)	23.57×10^{23}	2.45×10^{20}	5×10^{18}	7.8×10^{18}	1.75×10^{18}

地球表面温度在 −30 ~ +45 ℃变化，而地球内部自地壳到地幔，地核温度有不断增高的趋势。根据有关推算资料，在莫霍面（莫霍洛维奇不连续面、地幔地壳分界面、平均深度为 33 km）处的地温为 400 ~ 1 000 ℃，在岩石圈底部大约为 1 100 ℃，在上、下地幔界面附近（约 650 km 深处）大约为 1 900 ℃，在古登堡面（古登堡不连续面、核幔界面、位于

地下 2 885 km 的深处)附近大约为 3 700 ℃,地心处的温度为 4 300 ~ 4 500 ℃。

地壳上层温度分布不仅取决于太阳辐射,还取决于地球内部的热源。地温观测资料表明,地壳的温度随深度的增加而按照一定规律递增。在地壳表层 7 km 以内,地温大致按以下三层分布:

(1)变温层:或称变温带,最表层,主要受地球外部太阳辐射、散热等影响,地温呈日变化、年变化、多年变化,甚至世纪变化。日变温带一般为 1 ~ 2 m 深;年变温带深度可达 15 ~ 20 m;多年变温带,如冻土层等,可达 1 000 m。其温度变化幅度随深度增加而递减。

(2)常温层:或称恒温带,它是地壳某一深度内,地球内部的热能与上层变温带的影响达到相对平衡,地温不再发生变化的地带。各地常温带的深度及其温度一般是不同的,主要与地区纬度、地理位置、气候条件以及岩性、植被等因素有关,一般略高于当地年平均气温 1 ~ 2 ℃。它在一定程度上反映了其下部的地热状态。通常其深度为 20 ~ 30 m。

(3)增温层:或称增温带,主要受地球内部热源影响,随深度的增加而递增。通常把每向下加深 100 m 所升高的温度称为地热增温率或地温梯度(温度每增加 1 ℃所增加的深度则称为地热增温级)。世界上不同地区地温梯度并不相同,如我国华北平原为 1 ~ 2 ℃,大庆油田可达 5 ℃。据实测,地球表层的平均地温梯度为 3 ~ 3.5 ℃;海底的平均地温梯度为 4 ~ 8 ℃,大陆为 0.9 ~ 5 ℃,海底的地温梯度明显高于大陆。

受大地构造、岩性、地下水、地形等因素影响,地下还存在区域、局部的地热异常。地下热水(汽)是强大的载热流体,借助于静水压力和一定的地质构造,将地下热能携带至地表。火山爆发也可以携带大量地下热能,但目前难以掌握和应用。

2.4.2　岩土体物理特性

2.4.2.1　密度、容重与相对密度

介质的密度、容重和相对密度是反映岩土体密实程度的重要物理特性。

1. 密度

介质的密度是指单位体积介质的质量。岩土体的密度值是物理探测的重要基础参数或指标之一。

1)岩土体密度的影响因素

岩土体密度的影响因素主要有:

(1)组成岩土体的矿物成分及其结构、含量。

(2)岩土体的形成过程。

(3)岩土体中孔隙度大小及孔隙充填物的性质、含量。孔隙度与密度的经验关系如下:

$$\rho = \rho_1 \varphi + (1 - \varphi)\rho_m \tag{2-79}$$

式中　ρ——岩土体的密度,kg/m^3;

ρ_1——孔隙中充填物的密度,kg/m^3;

φ——孔隙度;

ρ_m——岩土体骨架的密度,kg/m^3。

(4)岩土体所受压力大小(埋藏深度)。

2）岩土体密度

火成岩的密度主要由矿物成分及含量决定。从酸性岩到基性岩，其密度值随着岩石中铁镁暗色矿物含量的增加而逐渐增大。对于同一种侵入的火成岩体，在侵入后的冷凝过程中结晶分异而形成不同的岩相带，一般边缘岩相要比过渡岩相、内相的密度大些。同时，侵入时期（不同侵入时期，成分有所不同）、环境对密度也有一定的影响。

沉积岩的成分对密度有影响，但因为受孔隙度的影响而使得密度变化范围较大。一般情况下，近地表沉积岩受压小，密度也较小，埋深增加则上覆压力加大、孔隙度减小，密度就增大。沉积岩的密度随孔隙度的减小有呈线性增加的趋势，当然其和地质年代、沉积环境有关。

变质岩的密度与其构成成分、含量和孔隙度均有密切关系，一般比原岩密度要大，同一时代岩体密度相差不大。

部分岩石、矿物、土等的密度见表2-29。

2. 容重

容重是指单位容积内介质的重量，或者说是作用在单位体积上的重力。介质的密度与容重的关系为

$$\gamma = \rho g \tag{2-80}$$

式中　γ——岩土体的容重，N/m^3；

ρ——岩土体的密度，kg/m^3；

g——重力加速度，m/s^2。

3. 相对密度

相对密度是指在标准大气压下介质的重量和4 ℃同体积纯水的重量的比值，亦称比重（见式(2-81)）。相对密度是无量纲的量，简写为s. g. 。

$$d_s = \gamma / \gamma_{水标} \tag{2-81}$$

式中　d_s——岩土体的相对密度；

γ——岩土体的容重，N/m^3；

$\gamma_{水标}$——标准状况下（标准大气压、4 ℃）水的容重，N/m^3。

4. 密度、容重、相对密度的联系与区别

从表面上看，介质的密度、容重、相对密度的数值均比较接近（仅有一个重力加速度g的差异，或者说单位转换时所形成的数值不同）。在本质上，三者确实也是相互联系的。介质的密度决定了介质的相对密度，介质的相对密度是介质密度的特定体现，介质的容重也取决于介质的相对密度。

三者之间的内涵是不同的，主要表现在：

(1)介质的密度反映的是介质内在的特性，是单位体积介质的质量。介质的质量是确定的，密度不会随重力的变化而变化的。

(2)介质的相对密度反映的是单位体积介质的重量与标准大气压下4 ℃同体积纯水的重量的比值。介质的重量是因介质受到重力而产生的，会随着重力、温度、压力的变化而发生变化的。

表 2-29　部分岩土介质密度值

分类	名称	密度(g/cm³)	分类	名称	密度(g/cm³)
岩浆岩	纯橄榄岩	2.5~3.3	矿石	钨酸钙矿	5.9~6.2
	橄榄岩	2.6~3.6		赤铁矿	4.5~5.2
	玄武岩	2.6~3.3		磁铁矿	4.8~5.2
	辉长岩	2.7~3.4		黄铁矿	4.9~5.2
	安山岩	2.5~2.8		黄铜矿	4.1~4.3
	辉绿岩	2.9~3.2		钛铁矿	4.5~5.0
	玢岩	2.6~2.9		铬铁矿	3.2~4.4
	花岗岩	2.4~3.1		锰矿	3.4~6.0
变质岩	石英岩	2.6~2.9		重晶石	4.4~4.7
	流纹岩	2.3~2.7		刚玉	3.9~4.0
	片麻岩	2.4~2.9		岩盐	3.1~3.2
	云母片岩	2.5~3.0		钾盐	1.9~2.0
	千枚岩	2.4~2.8		石英	2.65
	蛇纹岩	2.6~3.2		方解石	2.7
	大理岩	2.6~2.9		白云石	2.87
	板岩	2.3~2.8		煤	1.2~1.7
	凝灰岩	1.6~2.0		褐煤	1.1~1.3
沉积岩	白云岩	2.4~2.9		铝矾土	2.4~2.5
	石灰岩	2.3~3.0	松散层	干砂	1.4~1.7
	砂岩	1.8~2.9		黏土	1.5~2.2
	砂质页岩	2.3~3.0		表土	1.1~2.0
	砾岩	1.6~4.2	其他	盐水(浓度 0.2 mg/L)	1.15
	页岩	2.1~2.8		水	1.00
	泥岩	1.2~2.4		冰	0.8~0.9
	泥质页岩	2.3~3.0		混凝土	2.2~2.5
	泥质灰岩	2.4~2.7		铁	7.8
	泥板岩	1.7~2.9		铜	8.9
	石膏	2.2~2.4		水银(汞)	13.6
	硬石膏	2.7~3.0		空气	0.001 293

(3)介质的容重反映的是单位容积内介质的重量,在数值上虽然等同于介质的比重,但考虑问题的侧重点不同。它反映的是介质材料的纯度或紧密度、饱和度,会随着重力的变化而发生变化。

(4)三者的单位在SI单位制中是不同的,密度的单位为kg/m^3,容重的单位为N/m^3,相对密度是无量纲的。

2.4.2.2　电性

1.岩土体的导电性

1)电阻率

电阻率ρ是岩土体导电性能的主要指标,是衡量介质的导电性能的基本电性参数。介质的电阻率越大,其导电性能越差;反之,则导电性能越好。

2)电阻率的影响因素

介质的电阻率不仅与介质的材料性质有关,还和介质的几何尺寸有关。在自然状态下,岩土体电阻率大小的影响因素还有很多,主要包括:

(1)含水量对岩土体的电阻率影响很大。由于孔隙水的电阻率较低(岩石中孔隙水的电阻率通常是在1~10 Ω·m),岩体孔隙中充填孔隙水后,岩体的电阻率会明显降低。

(2)由于孔隙水的矿化度变化范围很大,淡水的矿化度为0.1 g/L,咸水的矿化度为10 g/L,岩体中孔隙水矿化度对电阻率也有直接影响,矿化度越高,岩体的电阻率就越低。

(3)工程领域所涉及的深度一般小于1 000 m,在此范围内,除浅表层外,固体岩土体的温度变化不大,温度对其电阻率的影响可以不予考虑的。

(4)浅表层岩土体受太阳辐射、散热影响较大,尤其是含水层,电阻率受温度影响明显。含水岩土体随着温度下降直至结冰,电阻率会逐渐地显著增高。

3)岩土体的导电性

按照导电性质,可将固体岩土体分为导体、半导体、固体电介质。

电阻率ρ小于10^{-6} Ω·m的天然导体,一般为天然金属,如天然铜、天然金,在自然界里是比较少的。

大多数电阻率在10^{-6}~10^6 Ω·m的金属矿物属于半导体;而绝大多数造岩矿物,如石英、云母、长石、辉石、方解石等,属于电阻率大于10^6 Ω·m的固体电介质。

第四纪松散覆盖层一般表现为半导体导电性质。

按岩性成因类别分,岩浆岩的电阻率最高,变化范围为10^2~10^5 Ω·m;沉积岩的电阻率相对最低,但由于成因不同,电阻率变化范围很大,砂页岩较低,灰岩却可高达6×10^3 Ω·m;变质岩的电阻率较高,与岩浆岩相当,只有泥质板岩、石墨片岩等稍低,在10~10^3 Ω·m。

表2-30为部分常见岩石、覆盖层、水的电阻率值分布范围。

4)层状岩土体电阻率

层状构造岩土体的导电性存在各向异性,即平行层理方向的电阻率(纵向电阻率)$\rho_{/\!/}$和垂直层理方向的电阻率(横向电阻率)$\rho_{\perp}$之间有明显差异,见表2-31。因为各向异性特征,电流流经层状岩体时会发生畸变。

表 2-30 部分岩土介质的电阻率值

分类	介质名称	电阻率 $\rho(\Omega\cdot m)$	分类	介质名称	电阻率 $\rho(\Omega\cdot m)$
矿物	石英	$10^{12}\sim10^{14}$	沉积岩	砾岩	$1\times10^{1}\sim1\times10^{4}$
	长石	4×10^{11}		贝壳灰岩	$2\times10^{1}\sim2\times10^{2}$
	白云母	4×10^{11}		泥灰岩	$5\times10^{0}\sim5\times10^{2}$
	方解石	$5\times10^{7}\sim5\times10^{12}$		灰岩	$6\times10^{2}\sim6\times10^{3}$
	磁铁矿	$1\times10^{-6}\sim1\times10^{-3}$		白云岩	$5\times10^{1}\sim6\times10^{3}$
	黄铜矿	$1\times10^{-3}\sim1\times10^{0}$		破碎含水白云岩	$1.7\times10^{2}\sim6\times10^{2}$
	石油	$1\times10^{9}\sim1\times10^{10}$		硬石膏	$1\times10^{4}\sim1\times10^{6}$
岩浆岩	花岗岩	$6\times10^{2}\sim1\times10^{5}$	第四纪松散层	黄土	$0\times10^{0}\sim2\times10^{2}$
	正长岩	$1\times10^{2}\sim1\times10^{5}$		黏土	$1\times10^{0}\sim2\times10^{2}$
	闪长岩	$1\times10^{2}\sim1\times10^{5}$		含水黏土	$2\times10^{-1}\sim1\times10^{1}$
	辉长岩	$1\times10^{2}\sim1\times10^{5}$		亚黏土	$1\times10^{1}\sim1\times10^{2}$
	辉绿岩	$1\times10^{2}\sim1\times10^{5}$		含砾亚黏土	$8\times10^{1}\sim2.4\times10^{2}$
	玄武岩	$1\times10^{2}\sim1\times10^{5}$		含砾黏土	$2.2\times10^{2}\sim7\times10^{3}$
变质岩	片麻岩	$6\times10^{2}\sim1\times10^{4}$		卵石	$3\times10^{2}\sim6\times10^{3}$
	大理岩	$1\times10^{2}\sim1\times10^{5}$		含水卵石	$5\times10^{1}\sim8\times10^{2}$
	石英岩	$2\times10^{2}\sim1\times10^{5}$		含水砂卵石层	$5\times10^{1}\sim5\times10^{2}$
	片岩	$2\times10^{2}\sim5\times10^{4}$	自然水	岩溶水	$1.5\times10^{1}\sim3\times10^{1}$
	板岩	$1\times10^{1}\sim1\times10^{2}$		深成盐渍水	$1\times10^{-1}\sim1\times10^{0}$
沉积岩	疏松砂岩	$2\times10^{0}\sim5\times10^{1}$		潜水	$<1\times10^{2}$
	致密砂岩	$2\times10^{1}\sim1\times10^{3}$		河水	$1\times10^{1}\sim1\times10^{2}$
	含油气砂岩	$2\times10^{0}\sim1\times10^{3}$		海水	$1\times10^{-1}\sim1\times10^{0}$
	页岩	$1\times10^{0}\sim1\times10^{2}$		雨水	$>1\times10^{3}$
	泥岩	$1\times10^{1}\sim1\times10^{2}$		冰	$1\times10^{4}\sim1\times10^{8}$

表 2-31 几种层状岩土体的电阻率各向异性

岩石名称	$\rho_{//}/\rho_{\perp}$	岩石名称	$\rho_{//}/\rho_{\perp}$
层状黏土	1.04~1.05	泥质页岩	2.20~5.00
层状砂岩	1.20~2.56	无烟煤	4.00~6.50
泥板岩	1.20~2.50	石墨碘质页岩	4.00~7.84

2. 岩土体的极化特性

一般情况下，介质是电中性的，即正电荷和负电荷保持平衡。在一定条件下，某些介质或系统的正负电荷会偏离平衡、相互分离,产生极化现象。如果产生极化的条件是自然形成的,称为自然极化;如果产生条件是供入稳定电流,所产生的缓慢电化学极化并产生缓慢附加电场的现象称为激发极化;纯粹由于外电场的物理作用所产生的分子及内部粒子(电子、离子)的极化称为介电极化。岩石的介电极化性质和导磁性表征岩石在交变电(磁)场中的响应特性。

1)自然极化

自然极化一般发生在固体介质与液体接触界面上。由于分子内部热运动导致离子或电子具有足够大的能量而克服晶格间的结合力,改变了原有介质的电中性,在界面附近形成了双电层。

在金属导体(如金属矿、金属电极)与水溶液的界面上形成的双电层,条件是内部连通的金属导体被水溶液不完全包围,对应氧化环境和还原环境而产生了极化现象。这种不均匀极性和极化现象会随着时间而逐渐减弱,除非有某种外界条件来保持极化。

在离子导体的固体电介质与溶液的分界面上,表现为由于介质剩余电力的作用,产生极性吸附现象,形成离子双电层,一般界面上的岩石带阴离子、水溶液带阳离子。由于地下水的不断流动,在水流上游留下多余的负电荷(阴离子)而下游有多余的阳离子,产生电位差,形成流动电位,可以形成裂隙渗漏电场、上升泉电场、山地电场、河流电场等。

2)激发极化

当向地下介质供入稳定电流时,地下电场随时间而变化,相当时间(一般为几分钟)后趋于一个稳定的饱和值,放电(停止供电)后电场随时间衰减直至为零(几分钟后),这种产生随时间变化的附加电场的现象,称为激发极化效应(见图2-24)。

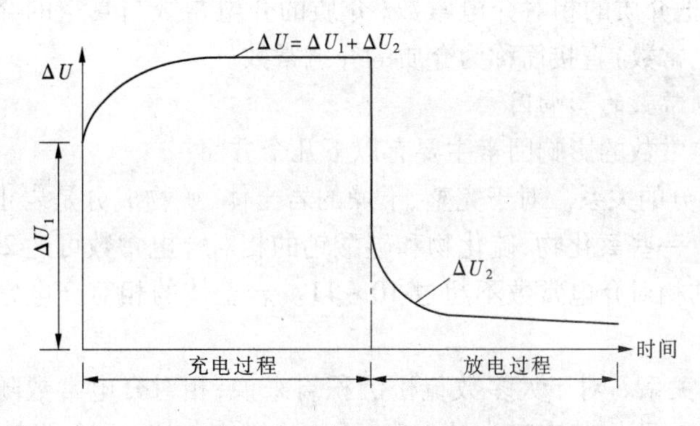

图2-24　介质的充、放电特性曲线

介质的极化性质可用极化率 η 表示:

$$\eta(T,t) = \frac{\Delta U_2(t)}{\Delta U(T)} \times 100\% \tag{2-82}$$

式中　T——供电时间,s;

t——断电后观测时刻,s;

ΔU——断电前的总场电位差,mV;

ΔU_2——断电 t 时刻后测得的二次场电位差,mV。

可见,极化率 η 与供电时间 T、观测时刻 t 有关。为简化、统一起见,一般将极化率 η

定义为供电时间 $T\to\infty$、观测时刻 $t\to 0$（无延时）的极化率 $\eta(\infty,0)$。

向地下介质供入低频、交变电流时岩石也存在激发极化效应，相当于在频率域观测。在线性条件下，频率域激发极化效应的频率特性可以与稳定电流（时间域）的时间特性在数学上互换。在理论上，二者观测的激发极化效应是等效的。

影响介质极化率的因素除时间外，还有介质成分、结构、含量及含水性。

2.4.2.3 电磁特性

1. 介质的介电极化和介电常数

1）介电极化

介质的介电极化有电子极化、离子极化和分子极化三种。大多数造岩矿物属于离子极化，而水、石油及碳氢化合物常呈现分子极化。介电极化的结果是物质分界面上形成净的（或剩余的）电荷分布——迎着电场方向的一面为负电荷、另一面为正电荷，同时削弱外加电场。

介电极化需要有一定时间过程去形成。一般来说，电子极化时间很短，小于 10^{-9} s；离子极化时间稍长；分子极化时间最慢，大约为 1/30 μs≈3.3×10^{-8} s；而分界面极化时间在 $10^{-3}\sim10^{-6}$ s。

一般电场工作频率在 10^5 Hz 以上时，岩土体的介电性质才起作用。

2）介电常数

介电常数，或称电容率，又称诱电率，是介质储存电量的性质，符号为 ε，单位为 F/m。介电常数越大，表明介质的介电极化的能力就越强。真空的介电常数，或称自由空间介电常数，又称绝对介电常数 ε_0，$\varepsilon_0=8.854\,187\,817\times10^{-12}$ F/m。

一般情况下，把介质的相对介电常数（介质的介电常数与真空的介电常数的比值称为介质的相对介电常数）直接简称为介质的介电常数。

2. 岩土体介电常数的影响因素

岩土体的介电常数的影响因素主要有以下几个方面：

（1）与矿物成分的关系。对于完整、干燥的岩土体，矿物成分是岩土体相对介电常数的重要影响因素。一些氧化物、硫化物和碳酸钙的相对介电常数可达 20、80 甚至 170，而大部分造岩矿物的相对介电常数不超过 10～11。岩土体的相对介电常数会因空气填充其中而变小。

（2）与含水性关系。对于大多数疏松沉积岩来说，相对介电常数随着含水量的增加而增大，增加过程是：干燥状态时为最小值，开始阶段变化快，后阶段变化慢，直至饱和时达最大值（其值称为饱和值，现象为饱和现象）。

（3）与外加电场频率的关系。外加电场频率对岩土体的相对介电常数观测值产生一定影响：

①在低频电场中，湿度较低（含水量 1%）时已出现饱和现象；而在高频电场中，湿度很高（10%～30%）才出现饱和现象。

②随着频率的增高，湿态岩土体的相对介电常数下降，趋近于干态的值。

③在低频感应范围，岩土体的电阻率与频率的关系近似一条直线，可以认为不随频率的变化而变化。

3. 岩土体的介电常数

火成岩的相对介电常数变化范围为 7 ~ 15。超基性岩石和基性岩石的相对介电常数值偏高，酸性岩石的较低。

变质岩的相对介电常数变化范围为 5 ~ 17。

沉积岩的相对介电常数变化范围宽，为 2.5 ~ 40.0。

表 2-32 为部分岩土体的介电常数值的范围。

表 2-32　部分岩土体的介电常数

分类	名称	介电常数	分类	名称	介电常数
岩浆岩	花岗岩	7 ~ 12	矿物	辉石	6.9 ~ 10.3
	正长岩	13 ~ 14		长石	4.5 ~ 6.2
	闪长岩	8 ~ 9		白云母	6.2 ~ 8.0
	橄榄岩	10 ~ 11		黑云母	6.2 ~ 9.3
	玄武岩	12		石英	4.2 ~ 5.0
	辉岩	6		方解石	7.8 ~ 9.5
	凝灰岩	3 ~ 5		硬石膏	5.5 ~ 6.3
变质岩	片麻岩	8 ~ 15		石膏	5.0 ~ 11.6
	大理岩	3		刚玉	11.0 ~ 13.2
	石英岩	4 ~ 5		赤铁矿	25
	蛇纹岩	6 ~ 10		锡石	23
	页岩	5 ~ 15		铝钒	50 ~ 74
	滑石页岩	7 ~ 31		石油	2.0 ~ 2.7
沉积岩	白云岩	7 ~ 12	其他	真空	1
	石灰岩	9 ~ 15		空气等气体	1 ~ 1.2
	砂岩	5 ~ 11		水蒸气	1.007 85
	长石砂岩	5 ~ 6		水(20 ℃)	78.5 ~ 81.5
	砂质泥岩	5 ~ 6		冰	2.8 ~ 4.3
松散层	干砂	2 ~ 5		纸	2 ~ 2.5
	湿砂(15%水)	8 ~ 9		橡胶	2 ~ 3
	壤土	2 ~ 32		硬橡胶	4.3
	黏土	2 ~ 40		混凝土	4 ~ 20
	淤泥	5 ~ 30		沥青	3 ~ 5
	木头	2 ~ 8		金属	1

2.4.2.4 力学特性

1. 岩土体的力学性质

从内涵角度来理解，岩土体的力学性质包括其成分和结构、强度特征、变形特性和应力应变本构关系几个方面内容。

从表现形式角度来理解，岩土体的力学性质可以呈现出弹性性质、塑性性质、黏滞性质或几种性质的综合。

当受力非常小（位移小于 1 μm）且作用时间短（小于 100 ms）时，远离震源处的介质可以近似地看作理想线弹性体。

弹性波的传播，实际上是介质中弹性应变的传播，包括两种基本应变，即体变和切变。与体变相应的波称为纵波（以符号 p 表示）；与切变相应的波称为横波（以符号 s 表示）。纵波速度 V_p、横波速度 V_s 见式(2-45)、式(2-46)及表 2-27。

表 2-27 中横纵波速度之比的关系为

$$\frac{V_p}{V_s} = \sqrt{\frac{2(1-\sigma)}{1-2\sigma}} \tag{2-83}$$

式中 σ——泊松比。

自然界中介质的泊松比 σ 值在 0～0.5 变化。对于大多数岩体来说，σ 近于 0.25，此时纵波在岩体中的传播速度一般近似等于横波传播速度的 1.73 倍（见式(2-84)）；当 $\sigma \to 0$ 时，纵波速度一般近似等于横波速度的 1.41 倍（见式(2-85)）。

$$\sigma \to 0.25,\quad \frac{V_p}{V_s} \approx \sqrt{3} \approx 1.73 \tag{2-84}$$

$$\sigma \to 0,\quad \frac{V_p}{V_s} \approx \sqrt{2} \approx 1.41 \tag{2-85}$$

岩土体的弹性性质（弹性常数）主要包括岩土体的弹性波传播速度（纵波速度 V_p、横波速度 V_s、瑞雷波速度 V_r 等），泊松比 σ（动泊松比 σ_d、静泊松比 σ_s），弹性模量（动弹性模量 E_d、静弹性模量 E_s），动变形模量 K_d（或称动体变模量），动剪切模量 G_d（或称动切变模量）以及单位弹性抗力系数 K_0（洞室半径为 100 cm 时的弹性抗力系数），各向异性系数 η，完整性系数 K_v，岩体风化波速比 K_w 等。它们之间的关系见式(2-86)～式(2-95)。

$$E_d = \rho V_p^2 \frac{(1+\sigma_d)(1-2\sigma_d)}{1-\sigma_d} \tag{2-86}$$

$$E_d = \rho V_s^2 (1+\sigma_d) \tag{2-87}$$

$$V_r = \frac{(0.87+1.12\sigma)V_s}{1+\sigma} \tag{2-88}$$

$$G_d = \rho V_s^2 \tag{2-89}$$

$$\sigma_d = \frac{V_p^2 - 2V_s^2}{2(V_p^2 - V_s^2)} \tag{2-90}$$

$$K_d = \rho\left(V_p^2 - \frac{4}{3}V_s^2\right) \tag{2-91}$$

$$K_0 = \frac{E_d}{100(1+\sigma)}\alpha \tag{2-92}$$

$$\eta = \frac{V_p}{V_{p\perp}} \tag{2-93}$$

$$K_w = \left(\frac{V_p}{V_{pr}}\right)^2 \tag{2-94}$$

$$K_w = \frac{V_p}{V_{pr}} \tag{2-95}$$

式中　ρ——岩体的密度值,g/cm^3;

α——折减系数,一般取值 0.10 ~ 0.55,平均值约为 0.408 2;

$V_{p//}$——平行岩体结构面方向的纵波速度,m/s;

$V_{p\perp}$——垂直岩体结构面方向的纵波速度,m/s;

V_{pr}——新鲜完整岩块的纵波速度,m/s。

对于同一岩土体,其地震波速度与声波速度往往有所不同,在实际工作中常需要经过对比测试获取二者之间的经验关系。

2. *岩土体弹性波速度的影响因素*

(1)构成岩土体基体的组分及其各部分的弹性特征、密度。一般情况下,岩石越致密,则其波速越高。速度 V 与岩石密度 ρ 有如下经验关系:

$$\rho = \beta V_p^n \tag{2-96}$$

对于大多数沉积岩来说,系数 $\beta = 0.31$,系数 $n = 0.25$。

(2)岩土体的结构和层理。

(3)岩土体的孔隙度。1956 年,威利等提出了一个简便计算速度与孔隙度之间关系的公式,称为时间平均方程:

$$\frac{1}{V} = \frac{1-\varphi}{V_m} + \frac{\varphi}{V_1} \tag{2-97}$$

式中　φ——孔隙度;

V——岩体速度,m/s;

V_m——岩石骨架的速度,m/s;

V_1——孔隙中充填物的速度,m/s。

由式(2-97)可知,岩体孔隙度从 3% 升高到 30%,速度可以变化 90%,表明孔隙度对速度的影响显著。

(4)充填物。岩土体孔隙中充填物的成分、性质、充填量。

(5)压力。包括围岩压力和岩体内部孔隙压力,一般弹性波速度随着压力的增大而增大。

(6)温度。通过岩体组分的晶化、熔化、弹性特征改变而产生作用,尤其是深部地层。在地壳近地表,速度随温度的变化较微小,一般每升高 100 ℃则速度减小 5% ~6%。

(7)构造历史。一般来说,弹性波速度随地质构造过程中的构造作用力的增强而增大;在强烈褶皱区常观测到岩石速度的增大,而在隆起的顶部则发现速度的减小。

(8)岩石年代。一般对于深度、成分相似的岩石,古老的岩石比年轻的岩石速度高。

其中,后两种影响因素(构造历史、岩石年代)部分包括在前六种之中。例如,对于钙质、砂质和泥质的岩系，福斯特通过大量的钻井速度测量资料推出以下经验公式：

$$V_p = \beta (Tz)^{1/6} \tag{2-98}$$

式中　V_p——地震纵波速度，m/s；

T——岩石年代，10^6年；

z——深度，m；

β——常数，等于1.472。

加斯曼则给出了速度 V 和深度 z、孔隙度之间的经验公式：

$$V = V_0^2 + \frac{4.44 \times 10^8 z^{1/3}}{2.7 - 1.7\varphi} \tag{2-99}$$

式中　V_0——深度 $z=0$ m时的速度值；

φ——孔隙度；

z——深度范围，为0～300 m。

3. 岩土体的弹性波速度

1）沉积岩

钙质的含量对泥质－泥灰质岩层的影响极为重要，往往会使速度激增。同样，沉积岩的密度对速度也呈现正比的影响关系。表2-33为部分沉积岩及冰、水、空气、混凝土的纵、横波速度。

表2-33　部分沉积岩及冰、水、空气、混凝土的纵、横波速度

岩石	纵波速度 V_p (m/s)	横波速度 V_s (m/s)	岩石	纵波速度 V_p (m/s)	横波速度 V_s (m/s)
干砂砾石	100～600	50～300	岩盐	4 500～6 500	1 800～2 500
湿砂砾石	200～2 000	100～1 100	黏土	1 200～1 800	600～1 000
灰岩	2 000～6 250	1 100～3 500	白垩	1 800～3 500	700～1 400
砾岩	1 600～4 200	900～2 200	煤	1 600～1 900	700～800
砂岩	1 500～4 300	900～2 400	泥	500～1 900	200～800
页岩	1 300～4 000	700～2 300	冰	3 100～4 200	—
白云岩	2 000～6 250	1 100～3 500	水	1 430～1 500	—
泥质灰岩	2 000～4 400	1 200～2 400	石油	1 300～1 400	—
泥质片岩	2 700～4 800	1 400～2 700	空气	310～360	—
硬石膏	4 500～6 500	1 800～2 500	混凝土	2 000～4 500	1 100～2 700

由于沉积层理、结构构造的影响，沉积岩的弹性波速度等力学参数存在各向异性，表现出平行地层传播的速度 $V_{//}$ 往往大于垂直地层传播的速度 $V_{\perp}$，计算出的各向异性系数 η 见表2-34（$\eta = V_{p//}/V_{p\perp}$）。

表2-34 几种岩石的速度各向异性

岩石	各向异性系数 η
砂岩、砂	1.00
盐	1.00~1.05
灰岩	1.08~1.30
硬石膏	1.15~1.20
片岩	1.20~1.50

2)火成岩

火成岩(或称岩浆岩)的弹性波速度一般比沉积岩大。例如,辉长岩的纵波速度可达7 000 m/s,而玄武岩的纵波速度为4 000~6 000 m/s。特殊地,凝灰岩因为多孔、密度较低,其弹性纵波速度只有2 000 m/s左右。火成岩的弹性波速度受自身密度以及埋深、压力的影响明显。表2-35是一组实验室测试数据,直观反映了火成岩的深度和速度之间的对应关系。表2-36为部分火成岩的纵、横波速度。

表2-35 部分火成岩在两种深度条件下的纵、横波速度

岩石	泊松比 σ	密度 ρ (g/cm³)	压力/相应深度的纵波速度值			
			1.3 kPa/5 km		4.0 kPa/15 km	
			V_p(m/s)	V_s(m/s)	V_p(m/s)	V_s(m/s)
正长石	0.26	2.61	5 900	3 400	6 100	3 500
花岗岩	0.23	2.65	5 600	3 400	5 900	3 600
花岗闪长岩	0.24	2.71	5 800	3 400	6 000	3 500
石英闪长岩	0.25	2.73	6 000	3 500	6 100	3 600
闪长岩	0.26	2.76	6 400	3 600	6 500	3 700
辉长岩	0.27	3.04	6 800	3 800	6 900	3 900
橄榄石	0.27	3.21	7 000	3 900	7 100	4 000
橄榄岩	0.27	3.25	7 400	4 200	7 500	4 200
纯橄榄岩	0.27	3.29	7 900	4 500	8 100	4 500

表2-36 部分火成岩的纵、横波速度 (单位:m/s)

岩石	纵波速度 V_p	横波速度 V_s	岩石	纵波速度 V_p	横波速度 V_s
花岗岩	4 500~6 500	2 300~3 800	辉长岩	5 300~6 500	3 200~4 000
闪长岩	5 700~6 400	2 800~3 800	辉绿岩	5 200~5 800	3 400~3 500
玄武岩	4 500~8 000	3 000~4 500	橄榄岩	6 500~8 000	4 000~4 800
安山岩	4 100~5 600	2 500~3 300	凝灰岩	2 600~4 300	1 600~2 600

3)变质岩

变质岩是在高温、高压的环境下变质、压密、结晶形成的,故其弹性波速度较大,几乎均大于沉积岩(原岩),而与其赋存深度的关系不是很密切。表 2-37 为部分变质岩的纵、横波速度。

表 2-37　部分变质岩的纵、横波速度　(单位:m/s)

岩石	纵波速度 V_p	横波速度 V_s	岩石	纵波速度 V_p	横波速度 V_s
片麻岩	6 000 ~ 6 700	3 500 ~ 4 000	片岩	5 800 ~ 6 100	3 500 ~ 3 800
大理岩	5 800 ~ 7 300	3 500 ~ 4 700	板岩	3 600 ~ 4 500	2 100 ~ 2 800
石英岩	3 000 ~ 6 600	2 800 ~ 3 200	千枚岩	2 800 ~ 5 200	1 800 ~ 3 200

2.4.2.5　放射性

1. 放射性元素

具有确定质子数、中子数、核能态的原子称为核素。某些核素具有放射性,其原子核不稳定,能通过原子核衰变自发地放出肉眼看不见也感觉不到、只能用专门的仪器才能探测到的放射线。放射性元素自发地从原子核内部放出粒子或射线同时释放出能量的过程叫作放射性衰变。

某些元素既有稳定的同位素,也有不稳定的同位素。例如,氢同位素中,氕、氘是稳定的,而氚是不稳定的,具有放射性。原子序数大于 83、元素周期表中钋(84Po)以后的所有元素都没有稳定的同位素。原子序数在 83 以下的某些元素如钾($_{19}$K)、钴($_{27}$Co)、铷($_{37}$Rb)、锝($_{43}$Tc)、镧($_{57}$La)、钷($_{61}$Pm)、钐($_{62}$Sm)等也具有放射性。具有天然放射性同位素的元素主要是从铊($_{81}$Tl)到铀($_{92}$U)的重金属,大部分放射性核素是人工通过核反应制造出来的。

放射性元素的衰变不受其自身的化学状态、温度、压力和电磁场的影响。

2. 三种放射线

放射性同位素在进行核衰变时,可放射出 α 射线、β 射线、γ 射线和电子俘获等,对应的放射性衰变有三种类型。

(1)从原子核内发射出 α 射线,称为 α 衰变。α 射线是初速度达 20 000 km/s 的高速 α 粒子流,即氦核($^4_2$He)流。经 α 衰变后,原核素将转换为原子序数减少 2、质量数减少 4 的新核素。

(2)从原子核内发射出 β 射线,称为 β 衰变。β 射线是初速度达 200 000 km/s 以上的高速电子流。经 β 衰变,原放射性核素电荷数增加 1、原子序数增加 1、质量数不变。

(3)从原子核内发射出 γ 射线,称为 γ 衰变。γ 射线是一种波长极短的电磁辐射,即光子流。γ 衰变只是能量的释放,核素的质量数和原子序数都不变。

在岩石和覆盖层中,α 射线只能穿透 30 μm,β 射线能穿透几毫米,γ 射线能穿透 0.5 ~ 1 m。

放射性同位素在进行核衰变时并不一定能同时放射出这三种射线。放射性衰变后形成的新核素往往也具有放射性,直至最后形成某一稳定的核素。

3. 放射性的度量

1) 原子数目

放射性同位素原子数目的减少服从指数规律。随着时间的增加,放射性原子的数目按几何级数减少,用公式表示为

$$N = N_0 e^{-\lambda t} \tag{2-100}$$

$$\lambda = \frac{0.693\ 15}{\tau} \tag{2-101}$$

式中　N——经过 t 时间衰变后剩下的放射性原子数目;

N_0——初始时间的放射性原子数目;

λ——衰变常数,是与该种放射性同位素性质有关的常数,1/s;

τ——半衰期,即原子数目衰减一半的时间,s。

2) 衰变完成的标准

通常用半衰期表示核素衰减的快慢。

一般将残留原子核数目是原始原子核数目的千分之一(即允许误差0.1%)视为衰变全部完成,其所需时间为该核素半衰期的10倍。

3) 放射性强度

放射性元素在单位时间内发生衰变的次数称为放射性强度或称放射性活度。放射性强度的常用单位是居里,含义为1 s 内发生 3.7×10^{10} 次核衰变,用 Ci 表示,量纲为 s^{-1}。用 dps 表示每秒衰变次数,用 dpm 表示每分钟衰变次数,则

$$1\ \text{Ci} = 3.7\times10^{10}\ \text{dps} = 2.22\times10^{12}\ \text{dpm}$$

$$1\ \text{mCi} = 3.7\times10^{7}\ \text{dps} = 2.22\times10^{9}\ \text{dpm}$$

$$1\ \mu\text{Ci} = 3.7\times10^{4}\ \text{dps} = 2.22\times10^{6}\ \text{dpm}$$

放射性强度的国际单位用贝可勒尔(Becquerel)表示,简称贝可,符号用 Bq 表示,量纲为 s^{-1}。

$$1\ \text{Bq} = 1\ \text{dps} = 2.703\times10^{-11}\ \text{Ci}$$

4) 放射性物质浓度

固体物质中放射性元素的浓度可用每千克固体中含有多少千克放射性物质表示,也可用百分数(%)、百万分数 ppm(10^{-6})表示。

液体或气体中放射性元素的浓度可用 kg/L 或 Ci/L 表示。

液体或气体中氡的浓度可用 Bq/m^3 表示。

5) 放射性射线照射量和照射量率

照射量 X 是度量放射性射线所产生的电离效应的物理量,表示在标准状态下射线使单位质量 dm 的干燥空气释放出来的全部正负电子被空气完全阻止而产生的正负离子的总电量绝对值 dQ,是单位质量的物体(空气)在 X 或 γ 射线照射后产生电离的电量,即

$$X = \frac{dQ}{dm} \tag{2-102}$$

曾用的单位为伦琴(R),在 SI 单位制中为 C/kg。

$$1\ \text{R} = 2.578\times10^{-4}\ \text{C/kg}$$

照射量率是指单位时间的照射量，SI 单位为 A/kg，也有使用 R/h、γ 作为单位的。

$$1\ \gamma = 10^{-6}\ \mathrm{R/h}(1\ 微伦/小时)$$

1976 年，国际原子能机构（IAEA）推荐一种放射性元素含量的单位，符号为 u_r，用来表示天然放射性 γ 测量的结果。

$$1\ u_r = 1 \times 10^{-6}\ \mathrm{eU}(平衡铀) \approx 0.6\gamma$$

由于照射量率与射线强度有近于正比关系，故 A/kg 也用作射线强度的单位。

6）标准源

在相对放射性测量中，将一定质量的某种放射性物质装在特定容器里，就称为衡量放射性强弱的标准源，一般用镭（^{226}Ra）、钴（^{60}Co）、铯（^{137}Cs）等。

4. 放射性元素的分布

在自然界中，各类岩石、土层、水、空气均不同程度地具有一定的放射性，且几乎都是铀、钍、锕及钾的同位素（^{40}K）及其衰变产物引起的（见表 2-38 和表 2-39）。

表 2-38　岩石中放射性核素含量

岩类	铀（^{238}U）	钍（^{232}Th）	镭（^{226}Ra）	氡（^{222}Rn）	钋（^{210}Po）	钾（^{40}K）	钍铀比（Th/U）
酸性岩（花岗岩、流纹岩）	3.5×10^{-4}	1.8×10^{-3}	1.2×10^{-10}	7.6×10^{-16}	2.6×10^{-14}	3.34	5.15
中性岩（闪长岩、安山岩）	1.8×10^{-4}	7.0×10^{-4}	6.0×10^{-11}	3.9×10^{-16}	1.3×10^{-14}	2.31	3.9
基性岩（玄武岩、苏长岩、辉绿岩）	5.0×10^{-5}	3.0×10^{-4}	2.7×10^{-11}	1.7×10^{-16}	5.9×10^{-15}	8.3×10^{-1}	3.75
超基性岩（橄榄岩、辉绿岩）	3.0×10^{-7}	5.0×10^{-7}	1.0×10^{-11}	6.5×10^{-18}	2.2×10^{-15}	3.0×10^{-2}	1.67
沉积岩（页岩、片岩）	3.2×10^{-4}	1.1×10^{-3}	1.0×10^{-10}	6.5×10^{-16}	2.4×10^{-14}	2.28	3.4

表 2-39　各种水中氡、镭和铀的含量

水的分类		氡 Rn（Bq/L）	镭 Ra（g/L）	铀 U（g/L）
地表水	海洋、河湖	0	$(1\sim2)\times10^{-13}$	$(6\sim20)\times10^{-7}$
	海洋、河湖	0	1×10^{-12}	8×10^{-6}
地表水	沉积岩	22.2～55.5	$(2\sim300)\times10^{-12}$	$(2\sim50)\times10^{-7}$
	酸性岩浆岩	370	$(2\sim4)\times10^{-12}$	$(4\sim7)\times10^{-6}$
	铀矿床	180～370	$(6\sim8)\times10^{-12}$	$(8\sim600)\times10^{-6}$

2.4.2.6　光学性质

1. 光

光的本质是电磁波。电磁波的波长和强度可以有很大的区别，在人可以感受的波长范围内(380 ~ 740 nm)时称为可见光，有时也被简称为光。

光呈现不同的颜色是因为它们的频率不同。白光是一种复色光，是由不同颜色的光复合而成的。因为不同物体对不同频率的电磁波吸收的比例不一样，所以白光照射时会反射出不同的颜色。

2. 颜色

颜色是通过眼、脑和人们生活经验所产生的一种对光的视觉效应。物体的颜色大部分属于反射色，也就是说，物体反射什么波段的光就会显示什么波段的颜色，这与构成该物体的物质的物理性质有关。对颜色的感觉不仅仅由物体的物理性质决定，比如人类对颜色的感觉往往受到周围颜色的影响。有时人们也将物质产生不同颜色的物理特性直接称为颜色。它具有 3 个基本特性，即色调、饱和度和明度。

色调是指物体反射的光线中以哪种波长占优势，色调是颜色的重要特征，它决定了颜色本质的根本特征。

饱和度是指色彩的鲜艳程度，也称色彩的纯度。饱和度取决于该色中含色成分和消色成分(灰色)的比例。含色成分越大，饱和度越大；消色成分越大，饱和度越小。

明度是指眼睛对光源和物体表面的明暗程度的感觉，主要是由光线强弱决定的一种视觉经验。

3. 光照度

光照度即勒克司度(lx)，表示被摄主体表面单位面积上受到的光通量，是衡量拍摄环境的一个重要指标。1 勒克司相当于 1 流明/m^2，即被摄主体每平方米面积上，受距离 1 m、发光强度为 0.919 坎德拉(candela)的光源垂直照射的光通量。表 2-40 为一般环境下的光照度值。

表 2-40　一般环境下的光照度值

环境	光照度值(lx)	环境	光照度值(lx)
黑夜	0.001 ~ 0.02	晴天室内	100 ~ 1 000
月夜	0.02 ~ 0.3	夏季中午太阳光下的照度	$\pm 10^9$
阴天室内	5 ~ 50	阅读书刊时所需的照度	50 ~ 60
阴天室外	50 ~ 500	家用摄像机的标准照度	1 400

2.4.2.7　热物理性质

描述岩石的热力学性质的主要物理量有热导率、比热容、热扩散率、生热率等。

1. 热导率

热导率是指沿热传导方向单位面积、厚度的物质在两端温差为 1 ℃时单位时间内所通过的热量。它反映了物质导热能力的大小。热导率的单位是 W/(m · ℃)或 W/(m · K)。热导率的计算公式见式(2-103)。表 2-41 是几种常见岩石的热导率值。

$$k = \frac{q}{\mathrm{d}T/\mathrm{d}l} \tag{2-103}$$

式中 k——热导率,W/(m·℃)或 W/(m·K);

T——温度,K 或℃;

l——长度,m;

dT/dl——温度梯度。

影响岩石的热导率因素主要有岩石的成分、结构、温度、压力等。热导率随孔隙度的增高而降低;热导率随湿度的增加而增加;热导率具有各向异性,热流方向平行于层理、片理方向时热导率较高,垂直于这些结构面时热导率较低。

表 2-41 常见岩石的热导率值

岩石名称	热导率(W/(m·℃))	岩石名称	热导率(W/(m·℃))
干砂	0.18~0.36	硬石膏	4.41~5.92
湿砂	1.09~2.18	钾盐	5.05~5.87
干黏土	0.27~0.45	花岗岩	2.64~3.82
湿黏土	0.64~1.27	正长岩	2.64~4.10
壤土	0.82~2.18	花岗闪长岩	2.69~3.55
石英岩	3.55~6.83	辉长岩	2.73~3.50
白云岩	2.73~5.92	苏长岩	2.41~3.14
石灰岩	2.0~3.0	熔岩	2.73~3.55
砂岩	1.55~5.46	石英长石斑岩	3.19~3.64
页岩	1.27~2.82	玄武岩	1.82~5.46
砾岩	1.0~4.9	粗玄岩	2.73~4.41
岩盐	4.55~5.78		

注:据 O. Kappelmeyer 和 R. Haenel,1974 年。

由表 2-41 可见,不同岩石的热导率差别可达数倍。事实上,同种岩石的热导率也在一定范围内变化,这主要取决于其结构特点、矿物成分和含水性。岩石密度越大,其导热率也越大,因此致密岩石导热性优于疏松岩石。由于空气导热性能比水更差,所以在疏松岩石中,湿润岩石的热导率较同种干燥岩石的热导率大。一般情况下,松散的物质如干砂、干黏土和土壤的热导率最低;湿砂、湿黏土、壤土及某些热导率低的岩石具有相近的热导率;沉积岩中,页岩、泥岩的热导率最低,砂岩、砾岩的热导率变化范围大,石英岩、岩盐和石膏的热导率最大;岩浆岩、变质岩及火山岩的热导率介于 2.1~4.2 W/(m·℃)。

2. 比热容

比热容是指单位质量的物质温度升高 1 ℃时所吸收的热量。它反映了物质存储热的能力。比热容的单位是 J/(kg·℃)或 J/(kg·K),计算公式如下:

$$C = \frac{dQ}{m dT} \tag{2-104}$$

式中 C——比热容,J/(kg·℃)或 J/(kg·K);

m——介质的质量,kg;

dQ/dT——热容。

在自然界中,大部分的岩石比热容变化范围均不是很大,一般介于 586 ~ 2 093 J/(kg · ℃)。由于水的比热容最大,等于 4 186.5 J/(kg · ℃),因此,随着岩石湿度的增加,其比热容也有所增大。沉积岩如黏土、页岩、灰岩等,在自然条件下都含有一定的水分,其比热容稍大于结晶岩。前者为 786 ~ 1 005 J/(kg · ℃),后者为 628 ~ 837 J/(kg · ℃)(Somerton, 1958)。

3. 热扩散率

热扩散率是指物质在加热或冷却时各部分温度趋于一致的能力。通常热导率大的物质,其热扩散率也大。热扩散率的单位为 m^2/s,计算公式如下:

$$\alpha = \frac{k}{C\rho} \tag{2-105}$$

式中　α——热扩散率,m^2/s;

C——比热容,J/(kg · ℃)或 J/(kg · K);

k——热导率,W/(m · ℃)或 W/(m · K);

ρ——介质的密度,g/cm^3。

岩石的热扩散率主要与其热导率和密度有关,比热容因数值变化不大,对热扩散率的影响较小。

岩石的热扩散率随其湿度的增高而增大,随温度的增高略有减小。对层状岩石来说,热扩散率还具有各向异性的特点,即顺着岩石层理方向比垂直层理方向热扩散率要高。表 2-42 是几种常见岩石和物质的热扩散率值。

表 2-42　几种常见岩石和物质的热扩散率

物质名称	热扩散率(m^2/s)	物质名称	热扩散率(m^2/s)
干砂	1.1 ~ 1.3	沼泽土壤	0.1 ~ 0.2
湿砂	0.9	页岩、板岩	0.8 ~ 1.6
砂岩	1.1 ~ 2.3	雪	0.5
花岗岩	1.4 ~ 2.1	水	0.14
岩盐	1.1 ~ 3.4		

注:据于汇津,1991 年。

4. 生热率

生热率是指单位体积的物质在单位时间内所产生的热量,其单位是 J/(kg · 年)。

在地壳内部,由放射性元素的衰变而释放出来的热能,估计每年达 9.5×10^{20} J,在地球形成的漫长过程中,这些热能被积聚起来,成为地热能的一部分。

在岩浆岩中,酸性岩石的生热率远大于基性岩石,这是由于酸性岩石的放射性元素含量较高。表 2-43 是几种常见岩石的生热率。

岩体生热的原因主要有:

(1)放射性生热。岩体中存在足够比例、半衰期长的放射性元素在衰变过程中产生热量,主要集中在酸性岩浆岩。

表 2-43 几种常见岩石的生热率

物质名称	生热率(J/(kg·年))	物质名称	生热率(J/(kg·年))
沉积岩	1.56×10^{-8}	高铀榴辉岩	1.44×10^{-9}
花岗岩	3.42×10^{-8}	橄榄岩	9.46×10^{-11}
花岗闪长岩	1.42×10^{-8}	纯橄榄岩	4.48×10^{-11}
玄武岩	5.05×10^{-9}	球粒硕石	1.65×10^{-10}
低铀榴辉岩	3.39×10^{-10}		

注:据于汇津,1991 年。

(2)地球的重力热。由于地球的收缩,在硅化物、铁镁氧化物的混合体中产生热量。

(3)化学作用等其他因素产生热。

2.5 地球物理勘探简述

2.5.1 地球物理勘探分类

2.5.1.1 地球物理学

地球物理学是运用物理学的原理和方法来研究地球的学问,是一门横跨物理学和地质学的边缘、交叉科学。地球物理学所研究的对象极为广泛,上达数百千米高空的游离层,下至地球深处,包括重力、电场、地磁、地震和放射性等物性特征,都属于其研究的领域和对象。

2.5.1.2 地球物理勘探

物探是地球物理勘探的简称,它之所以能够解决或查明有关地质和工程问题,是因为所要探测的对象与周围介质间存在某种物性差异。而这种物性差异可影响被寻找对象周围某种天然或人工物理场的分布特征。物探技术就是利用先进的物探仪器来摄取这些物理场的分布并与均质条件下的物理场相比较,找出差异的部分来研究与勘探对象之间的关系,达到解决地质问题或工程问题的目的。

物探技术方法门类众多,它们依据的原理和使用的仪器设备各有不同,随着科学技术的进步,物探技术的发展日趋成熟,而且新的方法技术不断涌现,几年前还认为无法解决的问题,几年后由于某种新方法、新技术、新仪器的出现迎刃而解的实例是常见的。它是地质科学中一门新兴的、十分活跃、发展很快的学科,它又是工程勘察的重要方法之一,从某种程度上讲,它的应用与发展已成为衡量地质勘察现代化水平的重要标志。

随着电子计算机和数据处理技术的进展,物探技术也随之提高和拓宽,许多新技术、新方法在生产实践中显示出强大的生命力而不断地发展完善,应用范围也不断拓宽。

2.5.1.3 地球物理勘探分类

地球物理勘探分类如表 2-44 所示。

表 2-44　地球物理勘探分类简表

<table>
<tr><th>分类方法</th><th colspan="2">分类</th></tr>
<tr><td rowspan="9">按探测方法或探测物理性质</td><td colspan="2">重力勘探</td></tr>
<tr><td colspan="2">磁法勘探</td></tr>
<tr><td>电法勘探</td><td>（直流）电法勘探、电磁法勘探</td></tr>
<tr><td>地震勘探</td><td>折射波法、反射波法、透射波法（直达波法）、瑞雷波法</td></tr>
<tr><td colspan="2">放射性勘探</td></tr>
<tr><td colspan="2">地热勘探</td></tr>
<tr><td colspan="2">地球物理测井</td></tr>
<tr><td rowspan="2">弹性波测试</td><td>地震波法</td></tr>
<tr><td>声波法</td></tr>
<tr><td rowspan="3">按探测对象、应用领域</td><td>资源类物探</td><td>石油物探、煤田物探、金属非金属物探、放射性物探</td></tr>
<tr><td>水工环物探</td><td>水文物探、工程物探、环境物探</td></tr>
<tr><td colspan="2">深部物探</td></tr>
<tr><td>按工作环境</td><td colspan="2">地面物探、航空物探、海洋物探、地下物探</td></tr>
</table>

2.5.2　地球物理勘探方法

根据所探测对象（如岩溶、构造、矿体等各类目的体以及地层等）的物理性质的不同，可将物探分为重力勘探、磁法勘探、电法勘探及电磁法勘探、地震勘探、放射性勘探、地热勘探和地球物理测井等多种方法。

2.5.2.1　重力勘探

重力勘探是研究由地下岩层与其相邻层之间、各类地质体与围岩之间的密度差异而引起的重力场的变化（即重力异常）来勘探矿产、划分地层、研究地质构造的一种物探方法。重力异常是由密度不均匀引起的重力场的变化，并叠加在地球的正常重力场上。

重力观测方法主要有动力法和静力法两种。动力法是观测物体的运动，直接测定的量是时间。静力法是观测物体的平衡，直接测定的量是线位移或角位移。静力法只能用于重力的相对测定，是目前重力勘探中用于重力测定的唯一方法。

2.5.2.2　磁法勘探

磁法勘探是研究由地下岩层与其相邻层之间、各类地质体与围岩之间的磁性差异而引起的地磁场强度的变化（即磁异常）来勘探矿产、划分地层、研究地质构造的一种物探方法。磁异常是由磁性矿石或岩石在地磁场作用下产生的磁场叠加在正常场上形成的，与地质构造及某些矿产的分布有着密切的关系。

磁法勘探按观测磁场的方式可以分为地面磁测和航空磁测两类基本方法。

2.5.2.3　电法勘探

电法勘探是以岩石、矿物等介质的电学性质为基础，研究天然的或人工形成的电场及磁场的分布规律、勘探矿产、划分地层、研究地质构造、解决水文与工程地质问题的一类物探方法,也是物探方法中分类最多的一大类探测方法。按照电场性质的不同,可分为直流电法和交流电法两类。本书电法勘探指的是直流电法,交流电法则称为电磁法勘探。

直流电法勘探主要包括电剖面法、电测深法、充电法、激发极化法及自然电场法等。前几种方法是探测、分析人工向地下供入直流电形成的电场,而自然电场法则是探测天然电场。

(1)电剖面法:电极之间的距离保持不变、电极装置沿测线的不同测点进行观测。由于电极间距离不变,因而勘探的深度也是不变的。用此方法可以探明同一深度内岩层沿水平方向电性的变化,以了解地下相应深度范围内地质体的分布情况。按电极排列方式不同,电剖面法可分为四极对称剖面法、联合剖面法、中间梯度法、偶极剖面法和纯异常剖面法等。

(2)电测深法:用改变电极距的方法探测同测点在不同深度视电阻率的变化,以研究和确定不同电性岩层的电阻率值和埋藏深度。根据供电电极和测量电极之间的相对位置和电极排列方式的不同,电测深法可分为四极对称测深(又名垂向电测深)、不对称测深、轴向和偶极测深等。

(3)充电法:直接向天然出露或人工揭露的良导电性勘探对象供电,使之成为新电流源,在地面或钻孔内观测这种充电体的电场,根据电场的分布特点来研究充电体本身以及周围的地质分布情况。充电法在地面上观测电场的方法通常有电位法、电位梯度法和直接追索等位线法三种。

(4)激发极化法:基于研究岩石或矿石在外电场作用下所产生的次生极化(激发极化)电场,勘探金属矿产、查找地下水、研究地质构造的一种电探方法。激发极化法可以采用电阻率法的各种装置进行,实际工作中经常采用中间梯度装置。

(5)自然电场法:是基于研究地壳内因各种物理和化学作用形成的自然电场,从而达到勘探矿产和解决水文工程地质问题的一种电探方法。

电剖面法和电测深法是以研究岩石电阻率为基础的电探方法,故统称为电阻率法。充电法、激发极化法以及自然电场法,则是以研究电位为基础的电探方法。

2.5.2.4 电磁法勘探

电磁法勘探,即交流电法勘探,是以地下岩土体的导电性、导磁性和介电性差异为基础,通过研究天然的或人工的电磁场的分布来寻找矿产资源或解决水文、工程地质问题的一类电法勘探方法。

电磁法勘探种类较多,按场源的形式可分为人工场源(或称主动场源)和天然场源两大类。人工场源类电磁法包括电磁回线法、电磁偶极剖面法、无线电波透射法、甚低频电磁法、瞬变电磁法、可控源音频大地测深法、探地雷达法等。天然场源类电磁法包括天然音频地磁法、大地电磁法等。

2.5.2.5 地震勘探

地震勘探是一种使用人工方法激发地震波,观测其在岩体内的传播情况,以研究、探测岩体地质结构和分布的一类物探方法。地震波自震源向各个方向传播,在波速或波阻抗存在差异的岩层、各类目的体分界面上会发生反射和折射,然后返回地面,引起地面振动。通过仪器设备(地震仪、检波器等)记录质点的振动过程(地震记录),通过分析解释地震记录的特性(传播时间、振幅、相位及频率等),来测定分界面的埋藏深度、岩层的结构形态和物理力学特性参数。

按照质点运动的特点和波的传播规律,地震波常可以分为体波和面波。体波包括纵波和横波两种。面波主要有瑞雷波和勒夫波等类型。

根据所利用弹性波的类型不同,地震勘探的工作方法可分为反射波法、折射波法、透射波法、瑞雷波法。

(1)反射波法:由地面测线上的各测点观测接收各类波阻抗界面反射波旅行时,根据旅行时与地面各接收点间的位置关系(时距曲线),确定波在介质中的传播速度、反射界面的埋深和形态,以解决与地层、构造、岩溶等有关的地质问题。

(2)折射波法:由震源产生的地震波向地下半无限空间入射,当地震波遇到上覆介质波速低于下伏介质波速的界面时,地震波沿界面滑行并返回地面,这种波称为折射波。界面滑行波使界面附近的上覆介质中的质点发生振动,并返回地面,这种波称为折射波(也称首波)。根据旅行时间与地面各检波点间的位置关系,便可求得形成折射波的地层界面的埋藏深度和起伏形态。

(3)透射波法:工程中一般在两钻孔、平洞或平行的两侧壁之间使用(这时亦称为穿透波法),可以测定钻孔、平洞或平行的两侧壁之间地质体的波速和形状、位置分布。

(4)瑞雷波法:亦称面波法,是研究地震瑞雷面波在地表和地下一定深度范围内层状介质中传播特征和频散现象,以解决工程地质问题的探测方法。由于瑞雷面波的传播速度取决于地表及地下相邻地层的横波传播速度、频率和层厚等,研究其变化规律便能了解地层的瑞雷波速度和厚度分布情况。其工作方法一般分为两类:①稳态瑞雷波法;②瞬态瑞雷波法。

2.5.2.6 放射性勘探

地壳内的天然放射性元素蜕变时会放射出 α、β、γ 射线,这些射线穿过介质便会产生游离、荧光等特殊的物理现象。放射性勘探,就是借助研究这些现象来寻找放射性元素矿床和解决有关水文、工程、环境地质问题的一种物探方法。

γ 值高出正常场的叫 γ 异常。根据岩石放射性元素含量的不同,对于异常的要求也不同。一般沉积岩地区放射性元素含量低且稳定,因而当 γ 强度超过正常场的 1.5~2.0 倍时,即是异常;火成岩地区放射性元素含量较高,故要求 γ 强度超过正常场的 2~3 倍时,才是有效异常。

放射性勘探方法按阶段及解决的地质任务不同,可分为普查、详查和环境测量;按所采用的仪器及工作方式的不同,可分为射气测量、氡气法、γ 测量法。

2.5.2.7 地热勘探

地热勘探是研究组成地壳岩石中的天然温度场的分布情况、查明地下可供使用的热源。岩石中温度场的形成,取决于组成地壳岩石的温度特性和产状,并在很大程度上与地层中地下水的活动有关。地热勘探的主要方法有热测井、面积测量、洞内测量。

(1)热测井:是地球物理测井的内容之一,它是沿着钻井连续地观测温度随深度的变化。热测井主要应用于划分地质剖面,确定永久冻土带的下界,确定钻井地下水的渗漏点和估计地下水的渗透速度，以及确定钻孔中的地下水位等水文、工程、环境地质问题。

(2)面积测量：是根据钻井和坑道内的温度观测资料，可以绘制温度平面图和剖面图，通过对这些成果数据的解译，可以用来研究地质构造、常年冻土带的分布和发育情况、地下水的运动和分布情况等水文、工程、环境地质问题。

(3)洞内测量：在隧洞(或坑道)掘进时利用超前炮眼系统地测量岩石或地下水的温度，把得到的温度和温度梯度值与预先计算出的正常地温场进行比较，可以预测掌子面接近充水带的程度，为工程安全评价提供相关依据。

2.5.2.8 地球物理测井

地球物理测井(简称测井)，就是通过研究钻孔中岩石的物理性质，诸如电性、电化学活动性、放射性、磁性、密度、弹性以及孔隙度、渗透性等来解决钻孔中有关地质问题的一类物探方法。

测井方法包括电测井、磁测井及电磁测井、声波测井、地震波测井、放射性测井、孔内电视录像，以及井径测量、井斜测量、井温测量以及井中流体测量等。

2.6 工程物理探测应用简介

2.6.1 发展沿革

新中国成立以后我国才开展工程物理探测工作，水利水电系统早在 1954 年 10 月北京东郊定福庄原燃料工业部水电总局勘测总队地质大队就成立了第一支物探队，并于年底在官厅水库坝区开展了用磁法探测断层的试验。1955 年夏天，在北京西郊石景山模式口水电站用电测深法探测覆盖层厚度，拉开了水电系统开展工程物理探测工作的序幕。1958 年前后，各大区和流域委勘测设计院也都相继成立了物探队(组)，铁道、城市工民建、公路交通等许多行业也陆续成立相应的工程物探机构、开展相应业务。半个多世纪来，工程物理探测专业为我国水利电力、铁路、交通、工业民用建筑、军工等领域的各类工程的前期勘察、参数测试、质量检测等方面做出了很大的贡献。

2.6.2 应用范围

目前，工程物理探测已从初创时期的以勘探为主的方法技术，发展为以勘探应用为主的工程物理勘探、以检测应用为主的工程物理检测和以监测为主的工程物理监测等相互交叉又各具特点的三方面内容。

2.6.2.1 工程物理勘探

工程物理勘探是以地下各类介质的物性差异为基础，通过观测地下各类地球物理场的变化规律，来查明目的层或地质体的分布情况(大小、形状、埋深等)，达到解决工程和水文工程地质问题的目的。工程地球物理勘探常用方法及在地球物理条件具备的前提下可用来解决的水文工程地质问题见表 2-45。

表 2-45　工程物理勘探方法与应用

物理勘探方法		应用项目												
		覆盖层探测	隐伏构造探测	软弱夹层探测	风化卸荷带探测	滑坡体探测	喀斯特探测	地下水探测	防渗线探测	堤坝隐患探测	隧洞施工超前预报	洞室松动圈探测	水下覆盖层厚度探测	渗漏探测
电法勘探	电测深法	√	√		√	√	√	√	√	√			√	+
	电剖面法	+	√				√	+	+	+			+	+
	高密度电法	√	√		√	√	√	√	√	√			+	+
	自然电场法		√				+	√	+	+				√
	充电法		√				√	√	+	+				√
	激发极化法	+	√			√	+	√	√	√				+
电磁法勘探	音频大地电磁法	√	√		+	√	√	√	√	+				
	可控源音频大地电磁法	√	√		+	√	√	√	√	+				
	瞬变电磁法	√	√		+	√	√	+	√	√	+		+	+
探地雷达法		+	+		√	+	√	+	+	√	√	√		
地震勘探	折射波法	√	√		√	√	+	+	+	+		+	√	
	反射波法	√	√		+	√	√	+	√	√	√		√	
	瑞雷波法	√	+		√	+	+		√	√				
弹性波测试	声波法	+	+	√	√		+					√		
	地震法	√	+		√	+						+		
层析成像(CT)	地震波 CT	√	√		√	√	√		+	+			√	
	声波 CT			+	+		+		+			+		
	电磁波 CT	+	+		+	+	√		√					
水声勘探										√			√	
放射性测量	γ 测量		+					+						
	α 测量		+					√						
	同位素示踪						+	+	+	√				√

续表 2-45

物理勘探方法		应用项目												
		覆盖层探测	隐伏构造探测	软弱夹层探测	风化卸荷带探测	滑坡体探测	喀斯特探测	地下水探测	防渗线探测	堤坝隐患探测	隧洞施工超前预报	洞室松动圈探测	水下覆盖层厚度探测	渗漏探测
工程物理测井	电测井	+	√	√	√	+		+	+	+				
	电磁波测井	√	√		+	+	√	+	+	+				
	声波测井	+	+	√	√		+					√		
	放射性测井	+	√	√	√	√	+	+	+	+				
	井径测量		√	√	+	√	√		+	+				
	井温测量						+	√						
	井中流体测量		√			√	+		√	√				
	磁化率测井		+			+	+							
	钻井全孔壁成像		+	√	√	+	√		+	+		√		+
	钻孔电视		+	√	+	+	√	+	√	+		+		√
	超声成像测井		+	+	+				+	+				

注:"√"为主要方法;"+"为辅助方法。

2.6.2.2　工程物理检测

工程物理检测是以被检测物体的物理力学性质或其他物理性质为基础,运用地球物理学的原理和方法,为各类工程的质量和稳定性进行评价和分析提供数据和依据的动力法无损检测技术。工程物理检测常用的方法和应用范围见表 2-46。

2.6.2.3　工程物理监测

工程物理监测是以被监测物体的某些物理性质为基础,运用物探技术对某些工程部位的物理状态、稳定性和可靠性进行监测、分析和评价的一些专项无损检测技术。目前,工程物理监测的应用有:①爆破质点振动监测;②场地微地震监测;③滑边坡活动性监测;④边坡岩体松弛监测;⑤地下洞室围岩松弛监测;⑥岩爆预测等。

2.6.3　工程物理探测方法的特点

2.6.3.1　物理探测方法的科学性与多解性

地球物理探测方法是根据所获取的物性参数对各类地质体和目的层做出合理的解释、推断。地球物理探测方法的科学性主要表现在:

(1)被探测目的体与围岩介质相比较具有不同的物理特性,为合理选择、使用地球物理探测方法提供了可靠的物性前提。

表 2-46　工程物理检测常用的方法与应用范围

物理检测方法		应用项目																			
		岩体质量检测	灌浆效果检测	堆石(土)体密度检测	土石坝面板质量检测	混凝土质量检测	混凝土衬砌质量检测	防渗墙质量检测	钢衬与混凝土接触检测	锚杆锚固质量检测	水下建筑物缺陷观察	环境放射性检测	岩土体力学参数测试	岩土体电性参数测试	爆破振动监测	微地震监测或岩爆预测	水文地质参数测试	桩基检测	地下管线探测	常时微动监测	块体基础振动测试
电法勘探	电测深法													√							
	电剖面法													√							
	高密度电法							+						√							
	充电法																		+		
电磁法勘探	音频大地电磁法													+							
	可控源音频大地电磁法													+							
	瞬变电磁法							+						+							
探地雷达法		+			√	+	√	√										+	√		
地震勘探	折射波法	√											√								
	反射波法							√										+			
	瑞雷波法			+				+					+								
弹性波测试	声波法	√	√		√	√	√	+	√	√			√					√			
	地震法	+	+			+	+	+					√		√	√		√		√	√
层析成像（CT）	地震波 CT	√	√			+		√													
	声波 CT	√	√			√		√										+			
	电磁波 CT							+													
放射性测量	γ 测量											√									
	γ—γ 测量			√		√			√												
	α 测量											√									
	同位素示踪		+					+									√		+		

续表 2-46

物理检测方法		应用项目																			
		岩体质量检测	灌浆效果检测	堆石(土)体密度检测	土石坝面板质量检测	混凝土质量检测	混凝土衬砌质量检测	防渗墙质量检测	钢衬与混凝土接触检测	锚杆锚固质量检测	水下建筑物缺陷观察	环境放射性检测	岩土体力学参数测试	岩土体电性参数测试	爆破振动监测	微地震监测或岩爆预测	水文地质参数测试	桩基检测	地下管线探测	常时微动监测	块体基础振动测试
综合测井	电测井							+						√							
	电磁波测井	+	+					+													
	声波测井	√	√		√	√	√	+	√	√			√					√			
	放射性测井											+	+								
	井径测量												+								
	井温测量																+				
	钻井全孔壁成像	√	√			√	+	√										+			
	钻孔电视	+	√			√	+	√			√							+			
	超声成像测井	+				+					+		+					+			
附加质量法				√																	

注:"√"为主要方法;"+"为辅助方法。

(2)在地表等处观测到的地球物理场,受到各种地下地质体的不同影响,带有地下地质体的物性信息,对其准确识别和处理,就能够准确解析地下地质体的分布情况和物性参数。

(3)地球物理探测方法建立在科学的理论基础之上,历经几十年的发展,具有客观性、系统性、严密性。

(4)物理探测设备常采用先进的仪器设备和数据处理技术,具有精确性、稳定性、客观性,能够满足对地球物理场的探测和细微异常的识别。

采用地球物理探测方法研究或勘探地质体,是根据测量数据或所观测的地球物理场求解场源体的问题,是地球物理场的反演问题,而反演的结果一般是多解的。因此,地球物理探测具有科学性的同时,存在多解性的问题。为了获得更准确、更有效的解释结果,应注意以下几点:

(1)选择适合的方法。各种探测目的、探测对象的物性特征不尽相同,常常是各具特色,所采用的探测手段应有针对性、适用性。

(2)尽可能与多种物理探测方法配合,相互对比,去伪存真。

(3)注重与地质调查和地质理论相结合,进行综合分析判断。

2.6.3.2　物理探测方法的特点及发展方向

物理探测是一个较为年轻的同时飞速发展的专业学科,从它的产生到发展,均受到了地质科学、地球科学、物理学、电子学、数学等许多学科的影响、带动和促进。近年来,工程建设应用领域也对物理探测提出了越来越新、越来越高的要求,使其逐渐呈现出以下特点:

(1)物理探测方法不断深化对现代电子技术的运用,在信号采集、数字处理、数据分析方面有长足进展,有利于进一步压制干扰、提高分辨能力、提取更多的有用信息、发展反演理论和技术,改善了地球物理信号的采集效果,提高了地球物理数据处理的工作效率和图像处理技术,促进了各类工程或水文工程地质问题的有效解决。

(2)物理探测仪器设备逐渐向轻便化、高精度、多功能、数字化、系列化和智能化的方向发展,大大提高了现场和室内工作效率。同时,采集信号的数字存储,使采集信号的永久保存、重新处理和解释成为可能。

(3)现代地质学和地球物理学理论的发展,使得深部地质问题的研究愈显重要。应用于这方面研究的地震反射波法、大地电磁测深法、重力法、磁法、地热量测等物理探测方法,已显示出其潜力和优越性。

(4)近年来,物理探测的应用范围和应用领域,无论是深度还是广度,都在不断地得到挖掘和拓展。在工程、水文、环境方面的地球物理应用,尤其是工程方面,呈现持续、高速发展的态势。

2.6.3.3　工程物理探测的特点

工程物理探测方法因应用领域、使用目的特殊性,除具有科学性、多解性等物理探测方法的一般特性外,还具有以下明显的特点:

(1)由于各类建设工程的需要,工程物理探测对象更偏向于浅、小,探测深度以几十厘米到数百米为主,要求探测精度较高。

(2)仪器设备更为轻便。

(3)受地形影响较大,地质、地球物理条件更为复杂,探测对象的不均匀性和各向异性更加明显。

(4)探测成果时效性强,往往需要及时提供,经常要立即验证,对探测结果的明确性要求也较高。

(5)除传统的勘探类应用外,检测以及监测类应用已占据相当大的比例,成为重要的工程质量检测和验收手段。

2.6.4　引调水工程物理探测应用概览

经过几十年发展,工程物理探测在引调水工程的应用范围不断拓展,应用水平和效果不断提高。引调水工程各阶段的工程物理探测应用范围简单归纳、汇总见表 2-47,表中“物理探测应用”一栏中的内容表示的是物理探测方法可以在解决相应问题中发挥适当的作用。

表 2-47　各设计阶段引调水工程物理探测应用一览表

设计阶段	工程部位	物理探测应用	说明
规划阶段	区域地质和地震	大型泥石流、滑坡、喀斯特、移动沙丘及冻土等的发育和分布	物理探测应采用地面探测方法，横河剖面不应少于 3 条
		主要含水层和隔水层的分布情况等区域水文地质特征	
	水库	了解水库的水文地质条件	
		了解对水库有重大影响的滑坡、潜在不稳定岸坡、泥石流、可能发生的坍岸和浸没等的分布范围	
		了解可溶岩区的喀斯特的发育情况	
		了解含水层和隔水层的分布范围	
	坝址	了解坝址的地层岩性、软弱夹层的分布情况，两岸及河床覆盖层的厚度、层次，特殊土的分布	
		了解坝址的地质构造类型、规模和形状，特别是区域性的断层和第四纪断层	
		了解坝址岩体的风化、卸荷、松动变形及滑坡、崩塌等物理地质现象和岸坡稳定情况	
		了解可溶地区的喀斯特的发育情况	
		了解含水层和隔水层的分布范围	
		了解坝址附近天然建筑材料的种类和分布情况	
	引水线路	了解坝址的地层岩性、第四纪沉积物的分布	
		了解地质构造，特别是断层的规模和形状	
		了解沟谷、浅埋段、进出口地段的覆盖层厚度，岩体的风化、卸荷特征和山坡的稳定状况	
		了解沿线的水文地质条件，可溶岩区的喀斯特发育特征	
可行性研究阶段	区域构造稳定性	查明坝址附近 25 km 范围内的区域性断裂	
	水库	初步查明水库区的水文地质条件对可能的严重渗漏低端和渗漏类型进行初步评价	物理探测应根据地形、地质条件，采用综合物理探测方法，探测库区滑坡体、松散堆积体、可能发生渗漏或浸没地区的地下水位、地下水流速与流向、隔水层埋深、古河道和
		初步查明库岸稳定条件，初步评价对工程的影响以及对重要城镇、居民区的可能影响	
		初步查明可能产生严重浸没地段的地质及水文地质条件，并进行初判	
		初步查明可溶岩、大的断层破碎带、古河道以及单薄分水岭等的分布和水文地质条件，初步分析产生水库渗漏的可能性	

续表 2-47

设计阶段	工程部位	物理探测应用	说明
可行性研究阶段	水库	可溶岩地区应初步查明喀斯特的发育规律和分布特征,主要喀斯特通道的延伸和连通情况,隔水层的分布、厚度变化、隔水性能和构造封闭条件,地下水分水岭位置,地下水位和地下水的补给、径流、排泄条件,岸边地下水低槽的分布和水位等	喀斯特通道以及隐伏大断层破碎带的埋藏和延伸情况等
		修建在悬河上的水库应重点调查水库的垂向和侧向渗漏情况	
	坝址	初步查明河床和两岸第四纪沉积物的厚度、基岩面的埋深、河床深槽、埋藏谷和古河道的分布	(1)物理探测方法应根据坝址区的地形、地质条件等确定。 (2)物理探测剖面线结合勘探剖面布置,并应充分利用勘探钻孔进行综合测井。 (3)坝址两岸应利用勘探平洞进行岩体弹性波波速测试
		初步查明坝址区主要断层、挤压破碎带的产状、性质、规模、延伸情况	
		初步查明岩体的风化、卸荷深度和程度	
	渠道及渠系建筑物	初步查明隧洞沿线地层岩性,应重点调查松散、软弱、膨胀、可溶以及含放射性矿物与有害气体等岩层的分布	
		初步查明隧洞沿线的褶皱、主要断层破碎带等各种类型结构面的产状、规模、延伸情况	
		初步查明主要含水层、汇水构造和地下水溢出点的位置和高程,补排条件,以及与地表溪沟连通的断层破碎带、喀斯特通道和采空区等的分布	
		初步查明隧洞进出口段、过沟段、傍山洞段和浅埋洞段、压力管道等的覆盖层厚度、基岩的风化深度和卸荷发育深度等,并对其所通过的山体及进出口边坡的稳定性作出初步评价	
		进行岩石物理力学性质试验,并进行隧洞工程地质分段和围岩初步分类	
	水闸及泵站	初步查明古河道、牛轭湖、决口口门等的位置、分布和埋深等情况	
		初步查明场地滑坡、泥石流等不良地质现象的分布	
		初步查明场地的地层结构、岩土类型和物理力学性质,重点为工程性质不良岩土层的分布情况和工程特性	
		初步查明场地水文地质条件,主要为地下水类型、埋深及岩土透水性,透水层和相对隔水层的分布	
		初步评价建筑物场地地基承载力、地震液化和边坡稳定等	
	天然建筑材料	应对初选代表性坝型所需的主要料源及对方案比选有重大影响的料源进行初查	

续表 2-47

设计阶段	工程部位	物理探测应用	说明
初步设计阶段	水库	查明水库区的水文地质条件	
		查明潜在不稳定库岸的工程地质条件并进行评价,确定影响区范围	
		查明覆盖层库岸的工程地质条件	
		查明可能浸没地段的水文地质工程地质条件	
		对水库移民集中安置区和专项复建工程进行地质勘察与评价	
		可溶岩区应查明相对隔水层的分布、厚度和延续性,地下水流动系统及泉域,地下水位及其动态,喀斯特发育特征和喀斯特渗漏的性质,主要漏水地段或主要通道的位置、形态和规模	
	土石坝	查明坝基基岩面起伏变化情况,重点查明河床深槽、古河道、埋藏谷的具体范围、深度及形态	(1)可采用综合测井探测覆盖层层次,测定土层的密度。 (2)可采用跨孔法测定岩体弹性波纵波、横波波速,确定动剪切模量等参数
		查明坝基河床及两岸覆盖层的层次、厚度	
		查明影响坝基、坝肩稳定的断层、破碎带、软弱岩体的分布、规模、产状、性状和渗透变形特性	
		查明坝基水文地质结构,地下水埋深,含水层或透水层和相对隔水层的岩性、厚度变化和空间分布	
		查明岸坡岩体风化带、卸荷带的分布、深度	
		查明坝区喀斯特发育规律,主要喀斯特洞穴和通道的分布与规模,喀斯特泉的位置和补给、径流、排泄特征	
	混凝土重力坝	查明覆盖层的分布、厚度、层次及其组成物质,河床深槽的分布范围和深度	(1)宜采用综合测井和井下电视等方法调查对坝基(肩)岩体稳定有影响的结构面、软弱带、低波速松弛岩带等的产状、分布,含水层和渗漏带的位置等。 (2)可采用单孔法、跨孔法、跨洞法测定各类岩体纵波速度或横波速度,进行岩体动弹性模量或纵波波速的分区。 (3)喀斯特区可采用孔间或洞间测试以及层析成像技术等调查喀斯特洞穴的分布
		查明地层岩性,查明易溶岩层、软弱岩层、蚀变带及矿层采空区等的分布、性状、延续性、物理力学参数	
		查明坝基、坝肩岩体的完整性断层特别是顺河断层和缓倾角断层的分布和特征,节理裂隙的产状、延伸长度、连通率及其组合关系	
		查明坝基、坝肩岩体风化带、卸荷带的厚度及其特征	
		查明坝基、坝肩喀斯特洞穴及通道的分布、规模、充填状况及连通性,喀斯特泉的分布、流量及其补给、径流、排泄特征	
		查明坝址的水文地质条件、两岸地下水埋深、岩体渗透特性、相对隔水层埋藏深度,提出防渗处理的建议。在水文地质条件复杂的地区,应分析建坝前后渗流场的变化,为渗控工程处理设计提供依据	
		根据坝基岩层和构造情况,进行坝基岩体结构分类	

续表 2-47

设计阶段	工程部位	物理探测应用	说明
初步设计阶段	混凝土拱坝	查明河谷形态、宽高比、两岸地形完整程度	
		查明拱肩受力岩体内垂直或近于垂直拱推力方向的断层、挤压破碎带、节理密集带、蚀变岩带、软弱岩带及喀斯特溶洞等的分布和性状，提出河床可利用岩体的高程	
		查明两岸边坡包括坝顶以上一定范围边坡的岩石性质、地质构造、风化、卸荷、水文地质条件	
		查明水垫塘及二道坝的工程地质条件	
	隧洞	查明隧洞沿线的地层岩性，重点查明松散、软弱、膨胀、易溶和喀斯特化岩层的分布。还应查明岩层中有害气体或放射性矿物的赋存情况	
		查明隧洞沿线岩层的产状、褶皱(褶曲)、主要断层破碎带的分布位置、产状、规模、性状及其组合关系	
		查明隧洞沿线的地下水位(水压)	
		可溶岩区应查明隧洞沿线喀斯特的发育规律	
		查明傍山浅埋洞段、过沟段上覆及傍山侧覆盖层和岩体的厚度，岩体风化、卸荷深度和岩体的完整性	
		查明隧洞进出口边坡的稳定条件	
		进行隧洞围岩工程地质分类，确定各类围岩的物理力学性质参数	
	渠道及渠系建筑物	查明渠道沿线和建筑物场地的地层岩性、地质构造，基岩和覆盖层的分布	
		傍山渠道沿线应查明冲洪积扇、滑坡、崩塌、变形体、泥石流、采空区和其他不稳定岸坡的类型、范围、规模和稳定条件	
		查明高填方和半挖半填渠段地基和边坡岩土体的性质及其稳定条件	
		进行渠道工程地质分段，提出各分段岩土体的物理力学性质参数和开挖坡比建议值	
	水闸及泵站	查明场址区的地层岩性，重点是软土、粉细砂、冻土、湿陷性黄土等工程性质不良岩土层的分布范围等	
		查明场址区地质构造和岩体结构，重点是断层、破碎带、软弱夹层和节理裂隙发育规律及其组合关系	
		查明场址区滑坡、潜在不稳定岩体及泥石流等物理地质现象	
		查明场址区的水文地质条件等	
	天然建筑材料	应在预可行性研究勘察基础上进行天然建筑材料详查	

续表 2-47

设计阶段	工程部位	物理探测应用	说明
招标设计阶段		(1)具体工作内容可参照可行性研究阶段。 (2)针对相应的工程问题布置作进一步、更为详细的物理探测工作。 (3)针对招标特殊需要布置相应工作	
施工详图设计阶段	土石坝	详查坝基河床及两岸覆盖层的层次、厚度、各层物理力学参数,重点查明河床深槽、古河道、埋藏谷的具体范围、深度及形态	
		检测坝基、两岸坝肩岩体质量	
		检测大坝基础承载能力	
		详查坝基水文地质结构,地下水埋深,含水层或透水层和相对隔水层的岩性、厚度变化和空间分布	
		详查岸坡岩体风化带、卸荷带的分布、深度	
		详查坝区喀斯特发育规律,主要喀斯特洞穴和通道的分布与规模,喀斯特泉的位置和补给、径流、排泄特征	
		检测坝基、坝肩固结灌浆质量和帷幕灌浆质量	
		检测大坝堆石体密实度	
		检测面板坝面板质量	
	混凝土重力坝	详查覆盖层的分布、厚度,河床深槽的分布范围和深度	
		详查地层岩性,查明易溶岩层、软弱岩层、蚀变带及矿层采空区等的分布、性状、延续性、物理力学参数	
		详查坝基、坝肩岩体的完整性断层,特别是顺河断层和缓倾角断层的分布和特征,节理裂隙的产状、延伸长度、连通率及其组合关系	
		详查坝基及两岸坝肩岩体风化带、卸荷带的厚度及其特征	
		详查坝基、坝肩喀斯特洞穴及通道的分布、规模、充填状况及连通性,喀斯特泉的分布、流量及其补给、径流、排泄特征	
		详查坝址的水文地质条件、两岸地下水埋深、岩体渗透特性、相对隔水层埋藏深度,提出防渗处理的建议	
		根据坝基岩层和构造情况,进行坝基岩体结构分类	
		检测大坝建基面及两岸坝肩岩体质量,进行岩体质量分层,为建基面优化、验收提供依据	
		检测坝基、坝肩固结灌浆质量和帷幕灌浆质量	
		检测边坡支护锚杆、锚桩、锚索质量	
		监测施工爆破试验及施工爆破	
		检测大坝混凝土质量及内部缺陷	
		探测坝体裂缝	

续表2-47

设计阶段	工程部位	物理探测应用	说明
施工详图设计阶段	混凝土拱坝	详查河谷形态、宽高比、两岸地形完整程度	
		详查拱肩受力岩体内垂直或近于垂直拱推力方向的断层、挤压破碎带、节理密集带、蚀变岩带、软弱岩带及喀斯特溶洞等的分布和性状，提出河床可利用岩体的高程	
		详查两岸边坡包括坝顶以上一定范围边坡的岩石性质、地质构造、风化、卸荷、水文地质条件	
		检测大坝建基面及两岸坝肩岩体质量，进行岩体质量分层，为建基面优化、验收提供依据	
		检测坝基、坝肩固结灌浆质量和帷幕灌浆质量	
		检测边坡支护锚杆、锚桩、锚索质量	
		监测施工爆破试验及施工爆破	
		检测大坝混凝土质量及内部缺陷	
		探测坝体裂缝	
	隧洞	详查隧洞沿线的地层岩性，重点查明松散、软弱、膨胀、易溶和喀斯特化岩层的分布，查明岩层中有害气体或放射性矿物赋存情况	
		详查隧洞沿线岩层的产状、褶皱、主要断层破碎带的分布位置、产状、规模、性状及其组合关系	
		查明隧洞沿线的地下水位(水压)	
		可溶岩区应查明隧洞沿线喀斯特发育规律	
		详查傍山浅埋洞段、过沟段上覆及傍山侧覆盖层和岩体的厚度，岩体风化、卸荷深度和岩体的完整性	
		详查隧洞进出口边坡的稳定条件	
		进行隧洞围岩工程地质详细分类，确定各类围岩的物理力学性质参数	
		监测施工爆破试验及施工爆破	
		超前预报隧道施工掌子面	
		检测洞室岩体质量	
		探测洞室松弛圈	
		检测洞室混凝土衬砌质量	
		检测锚杆锚固质量	

续表 2-47

设计阶段	工程部位	物理探测应用	说明
施工详图设计阶段	渠道	详查渠道沿线和建筑物场地的地层岩性、地质构造,基岩和覆盖层的分布	
		傍山渠道沿线应详查冲洪积扇、滑坡、崩塌、变形体、泥石流、采空区及其他不稳定岸坡的类型、范围、规模和稳定条件	
		查明高填方和半挖半填渠段地基和边坡岩土体的性质及其稳定条件	
		进行渠道工程地质分段,提出各分段岩土体的物理力学性质参数和开挖坡比建议值	
		监测施工爆破试验及施工爆破	
		检测锚杆锚固质量	
		检测混凝土衬砌质量	

参考文献

[1] 李张明,张建清,赵鑫钰. 三峡工程地球物理探测技术理论与实践[M]. 武汉:长江出版社,2008.

[2] 中国水利电力物探科技信息网. 工程物探手册[M]. 北京:中国水利水电出版社,2011.

[3] 工程地质手册编委会. 工程地质手册[M]. 4 版. 北京:中国建筑工业出版社,2007.

[4] GB 50487—2008 水利水电工程地质勘察规范[S]. 北京:中国计划出版社,2009.

[5] SL 326—2005 水利水电工程物探规程[S]. 北京:中国水利水电出版社,2005.

[6] SL 73. 3—2013 水利水电工程制图标准勘测图[S]. 北京:中国水利水电出版社,2013.

[7] 何发亮,郭如军,吴德胜,等. 隧道工程地质学[M]. 成都:西南交通大学出版社,2014.

[8] 刘康和,练余勇. 深埋长隧洞地球物理勘察及施工超前预报[M]. 天津:天津科学技术出版社,2010.

[9] 刘康和,段伟,王光辉,等. 深埋长隧洞勘测技术及超前预报[M]. 北京:学苑出版社,2013.

[10] 白万山,童广秀,赵晓斌,等. 长大深埋隧洞勘测技术研究与实践[M]. 郑州:黄河水利出版社,2013.

[11] 陈仲候,王兴泰,杜世汉. 工程与环境物探教程[M]. 北京:地质出版社,2005.

[12] 刘国庆,向晓松,王安书,等. 面波法与折射波法在研究基岩弹性力学性质中的应用[J]. 地质与勘探,2008(1):109-112.

[13] 刘康和. 浅议水利水电工程物探的应用和发展[J]. 人民长江,1995(1):50-53.

[14] 刘康和,庞学懋. 弹性波测试的工程应用效果分析[J]. 勘察科学技术,1997(1):59-64.

[15] 刘康和. 弹性波测试技术的应用与分析[J]. 人民长江,1991(7):18-21.

[16] 朱良仁,刘康和. 工程物探的现状及发展[J]. 电力勘测,1999(1):55-58.

[17] 苏向前,刘康和. 面波法与单孔检层法波速测试的工程应用[J]. 长江工程职业技术学院学报,2006(3):1-5.
[18] 刘康和. 物探技术应用及其探讨[C]//第一届全国水工岩石力学学术会议论文集. 郑州:中国岩石力学与工程学会,2005(10):270-275.
[19] SL 629—2014 引调水线路工程地质勘察规范[S]. 北京:中国水利水电出版社,2014.
[20] 刘康和,段伟,何灿高. 南水北调中线工程实体质量无损检测探析[C]//中国地球物理学会勘探地球物理委员会2014年技术研讨会论文集. 北京:中国地球物理学会,2014(7):13-17.

第3章 物理探测理论与方法

3.1 直流电探方法与技术

3.1.1 直流电阻率法

将直流电通过电极接地供入地下,建立稳定的人工电场,在地表观测某点垂直方向(电测深法)或沿某一测线的水平方向(电剖面法)的电阻率变化,从而了解岩土介质的分布或地质构造特点的方法,称为电阻率法。

在水利水电工程中,电测深法主要用于探测地层、岩性在垂直方向的电性变化,解决与深度有关的地质问题,如基岩面、地层层面、地下水位、风化层面等埋藏深度;电剖面法用于探测地层、岩性在水平方向的电性变化,解决与平面位置有关的地质问题,如断层、破碎带、岩层接触界面、岩溶洞穴位置等。

3.1.1.1 仪器设备

电阻率法仪器种类繁多,但均应满足测量电参数、测量范围、抗干扰、灵敏度、精度、稳定性和可靠性的要求。

仪器本身应该轻便、安全、牢固,便于搬运和运输。仪器应是通过正式技术鉴定,并已形成批量生产。

目前国内外所生产的仪器设备一般为高科技智能性产品和多功能电探仪器设备,一般具备自动数据采集,数据或曲线显示,存储,转存功能,另外最好具有供电和测量系统脱离的自动跟踪测量技术装置。

电阻率法仪器配套装备主要包括电源、电线、线架及接地电极等,完善的装备是获得合格资料和提高功效的前提。

3.1.1.2 垂向电测深法

1.概述

在同一测点上逐次扩大电极距使探测深度逐渐加深,以观测到测点处在垂直方向由浅到深的电阻率变化,依据地下目标体的电阻率差异来探测地下介质分布特征的一种电阻率勘探方法,称为垂向电测深法,简称电测深。

电测深有多种测量装置,形式见表3-1、表3-2。

表 3-1　电测深法的测量装置—x 轴测量

装置名称	电极排列的几何形状	装置系数(K)	测量结果的函数表达
二极电位测深	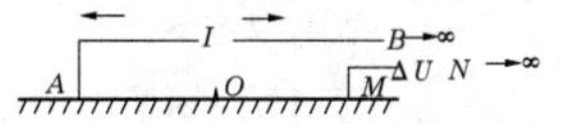 A　I　O　M　B→∞　ΔU　N→∞	$K = 2\pi\overline{AM}$	$\rho_s = f(\overline{AM})$
偶极电位测深	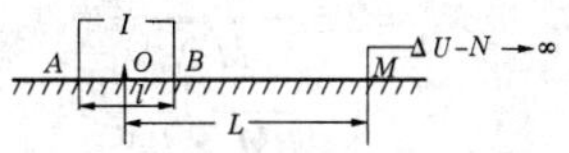 A　I　O　B　L　M　ΔU-N→∞	$K = 2\pi\dfrac{\overline{AM}\cdot\overline{BN}}{\overline{AB}}$	$\rho_s = f(L)$
偶极轴梯度测深	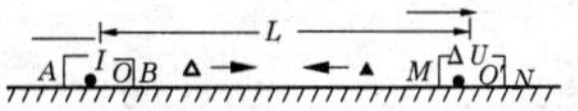 A　I　O　B　L　M　ΔU　O　N	$K = \dfrac{2\pi\cdot\overline{AM}\cdot\overline{AN}\cdot\overline{BM}\cdot\overline{BN}}{\overline{MN}(\overline{AM}\cdot\overline{AN}-\overline{BM}\cdot\overline{BN})}$	$\rho_s = f(L)$
三极梯度测深	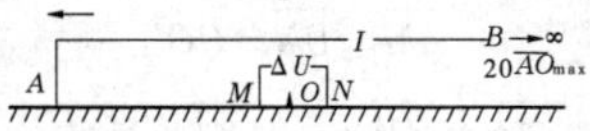 A　I　M　ΔU　O　N　B→∞　$20\overline{AO}_{max}$	$K = 2\pi\dfrac{\overline{AM}\cdot\overline{AN}}{\overline{MN}}$	$\rho_s = f(\overline{AO})$
三极等距测深	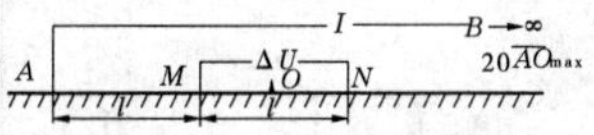 A　I　M　ΔU　O　N　B→∞　$20\overline{AO}_{max}$	$K = 4\pi\overline{AM}$	$\rho_s = f(\overline{AO})$
四极对称梯度测深（施伦贝尔热）	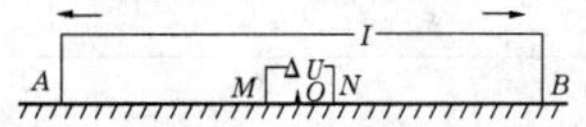 A　I　M　ΔU　O　N　B	$K = \pi\dfrac{\overline{AM}\cdot\overline{AN}}{\overline{MN}}$	$\rho_s = f\left(\dfrac{\overline{AB}}{2}\right)$
四极等距测深（温纳尔）	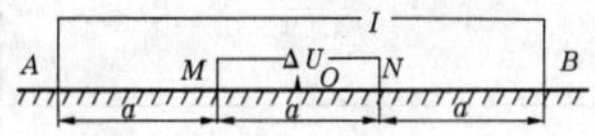 A　I　M　ΔU　O　N　B　a　a　a	$K = 2\pi a$ $\overline{AM} = \overline{MN} = \overline{NB} = a$	$\rho_s = f\left(\dfrac{\overline{AB}}{2}\right)$
偏置温纳尔测深	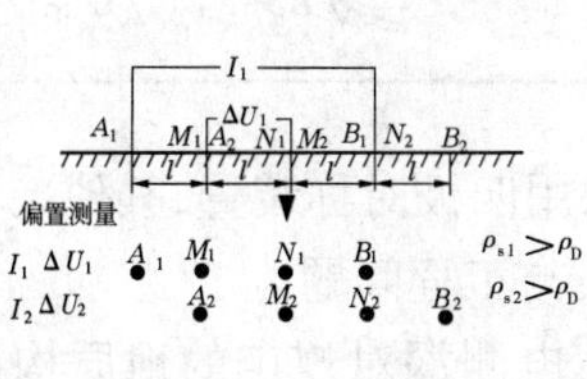 A_1　I_1　M_1　A_2　ΔU_1　N_1　M_2　B_1　N_2　B_2 偏置测量 I_1 ΔU_1　A_1　M_1　N_1　B_1　$\rho_{s1} > \rho_D$ I_2 ΔU_2　A_2　M_2　N_2　B_2　$\rho_{s2} > \rho_D$	$K = K_1 = K_2 = 2\pi l$ $A_1M_1 = M_1N_1 = N_1B_1 = l$ $A_2M_2 = M_2N_2 = N_2B_2 = l$ $\rho_{s1} = K_1\dfrac{\Delta U_1}{I}$ $\rho_{s2} = K_2\dfrac{\Delta U_2}{I}$ $\rho_D = \dfrac{\rho_{s1}+\rho_{s2}}{2}$	$\rho_D = f\left(\dfrac{\overline{A_1B_2}}{2}\right)$

表 3-2　电测深法的测量装置—*xy* 轴测量

装置名称	电极排列的几何形状	装置系数(K)	测量结果的函数表达
二分量测深 (a)四极对称 (b)双向三极	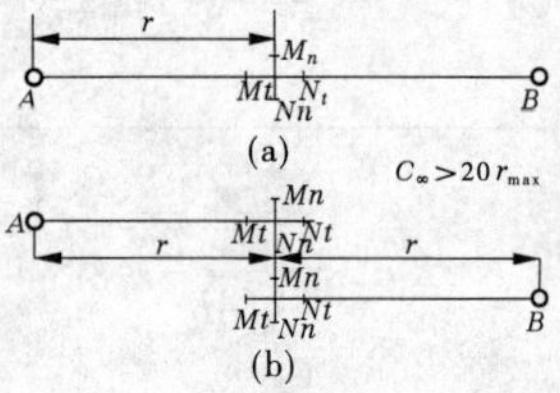 (a) $C_\infty>20r_{max}$ (b)	$K_t=\pi\frac{\overline{AM_t}\cdot\overline{AN_t}}{\overline{M_tN_t}}$ $K_{t_A}=2\pi\frac{\overline{AM_t}\cdot\overline{AN_t}}{\overline{M_tN_t}}$ $K_{t_B}=2\pi\frac{\overline{BM_t}\cdot\overline{BN_t}}{\overline{M_tN_t}}$	$\rho_{st}=f\left(\frac{\overline{AB}}{2}\right)$ $\frac{\Delta U_n}{I}/\frac{\Delta U_t}{I}=f\left(\frac{\overline{AB}}{2}\right)$ $\left.\begin{matrix}\rho_{s_{tA}}\\ \rho_{s_{tB}}\end{matrix}\right\}=f(r)$ $\left.\begin{matrix}\frac{\Delta U_{nA}}{I}\\ \frac{\Delta U_{nB}}{I}\end{matrix}\right\}=f(r)$
偶极赤道测深	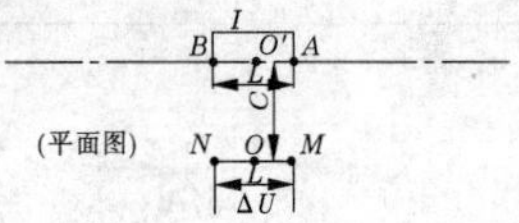 (平面图)	$K=\pi\frac{\overline{AM}\cdot\overline{AN}}{\overline{AN}-\overline{AM}}$ $\overline{AM}=\overline{BN}=\overline{OO'}$ $\overline{AN}=\overline{BM}=\sqrt{\overline{AM}^2+\overline{MN}^2}$	$\rho_s=f(\overline{OO'})$
(a)偶极方位测深 (b)偶极垂线测深 (c)偶极赤道测深 (d)偶极平行测深	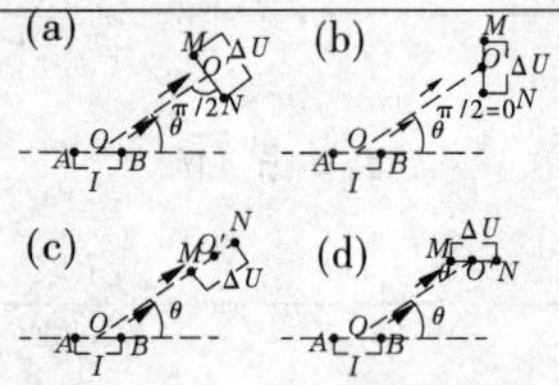 (a) (b) (c) (d)	$K=\frac{2\pi}{\left(\frac{1}{r_{AM}}+\frac{1}{r_{AN}}+\frac{1}{r_{BM}}+\frac{1}{r_{BN}}\right)}$	$\rho_s=f(\overline{OO'})$
(a)十字探测装置 (b)环形探测装置	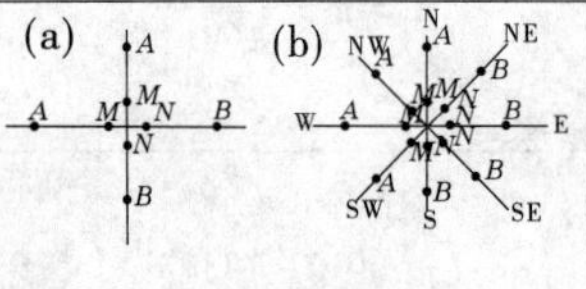 (a) (b)	$K=\pi\frac{\overline{AM}\cdot\overline{AN}}{\overline{MN}}$	$\rho_s=f\left(\frac{\overline{AB}}{2}\right)$ 按方位注明
五极纵轴测深	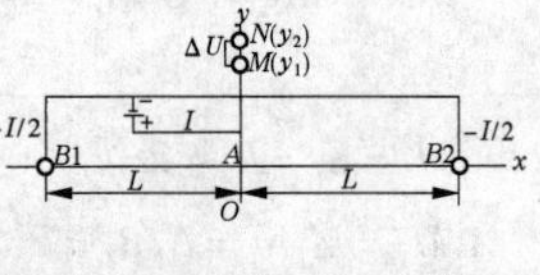	$K=\frac{2\pi}{\frac{1}{Y_1}-\frac{1}{Y_2}-\frac{1}{\sqrt{L^2+Y_1^2}}+\frac{1}{\sqrt{L^2+Y_2^2}}}$	$\rho_s=f(Y)$

在表 3-1、表 3-2 诸多测量装置中，主要采用四极对称装置，其他装置在一定条件下是很有效的，它能更准确并经济地解决有关地质与工程问题。

电测深法适用于层状和似层状介质探测：电测深对规定的地质构造条件下解决问题的物理前提都取决于电性条件和岩土体的探测条件。准确地选择工作方法、合理地布置和进行测深工作，以及切合实际的分析解释，是一个有经验的电探工作者必备的条件。

2. 探测装置的种类、大小和观测方法

探测装置的种类、大小和观测方法根据探测对象的结构、要求解决问题的多少以及工作比例尺选定。

对称装置,用以研究地电界面主要为近乎水平产状的地区;较复杂的地电体或地层存在倾斜界面应当使用双向不对称装置或二分量测深方法。

建议使用不对称装置进行十字测深和环形测深来探测地电体的不均匀性。当有各向异性地层、单独的倾斜层或接触面存在时,即可测定各向异性地层的参数及接触界面的产状。

参数测量地点可选在钻孔或山地坑槽附近,或者在已知地质构造和水文地质条件的地段上进行。参数测量方法按地电体复杂性选择四极对称、十字测深、环形测深或者二分量测深法。

观测方法,取决于工程种类和工程规模,即首先取决于待解决的问题性质及探测规模。

3. 测点、测线或测网布置的基本原则

(1)电探测区范围应大于勘探对象的分布范围,布置测网时必须考虑不少于整体工作量的5%的参数测量工作量和试验工作量。

(2)测网段的密度或工作比例尺主要由探测对象的性质和工程任务要求来决定,并应兼顾施工方便、资料完整和技术经济等因素。

(3)测线布置应尽量垂直于被探测对象的走向,尽可能避免地形地物等干扰因素的影响,并须顾及与地质勘探或其他物探方法测线布置的一致性。

(4)测深点、主要异常点、电测深测线的端点和转折点、较大的地面坡度转折点,均应测定坐标。

4. 电测深点布置的一般要求

(1)在地质勘探线上,应尽量布置电测深测线和孔旁电测深点。

(2)相邻电测深点的间距一般不小于主要探测对象埋深的一半,如果在探测埋藏较深的对象的同时有必要详细探测浅部对象,可在上述测网内用小极距电测深加密。

(3)在进行面积性电测深工作或追踪探测对象,如探测地质体或断层时,在平面图上至少有两个相邻电测深点上能有清楚的反应。测线长度应至少在异常体两侧各有三个电测深点。

(4)在复杂条件如大面积建筑区、茂密的林区等进行电测深时,可以在单个测点上测深,不必连成统一的测网,测深点应选择在地形较平坦处。

(5)测点间距和测线间距应根据地质条件和工作比例确定。在工作比例尺图上,点距为1~3 cm,线距等于2~3倍点距。

5. 四极对称电测深

1)野外工作方法与技术

A. 电极距的选择

供电电极距按几何级数改变,相邻电极距比值在1.2~1.8,当使用电子计算机进行定量解释时,一般采用电算程序设计的极距系列,在曲线的极值点、拐点和畸变点附近可适当加密极距。对于浅层岩土层的详细调查或参数测量,建议按等差级数增加电极距。

最小供电电极距以获得第一电性层的电阻率为原则,一般为$AB/2=1.5$ m。最大供电电极距,当底部电性标志层电阻率为“无限大”时,应使在电测深曲线后支呈45°上升的渐近线上不少于 3 个读数点；当底部电性标志层电阻率为有限值时，应使在电测深曲线后支反映标志层的上升或下降曲线的"拐点"后不少于 3 个读数点。当要提供探测的地层电阻率时，最大电极距 *AB* 则应超过探测时给定深度的 8 ~ 12 倍。

测量电极距 *MN* 与供电电极距 *AB* 的比值，一般保持在 1/3 ~ 1/30。

B. 排列敷设方向

（1）电极排列方向沿地层走向。

（2）应将地形起伏影响减到最小。

（3）在近乎垂直排列方向上允许 5% 的 *AB* 距离移动电极接地；在顺排列方向上允许 ±1% 的 *AB* 距离移动电极接地。

（4）穿越障碍时可改变 *AB*/2 距离测量。

（5）敷设方向应用罗盘测量方向并记录在记录本上。

C. 供电电源

（1）供电电压不宜小于 20 V，高压最好不要超过 300 V。

（2）增大供电电流强度不宜采用增加电压，而应改善接地条件，降低接地电阻。

（3）在极高介质电阻率条件下，ΔU 很大（超最大测程值）而 I 很小时，不宜采用增大接地电阻而可以降低供电电压，在 *AB* 线路串联一个标准电阻，按标准电阻上的电位差反算 I。

（4）在测量过程中从节能和供电可靠方面考虑均不宜持续供电。

D. 谨防漏电

漏电会造成 ρ_s 曲线严重的畸变，在野外工作中主要发生在 *AB* 线路、*MN* 线路，如保管不善，甚至电源箱、电阻率仪本身均可产生漏电。

在测量过程中，可以通过变更接地电阻 25% 以上能发现漏电存在与否，改变电压的重复测量不能发现漏电现象。在断开一边供电电极条件下检查漏电宜用测量 ΔU，不宜用 I 检查。

E. 保证观测精度

保证野外观测精度，预防偶然的测量误差，可以通过重复观测（不改变接地条件）和检查测量（改善接地条件）来实现，单极距多次观测相对误差的绝对值≤4%。

F. 原始记录无误

记录本记录清晰准确无遗漏项，数据文件完整无丢失。

2）电测深曲线解释

所谓垂向测深曲线的解释，就是确定组成测深区的岩石的埋藏深度及电阻率，其目的是进一步确定所研究的地层的产状及岩性。

电测深曲线的解释一般分定性解释和定量解释两个步骤，实际工作中又是交叉进行的，互为论证。

A. 解释的关键

（1）确定地质层与电性层的关系，即 ρ_s 曲线上哪一段是哪一地质层的反映，选择好探测的标志层。

（2）确定各电性层的电阻值。

为此:①准确编制资料整理步骤,合理进行数据处理,选择适度的解释图件;②认真推敲所选方法和物性参数是否正确与适用;③正确选择解释方法;④选择典型断面或测点作正演验证。

B. 解释的注意事项

(1)解释工作应在掌握测区各项物性参数和地质资料的基础上,按照从已知到未知,先易后难,点面结合,反复认识和以定性指导定量解释的原则进行。

(2)电测深定性解释图件应根据分析资料需要而选绘。

(3)定性解释中应十分重视电测深原始曲线的研究、分析对比,结合定性图和地质资料,对每个电测深曲线的类型和地电断面结构做出正确的判断。

(4)在对比分析电测深曲线和研究各种定性图件时,应当注意同一点形成的电参数在不同地段上改变的可能性,尽可能地把它同地电断面类型的变化(如某些电性层的消失或出现)及几何形态的变化(如某些电性层厚度和埋深的变化)区别开来。

(5)解释结论应符合各测点的解释与测区总的概念统一、定量解释与定性解释统一、物性解释与客观规律统一的要求。

(6)解释工作必须与地质工作相结合,解释成果应使用地质语言来表达。

(7)当有论据说明,由于不具备电性条件或因地形及其他干扰因素影响,而不能达到勘探目的时,亦应做出无法解释的结论。

(8)物探图件的编制应符合有关图幅标准的规定和规程附录有关图例的规定。

C. 定性解释

a. 电测深曲线类型的确定,绘制电测深曲线类型分布图

电测深曲线类型的确定,应先从孔旁测深曲线开始,并综合分析其周围电测深曲线的特点,避免漏层。

电测深曲线类型分布图可分出不同的地电分布带,这样就能够更有根据地确定所探测地区的地质构造,并解释分布在这些地电带的电测深曲线。作电测深曲线类型分布图被推荐为进行定性和定量解释 ρ_s 曲线的基础。

b. 绘制视电阻率断面图

视电阻率断面图是根据电测深曲线按测线排序作出的虚构的地—电断面,它是解释电测深剖面的最基本的定性图件。

尽管视电阻率断面图不提供关于所研究断面的定量数据,然而图中等值线提供沿测线方向(地—电断面)特性和变化的概念。在许多情况下,可作出关于地下岩土介质的性质和结构的清晰概念。

c. 绘制等视电阻率图

当测区范围内有足够的电测深点分布时,可以按电测深曲线数据,选择多个 *AB*/2 极距绘制多个等视电阻率平面图,这就有可能完整地阐明所探测地区的地层结构的变化,在中间层电阻率数据不足时,可以用等视电阻率平面图来校核。

D. 定量解释

a. 电测深曲线的定量解释一般应具备的条件

(1)曲线完整、电性标志层在足够的电极距上有反映。

(2)主要电性层在曲线上分层明显。

(3)电测深曲线已经消差、圆滑,畸变部位校正过。

(4)有进行定量解释所必需的电参数。

(5)已进行定性解释推断工作,基本明确电性层与地质层的对应关系。

b. 定量解释方法的选择

电测深曲线定量解释方法的选择应根据任务的要求、电测深曲线的具体情况和各种解释方法的应用条件而定。

定量解释尽可能使用量板法或电算法,当曲线比较复杂,不能或不宜使用量板法和电算法时,可以使用其他解释方法或经验方法,如切线法、数学解析法、微分法、绝对电阻率反斜率法、曲线后支渐近法(平均电阻率 ρ_m 法)、电反射系数 K 法、累计电阻率法、典型孔旁测深曲线对比法和特征点解释法等。但必须有足够的资料证明,所采用的解释方法能够满足任务的要求,所获得的定量资料的精确程度不低于当地具体条件下采用其他任何解释方法。

E. 电测深定量解释成果图

a. 电性—地质剖面图

要按实际地形绘制剖面图,沿地表绘出地表地质情况,沿剖面的钻孔、坑槽及地面标志物均应绘于图上。每一个电性层和岩层应标注电阻率值和画出岩性符号。若同一个电性层的电阻率沿剖面有变化,应分段注出不同的数值。当电性层和地质层不一致或一个电性层包含几个地质层的综合反映时,可不画岩性符号,但应作说明。所绘地质界面的精度达不到所选比例尺要求时,应作说明。

b. 电性—地质平面图

应标明电法勘探点的实际位置,并根据需要决定是否标明电极排列方向。标明是基岩电性—地质图,还是某一深度的电性—地质图,电性—地质界线的精度达不到所选比例尺要求时,应作说明。

c. 电性层顶板等高线图或某一电性层的等厚度图

应表示出每一测深点和勘探点(钻孔、坑槽)位置,并在其旁边注出高程、深度或厚度值。所绘等高线或厚度线的差值不得小于两倍定量解释的可能误差。图中应绘出推断的岩层界限、断层线等。当电性层与地质层一致时,图中的电性层可用地层名称;不一致时,则在图例中说明。

3)按等差级数扩展电极距的四极等距电测深

按等差级数扩展电极距的四极等距电测深具有分辨率高、ρ_s 曲线反映地层(或地质体)直观等优点,在浅部岩土调查中被广泛采用。其观测结果 $\rho_s=f(a)$ 曲线绘制在笛卡儿坐标系中,当 ρ_s 变化范围大时也可以绘制在半对数坐标中,有时为了用现成的理论量板对比也可以绘制在双对数坐标系中。

野外工作方法同四极对称电测深,下列三种方法亦可作为电测深解释之用。

A. 电阻率—电极距法

这一方法是最早、最简单和最粗略的解释方法。将 $\rho_s=f(a)$ 曲线绘制在笛卡儿坐标系(或半对数坐标系)上,在图上 ρ_s 曲线突变处一般认为是界面位置。

B. 莫尔累积电阻率法

电极距(见表3-3)的等差增加对于莫尔累积电阻率法是必要的。

表3-3　莫尔累积电阻率法电极距 a 值($a=AM=MN=NB$)

浅部	a	1	2	3	4	5	6	7	8	9	10	11
	K	6.28	12.6	18.8	25.1	31.4	37.7	44.0	50.2	56.5	62.8	69.1
深部	a	3	6	9	12	15	18	21	24	27	30	33
	K	18.8	37.7	56.5	75.4	94.2	113	132	156	170	188	207

莫尔累积电阻率法解释电测深曲线地质界面的深度,不以任何理论上的依据为基础,而是一种实际操作方法,并已取得成功的实例。其具体做法是:首先在笛卡儿坐标系中绘制 $\rho_s=f(a)$ 曲线;然后对每一电极距都要计算与前一个极距上的视电阻率总和,在同一 $\rho_s=f(a)$ 图上,点在相应电极距上,通过这些点按斜率划分直线(称为累积电阻率曲线),在相邻直线交叉的电极距位置被认为等于地质界面的深度。

表3-4提供的视电阻率和累积电阻率可说明这个方法,这些数据在图3-1中绘制并连接成直线。图中交点 a 点和 b 点所确定的界面和 ρ_s 曲线高阻层直观厚度非常一致。

表3-4　某实测电阻率与累积电阻率

电极距 A(m)	电阻读数 R(Ω)	$2a$ 倍平均电阻率(Ω·m)	累积电阻率(Ω·m)
1	13.7	86	86
2	12.0	155	240
3	11.6	221	461
4	8.73	221	682
5	7.09	230	912
6	6.01	227	1 139
7	3.45	152	1 291
8	2.65	134	1 425
9	2.38	135	1 560
10	2.72	141	1 700

C. 巴尼司层法

在电阻率法勘探中,一个较小的接近表层的地质体可能比大深度的介质(岩层)在地面测到的 ρ_s 值大(或较大)。接近地表介质的这种屏蔽下部介质的能力,是制约电阻率法分辨率的一个重要的、固有的问题。巴尼司层法是力图减少这个问题的影响而设计的。尽管它在理论上不甚严格,但却能实用而快速地解释电阻率法成果。

如图3-2(a)所示,每当电极距增加,新增加的土壤体积就要影响仪器读数,在按等差级数扩展电极距的条件下,随着读数次数的增加,电极距逐步增大,土壤的体积也增加,但增加部分相对于测得的全部土壤中占据一个越来越小的比例。

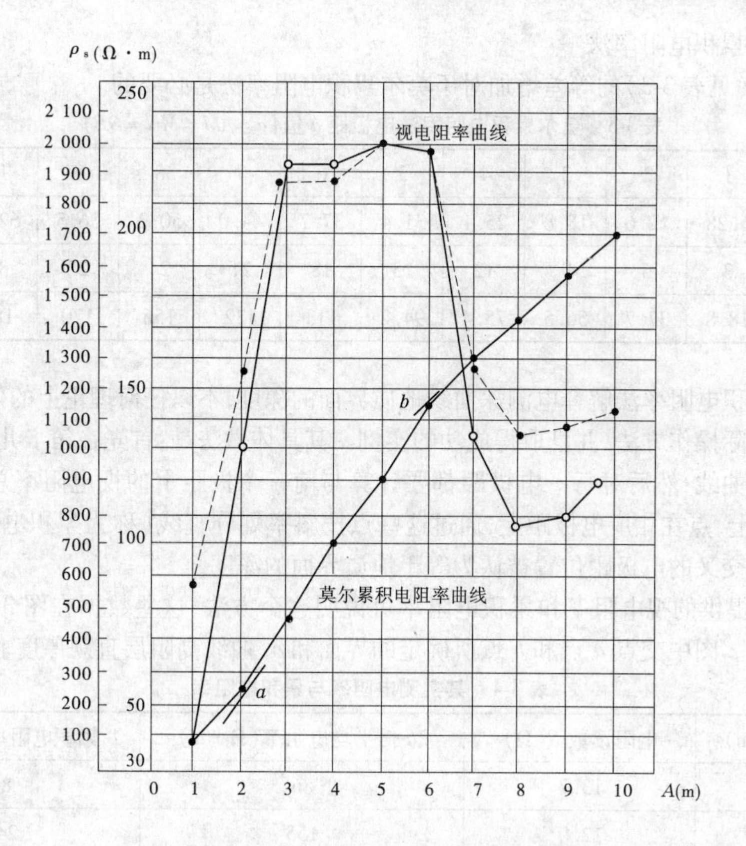

图 3-1　视电阻率和莫尔累积电阻率曲线

巴尼司层法力图区别地层的电阻率，它第一个假设是地层的厚度(A_t)等于电极距的增加量(A_t)(这和高密度电法中把电极距 a 当成探测深度相似)，这样，巴尼司层法电极距按等差级数增加，电极距的增加间距是 2 m，则分划的地层厚度也是 2 m。

虽然采用巴尼司层法应用等差增加电极距并不是必要的，但在方便情况下，还是这样做为好，以便莫尔法的应用。

图 3-2(b)用来说明由于每一次电极距的增加，而补充进来的层将如何影响读数，为了简便起见，这里假设位于前期的读数(R_{n-1})已包含了 MN_{n-1} 以外的物质，并假设它影响下一个读数(R_n)，这样从断面上看，新增加的土壤和原来的土壤，可认为类似于电阻的并联电路。这样，由先后二次读数，按解电阻并联电路计算，求出新引进的附加地层的电阻 R_L：

$$\frac{1}{R_L}=\frac{1}{R_n}-\frac{1}{R_{n-1}} \tag{3-1}$$

或以电导表示附加地层的电导 g_L：

$$g_L=g_n-g_{n-1} \tag{3-2}$$

随着电极距的加大，探测的地层厚度增加，电导率总是增加的，所以式(3-2)的值恒为正值，否则测量数据有畸变。

当 MN 之间电场均匀，取层厚又较小时，附加地层电阻用解电阻并联电路是可行的。

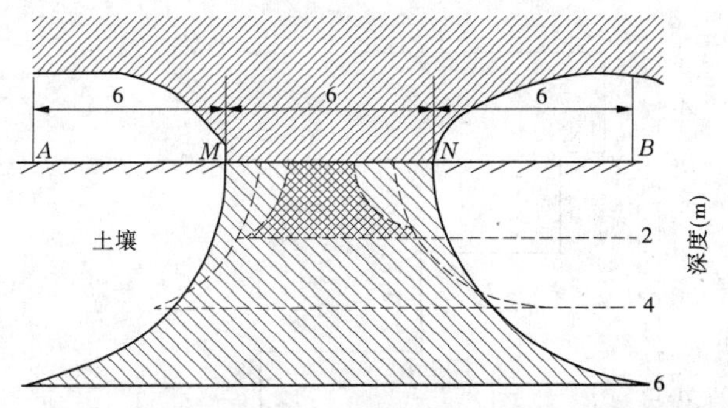

(a)随着电极距增加,土壤的体积增大，图中交叉剖面线绘制的体积为2 m电极距得到的，虚线的体积为4 m电极距得到的，全部体积为6 m电极距得到的

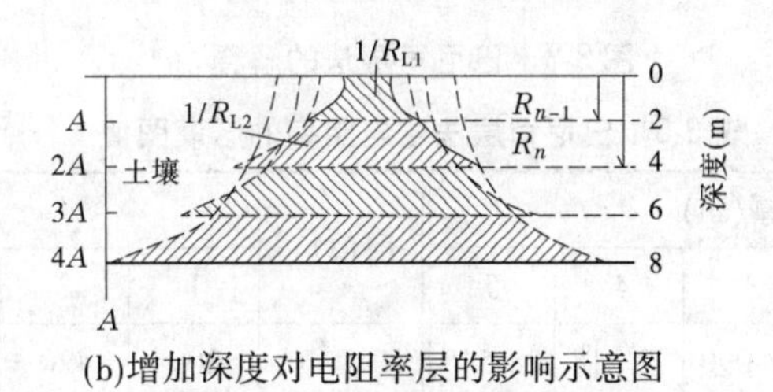

(b)增加深度对电阻率层的影响示意图

图 3-2　巴尼司层法增加深度对电阻率层的影响

通过变换温纳尔装置的视电阻率公式,可以近似给出这一附加地层的平均视电阻率值,即层电阻率 ρ_L。

温纳尔公式:

$$\rho_s = 2\pi a \frac{\Delta U}{I} \tag{3-3}$$

因为假设电极距 A 探测深度等于层厚 A_t,那么附加层电阻 R_L 相当于把电极距为 A 的装置直接加在附加层上,因此式(3-3)可改写成巴尼司层法层电阻率:

$$\rho_L = \frac{2\pi A_t}{1/R_L} = \frac{2\pi A_t}{g_L} \tag{3-4}$$

为了区别常规温纳尔装置,在巴尼司层法中称 $2\pi A_t$ 为电阻率常数,A_t 为层厚度,ρ_L 为层电阻率,R_L 为附加层电阻,$g_L=1/R_L$ 为附加层电导。

巴尼司层法的解释,首先绘制层电阻率与深度的关系曲线 $\rho_L=f(A_t)$,如图 3-3 所示。

如果相邻两个地层电阻率值几乎相同或者两者相差≤30%,应考虑电性界面重新划分,然后绘制地质—电性剖面图。

由于选择的厚度值 A_t 不一定与实际地质体相符,方块图通常被圆滑成虚线,在这基础上重新划分地质—电性界面。

为了便于解释,层电阻率的诺谟图值表(见表 3-5)中列出了 1 m、2 m、3 m、4 m、5 m 层厚连续的层电阻率数值。

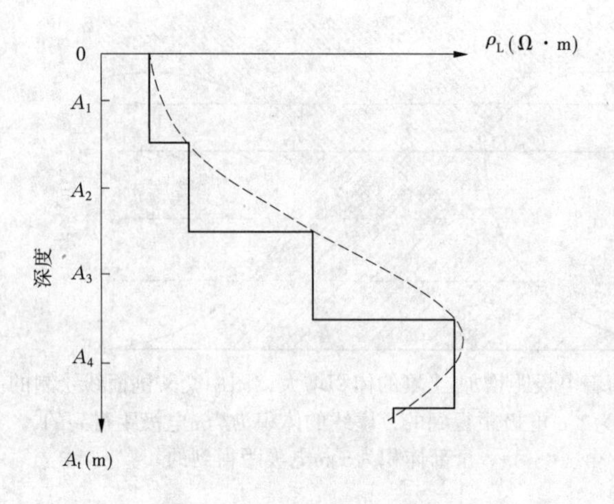

图 3-3　巴尼司层法的解释

表 3-5　巴尼司层法层电阻率的诺谟图值　　（单位：Ω · m）

层(Ω)	层厚(m)					层(Ω)	层厚(m)				
	1	2	3	4	5		1	2	3	4	5
0.001 1	5 709	11 454	17 090	22 818	28 545	0.030	209	420	627	837	1 047
0.001 2	5 233	10 500	15 666	20 916	26 166	0.031	203	406	606	809	1 012
0.001 3	4 830	9 692	14 461	19 307	24 153	0.032	196	394	588	784	981
0.001 4	4 485	9 000	13 428	17 928	22 428	0.033	190	381	569	760	951
0.001 5	4 186	8 400	12 533	16 733	20 933	0.034	185	370	552	738	923
0.001 6	3 925	7 875	11 750	15 387	19 625	0.035	179	360	537	717	897
0.001 7	3 694	7 411	11 058	14 764	18 470	0.036	174	350	522	697	872
0.001 8	3 488	7 000	10 444	13 944	17 444	0.037	170	340	508	678	848
0.001 9	3 305	6 631	9 894	13 210	16 526	0.038	165	731	494	660	826
0.002 0	3 140	6 300	9 400	12 550	15 700	0.039	161	323	482	643	805
0.002 2	2 854	5 727	8 545	11 409	14 272	0.040	157	315	470	628	785
0.002 4	2 616	5 250	7 833	10 458	13 083	0.042	150	300	450	600	750
0.002 6	2 415	4 846	7 230	9 653	12 076	0.044	143	286	427	570	713
0.002 8	2 242	4 500	6 714	8 964	11 214	0.046	137	274	408	546	682
0.003 0	2 093	4 200	6 266	8 366	10 466	0.048	131	262	392	523	654
0.003 5	1 794	3 600	5 371	7 171	8 971	0.050	126	252	376	502	628
0.004 0	1 570	3 150	4 700	6 275	7 850	0.052	121	242	361	483	606
0.004 5	1 395	2 800	4 177	5 644	6 977	0.054	116	232	348	465	581
0.005 0	1 256	2 520	3 760	5 020	6 280	0.056	112	224	336	448	560

续表 3-5

层(Ω)	层厚(m)					层(Ω)	层厚(m)				
	1	2	3	4	5		1	2	3	4	5
0.005 5	1 141	2 290	3 418	4 563	5 709	0.058	108	216	324	432	540
0.006	1 046	2 100	3 133	4 183	5 233	0.060	105	210	313	418	523
0.007	897	1 800	2 385	3 585	4 485	0.065	96.6	193	289	386	486
0.008	785	1 575	2 350	3 137	3 725	0.070	89.7	180	267	359	449
0.009	697	1 400	2 080	2 788	3 488	0.075	83.7	168	251	335	419
0.010	628	1 260	1 880	2 510	3 140	0.080	78.5	158	235	314	393
0.011	571	1 145	1 709	2 281	2 854	0.085	73.9	148	221	295	369
0.012	523	1 050	1 567	2 092	2 617	0.090	69.7	140	208	279	349
0.013	483	969	1 446	1 930	2 415	0.095	66.1	132	198	264	330
0.014	449	900	1 343	1 793	2 243	0.100	62.8	126	188	251	314
0.015	419	840	1 253	1 673	2 093	0.110	57.1	114	171	228	285
0.016	393	788	1 175	1 569	1 963	0.120	52.3	105	157	209	262
0.017	369	741	1 106	1 476	1 847	0.130	48.3	96.9	145	193	242
0.018	349	700	1 044	1 399	1 744	0.140	44.9	90.0	134	179	224
0.019	331	663	989	1 321	1 652	0.150	41.9	84.0	125	167	209
0.020	314	630	940	1 255	1 570	0.200	31.4	63.0	94.0	126	157
0.021	299	600	895	1 195	1 495	0.250	25.1	50.4	75.2	100	126
0.022	285	573	855	1 141	1 427	0.300	20.9	42.0	62.7	83.7	105
0.023	273	548	817	1 091	1 365	0.350	17.9	36.0	53.7	71.7	89.7
0.024	262	525	783	1 046	1 308	0.400	15.7	31.5	47.0	62.8	78.5
0.025	251	504	752	1 004	1 256	0.450	13.9	28.0	41.8	55.8	69.8
0.026	242	485	723	965	1 208	0.500	12.6	25.2	37.6	50.2	62.8
0.027	233	467	696	930	1 162	0.550	11.4	22.9	34.2	45.6	57.1
0.028	224	450	671	896	1 121	0.600	10.5	21.0	31.3	41.8	52.3
0.029	217	434	648	866	1 082	0.650	9.66	19.4	28.9	38.6	48.3
电阻率常数	6.28	12.6	18.8	25.1	31.4	电阻率常数	6.28	12.6	18.8	25.1	31.4

巴尼司层法的缺陷,大部分起因于地下介质严重的不均匀性引起的畸变,在解释由此产生的层电阻率时,要格外小心。

巴尼司层法和莫尔累积电阻率法可互相补充使用。通常巴尼司层法大多对地下介质变化非常敏感,当地下水溶度变化时莫尔法效果较好。可靠的钻孔或地震勘探控制数据对这些解释的相关性是必要的。

6. 二分量垂向电测深

1) 野外工作方法与技术

A. 电极排列

二分量垂向电测深装置的特点是:具有两个测量线路,其中一个顺轴线方向(轴向)布置,另一个与轴线垂交。两个测量极距相等,其中心点相重合且位于装置的轴线上,如图 3-4 所示。

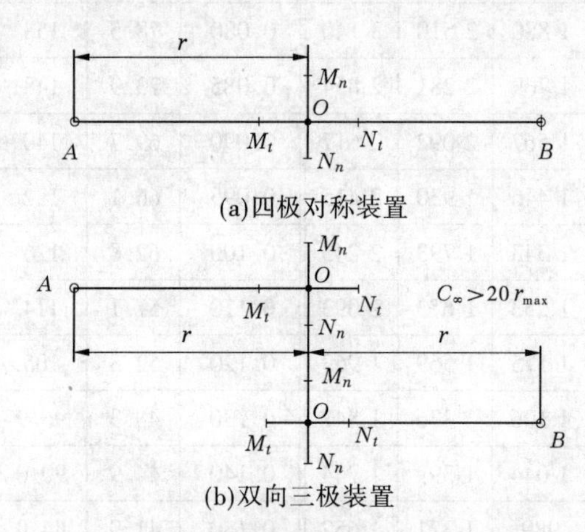

图 3-4　二分量电测深法常用装置示意图

B. 观测方法

使用二分量电测深,在每一个电极距上都记录电流强度 I 轴向测量电极上的电位差 ΔU_t 和垂向测量电极上的电位差 ΔU_n 及符号,并计算 ρ_s 值和 $\Delta U_n / \Delta U_t$ 比值。

垂直方向的电位差 ΔU_n 的符号,对于成果解释具有原则意义,因此在整个探测过程中其相互位置应固定不变。定量解释方法规定从"右"侧配置电极,即轴向测量线路的电极 M_t 应靠近接在电池正极上的供电电极 A 布置,而垂直测量线路电极 M_n 布置在右侧(面向电极 A 方向)。如果由于某些原因需要采用"左"侧配置(即电极 M_n 和 N_n 对换位置),则必须改 ΔU_n 的符号为相反。根据方位电位差符号的上述规定,二分量电测深法只能使用直流电。

在多数情况下,$\Delta U_t / I$ 值的符号为正号,而 $\Delta U_n / I$ 为可变符号。

每个点探测结果绘成 ρ_s 曲线和 $\Delta U_n / \Delta U_t$ 曲线。ρ_s 曲线绘在双对数坐标纸上,$\Delta U_n / \Delta U_t$ 曲线绘在单对数坐标纸上(纵坐标用算术比例尺)如图 3-5 所示。

2) 资料解释

A. 二分量对称四极电测深的解释

二分量对称垂向电测深的解释分两阶段进行:

(1)第一阶段,是根据 ρ_s 曲线和 $\Delta U_n / \Delta U_t$ 曲线的形态将其分成三组:

①第一组,包括在所有供电电极和接地电极距上 $\Delta U_n / \Delta U_t$ 为零或接近零的无陡倾界

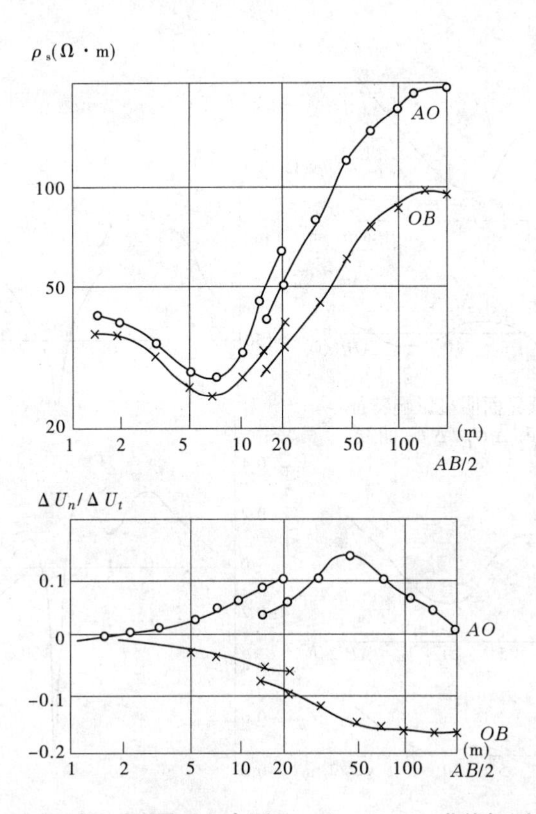

图3-5　双向三极二分量垂向电测深 ρ_s 和 $\Delta U_n/\Delta U_t$ 曲线探测成果示意图

面明显影响的二分量电测 ρ_s 曲线（见图3-6(a)）。

②第二组，在最大（最终）供电电极距上 $\Delta U_n/\Delta U_t$ 曲线伴有畸变的但异常不大的二分量测深曲线（见图3-6(b)）。

当测深点位于倾斜——层状（各向异性）介质上，或者在距测点相当远的地方有陡倾斜接触界面时，就形成这种形状的 ρ_s 曲线和 $\Delta U_n/\Delta U_t$ 曲线。

③第三组，ρ_s 曲线畸变严重，脱节大（见图3-6(c)）在相应的 $\Delta U_n/\Delta U_t$ 曲线有明显的独特的异常。

对二分量对称垂向电测深各组曲线，作定性分析，可以确定：断面上水平的和缓倾角岩层的大致层数如图3-6所示，ρ_s 曲线为四层 *KH* 曲线；陡倾界面的数量和位置，以及测深点到界面出露地表的距离和界面的埋深；陡倾界面相对于装置轴线的近似走向，在探测岩体中有无各向异性层。

(2)第二阶段，对列入第一组和第二组的曲线进行定量解释。解释方法同四极对称电测深，但应注意，依第二组曲线最后一层电阻率确定的埋藏深度的误差会增大。

在解释第二组电测深曲线时，所确定的分界面的埋藏深度，实际上等于从测深点向分界面引的垂线长（见图3-7）。

第三组二分量对称垂向电测深 ρ_s 曲线和 $\Delta U_n/\Delta U_t$ 曲线，不能进行定量解释。

B. 双向三极二分量电测深曲线的解释

二分量双向三极电测深曲线解释，分为定性解释和定量两个阶段。

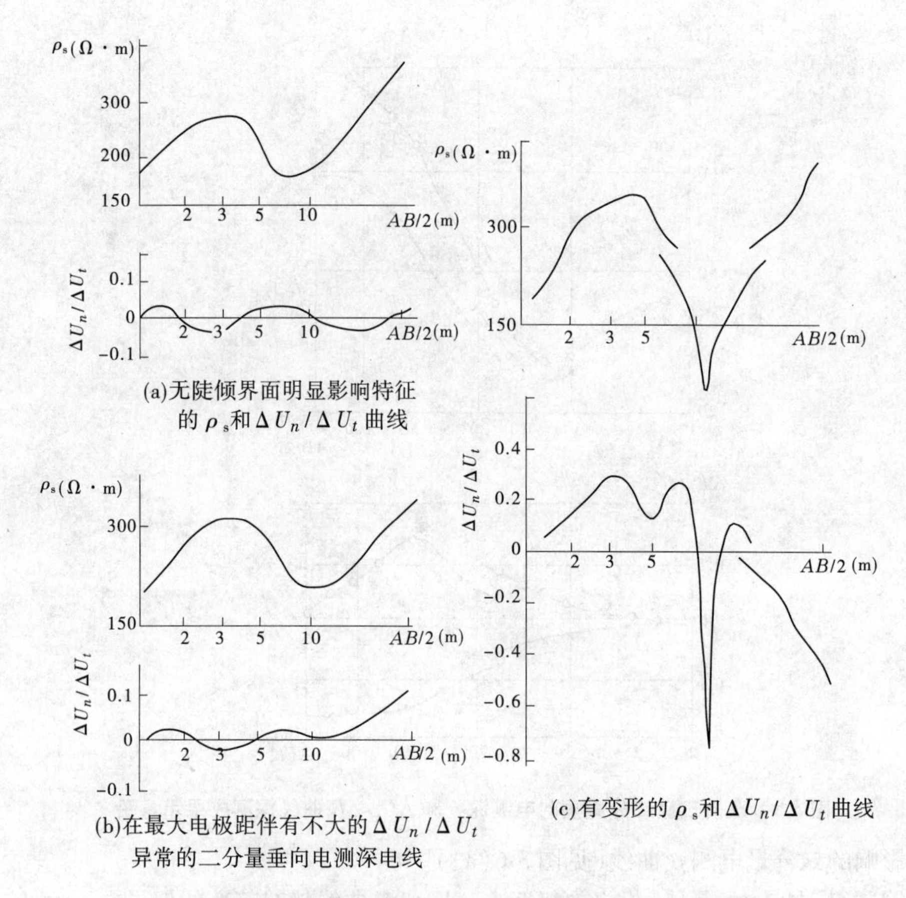

(a)无陡倾界面明显影响特征的 ρ_s 和 $\Delta U_n / \Delta U_t$ 曲线

(b)在最大电极距伴有不大的 $\Delta U_n / \Delta U_t$ 异常的二分量垂向电测深电线

(c)有变形的 ρ_s 和 $\Delta U_n / \Delta U_t$ 曲线

图 3-6　二分量对称垂向电测深 ρ_s 和 $\Delta U_n/\Delta U_t$ 典型曲线

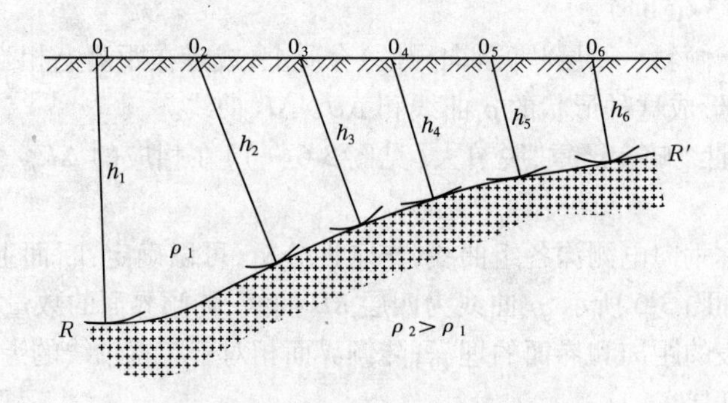

图 3-7　倾斜界面垂直电测深曲线的解释

定性解释的目的是逐步解决下列问题：

根据电测深 ρ_s 曲线和 $\Delta U_n/\Delta U_t$ 曲线上的综合异常，确定探测体的结构，并划出平缓和陡倾界面；判断并确定测深点相对浮土下倾界面露头的位置，并近似估算其距离。

可以选用水平层状或倾斜层状介质量板和诺谟图作定量解释的 ρ_s 曲线和 $\Delta U_n/\Delta U_t$ 曲线作定性分析，并在曲线上确定特征点的位置，定性解释成果可以单独使用。因此，最好把 ρ_s 曲线和 $\Delta U_n/\Delta U_t$ 曲线做成沿供电电极距方向的地电断面和沿倾斜地电界面走向的平面图的形式(见图3-8)。

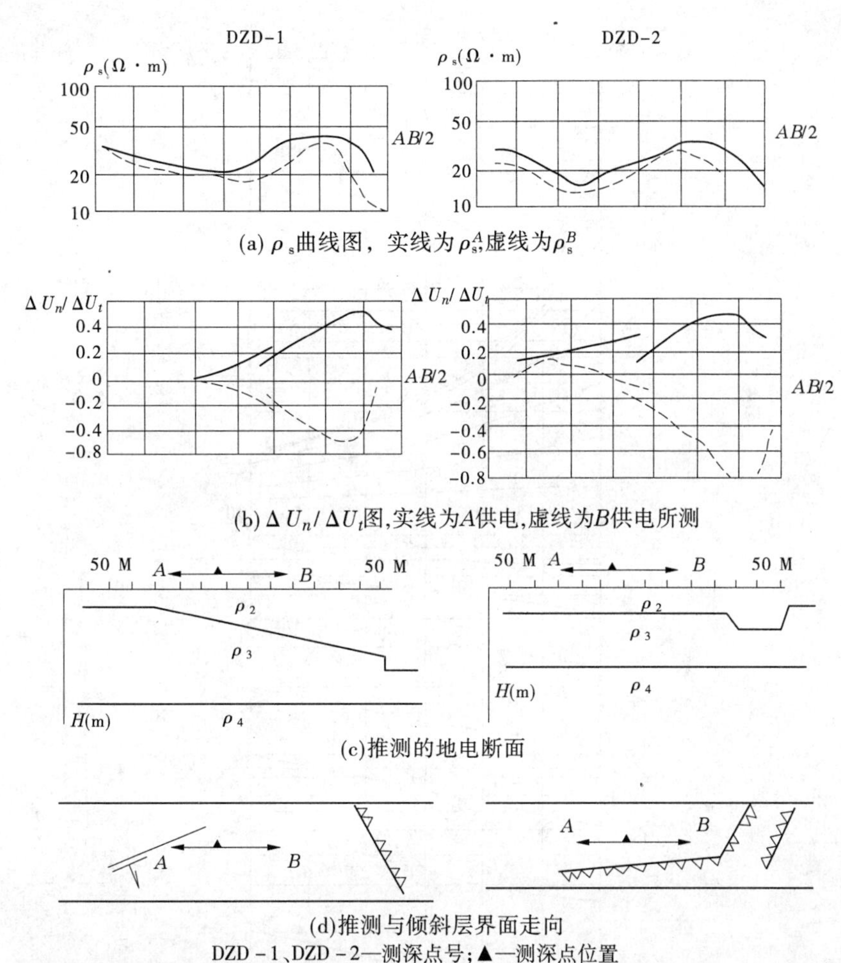

(a) ρ_s曲线图，实线为ρ_s^A,虚线为ρ_s^B

(b) $\Delta U_n/\Delta U_t$图,实线为A供电,虚线为B供电所测

(c)推测的地电断面

(d)推测与倾斜层界面走向

DZD-1、DZD-2—测深点号;▲—测深点位置

图3-8　二分量双向三极垂向电测深ρ_s曲线和$\Delta U_n/\Delta U_t$实际曲线及其定性解释示例

双向三极二分量电测深曲线可以看成由一个联合测深和一个微分测深装置组合而成。因此,双向三极二分量电测深的解释,可以利用熟悉的理论来分析,并考虑二分量$\Delta U_n/\Delta U_t$曲线对分析三极测深装置在排列展开过程中旁侧影响的原因。

(1)当在均匀各向同性半导电空间状况下,双向三极的左、右两支的电测深曲线ρ_{st}^A和ρ_{st}^B是一样的。并且和四极对称曲线ρ_{st}^{AB}也是一样的,此时$\Delta U_n/\Delta U_t=0$。

(2)ρ_{st}^A、ρ_{st}^B和ρ_{st}^{AB}曲线形状相同,这一现象也可能在当装置排列平行于接触界面时见到。但这时,ρ_{st}^A和ρ_{st}^B的数值因受到接触介质的影响比图3-8(a)的曲线数值有所增大或减小,这取决于$\frac{AB}{2D}$的大小和接触介质的电阻率(D为测点到接触面的距离)及接触面倾角。同时$\Delta U_n/\Delta U_t\neq0$,$\frac{\Delta U_n^A}{\Delta U_t^A}$和$\frac{\Delta U_n^B}{\Delta U_t^B}$曲线向反方向离开0线。

图3-9是显示分界面埋藏角度(α)不同时,对于不同$\mu_2=\frac{\rho_2}{\rho_1}$值对应的$\frac{\rho_{st}}{\rho_1}=f(\alpha)$曲

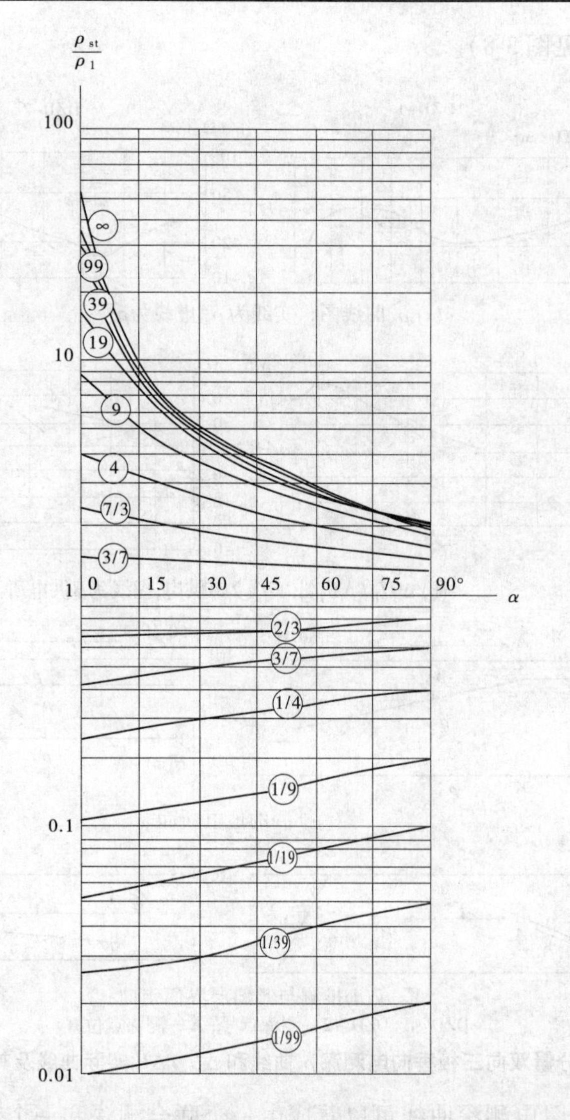

图 3-9　对于不同 μ_2 值(圈内指出)对应的 $\frac{\rho_{st}}{\rho_1}=f(\alpha)$ 函数的曲线

线。从图上可以看出,甚至在岩石的倾角相对不大($\alpha\approx20°$),在 $AB/2$(或 AO、OB)增大时,ρ_{st} 的渐近线不像水平成层趋近于 ρ_2 而是取决于 μ_2 和 α 值。

当 $\mu_2>1$ 时,随着 α 的增大,渐近值急剧下降,μ_2 越大 ρ_{st} 渐近值越偏离 ρ_2;当 $\mu_2<1$ 时,随着 α 的减小,ρ_{st} 平缓地趋近于 ρ_2。

当已知 α 值时,可以按 $\frac{\rho_{st}}{\rho_1}$ 来推算 ρ_2 值。反之,在已知 ρ_2 值时也可以按 ρ_{st} 渐近值来估算岩层倾角 α。

图 3-10 绘制了当直线 AB 平行于竖立岩石接触面时,一组 $\frac{\rho_2}{\rho_1}$ 值下所计算出来的曲线簇 $\frac{\rho_{st}}{\rho_1}=f(\frac{AB}{2D})$。从图上看到随着 $\frac{AB}{2D}$ 的变化,ρ_s 曲线好像一个水平二层曲线,在解释这种

曲线时，可能得出在所探测的断面上有高的或低的电阻被掩盖地层存在的不确切的结论。然而在 $\frac{\Delta U_n^A}{\Delta U_t^A}$ 和 $\frac{\Delta U_n^B}{\Delta U_t^B}$ 曲线上，它们向反方向离开 0 线，到 $\frac{AB}{2D}$ 一定后，两者又会向 0 线靠拢，极点和 D 相关，它们论证了界面的存在。

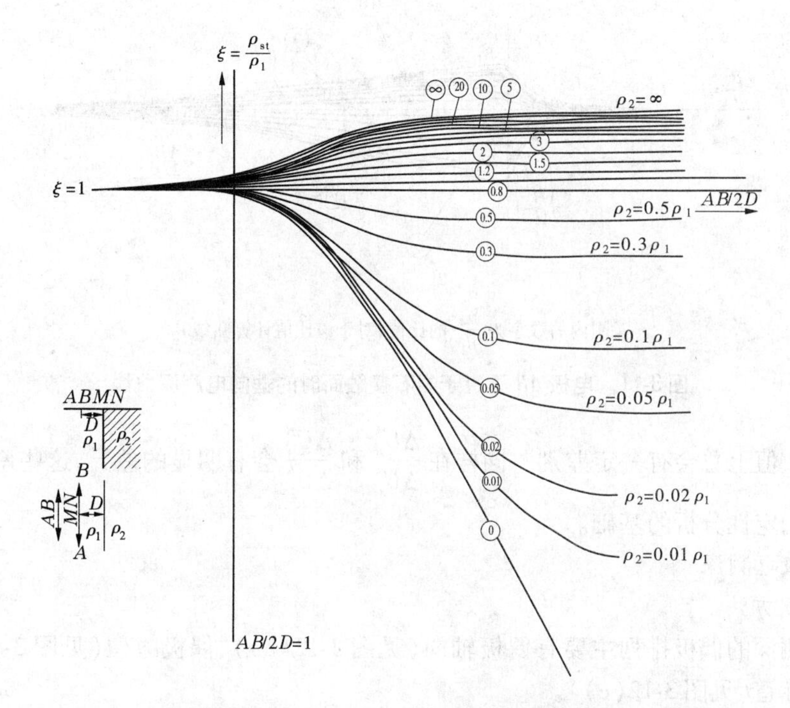

（圈内的数字为 ρ_2/ρ_1 的比值，对于该比值计算曲线）

图 3-10　在电极 AB 平行于不同电阻率的岩石接触面时的垂向电测深曲线

(3)当 AB 线的分布垂直于二介质的接触面时，在 $\rho_2>\rho_1$ 时，一供电接地（例如 B）越接近接触面，在垂直电测深的曲线上就看到视电阻的升高（见图 3-11）。视电阻的升高一直持续到接地 B 穿过接触面。而后，视电阻将减小。

由于高电阻层电流屏蔽作用而引起的视电阻升高后又降低的现象，可能不正确地解释为断面上有厚度不大的高电阻层，而实际上，厚度不大的高电阻层并不存在。

在这种情况下双向三极二分量测量就可以做出明确的判别。

当远距竖立面一侧的供电接地极 A 随着 AO 距离的增大时，界面的影响（ρ_s 介质对 A 极电流的吸引或排斥）愈来愈小，ρ_{st}^A 曲线反映为一条略微下倾（$\rho_2<\rho_1$）或上升（$\rho_2>\rho_1$）、$\rho_{st}^A\approx\rho_1$ 的直线，$\frac{\Delta U_n^A}{\Delta U_t^A}$ 几乎为零的直线；而近界面的供电接地极 B 且随着 B 极接近而逐渐升高（$\rho_2>\rho_1$）或降低（$\rho_2<\rho_1$），当 B 极至界面处时 ρ_{st}^B 极大（$\rho_2>\rho_1$）或极小（$\rho_2<\rho_1$），随后 OB 继续增大，ρ_{st}^B 表现为 $\frac{2\rho_1\rho_2}{\rho_1+\rho_2}$ 向 ρ_1 值逐渐趋近。在理论条件下 ΔU_n^B 仍接近于 0。

(4)在野外工作中，AB 电极布极方向总会和界面走向有一定的夹角，因此 ρ_{st}^A 和 ρ_{st}^B 在

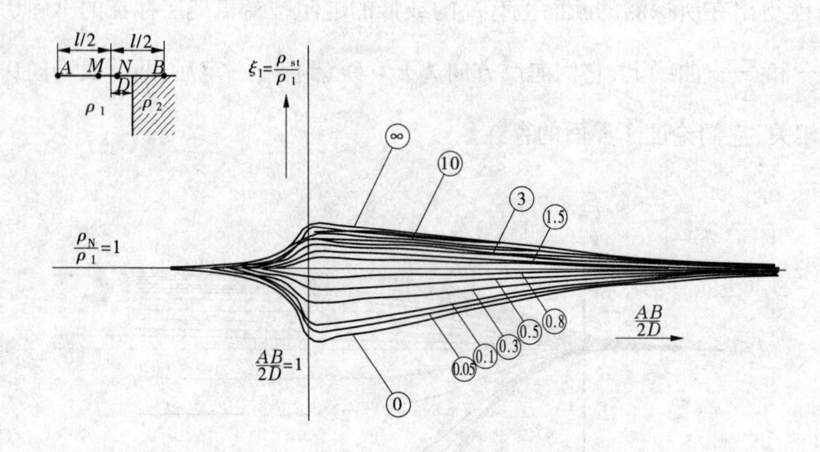

（圈内的数字为 $\frac{\rho_2}{\rho_1}$ 的比值，对于该比值计算曲线）

图 3-11　电极 AB 垂直于岩石接触面时的垂向电测深曲线

形状上和数值上总会有一定差别。同样在 $\frac{\Delta U_n^A}{\Delta U_t^A}$ 和 $\frac{\Delta U_n^B}{\Delta U_t^B}$ 会有明显的差异，这些差异的特征就构成我们定性分析的基础。

7. 偶极电测深

1）观测方法

用于测深的偶极排列主要有偶极轴向（见图 3-12(a)）、偶极方位（见图 3-12(b)）和双侧偶极赤道（见图 3-12(c)）。

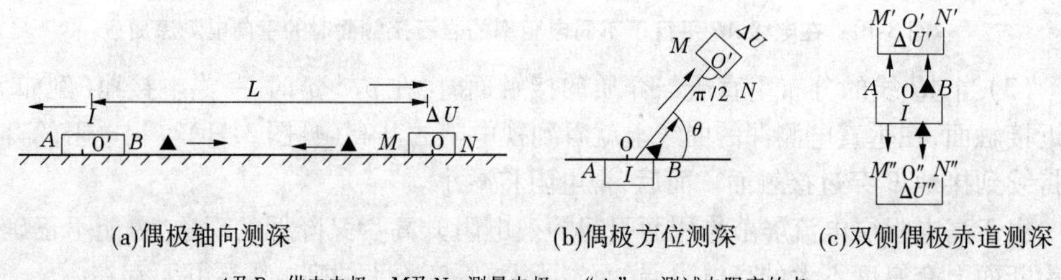

(a)偶极轴向测深　　(b)偶极方位测深　　(c)双侧偶极赤道测深

A及B—供电电极；M及N—测量电极；“▲”—测试电阻率的点

图 3-12　常用的偶极测深装置

偶极测深时，电流偶极子保持在原来位置上，电位偶极子沿着 OO'方向同步移动一个又一个距离，直到 OO'距离达到勘探的目的。

OO'的距离按几何级数增加（见表 3-6），测量视电阻率时电流偶极子和电位偶极子之间的距离也要增加。在短距离时 $MN=AB=OO'/5$，OO'距离较大时 $AB>\frac{OO'}{5}$，$MN<\frac{OO'}{5}$，野外工作时可先按 $\rho_s=f(OO')$ 函数关系记录。

表3-6　偶极测深电极距

距离(m)			装置系数 K		
OO'	AB	MN	偶极轴向	偶极方位	双侧偶极赤道
1.5	0.3	0.3	113		248
2.5	0.5	0.5	188		408
4.0	0.8	0.8	302		648
6.0	1.2	1.2	452		968
10	2.0	2.0	754		1 620
15	3.0	3.0	1 130		2 430
25	5.0	5.0	1 880		4 840
40	8.0	8.0	3 020		6 410
60	12	12	4 520		9 200
100	20	20	7 540		16 200
150	30	30	11 300		25 300
250	50	50	18 400		40 400
400	80	80	60 200		64 700
700	200	100	51 100		20 400
1 000	500	200	26 900		30 100

偶极轴向：　$K=\dfrac{2\pi\,\overline{AM}\cdot\overline{AN}\cdot\overline{BM}\cdot\overline{BN}}{MN(\overline{AM}\cdot\overline{AN}-\overline{BM}\cdot\overline{BN})}$　$(\theta=0°,\gamma=0°)$

双侧偶极赤道：　$K=\dfrac{\pi\,\overline{AM}\cdot\overline{AN}}{\overline{AN}-\overline{AM}}$　$(\theta=90°,\gamma=90°)$

偶极方位：　$K=\dfrac{2\pi}{\left(\dfrac{1}{r_{AM}}-\dfrac{1}{r_{AN}}-\dfrac{1}{r_{BM}}-\dfrac{1}{r_{BN}}\right)}$　$(\theta=0\sim90°,\gamma=90°)$

2)偶极测深与四极对称或三极测深结果之间的关系

(1)在建立偶极测深(包括偶极剖面)的时候,通过比较,在水平成层条件下与方位观测无关。方位偶极装置的电测深曲线和普通电测深曲线一样。

(2)关于探测深度,偶极测深与普通测深之间的关系,当在基底电阻率为无限大的曲线作为上限进行比较时,对于各种偶极测深,OO'距与普通电测深电极距 AB 的关系为

$$OO'=\begin{cases}AB\text{(对于辐射装置)}\\ AB/2\text{(对于方位装置)}\quad(\text{当}\ \theta=90°,AB\ \text{赤道})\\ \dfrac{3\cos^2\theta-1}{\cos2\theta}AB\text{(对于平行装置)}\quad(\text{当}\ \theta=0,2AB\ \text{轴式})\\ 3AB/4\text{(对于垂直装置)}\end{cases}$$

(3)关于偶极测深的记录点,不像普通电测深记录点一般固定在 MN 的中点。偶极测深记录点位置的不固定性和水平向的介质不均匀性所引起的畸变曾限制了偶极测深法的应用。然而记录点不固定实际上各种测深装置都是存在的,观测视电阻率值 ρ_s 的结果应属于哪一点的问题,只有相对的意义;因为此数值并不反映空间某一点的特性,而是介质各参数的函数。在理论上并没有必要把 ρ_s 值算作一点,特别在电测深绘制水平层状理论量板时,都假定沿任何水平方向电阻率是不变的,这时将测量的结果看作地表上任何一点都没有什么区别。

在某些场合下,记录点的选择才有实际意义:

(1)在倾斜界面时,偶极装置在单向增距时,由于装置的中心点向偶极子移动的方向移动,即记录点和装置的中心一起移动。

(2)在进行电剖面工作时,剖面曲线相对于距离尺度的位置,取决于记录点的选择。当记录点选择得合适时,能够将曲线的形态与地质剖面特性一目了然地对应。

3)偶极测深法的优缺点

偶极测深法的优点如下:

(1)偶极装置便于实现多方向的电测深,以表明垂直断面及其沿各方位的变化特性。例如,双向偶极轴向(或赤道)电测深,在一个观测点上得到三个点的深度。

(2)偶极装置有可能得到差异性更强的电测深曲线,即增加了此方法对确定地电剖面的“分辨率”。按偶极电测深曲线的差异程度来分,辐射装置最大,平行装置较小而方位装置最小。

(3)偶极装置有可能更完善地确定断面对电场的影响。电流偶极子和测量偶极子的相互配置不仅取决于偶极之间的距离,而且取决于两个偶极轴之间的角度。

(4)偶极装置有可能适应于地形情况。在不同偶极距上将移动的偶极子布置在不同的方位上(相对于它的固定偶极子部分),同时由于偶极子本身长度较短(和普通电测深比较),因而使它超越出水平向均匀性的地段的可能性减少。

(5)由于电流偶极和电位偶极两者线路是分离的,特别是现在的技术水平条件下,可实现供电电流和电位差分机同步跟踪测量。它不仅大大地缩短了导线长度,而且可以防止由于供电电压的增大而引起一系列的漏电及安全问题。

偶极测深法的缺点如下:

(1)偶极子的场较点电极的场更为复杂,偶极装置对于介质水平方向不均匀性是非常灵敏的,因此野外电测深曲线受到介质不均匀的影响而产生的畸变较普通电测深表现得更为强烈。

(2)偶极子的场的观测结果,取决于电位偶极子的轴的方向,因此在确定该方向时的某些不精确将导致很大的误差。同时为了保持装置的一致性,相比普通电测深,它要求更精确的测量工作。

(3)除偶极方位装置外,关于是否可能将普通电测深曲线的推断方法变化为适合于偶极电测深的问题也还不够明确,还需要专门的偶极量板和解释方法。

(4)偶极子间距离的增大,观察到的电位差的下降,要比 $AMNB$ 装置电极距增大时快得多,为此,要增大电流强度,从而增加了电源设备。另外,如果没有现代的仪器,而仍然要把测量电流和电位差在同一仪器进行，这样供电导线的减少这一优点也不存在了。

(5)测量介质视电阻率记录点的不固定性，有可能降低方法准确性的评价。

8. 其他装置的电测深

1)二极电位测深

二极电位测深装置如图 3-13 所示。

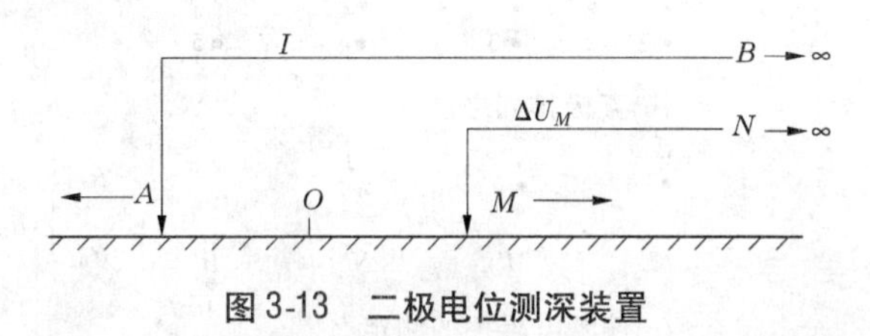

图 3-13　二极电位测深装置

二极电位测深时，供电电极 A 和测量电极 M 以反方向逐渐增大并保持和中点具有相等的距离 $AO=OM$。测量结果以 $\rho_s=f(\overline{AM})$ 绘制在双对数透明纸上。

二极电位测深考虑到需要二条无穷远的电线，故通常应用在埋藏不深，而需详细了解地层结构的地区。

二极电位测深和其他方法的比较具有较大的探测深度(见图 3-14)。二极电位测深第二个优点是：依据数字线性过滤的原理计算二极电位测深曲线，二极系统的基本特性能被应用于计算温纳尔、施伦贝尔或偶极电测深曲线。

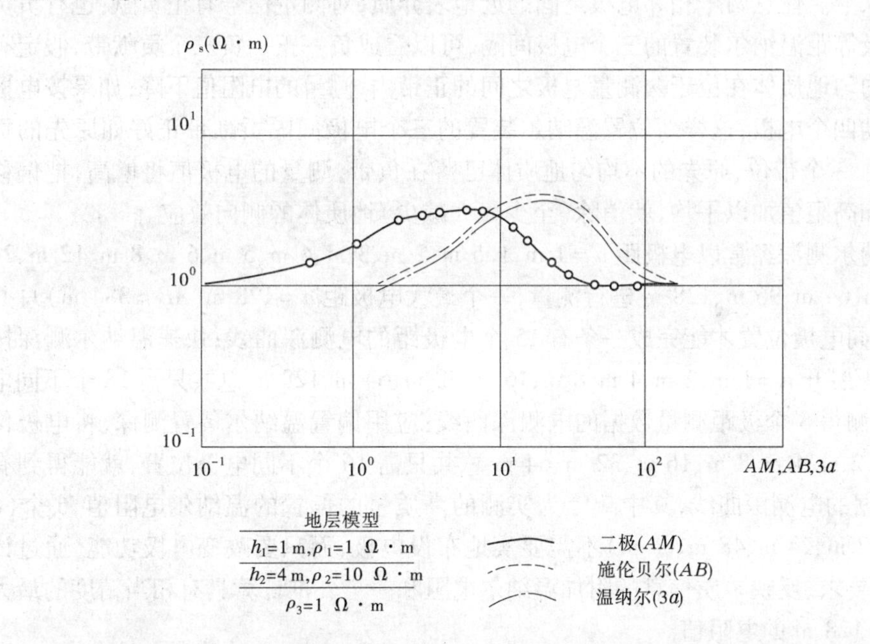

图 3-14　在 3 层模型上的二极标准曲线和温纳尔、施伦贝尔曲线直观比较

2)偏置温纳尔测深

偏置温纳尔装置必须使用五极等距排列，实际上是二个温纳尔装置组合，两者偏置了一个电极距位置。工作时分别测量每个温纳尔电阻 R_{01}、R_{02}，其平均值 $(R_{01}+R_{02})/2=R_D$，R_D 为偏置温纳尔装置电阻，中心电极为测量记录点(见图 3-15)。

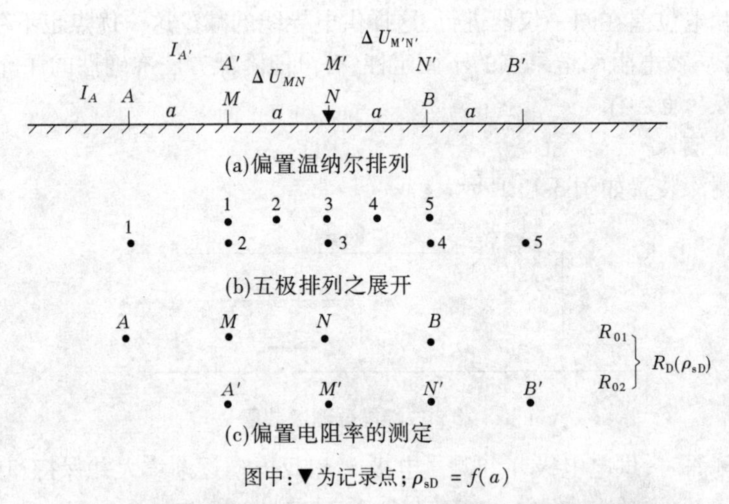

图3-15　偏置温纳尔五极排列的测深布置与测量示意图

偏置温纳尔装置可以方便、有效地评估和消除由局部地表侧向电阻率变化引起的"侧向效应",这些侧向效应会严重歪曲电测深曲线。偏置温纳尔装置另一个特点是可以实现有质量保证的快速温纳尔测深。

偏置温纳尔装置理论建立在均匀大地中,各体积单元物质对两个测量电极测得总位差的相对贡献上。任意两个相邻电极之间的近地表介质,对测量信号有正贡献,也有负贡献。对于四极等距温纳尔装置的三个电极间隔,可以看成负—正—负三个贡献带,假定有一低阻的不均匀地质体在位于两测量电极之间的正带内,测量的电阻值下降;如果按电极距 a 同时移动四个电极,这样新位置温纳尔装置的三个电极间隔贡献带正好如原先的贡献带"偏置"了一个带位,原先的不均匀地质体已落在负带,测量的电极值将增高,把偏移正常的低阻和高阻值加以平均,就消除(至少大大减少)地质体的侧向效应。

通常温纳尔测深经常以电极距 a=1 m、1.5 m、2 m、3 m、4 m、5 m、6 m、8 m、12 m、24 m、32 m、48 m、64 m、96 m、128 m 进行测量,一个最大电极距 a=128 m(AB=384 m)总共需要 48 个不同电极位置才能完成一条有 15 个电极距的电测深曲线;快速温纳尔测深按 2^n 进行电极距展开 a=1 m、2 m、4 m、8 m、16 m、32 m、64 m、128 m 总共只需 18 个不同电极位置,但仅测得 8 个极距测量数据的电测深曲线;应用偏置温纳尔装置测深,将电极位置按 a=1 m、2 m、4 m、8 m、16 m、32 m、64 m 总共只需 16 个不同电极位置,就能得到有 15 个极距数据的电测深曲线,其中 7 个为实测的高质量的偏置的温纳尔电阻值,6 个(a=3 m、6 m、12 m、24 m、48 m、64 m)不需要实地布设电极,而只要改变电极功能,通过计算,符合质量要求、反映本质信息的附加温纳尔电阻和一个外推计算具有相当精度的最大电极距 a_{max}=128 m 的电阻值。

偏置温纳尔装置的数据采集,可以应用现成的高密度电法仪器装置进行适当的改造而完成。

3)十字与环形电测深

在同一个测点上,按垂直相交布设电极装置进行二次电测深方法称十字测深;环形电测深则对同一个测点进行四次电测深观测,每一次测深电极的排列方向相对上一次移动

45°,观测结果 $\rho_s = f(AB/2)$ 应注明布极方向。

十字测深和环形测深主要用来了解岩土体的不均匀性,测点可布置在各向异性岩土体中心区,也可布设在接触界面附近或按电剖面资料来确定。有时为了详查,采用双向三极或双向二分量测深装置。

图 3-16 为某一测点的环形电测深图,选择有代表性的 $\rho_s(AB/2)$ 按比例绘制多个环形图,通常环形图为椭圆形,偶而也有圆形。

在覆土不厚且又均匀的情况下,椭圆的长轴方向为各向异性岩层的走向,按长短轴之比可计算各向异性系数 λ。在垂直裂隙发育的岩体中,长轴可用来确定裂隙发育的主导方向和随深度的变化。

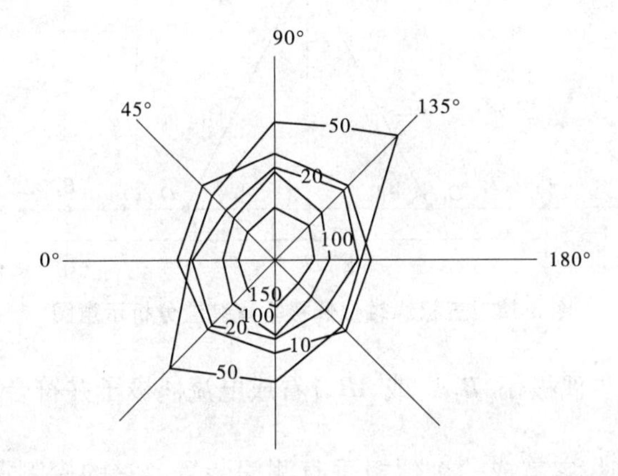

图 3-16　按电极距 $AB/2$ = 10 m、20 m、50 m、100 m、150 m 绘制的极向图

4)五极纵轴测深

A. 五极纵轴测深的特点

五极纵轴测深的装置形式如图 3-17 所示。

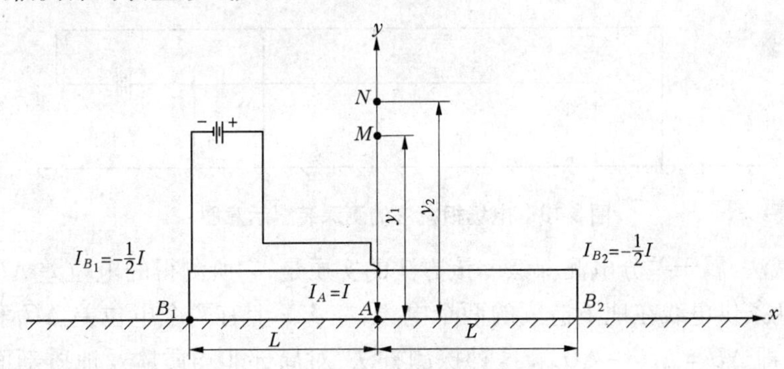

注:①$B_1A = B_2A = L$,L 应大于探测深度 2 ~ 3 倍;② $MN = L/30 \sim L/40$;③ $I_{B_1} = I_{B_2} = -I/2$;

④ $K = \dfrac{2\pi}{\dfrac{1}{y_1} - \dfrac{1}{y_2} - \dfrac{1}{\sqrt{L^2 + y_1^2}} + \dfrac{1}{\sqrt{L^2 + y_2^2}}}$

图 3-17　五极纵轴测深的装置形式

五极纵轴测深装置是一种很有特色的观测方式。它以地面测深点 A 为原点设置直角坐标系，供电电极 A 处的供电电流为 I，其两侧供电电极 B_1 和 B_2 处的电流为 $-I/2$。测量电极 MN 沿 y 轴逐点观测，观测结果 $\rho_s = f(\frac{y_1 + y_2}{2})$ 绘制在笛卡儿坐标图上，解释直观。

B. 五极纵轴测深法的实质分析

(1)五极纵轴似一种偶极垂直测深装置，如图 3-18 所示。

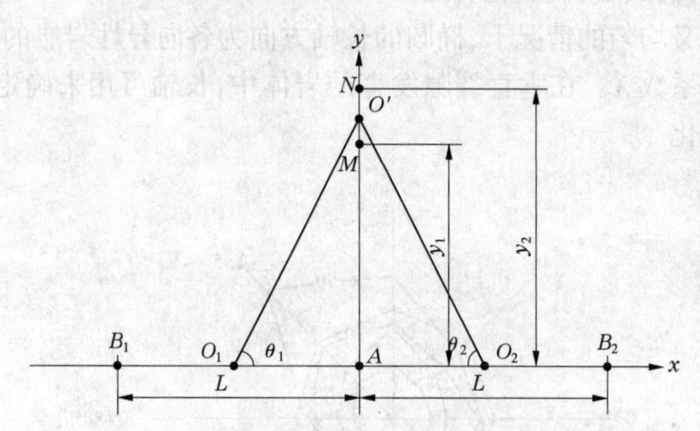

图 3-18　五极纵轴似偶极垂直装置分析示意图

当把 MN 看成电位偶极子，B_1A(或 AB_2)看成电流偶极子并符合 $\theta_1 = \tan^{-1}(\frac{y_1 + y_2}{2}/\frac{L}{2})$ 和 $\theta_2 = 180° - \theta_1$ 时，它就成一个偶极垂直测深装置。它的探测深度取决于 O_1O'(或 O_2O')。由于 B_1A 和 AB_2 电流偶极子是反向的，它们两者的合成电场与 A 电源的电场是反向的。

(2)五极纵轴似一种电场相减法的测深装置如图 3-19 所示。

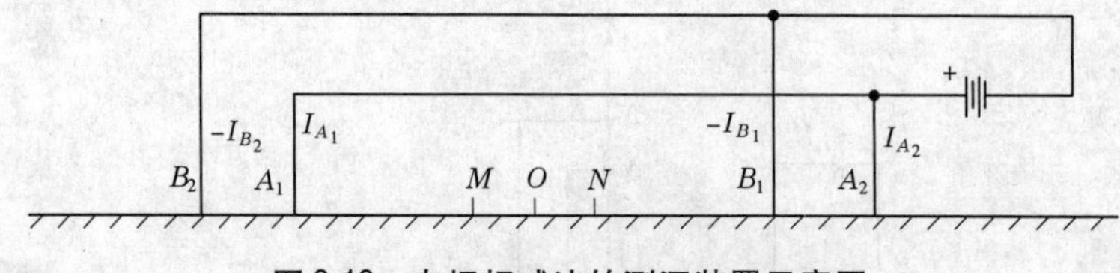

图 3-19　电场相减法的测深装置示意图

电场相减法，属于差分电测深法。该方法的实质是，它所测得的电位差 ΔU 乃是电流方向相反的两条供电线在地下造成的两个电场，在 MN 上有两个电位差 ΔU_1 和 ΔU_2 叠加所得的结果，即 $\Delta U = \Delta U_1 - \Delta U_2$。这种探测方法，对局部非均质体及地质剖面上薄夹层有较高的灵敏性。

五极纵轴测深装置同样具有电场相减差分法的属性，现以 xy 平面上的电场分布进行分析说明(见图 3-20)。

供电电极 A 对 M 点造成的电场强度：

$$E_M^A = \frac{I\rho}{2\pi y_1^2} \quad (\text{沿 } y \text{ 轴方向}) \tag{3-5}$$

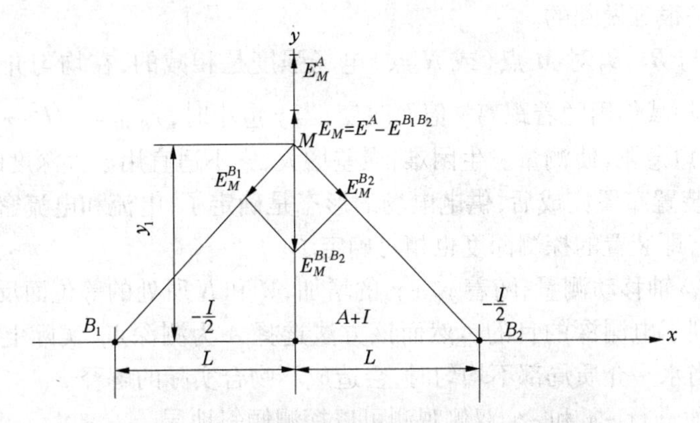

图 3-20　五极纵轴测深 M 点电场相减示图

供电电极 B_1（或 B_2）对 M 点造成的电场强度：

$$E_M^{B_1}=-\frac{I\rho}{4\pi\sqrt{L^2+y_1^2}}\quad（沿 B_1M 连线方向）\tag{3-6}$$

$$E_M^{B_2}=-\frac{I\rho}{4\pi\sqrt{L^2+y_1^2}}\quad（沿 B_2M 连线方向）\tag{3-7}$$

供电电极 B_1 和 B_2 共同对 M 点造成的电场强度：

$$E_M^{B_1B_2}=E_M^{B_1}+E_M^{B_2}\quad（沿 y 轴方向，和 E_M^A 相反）\tag{3-8}$$

A_1、B_1、B_2 三电源对 M 点造成的电场强度：

$$E_M=E_M^A+E_M^{B_1B_2}\quad（沿 y 轴方向）\tag{3-9}$$

同理可以求得：

$$E_N=E_N^A+E_N^{B_1B_2}\quad（沿 y 轴方向）\tag{3-10}$$

由此可得：

$$\Delta U_{MN}=\Delta U_{MN}^A-(\Delta U_{MN}^{B_1}+\Delta U_{MN}^{B_2})\quad（沿 y 轴方向）\tag{3-11}$$

(3) 五极纵轴似一种 $B\neq\infty$，而 B 为有限值的三极测深装置，或三极 A 固定、MN 移动的测深装置。

如果五极纵轴测深装置 $L\to\infty$，则可以看成是一个 $AMN—B\to\infty$ 的三极测深装置，按五极纵轴观测方法规定那就是一种 A 固定、MN 移动的测深装置，这是不言而喻的，但这已失去五极纵轴测深装置本身存在的意义。

以上三种装置在均匀各向同性半导电空间条件下，测量的结果 $\rho_s=\rho$，在水平成层半导电空间测量的结果在四极对称电测深中已经阐明，而且在这两种理论情况下，ρ_s 观测记录点选择没有实质性的要求，选 A 或 MN 中点都一样。五极纵轴测深也具有同样的属性。

C. 五极纵轴测深特色分析

五极纵轴电测深可以看成一个 B 极不等于无穷大，而是由勘探深度要求选择 L 间距的电场差分式的电测深装置。它具有下列特点：

(1) 装置几何形态的对称性是显而易见的，其次 A 和 B_1、B_2 三电源电场形态对 y 轴是对称的，而且有 B_1 和 B_2 对 M 点或 N 点的电场强度也是对称的，电位值两者相等。

然而这种对称性是在严格要求 $B_1A=B_2A$、$I_{B_1}=I_{B_2}$ 的前提下才能实现，在实际野外工作条件下,有时是很难做到的。

(2)电源 A 与 B_1、B_2 对 M 点(或 N 点)电场强度是相减的,在均匀介质中的相位差 180°。这种电场相减作用随着距离 y 值而改变,当 y 愈小时,$r_{B_1M}=\sqrt{L^2+y_1^2}\approx L$ 影响愈大,则 ΔU_{MN} 减少愈急剧,使测量发生困难,误差增大,它不适宜用于大深度的探测。

(3)当一个装置布置完成后,供电电场的形态是确定了,电流和电流密度在地下分布规律也就确定了,即装置的探测深度也相对确定了。

当 MN 沿着 y 轴移动测量,随着 y_1+y_2 的增加,M 和 N 所处的等位面反映了深部介质的特性,因此达到了电测深的目的。然而该方法选择 A 为测深点,实际上这种方法的记录点是变化的,当水平介质局部不均匀时,会造成不吻合实际的解释。

(4)当在地面进行 $+y$ 和 $-y$ 双侧观测可以探测倾斜地层。

3.1.1.3　电剖面法

1. 概论

电剖面法的装置种类很多(见表 3-7、表 3-8),多用来查明和追索非水平的地电界面,圈定和评价局部非均质体。

表 3-7　电剖面法的测量装置(x 轴测量)

装置名称	电极排列的几何形状	装置系数 K	测量结果函数表达
四极对称电剖面	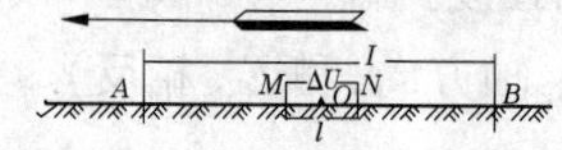	$K=\pi\dfrac{\overline{AM}\cdot\overline{AN}}{\overline{MN}}$	$\rho_s=f(x)$
复合四极对称电剖面(同一个测量 MN)	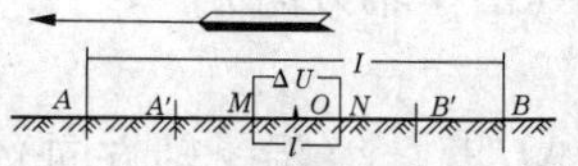	$K=\pi\dfrac{\overline{AM}\cdot\overline{AN}}{\overline{MN}}$ $K'=\pi\dfrac{\overline{A'M}\cdot\overline{A'N}}{\overline{MN}}$	$\rho_s=f(x)$ $\rho'_s=f(x)$
(带有两个测量 MN)	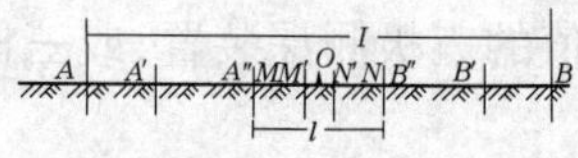	$K=\pi\dfrac{\overline{AM}\cdot\overline{AN}}{\overline{MN}}$ $K'=\pi\dfrac{\overline{A'M}\cdot\overline{A'N}}{\overline{MN}}$ 或 $K'=\pi\dfrac{\overline{A'M'}\cdot\overline{A'N'}}{\overline{M'N'}}$ $K''=\pi\dfrac{\overline{A''M'}\cdot\overline{A''N'}}{\overline{M'N'}}$	$\rho_s=f(x)$ $\rho'_s=f(x)$ $\rho''_s=f(x)$
校正剖面		$K_{MO}=\dfrac{2\pi}{\dfrac{1}{\overline{AM}}-\dfrac{1}{\overline{AO}}-\dfrac{1}{\overline{BM}}+\dfrac{1}{\overline{BO}}}$	$\dfrac{\rho_{smo1}+\rho_{sno2}}{2}=f(x)$
复合校正剖面	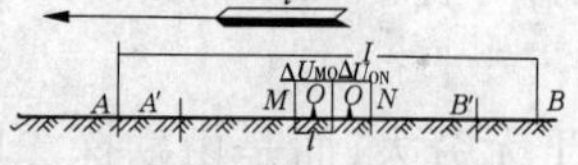	$K_{NO}=\dfrac{2\pi}{\dfrac{1}{\overline{AO}}-\dfrac{1}{\overline{AN}}-\dfrac{1}{\overline{BO}}+\dfrac{1}{\overline{BN}}}$	
二极电位剖面(N、$B\to\infty$)	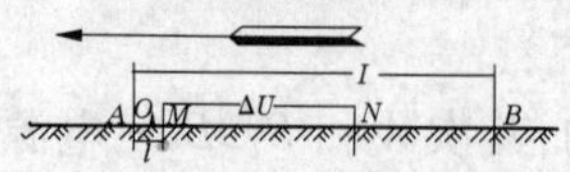	$K=2\pi\overline{AM}$	$\rho_s=f(x)$

续表 3-7

装置名称	电极排列的几何形状	装置系数 K	测量结果函数表达
AB 固定剖面（中间梯度）		$K=\dfrac{2\pi}{\dfrac{1}{\overline{AM}}-\dfrac{1}{\overline{AN}}-\dfrac{1}{\overline{BM}}+\dfrac{1}{\overline{BN}}}$	$\rho_s=f(x)$
A 固定		$K=\dfrac{2\pi\,\overline{AM}\cdot\overline{AN}}{\overline{MN}}$	
三极剖面		$K=\dfrac{2\pi\,\overline{AM}\cdot\overline{AN}}{\overline{MN}}$	$\rho_s=f(x)$
复合三极剖面		$K'=\dfrac{2\pi\,\overline{AM}\cdot\overline{AN}}{\overline{MN}}$	$\rho'_s=f(x)$
无限远电极在排垂直方向上	$\overline{OB}>(3\sim5)\overline{AO}_{max}$	$K=\dfrac{2\pi\,\overline{AM}\cdot\overline{AN}}{\overline{MN}}$	$\rho_s=f(x)$
三极剖面 复合三极剖面		$\begin{cases}K=\dfrac{2\pi\,\overline{AM}\cdot\overline{AN}}{\overline{MN}}\\K'=\dfrac{2\pi\,\overline{A'M}\cdot\overline{AN}}{\overline{MN}}\end{cases}$	$\begin{cases}\rho_s=f(x)\\\rho_s'=f(x)\end{cases}$
联合剖面	$\overline{CO}>(3\sim5)\overline{AO}$	$\begin{cases}K_A=\dfrac{2\pi\,\overline{AM}\cdot\overline{AN}}{\overline{MN}}\\K_B=\dfrac{2\pi\,\overline{AM}\cdot\overline{AN}}{\overline{MN}}\\K_A=K_B=2K_{AB}\end{cases}$	$\begin{cases}\rho_s^A=f(x)\\\rho_s^B=f(x)\\\rho_s^{AB}=\dfrac{\rho_s^A+\rho_s^B}{2}=f(x)\end{cases}$
偶极轴向剖面		$K=\dfrac{2\pi\,\overline{AM}\cdot\overline{AN}\cdot\overline{BM}\cdot\overline{BN}}{MN(\overline{AM}\cdot\overline{AN}-\overline{BM}\cdot\overline{BN})}$	$\rho_s=f(x)$
双侧偶极轴向剖面		$K_1=\dfrac{2\pi\,\overline{A_1M}\cdot\overline{A_1N}\cdot\overline{BM}\cdot\overline{BN}}{MN(\overline{A_1M}\cdot\overline{A_1N}-\overline{BM}\cdot\overline{BN})}$ $K_2=K_1$	$\rho_{s1}=f(x_1)$ $\rho_{s2}=f(x_2)$
微分剖面 三极微分剖面 屏障三极微分剖面 屏障四极微分剖面	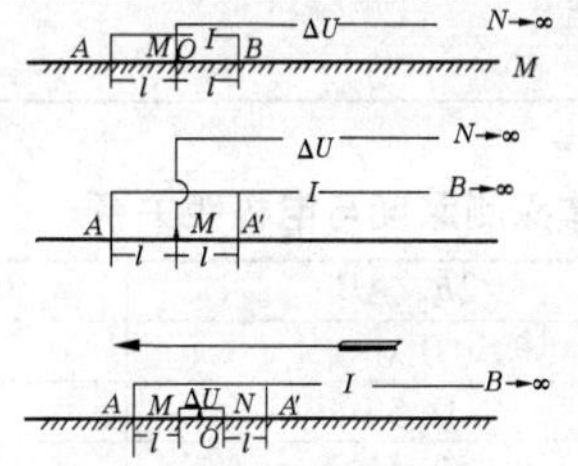		$\dfrac{\Delta V}{I}=f(x)$

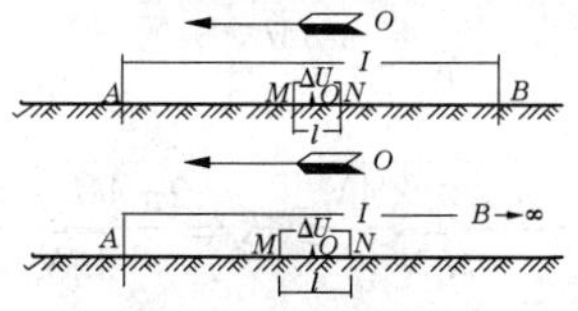

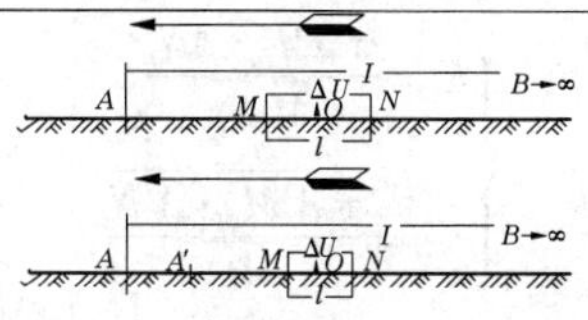

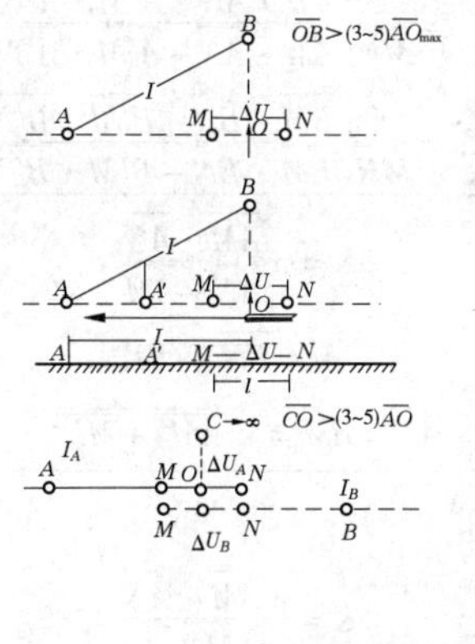

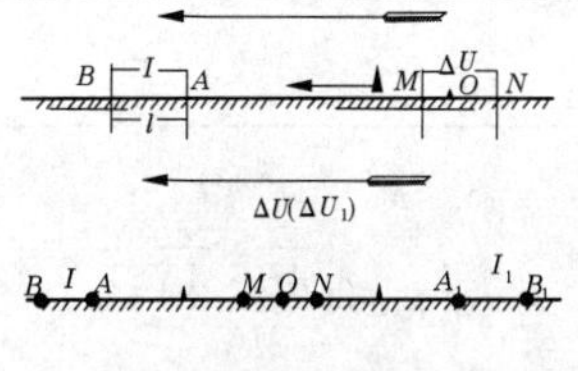

采用电剖面法的物理条件是地电体的电阻率在水平方向上的差异性。探测这种差异性，在电剖面法中引用了“异常”这一术语，异常幅度值应大于正常场允许误差的 3 倍。异常的幅度值对于不同形状、不同电阻率的非均匀质体，以及其所埋藏深度不同是各不相同的。通常把非均匀质体上部的埋藏深度 h_1 作为电剖面的探测深度，在此深度上异常强度不低于 10% ~15%。由于探测深度取决于供电电极之间的距离，要评定和表示这一深度，采用 $2h_1/AB$（对称四极、h_1/AO、h_1/OB）、三极及 h_1/OO'（偶极法）的比例是方便的，对于差异明显的地电体（$\mu_2\geqslant10$）由表 3-9 给出。

表 3-8　电剖面法的测量装置（xy 方位测量）

装置名称	电极排列的几何形状	装置系数 K	测量结果函数表达
二分量剖面： （a）对称装置 （b）双向三极装置 （c）有两个供电电极的对称装置 （d）双向偶极装置	(a) 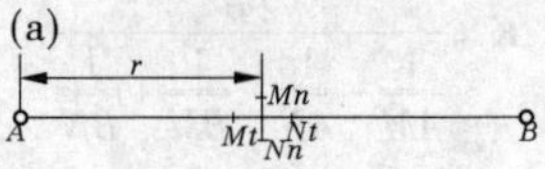	$K_t=\pi\dfrac{\overline{AM_t}\cdot\overline{AN_t}}{\overline{M_tN_t}}$	$\rho_s=f(x)$
	(b) 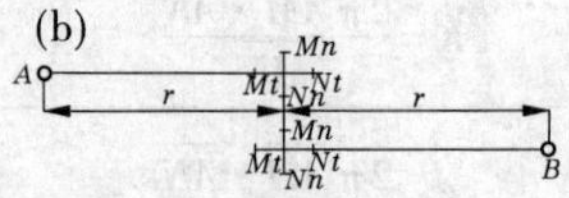	$K_t=\dfrac{2\pi\overline{AM_t}\cdot\overline{AN_t}}{\overline{M_tN_t}}$ 或 $K_t=\dfrac{2\pi\overline{AM_t}\cdot\overline{AN_t}}{\overline{M_tN_t}}$	$\begin{cases}\rho_s^A=f(x)\\ \rho_s^B=f(x)\end{cases}$
	(c) 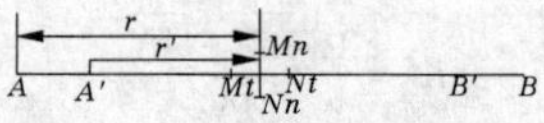	$\begin{cases}K_t=\pi\dfrac{\overline{AM_t}\cdot\overline{AN_t}}{\overline{M_tN_t}}\\ K'_t=\pi\dfrac{\overline{A'M_t}\cdot\overline{A'N_t}}{\overline{M_tN_t}}\end{cases}$	$\begin{cases}\rho_s=f(x)\\ \rho'_s=f(x)\end{cases}$
	(d) 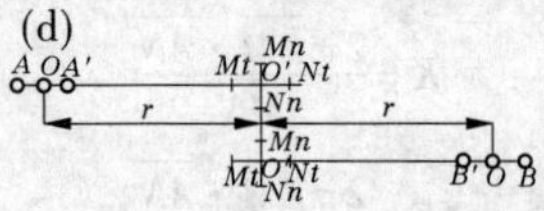	$\begin{cases}K_A=\dfrac{2\pi\overline{AM}\cdot\overline{AN}\cdot\overline{A'M}\cdot\overline{A'N}}{\overline{MN}(\overline{AM}\cdot\overline{AN}-\overline{A'M}\cdot\overline{A'N})}\\ K_B=\dfrac{2\pi\overline{BM}\cdot\overline{BN}\cdot\overline{B'M}\cdot\overline{B'N}}{\overline{MN}(\overline{BM}\cdot\overline{BN}-\overline{B'M}\cdot\overline{B'N})}\end{cases}$	$\begin{cases}\rho_s^{AA}=f(x)\\ \rho_s^{BB}=f(x)\end{cases}$
偶极赤道剖面 （a）偶极赤道 （b）双侧偶极赤道	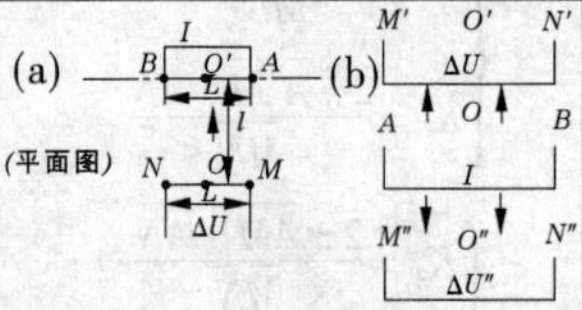 (a)（平面图） (b)	$K=\pi\dfrac{\overline{AM}\cdot\overline{AN}}{\overline{AN}-\overline{AM}}$ $\overline{AM}=\overline{BN}=\overline{OO'}$ $\overline{AN}=\overline{BM}=\sqrt{\overline{AM}^2+\overline{MN}^2}$	$\rho_s=f(x)$
四极平移剖面	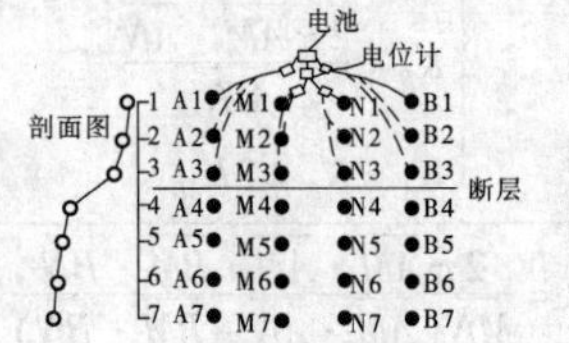	$K=\pi\dfrac{\overline{AM}\cdot\overline{AN}}{\overline{MN}}$	$\rho_s=f(x)$
四极环形剖面	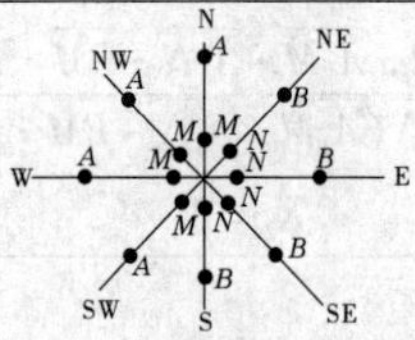	$K=\pi\dfrac{\overline{AB}\cdot\overline{AN}}{\overline{MN}}$	$\rho_s=f$(方位)

表 3-9　不同类别的地电体探测深度与电极距关系

基本地电体的类别	$2h_1/AB$	h_1/OO'或h_1/AO
两种各向同性介质接触面	0.6	0.55
大厚度的非导电层	0.55	0.5
中厚度的非导电层	0.45	0.4
小厚度的非导电层	0.25 ~ 0.3	0.2
小厚度倾斜非导电层	0.3 ~ 0.4	0.25 ~ 0.35
水平非导电圆柱体（圆柱体直径 > MN）	0.2	0.15
非导电球体（球体直径 > MN）	0.15	0.1
小厚度导电体	0.6	0.6

采用电剖面法时，使用固定大小的装置，这种探测装置在测线上移动一定距离。按照移动距离的不同，区分为点式剖面和连续剖面。工作时移动测点点距大于测量电极距时称为点式剖面；当测量点距小于或等于测量极距时，称作连续剖面。

使用点式剖面或连续剖面时的异常形式不相同，在点式剖面曲线上，一般不反映屏蔽异常，当点距相当大时，许多界面常被遗漏。在连续剖面曲线上，界面表现为测量电极（主要异常）和供电电极（屏蔽异常）连续穿透界面时出现的异常。

主要异常及屏蔽异常与各种干扰体及装置形式有关，异常的形式及其相互位置一般不同。但是在所有情况下，主要异常的强度较高，而其位置或在界面出露地表的上方，或在冲积层之下的界面上方。根据这一特征即可圈定非均质体的边界范围（见图3-21）。在图上应绘出同比例尺的装置大小。

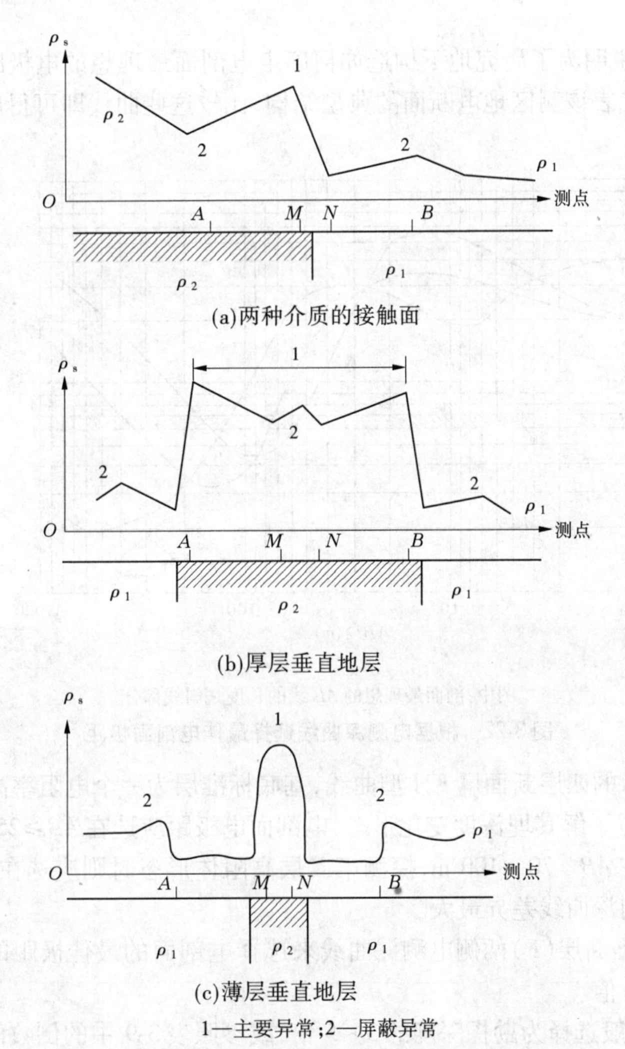

图3-21　在不良导电物体连续对称电剖面的典型异常

探测装置及观测方法，根据探测断面的结构、要求解决的问题以及对资料要求的精度选择。

A. 探测装置选择

对于简单的地电界面，诸如埋藏不深的隐伏地形、古河床、单一接触面等，可采用对称装置或偶极轴向装置，对称装置的工作效率高，但分辨率相对较低。

对于较为复杂的地电界面，诸如倾斜地层、多个界面、断层破碎带，通常选用三极、双向三极、双向二分量以及双侧偶极轴向装置。

B. 电极距选择

电剖面法电极距的选择，应考虑要求的探测深度及地电条件的复杂程度。

增大电极距对所有的装置都能增加探测深度，但对有限厚度和长度的地电介质，同时也降低其分辨能力。如果按规定深度又必须详细探测岩土介质的上部，电剖面法应使用两种（或三种）电极距的装置，应使小电极距保证断面上部探测深度，大电极距保证达到要求的探测深度。

图 3-22 用来说明为了研究地下构造如何确定电剖面最理想的电极距 *AB*。图中所绘三条电测深曲线代表该测区地电断面的典型结构，比较这些曲线即可得出下列结论。

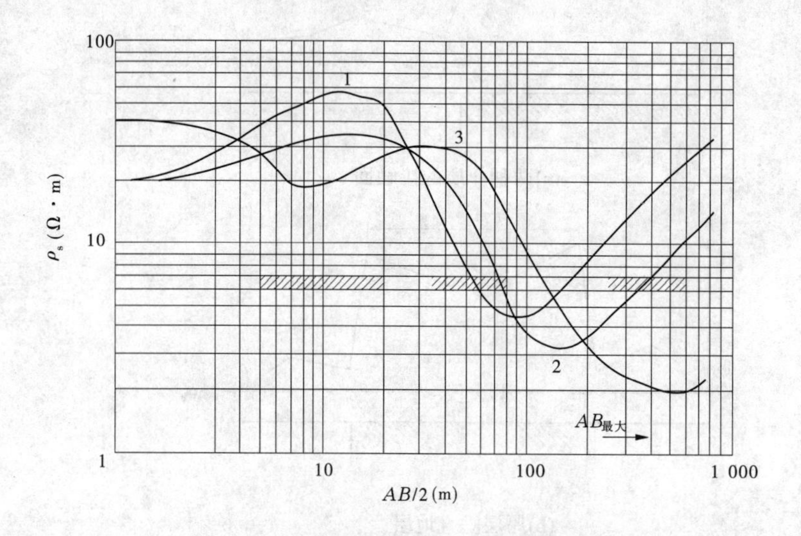

图中：剖面最理想的 *AB* 线的长度是斜线部分

图 3-22　根据电测深曲线选择最佳电剖面极距

对于图上所示的四层断面属 KH 型曲线，基底标准层为一个电阻率高的地层，尾枝曲线呈 45°上升，为了了解其埋深度变化形态，电剖面电极距应选在 $AB \geqslant 250$ m；对于第三层低阻介质则应选在 $AB = 70 \sim 100$ m，探测第二层高阻体形态时则应选在 $AB = 10 \sim 40$ m，在这些间隔内电测深曲线差异最大。

图 3-23 是根据断层（F）两侧电测深曲线来选择电剖面的最佳极距的例子，图中 *x* 值为最佳电极距的中值。

电极距 *AB* 一般选择为勘探深度的 3 ~ 5 倍，或参照表 3-9 中的倒数值。

C. 观测方法的选择

（1）对于简单的地电界面可采用点式剖面，对于比较复杂的地电体最好使用连续剖面。

（2）为探测局部非导电体，如脉状冰、岩溶洞、地下洞室等，可使用带两个测量电极距的装置，而且最小测量极距应小于探测物体的横向尺寸，最大测量极距应大于探测物体的横向尺寸。

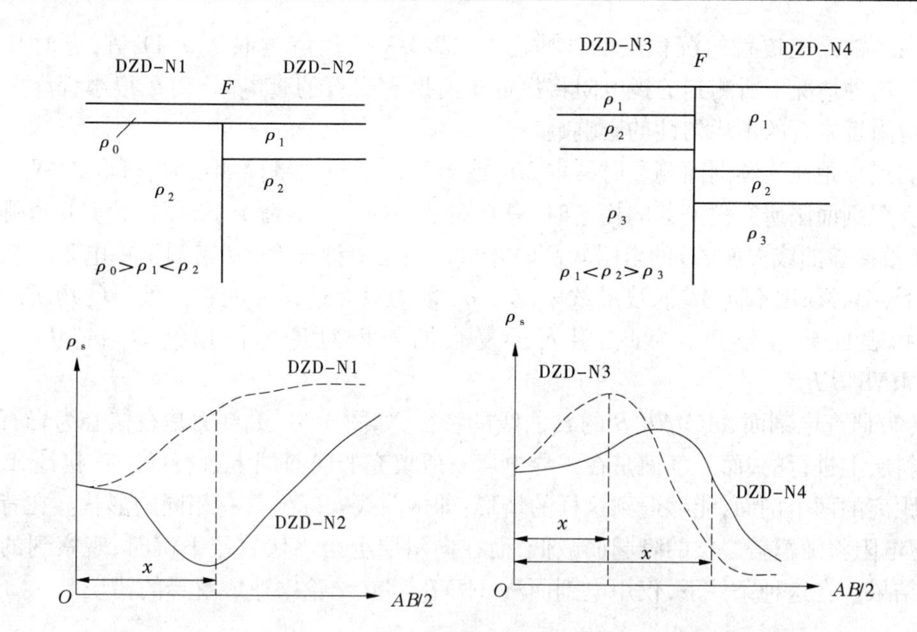

图3-23　根据垂向电测深结果选择剖面法的 AB 极距(探测断层(F)时)

在非均匀体上方应布置测线，每一条测线上所反映的异常点数不得少于3个，这样的观测方法能保证按代表性特征准确地揭示局部高阻物体，并准确查明其横向尺寸。

对于探测局部低阻的非均质体，建议采用双向三极装置(俗称联合剖面)进行观测，并以得到由于低阻非均体引起 ρ_s^A 和 ρ_s^B 曲线的正交点为主要目的。

(3)对于地下构造的探测，测线方向应垂直于岩层的走向，并且彼此之间是相互平行的，相互间距离不超过构造长度的1/3。点距一般取等于 MN。当测线两端出现异常时，应继续测直到出现正常值为止。

在地形条件比较复杂的情况下，测线可选择地形影响比较一致的如山脊、山谷，沿等高线较平缓的山坡布设。进行大面积探测时，应布置测线网。

(4)在电剖面测量过程中，必须保证测量精度，并在专门记录本上记录测量结果并在单对数坐标纸上绘制 $\rho_s=f(x)$ 曲线。在野外工作中，应详细记录沿测线方向地形、覆盖、露头岩性变化的情况，而且应将之作为电剖面法的基础工作之一，习惯了会受益匪浅。

2. 对称四极电剖面

1)工作方法

(1)在电剖面中供电接地 AB 和测量电极 MN 是对 O 点——AB 和 MN 之中点对称布置，被测的视电阻与这一点有关。

电剖面应用于以下几种情况：

①如有一分界面而基岩和覆盖岩层的电阻率的比值已知，则可研究倾斜岩层的构造；

②在研究岩石组成的地台及地堑，而其电阻率与围岩的电阻率不同时；

③在绘制被浮土覆盖的急剧倾斜的地层的地质图时。

AB 线的长度平均取所探测深度的4～5倍。根据要解决任务的性质来决定 AB 与 MN 距离的比值。为了测量装置沿剖面移动方便起见，AB/MN 的比值应取奇数。

在作被浮土覆盖的沉积层的地质图时 AB/MN 的比值常取 7、9、11 等，有时甚至取 21。在这种情况下所测到的视电阻将接近于所勘探岩石的真电阻，而在很小程度上被供电接地附近岩石的不均匀性的影响畸变。

测点点距在连续剖面测量时常取 MN 或 $MN/2$，在点式剖面测量时，可取 $2MN$。

在用剖面法研究被掩盖的构造时，只有在一种分界面的情况下，而且确实知道哪一种岩石（被掩盖的或表面的）的电阻较高时才可以只用一种长度 AB 来测量视电阻。在其他情形下，都必须用不同 AB 长度的线来测量 ρ_s，因为只有这样才能将深处目的物所产生的异常和表面异常分开。为此，引入了复合的四极对称电剖面装置 $AA'MNB'B$ 和 $AA'A''MNB''B'B$。

（2）研究电剖面 $AA'MNB'B$ 的 ρ_s 曲线的特征，如图 3-24：Ⅰ剖面是在核心为岩石组成的背斜层上进行的，而Ⅱ剖面是在一导电岩石所填充的向斜层上进行的。作接地 A、B 间同一距离的两个剖面，能够遇到这样的情形：即两曲线实际上具有相同的形状。在背斜层上，视电阻将随覆盖岩层的隆起而减低，而在向斜层上当下伏岩层下沉时，观察到的将是同样结果。在这种条件下，仅用电剖面法 $AMNB$，将在结论中造成解释的错误。

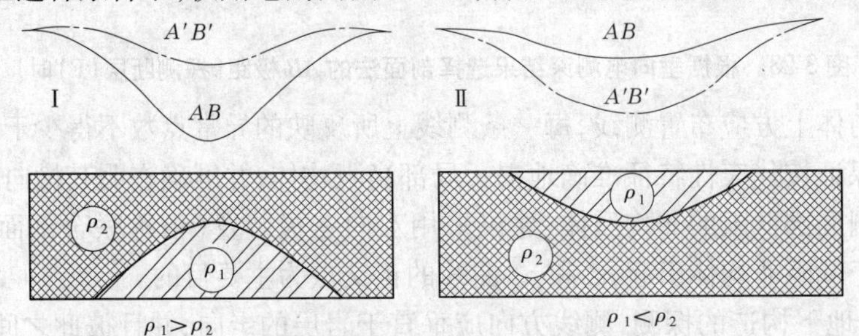

图 3-24　在低电阻岩石组成的背斜¢æ及向斜¢ 上的电剖面 $AA'MNB'B$ 的曲线

图 3-25 探测的目的体为砂砾石层，其呈高阻反映。

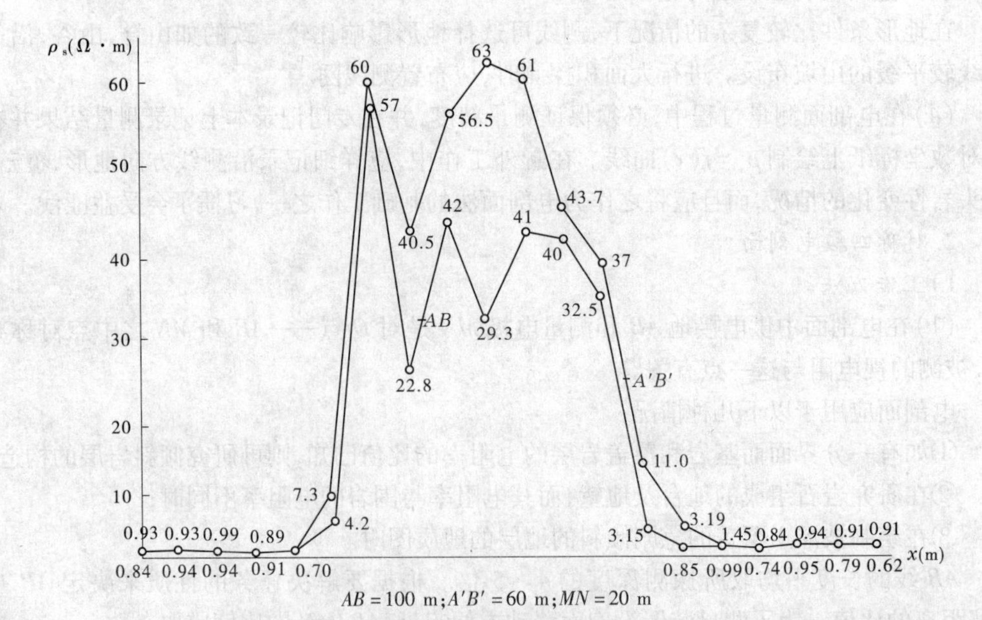

图 3-25　被掩埋河床的电剖面探测曲线

图3-26探测的目的体为岩溶，其岩溶洞穴为松散碎石、泥充填，呈低阻而且埋藏较大。图3-27探测的目的体为石灰岩中强烈裂隙溶蚀化带。当小极距观测时主要反映的是地下水位以上干燥部分，呈高阻异常；当大极距观测时主要反映的是地下水位以下含水部分，呈低阻异常。

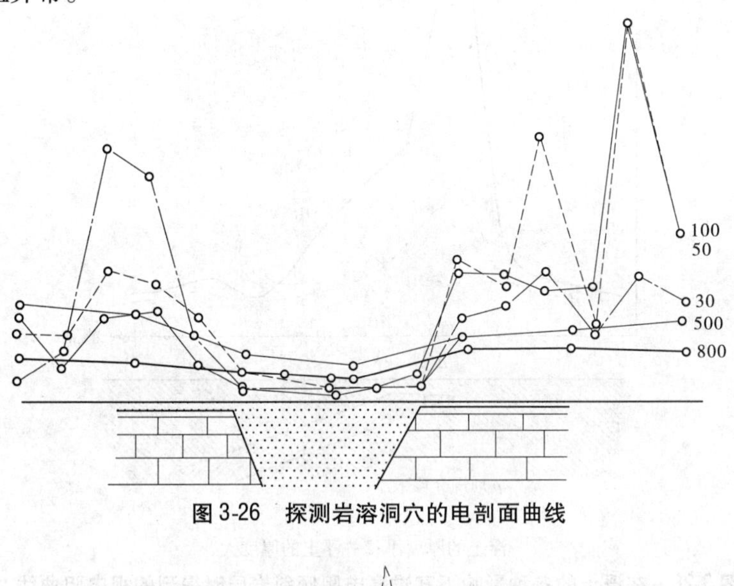

图3-26 探测岩溶洞穴的电剖面曲线

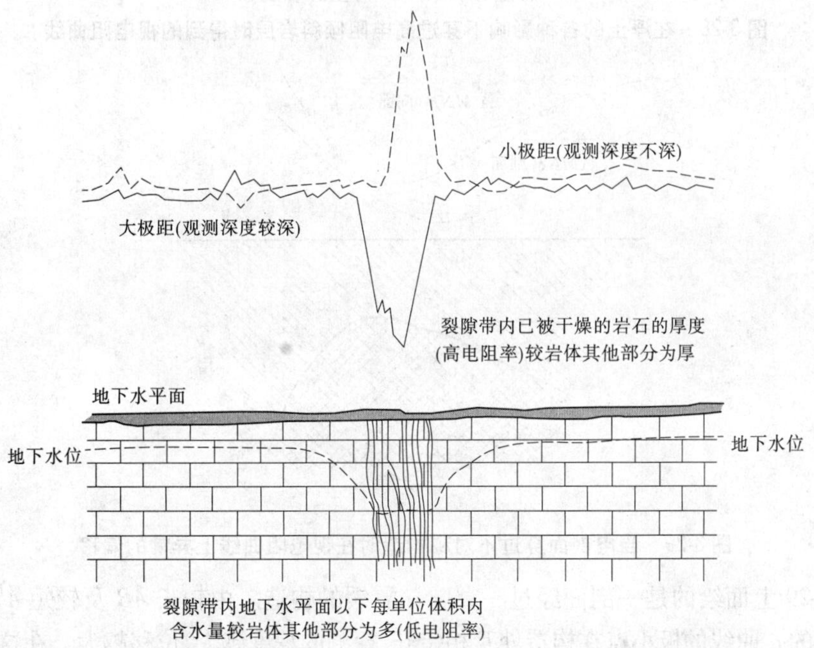

图3-27 在石灰岩中的强烈裂隙溶蚀化带上干燥地区的ρ_s曲线特征

(3)若岩层是倾斜的，视电阻率曲线形状将取决于倾角α的大小，随着倾角的减小(从垂直层到水平层)起初(90°~45°)出现ρ_s曲线不对称程度的增加，然后当$\alpha<45°$时在异常的幅度急速下降的同时，不对称程度也随之减小，这些异常当岩层水平时就会消失。在岩层倾斜方向，视电阻率变化较平缓，这样就可能根据ρ_s曲线的外形确定所探测的岩层

在剖面哪个方向上低陷下去（见图 3-28）。

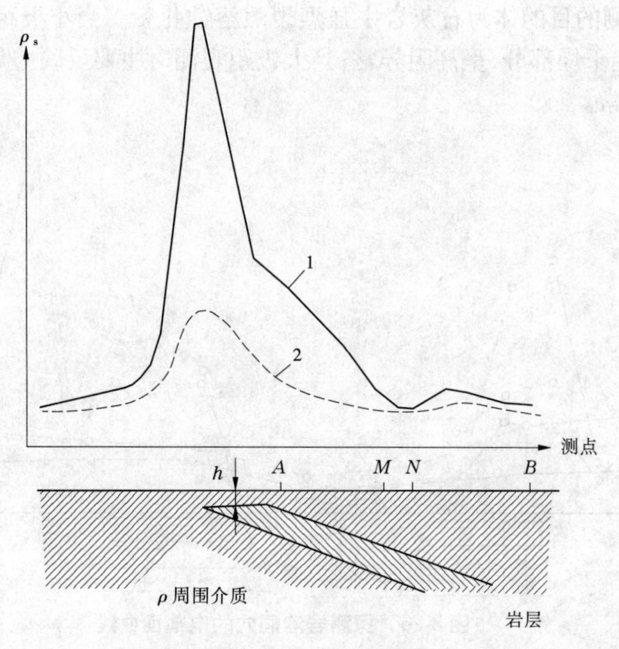

1—浮土的厚度小；2—浮土的厚度大

图 3-28　在浮土的各种影响下穿过高电阻倾斜岩层时得到的视电阻曲线

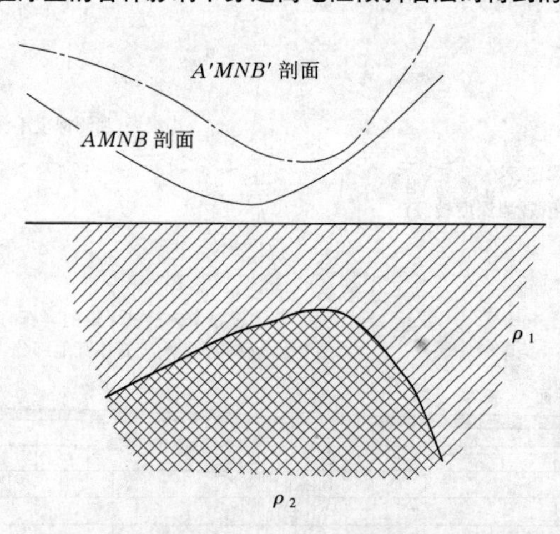

图 3-29　当电剖面穿过不对称构造时在视电阻曲线上异常的偏移

图 3-29 上面绘的是一剖面经过一翼陡一翼缓的构造。由较长 AB 及较短 $A'B'$ 供电电线所测得的 ρ_s 曲线的极小点在构造处互相错开，探测的深度越大，位移越大。在这种情况下电剖面可指出构造的倾斜方向。在较陡的构造翼上 ρ_s 曲线变化更急剧。当表面沉积层不均匀时，研究被掩盖构造翼的相对陡度会得到错误的结论。例如，在导电性褶皱的一翼上，靠近地表的导电层，使视电阻值减少并产生和岩层倾角变小相似的效应，这使解释变得困难并可能得出不正确的结论。在褶皱一翼上是高电阻的岩层时可看到相反的情况。

在多层电断面情况下，构造上剖面的形状更复杂。在图 3-30 上绘的是一个经过褶皱的剖面，褶皱核心是由导电性的沉积层的综合体所覆盖的高电阻岩石组成的，导电性的沉积层又被高电阻的表面沉积物所掩盖。在图上出现两低电阻的异常，可能错误地把它们解释为由两个独立的构造所引起的，然而只要用两种不同长度的 *AB* 线进行勘探，这一结论的不准确性就变得很明显了。与位于褶皱核心的岩石有关的视电阻值升高，起初出现在深向探测 ρ_s 的剖面上，然后出现在用短线 $A'B'$ 所测得的视电阻曲线上。

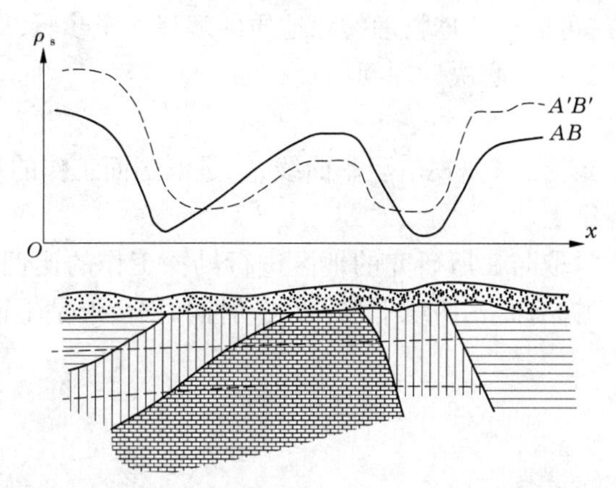

图 3-30　由三种电性不同的岩层所组成的被冲刷构造时视电阻的电剖面曲线

在图 3-31 上，描绘具有高电阻的砂岩（三叠纪）与渐新统导电地层的电剖面。当装置与断层平面相交时，断层的位置在电剖面曲线上以视电阻骤然降低明显地表现出来。

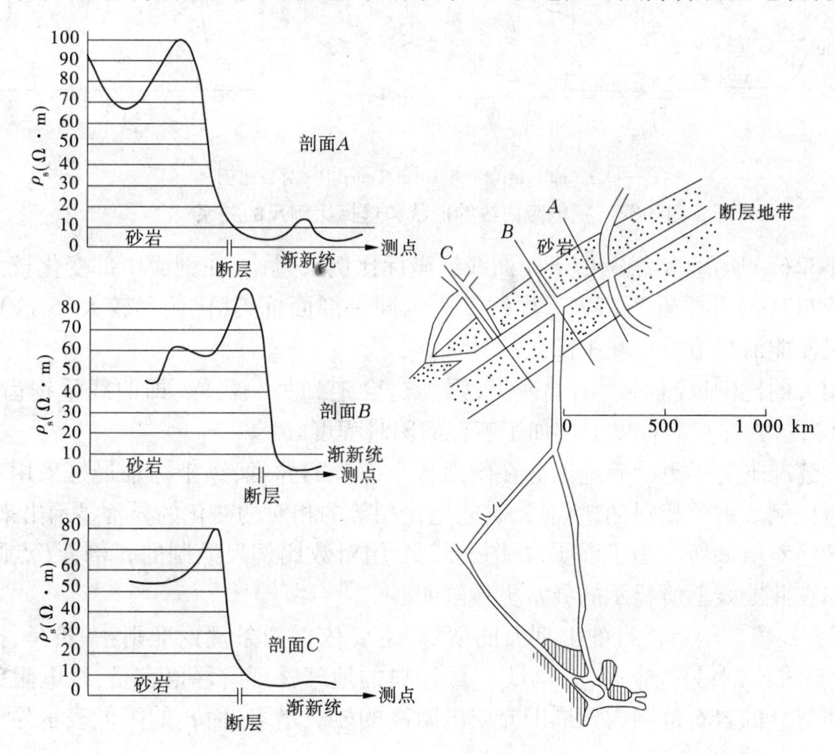

图 3-31　确定断层位置的实例

(4)表层覆盖物(特别是浮土)的存在在很大程度上可把ρ_s曲线异常减小。覆盖岩厚度h_{1-1}越大而其电阻率ρ_s和所研究岩层的电阻率ρ_s相差越大,在视电阻曲线上分出的岩层就越不显著。在浮土厚度大和导电性高、地势低的地方所作的电剖面尤其如此,这里还要指出浮土能大大地减少屏蔽效应。

2)电剖面的资料解释

电剖面资料的解释,可以分地球物理的和地质的解释两个步骤,即把各种电阻率图形态,异常转化成地质性态,从而解决勘探问题。

A. 电剖面ρ_s曲线图

(1)电剖面的测量结果形式是视电阻率曲线,它是电剖面工作的基础。$\rho_s=f(x)$曲线通常绘制在笛卡儿坐标纸上。

电剖面的横坐标通常取与在所研究的地区进行勘探工作的比例尺相等的比例尺,ρ_s纵坐标比例尺是很重要的,有时ρ_s曲线平缓,微波动性和锯齿形是不正确选择比例尺的后果(见图3-32)。

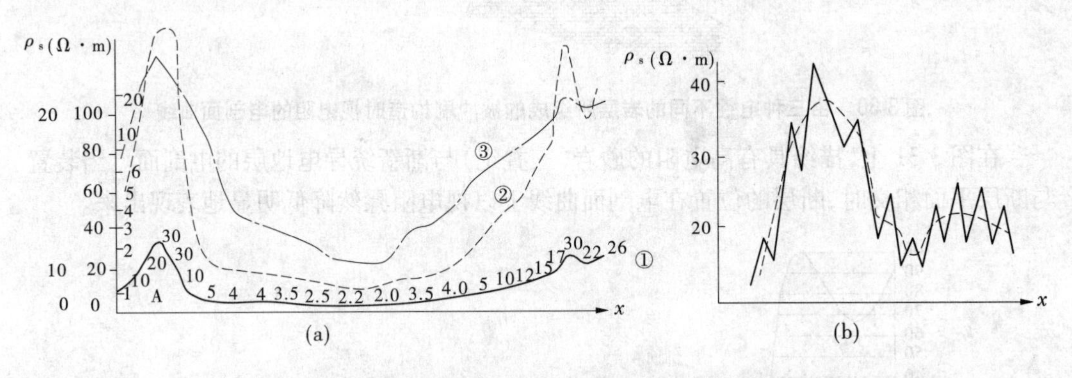

①—40Ω · m/1cm;②—8Ω · m/1cm;③—对数比例

图3-32　视电阻曲线的形状和选择比例尺的关系

如图3-32(a)所示,实线①由于ρ_s曲线纵坐标比例尺过小,在剖面中部变化较大的电阻(自2~5 Ω · m)几乎看不出来。虚线②表示同一剖面,而其比例尺较大(5倍),用这样的比例尺便能清楚地看出在中部ρ_s的异常。

然而用大的比例尺时必须小心谨慎,因为这会走到另一极端,即曲线呈锯齿状(见图3-32(b)),这样在相当程度上增加了解释的困难程度。

在某些情况下为了更明确地区分在剖面各个部分的异常,纵坐标轴最好采用对数比例尺。对数比例尺就是相对的比例尺,它能把ρ_s相等的相对的变化的异常显示出来,而不管视电阻的绝对值如何。为了说明,在图3-32上用对数比例尺绘制的ρ_s剖面(点画线),很容易看出在此曲线上所显示的异常更加鲜明。

(2)研究被覆盖构造进行的电剖面的解释,主要依据两条理论准则:一条是,探测深度与AB距离成比例;另一条是,$\rho_s \propto \rho_{MN}$。最经典的地球物理解释语言是:视电阻的增高标志着在所研究的岩石范围内比周围介质电阻高的岩石增多,而ρ_s的降低表示导电性的岩石范围扩大。

在解释以研究被掩盖构造目的而完成的剖面时,上部覆盖层和被掩盖岩石的电阻相差越大,视电阻中的变化表现越剧烈,因而能精确地区别出所探测的构造的状态,用两组 AB 线测量 ρ_s 便可能将因近地表的物体引起的异常与深处发生的异常区分开。在图3-24上给出了一个在背斜及向斜上进行的 ρ_s 剖面作为例子。在背斜上由于高电阻覆盖岩层变薄,在长线 AB 上可看到视电阻急剧地减小,但在向斜上由于表面导电沉积物变厚在短线 $A'B'$ 上可看到视电阻急剧地减小。

(3)地表填图时进行的电剖面的解释,着力点首先是研究界面,层厚对于供电电极 A 和 B 的电流分布的排斥和吸引而造成在 MN 之间电流密度的变化。依据 $\rho_s \propto j_{MN}$ 去分析 ρ_s 曲线增高或降低的原因。其次注意 ρ_s 曲线特征形态,区别主要异常和屏蔽异常,为此,在 ρ_s 剖面曲线图上必须绘制同比例尺的装置大小。

B. 剖面平面图

电剖面资料的解释在于确定水平方向地层界面及走向、岩层厚度和圈定非均质体的范围。因此,需要观测多条测线,即以剖面平面图来实现。

剖面平面图的地球物理解释,是在于把形状相同的线段(标志线段)从 ρ_s 曲线上分出来,这些线段从一个剖面向另一个剖面延伸着;在剖面上,用对比线连接这些线段的位置如图3-33所示。对比线确定产生异常的目的物(岩层、断层、包体脉)的产状性质,因而就解决了给勘探者所提出的问题。

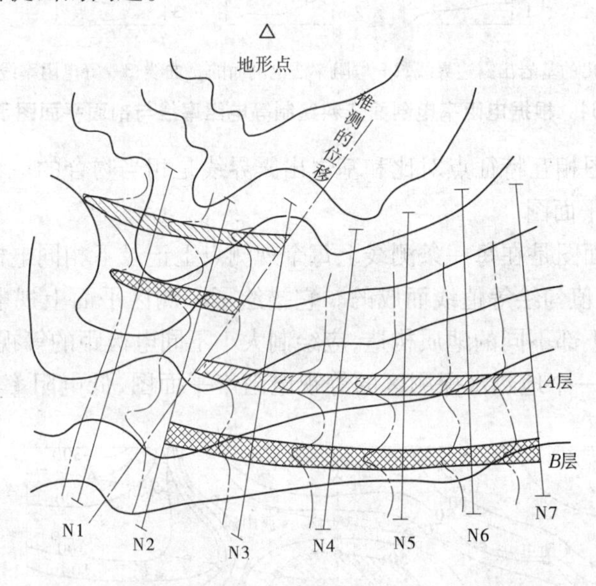

图3-33 用于探测一个平移断层位置的剖面平面图

在对比时,首先把靠近岩性较稳定层和明显表现在相同表面条件下分布在所有剖面上的标志线段分出。然后在其余剖面上追查标志线段,以后再着手把中间的不太明显的峰及谷分出,这样就有可能确定所探测断面个别部分的地质构造。在对比时主要注意应放在基准点的形状是否相同,然后才是视电阻的数值,如果把视电阻的数值而不把其变化的一般性质当作主要对比的标志,浮土的影响可以使视电阻的数值改变很大,这就使对比变得困难。剖面分异较小通常出现在地形低的地段,在河川,特别是河床上,基岩在很厚的浮土下。相反,鲜明的剖面分异出现在高地段,浮土不太厚,由于潜水位很低,岩石电性分异因而特别大。

根据电阻率电剖面资料绘制等电阻率线与剖面平面图示例如图 3-34 所示。

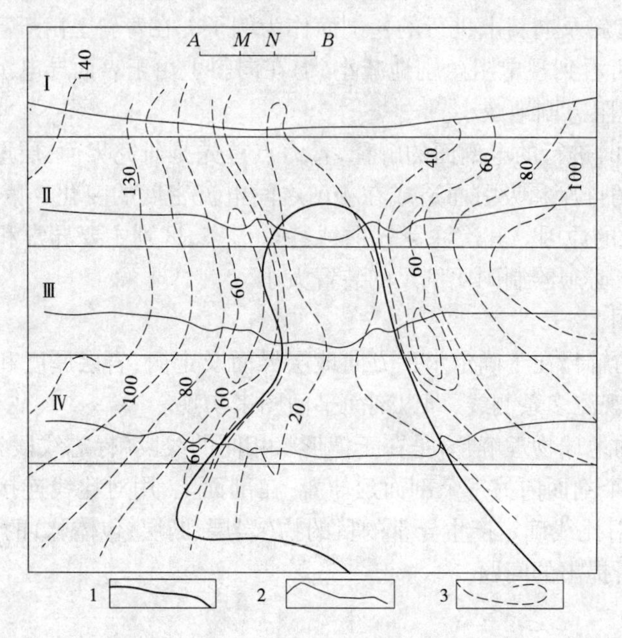

1—根据相关资料得出的基岩出露边界线;2—电阻率法电剖面的 ρ_s 曲线;3—等电阻率线; Ⅰ ~ Ⅳ—剖面线

图 3-34 根据电阻率电剖面资料绘制等电阻率线与剖面平面图示例

按电剖面平面图相互特征点对比和基岩出露界线是相当吻合的。

C. 等视电阻率平面图

等视电阻率平面图是在每一条测线上每个观测点上记录下相同电极距测量得到的 ρ_s 值,然后按规定的数值勾绘等值线而成的。它描绘了一测区平面上视电阻变化性质。有时为了区别上部和下部不同的地质构造,应绘制大小不同电极距的等视电阻率平面图。

图 3-35 绘制了一个地热水探测区的等视电阻率平面图、低电阻率闭合图,有斜线表示的是地热水分布区。

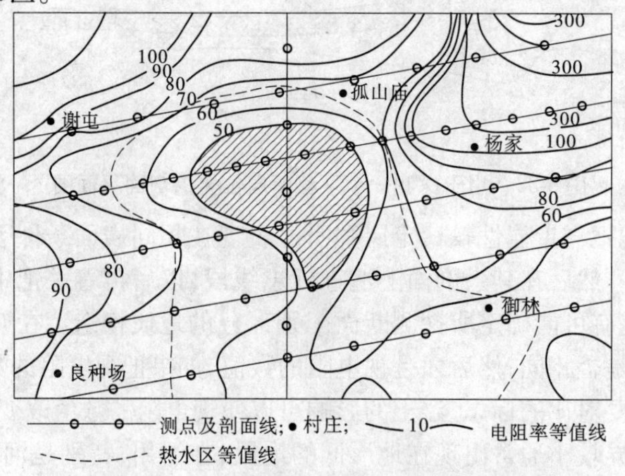

图 3-35 $AB/2 = 150$ m 等视电阻率平面图

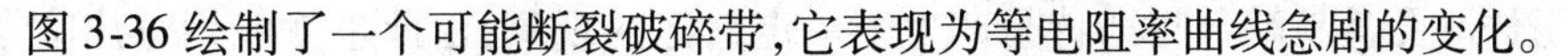

图3-36绘制了一个可能断裂破碎带，它表现为等电阻率曲线急剧的变化。

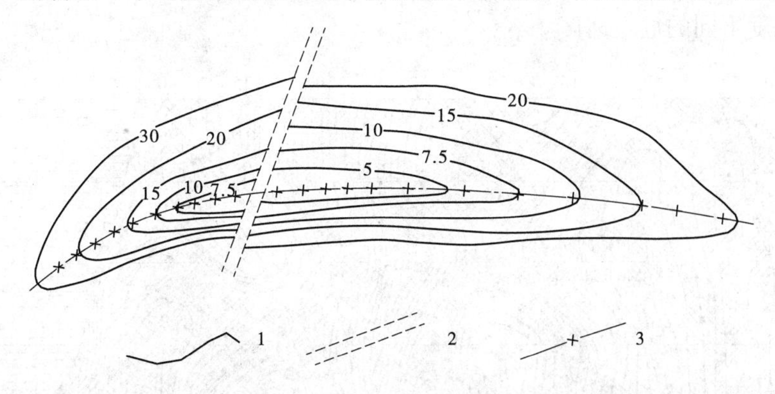

1—视电阻率等值线；2—断层；3—构造轴

图3-36　在被断层穿过的构造上的视电阻率等值线图

图3-37和图3-38绘制了在一个喀斯特发育地区用探测覆盖土性质变化和灰岩裂隙发育，以研究喀斯特发育规律的实例。

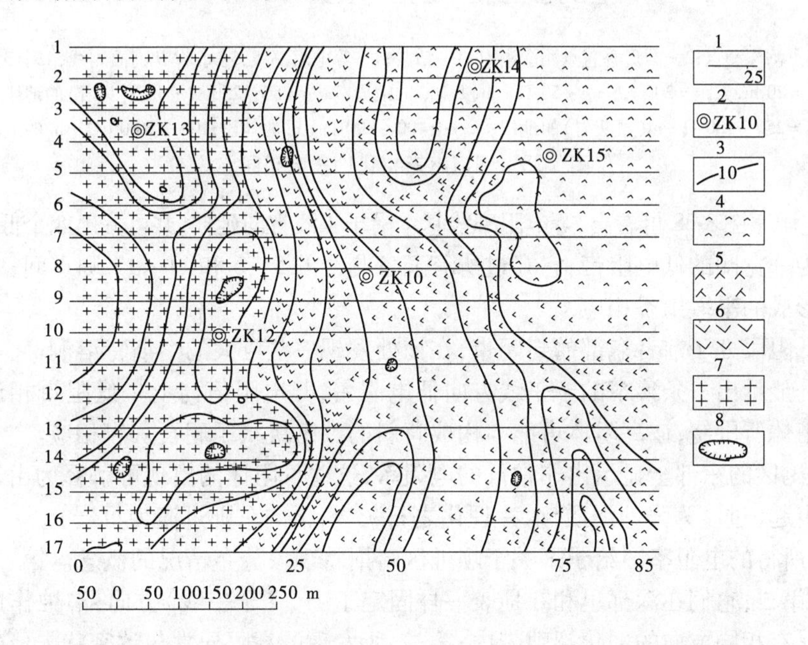

1—注明剖面号码及点号之电阻率剖面；2—钻井及编号；3—视电阻率等值线；4—第三纪泥岩覆盖层分布区（$\rho<10\ \Omega\cdot m$）；
5—砂质黏土覆盖区（$\rho=10\sim25\ \Omega\cdot m$）；6—砂质亚黏土覆盖区（$\rho=25\sim50\ \Omega\cdot m$）；
7—细粒泥质砂粒土覆盖区（$\rho>50\ \Omega\cdot m$）；8—喀斯特侵蚀区

图3-37　喀斯特地区覆盖层电阻率图（*AMNB* 装置，$AB=12$ m，$MN=2.5$ m，点距10 m）

从图3-37所示的电阻图上可以看到，占全部面积四分之一的地区均被电阻率小于10 Ω·m的地层（为渗透系数甚小的泥岩）所掩盖。在泥岩发育区内没有表面喀斯特出现。仅在个别地方钻井发现一些极小的空隙。当逐渐过渡为砂质黏土和砂质亚黏土时，在地表开始出现无数喀斯特类型的溶洞，进行钻探时发生塌陷事故。因此，在类似情况下利用地表层电阻详测图甚易解释喀斯特是产生于一定地区的现象，由此也就能划分出喀斯特现象发育程度不同的危险地区。

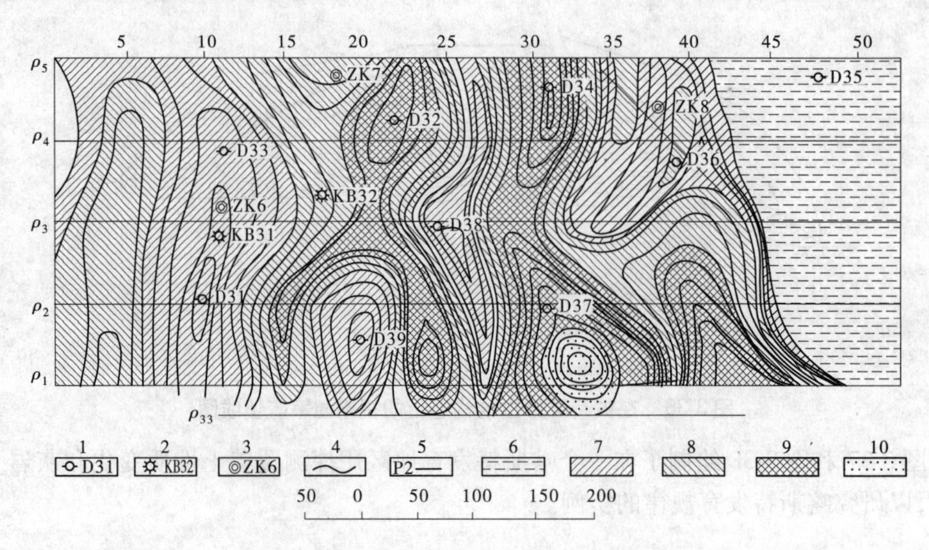

1—垂直点测深测点；2—圆形垂直点测深测点；3—钻井；4—等电阻率线；5—*AMNB* 剖面测线，*AB* = 300 m，*MN* = 20 m，点距 = 20 m；6—ρ < 50 Ω · m（片岩）的地段；7—ρ = 50 ~ 250 Ω · m（石灰岩）的地段；8—ρ = 250 ~ 400 Ω · m（石灰岩）的地段；9—ρ = 400 ~ 800 Ω · m 的地段；10—ρ > 800 Ω · m 的地段

图 3-38　强烈喀斯特化地段电阻图

研究电阻率图 3-38 可看出，等电阻率线基本沿子午线方向延伸，共可分出四个低阻带。

第一为一宽阔的低电阻带，它穿过所有五条测线的 5 ~ 6 和 11 ~ 14 测点间，它实际上与喀斯特形成的平缓山谷相应。

第二低阻段处于前者东部的封闭带，在该处发现一些巨大的喀斯特溶洞。

第三处显示出一条狭窄的子午线方向低电阻带，其电阻值与上一低阻带相近。其两侧被极高阻体所围绕，该高阻体可能与构成背斜的致密块状珊瑚石灰岩相应。

第四，测区的东部全显示出非常低的电阻率，这些低阻体的出现可解释为由岩石的岩性变化所引起（过渡为强烈泥质化、片理化之石灰岩，再向东则过渡为页岩）。

这样，所得的电阻率图给予了关于坝址区喀斯特现象分布情况的概念。第一，喀斯特非常强烈；第二，它们在深部也和在地表一样固定于一个（子午线）方向，淋蚀作用完全集中于这些具有相同方向的弱化裂隙带内；第三，所发现的高阻异常与致密状未经破坏的石灰岩相应，它们可作为灌注水泥固结物质的基础，以预防堤坝周围发生漏水现象；第四，在裂隙带直接通于河谷的地段应特别注意固结和防渗处理。

电剖面资料的解释实际上还是相当复杂的，不仅需要掌握理论知识同时还必须具有实际经验。为此：第一，要能确认 $\rho_s = f(x)$ 曲线的准确性和完整性；第二，能正确分辨异常和畸变，确定探测目的物体界限；第三，有对畸变原因卓越的判定和消除其影响的手法；第四，和现有地质资料或其他勘探方法所提供资料的吻合或差异的分析能力。电阻率法的多解性，使得物探的解释工作必须与地质工作相结合。

3. 双向三极电剖面(三极联合剖面)

当电极 B 与 MN 相距足够大时,由 B 极电场引起的电位差不超过由 A 极电场引起电位值2%即可认为 B 极置于无穷大。由于忽略了 B 极的电场,故在研究电剖面曲线时,只讨论电极 A 的电场,便于电剖面曲线的解释。

由于 B 极置于很远的地方,MN 之间所测得电位差减少 1/2 却需要大量的导线以及由导线带来另外一些困难,故三极法最好是用于探测深度较浅的场合,或者由于地形条件限止不便进行四极装置的地方。

为了研究不同埋深部位,也可以用几组电极距的三极装置。

在研究地层陡立界面时,低电阻的岩土介质,特别是薄层和非均质体,采用三极电剖面装置效果最佳,因为联合剖面具有异常幅度大、分辨率高、探测深度较深等优点,并且具有明显的特征点。

1)直立接触界面的联合剖面曲线

由图3-39(a)可得:对于 ρ_s^A 曲线,从 MN 通过接触面,到 A 通过接触面为止,ρ_s保持不变,其值为

$$\rho_s^{A''} = \frac{2\rho_1 \cdot \rho_2}{\rho_1 + \rho_2} \tag{3-12}$$

同时,在接触面上 $\rho_s^{A'} = \dfrac{2\rho_1^2}{\rho_1 + \rho_2}$,则 ρ_s跃变值有下列关系:

$$\frac{\rho_s^{A'}}{\rho_s^{A''}} = \frac{\rho_1}{\rho_2} \tag{3-13}$$

当 $\rho_2 \ll \rho_1$时,$\rho_s^{A'} \to 2\rho_1$,$\rho_s^{A''} \to 2\rho_2$。

对于 ρ_s^B 曲线,则

$$\rho_s^{B''} = \frac{2\rho_1 \cdot \rho_2}{\rho_1 + \rho_2} \tag{3-14}$$

$$\rho_s^{B'} = \frac{2\rho_2^2}{\rho_1 + \rho_2} \tag{3-15}$$

$$\rho_s^{A''} = \rho_s^{B''} \tag{3-16}$$

$$\frac{\rho_s^{B'}}{\rho_s^{B''}} = \frac{\rho_2}{\rho_1} = \mu \tag{3-17}$$

当 $\rho_2 \ll \rho_1$时,$\rho_s^{B''} \to 2\rho_2$,$\rho_s^{B'} \to 2\mu\rho_2$。

由图3-39(b)可知,ρ_s在特征点上的大小 (ρ'_s,ρ''_s) 与 l 无关。随 l 的增大,只增大接触面对 ρ_s曲线的影响范围。

如图3-40所示,在 $H \neq 0$,$\rho_1 > \rho_2$的情况下,正曲线的特征点较反曲线明显。当 $\rho_1 < \rho_2$时,则相反。

接触面的位置,在 ρ_s^A 曲线陡坡上1/3的地方(位置"4"),或在 ρ_s^B 曲线上升的起点。极大点"3",在离开接触面往 ρ_1方向移动 $MN/2$ 处。在离接触面相当远[大于$(2 \sim 3)l$]的"1"—"2"及"5"—"6"段上,H 越大,ρ_s越接近 ρ_0。

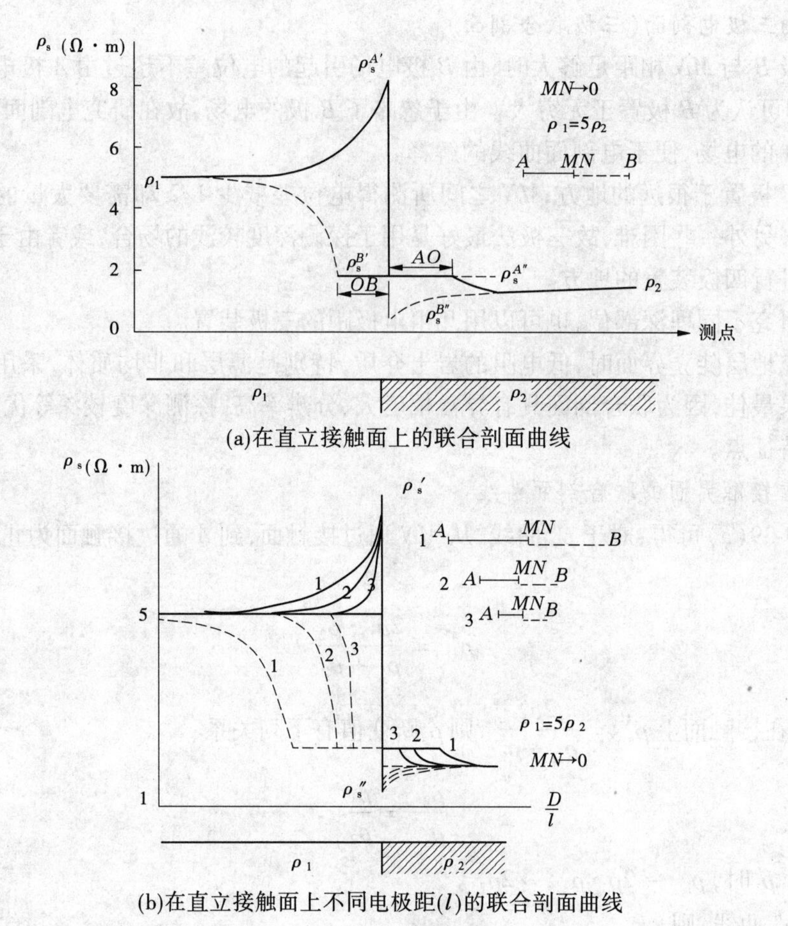

(a)在直立接触面上的联合剖面曲线

(b)在直立接触面上不同电极距(l)的联合剖面曲线

图 3-39　双向三极电剖面曲线

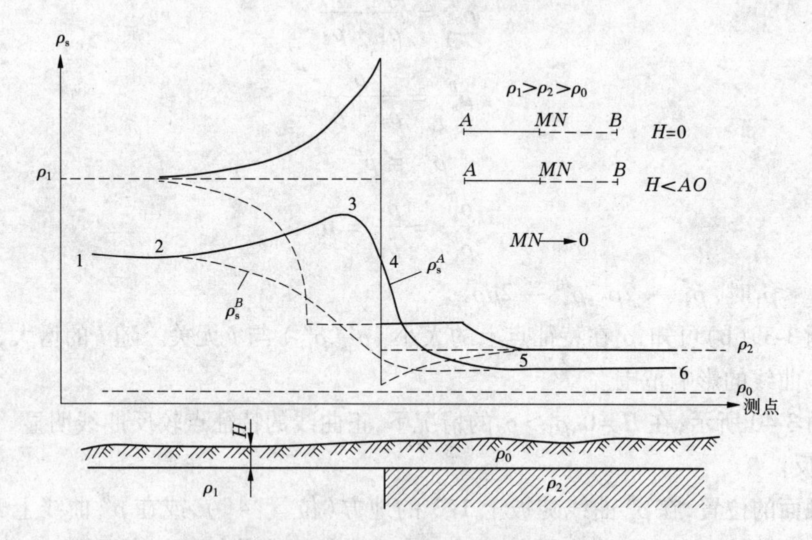

图 3-40　在覆盖层厚度(H)不同的直立接触面上的联合剖面曲线

2）倾斜接触面上的联合剖面曲线

倾斜接触面上的联合剖面曲线如图 3-41 所示。

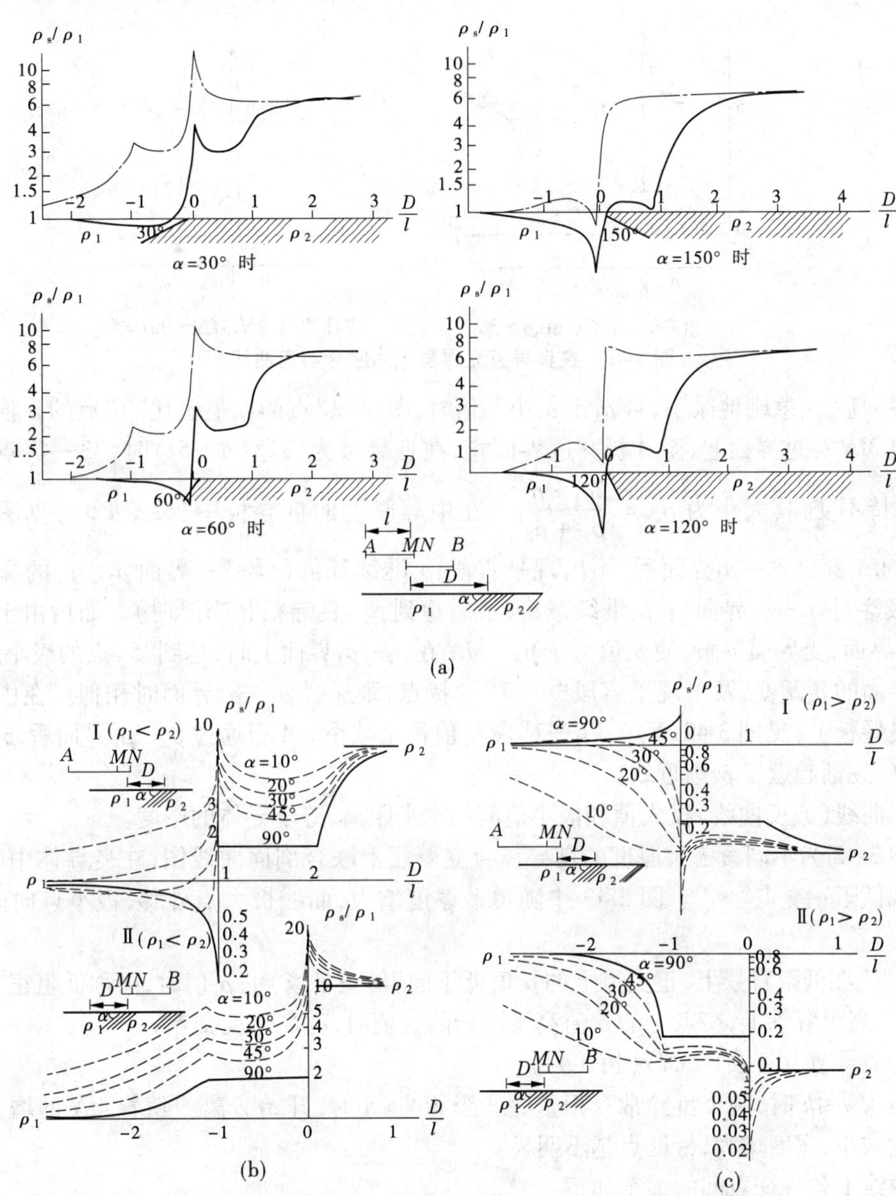

注：(a)$\rho_1=1,\rho_2=7\ \Omega\cdot m$，MN→0；(b)$\rho_1=1,\rho_2=10\ \Omega\cdot m$，接触面向低阻倾斜；(c)$\rho_1=1,\rho_2=10\ \Omega\cdot m$，接触面向高阻倾斜。Ⅰ—*AMN* 曲线；Ⅱ—*MNB* 曲线。

图 3-41　不同倾角（α）接触面上的联合剖面曲线

3）良导直立厚层（$h>l$）

在良导直立厚层上的联合剖面曲线如图 3-42 所示。

从正装置的 *MN* 极离 ρ_1—ρ_2 接触界面小于 $2l$ 开始，*MN* 接近 ρ_2，ρ_s 逐渐增高（1—2 段）。*MN* 到达界面时，ρ_s 达到极大，其极限（$\rho_2\to0$ 及 $l/h\to0$）趋近于 $2\rho_1$。*MN* 穿过 ρ_1—ρ_2

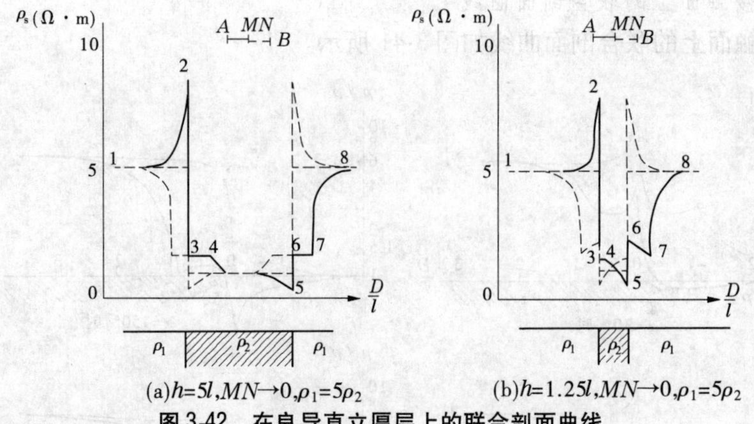

图 3-42　在良导直立厚层上的联合剖面曲线

接触界面后，ρ_s急剧地减小，且ρ_2比ρ_1小几倍时，图中"3"点的ρ_s值也比"2"点的ρ_s值小几倍。自 MN 穿过界面起，至 A 极穿过界面止，在良导板为很厚（$h>5l$）时，"3—4"点间的ρ_s值保持不变，其大小为 $\rho_s=\dfrac{2\rho_1\cdot\rho_2}{\rho_1+\rho_2}$。在中等厚度的良导板中（$5l>h>l$，见图 3-42(b)），$MN$ 穿过ρ_1—ρ_2界面后，不出现平直段，ρ_s继续降低（受另一界面 $\rho_2\to\rho_1$ 的屏蔽）。当 A 极穿过ρ_1—ρ_2界面后，ρ_s继续减小，最后达到ρ_2（良导板相当厚时）。而后由于接近ρ_2—ρ_1界面，受界面屏蔽，使ρ_s值低于ρ_2。MN 在ρ_2—ρ_1界面上时，达到"5"点的极小。MN 通过界面的ρ_s跃变，及出现平直段"6—7"的特点，跟通过ρ_1—ρ_2界面时相似。在中等厚度的良导板上（见图 3-42(b)），"6—7"段ρ_s值稍微减小。A 极通过ρ_2—ρ_1界面后，ρ_s又继续升高，逐渐趋近于ρ_1渐近线。

正曲线（或反曲线）极大值和极小值间的水平距离，等于导体的厚度。

图 3-43 为不同覆盖层厚度的良导体直立厚层上联合剖面曲线图，在良导体中心，曲线出现低阻正交点"＊"。图 3-43 中随覆盖厚度增大，曲线极大点外移，极小点向内（导体中心）移。

"＊"在低阻背景上，正交点上的ρ_s值低于围岩（正常场）的ρ_s值时，简称低阻正交点；反之，在高阻背景上，交点上的ρ_s值高于围岩的ρ_s值时，称高阻反交点。

4）良导直立薄层（$h<l$）（图 3-44）

当 $MN\leqslant h$ 时，两个负异常互相重叠。当 $MN>h$ 时，开始分离。随着 MN 的增大，异常幅度减小，宽度增大，特征点越不明显。

曲线上各特征点间的关系如下：

当 $MN\leqslant h$ 时

$$\overline{B_1B_2}=\overline{A_1A_2}=\overline{N_1N_2}=\overline{M_1M_2}=h \tag{3-18}$$

$$\overline{N_1M_2}-MN=\overline{M_1N_2}+MN=h \tag{3-19}$$

当 $MN>h$ 时

$$\overline{N_1N_2}=\overline{M_1M_2}=h \tag{3-20}$$

$$\overline{N_1M_2}=MN+h \tag{3-21}$$

$$\overline{N_2M_1}=MN-h \tag{3-22}$$

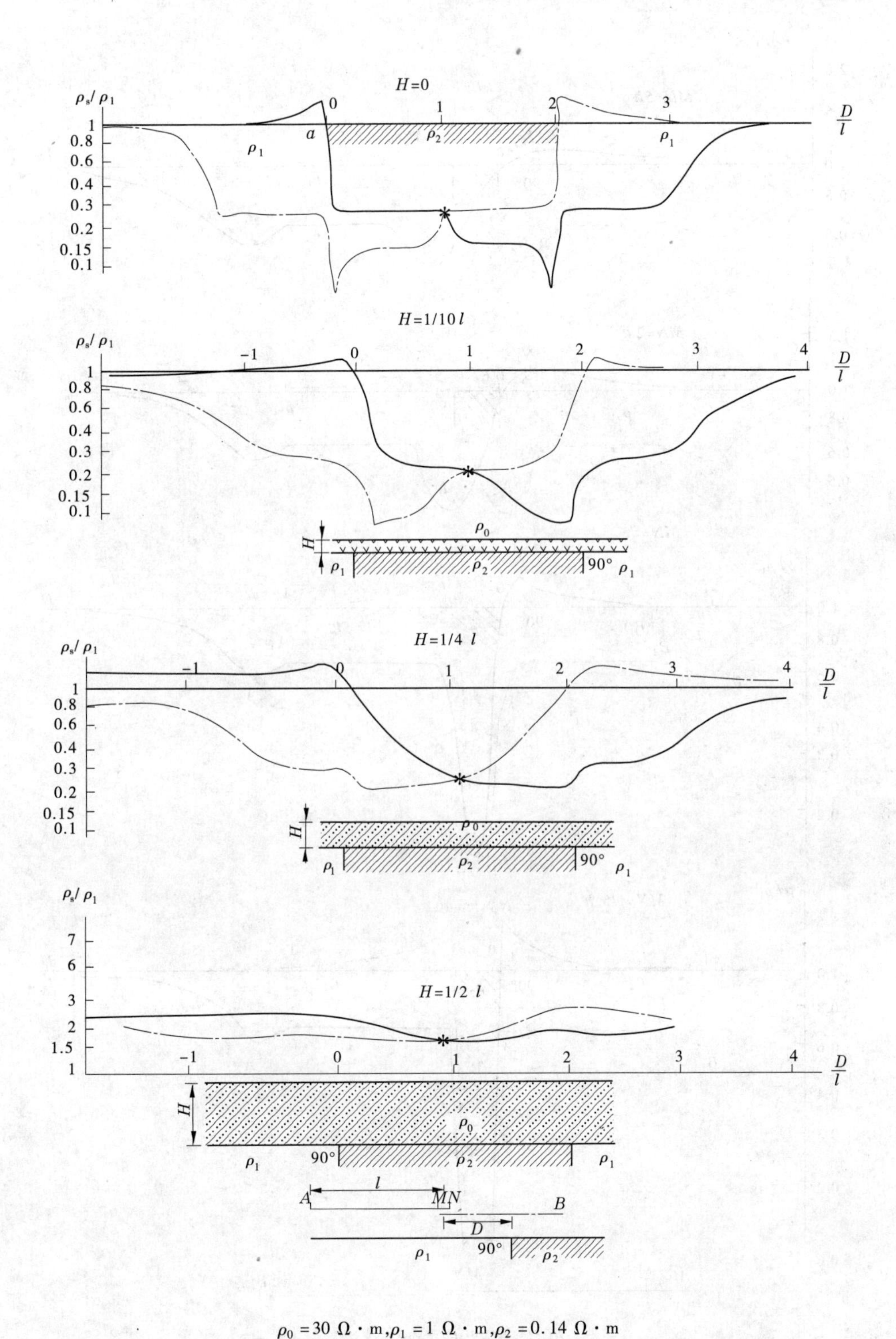

$\rho_0=30\ \Omega\cdot m,\rho_1=1\ \Omega\cdot m,\rho_2=0.14\ \Omega\cdot m$

图3-43　在覆盖厚度(H)不同时的良导直立厚层上的联合剖面曲线

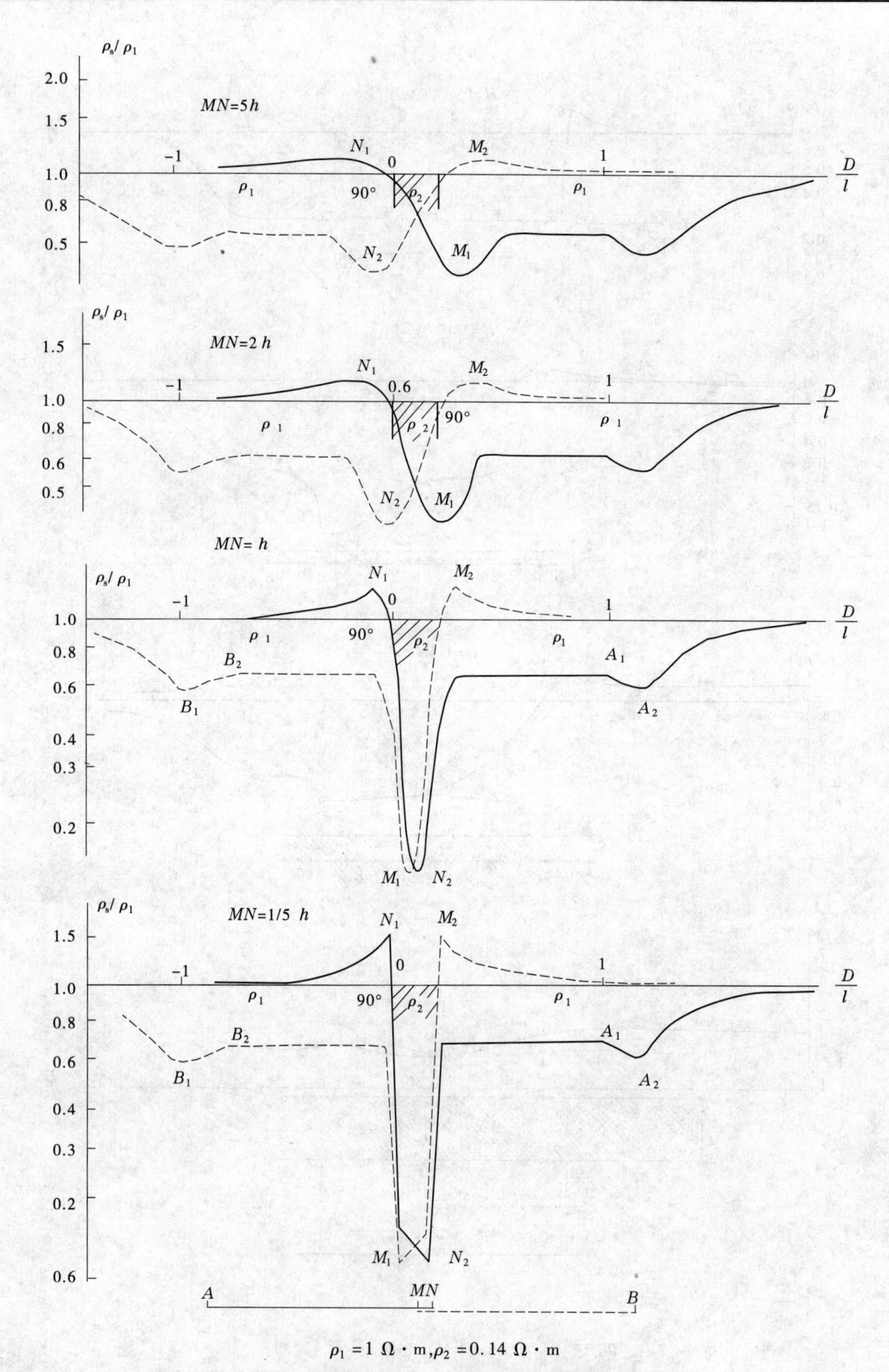

$\rho_1 = 1\ \Omega \cdot m, \rho_2 = 0.14\ \Omega \cdot m$

图 3-44　在良导直立薄层上 MN/h 不同的联合剖面曲线

式中，A_1、A_2、M_1、M_2、N_1、N_2、B_1、B_2分别为电极A、M、N、B到达界面ρ_1—ρ_2及ρ_2—ρ_1时的反映；字母上面横线表示两特征点间的水平距离。

如图3-45所示，当$H>MN$时，曲线出现低阻正交点。当$H<MN$时，出现高阻正交点，异常的宽度等于$(2\sim3)l$。特征点随H的增加不明显。在$H<(2l/5)$时，曲线的特征点和MN、h间的关系，同无覆盖时相同。

如图3-46所示，当α为0°与90°时，曲线对称。α为0°～90°（或90°～180°）时，随α的减小（增大），曲线越不对称。导体向B极倾斜时，$\rho_{sA}^{\min}<\rho_{sB}^{\min}$；向$A$极倾斜时则相反。

在同一条件下，极距越大曲线越不对称（极距大于d时就不是这样）。

5）组合岩层

图3-47所示曲线特征与直立良导层组基本相似。

图3-48所示断面，可看成与裂隙带相似。层组的曲线特征与一导电层的作用相当。根据联合剖面曲线的正交点，可靠地确定良导层组的中心位置，并根据曲线的不对称，确定其倾斜方向。随极距的增加，异常值相应增大。

6）球体上的联合剖面曲线

A. 球体

在埋深（H）不同的良导球体上，极距（l）不同的联合剖面曲线如图3-49所示。

随着l的增大，异常值增大。正、反曲线的极小值都趋近球体的中心。

当l较大时，球心两侧距球心为l处出现一个假极小，它与供电电极通过球心时相对应。

B. 组合球体

两个平行良导球体距离（P）不同时的联合剖面试验曲线如图3-50所示。

良导球体的距离大于l时，两个球体都反映出正交点。当两个球体的距离等于l时，在大的良导球体异常的背景上，看到小良导球体的极小异常，但在小良导球体上没有正交点。

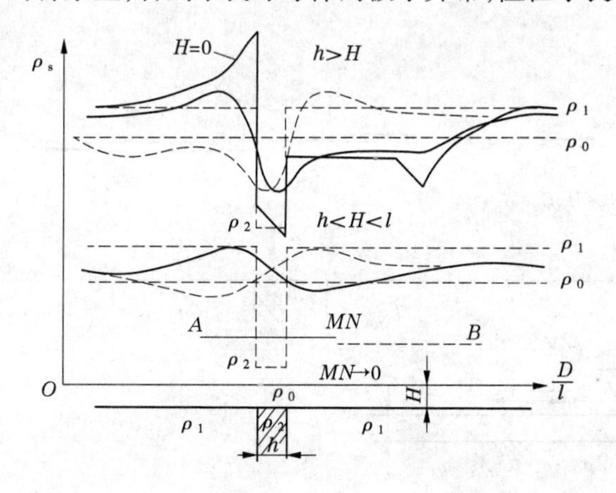

（a）$\rho_0:\rho_1:\rho_2=0.75:1:0.1$，$h>MN$，$d=L\to\infty$

图3-45　在埋深（H）不同的良导直立薄层上的联合剖面试验曲线

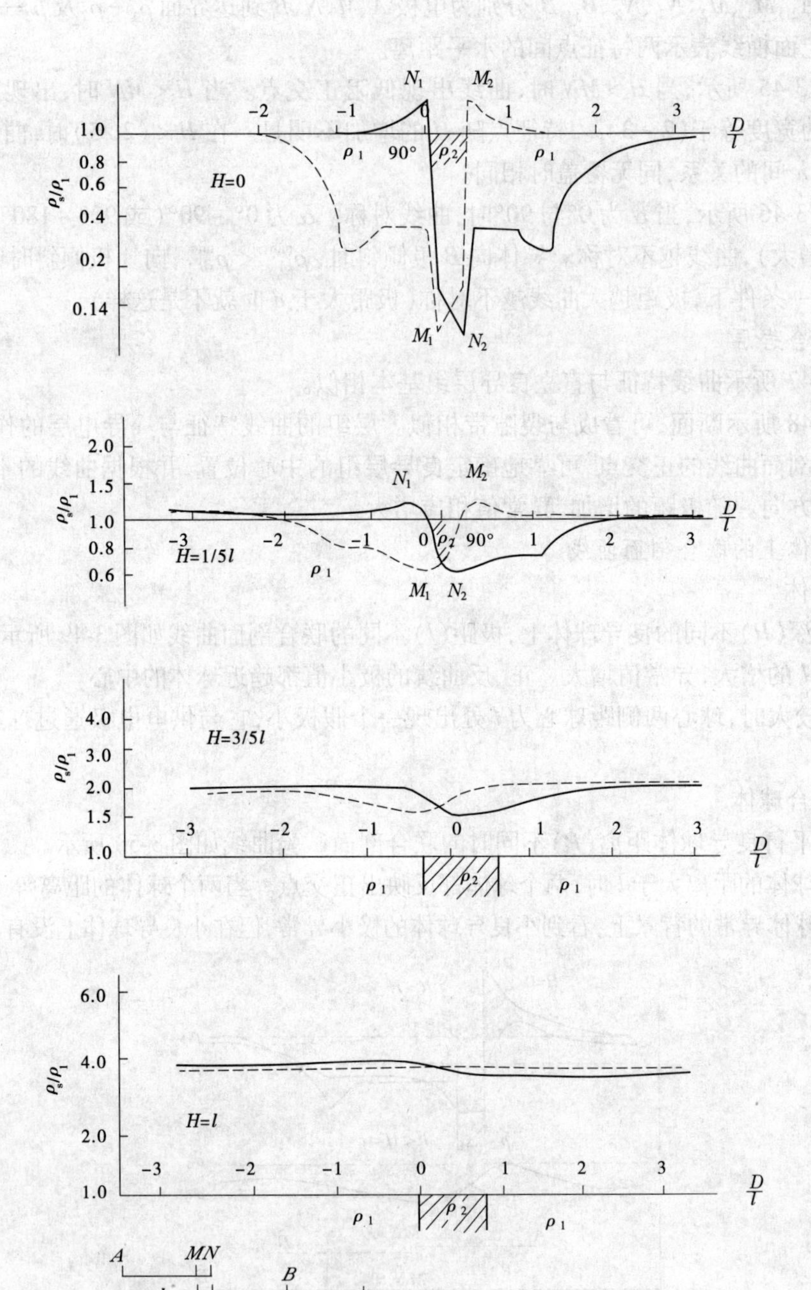

(b) $\rho_0:\rho_1:\rho_2=4.3:1:0.14, h>MN, d=L\to\infty$

续图 3-45

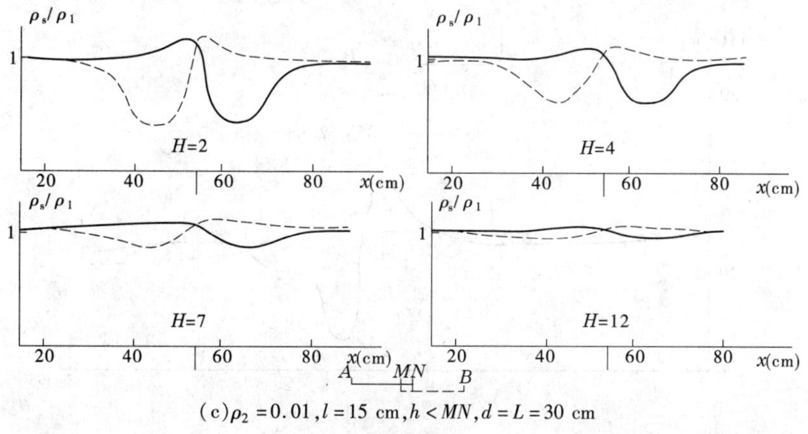

(c) $\rho_2=0.01, l=15$ cm, $h<MN, d=L=30$ cm

续图 3-45

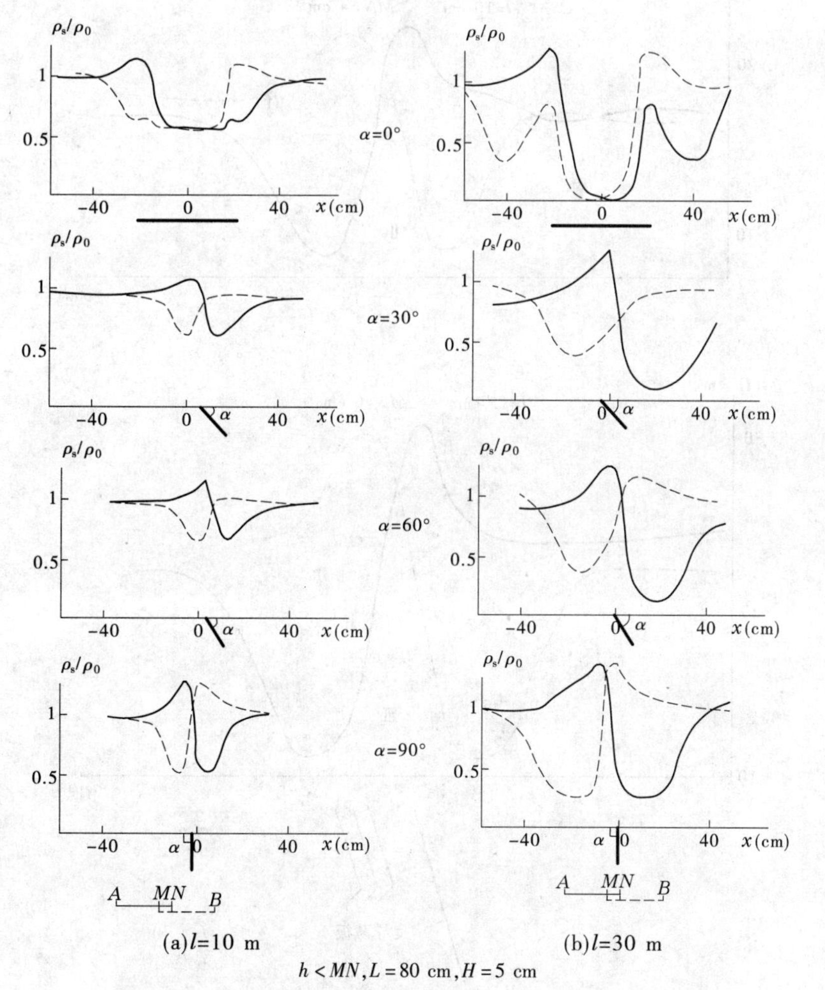

(a) l=10 m　　(b) l=30 m

$h<MN, L=80$ cm, $H=5$ cm

图 3-46　在倾角(α)不同的良导薄层上的联合剖面试验曲线

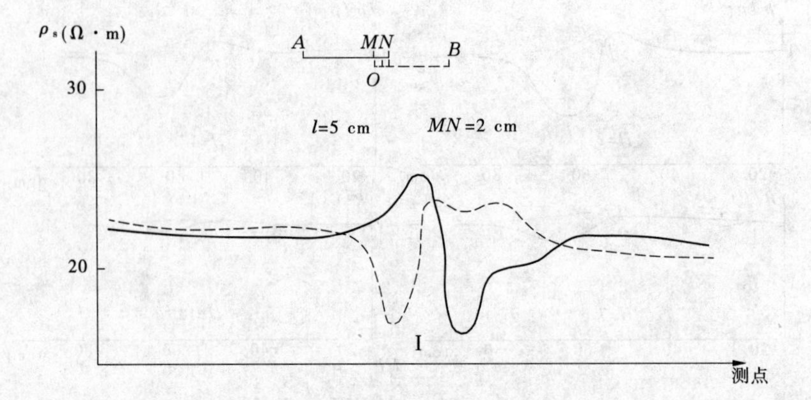

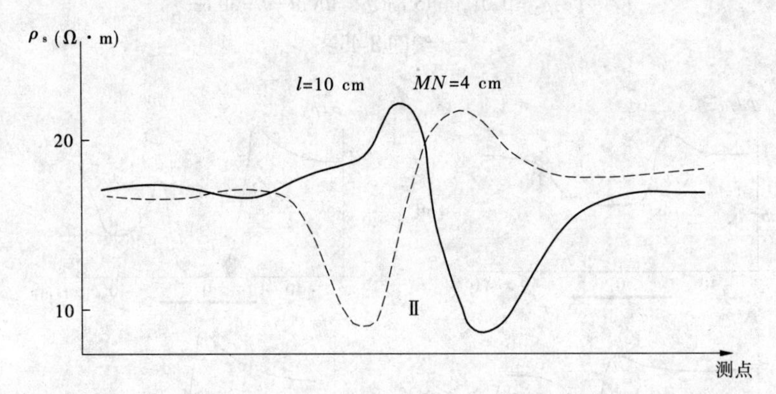

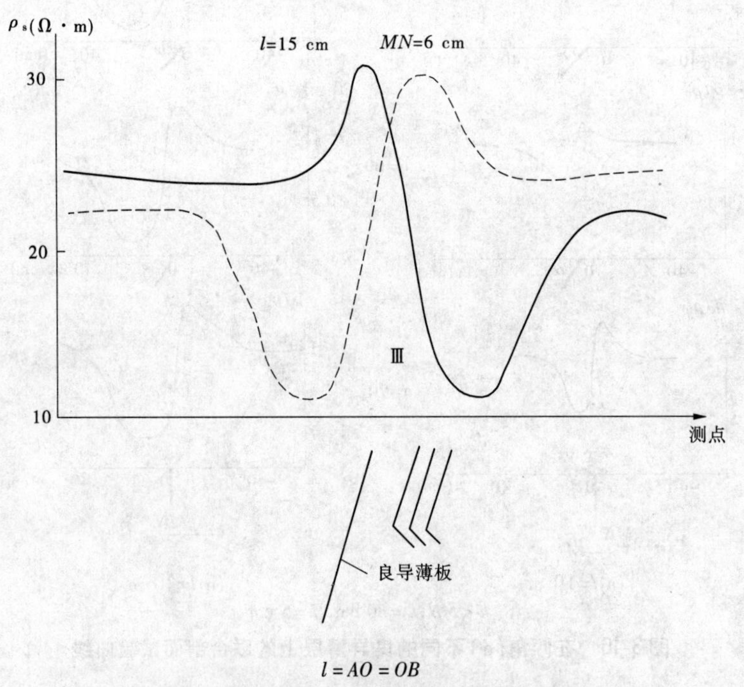

图 3-47　倾斜良导层组的联合剖面曲线

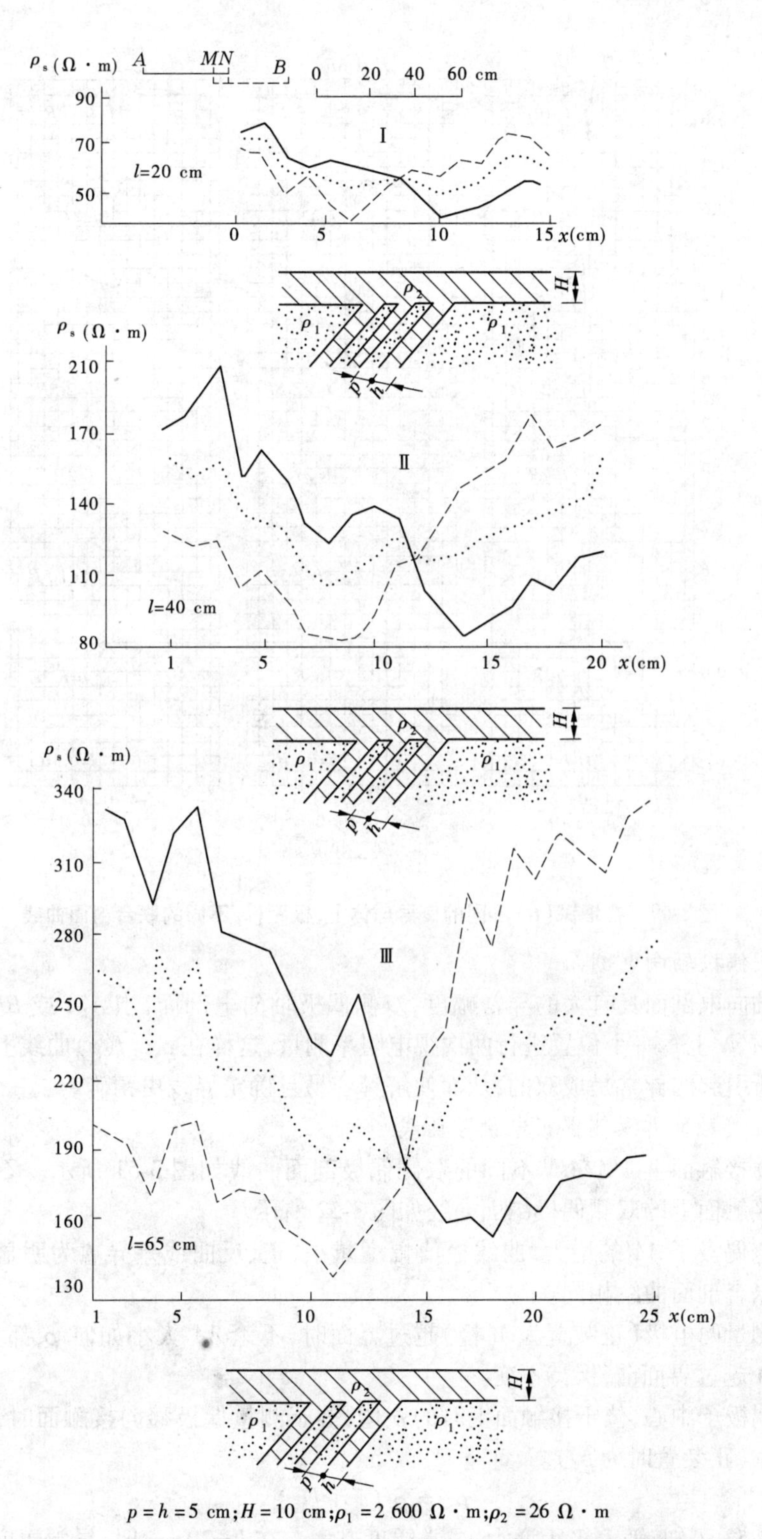

$p = h = 5$ cm; $H = 10$ cm; $\rho_1 = 2\ 600\ \Omega \cdot \text{m}$; $\rho_2 = 26\ \Omega \cdot \text{m}$

图 3-48　在倾斜良导层组上不同极距的联合剖面和对称剖面试验曲线

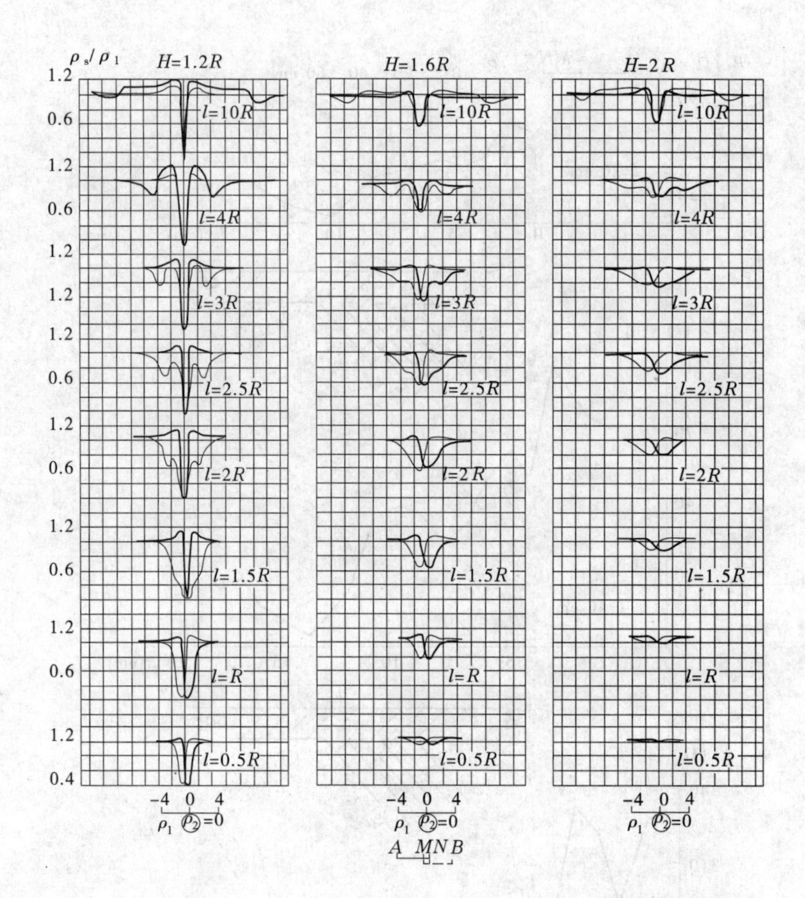

图 3-49　在埋深(H)不同的良导球体上,极距(l)不同的联合剖面曲线

4. 双侧偶极轴向电剖面

偶极轴向电剖面具有大的异常幅度,双侧偶极轴向电剖面,当 $A'A$ 或 BB' 供电时,在测量电极 M、N 上每一个位置进行两次视电阻率测量,这样在 $\rho_s=f(x)$ 曲线上由不同电阻率的岩层所引起的异常是成双的,从而使解释容易且确定界线更精确。

1) 直立接触面的双侧偶极电剖面曲线

在直立接触面上 $A'A/MN$ 不同的双侧偶极剖面曲线如图 3-51 所示。不同覆盖层厚度的直立接触面上的双侧偶极剖面曲线如图 3-52 所示。

随供电偶极子 AA' 的增大,曲线极值幅度减小,正、反曲线差异愈为明显。此时的曲线实际与联合剖面曲线相同。

当内测量两电极(正装置为 M 极)越过界面时,不论 AA' 大小如何,ρ_s 都为常值,直到内供电极 A 越过界面前,保持不变。

测量偶极子中心,位于接触面上时的 ρ_s 值,等于测量偶极移向接触面时,所离开介质的真电阻率(正装置时为 ρ_1)。

$$\rho'_s=\rho_1(1+k_{12}) \tag{3-23}$$

由图 3-53 可知,随着极距增大,异常幅度亦大。在 $l=20$ cm 时,异常幅度最大;在 $l=30$ cm 时,因受 ρ_1 影响,异常幅度反而减小。所以,采取适合的极距,可得到明显的异常。

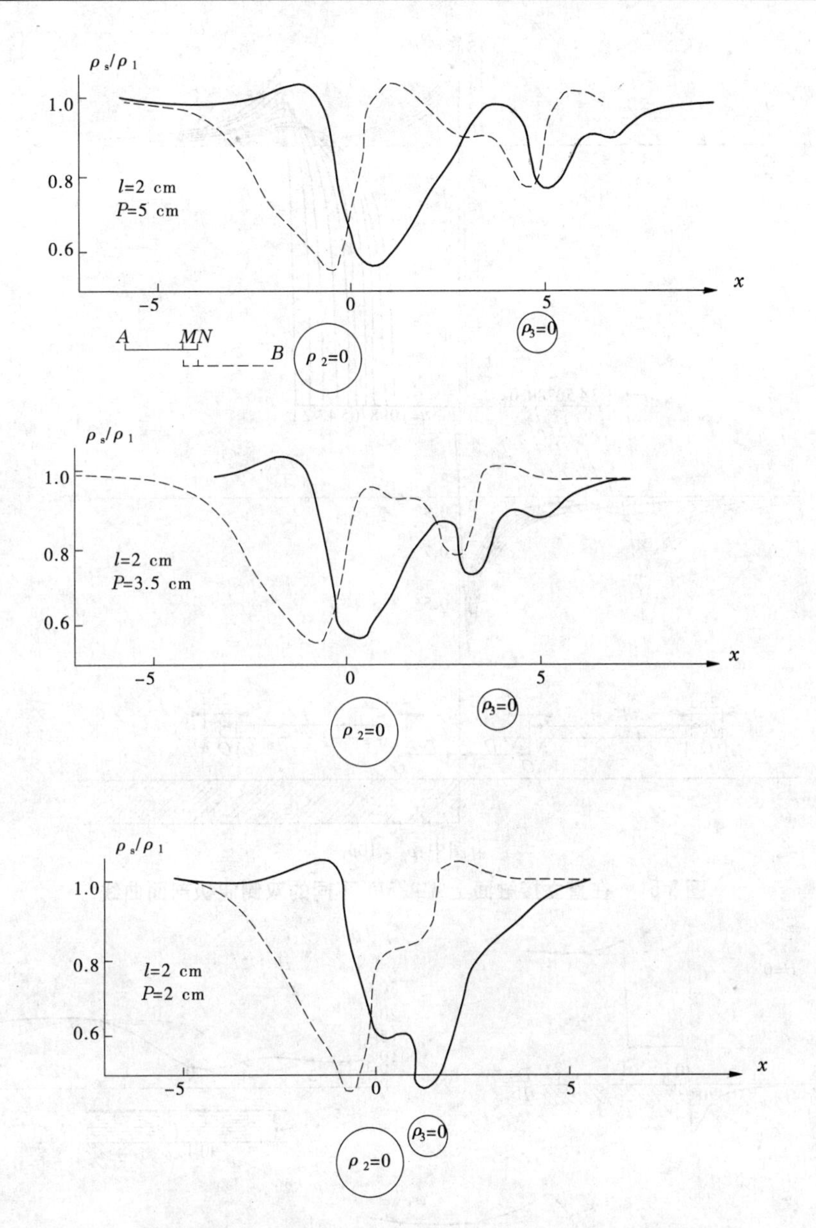

良导大球：$R=1$ cm，$H=1.6$ cm；良导小球：$R=0.5$ cm，$H=1$ cm

图 3-50 两个平行良导球体距离(P)不同时的联合剖面试验曲线

2）倾斜接触面双侧偶极电剖面曲线

图 3-54 所示的曲线特征，与联合剖面基本一致。只是在接触面倾向低（高）阻时，正（反）曲线多了一个极大（极小）值。同时偶极剖面曲线 ρ_s 值的变化，比联合剖面曲线更陡。当接触面倾向高阻时，用联合剖面的正曲线划分界面，比偶极剖面更明显。图 3-55 为不同覆盖厚度时倾斜接触面上的双侧偶极剖面曲线图。

3）良导体直立厚层($h \geqslant l$)双侧偶极电剖面曲线

图 3-56 所示曲线特征随厚度变化的规律，与联合剖面基本相同。

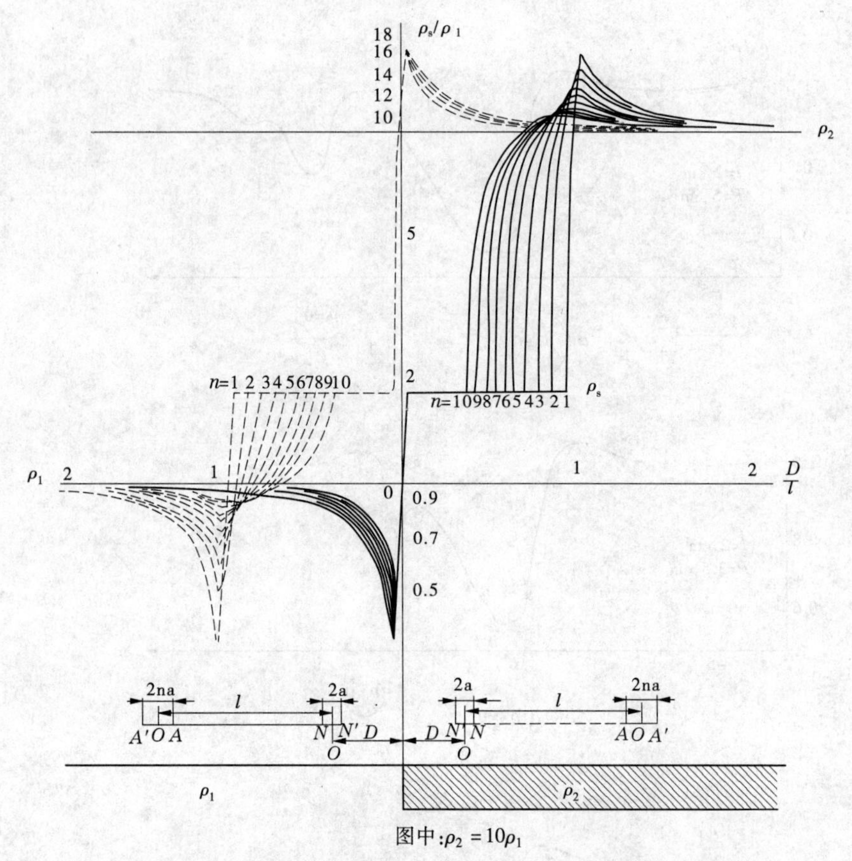

图中：$\rho_2=10\rho_1$

图 3-51　在直立接触面上 $A'A/MN$ 不同的双侧偶极剖面曲线

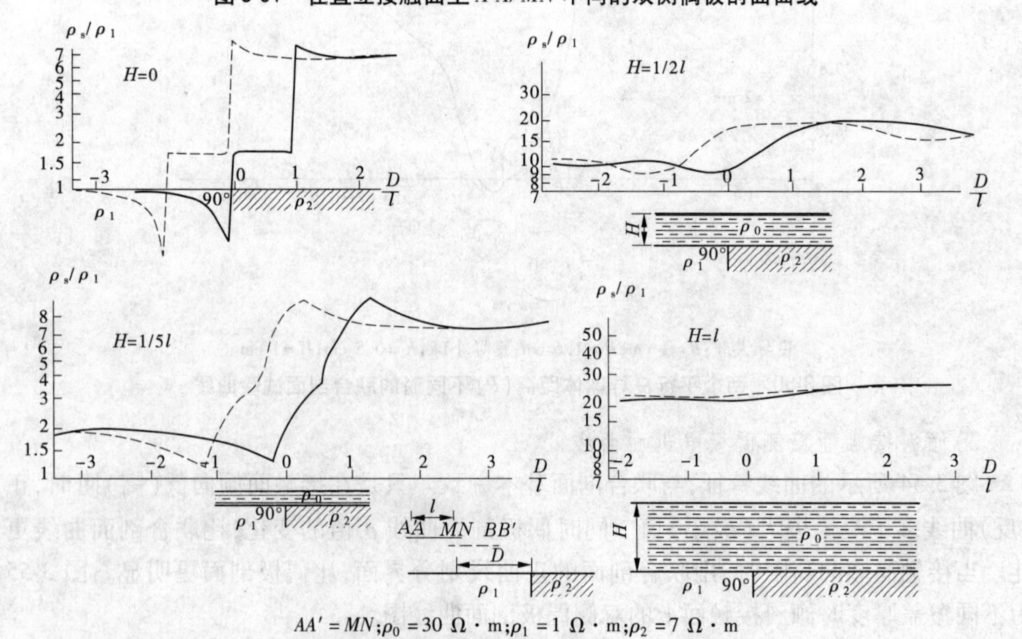

$AA'=MN;\rho_0=30\ \Omega\cdot m;\rho_1=1\ \Omega\cdot m;\rho_2=7\ \Omega\cdot m$

图 3-52　在覆盖厚度(H)不同的直立接触面上的双侧偶极剖面曲线

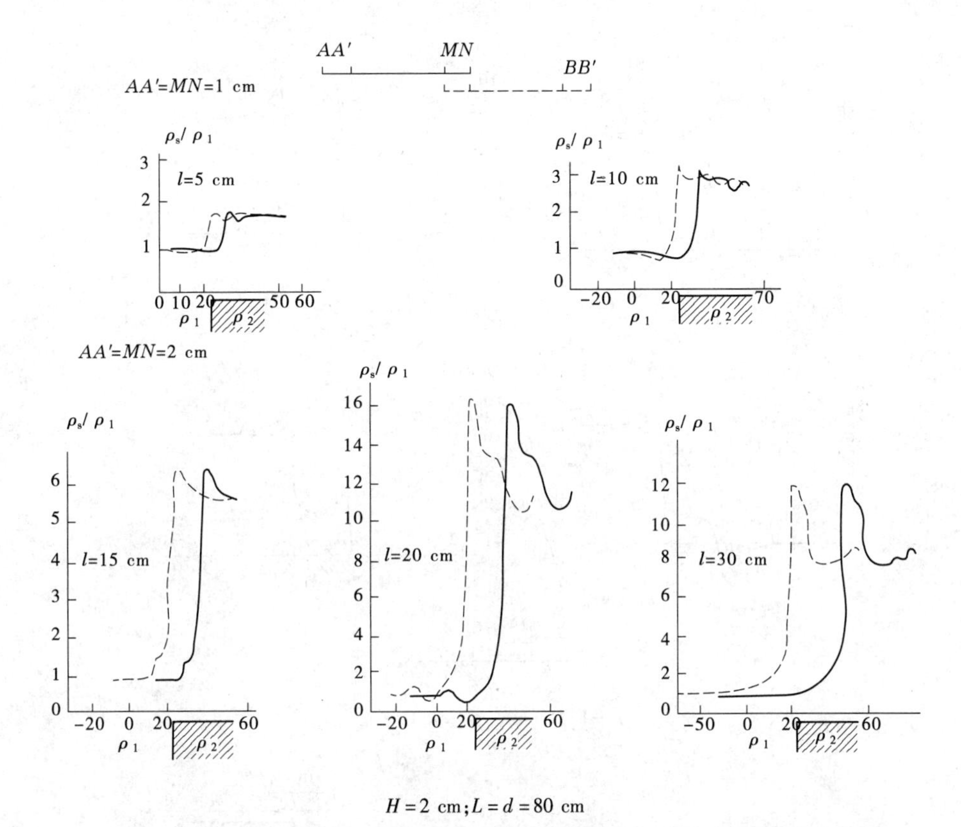

图3-53　在直立接触面上不同极距(l)和不同偶极子的双侧偶极剖面试验曲线

当$h \gg l(h \geqslant 4l)$时，在良导体中部，出现一段ρ_s等于ρ_2的平直段（见图3-56(a)）。

当$h > l$时，等于ρ_s的平直段没有反映，只保持MN越过ρ_1—ρ_2界面，到A极越过界面前的平直段（见图3-56(b)）。

当$h \leqslant l$时，连平直段也不出现。MN越过ρ_1—ρ_2界面后，ρ_s值继续下降，直到MN越过ρ_2—ρ_1界面时，才开始上升（见图3-56(c)）。

图3-57所示曲线特点和联合剖面基本一致。只是曲线上ρ_s变化梯度及异常幅度更大，特征点较联合剖面明显。

4）良导体直立薄层($h < l$)双侧偶极电剖面曲线

在良导体直立薄层上MN/h不同的双侧偶极剖面曲线如图3-58所示。

5）组合岩层

在倾斜良导层组上极距(l)不同的偶极剖面试验曲线如图3-59所示。

5. 对称四极、联合剖面、双侧偶极装置异常特点的对比

不同装置类型、装置大小及覆盖层电阻率，对电场和视电阻率有很大的影响，根据其在不同情况下的特点，并考虑资源配置和施工条件，可选择合适的工作方法。

1）电场与视电阻率特性

在均匀各向同性半空间中，不同装置的电位曲线如图3-60所示。

(1)偶极装置的电场衰减最快，三极装置最慢。

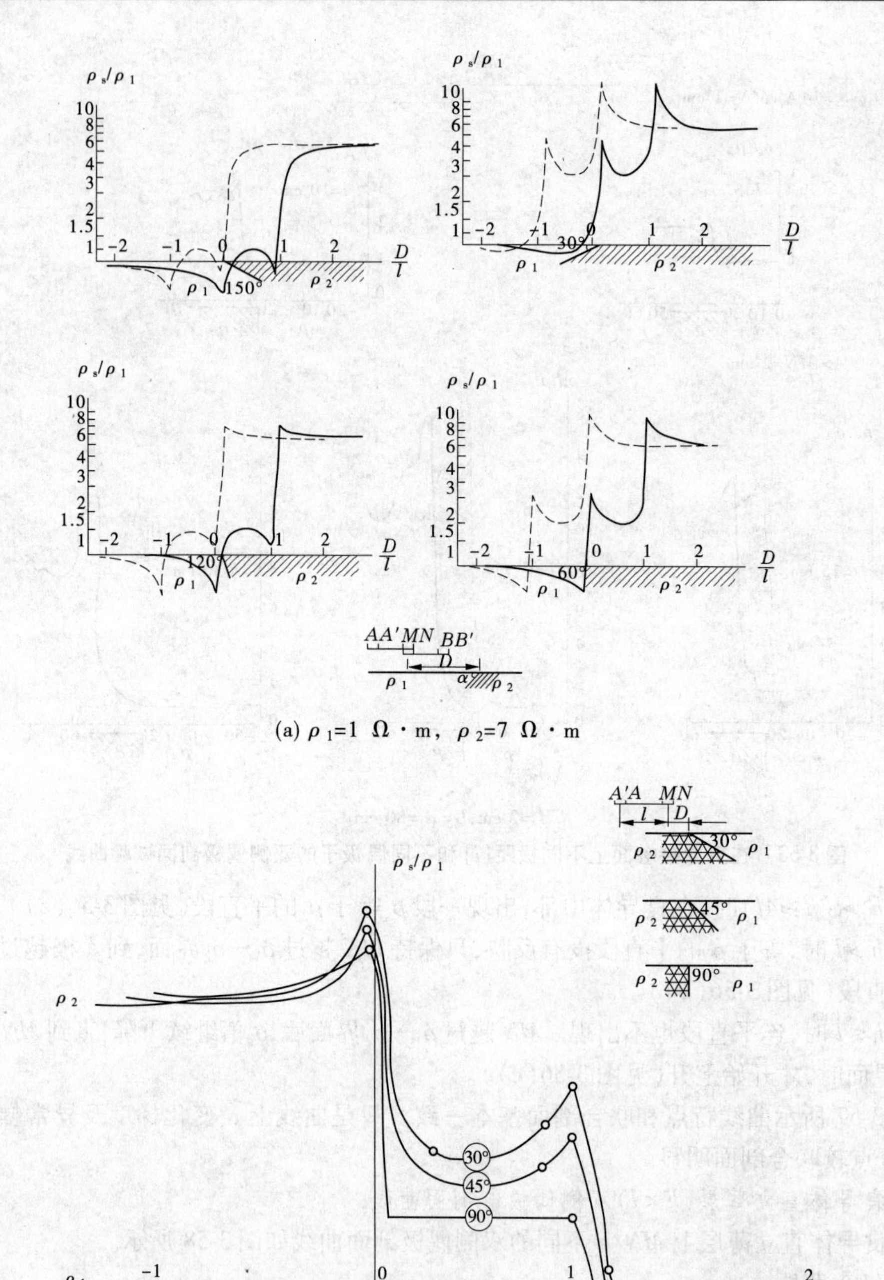

(a) ρ_1=1 Ω · m，ρ_2=7 Ω · m

(b) ρ_1=1 Ω · m，ρ_2=9 Ω · m,纵坐标的模数为3.13 cm

图 3-54　在不同倾角(α)接触面上的双侧偶极剖面曲线

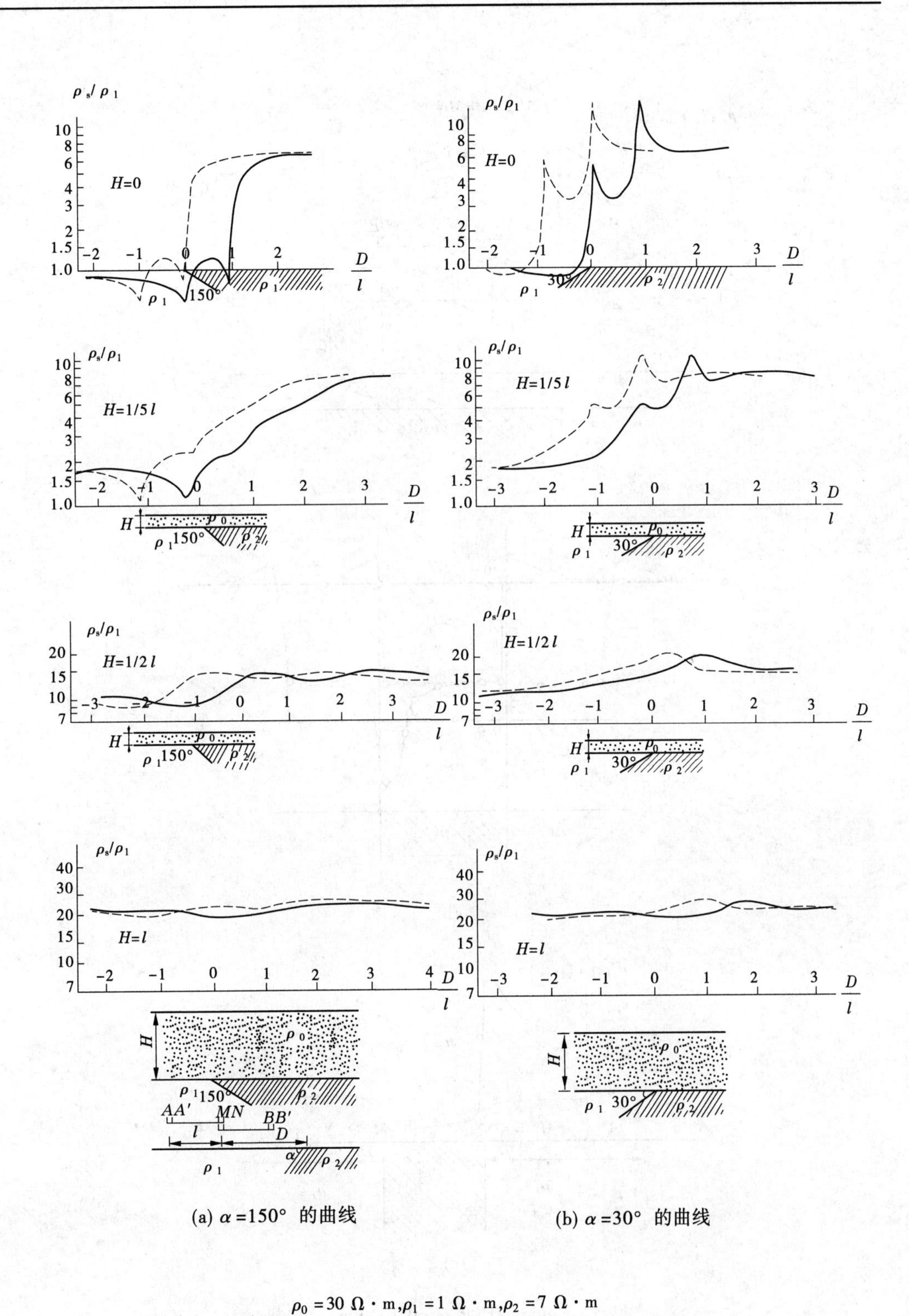

(a) $\alpha=150°$ 的曲线　　(b) $\alpha=30°$ 的曲线

$\rho_0=30\ \Omega\cdot m,\rho_1=1\ \Omega\cdot m,\rho_2=7\ \Omega\cdot m$

图3-55　在覆盖厚度(H)不同的倾斜接触面上的双侧偶极剖面曲线

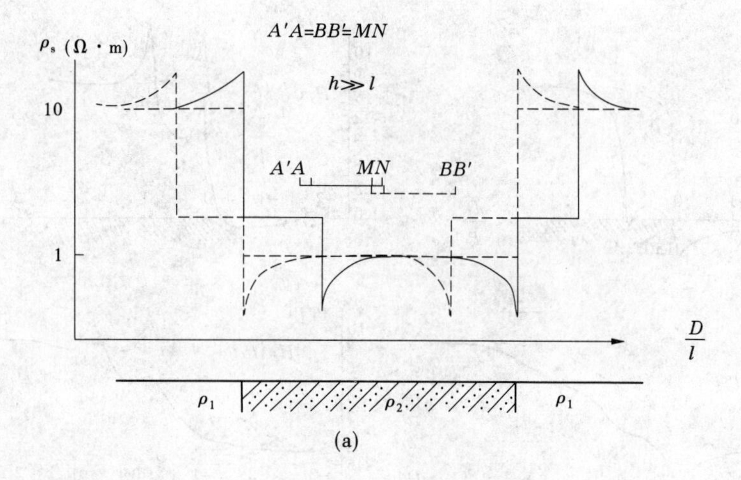

(a)

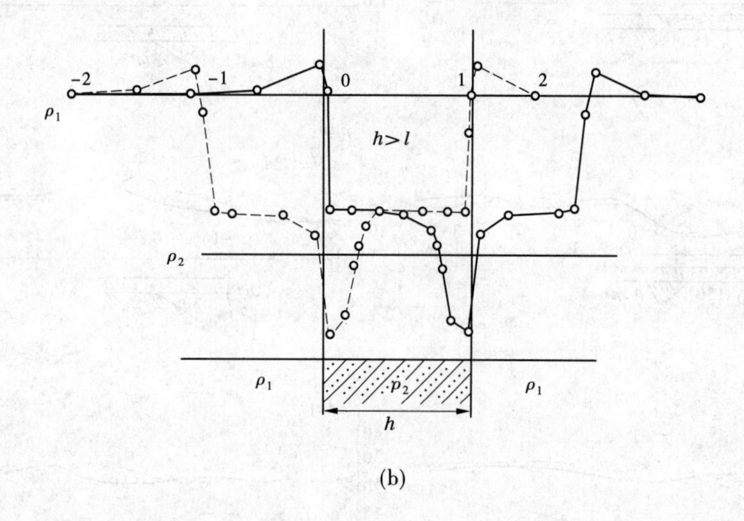

(b)

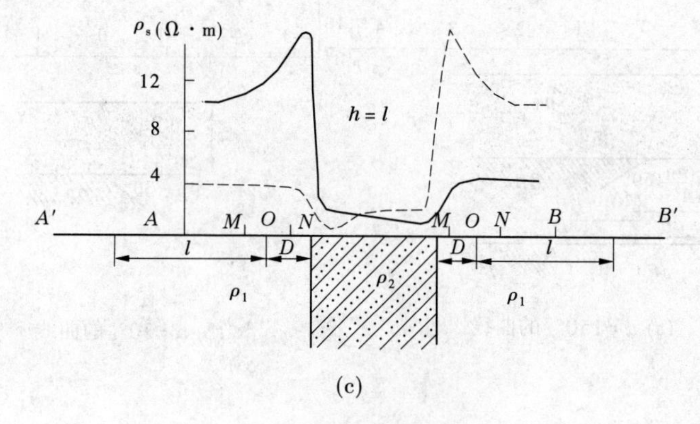

(c)

$\rho_1 = 1\ \Omega \cdot m, \rho_2 = 0.1\ \Omega \cdot m$

图 3-56　在厚度(h)不同的良导厚层上的双侧偶极剖面曲线

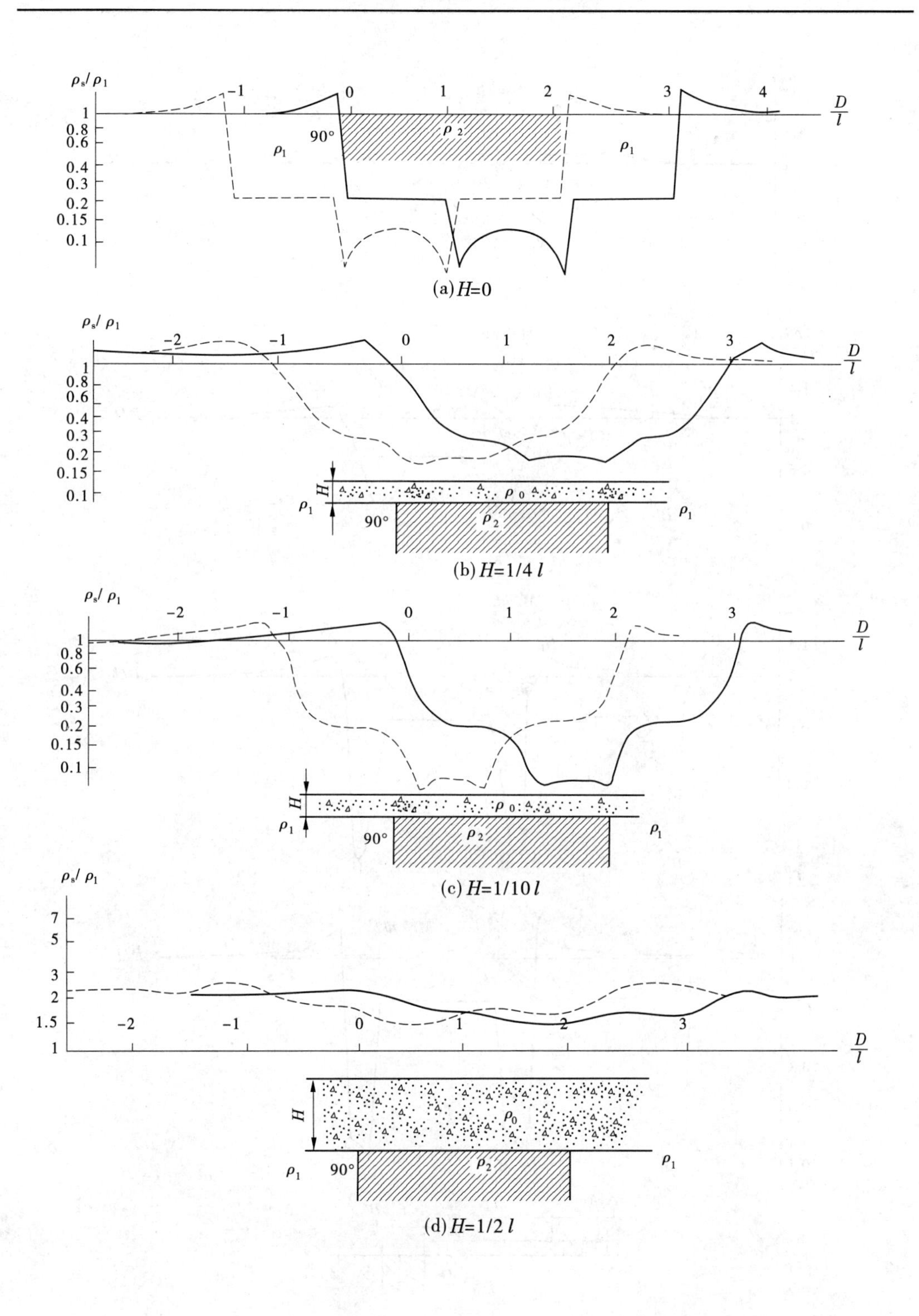

$\rho_0 = 4.3\ \Omega\cdot m, \rho_1 = 1\ \Omega\cdot m, \rho_2 = 0.14\ \Omega\cdot m$

图3-57　在覆盖厚度(H)不同的良导厚层上的双侧偶极剖面曲线

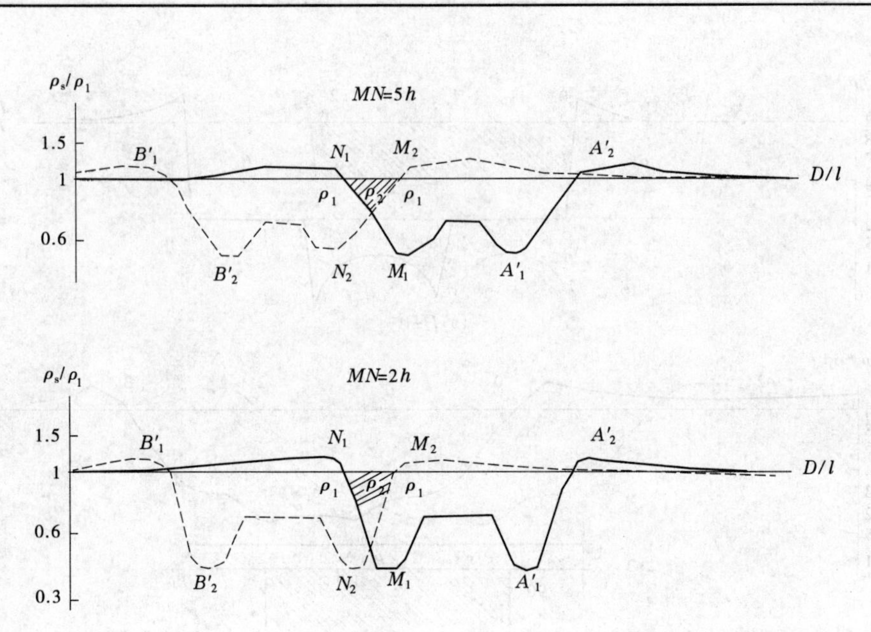

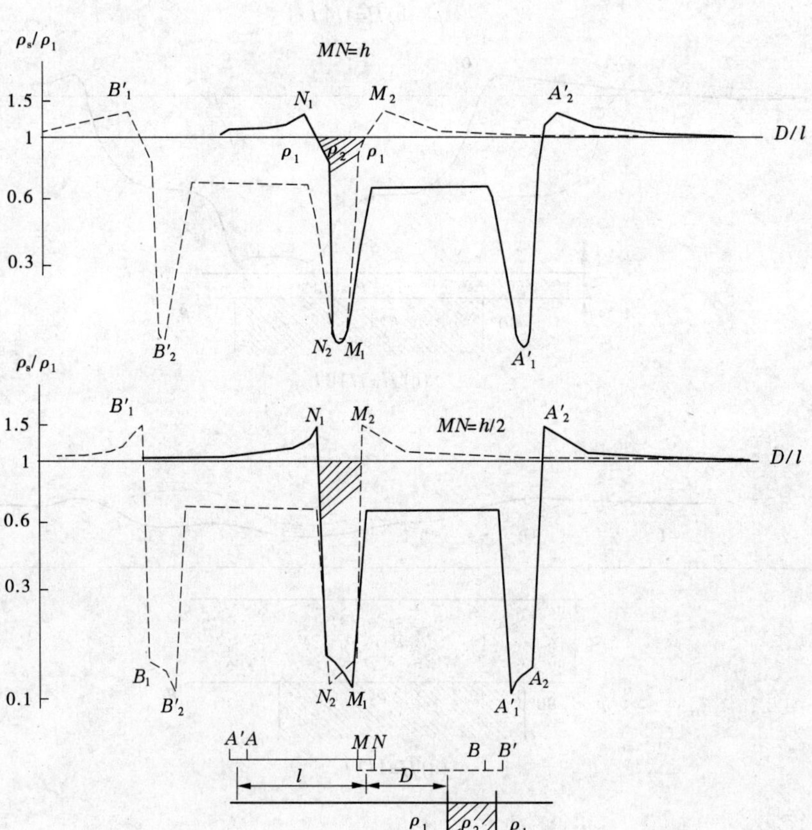

$\rho_1 = 1\ \Omega \cdot \mathrm{m}, \rho_2 = 0.14\ \Omega \cdot \mathrm{m}; A'A = MN$

图 3-58　在良导直立薄层上 MN/h 不同的双侧偶极剖面曲线

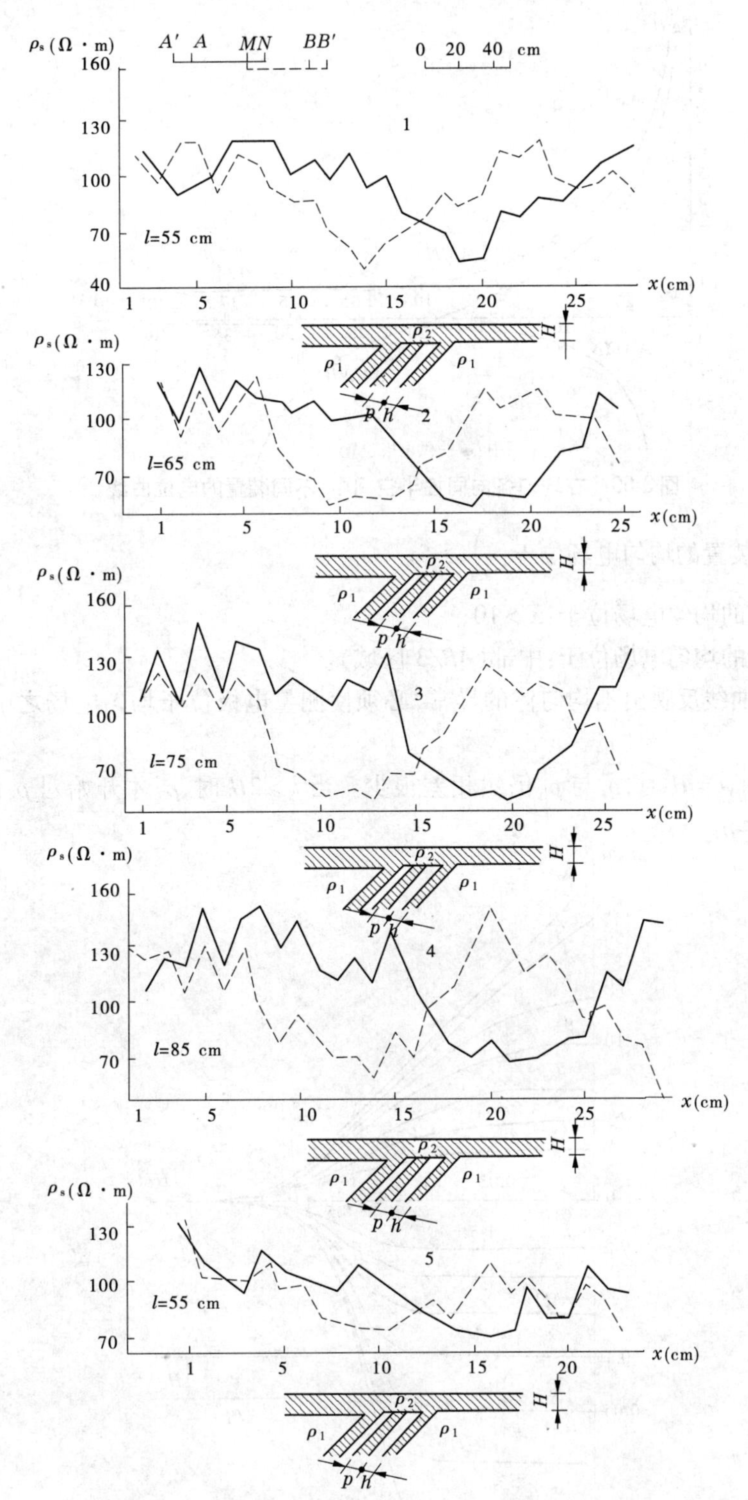

1、2、3、4—通过走向中心层组的剖面；5—通过良导层组边缘的剖面

$P=h=5$ cm, $H=10$ cm, $d\to\infty$, $\rho_1=2\ 600\ \Omega\cdot\mathrm{m}$(砂), $\rho_2=26\ \Omega\cdot\mathrm{m}$(泥岩)

图 3-59　在倾斜良导层组上极距(l)不同的偶极剖面试验曲线

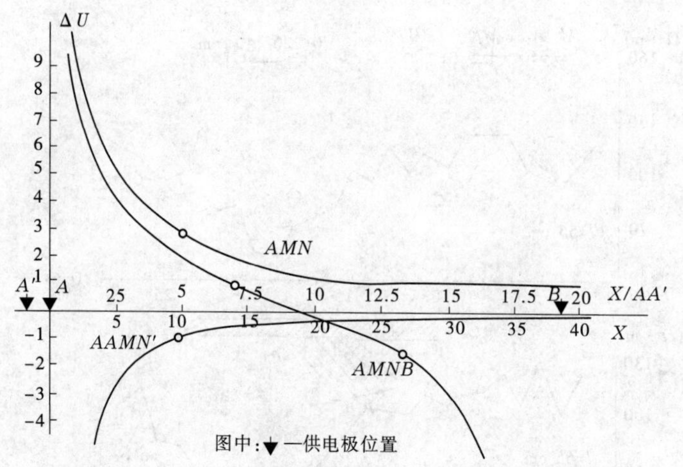

图 3-60 在均匀各向同性半空间中，不同装置的电位曲线

(2)偶极装置的均匀电场位于：$\frac{X}{AA'} \geqslant 5$。

三极装置的均匀电场位于：$X > 10$；

四极装置的均匀电场位于：中部（$AB/3$ 区域）。

(3)要使曲线反映出不均匀体的异常，必须使测量电极位于均匀电场之中，并使l/H比足够大。

图 3-61 中，$l = H$ 时，ρ_s 与 ρ_0 仍然相差很少。当 $l > 2H$ 时，ρ_1 才开始对 ρ_s 值起影响。$l = 10H$ 时，$\rho_s \approx \rho_1$。

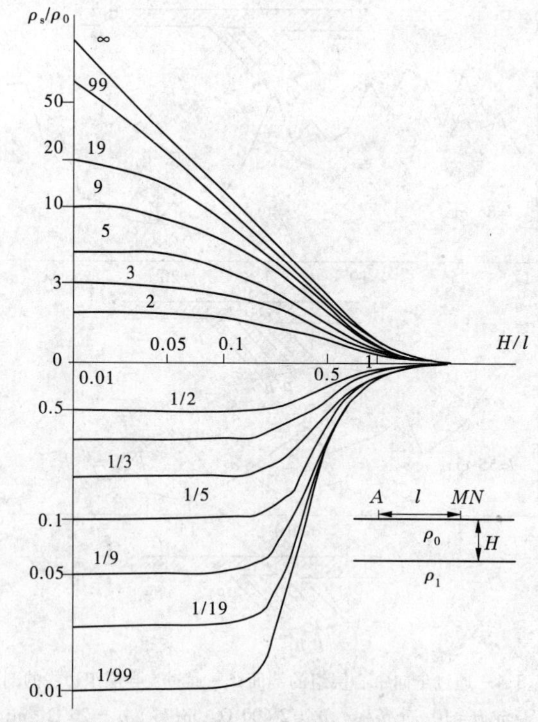

图 3-61 覆盖层电阻率（ρ_0）不同时，AMN 装置的 ρ_s 与埋深（H）之关系曲线

对于$\rho_1>\rho_0$的断面，随着比值ρ_1/ρ_0的增大，需要较大的装置(l)，ρ_s才能趋近ρ_1($\rho_1/\rho_0=2, l=10H; \rho_1/\rho_0=10, l=100H$)。因此，其他条件相同时，良导覆盖层对$\rho_s$的影响，比非良导覆盖层大。

图3-62中，当$MN \leqslant h$时，ρ_s与MN大小关系不大。当$MN>h$时，随MN的增大，ρ_s急剧减小。

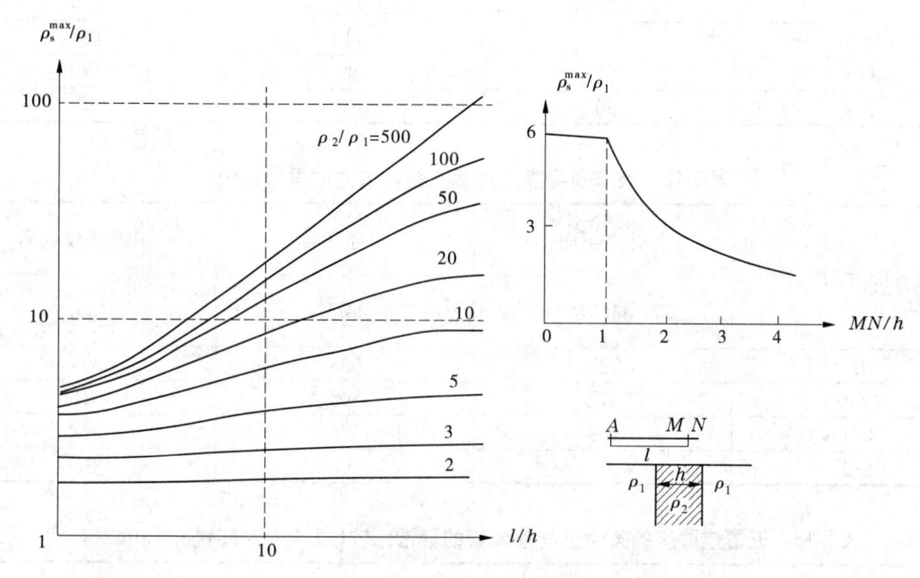

左侧图：$\rho_s^{max}/\rho'=f(l/h)$，$\rho_2/\rho_1$为参数$\mu$；右侧图：$\rho_s^{max}/\rho_1=f(MN/h)$，$l=10h$，$\rho_2=10\rho_1$

图3-62　在非良导直立板上，AMN装置的ρ_s值与电极距的关系($L=d\to\infty$)

ρ_1与ρ_2电性差异越小，ρ_s随电极距(l)变化也越小。对于良导体，也具有类似的性质。

2)分辨能力

分辨能力包括：异常幅度，区别干扰异常的能力和曲线特征点三个内容。

(1)异常幅度η。

$$\eta=\frac{\rho_s^{max}-\rho_s^{min}}{\rho'_0}\times 100\% \tag{3-24}$$

式中　ρ'_0——正常场电阻率。

由表3-10～表3-13数据可知：

表3-10　一个接触面上各种方法异常幅度比较(设AMNB装置$\eta=100\%$)

倾角(α)	对称剖面	联合剖面		双侧偶极剖面	
	AMNB	*AMN*	*MNB*	*A'AMN*	*MNBB'*
45°	100	200	246	400	390
90°	100	298	175	360	363

表 3-11 在良导直立厚板上各方法的异常比较

覆盖厚度(H/l)	对称剖面	联合剖面	双侧偶极剖面
	AMNB	*AMN*	*A'AMN*
0	75	139	144
1/10	65	111	121
1/4	55	80	96
1/2	30	33	38

表 3-12 在非良导直立厚板上各种方法的异常比较

覆盖厚度(H/l)	对称剖面	联合剖面	双侧偶极剖面
	AMNB	*AMN*	*A'AMN*
0	327	638	894
1/10	272	548	616
1/4	108	276	338
1/2	15	54	82

表 3-13 无覆盖厚度的条件下其他装置的异常比较(设 *AMNB* 装置 $\eta = 100\%$)

断面		双侧偶极剖面		联合剖面		对称剖面
		A'AMN	*MNBB'*	*AMN*	*MNB*	*AMNB*
接触带 [$h > (2\sim3)l$]	$\alpha = 90°$	360		298	175	100
	$\alpha = 45°$	390	400	200	200	
厚板 [$l < h < (2\sim3)l$]	良导	200		187		
	非良导	263		203		
薄板 ($h < l$)	良导 $\alpha = 90°$	108		140		
	良导 $\alpha = 30°$	136		147		
	非良导 $\alpha = 90°$	102		113		
	非良导 $\alpha = 30°$	190		207		
球体	良导	118		115		

①偶极剖面法异常幅度最大。

②在其他条件相同时,地质体的厚度、延伸及延深越大,异常幅度差越大。

③倾角越小,不同装置的异常幅度差异越大。

图 3-63 ~ 图 3-65 以 η 曲线的形式反映三者之间异常差异。

(2)区别干扰异常的能力:各种干扰体(如地形起伏,表层不均匀等),对不对称装置的曲线影响较大,对对称装置的影响较小(见图 3-66、图 3-67)。但可以利用不对称装置曲线上的特征点和合理改变装置的大小,识别干扰异常,并将其消除。

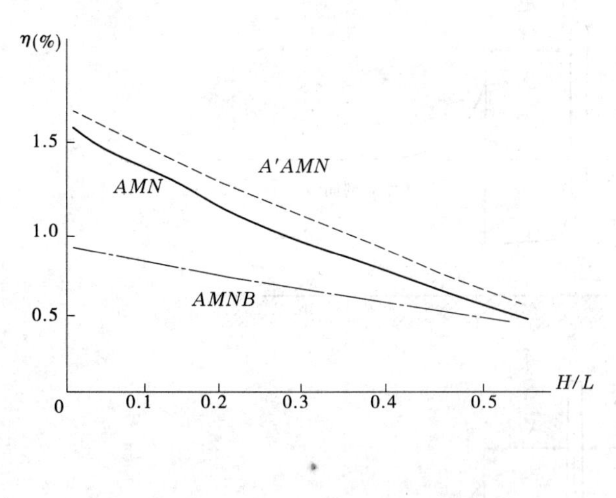

$\rho_0=4.3\ \Omega\cdot m,\rho_1=1\ \Omega\cdot m,\rho_2=0.14\ \Omega\cdot m$

图3-63　在良导直立厚板上各种剖面法异常幅度(η)和覆盖厚度(H)的关系曲线

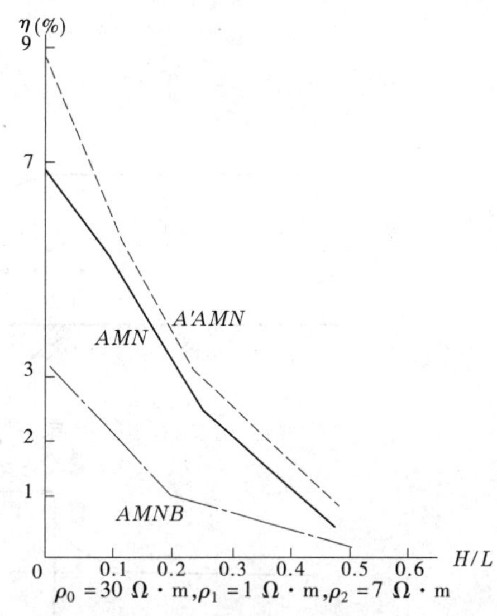

$\rho_0=30\ \Omega\cdot m,\rho_1=1\ \Omega\cdot m,\rho_2=7\ \Omega\cdot m$

图3-64　在非良导直立厚板上不同方法的异常幅度η比较曲线

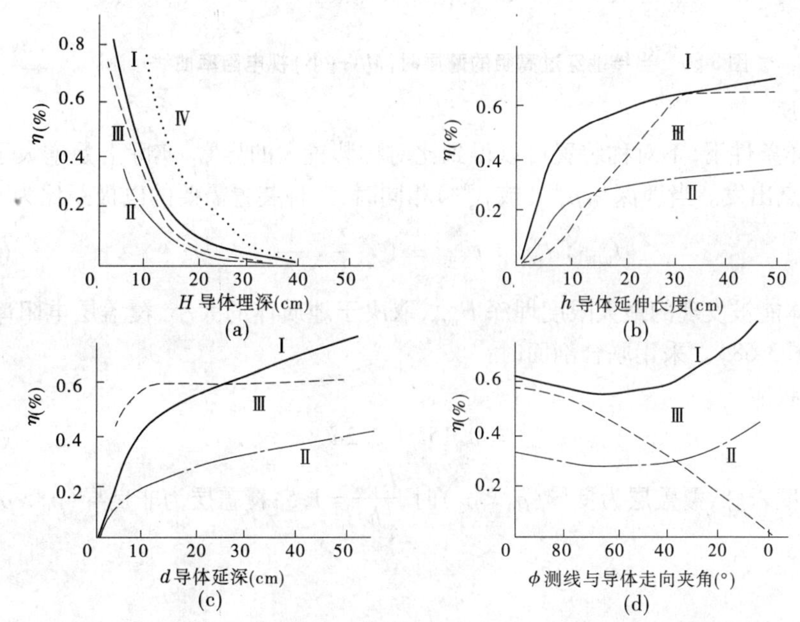

$H=3$ cm, $l=15$ cm, $h<MN$, $\rho_2=0\ \Omega\cdot m$；Ⅰ—联合剖面；Ⅱ—对称剖面；Ⅲ—平移剖面；Ⅳ—双侧偶极剖面

图3-65　在良导直立薄板上的联合剖面、对称剖面及平移剖面的异常对比曲线

(3)不对称装置曲线的特征点多于对称装置曲线的，偶极剖面特征点最多。利用这些特征点，可求出地质体的位置及厚度等。

从以上三方面来说，对称剖面分辨能力最低，偶极剖面与联合剖面分辨能力较高，它们之间则相差不大。

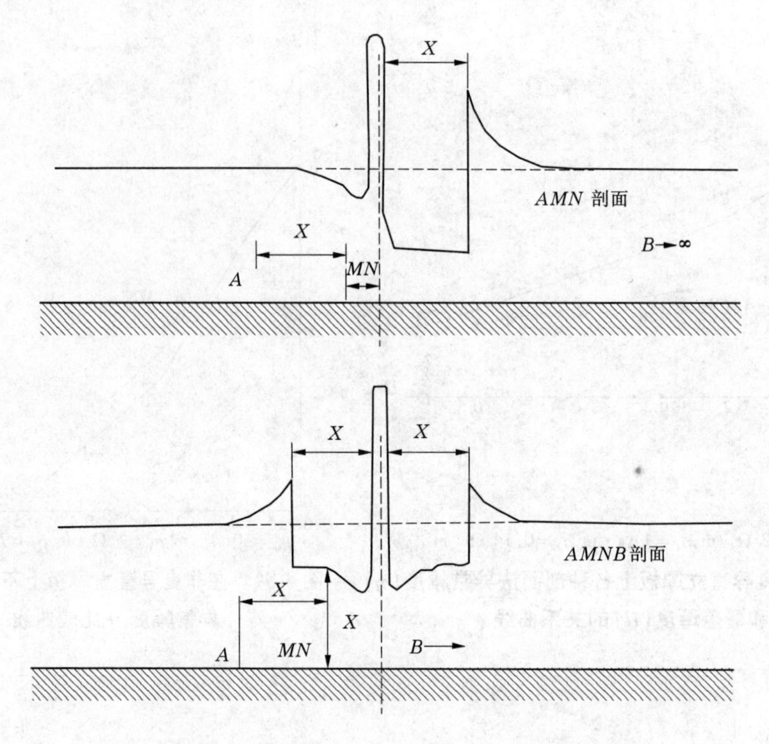

图 3-66　当接地穿过高阻的薄层时（MN—小）视电阻率曲线

3）勘探深度

（1）在同样条件下，不对称装置可以得到比对称装置大的异常，实际上是增大了勘探深度。从这一点出发。当埋深和 ρ_s^{max}（或 ρ_s^{min}）相同时，三种装置需要的电极距比为

$$l_{四极} : l_{偶极} : l_{三极} = 1 : \frac{2}{3} : \frac{1}{2} \tag{3-25}$$

（2）地质体能被发现的最大限度埋深 H_{max}，取决于地质体的大小、覆盖层电阻率以及装置类型（见图 3-68）。采用联合剖面时：

①对于板状体

$$H_{max} = 0.15l + 0.2d \tag{3-26}$$

②对于二度岩脉，覆盖层为良导（$\rho_0 < \rho_2$）时，$\frac{H_{max}}{h} = 1.5$；覆盖层为非良导（$\rho_0 > \rho_2$）时，$\frac{H_{max}}{h} = 9$。

③对于球体：

联合剖面　$$H_{max} = 2.65R \tag{3-27}$$

对称剖面　$$H_{max} = 2.1R \tag{3-28}$$

6. 其他形式的电剖面

1）二分量电剖面

A. 装置形式

二分量电剖面常用装置有对称装置、双供电电极的对称装置、双向三极装置、双向偶

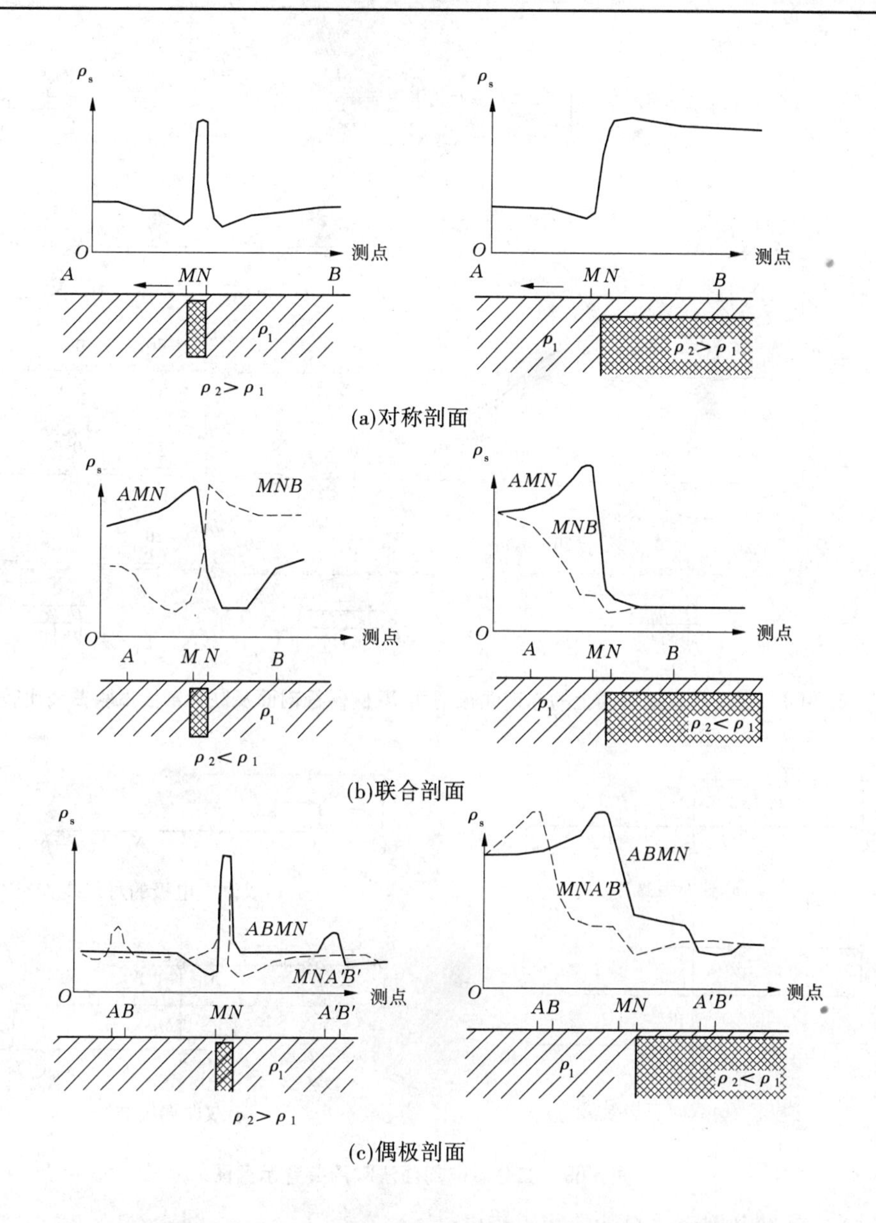

(a)对称剖面

(b)联合剖面

(c)偶极剖面

图 3-67　当测量装置穿过高电阻层和不同电阻岩石的接触界面时视电阻率曲线

极装置,如图 3-69 所示。

二分量装置实际上是一个电阻率装置(如四极对称、联合剖面、双侧偶极轴向等)和一个微分装置的组合,因此二分量法比电阻率法具有更多的信息量。

附加的一组与轴线垂交的测量线路。在整个探测过程中,这两组测量极距应当相等,线路中心应当放在装置轴线上。选择装置类型、大小的准则与电阻率剖面法相同。

B. 观测方法

二分量电剖面法的观测方法,基本上与常规电剖面法相同,但存在以下差异:

(1)进行大面积探测时,可任意在现场布置观测剖面,剖面间距比电阻率电剖面法大些。

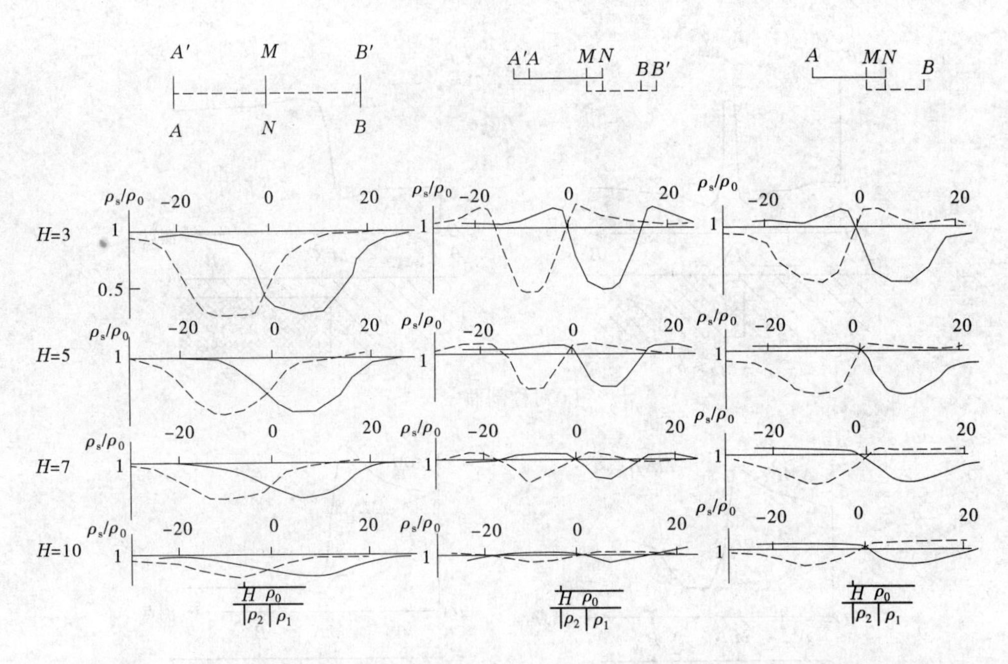

图 3-68　在良导直立薄层上的赤道偶极剖面、双侧偶极剖面及联合剖面试验曲线比较

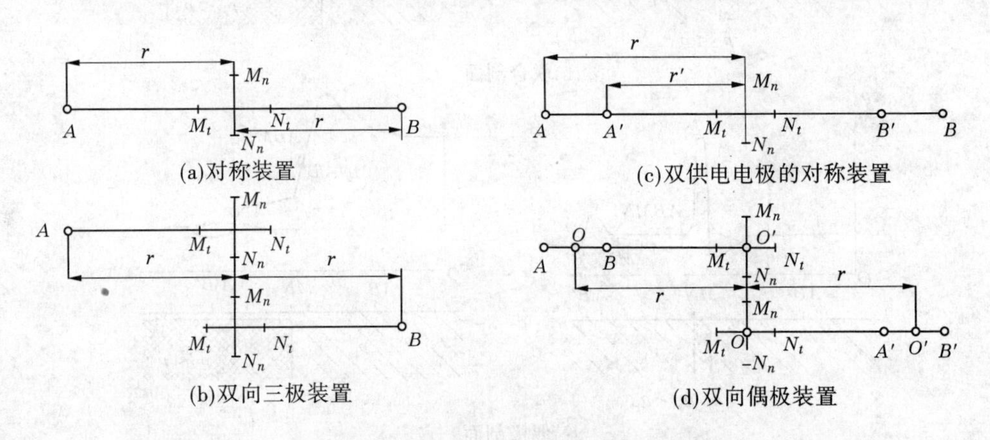

(a)对称装置　(c)双供电电极的对称装置

(b)双向三极装置　(d)双向偶极装置

图 3-69　二分量电剖面法常用装置示意图

(2)二分量电剖面法只能使用直流电。

(3)二分量电剖面法适用于连续剖面,即测点距离与测量极距相等。

(4)二分量电剖面法操作过程中,要记录剖面每一个点供电线路的电流强度 I 以及轴线(沿剖面)测量线路的电位差 ΔU_t 和方位(垂交的)测量线路的电位差 ΔU_n,计算 $\Delta U_t/I$ 和 $\Delta U_n/I$,(按 $\Delta U_t/I$ 乘以装置系数 K 换算成 ρ_s)。

(5)在整个探测过程中两组测量电极相互位置应为固定不变。

方位电位差 ΔU_n 的符号,对于成果解释具有原则意义,因此在整个探测过程中其相互位置应固定不变。

二分量电剖面法观测结果,主要纵制每条剖面的 $\Delta U_t/I$(或 ρ_s)。$\Delta U_n/I$ 与测点距离的关系曲线图,如图 3-70 所示。

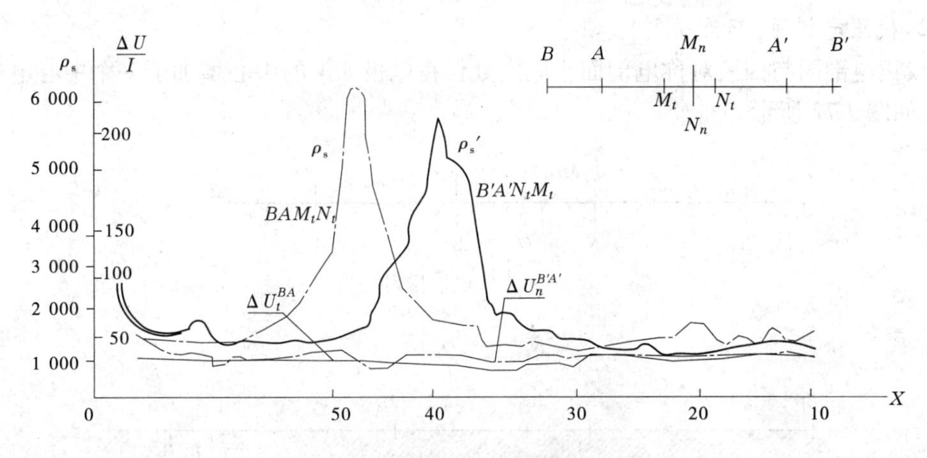

图3-70　双向偶极二分量电剖面曲线

C. 二分量电剖面的解释

由三个部分组成：

(1)轴向装置(简称四极、联合剖面、双侧偶极)按常规电剖面解释。

(2)附加的垂直一组测量装置，通常按微分装置解释。

(3)轴向和垂向两组曲线综合解释。

二分量电剖面解释成果如图3-71所示。

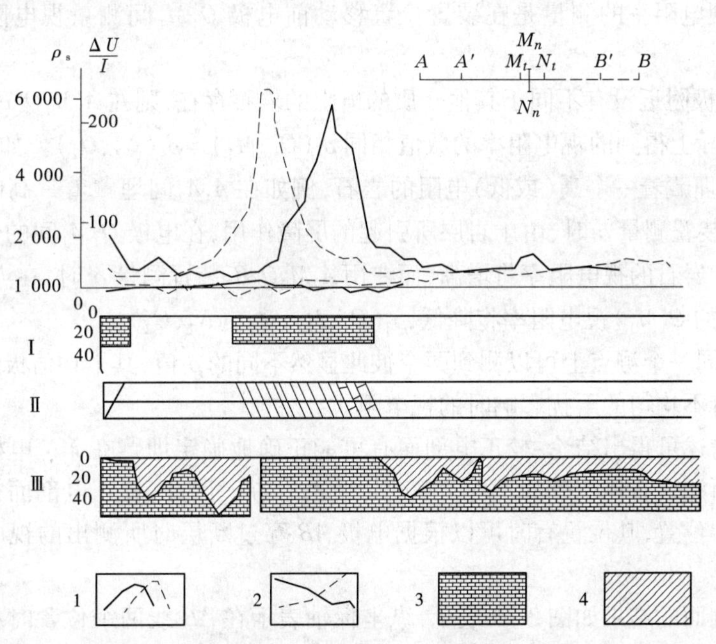

1、2—野外$\Delta U_t/I$和$\Delta U_n/I$曲线；3—石灰岩；4—亚黏土；

Ⅰ—电剖面成果解释；Ⅱ—根据电剖面解释资料确定的岩层界线走向平面图；Ⅲ—地电剖面图

图3-71　二分量电剖面法成果示意图

2)校正电剖面(李氏排列)

校正电剖面与四极对称电剖面不同之处仅在电极 MN 的中心增加了一个中心电位电极 O,如图 3-72 所示。

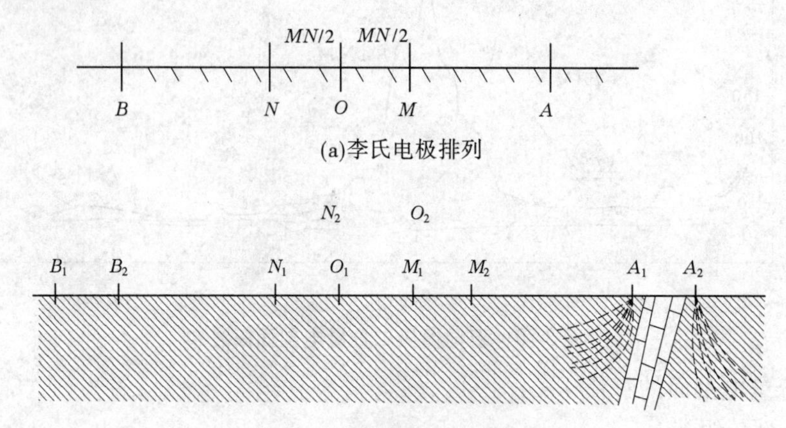

(a)李氏电极排列

(b)电流被高阻岩层屏蔽图

图 3-72 校正电剖面排列

在供电电极 AB 的每一个位置要进行两次视电阻率的测量,即 NO 和 OM 处。为了测量下一个 ρ_s,整个电极装置仅移动 $MN/2$ 的距离,在新的位置内,如图 3-72 所示,电极 N_2O_2 岩石间视电阻率的测量是在装置位置移动前电极 O_1M_1 间测量视电阻率的同一地方。

在 AB 电极附近没有不同于其他介质的电阻的岩石存在,则在 $A_1M_1O_1B_1$ 和 $A_2M_2O_2B_2$ 上测量时,实际上得到的视电阻率的数值相同 $\rho_s(O_1,M_1)=\rho_s(N_2,O_2)$。如果在 A_1A_2(或 B_1B_2)点之间埋藏着一个高(或低)电阻的岩石,例如在 A_1A_2 间埋藏着一高电阻的岩层在用 $A_1M_1O_1B_1$ 装置测量 ρ_s 时,由于岩层所引起的屏障作用,在电极 O_1M_1 间的电流密度以及分布在此处的岩石的视电阻率将增高,而在用 $A_2M_2O_2B_2$ 装置测量 ρ_s 时,在 N_2O_2 间的电流密度和(以前的 O_1M_1)视电阻率将降低,$\rho_s(O_1,M_1)\neq\rho_s(N_2,O_2)$。

因此,在同一个测点上可以测到两个彼此显然不同的 ρ_s 值,其平均值极近似于在供电接地附近没有不均匀的干扰影响时的视电阻。

由以上所述可得出结论:校正电剖面有可能正确地确定埋藏在 MN 电极间的岩石的电性和位于所测岩石体积外的不均匀畸变影响的存在。因此,校正电剖面常用于测定参数和确定断层位置,其位置有时可以根据电极 AB 穿过断层时所测出的视电阻值的异常来确定。

校正电剖面的结果如图 3-73 表示,纵坐标轴表示在 AB 线两个位置时在该线段内测得的视电阻的数值。在一个供电电极位置时,在 MO 和 ON 相邻两线段上测得的视电阻用线相互连接起来,这连线的陡度可以定性评价测量电极下物质的不均匀性。

在一个供电电极接地位置时根据在 MO 和 ON 相邻两线段上所测得的电阻值能够确定同一位置的 ρ_s 的平均值,作出剖面 $AMNB$ 及剖面 $AA'MNB'B$(图 3-73 连续的曲线)的视电阻曲线。

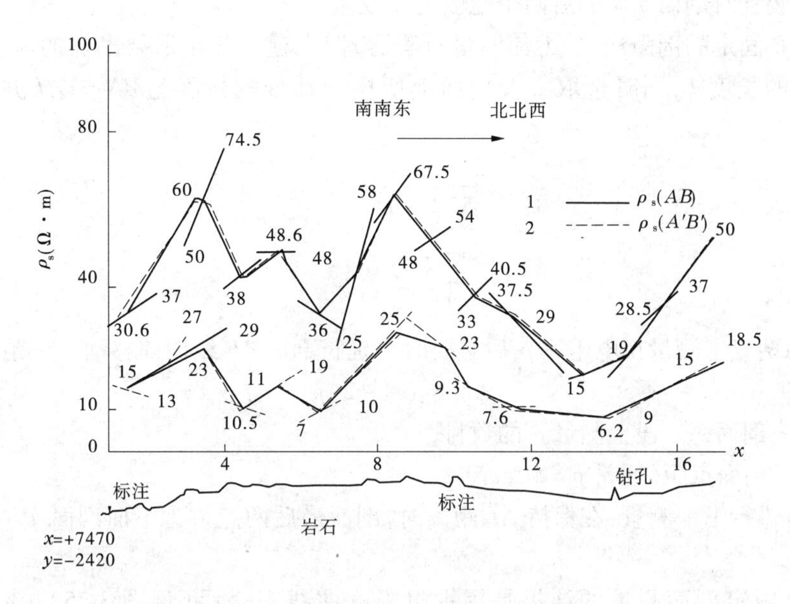

图3-73　电剖面 $AA'MONB'B$ 测试成果曲线

3) AB 固定电剖面(中间梯度剖面)

(1) AB 固定电剖面顾名思义,其特点是视电阻的测量是在电极 A 和 B 不动,而电位电极在 AB 线的中部 $AB/3$ 段内移动测量,故又称为中间梯度剖面,如图3-74所示。由于 AB 较大,可以在 $AB/10$ 的范围内布置多条测线进行测量。

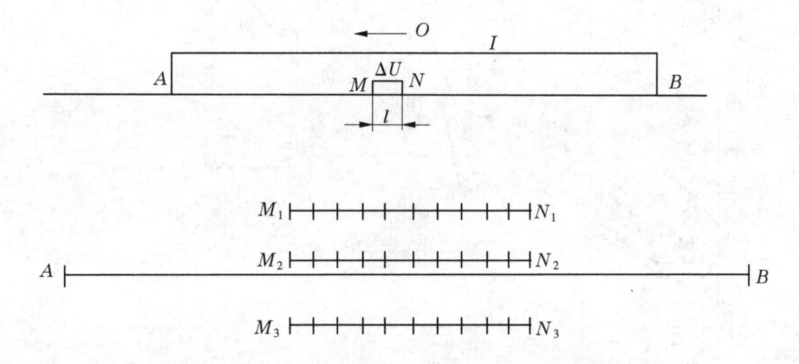

图3-74　AB 固定装置与多条 MN 测线的 AB 固定装置线路图

由于接地 A 和 B 的位置固定,因而供电接地附近岩石不均匀而引起的屏障影响在整个剖面各点上都是恒定的。这样就能够更精确地确定剖面中部岩石电阻率的变化,特别是高阻地电体,所以能够更精确地确定这地段上地质构造的特性,这些是 MN 型剖面的主要优点。

MN 剖面的缺点是剖面各测点上探测的深度在变化。M 和 N 接地越接近接地 A 或 B,探测的深度就减少。为了保持探测的深度足够恒定,视电阻率的测量只在电极 AB 的中部,即 $AB/3$ 区域。

(2)假设要延长剖面则 AB 线要往前移动,使 AB 线新的位置上前两个 ρ_s 的测量是在原来的 AB 装置时剖面 MN 的后两个地段上完成。

进行 AB 固定的剖面法时,为使测量过程合理化,建议先由所要勘探的深度出发,它决定 AB 线的长度 L,同时选取 L 及剖面上所探测部分的长度 $\sum MN = \sum l$ 并符合下列条件:

$$\frac{L}{\sum l - 2l} \geqslant 3 \tag{3-29}$$

$$\frac{\sum l}{l} = \text{偶数} \tag{3-30}$$

在最后两点上测量视电阻率 ρ_s 后必要时可延长剖面 AB 线向前移动一个距离:

$$\Delta L = (n - 2)p \tag{3-31}$$

式中　n——剖面每一段上测量 ρ_s 的数目;

p——剖面点距(通常 $p = MN$)。

接着再进行下一测量,在保持 ΔL 距离时,剖面最后两点将为下面剖面 MN 的最前两点。

(3)AB 固定剖面测量的结果是用视电阻率曲线来表示(见图 3-75),该曲线对于 A_1B_1、A_2B_2、A_3B_3 线等主要取决于剖面上第一点到被测视电阻率值的点的距离 x。

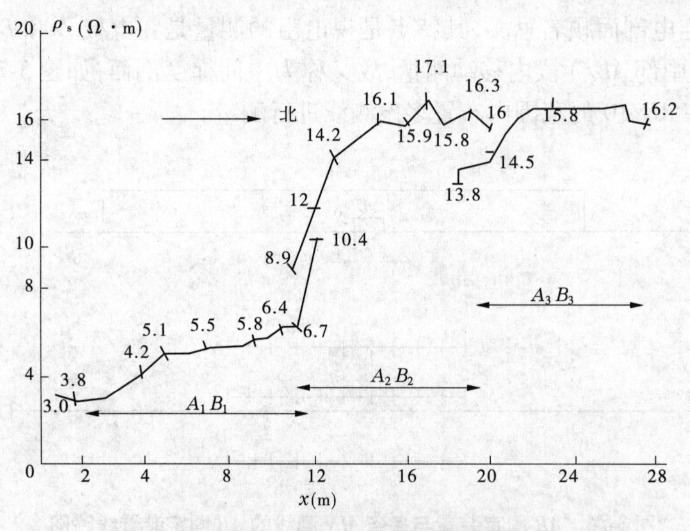

图 3-75　AB 固定剖面测试曲线图

(4)剖面 MN 的应用范围是详查断层(地堑和地垒)、盐丘及火成岩侵入体陡坡等高阻地电体,见图 3-76、图 3-77。

由图 3-76 可知,在 $h < 2l$(近于 l)时,曲线的特征,与在接触面上的曲线一样,在“5”“6”点有明显的间断。当 $h = 2l$ 时,间断达到最大。在非良导体上部的 ρ_s 值比 ρ_2 小得多,但大于 ρ_1。

随极距的增大,间断又减小。在 $l \gg h$ 时,出现明显的 ρ_s 极大,l/h 越大,ρ_s^{max} 越趋近于 ρ_2,非良导体两侧的曲线没有间断。

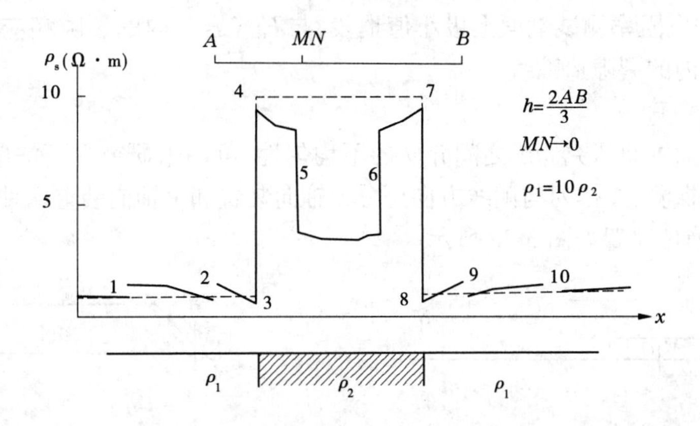

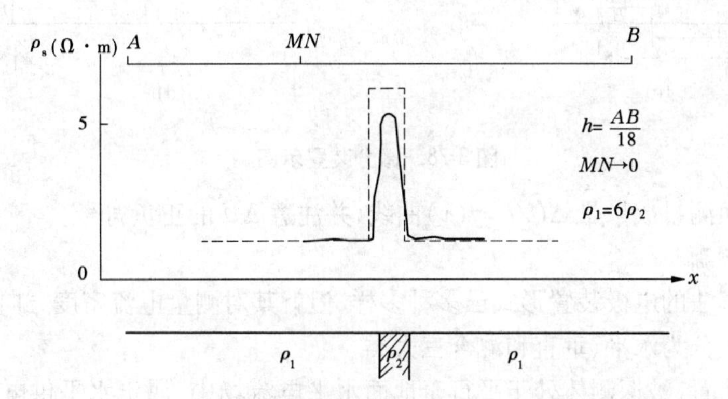

图3-76　在厚度(h)不同的非良导直立层上的中间梯度曲线

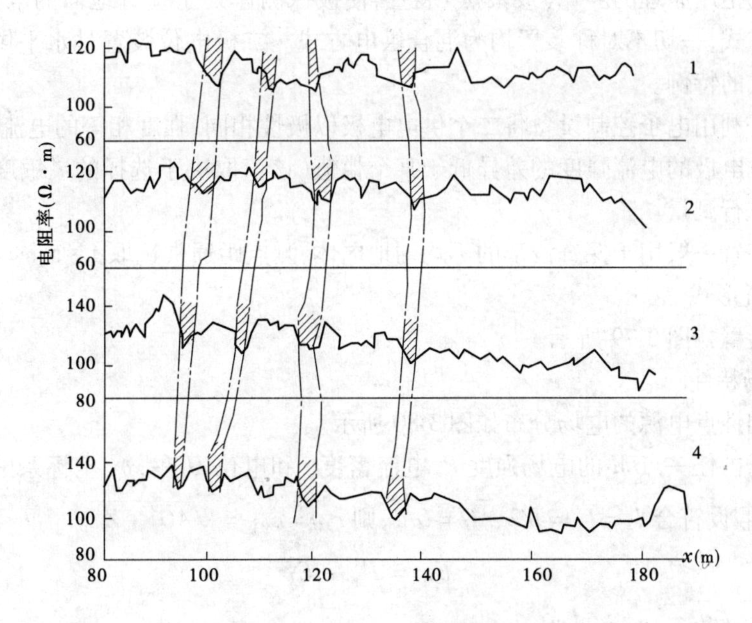

$AB=600$ m，$MN=$点距$=10$ m，测线间距$=50$ m

图3-77　在对比电阻剖面曲线的基础上追踪裂隙带

图 3-77 中电阻率测试剖面上极小值地段，与石灰岩基内的裂隙相应，且测线间的虚线为石灰岩基内的裂隙追踪线。

4）微分电剖面

微分电剖面主要研究 MN 之间介质的不均匀性，可用来研究在不深覆盖下电阻率变化不大的断层探测，按排列与测线方向可分 x 轴向装置和 y 轴向装置两种，或按互易原理将 AB 与 MN 换位装置如图 3-78 所示。

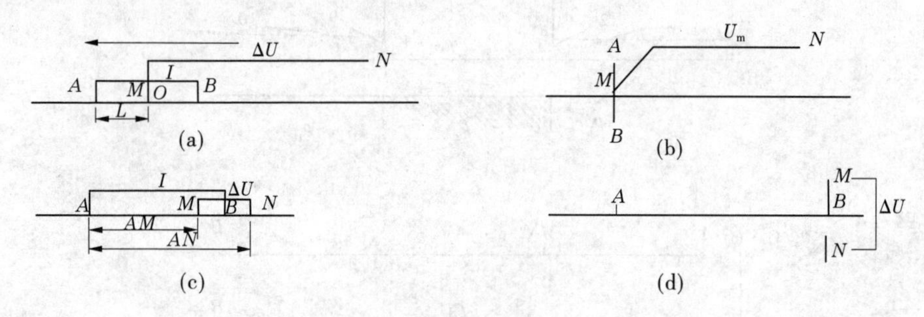

图 3-78　微分装置示图

微分电剖面测量成果是 $\Delta U/I = f(x)$ 曲线，并注意 ΔU 的正负符号。

5）聚焦电剖面

直流电阻率法的电极装置形式虽多种多样，但就其对测量电流密度方向而言，装置的供电方式基本上分为水平、垂直和混合三大类。

四极对称装置，被探测体处于平行于地面水平电流场中，属于水平供电方式；一切利用同性电场拒斥原理的屏障（或聚焦）装置，使被探测体处于垂直地面的电流场中，称竖直向供电方式；一切不对称装置均为混合供电方式。二极电位装置是水平供电方式和竖直供电方式的特例。

聚焦是利用电子控制设备将二个供电电极以极性相同、强度相等的电流来实现的，仅当两个供电电极的电流强度的差异低于某个槛值（该值取决于选择的灵敏度）时，电子控制装置才进行测量。

聚焦装置一般用于探查浅部的不均匀地电体，测点距通常选取 1 ~ 5 m。

A. 装置形式

聚焦装置如图 3-79 所示。

B. 电场特性

一对同性点电源的电场分布如图 3-80 所示。

聚焦场内任一点 M 的电场强度 E，电流密度 j 和电位 U 在 xoy 坐标系中可按下列公式表示，并假设符合 $I_A = I_{A'} = I/2$，$\overline{AO} = \overline{OA'}$，则 $r_{AM} = r_{A'M} = \sqrt{\overline{AO}^2 + Z^2}$。

$$\dot{E}_M = \dot{E}_M^A + \dot{E}_M^{A'} \tag{3-32}$$

$\dot{E}_M^A = \dfrac{I_A\rho}{2\pi r_{AM}^2}$，$\dot{E}_M^{A'} = \dfrac{I_{A'}\rho}{2\pi r_{A'M}^2}$，两者数值相等。

$$\dot{j}_M = \dot{j}_M^A + \dot{j}_M^{A'} \tag{3-33}$$

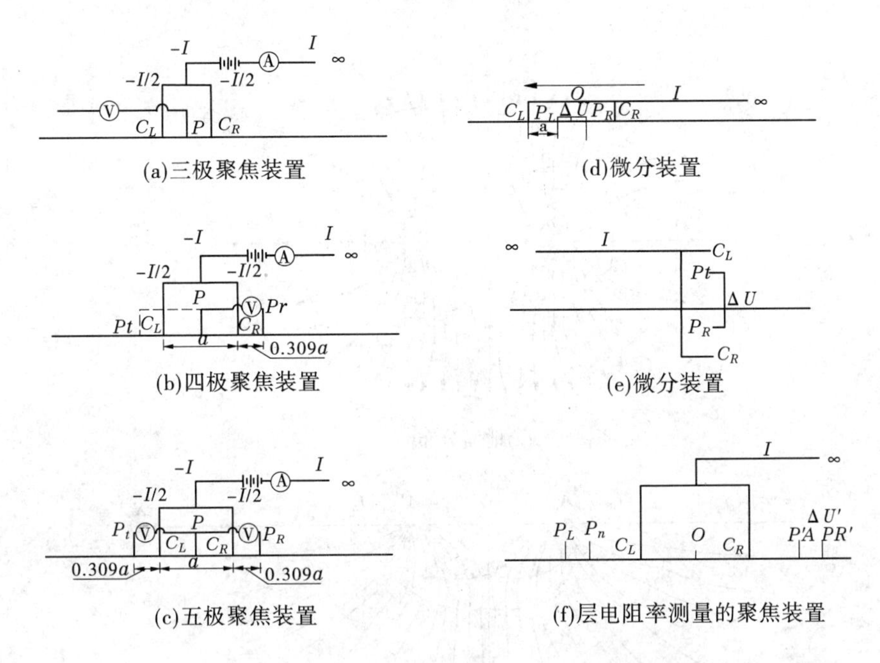

(a)三极聚焦装置　(b)四极聚焦装置　(c)五极聚焦装置　(d)微分装置　(e)微分装置　(f)层电阻率测量的聚焦装置

C_LC_R—供电电极，P_LP_R—电位电极，∞—无穷远电极

图 3-79　聚焦装置示意图

$\dot{j}_M^A=\dfrac{I_A}{2\pi r_{AM}^2}$，$\dot{j}_M^{A'}=\dfrac{I_{A'}}{2\pi r_{A'M}^2}$，两者数值相等。

$$U_M = U_M^A + U_M^{A'} = \frac{I_A\rho}{2\pi r_{AM}} + \frac{I_{A'}\rho}{2\pi r_{A'M}} \tag{3-34}$$

当 M 点在地面 $Z=0$ 时

$$U_M = \frac{I\rho}{4\pi\,\overline{AO}} \tag{3-35}$$

C. 视电阻计算

a. 三极聚焦装置

对三极聚焦装置，测量的是远离剖面的那个参考电极（$N\to\infty$）与中心电极之间的电位差，其值可由式(3-35)得出，变换后可得电阻率数学表达式：

$$\rho = 4\pi\,\overline{AO}\,\frac{U_M}{I} \tag{3-36}$$

令 $k=4\pi\,\overline{AO}$，即为三极聚焦装置系数。

b. 四极聚焦装置

对称四极聚焦装置，测量的是安置在供电电极以外约距电极距离为 $0.309a$ 的参考电极 N 与中心电极之间的电位差。如图 3-81 所示，符合上述条件时电位 $\varphi_M\approx\varphi_N$（对于均匀各向同性介质成立）。

c. 五极聚焦装置

五极装置是分别测量中心电极 M_0 与两侧参考电极 N 和 N' 之间的电位差，$AN_0=AN_0{}'=0.309a$，在均匀各向同性介质中，$\varphi_{M_0}=\varphi_{N_0}$、$\varphi_{M_0}=\varphi_{N'_0}$ 成立。

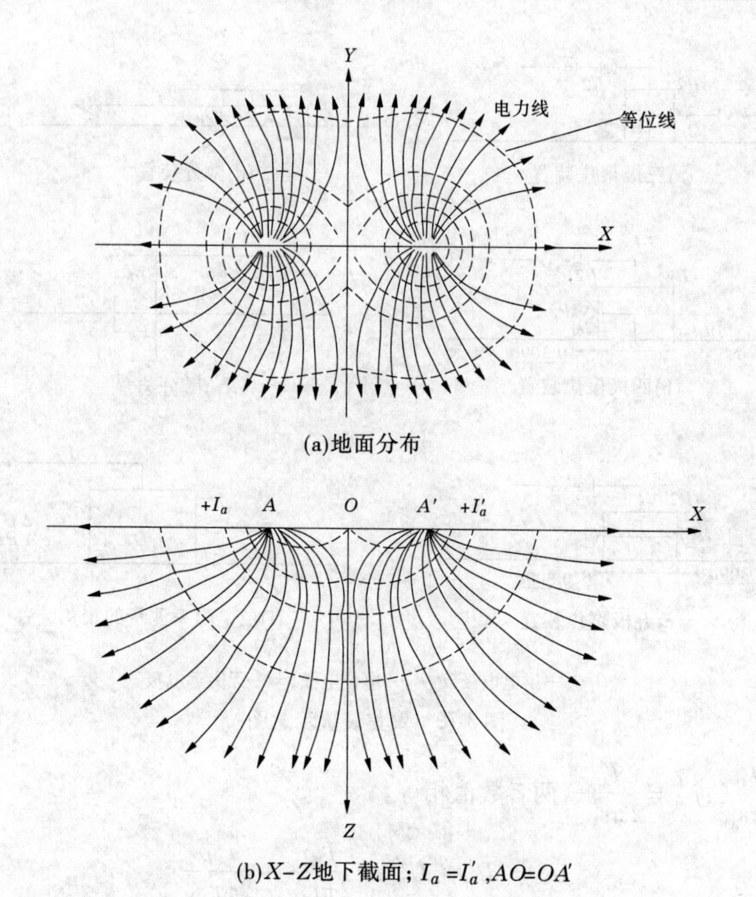

(a)地面分布

(b)X–Z地下截面；$I_a=I'_a$，AO=OA'

图 3-80　一对同性点电源在均匀各向同性介质半导电空间中的电场

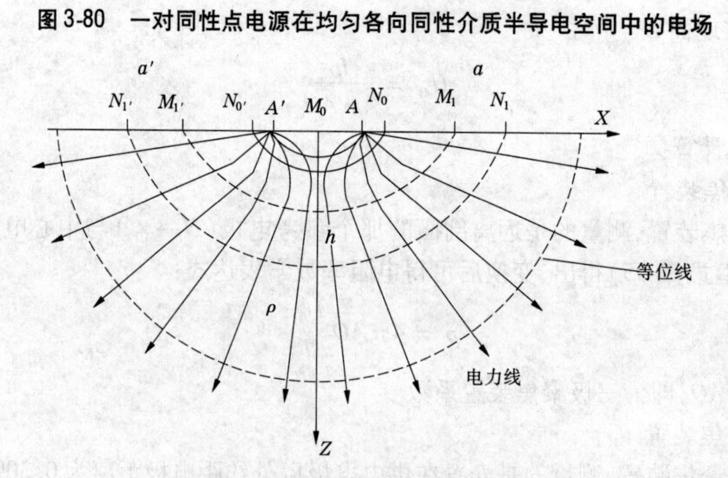

$A'A=a,AN_0=0.309a,\varphi_{M_0}=\varphi_{N_0}$成立

图 3-81　电场分布图中 N 极的选择

四极、五极聚焦装置和图 3-79(d)、(e)所示微分装置，都是用来观测电极之间介质的不均匀性(即 $\varphi_{M_0}\neq\varphi_{N_0}$)。

d. 层电阻测量的聚焦装置

该装置测量的是供电极外 M_1N_1 和 $M_1'N_1'$ 之间的电位差，实际上是 M_1M_1' 和 N_1N_1' 两个等位面之间的电位差，它和中心点下的介质相同，通常近似将 $AO_1 = A'O_1' \approx h$。

层电阻计算公式为

$$R_A = \frac{\Delta U_{MN}}{I} \tag{3-37}$$

视层电阻率计算公式为

$$\rho_A = \frac{4\pi[(\overline{AM} \cdot \overline{AN}) + (a + \overline{AM})(a + \overline{AN})]}{MN} \cdot \frac{\Delta U_{MN}}{I} \tag{3-38}$$

装置系数为

$$k_A = \frac{4\pi[(\overline{AM} \cdot \overline{AN}) + (a + \overline{AM})(a + \overline{AN})]}{MN} \tag{3-39}$$

D. 测量结果

用聚焦装置的观测结果 $\Delta U/I$ 与装置中心位置的函数 $\Delta U/I = f(x)$ 绘成曲线，如图 3-82 所示。

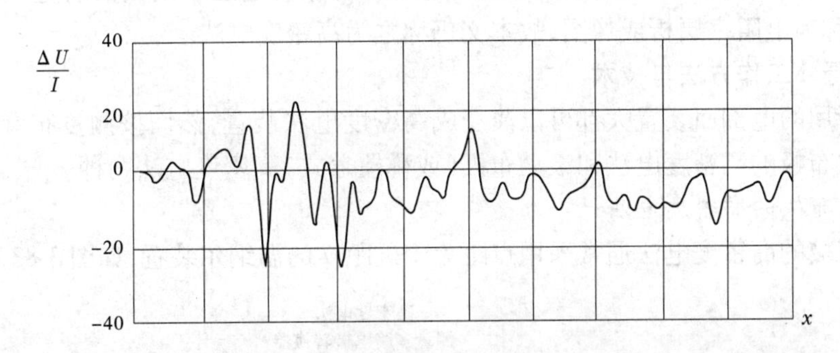

图 3-82　聚焦装置 $\Delta U/I = f(x)$ 曲线图

在多条测线条件下，可绘制 $\Delta U/I = R_A$ 的等值线图，按电剖面解释原则进行分析对比。

竖直向供电方式由于同性电源的排斥作用，使其中央部位电流分布方向与地面垂直似一电流束，而当装置电极距一定时，中央部位竖直向电流密度分布和深度具有一定的固定关系，而且在 $h \approx 0.71\,\overline{AO}$（或 $\overline{A'O}$）处电流密度极大。鉴于这一特点，可得出下述有益结论：

(1) 强化有用信息，增强对地层垂直分辨能力和相当确定的探测深度概念，使对野外资料的判断比较直观，有利于了解局部电性不均匀体的存在，可应用于岩溶、古墓穴、废坑道、堤坝蚁穴、淘空区的探测。

(2) 削弱地形影响和表层不均匀介质的侧向效应。

(3) 加大勘探深度，特别有利于研究低阻覆盖下部介质的电性变化。

3.1.2　高密度电阻率法

高密度电阻率法（简称高密度电法）：将直流电通过电极接地供入地下，建立稳定的人工电场，在地表观测某点垂直方向与水平方向的电阻率变化，从而了解岩土介质的分布或地质构造的特点。

高密度电法实际上是一种阵列式电阻率测量方法，是借鉴地震勘探技术与计算机数字技术的典型应用，高密度电法集电剖面和电测深于一体，采用高密度布点，进行二维电断面的测量，既能揭示地下某一深度水平岩性的变化，又能提供岩性沿纵向的变化情况。但从主要调查对象和数据处理及成图考察，它更具有电剖面的属性。

高密度电法系统的出现，改变了电阻率法的传统工作模式。野外测量时，只需将全部电极布设一次完成，然后利用程控电极转换开关，便可实现数据的快速和自动采集，避免了由于手工操作所出现的错误；提供的数据量大，信息多，根据现场数据的现时处理，可以绘出关于地电断面分布的各种图示结果；对于资料进行预处理并显示曲线形态，脱机处理后可以自动绘制和打印各种成果图，为电阻率层析成像奠定了基础。因此，它成为探测洞穴、岩溶、构造破碎带最有效的物探方法之一。

1992 年和 1995 年东京召开的国际地学层析成像会议上，各国专家学者建议采用统一的名称——电阻率层析成像（Resisvity Imaging）取代以往不同的名称。

电阻率层析成像是利用探测区周边在各个不同方向观测的直流电场来分析地下电阻率分布的，控制直流电场的数理方程是拉普拉斯方程。在我国电阻率层析成像尚处于研究试用阶段。而目前多数单位高密度电法所绘制的等视电阻率剖面图有电测深法的属性，还不能称为电阻率层析成像图，故本文仍称之为高密度电法。

3.1.2.1 野外工作方法与技术

现实所用的电剖面装置大都可以演变成高密度电法装置，然而按测量布置方式通常只分为一次布极的高密度电法和滚动布极（或称覆盖式）高密度电法两种。

1. 一次布极的高密度电法

一次布极的高密度电法通常采用点距等于极距 a 的温纳尔装置，如图 3-83 所示。

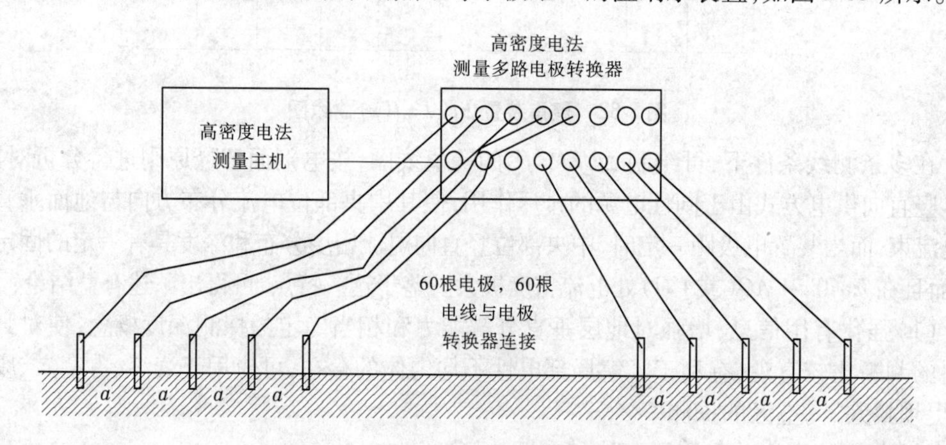

图 3-83　高密度电法测量系统示意图

图 3-84 为一个具有 60 根电极排列的高密度电法电阻率测点位置分布图，图上标有叉符号的点为偏置温纳尔测点位置分布情况。从图中可以看出，随着电极距的增加，偏置温纳尔电阻率测点急剧减少。

高密度电法电阻率测点位置分布图呈倒置梯形，特别是呈倒置三角形分布时，存在严重的缺陷，即在电极排列的两侧呈空白区，无信息反映，这也正是造成偏置温纳尔电阻和

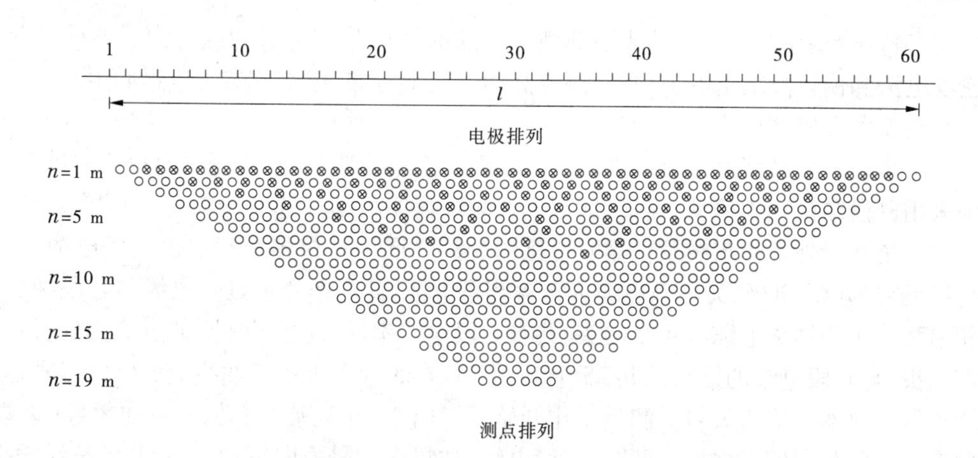

图 3-84　高密度电法及偏置温纳尔测深测点位置分布图

电阻率测点急剧减少的原因。在空白区增补ρ_s的测量,同时又尽量减少重复观测,以达到在进行高密度电法测量时又能完成偏置温纳尔测深的目的,这在具体实施上是存在困难的。首先,在工作设计中应对勘探深度 D 及对在勘探深度范围中各个部位的勘探目的层和详尽程度要有充分的了解和权衡,按照拥有高密度电法仪道数(电缆电极系数目)来设计起始电极距 a,最大电极距 na 和点距 O_1O_2。图 3-85 为高密度电法探测区域示意图。

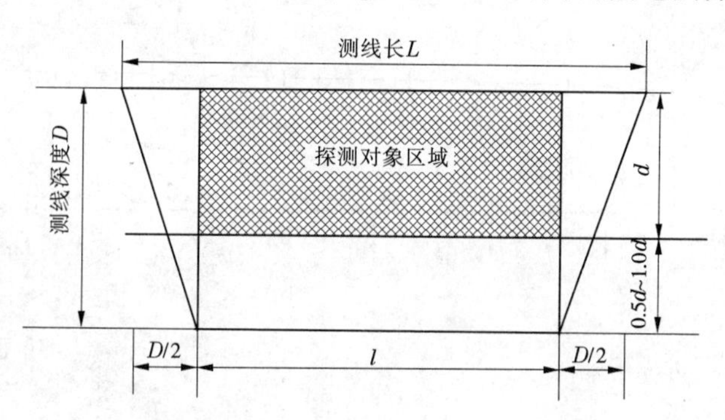

图 3-85　高密度电法探测区域示意图

电极排列的长度和电极间距的大小直接影响采集数据剖面对探测对象的反映能力,最小电极距一般应为探查视深度的 1/10 ~ 1/15;探测深度为探查目的物深度的 1.5 ~ 2.0 倍;测线的总长度应为探测区域的分布长度 l 加上两侧各延伸 $D/2$ 的长度。

在一次布极的高密度电法中除上述介绍的温纳尔装置外,还有偶极装置、差分装置等形式。研究表明,温纳尔装置的特点是垂向分辨率比横向分辨率灵敏度高,抗干扰能力强,通常该装置用于电性的垂向变化(如对水平地层的分层)较有利,而对水平向变化的探测效果(如狭窄垂向结构或局部电性不均匀体)相对较差;偶极装置的特点是对于电阻率的横向变化有着较大的灵敏度,但抗干扰能力较弱,通常该装置对探测地下特定目标体比较有利,而对水平层状结构的探测效果相对较差,该装置受地形因素影响较大,且其自身电测曲线复杂,所以地形变化较大的地区不适用偶极装置;差分装置的特点是对地质体垂向及横向分辨率都比较适度,抗干扰能力较强,但是该装置灵敏度较差。

在有特殊要求时，可以设计成浅部勘探和深部勘探分别进行；其次，为了能同时获得高密度电法和偏置温纳尔电阻率 ρ_s，测点必须是矩形分布，覆盖式装置应运而生。

2. 覆盖式高密度电法

现实覆盖式高密度电法以二极电位和三极电阻率装置为主，采用单向覆盖测量方式，电缆采用分段结构便于移动、连接，适用于长测线连续滚动测量。

本系统在野外工作布线及仪器安置见图 3-86。图中从仪器面板引出两条电缆，一条电缆接无穷远（C）电极，另一条电缆为覆盖测量电缆，此电缆通过延长电缆与各段抽头电缆相串联。每条抽头电缆有 4 个抽头，共有 6 段电缆串联，在延长线上靠近插头处有一个电缆抽头，与 6 段电缆的抽头总共 25 个，分别对应 25 个电极布于测线上。电极编号自远端为小号至仪器一侧为大号。测量工作开始可以向小号（远端）滚动，亦可向大号（近端）方向滚动。每测定四点之后，即移去一段电缆，如果向大号方向滚动，则断开延长线插头，将刚测完的 1 ~4 号电极的这段电缆取下，并与延长线插头连接，其另一端与原 4 线第 24 号电极处的插头连接。于是原来的第 5 个电极号便成为新的排列的第 1 号，即形成新的 1 ~25 号电极排列。实际工作时，另一个工作人员即可把备用的 1 段或 2 段（每套电缆共配置 8 段），预先敷设好，这样可以节省转接电缆的时间。

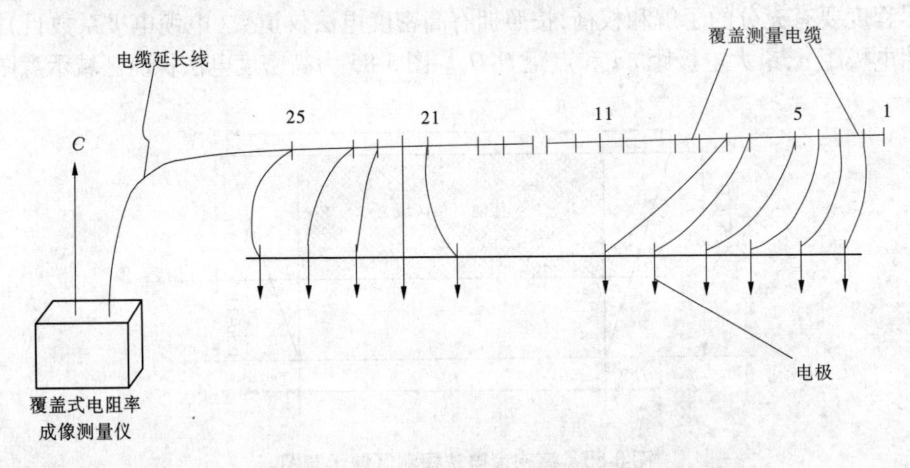

图 3-86　覆盖式高密度电法测量装置示意图

仪器转换电极总数共 25 个，如上所述测点可任意增加。但每次移动 4 个电极，即等于延长了测线并连续测量。极距的隔离系数 n 可灵活设定，取值范围为 $1 \leqslant n_{\min}, n_{\max} \leqslant 20$（对于 MIR. MIS – F 覆盖式电阻率成像轻便测量系统）。n 值的取值范围满足规程 $\frac{MN}{AB} = \frac{1}{30} \sim \frac{1}{3}$ 的要求。

1）高密度三极电测深

高密度三极电测深装置的测量原理见图 3-87。以最大电极隔离系数（$n=20$）为例，覆盖测点号 1 ~22，1、2、3 号电极依次为 N_1、M_1、A_1，此时无穷远电极为 C，测量程序启动后，供电电极 A 依次移动由 A_1 步进至 A_{20}，即到第 22 号测点完成了 $\rho_{s1}^A \sim \rho_{s20}^A$ 的测量。随即自动跳转到 ρ_s^B 的测量程序，即第 20 号电极为 B_1，第 21 号电极为 N_1，第 22 号电极为 M_1，

无穷远电极仍为 C。这样供电电极 B_1 以第 20 号点向反方向移动，即 19 号、18 号……当 B 电极移动到第 1 号电极时，往返一次就完成了 $\rho_{s1}^{B} \sim \rho_{s20}^{B}$ 的测量工作。此后，N_2^2、M_2^2 顺序移动到第 2、3 点，A_1^2 移动到第 4 点，新一轮工作前，A 电极逐点移动直到 23 号电极，完成 $\rho_{s1}^{A_2} \sim \rho_{s20}^{A_2}$ 的测量工作。反之，ρ_s^B 的测量，各电极位置也是共同移动，B_1^2 移动至 21 号点，N_2^2 移动至 22 号点，M_2^2 移动至 23 号点。当 B 电极移动到第 2 号点时，即完成了 $\rho_{s1}^{B_2} \sim \rho_{s20}^{B_2}$ 的测量工作。以此类推，当完成 4 个测点的测量工作后，即可移动第一段电缆。如前所述，这样不断移动延伸测点，直到达到欲测量的测线长度。此方法是由谢向文提出来的，即为三极测深法，可获得三极测深、定点源测深（单极偶极测深）及联合剖面三种数据，根据解释需要也可以转换成各种四极测量的数据。

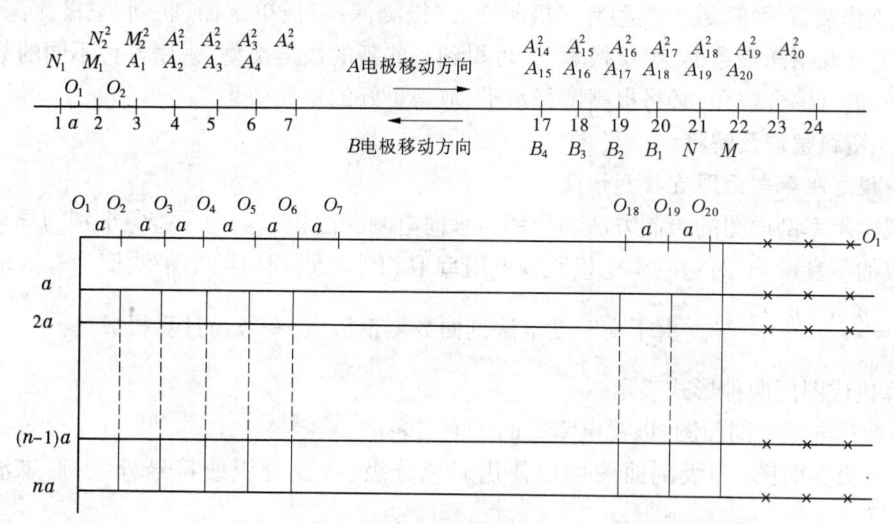

图 3-87　MIR/MIS 系统三极测量方法示意图　（$n=20$）

2）高密度二极电测深

采用二极装置进行覆盖式测量所得记录剖面如图 3-88 所示。

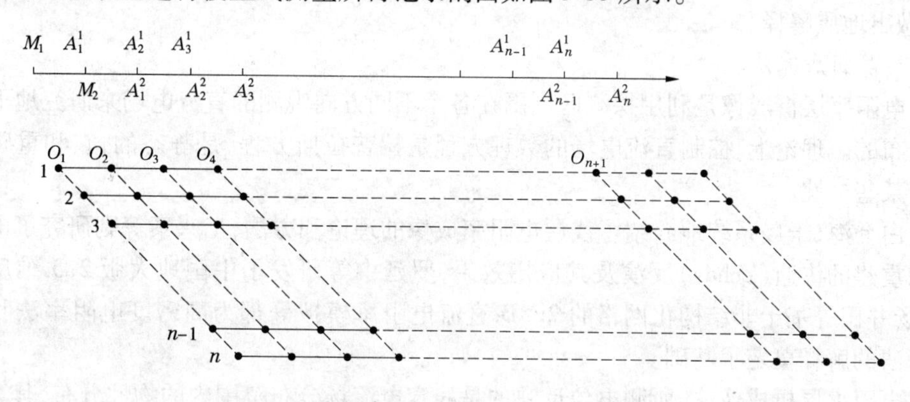

图 3-88　二极电位测深装置工作原理示意图

覆盖式高密度电阻率探测系统特点如下所述：

（1）电测主机与电极转换器一体化，使得仪器小型轻便，智能化程度较高。除高密度电阻率测量外,还可以做常规电阻率测量,这样一机多用使得仪器实现多参数、多通道、多功能测试。

(2)该系统首次将覆盖电缆技术应用于高密度电测中,不仅使得电缆质量和长度大大降低,而且野外测试实现连续滚动作业,大大提高了工作效率。另外,电极开关数量也减少许多。

(3)本系统采用三极测深装置,数据剖面为矩形(二极测深装置为平行四边形)便于数据拼接,扩大了有效探测范围。而且数据密度更大,是过去剖面装置的2.07倍,这将会提高解释精度和图像效果。另外,测量小极距不随供电电极增大而改变,与过去等比剖面装置相比,提高了分辨率。

(4)工作装置简单,数据类型有二极剖面、二极测深、三极单剖面、联剖、三极测深、四极测深、定点源测深等数据,经过换算,又可得到一些新的数据类型,采用各种不同的数据处理方法,进行综合解释,必将提高解释水平,取得更好的地质效果。

3.1.2.2 资料整理及解释

1.等视电阻率剖面图直接判读法

等视电阻率剖面图的绘制方法和作用与垂向电测深法相似。为了避免个别的异常或畸变造成的不良影响,对每一个电极距视电阻率取相邻三点视电阻率平均值为有效电阻率,即 $\rho_j = \dfrac{\rho_{i-1} + \rho_i + \rho_{i+1}}{3}$。由于高密度电法剖面数据量极大,一般由计算机成图。

计算机成图用两种形式表示:

(1)等视电阻率剖面图:以视电阻率的等值线表示。

(2)等级剖面图:等级剖面图可以使用彩色分级、灰度分级或符号分级,形态清晰直观。

高密度电法资料处理流程:首先将存储在仪器内的测量数据通过传输软件传输到计算机中,进行坏点删除、地形校正及格式转换等预处理,然后将数据导入 Surfer 软件,绘制成视电阻率等值线图,依据等值线图上的视电阻率值的变化特征,结合钻探和地质调查资料,做出地质解释。

2.层析成像法

电阻率层析成像是利用探测区周围在各个不同方向观测的直流电场来研究地下电阻率分布的。理论上,控制直流电场的数理方程是拉普拉斯方程,是静态的,它和重磁场存在着某些共性。

白登海、于晟系统地介绍了浅层电阻率成像的理论和方法,王兴泰等则研究了电阻率成像重建的佐迪(Zohdy)反演及其应用效果,罗延中等研发了中国地大版2.5维反演程序,汤井田等基于非结构化网格的2.5D直流电阻率模拟等都为高密度电阻率法和微分测深法的解释奠定了基础。

电阻率层析成像法,所测电位反映的是稳定电流场分布范围内的物性分布,其算法是应用地表勘探的常规反演算法的广义扩展,而由此获得的分辨率比常规电阻率法所进行的各种解释都高得多。

高密度电阻率法由于在数据采集和资料处理方面采取了一系列特殊设计,因而在工程勘测中取得了明显的地质效果和显著的社会、经济效益。

3.1.2.3　**仪器设备**

电阻率法仪器种类繁多,但均应满足测量电参数、测量范围、抗干扰、灵敏度、精度、稳定性和可靠性的要求。

1. 接收部分

电压通道: ±6 V, ±1% ±1 个字。

电流通道:3 A, ±1% ±1 个字。

视极化率测量精度: ±1% ±1 个字。

对 50 Hz 工频干扰压制优于 80 dB。

输入阻抗:≥50 MΩ。

2. 发射部分

最大供电电压:900 V。

最大供电电流:5 A。

供电脉冲宽度:1 ~60 s,占空比为 1∶1。

同时仪器本身应该轻便、安全、牢固,便于搬运和运输。仪器应是通过正式技术鉴定,并已形成批量生产。

新置仪器宜选用高科技智能性的产品和多功能的电探仪器,一般具有自动数据采集,数据或曲线显示、存储、转存功能,另外最好具有供电和测量系统脱离的自动跟踪测量技术装置。

3.1.3　*K* 剖面法

K 剖面法是利用电反射系数(*K*)进行勘察的一种电法探测方法。

3.1.3.1　**应用范围和条件**

1. 应用范围

利用 *K* 剖面法解决以下问题:

(1)探测被浮土掩盖下的地下岩层剖面。

(2)寻找被浮土掩盖的断层破碎带。

(3)对覆盖层进行内部分层、测定覆盖层厚度。

(4)寻找石灰岩区的岩溶。

(5)寻找松散层中的潜水(主要寻找含水的砂及砂卵石层)。

(6)寻找基岩中的地下泉水,如溶洞水、暗河和以砂岩为标志的层间水。

(7)进行浮土下的地质填图。

2. 应用条件

K 剖面法只是对普通电测深解释方法的一种创新,故其应用条件与普通电测深是一致的。

3. 方法特点和适应性

(1)操作简单,野外工作方便。

(2)勘探深度较相同极距的普通电测深要深。

(3)K 剖面法的电测深曲线尾支并不需要拐点后至少3个测试数据，因此对于特殊地形条件也可以开展探测工作。

(4)数据资料丰富，可取得多种有效数据参数。

(5)用多种有效参数进行分析资料，对解决地质问题具有较好的针对性，为地质勘察和分析提供重要的依据。

(6)K 剖面法在不规则体及不同倾角的层状介质的勘察过程中，对探测目标体显示清晰。

3.1.3.2 基本原理

长期以来，在电法勘探中，一直把电阻率作为电测深、电剖面、环形测深等直流电法勘探的理论基础。

然而，在实践中我们发现，不仅不同的电阻率比(μ_2)具有不同的电测深曲线，而且在具有相同电阻率比的条件下，同样可以获得不同的电测深曲线。例如，在具有相同电阻率比 μ_2 的条件下，倾斜地电层在不同倾角 φ 时，其电测深曲线是各不相同的。图 3-89 为当 $\mu_2 = \infty$ 时不同倾角条件下的电测深曲线。

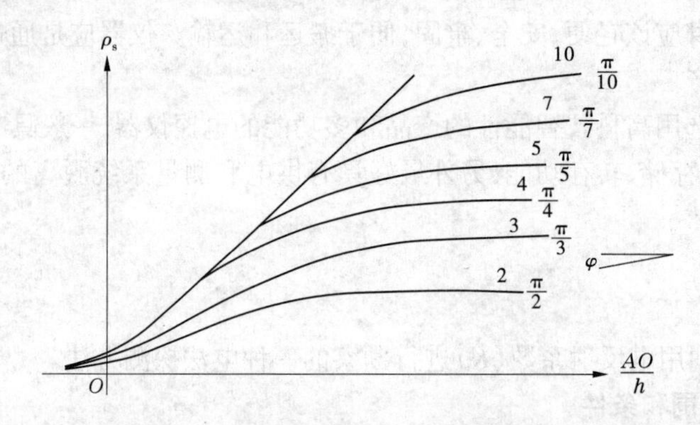

图 3-89 不同倾角 φ、$\mu_2 = \infty$ 时的电测深曲线

即使在相同 μ_2 与相同倾角 φ 时，如放线方向 AO 与岩层走向间的夹角不同，则电测深曲线也完全不同，甚至可以获得完全相反的电测深曲线。图 3-90 为当 $\mu_2 = \infty$、$\varphi = \pi/2$ 时以不同跑极方向测试的电测深曲线。

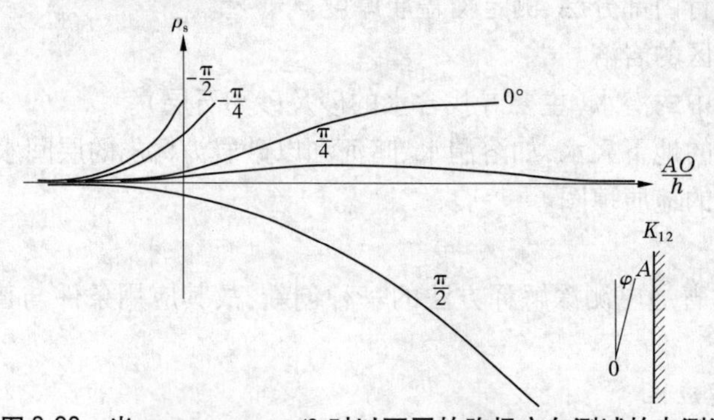

图 3-90 当 $\mu_2 = \infty$、$\varphi = \pi/2$ 时以不同的跑极方向测试的电测深曲线

实践经验证明：视电阻率比 ξ 曲线的尾端平直端，只有在岩层产状为水平时，才反映岩层的电阻率；当倾角不为零时，尾端 ξ 值并不反映岩层的电阻率比 μ_2。这是因为电法勘探的理论基础是电反射系数 K，而不是电阻率 ρ。在一定条件下，ρ 可以通过 K 求得。

$$K = \frac{\mu_2 - 1}{\mu_2 + 1} = \frac{\rho_2 - \rho_1}{\rho_2 + \rho_1} \tag{3-40}$$

式中　μ_2——电阻率比，$\mu_2 = \rho_2/\rho_1$；

ρ_2——下伏层电阻率，$\Omega \cdot m$；

ρ_1——上覆层电阻率，$\Omega \cdot m$。

如果把二层结构的视电阻率比 ξ 曲线的理论公式加以分析，当岩层倾角 $\varphi = 0$ 时

$$\xi = \frac{\rho_s}{\rho_1} = 1 + 2\sum_{n=1}^{\infty} \frac{K_{12}^n \Lambda^3}{(\Lambda^2 + 4n^2)^{3/2}} \tag{3-41}$$

式中　ρ_s——视电阻率，$\Omega \cdot m$；

ρ_1——上覆层电阻率，$\Omega \cdot m$；

Λ——极距与层深度比，$\Lambda = \frac{AB}{2h_1}$；

K_{12}——电反射系数。

式(3-41)表明，视电阻率比 ξ 是电反射系数 K_{12} 与 Λ 的函数，即 $\xi = f(K_{12}, \Lambda)$。

倾角 φ 不同时，放线方向 AO 平行与走向时有

$$\xi = \frac{\rho_s}{\rho_1} = 1 + 2\sum_{n=1}^{n=\frac{\pi}{2\varphi}} \frac{K_{12}^n \Lambda^3}{(\Lambda^2 + 4n^2)^{3/2}} \tag{3-42}$$

则 ξ 曲线是 K_{12}、Λ、$n = \frac{\pi}{2\varphi}$ 的函数，即 $\xi = f(K_{12}, \Lambda, \varphi)$。

根据反射系数的理论，n 表示反射次数。反射次数不同，尾端值亦各不相同。倾斜层面，反射次数不同于水平层，为有限次的反射。因此，其尾端值较反射次数为无限次的水平层不同，不再等于岩石的电阻率。

同时，由于供电电源与测量电极所构成的放线方向与岩层走向的夹角 θ 不同，也就是说，到达测量电极的电流射线与反射后射线方向不一致，因此当 AO 与走向一致而供电点位于 MN 与界面之间，与 MN 位于供电点与界面之间的方向完全相反，故可得到完全相反的结果(见图3-91)。

寻找与电反射系数有关的量，为电法勘探开辟新的途径，是完全可能的。

对 ξ 曲线进行一次微分后，可以获得一个新的量。这个量直接与电反射系数发生关系，称之为反射系数 K。

1. 二层结构电测深曲线及其一次微分曲线

二层结构电测深曲线公式详见式(3-41)。对该公式进行微分，即对 ξ 在双对数坐标纸上微分：

$$\frac{d\lg\xi}{d\lg\Lambda} = \frac{\Lambda d\xi}{\xi d\Lambda} = K \tag{3-43}$$

微分后在单对数坐标纸上绘制的曲线称为 K 曲线。二层结构的 K 曲线如图3-92所示。

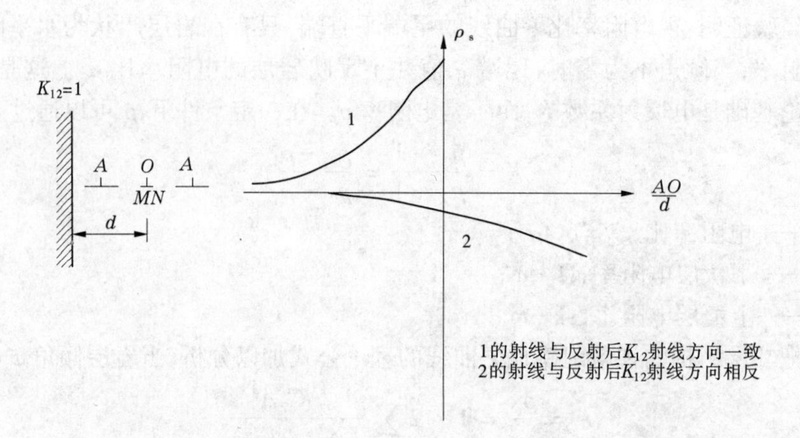

图 3-91　直达电流射线与反射后射线方向相同与相反可得到完全相反的电测深曲线

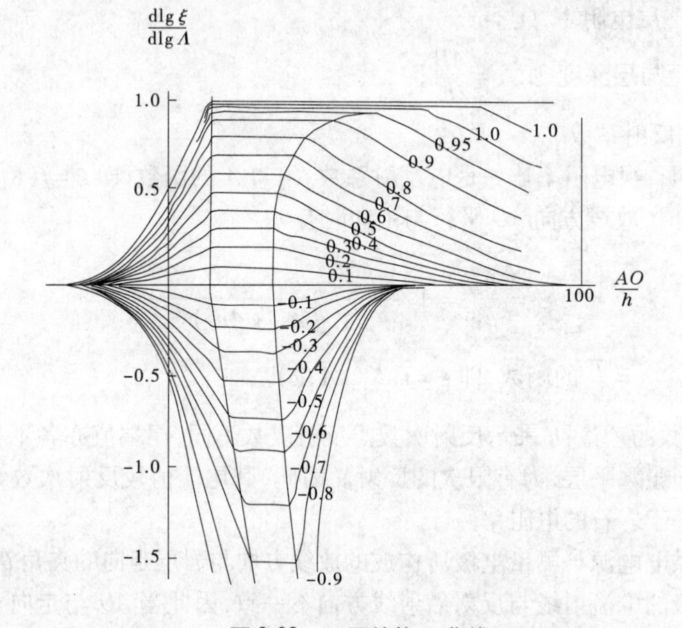

图 3-92　二层结构 K 曲线

2. 三层结构电测深曲线与一次微分曲线

三层结构的电测深公式为

$$\xi = \frac{\rho_s}{\rho_1} = 1 + 2\sum_{n=1}^{\infty}\frac{K_{12}^n \Lambda^3}{(\Lambda^2 + 4n^2)^{3/2}} + 2(1 - K_{12}^2)\sum_{\alpha=1}^{\infty}\sum_{\beta=1}^{\infty}\frac{K_{23}^{\alpha} C_{\alpha\beta}(K_{12})\Lambda^3}{[\Lambda^2 + 4(\alpha v_2 + \beta)^2]^{3/2}} \tag{3-44}$$

其中：$v_2 = \frac{h_2}{h_1}$；α、$\beta = 1,2,3,4,\cdots$

当 $\alpha = 1$ 时

$$C_{1\beta}(K_{12}) = K_{12}^{\beta-1} \tag{3-45}$$

当 $\alpha = 2$ 时

$$C_{2\beta}(K_{12}) = \left[\frac{\beta(\beta-1)}{2!} - \frac{\beta(\beta+1)}{2!}K_{12}^{2}\right]K_{12}^{\beta-2} \tag{3-46}$$

同样：

$$C_{3\beta}(K_{12}) = \left[\frac{(\beta-1)\beta(\beta+1)}{3!} - 2\frac{\beta(\beta+1)(\beta+2)}{3!}K_{12}^{2} + \frac{(\beta+1)(\beta+2)(\beta+3)}{3!}K_{12}^{4}\right]K_{12}^{\beta-3} \tag{3-47}$$

依此类推，其微分公式为

$$K = \frac{\mathrm{dlg}\xi}{\mathrm{dlg}\Lambda} = \frac{\Lambda \mathrm{d}\xi}{\xi \mathrm{d}\Lambda} = \frac{\Lambda}{\xi}\left\{\sum_{n=1}^{\infty}\frac{24n^{2}\Lambda^{2}K_{12}^{n}}{(\Lambda^{2}+4n^{2})^{5/2}} + (1-K_{12}^{2})\sum_{\alpha=1}^{\infty}\sum_{\beta=1}^{\infty}\frac{24(\alpha v_{2}+\beta)^{2}\Lambda^{2}K_{23}^{\alpha}C_{\alpha\beta}(K_{12})}{[\Lambda^{2}+4(\alpha v_{2}+\beta)^{2}]^{5/2}}\right\} \tag{3-48}$$

亦是两组曲线的叠加。

三层结构的 K 曲线（当 $K_{12}=0.5$、$K_{12}=1.0$ 时）如图 3-93 所示。

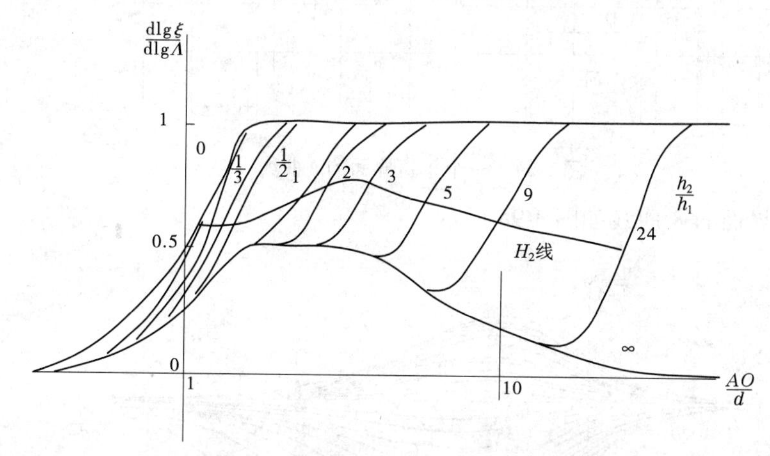

图 3-93　三层结构 K 曲线

多层问题同三层解。

3. 垂直界面的电测深曲线与一次微分曲线

当地下存在着一个垂直界面且 AO 平行于界面时

$$\xi = \frac{\rho_{s}}{\rho_{1}} = 1 + \frac{K_{12}\Lambda^{3}}{(\Lambda^{2}+4)^{3/2}} \tag{3-49}$$

式中　Λ——极距深度比，$\Lambda = \frac{AO}{d}$；

d——排列至界面的距离；

K_{12}——电反射系数。

其一次微分后 K 曲线：

$$K = \frac{\mathrm{dlg}\xi}{\mathrm{dlg}\Lambda} = \frac{12K_{12}\Lambda^{3}}{(\Lambda^{2}+4)^{5/2}} \times \frac{(\Lambda^{2}+4)^{3/2}}{(\Lambda^{2}+4)^{3/2}+K_{12}\Lambda^{3}} = \frac{12K_{12}\Lambda^{3}}{(\Lambda^{2}+4)^{3/2}+K_{12}\Lambda^{3}(\Lambda^{2}+4)} \tag{3-50}$$

ξ 曲线如图 3-94 所示。

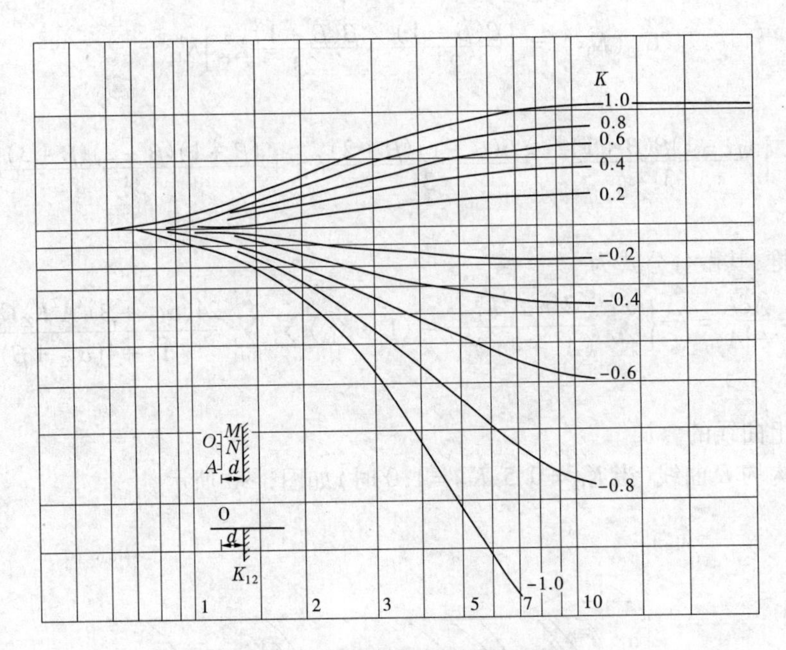

图 3-94　一个垂直界面的 ξ 曲线

一个垂直界面的 K 曲线如图 3-95 所示。

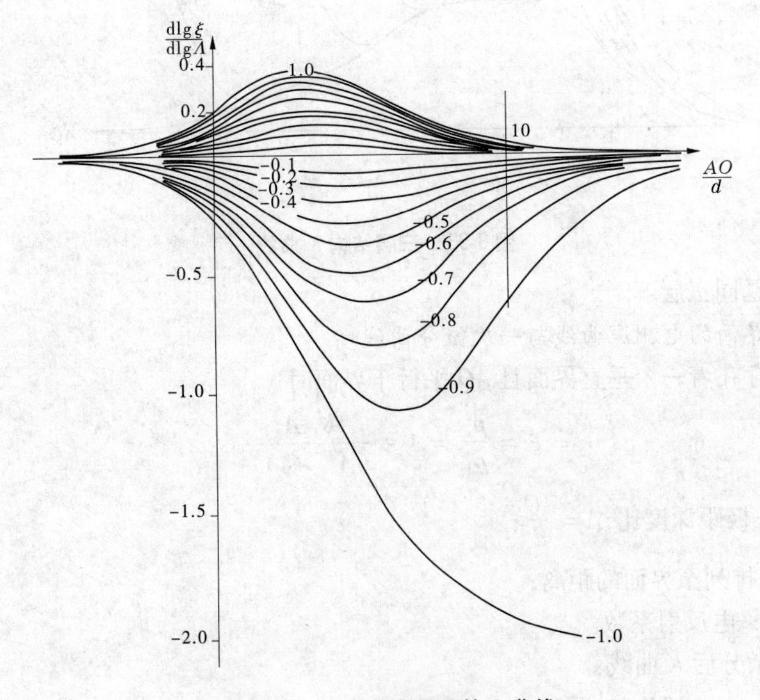

图 3-95　一个垂直界面的 K 曲线

无论 AO 平行或垂直于垂直界面，K 剖面上都有明显的"人"字形异常，而平行于界面工作时更为明显。

4. 水平层覆盖下的垂直层及垂直薄层

水平层覆盖下的一个垂直界面的 ξ 曲线与 K 曲线，可用作图法求得。图 3-96、图 3-97为 AO 平行于界面的 ξ 曲线及 K 曲线（$K_{12}=0.95, K_{23}=1, K'_{12}=-1$）。图 3-98、图 3-99为 AO 垂直于界面的 ξ 曲线及 K 曲线。

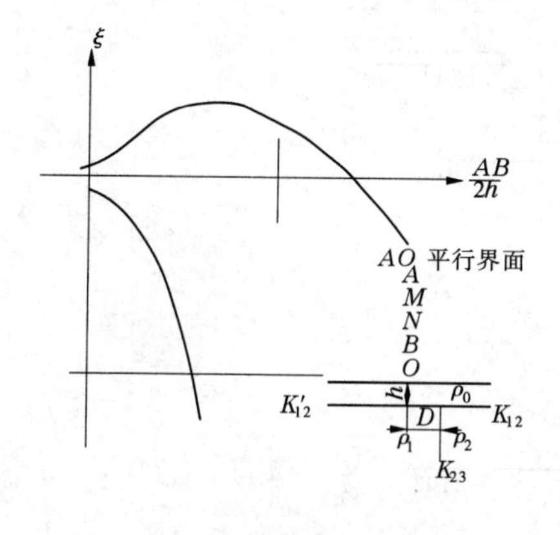

图 3-96　下部为一个垂直界面时 AO 平行界面的 ξ 曲线

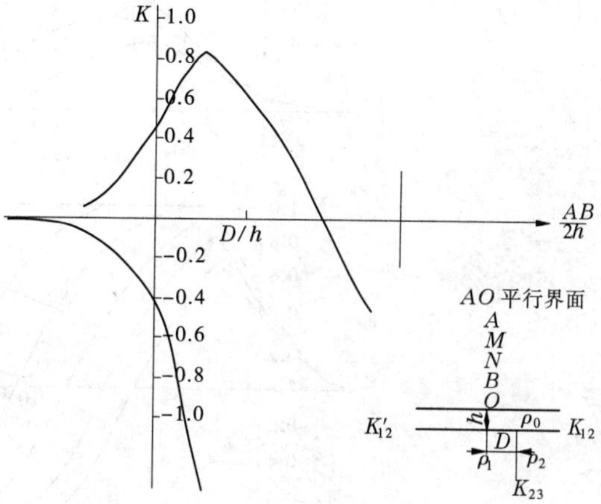

图 3-97　下部为一个垂直界面时 AO 平行界面的 K 曲线

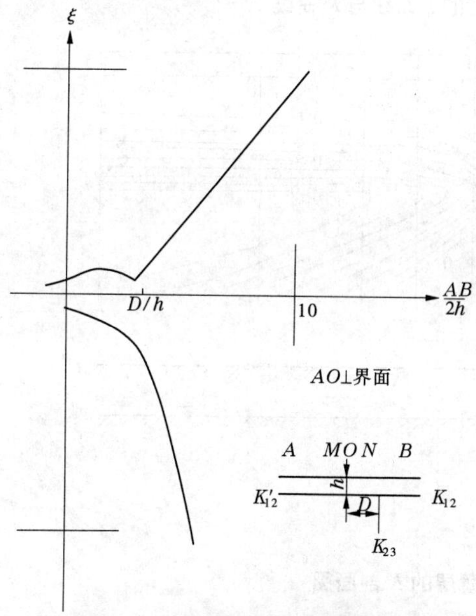

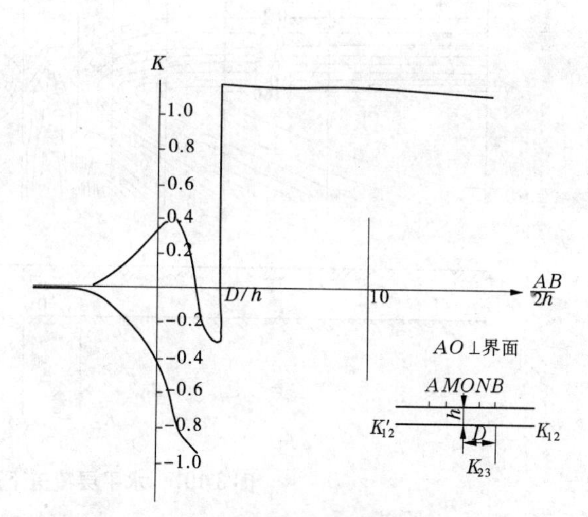

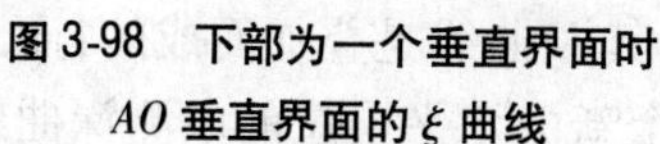

图 3-98　下部为一个垂直界面时 AO 垂直界面的 ξ 曲线

图 3-99　下部为一个垂直界面时 AO 垂直界面的 K 曲线

水平层覆盖下的薄层 ξ 曲线与 K 曲线分别如图 3-100、图 3-101 所示。

5. K 剖面与地形影响

根据对垂直层的研究表明，当电测深目的层的界面与影响层界面相互垂直时，有地形

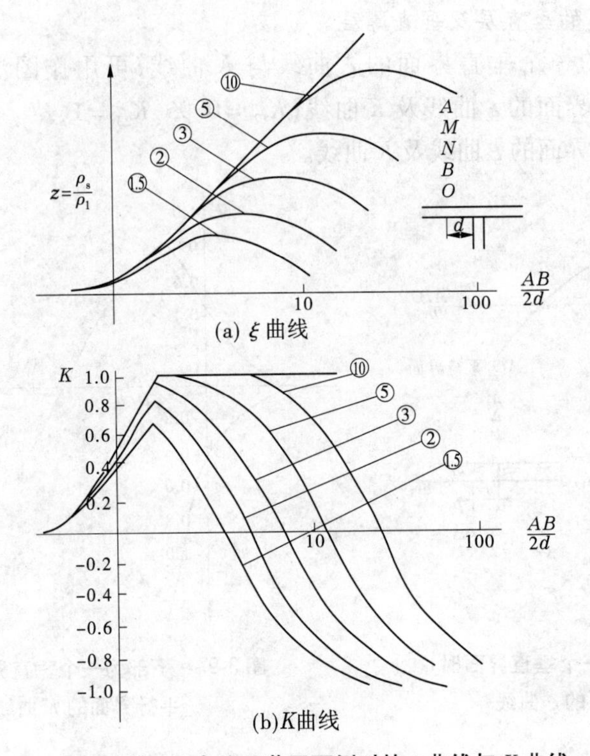

图 3-100　O 点位于薄层两侧时的 ξ 曲线与 K 曲线

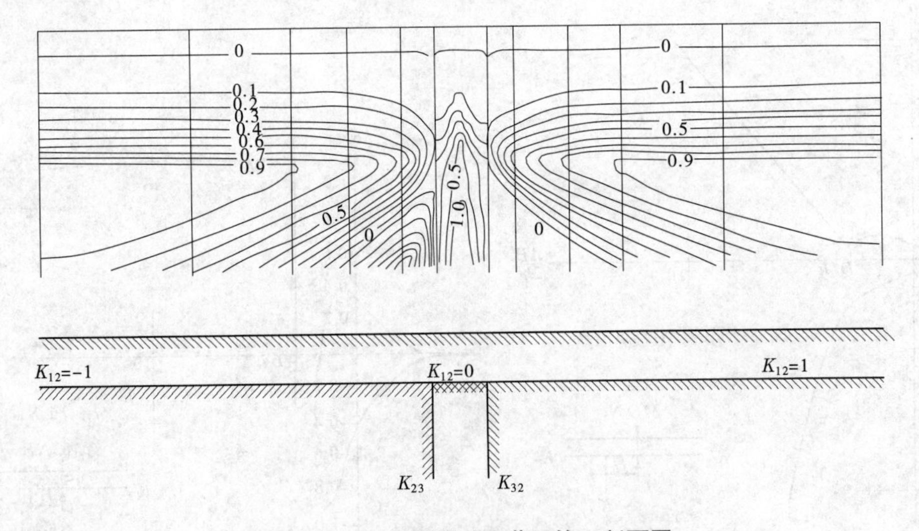

图 3-101　水平层覆盖下薄层的 K 剖面图

影响的电测深曲线是相乘的，即对数坐标上是相加的，其 K 曲线是叠加而成的；而当影响层与目的层相互平行时，电测深曲线又相当于增加一个新的水平层位的电测深曲线。例如，在陡崖上的电测深曲线，相当于一个垂直层 $K_{形}=1$ 与多层电测深曲线的相乘，K 曲线也是相互叠加而成。

根据以上所述，当地形影响层与目的层互相垂直时，在 K 剖面工作中，只需计算出地

形影响层的 K 曲线，将实测曲线减去，即可得到消除了地形影响的曲线。

3.1.3.3　野外工作

电反射系数 K 剖面的野外工作与电测深的野外工作基本相同。所不同的是，在进行 K 剖面测量工作之前，须确定应用三极法或四极法，并在全测区内采用统一的一个放线方向。当试验剖面测量完毕之后，应立即加以整理，以便确定进行全面工作。在全面工作结束后，亦应在整理内业工作基础上，增加一些补充工作量，并进行一定数量的验证工作。

野外工作可以分为以下几个阶段。

1. 准备工作

根据 K 剖面能够解决不同问题的特点，野外工作方法亦有所不同。

探测具有上覆第四系松散覆盖层的断层破碎带、覆盖层分层及其厚度、灰岩岩溶时，如果覆盖层厚度与目的层埋深变化不大，可采用复合四极法。当不满足上述条件时，可采用电测深工作后的一次微分法。

除此以外，应当采用三极法或四极法。三极法对不平行层敏感，异常范围亦大。特别是 AO 平行于界面进行工作时，较之垂直于界面或四极法灵敏得多。然而对无穷远极的设置较笨重，因此可以采用对称三极法进行工作。对称三极法的跑极方法如图 3-102 所示。

在进行一些对地形影响及垂直层影响要求小的工作时，可采用四极法，并使 AO 垂直于界面（这时垂直层仍能加以判别），或用三极法使 AO 与界面成45°。

因此，在开展工作前，应该对该地区的地形、地质、地球物理情况有所了解，并可以在某些地区进行 K 剖面环形测深，以确定走向。图 3-103 表示某地区的 K 环形探测，长轴为倾向，短轴为走向，短轴的平均值即岩石的 K_{12} 值。

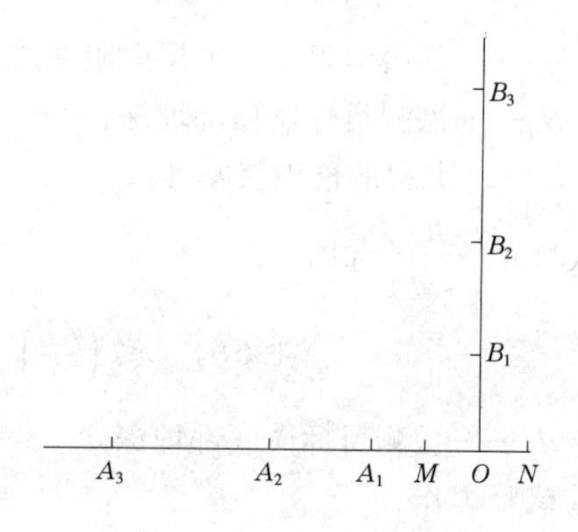

图 3-102　对称三极法的跑极方法

起始极距 $(AB/2)_{\min}$ 的选择取决于工作

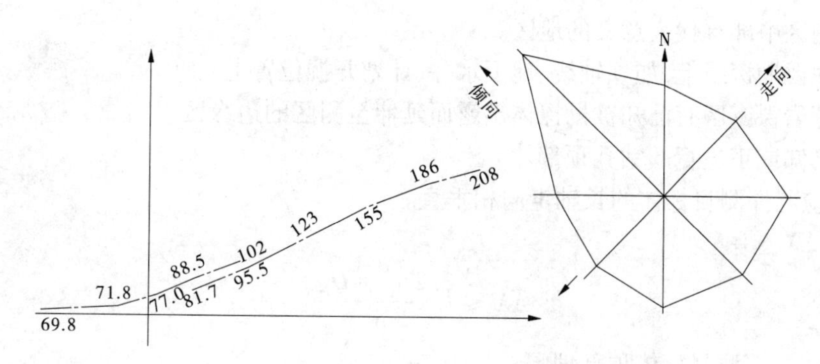

图 3-103　某地区利用环形探测确定走向的电测深曲线　（单位：Ω·m）

任务。对于浮土下的地质填图及研究浮土掩盖下岩层剖面，可设置$(AB/2)_{min}=h_{min}$（测区中覆盖层厚度的最薄数值）。

进行断层破碎带、岩溶、溶洞水等探测时

$$(H_0)_{min} \geqslant \left(\frac{AB}{2}\right)_{min} \geqslant 1.6(h_1)_{max} \tag{3-51}$$

式中　H_0——探测目标体埋深；

h_1——覆盖层厚度。

对覆盖层内部分层及测定覆盖层厚度时，$(AB/2)_{min}$取决于勘探精度及分辨率，即可划分的层厚。

选用的测量最大极距$(AB/2)_{max}$，取决于工作要求达到的深度及探测目标体的最大深度H_{1max}，使$(AB/2)_{max}>1.6H_{0max}$。

为了使工作上有明显的异常，一般可取

$$\left(\frac{AB}{2}\right)_{max} \geqslant 3.2H_{0max} \tag{3-52}$$

在使用复合K剖面时

$$(3+0.16\mu_2)H_{0min} \geqslant \left(\frac{AB}{2}\right)_{小} \geqslant 1.6h_{1max} \tag{3-53}$$

式中　μ_2——下层电阻率与上层电阻率之比；

H_0——探测目标体顶部埋深；

h_1——上覆的覆盖层厚度。

大极距$\left(\frac{AB}{2}\right)_{大}$选用

$$1.6H_{2max} \leqslant \left(\frac{AB}{2}\right)_{大} \leqslant (3+0.16\mu_2)H_{2min} \tag{3-54}$$

式中　H_2——探测目标体底部埋深。

2. 试验工作

试验剖面应选择在如下地区：

(1)应通过已知勘探体的顶部。

(2)测区中部有代表意义的地区。

(3)主要勘探线上，如坝轴线、地下水井、计划开掘位置上。

(4)基岩裸露区有已知被勘探体出露而延伸至测区的边缘区。

(5)已知或正进行的钻孔顶部。

测线应与探测目标体的长轴走向相垂直。

点距ΔX选用

$$\Delta X \leqslant \frac{3.2H_0+D_{min}}{5} \tag{3-55}$$

式中　H_0——探测目标体顶部埋深；

D_{min}——探测目标体最小宽度。

对倾斜层选用

$$\Delta X \leqslant \frac{t_{\min} \times \csc\theta_{\max}}{5} \tag{3-56}$$

式中　t——层厚；

θ——倾角。

试验剖面工作结束后，即进行资料整理。根据整理后的资料，决定全测区的测量。

3. 测区 K 剖面工作

根据试验剖面上对已知或主要剖面的测量，分析异常的可分辨情况、异常大小、范围以及异常与被勘探体形状的关系，对某些工作仍需进一步研究分析。然后，再加以适当补充，提出全测区的剖面方向、跑极 AO 方向及点距 ΔX、线距 ΔL。

$$\Delta L \leqslant \frac{L_{\min}}{3 \sim 5} \tag{3-57}$$

式中　$L_{\min}$——探测目标体最小长度。

使用仪器设备及野外测量等工作与普通电测深相同。

在内业工作整理后，对异常地区及地段应进一步加密，并在异常上部进行 K 环形探测，对异常可进一步加以追索，并对这些地区采用其他方法加以验证。

3.1.3.4　内业整理

1. 资料整理

（1）除将野外全部资料进行复核外，并进行一次微分：

$$K = \frac{\mathrm{dlg}\xi}{\mathrm{dlg}\Lambda} = \frac{\dfrac{\rho_{sn}}{\rho_{sn-1}} - 1}{\dfrac{AB_n}{AB_{n-1}} - 1} \tag{3-58}$$

当 $\dfrac{\rho_{sn}}{\rho_{sn-1}} < 1$ 时，采用：

$$K = \frac{\mathrm{dlg}\xi}{\mathrm{dlg}\Lambda} = -\frac{\dfrac{\rho_{sn-1}}{\rho_{sn}} - 1}{\dfrac{AB_n}{AB_{n-1}} - 1} \tag{3-59}$$

室内资料整理格式及其计算步骤可按表 3-14 进行。

（2）整理后的 K 值，在单对数纸上绘成一次微分曲线，其中 $AB/2$ 取对数坐标，K 取算术坐标，并将 ρ_s 曲线与 K 曲线粘贴在一起。

（3）把一次微分后的 K 曲线，绘制 K 剖面图。K 剖面图的制作方法：剖面上的点距，按比例尺分取，其上注以点号，以 $AB/2$ 的平均值作纵坐标。纵坐标采用对数（可采用 3.125 的对数比例），将表中的平均极距绘制标尺，并在点号中相应极距的 K 值加以注入，并以严格的比例尺绘制等值线。K 为正区时，一般取 0.1 为首曲线，每 0.5、1.0 为计曲线；K 为负区时亦同，但在密集区只绘计曲线。正区曲线为实线，负区用长虚线或其他颜色线加以注明，如图 3-104 所示。

表 3-14　K 剖面测试计算步骤及整理格式表

测区名称：　　　　剖面编号：　　　　测点编号：　　　　日期：

(1)	(2)	(3)	(4)	(5)	(6)	(7)	(8)	备注
$\frac{AB}{2}$	ρ_s	平均$\frac{AB}{2}$	$\frac{\left(\frac{AB}{2}\right)_n}{\left(\frac{AB}{2}\right)_{n-1}}$	(4) − 1	$(\pm)\frac{\rho_{sn}}{\rho_{sn-1}}$	(6) − 1	$\frac{(7)}{(5)}=K$	

注：整理中，对 $\rho_{sn}>\rho_{sn-1}$ 采用（+），对 $\rho_{sn}<\rho_{sn-1}$ 采用（−）。

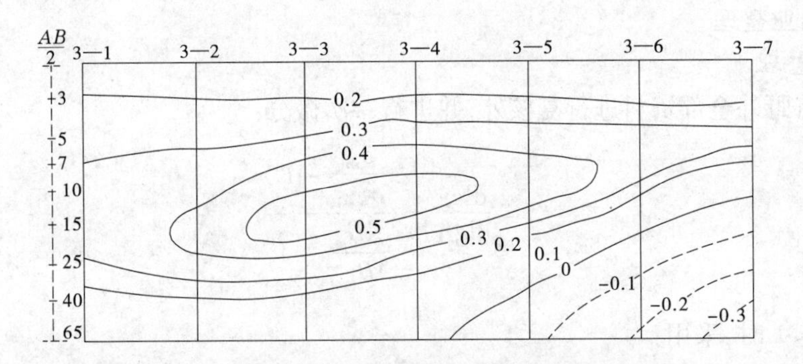

图 3-104　数据整理后的 K 值剖面图

在 K 剖面图之上为电测深曲线类型图，以 3.125 比例尺进行绘制，并注以 ρ_s 数值。K 剖面之下方为推断剖面图。

当变换 MN 时，可得两个 K 值，取其平均值为图 3-104 时数值，且其上下极距的 K 值，应与相对应的 MN 求得。

(4)利用相同的极距（根据全测区对勘探体有明显反映的极距）的 K 值，注意各点在平面图的位置上，绘制 K 值平面图。

若全测区中同一极距不能全部有明显的反映，则取明显的几个极距求视 $K_{平}$ 值。$K_{平}$ 值取有反映的 $(AB/2)_{\min}$ 与有反映的 $(AB/2)_{\max}$，并用此两值求得 $K_{平}$。

$$K_{平}=\frac{\frac{\rho_{s\max}}{\rho_{s\min}}-1}{\frac{AB_{\max}}{AB_{\min}}-1} \tag{3-60}$$

式中　$\rho_{s\max}$——反映的最大电极距的 ρ_s 值；

$\rho_{s\min}$——反映的最小电极距的 ρ_s 值。

一张 K 值平面图所适用的电极距，$(AB/2)_{min}$ 与 $(AB/2)_{max}$ 应相同。利用这些数值绘制 K 值平面图。

所有的计算、绘图等工作均可在计算机上完成。

2. 资料的定性分析

资料的定性分析，应根据不同对象分别对待。利用 K 断面图时应注意以下问题：

(1) 区分异常带：封闭状 K 等值线，可能为较厚的垂直薄层或线状不规则体，即大型破碎带或岩溶体所引起，其两侧一般与封闭区呈相反形态，如图 3-105 所示。

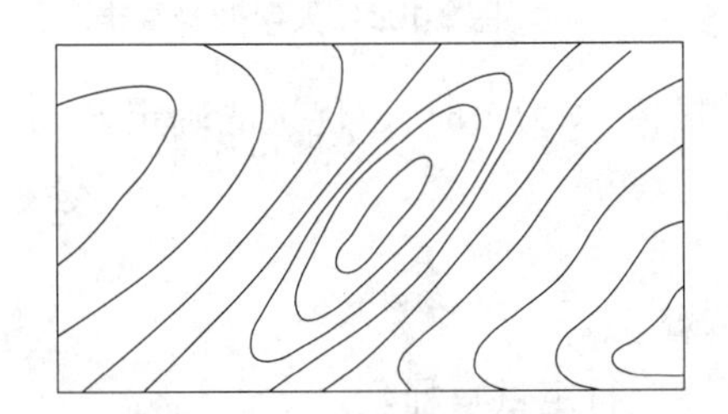
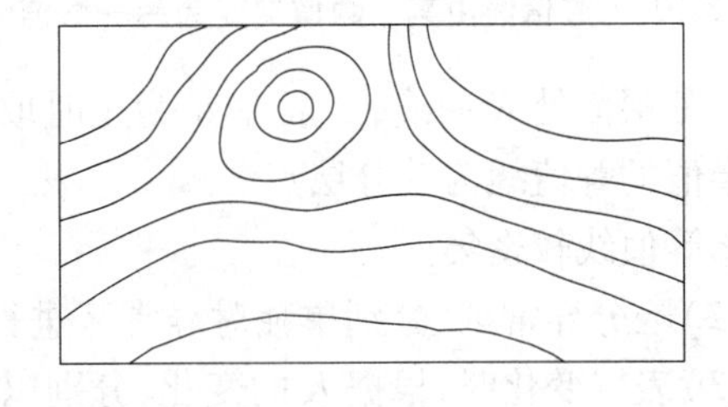

图 3-105　呈封闭形的等值线异常带

一侧为高 K 突变区，另一侧为低 K 突变区，中间有较陡的零值线，为小型断层、破碎带近似直立的岩层界面，如图 3-106 所示。

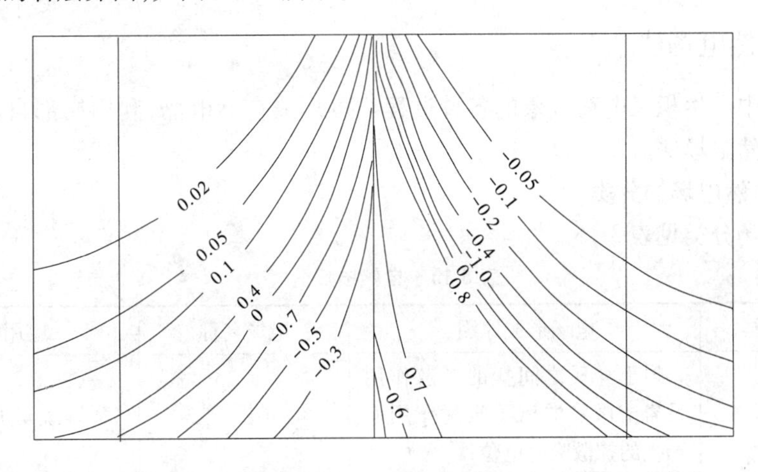

图 3-106　突变区异常带

正常相平行的等值线发生突然变化，但仍保持相平行的等值线，可能为断层，如图 3-107所示。

异常带呈“人”字形，其交叉点为线状异常位置，其深度为其交叉处异常中心的平均极距数值，如图 3-108 所示。

(2) 根据异常区性质，对比 K 平面图，确定勘探体深度、位置及走向。

(3) 当这些资料初步定性后，利用地质图根据已知勘探对象进行对比及连接。

3. 定量分析

(1) 对典型 K 曲线（一次微分曲线）进行定量解，利用其对应的等值线为相应的层面。其分层特点如下：

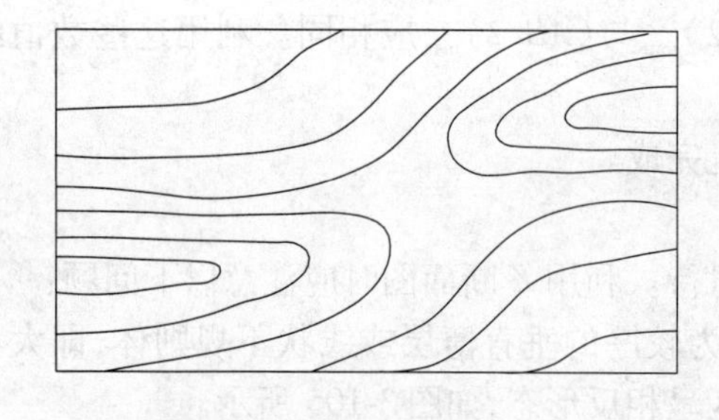

图 3-107　等值线由某一数值突变为另一数值

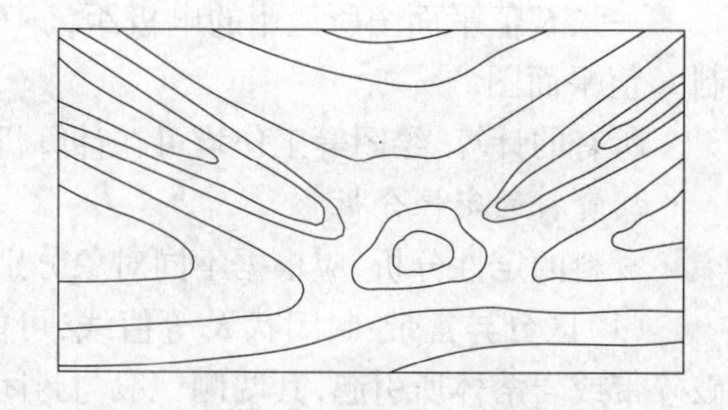

图 3-108　人字形异常带

①分层面处 K 曲线，一般在 K 为正时取其极值；K 为负时，以优选法确定 K_{12} 的数值，取其半值的等值线为其分层点。

②等值线较密集。

(2)区分异常区，分别单独对异常区进行解释。

(3)表层变化时，根据 K 的变化，分别以分段进行定量解释。

(4)根据等值线，转绘于剖面图上，作为推断图件。

(5)如地形影响较大，例如覆盖层尖灭区、陡崖地形等，则利用地形作地形影响 K 剖面图加以校正。应用校正后的图件，作有关定量图件，编写报告等。

3.1.4　自然电场法

在地层中产生积聚电荷现象的各种过程均可形成自然电场，利用局部自然电场的探测方法称自然电场法。

3.1.4.1　自然电场的分类

自然电场分类见表 3-15。

表 3-15　自然电场分类

电场性质	电场形成原因	电场名称	应用范围
岩土体本身电化学活动性	岩土介质之间盐的扩散作用及岩土微粒的离子吸附作用而产生的扩散吸附电位	扩散场	环境与土壤调查
	岩石矿物表面上发生的氧化还原作用而产生的氧化还原电位	电化学场	探矿
	水的过滤作用而产生的电位	渗漏场或过滤场	工程地质与水文地质调查
地层中存在的外部电流场对自然电场(除个别专题应用)均属干扰场	工业流散电流	随机的干扰场	干扰
	金属腐蚀电流	电化学场	工程设施检测
	大地岩层应力变化形成的自然电场	随时间变化场	微地震监测
	大地电流场	随时间变化场	深部地质构造探测
	雷电、电波及高压输电线路感应场；长波电台发射形成的地下甚低频电磁场	随机场甚低频场	干扰、水文工程地质调查

3.1.4.2 自然电场的应用

自然电场法适用于环境、工程、水文地质和土壤调查的各个阶段,其应用范围为:①探测地下水源、地下水流向、地下水污染。②探测水库坝体、堤坝、渠道的重大渗漏,研究土石坝管涌形成过程。③查明岩溶发育、构造破碎、裂隙发育带。④监测滑坡体的运动,圈定泥石流补给范围等。⑤利用金属腐蚀电流场,可用于检测地下金属管道、铠装电缆、桥梁、铁塔以及钢筋构件的腐蚀地点。

应用条件主要为:①渗流层中有很大的压差,地层水的矿化度低、黏滞性小,岩石为微孔隙结构。②饱水渗流层埋藏不深,上覆和下层的渗流岩层电阻率高。③渗漏电场性质与地形有密切关系,山区具备上述条件最全;水域上进行自然电位测量电极极差具有最好的稳定性。④其他场的干扰不大,电极接地良好,无污染。

应用的局限性主要为:①自然电场种源繁多,难以选择出所需要的单一场源;②一般自然电场强度较弱,难以确定其可靠性。

3.1.4.3 方法原理

在水利水电工程勘测中,自然电场法主要是研究渗漏电场。当水透过岩土介质时,由于介质的过滤活动性而产生过滤电位,它们与介质孔隙空间的构造、孔度系数、渗透系数、过滤液体的化学成分及矿化作用有关。岩土介质的过滤活动性是用在一个大气压条件下,标准溶液渗透过岩土介质所产生电位差大小来衡量的。

(1)当渗透性很小时,随介质渗透系数的增加而过滤活动性增加;当介质渗透系数极小时,过滤电位实际上为零,这种介质过滤活动性为零。

(2)随含有能过滤的液体的孔隙空间部分增多而过滤活动性减少。

(3)过滤活动性比例于亥姆雷兹电位:

$$E_H = \frac{\varepsilon\zeta\rho_0}{4\pi\mu}p \tag{3-61}$$

式中 ε——过滤液介质的介电常数;

ρ_0——过滤液介质的电阻率;

μ——过滤液介质的黏滞性;

p——发生过滤时的压力;

ζ——亥姆雷兹电位或称动电位,为在液体的不活动吸附层与活动层之间的电位差。

所以,过滤活动性是随 ζ 电位、电阻率、过滤液体的介电常数减小和过滤液体的黏滞性的增加而衰减,随过滤压力增加而增加。

过滤液体在介质中过滤时,由于吸附层对过滤液体中负离子(如 Cl^-)有吸附作用,而正离子(如 Na^+)却较便于通过,过滤过程中部分正负离子复合又电解,这样在过滤进程中上游端显示了负极性,下游端显示了正极性。这就是过滤电场确定水流方向的依据。

在地下水向透水层渗透(见图3-109)时产生的自然电场,可以当作发生在透水层的表面且通过该表面而发生渗透的简单层的自然电场来看。

对于厚为 δ 的垂直层解法如下。在分布于垂直地层走向的剖面 L_1L_2 上距地层中点

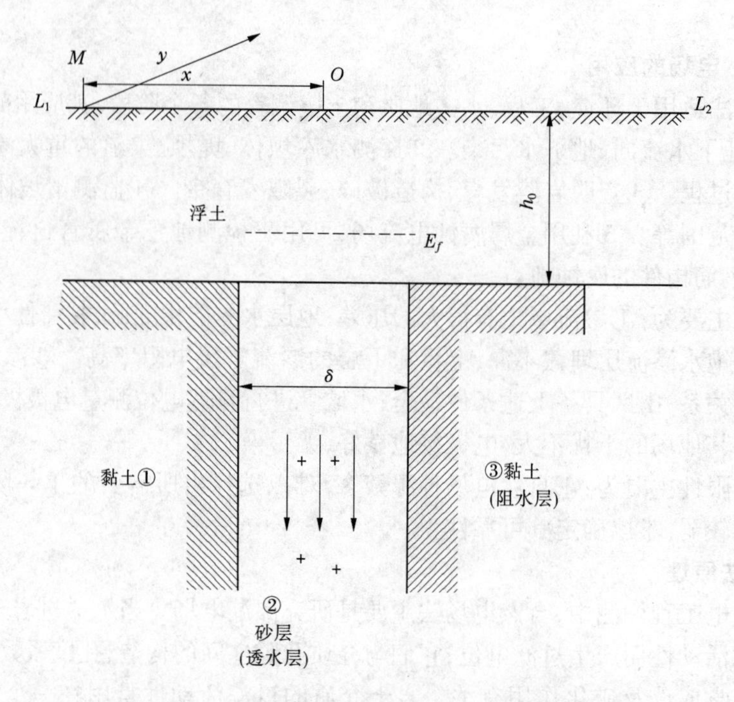

图 3-109　过滤形成的自然电场带电层电荷流动略图

(O 点)在地面上的投影距离为 x 的任一点 M 的电位为

$$U = \frac{2}{4\pi}\int_s \frac{e_f \mathrm{d}s}{r} \tag{3-62}$$

式中　r——从 M 点到滤过作用所通过的平面 s 上面积元 $\mathrm{d}s$ 的距离；

e_f——滤过作用的电场的强度。

在水渗透过粗粒岩石的最简单的情况下，场强 e_f 与渗透电位差 E_f 之间的关系如下：

$$e_f = \frac{E_f}{l} = \frac{\varepsilon\zeta\rho_0}{4\pi\mu} \times \frac{p}{l} \tag{3-63}$$

在压力的作用下液体在渗透过程中发生的流动途径。

引入直角坐标系，置坐标的原点于点 M，X 轴沿 L_1L_2 线方向，Y 轴平行于地层的走向，则有

$$U = \frac{e_f}{2\pi}\int_{-y_1}^{y_2}\int_{x-\frac{\delta}{2}}^{x+\frac{\delta}{2}} \frac{\mathrm{d}y\mathrm{d}x}{\sqrt{x^2 + y^2 + h_0^2}} \tag{3-64}$$

在穿过其中有地下水滤过发生的层时，滤过场的电位变化将满足以下的方程式：

$$U_f = -\frac{e_f h_0}{2\pi}\left\{\frac{2x+\delta}{2h_0}\ln\left[1+\left(\frac{2x+\delta}{2h_0}\right)^2\right] - \frac{2x-\delta}{2h_0}\ln\left[1+\left(\frac{2x-\delta}{2h_0}\right)^2\right] + 2\left(\arctan\frac{2x+\delta}{2h_0} - \arctan\frac{2x-\delta}{2h_0}\right)\right\} \tag{3-65}$$

在图 3-110 上曲线 5 表示在 $e_f < 0$ 时对 $\delta = 2h_0$ 计算出的函数 $U_f = f(x)$，在自然条件下经常能碰到这种情况。

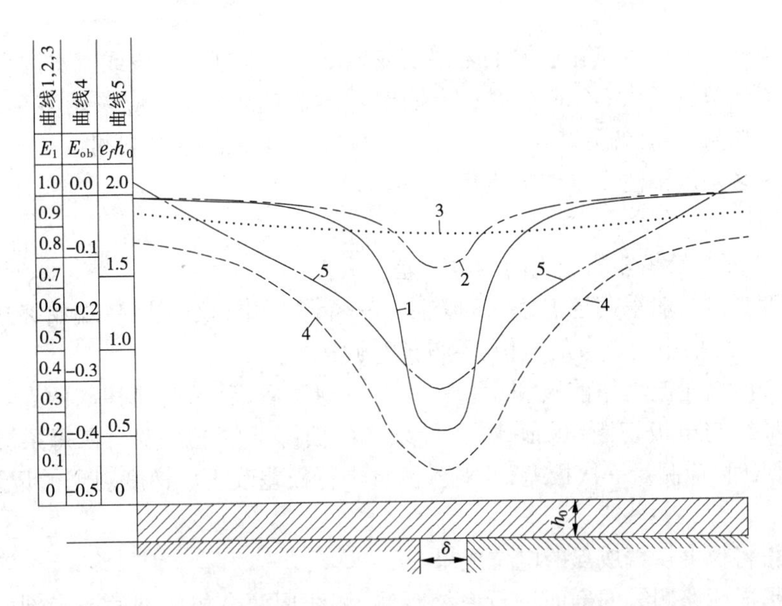

1、2、3—扩散—吸附的自然电场电位曲线；4—氧化—还原的自然电场电位曲线；5—过滤电场的电位曲线

图3-110　在穿过形成不同自然电场的层时，自然电场的剖面

3.1.4.4　现场工作方法技术

1. 测网布置

测网布置的一般要求是：

(1)点距宜为(1/2～1)H，剖面间距宜为点距2～4倍或由试验确定或按工作比例尺选择。

(2)至少有2～3条测线通过异常地段，其中每一条测线上至少有3个异常点。

(3)用自然电位测量抽水影响半径时，测线应按放射状布置。

2. 仪器设备

仪器设备由直流电位计、导线和不极化电极组成。

不极化电极有硫酸铜溶液不极化电极和氯化钾固体不极化电极。不极化电极的质量直接关系工作成效，不极化电极的检查、使用必须严格按规程有关条款执行。

3. 测量方式

自然电场法的基本工作方法是电位观测法。在电位观测法不能进行(如游散电流的影响)或不便于工作(剖面长、点距大)或某种特殊需要时，可采用梯度法观测。当研究区域性地下水渗透方向时，可辅以环形自然电位观测法。

1)电位观测法

电位观测法即在每条测线的每一个点上测量该点与剖面上或测区某一点(基点)的电位差。

自然电场法基点应选在正常场内电场稳定、电位梯度平稳的地方，并考虑如下因素：

(1)通行方便，地形平坦。

(2)土壤湿润均匀，接地条件良好，不得选择在地形切割严重、地表干燥的地方或乱石堆上。

(3)避免选在能产生氧化还原的岩层上或地下水活动剧烈地段或流水沟旁。

(4)在测区范围较大,不能采用一个固定零电极(基点)时,应采用多个基点(分基点)分区进行观测,再对各分基点进行归一化为同一零电位的联系观测。

(5)记录必须严格注意电位的正负。

2)梯度观测法

梯度观测即测量相邻测点之间的电位差。

(1)梯度观测一般采用逐点搬站的方法。一个测区中,仪器上 *M* 端始终接大测点号的电极,*N* 端始终接小测点号的电极,不得任意调换。

(2)每个电极轮流用作前极和后极。每个点观测后,后极向前移动两点。每次变化电极时,将导线与电极切断,保证 *M*、*N* 导线在剖面图上位置不变。在每条测线上测定 10 ~ 20个测点时,应测量一次极差,并对各测点进行极差改正。梯度观测的记录点为 *MN* 的中心。

(3)不得将梯度换算成点的电位成果。

(4)对形成闭路测线的剖面进行系统观测,测线用两个相邻剖面或半剖面组成。按这种观测方法不必再考虑电极极化的差别。

(5)使用梯度法时,错误的观测可根据电位梯度曲线各个分散点上出现的突变来确定。

(6)应特别注意地下游散电流的出现。为此在 10 ~ 15 min 内每 5 ~ 10 个点隔 5 ~ 10 s 取一次仪表读数。如果测量仪差值有变化,表明地下有游散电流存在。如果电位差稳定不变,表明地下有直流输电线路的电流存在。

3)环形观测法

环形观测法是在同一测点上进行十字或 4 个方向用一个测量距离的电位梯度观测法,由于电位图通常似 8 字,又称之为 8 字观测法。

3.1.4.5　资料解释及成果图件

1. 资料整理与解释

(1)自然电场法在定性解释中,首先必须确定自然电场的性质与研究对象之间的联系。渗漏场的特征与一定岩性水文地质或地貌条件相关,一般很容易与其他电场区别:

①由于大多数岩石颗粒表面有选择性吸附负离子的作用,因此流入端相对具有负电位,而流出端相对具有正电位,在地下水流动方向上将观测到自然电位梯度的极大值,而垂直于水流方向上自然电位梯度则为极小值或零值。这是过滤电位异常作地质解释的依据。例如,水库渗漏处或地表水补给地下水的地方呈负异常,断层涌水点(段)呈正异常。

②介质和地下水的电阻率,对渗漏场的强度有影响。例如,高度矿化水的电阻率一般不超过十分之几欧姆 · 米,而淡水的电阻率高达几十甚至几百欧姆 · 米。由于矿化度的不同,渗漏场的强度变化可达 2 ~ 3 个量级。利用自然电场法这一特性可进行表土和土基分层的土壤改良工作。

③电场性质与地形有密切关系,山区集水地段(高地)异常为负值,而河谷卸荷区为正值(见图 3-111)。

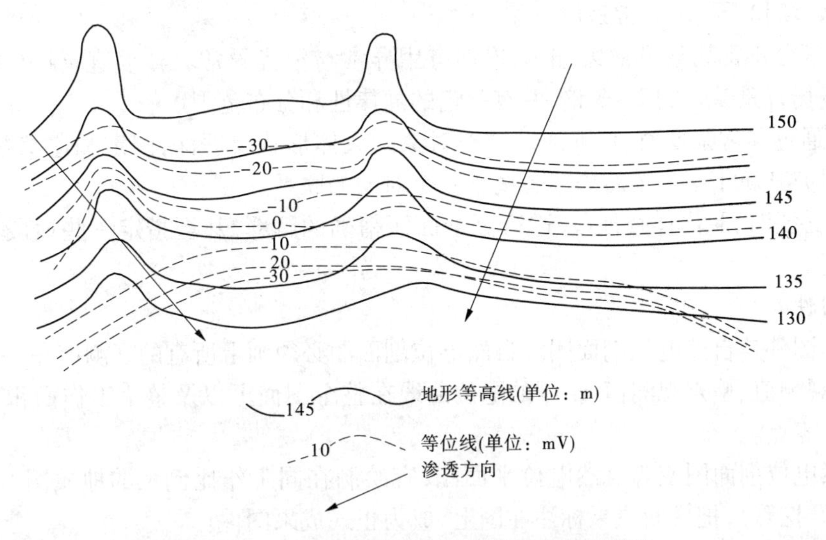

图 3-111　在急倾斜坡上自然电场等位线的形状

④岩溶地区发现有垂直渗漏的地段，这里自然电场异常一般为负值，当岩溶水从基岩流入冲积层（水流自下而上）时，入流处异常为正值（见图 3-112）。

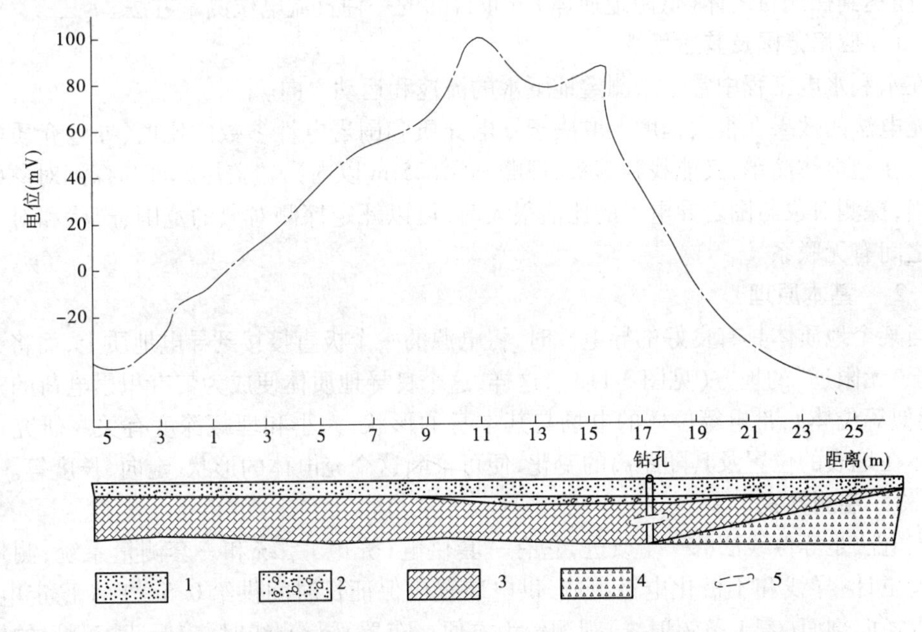

1—冲积层 Q_2；2—古老冲积层 Q_1；3—石灰岩 C_1；4—火成岩凝灰岩；5—洞穴

图 3-112　上升水流上面的自然电场剖面

（2）确定影响观测资料正确解释的各种因素，包括地貌、水文地质、地球化学以及人为因素，自然电场法资料应与其他物探资料一起进行综合研究，要参照该地区其他各种调查资料。

（3）应注意不同时间产生和存在的自然电场本身的物理条件不同，探测对象和目的不同,有效场和干扰场经常易位。

(4)区分正常场与异常场,正确识别有用异常与干扰异常。异常值应超过测量误差及正常电场背景变化的2~3倍,并有一定的规律性和分布范围。

(5)通过异常幅度值、范围确定调查对象的大体形状及埋深,圈定和追踪各种异常,查明与研究其属于某一个对象或者属于几个对象的联系。

(6)必要时,圈出详查地段,进行更全面而精确的解释,甚至指定一些地段布置钻孔检查验证。

2.图件

基本图件是自然电位剖面图。自然电位剖面图必须画上所有的观测值——基本观测值、重复观测值、检查观测值,绘制的电位曲线在整个图面上以及整个工作面积上都应该是同一个零点。

自然电位剖面图或等自然电位平面图,宜绘制在同工作比例尺的地质图上(包括钻孔、山地开挖等),把推断成果标注在图上,成为正式成果图件。

3.1.5 直流充电法

充电法是通过人工向被探测体进行供电,提高被探测体的电势,使被探测体形成充电效应,而达到探测目的体(低阻地质体)分布目的的一种直流电位测量方法。

3.1.5.1 应用范围及其适用性

在水利水电工程中常用来测定地下水的流速和运动方向。

充电法的效果在很大程度上取决于导电介质和围岩电性参数的比值、导电介质的产状等。在地电体简单,又能找到露头、埋藏不深(25 m以内),覆盖层厚度与探测对象的大小相当,探测对象与围岩导电率的比值很大时,可以评定探测对象的范围、产状和对象各部分之间有无联系。

3.1.5.2 基本原理

当某个地质体具有良好的导电性时,将电源的一个极直接接到导电地质上,而将另一极置于"无限远"的地方(见图3-113),这样,这个良导地质体便成为带有积累电荷的充电体(近似等位体),带电等位体的电场与其本身的形状、大小和埋藏深度有关。研究这个充电体在地表的位置及其随距离的变化,便可推断这个充电体的形状、走向、长度等。

3.1.5.3 观测方式

充电法是等位线法的一个改进,它有一套供电(充电)系统和一套测量系统,测量系统由电位计、导线和不极化电极组成,供电装置应保证长时间供给0.5~1 A稳定电流。测网以径向剖面(若干条辐射线)观测较为方便。布置平行测线时,应保证探测目的体在3条测线上有反映。

充电法测量方式分电位和梯度观测两种。

(1)用电位法观测时,必须记录测量点位差符号。为此在观测过程中必须使测量电极的相互位置保持不变。

(2)用梯度观测时,测量电极距及测点距离为5~10 m,若电位不很大,测量电极距可以加大。

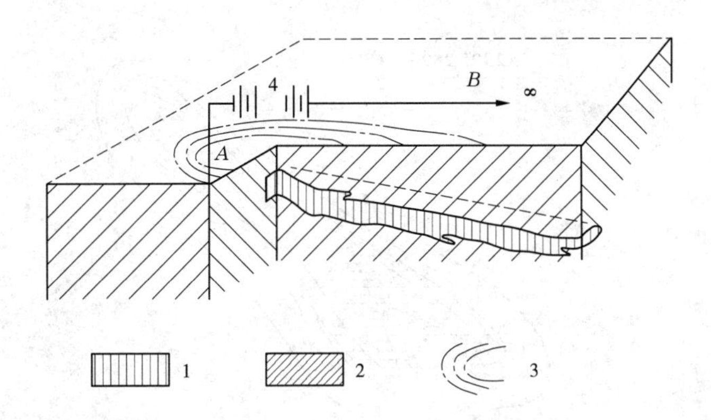

1—良导体;2—围岩;3—等电位线;4—电池;A—电池与良导体露头的连接点;B—与良导体有很大距离的电极

图3-113　充电法原理示意图

等位线的测量,可使用下列两种方式:

(1)直接测定等位线。此法最好采用以充电电极 A(或 A 上方)为原点径向布置测线,在进行测量前尽可能使测量电极 N(在径向测线上)远离充电介质。具体步骤如下所述:

第一步,在 AN 测线上移动电极 M 测量电位曲线(见图3-114)。在该图上找出良导体边缘的一点 x_0,在这点以内电位值(ΔU_M)急剧上升。

第二步,将 N 极移置 x_0 附近的 x_1 位置,移动电极 M 在每一条径向测线上寻找 N 同电位点,即 ΔU_{MN} 处,并记录每一条测线 x_1 的距离,完成第一个等位圈测量。

第三步,按相邻电位线相差 5 mV 或 10 mV 的要求,从图3-114 上找到 x_2 位置,并将 N 移置在 x_2 上,按第二步测量第二条等位圈。

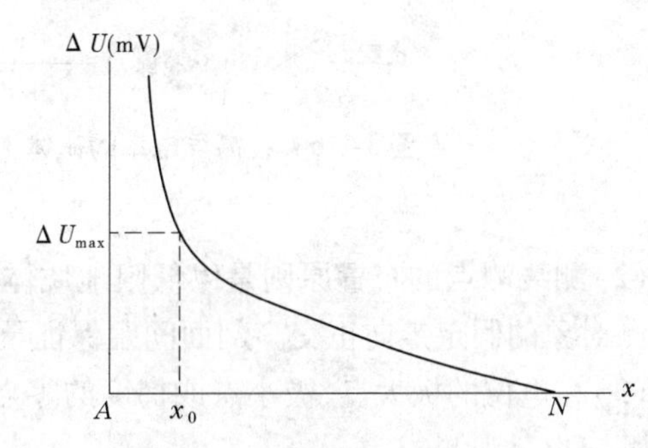

图3-114　AN 测线上的电位变化曲线

用同样的方法继续进行下去,然后将测量结果作成平面等位线图。

图3-115 表示出应用充电法找寻铝土矿的结果,铝土矿埋藏于狭而深的喀斯特凹地中,在已知钻孔中,将金属套管与充电电极 A 相接,另一 B 极置于无穷远处。在该图中,等位线的延伸性质表明凹地向西南方向延展达半千米,同时在其尾端分为两个独立分枝。该区石灰岩(600 ~ 800 Ω · m)与喀斯特凹地充填物(10 ~ 30 Ω · m)间电阻率差别极大。

(2)电位法测量每个点的电位值,然后绘制平面等值线图(见图3-116)。测量电极 N 要尽可能远离充电体,N 极的电位可视为零电位,然后流动电极 M 沿测线逐点测量电位差 ΔU_{MN},根据测量数据,按电位相差 5 mV 或 10 mV 作等值线图。

3.1.5.4　现场测试技术

(1)充电电极 A 与低阻地质体接触必须良好。远供电电极 B 离充电电极 A 的距离,一般大于低阻地质体埋深或延伸长度的 10 倍。当用电位观测时,N 极与充电电极 A 的距离应大于低阻地质体埋深或延伸长度的 10 倍。当用梯度法观测时,测量电极距为 5 ~

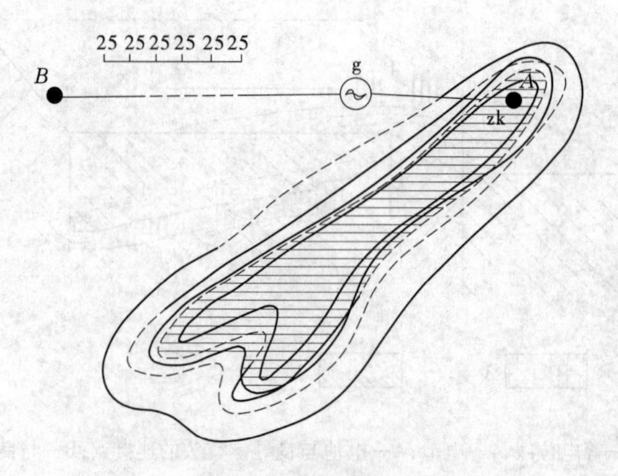

图 3-115　用充电法圈定喀斯特凹地范围

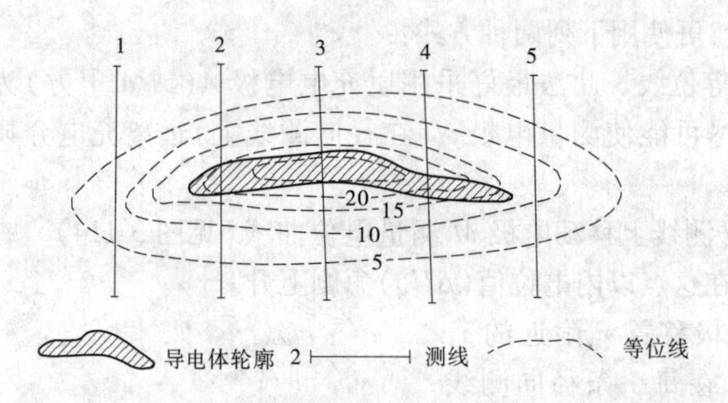

图 3-116　在高导电率的矿体上的等位线图　（单位：mV）

10 m。

（2）测线测点的布置原则是以低阻地质体为中心，在地面上布置多条平行测线，方向与探测对象的假定走向正交。剖面间距保证至少有 2～3 条测线通过它的顶部。

（3）在电位的极大点、极小点或梯度的零点、极大点以及曲线上的突变点、可疑点、转折点都应重复观测。

（4）工作过程中，应保持充电电流稳定。供电回路的电流强度，每隔 10～20 个观测点测量一次，如有变化，观测结果应按 $\Delta U/I$ 的比值表示；在进行梯度观测时，必须严格保持 MN 之间的距离正确不变。

（5）用电位法观测时，必须记录测量电位差符号。为此，所有剖面宜在一个测站上测量，在观测过程中必须使测量电极的相互位置保持不变，通常规定在图件东侧（右侧）电极 M 始终接在仪器接线板 M 上，充电电极 A 接电池正极。

3.1.5.5　资料解释与成果图件

用充电法求低阻地质体形态时，在绘制图件方面和电阻率法相同。一般作电位曲线剖面图（或电位梯度曲线剖面图）、剖面平面图、等电位平面图。在解释推断时应注意以下几点：

（1）认识充电场的特征，分析等位线的密度、长短轴之比，以及电位、梯度曲线的形态、斜率、特征点（电位曲线极大值点、梯度曲线零点）及分布规律。

(2)注意表层不均匀、地形、岩层产状、地表水径流、覆盖层厚薄及屏蔽造成的影响。

(3)通过电位剖面曲线的极大值、梯度剖面曲线的"零"值定平面点位。

(4)紧密结合其他物探方法、地质构造和水文地质资料作综合解释推断。

3.1.5.6 单孔测定地下水流速流向

1. 原理

充电法可以测定地下水平流的方向及速度,其测量装置如图3-117所示。将充电电极A沉入被探测的含水层中央,而电极B离井口的距离为电极A沉入深度的20~50倍,测量电极N固定在推测水流的上方,进行电位剖面或圆形等位线测量。然后将盐袋吊入含水层中,使井中含水层盐溶液过饱和。含水层中流动的水会将盐水带走,因此高电导带的中心从井孔轴向水流一方移动,这个中心的位移引起地面上电位曲线的峰值同向移动或使等位线在水流运动方向上的向外扩展,从而可以用来确定地下水流动的方向。其流速可根据电位线中心相对于其原始位置所作的位移大小计算。

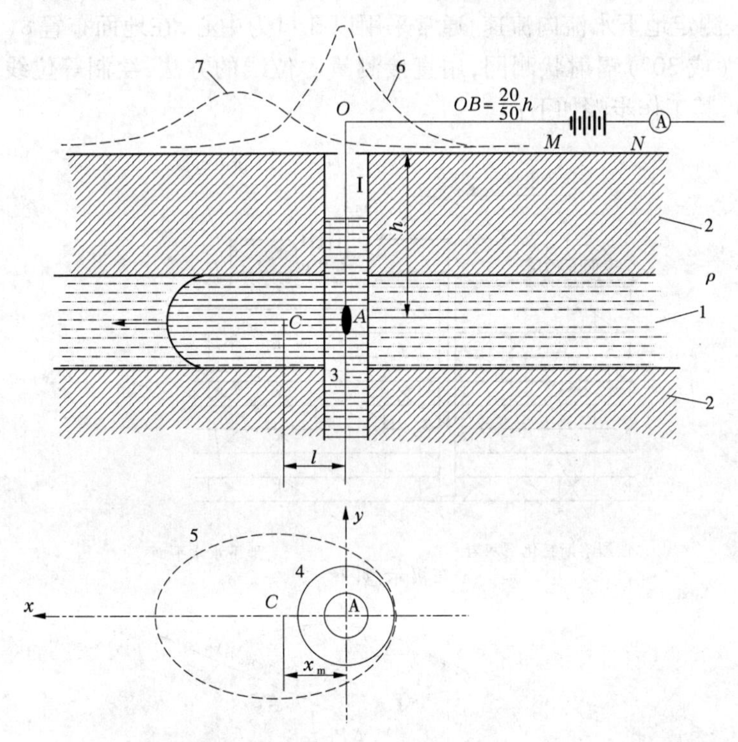

1—含水层;2—围岩;3—盐水;4—加盐以前的等位线;5—在加盐不久后的等位线;
6—加盐前的电位剖面;7—溶液加盐不久后的电位剖面

图3-117 岩层中水的流速及方向的确定

为了计算流速,可以近似地把接地充电A极及导电盐溶液的中心C看作两个电源:设电源A的电流强度$I_A=I(1-q)$,电源C的电流强度$I_C=qI$,q表示A、C所输出电流之比值。在未盐化井中含水层$q=0$,当盐化以后保持强矿化水时$q\approx1$。

从将盐投入井内的一瞬间开始到确定电位最大值点的位置为止,所经过的时间t以及最大值点的坐标x_m已知,就能够求出地下水流的近似速度。当以饱和的氯化钠溶液投

入井内时,假设井径不大,系数 q 接近于1,则水的流速 V 由下式求得:

$$V = \frac{2x_m}{t} \tag{3-66}$$

充电法测定地下水流速误差来源如下:

(1)要求含水层和上覆地层介质电性均匀,地下水流是平流的,且工作面是平坦的。这在实际工作中很少能够满足。

(2)要求 $q=1$,而实际上工作中很难做到,投盐量过多可能提高井孔水头压力,易使流速增大;q 过小,会使计算流速偏低。

(3)由于盐水溶液的扩散作用以及盐晕的非线性影响,x_m 与 t 线性关系发生畸变,计算流速时只能选取 $\Delta R=f(t)$ 关系曲线的直线部分。

(4)测量电极 N 位置不准确,X 轴不在水流主方向上。

2. 观测方式

用充电法测定地下水流向流速,通常采用以孔口为中心,在地面布置8(或12)条,方向角差为45°(或30°)辐射状测网,用直接测量等位线的方法,绘制等位线(圈)平面图(见图3-118),其工作步骤如下:

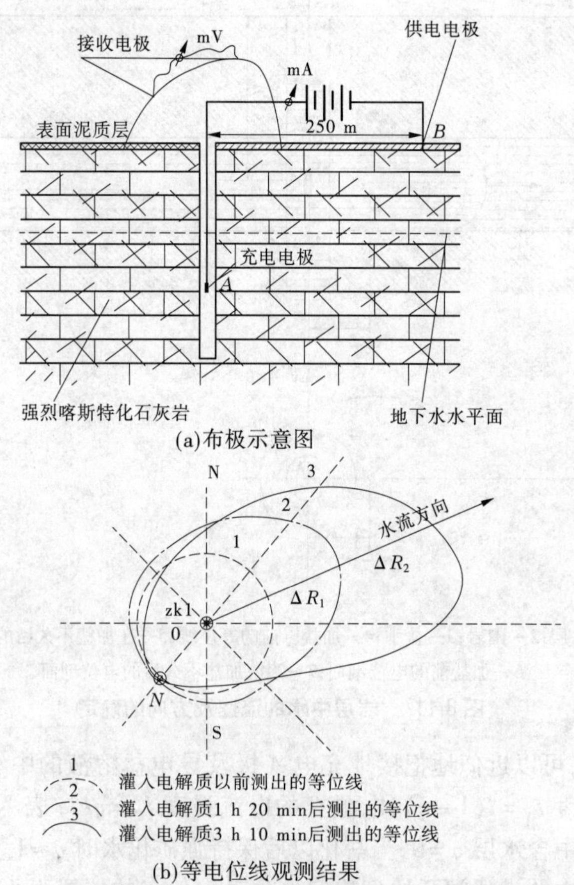

图3-118　在可溶石灰岩层中用充电法测定地下水流方向及速度

第一步,测定起始(未投盐)等位圈 R(充电点 A 在地面的投影 O' 即孔口中心至辐射网每一测线的距离)。这时固定测量电极 N 应放置在推测水流方向的上方,$O'N$ 的距离应大于(1 ~2)$O'A$。移动测量电极 M,在另外7条测线上寻找 $\Delta U_{MN}=0$ 的位置,并记录其距离,绘出起始等位圈图3-118中的1等位圈。当介质均质时,等位圈呈圆形,接着开始盐化含水层,并记录开始盐化时间 t_0。

第二步,测量等位线增量 ΔR 即含水层投盐后第一次观测的等位圈,图3-118中的2等位圈,并记录对应测量时间 t_1。

随着食盐体顺地下水流方向的运动,地表上的等电位线也朝着此方向延伸。相隔一定的时间观测出其形状变化,便能够确定这些等位线中心的位移情况,位移是依其速度为转移的。

通常为了测定地下水流速的平均真值要进行多次的等位圈测量。

3. *解释方法*

(1)利用等位线平面图解释时,由井孔中心到等位圈移动距离最大的连线方向定流向,在流向方向上按下列计算等位圈变化速度:

$$V=\frac{\Delta R_i}{\Delta t} \tag{3-67}$$

式中　ΔR_i——相邻等位圈位移的增量;

　　　Δt——增量 ΔR_i 相对应的时间间隔。

求出各相邻等位圈的变化速度,编制等位圈变化速度与时间(以第一次投盐开始起算)关系曲线图(见图3-119)。取速度曲线趋近于某一稳定值 V 作为含水层孔隙地下水流速。

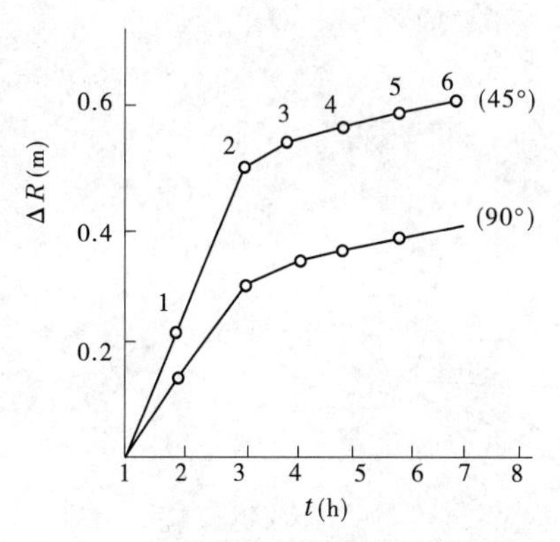

(a)扩散作用使曲线首部斜率大

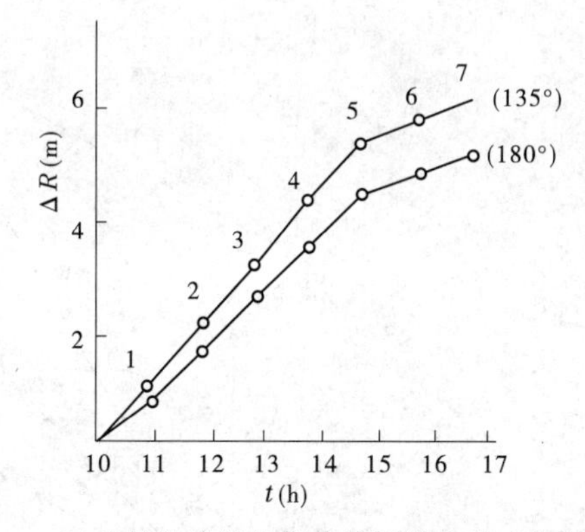

(b)盐晕的非线性使曲线尾部出现“饱和”趋势

图3-119　等位线位移 ΔR 与时间的关系曲线(t_1 为投盐时间)

当条件理想地下水流速均匀时,ΔR 与 t 呈现线性关系。但在实际生产中由于盐水溶液的扩散作用,以及盐晕的非线性影响,线性关系发生畸变,往往使流速与实际相差很大。因此,对这种情况应选取 ΔR 与 t 关系中的直线部分进行计算,才能得到可靠结果。

(2)利用向量合成法解释时,由向量合成的最大伸长方向定流向,在流向方向上以伸长距离与所对应的两倍时间之比,其商为流速 V,即

$$V = \frac{R}{2\Delta t} \tag{3-68}$$

式中　R——等位圈最大伸长距离；

Δt——最大伸长距离对应的测量时间间隔。

用向量合成法求地下水流向、流速的步骤如下：

(1)列出实际资料，如表 3-16 所示。

表 3-16　用向量合成法求地下水相对位移实测资料　　(单位：m)

观测时间	测线方向							
	N	N 45° E	E	S 45° E	S	S 45° W	W	N 45° W
8 月 5 日 10:00 ~ 17:00	1.85	1.68	1.43	0.7	0.45	0.1	0.43	1.2

(2)将相对的方向相减求得各方向的相对伸长量。

(N)1.85 m - (S)0.45 m = 1.4 m

(NE)1.68 m - (SW)0.1 m = 1.58 m

(E)1.43 m - (W)0.43 m = 1.00 m

(NW)1.20 m - (SE)0.7 m = 0.5 m

(3)将各方向相对伸长量以一定比例尺作图(见图 3-120)，求出向量 $R = 3.60$ m，并用式(3-64)求地下水流速：$V = \frac{R}{2\Delta t} = \frac{3.60}{2 \times 7} = 0.26$(m/h) = 6.24(m/d)。

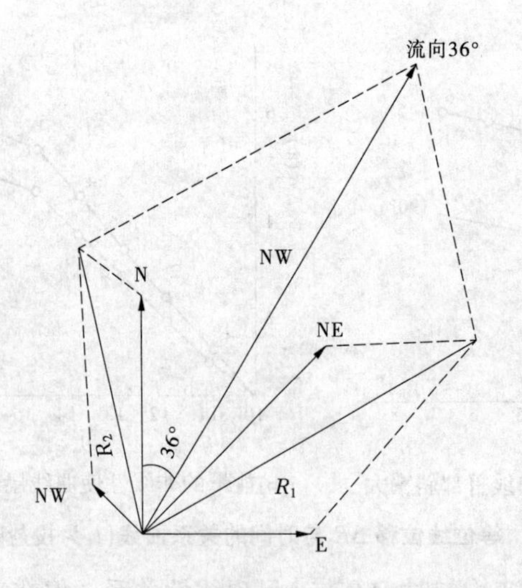

图 3-120　用向量合成球地下水流向、流速示意图

向量合成法在实际工作中不需校正测量电极 N 的位置，因此简便易行，所求出的流向准确，流速精度也相应提高。

(4)解释方位角 α 与增量 ΔR 关系曲线图时，以射线方位角 α 为横坐标，盐化后射线

上等位圈增量 ΔR（以起始等位圈起算）为纵坐标，即构成 $\Delta R=f(\alpha)$ 曲线图。ΔR 最大值所对应的方位角 α 为流向；流向方向 ΔR 与对应时间间隔 Δt 之商即为流速 V。

4. 应用条件

充电法单孔测定地下水流向、流速的条件：含水层埋藏深度小于 50 m，地下水系平流且流速大于 1 m/d，水的电阻率大于 15 Ω · m，围岩的电阻率大于 50 Ω · m，钻孔中的金属套管在地下水位以上。

在进行单孔充电法测定地下水流向、流速前，建议在通过孔口推测流向方向上布置一条尚未投盐的电位剖面，按观测结果在电位曲线斜率较大处稍远地段放置 N 电极。

当金属套管在含水层中所测电位曲线在孔口处为极大，且在孔口附近急剧衰减时，或在井口及井口附近相当大的范围内，保持一个电位平台，这通常在围岩电阻率较低、表层浮土含矿化水的条件下见到。在这两种情况下，充电法不能测定地下水流向、流速。

5. 施测技术要求

(1) 将充电点 A 极置于孔内待测含水层中部和电解质食盐袋串在一起，并保持盐溶液的饱和状态。

(2) 无穷远 B 极置于离孔口不小于待测含水层深度的 15～20 倍且保持良好接地。测量电极 N 固定在钻孔且与估计水流方向一致的上游，N 极距孔口的距离应大于充电电极 A 放入深度的 1.5～2.5 倍。

(3) 在地面通过孔（井）口为中心布置辐射状的测网，各测线的方向误差不得大于 ±5°。

(4) 投盐前测量电极 M 在各测线上移动，寻找等电位点，先测量一次正常的等电位圈。

(5) 投盐后应立即测定一次等位线。如果测量表明 N 极位置不适合，需改正后重新测定等位圈作为新的基准点，记录测量时间，量出至孔口的距离。然后，隔一定时间（视含水层流速而定，一般起始阶段为 20～30 min）沿各条测线找出新的等电位点，记录各等位点测定的时间并量出其增量 ΔR，绘于有正常等电位圈的平面图上，勾划出异常等电位圈。每一井孔所测得有效等电位圈应不少于 3～4 个。

(6) 每次等电位圈测量中应保持充电电流的稳定。

(7) 测量电极宜用不极化电极。

(8) 建议采用两个不同距离的固定测量电极 N_1 和 N_2 的两组等值线观测方式，两组测定的流向误差不超过 ±10°，流速误差不超过 15%。

3.1.6　直流激发极化法

激发极化法是依据目的体与周围介质的激发极化效应差异，探测地下介质分布特征的一种电法勘探方法。

3.1.6.1　应用范围和条件

(1) 应用范围：①按岩性成分、孔隙度、含水量和含冰量测定岩石范围；②普查和勘探建筑材料及天然砂石料；③含水层探测；④滑坡体探测。

(2) 适用性和局限性：岩石的激发极化性质取决于许多因素，这就会给正确的地质解释带来困难。因此,激发极化法工作必须与电阻率法结合进行。激发极化法也可以作为一种辅助方法,用于更精确地验证电剖面和电测深结果的地质解释。

激发极化法找水的有利条件是:在固—液相界面上有明显的离子交换的电化学反应和电动效应,在测区内金属矿物、煤层、石墨,碳化岩层较少。

但方法本身尚存在一些问题,需要进一步研究解决:①激发极化理论尚有不慎密性,从而造成解释的某种矛盾结论,工作成败尚依赖工作经验;②激发极化法由于二次场电位差相当微弱,所以易受外界干扰因素的影响,为排除这些影响,在野外工作中有时需要用很多的时间,这样工作效率就降低;③方法有一定的地区局限性;④激电测量需要较多的电池,比电阻率法费用大。

3.1.6.2 基本原理

1. 激发极化效应

岩石因流过电流(人工激发)而产生的二次电位称为激发极化电位,这一现象称为岩石的激发极化效应。通常在含有较容易接受电解氧化或电解还原的矿物的岩石里能够发现这些电位。在被不厚的浮土所覆盖的透水岩层的上面,以及腐蚀金属导管附近,同样能发现激发电位。

满足人工电场激发电性活动岩层介质中的方程至今还未完善,但是从物理现象的本质出发,能够假定人工引起的电场在周围介质中分布的性质,特别是在地面上,应接近于由扩散吸附作用及过滤作用所形成的电场分布的性质。

2. 激发极化测试参数

激发极化效应的特征参数,目前主要从两个方面研究;一是二次场的强度;二是二次场的衰减特征,即衰减速度。

(1)极化率:二次场的强度,一般都以极化率 η(以百分数)来表示:

$$\eta = \frac{\Delta U_2}{\Delta U_1} \times 100\% \tag{3-69}$$

式中 ΔU_1——供电时一次场电位差;

ΔU_2——停止供电时瞬间二次场电位差。

η 值一般在 0 ~ 6.7% 变化;砂黏土、重亚砂土、轻亚黏土具有最大极化率值;含水粗碎屑岩、裂隙破碎石灰岩以及均质黏性土的 η 值都很低。石英砂的极化率 η 在含水量不大(ω = 3% ~ 5%)时增加到 3% ~ 5%,使上述关系变得复杂。

(2)衰减特性:测量二次场衰减速度的参数,目前尚不统一。国外常用的参数有充电率、衰减速度、衰减常数等。国内目前在表示二次场衰减速度的参数也不统一。如山西省水利系统用的参数为衰减度,即

$$D_s = \frac{\Delta \overline{U_2}}{\Delta U_2} \times 100\% \tag{3-70}$$

式中 ΔU_2——停止供电后 0.25 s 时的二次场电位差;

$\Delta \overline{U_2}$——停止供电后 0.25 ~ 5.25 s 内二次场电位差的平均值,即

$$\Delta \overline{U_2} = \frac{1}{5}\int_{0.25}^{5.25} \Delta U_2(t)\,\mathrm{d}t \tag{3-71}$$

3. 激发方式

在实验室测量激发极化电位时通常用二极电位装置（见图3-121），从电池 B 输出的电流用电子开关将电流输入 AB 线测量一次场电位差 ΔU_1，按规定时间电流就中断，再将电位计与电极 M 和 N 接通，立即测量 ΔU_2；在衰减期内尚需按规定时间间隔记录电位值，研究衰减特性。

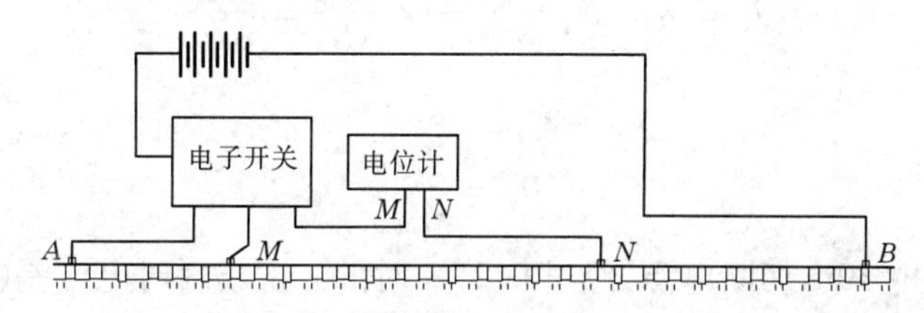

图3-121　激发极化电位的测量装置示意图

激发电位差 ΔU_2 的符号由接地 A 的极性而定。由于活动性矿物在电性上趋向氧化反应及还原反应，这些异常可大于或小于在接地 A 与电池极性相连时所得的异常。因此，在野外勘探时用二极、三极装置时，接地 A 必须具有这样的极性，使此时的激励电位差最大。

4. 激发极化电位测量参数

在工程勘测工作中，激发极化法可以用脉冲方法。在供电线路中供给电流，测量一次电场产生的电位差 ΔU_1。然后切断电流，测量随时间变化的与二次电场有关电位差。根据观测技术的可能性，或者在规定的时间间隔内记录 ΔU_2^t 或者连续记录激发极化衰减情况。

根据所得资料进行下列计算：①视电阻率 ρ_s；②视极化率 η_s 见式（3-69）；③表征二次电场衰减速度的系数 D_s 见式（3-70）。

3.1.6.3　仪器设备和测量参数

（1）仪器组成：激发极化仪器包括供电（激发）系统和测量系统两部分。通过激发极化仪连接实施测试工作。

（2）现场测试和计算参数：激发极化仪器在供电过程中可测出 I 和 ΔU_1，在断电后可测出 ΔU_2 和 $\Delta\overline{U}_2$。由此可以算出以下参数：

$$\left.\begin{aligned}
&\text{视激发比} && J_s = \frac{\Delta\overline{U}_2}{\Delta U_1}\times 100\% \\
&\text{视极化率} && \eta_s = \frac{\Delta U_2}{\Delta U_1}\times 100\% \\
&\text{视衰减度} && D_s = \frac{\Delta\overline{U}_2}{\Delta U_2}\times 100\% \\
&\text{视电阻率} && \rho_s = K\frac{\Delta U_1}{I}
\end{aligned}\right\}\tag{3-72}$$

式中　J_s——介质激电效应衰减快慢的电性参数（%）；

η_s——介质激电效应强弱的电性参数（%）；

D_s——介质激电效应衰减特性的电性参数(%)；

ρ_s——视电阻率,Ω·m；

K——装置系数。

J_s是一个综合参数,在数值上等于视极化率 η_s与视衰减度 D_s的乘积,即

$$J_s = \eta_s \cdot D_s = \frac{\Delta U_2}{\Delta U_1} \times \frac{\Delta \overline{U}_2}{\Delta U_2} = \frac{\Delta \overline{U}_2}{\Delta U_1} \tag{3-73}$$

所以

$$D_s = \frac{J_s}{\eta_s} \tag{3-74}$$

式中　ΔU_2——供电 30 s 切断电源,经过 0.25 s 时的二次场瞬时电位差(见图 3-122)；

$\Delta \overline{U}_2$——供电 30 s 切断电源后从 0.25 ~5.25 s 内二次场电位差的平均值(见图 3-122)。

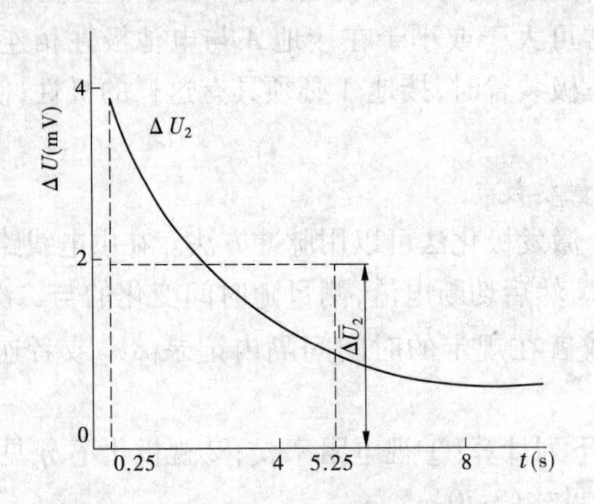

图 3-122　岩土介质激电效应衰减特征示意图

由定义知:视激发比 J_s不应大于或接近于视极化率 η_s,视衰减度 D_s不应大于或接近于 100%。ΔU_2和 $\Delta \overline{U}_2$ 的大小对 η_s和 J_s值的精度起主导作用,如果使得测量误差小于 10%,则应使二次场电位差比干扰电位差大 10 倍,即 $\Delta U_2 > 10\Delta U_g$,或者说 ΔU_2不应小于 1 mV是观测中须遵守的基本要求。

为使 ΔU_2大于 10 倍干扰电位差 ΔU_g,供电电流不得小于下式计算的电流值:

$$I_{min} \geqslant \frac{10K\Delta U_g}{\rho_s \eta_s} \tag{3-75}$$

式中　ρ_s、η_s——同一供电电极距的视电阻率和视极化率；

K——装置系数。

3.1.6.4　方法技术

现场试验:在激发极化法开始测试工作之前,选一个或几个典型地段进行试验,研究测区激发极化电位与电流值和供电时间之间的关系,选最佳激发方式和观测方式。

观测方式分为激发极化法电剖面和激发极化电测深两种观测方式。

1. 激发极化法电剖面

常用于查明地电体中电阻率及极化性质均不相同的陡倾界面。

激发极化法电剖面，通常使用对称四极装置（一般采用温纳尔装置），装置尺寸选择的标准与电阻率法电剖面法相同。在进行大面积激发极化电剖面并有强大的电源情况下，采用中间梯度法观测方式最有效。

激发极化法的剖面间距、点距的选择原则与电阻率法电剖面法相同。

进行激发极化法电剖面时，要对剖面上的每个点测定ΔU_1、I、ΔU_2，并计算ρ_s、η_s，根据观测结果绘成ρ_s、η_s曲线图（见图3-123）。

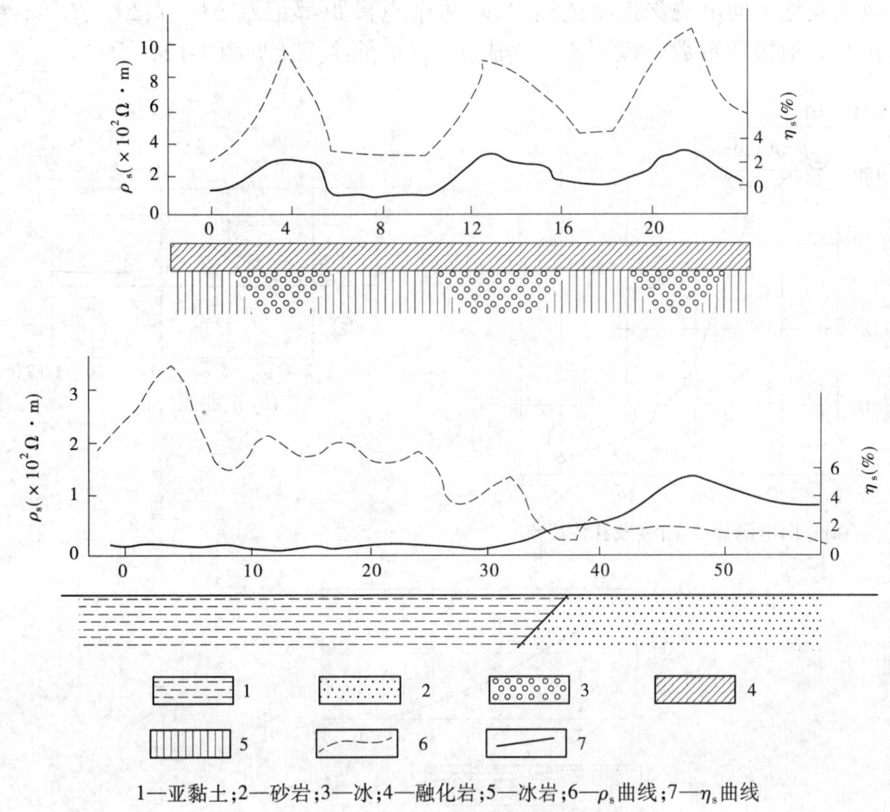

图3-123　激发极化电剖面成果图

激发极化资料的解释，即查明ρ_s曲线的异常地段以及极化参数。根据异常的形状判断异常极化体的形态及近似范围。

异常的走向用剖面之间同类异常的对比方法测定。在分析野外资料并根据结论绘制地电断面时应当注意，在装置大小固定的条件下，参数ρ_s、η_s反映的是某一深度的情况。当沿剖面岩石电阻率变化很大时，尽管岩石的真极化率不变，η_s曲线仍会有所变化。

2. 激发极化电测深

主要用于探测垂直方向上岩石的不同成分、分散性及含水量。该法在探测电阻率和极化率不同的水平层状或与地面夹角不大于20°的岩层界面时，效果最佳。

激发极化垂向电测深，通常用温纳尔对称装置。选择装置大小的原则与电阻率测深相同，但前后电极距之比宜用1.2。

在低阻断面条件下（岩石电阻率不大于几个欧姆·米）使用激发极化法，若供电电极距布置得很大($AB \geqslant 500$ m),则用温纳尔装置获得的激发极化衰减曲线,可能因感应现象的影响(尤其在初期)而出现畸变。因而,当探测深度较大时,应使用供电线路与测量线路相互垂直的装置。

当增加 AB 线路长度时,为了获得可靠读数就要加大供电电流。

激发极化垂向电测深的观测方式,取决于探测任务,个别地段或者是整个研究地区选择原则与垂向电阻率测深相同。

在激发极化垂向电测深探测过程中,对每个电极距都记录 ΔU_1、I、ΔU_2、$\Delta \overline{U}_2$,然后据此计算 $\boldsymbol{\rho}_s$ 及其他极化参数。探测成果绘成 $\boldsymbol{\rho}_s$、$\boldsymbol{\eta}_s$、D_s 曲线图(见图 3-124)。

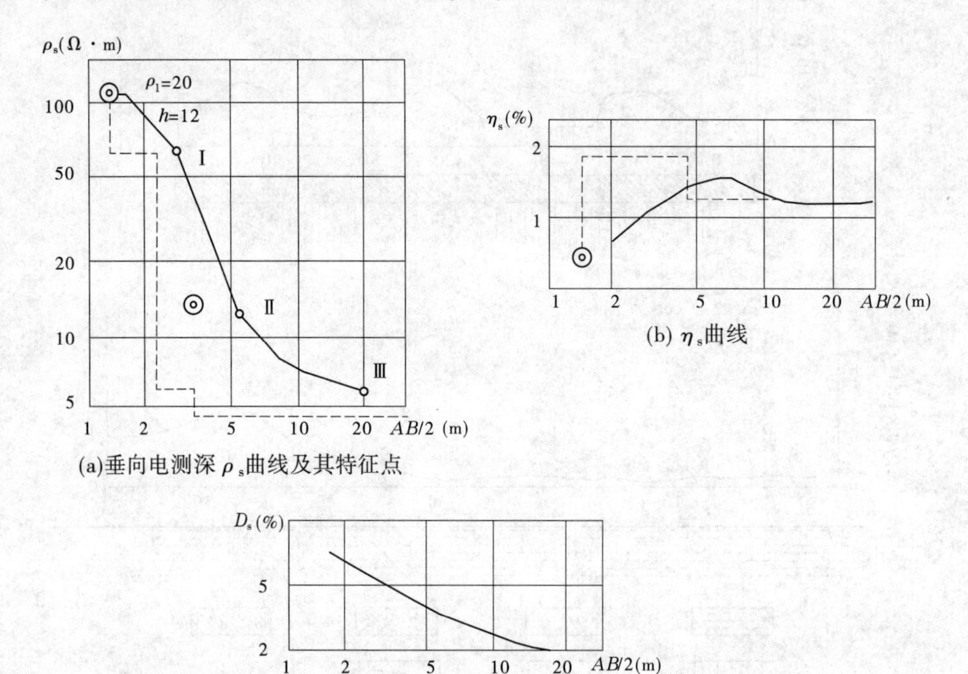

(a)垂向电测深 ρ_s曲线及其特征点

(b) η_s曲线

(c)D_s曲线

图 3-124　激发极化垂向测深成果示例

激发极化垂向电测深资料的解释,就是确定异常极化体形状、大小、埋深,以及确定依次埋藏岩层的数量、厚度及其电阻率和极化率。

成果解释的精度及可靠程度取决于相邻岩层电阻率的比值和极化率之比值、各个岩层的稳定性和厚度,以及目标体的大小。

在激发极化垂向电测深的解释中,用孔旁垂向测深参数曲线对比法测定厚度,具有重要意义。

结构复杂的岩体,激发极化垂向电测深资料不能进行定量解释,只能进行定性解释,也就是绘制 ρ_s 断面和极化参数断面,提供关于平面上导电率和极化性质随深度变化情况。

3.1.6.5　激发极化法找水

1. 激发极化法找水的前提

理论和室内模型离子导体的激发极化效应试验表明：

(1)水本身不具备激发极化特性。

(2)电子导体具有明显的激发极化现象，但是离开了水也不会产生。

(3)亚砂土、亚黏土、含水石英砂具有较大的激发效应，η 在 3% ~6%，而含水粗碎屑岩、大孔隙的卵砾石层以及均质黏土，η 值都很低。

由此可知，不论电子导体也好非良导体(如土、砂、石等)也好，产生激发极化效应的关键必须有固—液界面，也就是说，必须与水共存时才会产生激发极化现象。这就是激发极化法可以找水的前提。

能不能产生激发极化效应，水是决定性的因素。但激发极化效应大小的影响因素还很多，如各种岩性及所含的矿物成分、岩石的粒度、孔隙形态、水溶液的温度、矿化度、供电时间、布极方向等。

2. 工作方法与技术

用激发极化法找水时，通常同时进行电阻率法测深，测量 ρ_s、η_s、J_s、D_s 四个参数。

对称四极电测深相邻电极距比值，一般取得较小，以 1.2 为宜。

测量电极必须采用不极化电极，工作中应妥善选择成对电极和良好的埋设条件。

为了获得尽可能大的二次场电位差，一般采用四极等距的温纳尔装置和大的供电电流。为此应尽可能减少供电回路的总电阻(导线接地电源内阻)，适当增大供电电压，使用大容量的电源，确保不少于 30 s 的供电时间内有足够大的供电电流稳定输出。

凡出现下列情况之一者，必须进行重复观测和检查观测：

(1)一次场电位差 ΔU_1 不小于 30 mV。

(2)在观测读数的前后，发现有明显的干扰现象。

(3)J_s 值大于或接近 η_s 值，D_s 值大于或接近于 100%。

(4)在 η_s、J_s 或 $S_{0.5\,s}$ 测深曲线上有重要意义的异常曲线段出现锯齿状，经检查观测，读数无误，应在这一极距前后加密极距进行观测。

进行测量检查的必要性，是由于激发极化法测量由于供电时间较长。在供电过程中和断电后 5.25 s 的时间内，外界的干扰信号很可能进入仪器内，这就造成测量上的误差。因此，在每一极距测量完毕后，必须迅速将测程开关转至小测程上，以监视二次场衰减情况，在正常情况下，二次场电位差应逐渐衰减到零。如果过大或过小，都说明有干扰信号叠加进来，应进行复测，以确保观测的质量。这是成果好坏的关键措施。

3. 资料解释与图件

1) 资料解释

解释工作，应遵循从已知到未知、先易后难的对比解释原则。

(1)分析已有水文地质资料地段的曲线特征、异常幅度，研究其异常与地下水的关系,合理解决其中的矛盾。

激发极化法找水解释中,要正确地确定背景值和有水异常值。不同测区有不同背景值,一般以已知地下水位以上的η_s、J_s、D_s、$S_{0.5s}$或干孔测得η_s、J_s、D_s、$S_{0.5s}$值作为测区背景值。异常幅度应大于背景值的三倍允许相对误差,并连续在两个以上极距出现才能看作异常。

二次场激电参数与含水层孔隙率、湿度、孔隙水矿化度、岩石颗粒大小、黏土含量、矿物成分等因素有关,同时也受金属管道、碳化岩层的影响,因此资料分析解释要考虑种种干扰因素。

(2)用推理的方法,结合电阻率测深的解释结果,对未知地段地下水埋藏情况和含水层富水性进行估计。首先应排除电子型导电矿物或其他电子导体存在,再通过对地质资料和其他物探资料取得的成果进行综合相关分析之后,才有可能对地下水的埋藏深度、富水性和涌出量作出初步的评价。不能直接将异常幅度值和面积大小作出涌水量的估计。

η_s、J_s曲线开始升高起始转折的$AB/2$可粗略地看成地下水位的埋藏深度。当曲线呈锯齿形时,应当根据异常幅度的大小和观测值误差范围,分析它是否是由误差引起的,如果不是,才有可能考虑为第二个、第三个含水层的反映,但无法正确划定它们的埋藏深度。

在含水层中,如$\eta_s=1\%\sim4\%$、$J_s=0.5\%\sim2\%$、$D_s=30\%\sim80\%$,一般是含水的反映;如$\eta_s>4\%$、$J_s>2\%$、$D_s>80\%$,则一般是有电子型电矿物或其他电子导体存在,不一定是地下水的反映。只提含水层,不提松散含水层。

在相同的水文地质条件下,测区内没有电子导体的干扰,在J_s等曲线图上异常(应减去背景值)与横坐标所包围的面积越大,则可定性地认为含水层可能越厚及富水性越强。

地下水的涌水量与岩层含水程度、储水条件、补给来源、渗透特性等因素有关,所以不能直接将异常幅度值与涌水量建立关系。而应通过对地质资料和其他资料取得的成果进行综合相关分析之后,才有可能对地下水的涌出量作出初步的评价。

2)图件

(1)激发极化法绘制的图件,一般有工作布置图,ρ_s、η_s、J_s、D_s、$S_{0.5s}$等值线断面图与平面图,测深曲线类型图、含水层分布平面图和含水层埋藏深度图等。工作布置图、测深曲线类型图、含水层分布平面图、含水层埋藏深度图与相应的电阻率法图件作法相同。

(2)η_s、J_s、D_s、$S_{0.5s}$等值线断面图的横坐标用算术比例尺,纵坐标既可用算术比例尺,也可用对数比例尺表示。等值线的起始值以异常的下限确定,等值线数值间隔以等差级数表示。

绘制η_s、J_s、D_s、$S_{0.5s}$等值线断面图时,应选择最能清楚反映含水层构造、异常特征的极距来绘制,要求与等ρ_s平面图比例相同。

3.2　电磁探测方法与技术

3.2.1　电磁测深法

大地电磁测深法是由苏联学者 A. N. Tikhonov 和法国人 L. Cagniard 分别独立提出的。他们假设天然电磁场以平面波形式垂直入射地表面,在地表观测相互垂直的电场和磁场分量,计算波阻抗和 Cagniard 电阻率。电磁场频率不同,趋肤(穿透)深度也不同,从而可以研究地下不同深度的电性结构。

3.2.1.1　基本原理

大地电磁场,或称天然电磁场,通常指由太阳风以及雷电活动等这些地球外层空间场源引起的区域性,乃至全球性的天然交变电磁场。它具有很宽的频谱范围,从近直流(低于 0.000 1 Hz)至数千赫兹都能被观测到。频率不同的大地电磁场,其激发机制、振幅强度、振动形式及分布特征等也各有特点。

图 3-125 是一幅经典的反映全球电磁场强度平均振幅的特征图,它取自 1967 年 Compell 的研究成果。可以看出,天然电磁场在 0.5 Hz、3 Hz 和 1 000 Hz 附近存在低谷,信号极其微弱,电场强度低于 1 mV/km,磁场低于 0.01 nT,能量如此低的电磁场在当时的技术条件下很难被正确地观测。而且,应用大地电磁法的主要兴趣是研究上地壳—岩石圈—上地幔的电性变化,因此传统上的大地电磁法,其测量频率范围一般在 0.000 1 ~ 1 Hz。

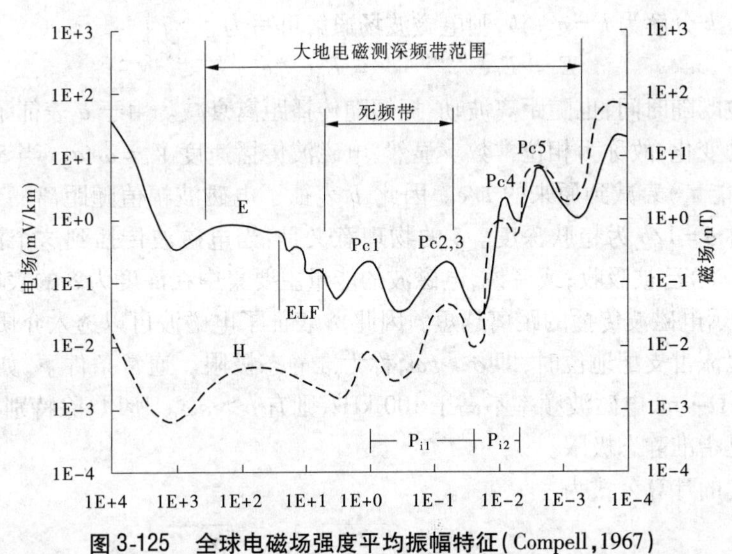

图 3-125　全球电磁场强度平均振幅特征(Compell,1967)

就频率而言,100 kHz 以下的电磁波主要是各类低频段长波电台、接地电网、电机车、通信网络等引起的。通过地表面及电离层的反射、折射,在足够远的距离上,它们类似于垂直入射地表面的平面电磁波,从而成为高频段大地电磁测深的重要场源。

Maxwell 方程组是描述真空或介质中宏观电磁场的基本实验公式,不论是天然场源,还是人工场源的电磁勘探，其基本规律也同样是从 Maxwell 方程组导出的。Maxwell 方程组含有四个方程，分别反映了四条基本的物理定律：

$$\nabla \times \vec{E} = -\frac{\partial \vec{B}}{\partial t} \quad (\text{法拉第定律}) \tag{3-76}$$

$$\nabla \times \vec{H} = \vec{J} + \frac{\partial \vec{D}}{\partial t} \quad (\text{安倍定律}) \tag{3-77}$$

$$\nabla \times \vec{D} = \vec{\rho} \quad (\text{库仑定律}) \tag{3-78}$$

$$\nabla \times \vec{B} = 0 \quad (\text{磁通量连续性定理}) \tag{3-79}$$

式中　E、D、H、B——电场强度、电位移矢量（电感应强度）、磁场强度、磁感应强度；

ρ、j——电荷体密度、电流密度。

设场源为时谐变化的，则其产生的电磁场也同样是时谐变化的。因此，在时谐场源时经整理可得亥姆霍兹方程：

$$\nabla^2 E + k^2 E = 0 \tag{3-80}$$

$$\nabla^2 H + k^2 H = 0 \tag{3-81}$$

$$k^2 = \varepsilon\mu\omega^2 + i\sigma\mu\omega \tag{3-82}$$

式中　ω——电磁波的圆频率；

k——波数或传播常数。

它是描述频率域电磁场的基本方程。

在很多定解问题中，还必须利用具有物理意义的自然边界条件或正则化条件，如在远离场源处电磁场有限等。

将复波数 k 分解为 $k = a + \mathrm{i}b$，则电磁波场通解可写为

$$E = E_0 \mathrm{e}^{-\mathrm{i}(\omega t - kz)} = E_0 \mathrm{e}^{-bz} \mathrm{e}^{-\mathrm{i}(\omega t - az)} \tag{3-83}$$

即电磁波既随时间，也随距离波动，振幅随传播距离衰减。由于 a 表征了电磁波传播过程中相位的变化，故称为相位常数。显然，电磁波传播速度 $V_{\mathrm{p}} = \omega/a$。当 $\delta = 1/b$ 时，电磁波的振幅（能量）衰减到原来的 $1/e$。因此，b 表征了电磁波幅值随距离的衰减，故称为衰减常数。称 $\delta = 1/b$ 为趋肤深度。δ 的物理意义是：当电磁波传播到这个深度时，大部分能量（约 63%）已被吸收；或者说，电磁波的能量主要集中在深度为 δ 的表层内，频率越高，δ 越小，表示电磁波传播的距离越短。因此，δ 表征了电磁波可以透入介质的深度。

当传导电流占支配地位时，即 $\sigma \gg \varepsilon\omega$，称为准静态极限。通常条件下，如大地电阻率不大于 1 000 Ω · m，电磁波频率不高于 100 kHz，则有 $\sigma \gg \varepsilon\omega$。所以，除特别标明处外，以下讨论的都是指准静态极限。

趋肤深度的计算公式为

$$\delta = \frac{\lambda}{2\pi} = \sqrt{\frac{2}{\omega\mu\sigma}} = 503\sqrt{\frac{\rho}{f}} \tag{3-84}$$

式中　λ——波长；

ω——圆频率；

μ——磁导率；

σ——电导率。

勘探深度 h 是一个较为模糊的概念，一般把电磁波能量衰减到原来的50%时的传播深度定义为勘探深度，即

$$h \approx 0.6932\delta \approx \frac{\delta}{\sqrt{2}} = 356\sqrt{\frac{\rho}{f}} \tag{3-85}$$

从上述公式可以看出，趋肤深度 δ 和勘探深度 h 都与电磁波的频率和地下物质的电阻率有关系，即与频率的平方根成反比，与大地介质的电阻率的平方根成正比。当工作频率高时，探测深度小，随着工作频率降低，探测深度也随着增大。在地下电阻率一定的情况下，频率越高，趋肤深度和勘探深度越浅，反之亦深。在频率一定的情况下，地下电阻率越小，趋肤深度和勘探深度越浅；反之，电阻率越高探测深度越深。在一个宽频带（如EH4的工作频率10 Hz ~ 100 kHz）上由高频向低频测量每个频点上的 E 和 H，由此计算出视电阻率和相位变化规律，据此确定该点上一定体积范围内地下介质结构情况，这就是大地电磁频率测深的基本原理。

图3-126是不同测深方法MT（大地电磁测深）、AMT（音频大地电磁测深）、HMT（高频大地电磁测深）所用的频率范围。由此可知，EH4所用频率范围属于高频大地电磁测深的频率范畴。图3-127为远场频率与勘探深度的关系。

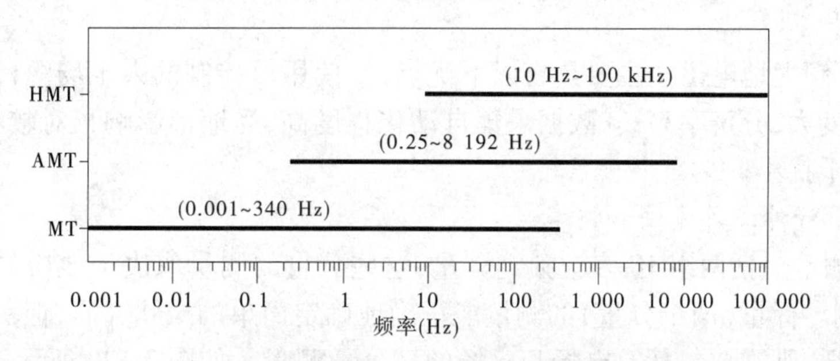

图3-126　MT、AMT、HMT频率范围

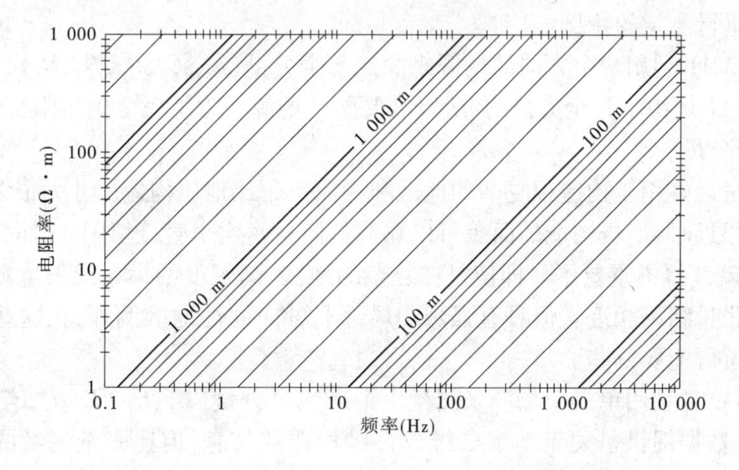

图3-127　频率、电阻率与勘探深度的关系

3.2.1.2 可控源音频大地电磁测深法

可控源音频大地电磁法(CSAMT)是在大地电磁法(MT)和音频大地电磁法(AMT)的基础上发展起来的人工源频率域测深方法。由于不同频率的电磁波在地下传播有不同的趋肤深度,通过对不同频率电磁场强度的测量就可以得到该频率所对应深度的地电参数,从而达到测深的目的。它通过沿一定方向(设为 x 方向)布置的供电电极 A、B 向地下供入某一频率 f 的谐变电流 $I = I_0 e^{-i\omega t}(\omega = 2\pi f)$,在一侧 60°张角的扇形区域内,沿 x 方向布置测线,沿测线逐点观测相应频率的电场分量 E_x 和与之正交的磁场分量 H_y,进而计算卡尼亚视电阻率和阻抗相位。

$$\rho = \frac{1}{\mu\omega}\frac{|E_x|^2}{|H_y|^2} \tag{3-86}$$

$$\varphi_z = \varphi_{E_x} - \varphi_{H_y} \tag{3-87}$$

式中 φ_{E_x}、φ_{H_y}——E_x 和 H_y 的相位;

μ——大地的磁导率,通常取 $\mu_0 = 4\pi \times 10^{-7}$ H/m。

在音频段($10^{-1} \sim 10^3$ Hz)逐次改变供电电流和测量频率,便可测出卡尼亚视电阻率和阻抗相位随频率的变化,从而得到卡尼亚视电阻率、阻抗相位随频率的变化曲线,完成频率测深观测。

可控源音频大地电磁法主要具有以下优点:①使用可控制的人工场源,信号强,干扰小;②勘探深度大,分辨率高;③数据采集自动化程度高,受地形影响相对较小,工作效率高,并且随机干扰小。

1. CSAMT 野外工作方法和技术

CSAMT 测量包括两组 10 多个独立分量,这些分量的测量取决于地质复杂程度和经济条件的限制。标量(两个分量)的测量能正确地确定简单的层状介质,但更复杂一些的二维、三维介质,则需要包括有电场和磁场的多分量测量。如图 3-128 所示,CSAMT 包括张量、矢量和标量三种方式,取决于测量分量的数量和使用场源的数量。CSAET 是只利用电场分量进行测量的特例。

张量 CSAMT 利用两个方向的场源来测定 5 个分量(E_x、E_y、H_x、H_y、H_z)。与大地电磁场不同,CSAMT 场源不是全方位的,所以需要两个场源。为了完全确定阻抗张量,总共需要测量 10 个分量。

张量测量最好用于构造很复杂的地区和测深点距比地质构造尺寸大很多的地区。当测深点布得很近时,地质构造的面貌可以靠高的测量密度来直接填图,因而张量测量的量(如倾斜度)就变得不重要了。即使是在复杂的地区,高密度的标量或矢量数据确定的构造与低密度张量结果相近。但具有强烈的局部非各向同性地区例外,在这些地区用全张量解出的阻抗可能要好些。

矢量 CSAMT 利用单一个场源来测量 4 个或 5 个分量(E_x、E_y、H_x、H_y,有时加测 H_z)。矢量 CSAMT 数据提供了关于地下二维或三维构造的信息,但比张量测量的信息少。由于少收集和处理 50% 的数据,矢量测量比张量便宜。矢量 CSAMT 在非各向同性不强的地区确定复杂地质构造是有用的,出于经济的考虑,在二维地区常常宁可做矢量而不做张量 CSAMT。

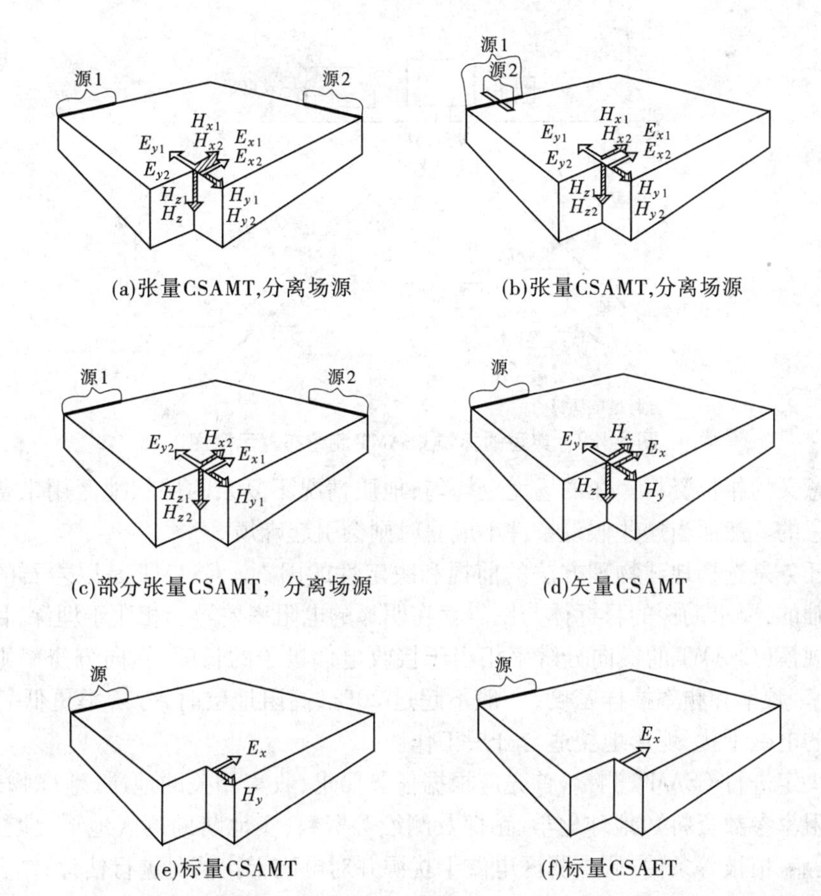

(a)、(b)—用两个场源,且每个场源做 5 次的全张量测量;(c)—每个场源观测 3 个分量的部分张量测量;(d)—单一场源 5 次观测的矢量测量;(e)—单一场源 2 次观测的标量测量;(f)—用一个场源在一个方向上只做电场观测的标量 CSAET 法,在少量点上测磁场用以把电场数据转换为近似的电阻率

图 3-128 张量、矢量和标量 CSAMT 法的定义

标量 CSAMT 利用一个场源测量两个分量(E_x 和 H_y 或者 E_y 和 H_x),标量测量对于一维的层状条件或者走向已知的二维条件是足够了,在更复杂的条件下,则取决于数据的密度。图 3-129 是一个典型的标量 CSAMT 示意图。在复杂地质条件下采用单一测线的标量 CSAMT 是非常冒险的。例如,当偶极方向恰好垂直于断层(TM 方式)时,用标量数据可以很容易地确定线性的陡倾斜断层;可是如果偶极平行走向(TE 方式),断层的解释和定位就很困难。

因此,在二维和三维地区做标量测量通常都用密的测网,密的测网能部分地克服缺少多分量数据(像矢量和张量数据中)的缺陷。主要的例外是区域性非各向同性很强的地方,在这种情况下张量或者矢量数据也许好些。标量 CSAMT 测量的主要吸引力在于它的成本相当低,这就是为什么至今取得的 CSAMT 资料绝大部分是标量结果。

最简单的、也是目前所有商业仪器及野外所用的 CSAMT 形式可称为可控源音频大地电流法(CSAET),它系统地测量电场,只在个别点测量磁场,从而把电场的测量值转换为近似的卡尼亚电阻率。CSAET 通常在发射偶极中垂线 ±15°的扇形区域内测量,它也

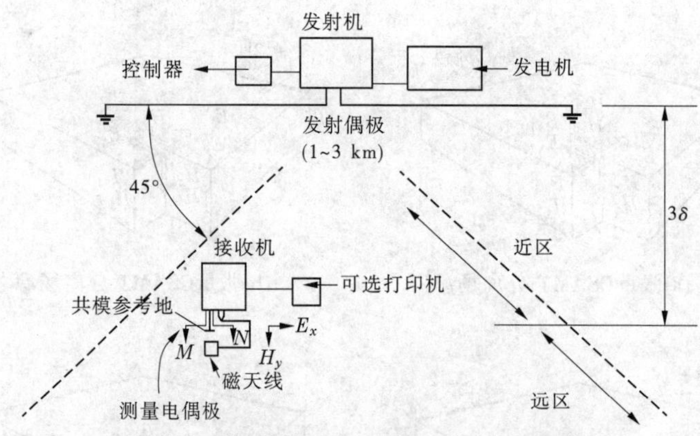

图 3-129 典型的标量 CSAMT 测量布置示意图

得不到有意义的相位资料。在磁场完全均匀,地质情况不复杂的层状地区用来普查填图是令人满意的。然而当这些假设条件不成立时则会引起麻烦。

地质任务是选择地球物理方法的前提和决定性的因素。CSAMT 是以岩石的电导率差异为基础的,要求勘探的目标体与围岩存在明显的电阻率差异。相比于埋深,目标体应有一定的规模(CSAMT 的横向分辨率相当于接收电偶极子的长度,纵向分辨率则取决于大地电导率、频率和频率抽样密度,一般不超过 20%,高阻地层时,分辨率更低),且测区内无强烈的电磁干扰,地形地貌适合开展工作。

一旦决定进行 CSAMT 测量,首先应根据任务要求,收集相关的地质、地球物理(包括岩矿石电阻率参数资料)、地球化学、钻探及测绘等资料,实地踏勘测区地形、地貌、交通、气象、居民点、植被等条件,调查测区电磁干扰源并对电磁干扰情况进行估计,结合地质任务、测区地质构造特征、地形地貌、噪声水平、仪器设备性能等条件,设计合适的装置形式、工作频段、收发距、供电极距、接收极距和测网。

最小收发距取决于最低工作频率的趋肤深度和观测装置。对于电偶极子的旁侧装置,若要求观测在远区进行,要求 $r_{\min} > 4\delta$(δ 为趋肤深度);对于轴向装置测量,要求 $r_{\min} > 5\delta$,如果允许在近场观测,则可放宽到 $r_{\min} > 0.5\delta$。

最大收发距 $r_{\max}$ 受到给定噪声条件下可探测的最小电场强度 $E_{\min}$ 的制约。对于旁侧测量,在远区条件下:

$$r_{\max} = \left(\frac{I\mathrm{d}L\rho\sin\varphi}{\pi E_{\min}}\right)^{\frac{1}{3}} \tag{3-88}$$

例如,若 $\rho = 10\ \Omega\cdot\mathrm{m}$,$I = 30$ A,$\mathrm{d}L = 2$ km,旁侧 E_x/H_y 装置($\varphi = 90°$)测量,外界随机噪声水平 10 μV,当 $E_{\min} = 0.1$ μV/km 时(假定最低信噪比为 1∶100,目前的 CSAMT 数字采集系统可在信噪比为 1∶100 时随机噪声条件下经过叠加和平均得到最小准确信号),可计算得到 $r_{\max} = 12.4$ km。$r_{\max}$ 随电阻率增高和噪声水平降低而增大,反之则减小。事实上,仪器观测系统本身的分辨率由于各种噪声的存在,$E_{\min}$ 一般应大于 0.5 μV/km,因此实际 $r_{\max}$ 应小于 12.4 km 才能观测到最小准确信号。

2. CSAMT 资料处理与解释

资料处理的目的是压制 CSAMT 数据中的各种噪声的影响,如仪器噪声、天然电磁噪声与人为噪声，或校正由地质噪声（静态位移、地形影响）以及非平面波引起的过渡区畸变等，从各种叠加场中分离、突出或增强地质目标体的场信息或趋势，有利于后续的解释。一般的处理方法包括数据编辑、静态位移校正、地形校正及过渡区校正等。

数据编辑压制是由仪器噪声、风噪声、天然电磁噪声和人为噪声引起的明显畸变。应根据野外观测工作原始记录的信息、原始卡尼亚电阻率曲线和阻抗相位曲线趋势特征、误差统计表或分布曲线，对受干扰大、噪声强的数据做合理的编辑（剔除或圆滑）处理。

静态位移校正主要用于消除近地表局部导电性不均匀体引起的静态位移效应。在校正静态效应时可参考利用阻抗相位资料进行识别，依据地质构造和地形起伏情况，判断静态效应及其严重程度，并选取利用相位实测数据、空间滤波法、小波多尺度分析等适当的静态校正方法，谨慎地结合测区已知资料进行分析校正。

地形校正是用于消除由于地形起伏引起的卡尼亚电阻率曲线和阻抗相位的畸变。对地形复杂地区，宜采用合适的方法做地形校正，例如比值法校正，或者选取带起伏地形反演的二维、三维软件进行反演以直接校正地形影响。

过渡区校正主要用于改正卡尼亚电阻率在过渡区由于非平面波效应产生的畸变。可根据解释工作需要，选用有效的方法，如利用等效阻抗计算全区视电阻率，从而提取出过渡区数据中“隐藏”的有用频率测深信息，使其得到有效利用。

为判别多重资料处理过程的真实可靠性，应检查处理过程正确与否，并将处理结果与原始资料进行比较，还应对多重处理引进的误差进行评估。正确可靠的处理结果应是确保原始数据中的固有真实信息或趋势不但不会丢失，相反是得到保留或增强。

资料解释是在资料处理的基础上，对 CSAMT 测量数据作出客观合理的地质推断。解释工作的主要步骤是定性解释、定量解释和综合地质解释。实际解释工作中，资料处理、定性解释、定量解释和综合地质解释需要交叉或反复进行，使资料解释工作逐步深化。

定性解释是根据初步建立的地质—地球物理模型和标志，对卡尼亚电阻率和阻抗相位异常的性质、规模及起因进行分析判定。定性解释通常采用从已知到未知的类比法和模型对比法等，有时还需运用定量计算的结果来支持定性的结论，定性解释要多次反复进行。具体包括如下步骤：

（1）根据测区内已知地质目标体上建立的地质—地球物理模型显示的标志（异常强度、形态、走向、规模、展布特点等）进行类比来判断异常的性质、规模和起因。

（2）根据测区地质图标出的岩性、本区实测物性或邻区的物性，进行半定量正演估算，判断异常的性质、规模和起因。

（3）对某些可以定量反演的异常进行定量反演，求取电性异常体的埋深形态和物性参数，与已知地质体的相应参数进行对比，来判断异常的性质、规模和起因。

（4）与收集到的地质、地球化学及地球物理等相关资料和测区异常成果资料进行综合研究与对比分析，判断异常的性质、规模和起因。

（5）定量解释是在定性解释基础上，建立反演初始模型，运用各种定量反演的方法求取电性异常体的物性参数和几何参数。

（6）定量解释要尽可能利用测区内实测的物性参数、已有地质勘探控制的地下地质情况以及其他物探资料作为约束条件和先验控制信息，并利用定性解释的分析结论或认识建立反演初始模型,以减少定量反演的多解性。初始物性参数选取不当或约束条件不足将影响定量反演结果的正确性。

(7)在地形平缓、简单层状或横向电阻率变化不太大的地电条件下,一般选用一维反演方法求取物性参数确定电性异常体的性质和起因,并定量推断电性异常体的埋深、规模、形态及产状。

(8)对地形起伏较大和横向电阻率变化较大地电条件下的成果资料,一般选用带地形的二维、三维反演方法。利用电阻率—深度断面图或不同深度电阻率平面图、电阻率立体图等成果图件,结合钻探、硐探等地质勘探资料,分析并最终确定电性异常体的性质和地质起因,定量推断电性异常体的埋深、规模、形态及产状。

(9)综合地质解释是在定性解释和定量解释的基础上,依照勘查目标任务要求,根据各种地质体的地质—地球物理模型特征,结合测区的地质情况全面深入地分析解释,运用地质学的基本原理将地球物理定性和定量解释成果客观合理地转变成推断的地质体或现象,最终确定地质体或现象的性质、深度、规模、形态、产状及其相互关系。

(10)根据定性、定量和综合地质解释结果编绘地质地球物理综合解释成果图。与此同时要对资料解释成果的可靠性进行评估,说明可能存在的问题与不足。

3. CSAMT 仪器设备

CSAMT 仪器设备主要包括发射机、接收机、磁探头、发电机组、电极、电缆等,其主要性能指标应达到 CSAMT 方法技术的要求(见表 3-17 ~ 表 3-19),不符合要求的仪器设备不得用于生产。目前国内外常用的 CSAMT 仪器主要有美国 Zonge 工作与研究组织生产的 GDP-16/32 系列和加拿大凤凰公司生产的 V6/V8 系列仪器,应严格按使用说明书的规定使用、维护和管理。

表 3-17 接收机主要技术指标要求

参数	技术指标	备注
输入阻抗	10 MΩ	
动态范围	120 dB	
最小检测信号	0.05 μV	
频率范围	0.01 Hz ~ 10 kHz	根据工作任务选择
A/D 模数转换	16 ~ 24 位	
时基同步精度	恒温晶体震荡器 OCXO 老化率 < $\pm 5 \times 10^{-9}$/24 h	
工作温度	-20 ~ +45 ℃	
湿度	0 ~ 80%	

表 3-18　发射机主要技术指标要求

参数	技术指标	备注
输出电压范围	100 ~ 1 000 V	
频率范围	0.01 Hz ~ 10 kHz	根据工作任务选择
发送电流	≥10 A	根据工作任务选择
功率	≥10 kW	根据工作任务选择
时基同步精度	恒温晶体震荡器 OCXO 老化率 < $\pm 5\times10^{-9}$/24 h	
工作温度	−20 ~ +45 ℃	
湿度	0 ~ 80%	

表 3-19　磁探头主要技术指标要求

参数	技术指标	备注
频率范围	0.01 Hz ~ 10 kHz	根据工作任务选择
噪声水平	1 200 $\mu\gamma$(1 200fT)/$\sqrt{H_z}$(在 1 Hz)； 20$\mu\gamma$(20fT)/$\sqrt{H_z}$(一般大于 60 Hz 时)	
通频带灵敏度	100[mV/γ(mV/nT)]	

供电电极 A、B 要坚固耐用，导电性能良好，可选用铜板、铜丝网、铝箔或采用铁或钢制的金属棒电极，其规格和数量可根据工区接地条件及供电电流强度选定。金属棒电极一般长度为 60 ~ 100 cm，直径以 1.6 ~ 2.2 cm 为宜。在接地电阻大或需要大供电电流工作的地区，宜用铜板等片状电极。水上施工时，常用铅电极。供电导线的规格和长度应根据用途、电极距大小、供电电流强度和测区自然条件选择。一般供电导线应选用内阻小、绝缘性能好、轻便、强度高的多芯全铜导线，其内阻应小于 8 Ω/km。当电压为 500 V 时，供电导线的绝缘电阻应大于 2 MΩ/km。

接收电极 M、N 应采用电化学性能稳定、极差变化小的不极化电极。接收导线也应选用内阻小、绝缘性能好、拉力强的耐磨导线。当电压为 500 V 时，接收导线的绝缘电阻应大于 5 MΩ/km。

3.2.1.3　EH4 电磁测深法

EH4 电磁系统(Stratagem)重点解决浅、中深度范围内工程地质等问题的一种双源型电磁系统，工作频率范围在 10 Hz ~ 100 kHz。

Stratagem 这套仪器是一种用来测量地下几米到 1 km 多深的地球电阻率的特殊大地电磁测深(MT)仪器。这套仪器既可以使用天然场源的大地电磁信号，又可以使用高频人工场源的电磁信号，以此来获得测量点下的电性结构。

大地电磁测深(MT)仪器是通过同时对一系列当地电场和磁场波动的测量来获得地

表的电阻抗。这些野外测量要经过几分钟,傅里叶变换以后以能谱存储起来。这些通过能谱值计算出来的表面阻抗是一个复杂的频率函数,在这个频率函数中,高频数据受到浅部或附近的地质体的影响,而低频数据受到深部或远处地质体的影响。一个大地电磁(MT)测量给出了测量点以下垂直电阻率的估计值,同时也表明了测量点的地电复杂性。在那些点到点电阻率分布变化不快的地方,电阻率的探测是一个对测量点下地电分层的一个合理估计。

Stratagem 这套系统是由两个基本组件构成:一个接收机,一个发射机。在高频段,天然信号通常比较微弱,使用发射机能够提高数据的质量;对于某些应用或某些情况下,由发射机提供的额外的高频信号可以不必使用。

EH4 在技术上的创新体现在如下方面:

(1)它利用大地电磁法的原理,但使用人工电磁场和天然电磁场两种场源。人工场源用在信号较弱或没有信号的地区,保证全频段观测到可靠信号。

(2)它能同时接收 x、y 两个方向的电场与磁场,反演 $x-y$ 电导率张量成像剖面,对判断二维构造特别有利,而一般人工场源电磁测深仅能进行标量测量,不能正确判断二维构造。

(3)整套仪器设备轻便,观测时间短,完成一个 1 000 m 深度的电磁测深,大约只需 15 min,为进行 EMAP 连续观测提供技术保证。

(4)本仪器控制主机中附加有地震采集板,为一机实现综合勘探开创先例。

(5)实时数据处理与成像,资料解释简捷,图像直观。

EH4 是一种电法勘探仪器,它所要涉及的物理量是物质的电阻率参数,它与直流电法仪不同之处就是不直接利用欧姆定理 $R=U/I$,而是计算地表 E_x、E_y、H_x、H_y,通过计算卡尼亚电阻率($\rho=\frac{1}{5f}\left|\frac{E}{H}\right|^2$)来计算反映地下物质的电性结构。

EH4 是通过观测记录电磁场信号,然后通过傅里叶变化将时间域的电磁信号变成频谱信号,得到 E_x、E_y、H_x、H_y,最后计算地下电阻率。

在不均匀层状介质情况下用上述公式得出的“电阻率值”称为视电阻率。一般说来,视电阻率不是某层介质的真正电阻率,而是地下层状介质电性参数分布的综合反映。视电阻率与地电断面参数及观测电场信号的频率有关。一定频段的大地电磁场有一定的穿透深度和影响范围,而视电阻率就表示这一范围内地电断面的‘平均’效应。

根据卡尼亚电阻率公式 $\rho=\frac{1}{\mu\omega}=\frac{1}{5f}\left|\frac{E}{H}\right|^2$,其电阻率随频率变化而变化,而电磁波的穿透深度或趋肤深度也与频率有关。因此不同的频率反映不同深度的电阻率。

1. EH4 野外工作方法和技术

(1)观测点的布置:电偶极方向采用罗盘仪指示,方便快捷;用皮尺测量偶极水平距离,并进行地形改正,误差小于 1 m,方位差小于 1°。

(2)平行试验:在正式开展工作之前做平行试验,检测仪器是否工作正常,两个磁棒相隔 5 m,平行放在地面,两个电偶极子也平行。观测电场、磁场通道的时间序列信号,分别为低频和高频段磁场、电场信号波形图,只要两个方向通道的波形形态和强度均基本一致，说明仪器工作正常。

(3)电极的布置技术：如图3-130所示，工作共用四个电极，每两个电极组成一个电偶极子，与测线方向一致的电偶极子为X－Dipole；与测线方向垂直的电偶极子为Y－Dipole。为了保证X－Dipole方向与Y－Dipole方向相互垂直，要用罗盘仪定向，误差<±1°；电偶极子的水平长度用测绳测量，误差<±0.5 m。一般商用的EH4配套的两对电极线每对电偶极子之间距最大为50 m，即每一电极连接线的长度为25 m。

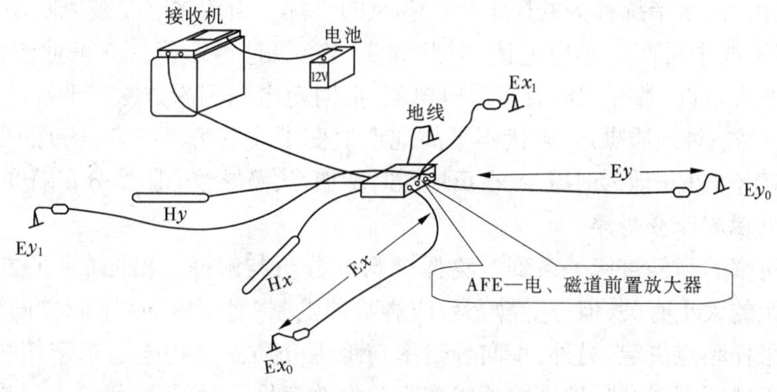

图3-130　EH4工作连接图

(4)磁棒布置技术：磁棒离前置放大器大于5 m，为了消除人为因素干扰两个磁棒最好要埋在地下，保证其平稳，用罗盘仪定向使H_x、H_y两磁棒相互垂直，且两磁棒距离至少2～3 m，误差控制在<±1°，且水平。所有的工作人员离开磁棒至少5 m，尽量选择远离房屋、电缆、大树的地方布置磁棒。

(5)AFE(前置放大器)布置技术：电、磁道前置放大器放在测量点上，即两个电偶极子的中心，为了保护电、磁道前置放大器应首先接地，远离磁棒至少5 m。

(6)主机布置技术：主机要放置在远离AFE(前置放大器)至少5 m的一个平台上，而且操作员最好能看到AFE和磁棒的布置。

(7)发射机野外布置技术：野外使用高频补偿发射机时，使12 V电源和两组十字交叉的发射天线根部连接线与发射机相连接，并接上地线，即可发射操作。为使发射机远离测量点，避免近场干扰，即使测量点位于发射源的远场区域，原则上讲，远场区开始于场源的3倍趋肤深度远进行估算。对于新的工地，一般使发射机距离测量点300～400 m即可避免近场干扰。

(8)测点间距的选择：根据探测目的、探测条件和地形、地物等因素，一般选择电偶极距20～30 m为佳，最大为50 m。此时尽量使测点距等于电偶极距，实现首尾相连的完整覆盖观测而形成电阻率探测剖面。当条件较差时也可使测点距大于电偶极距(其差值一般为10～20 m)进行非完整覆盖观测，此时形成的电阻率探测剖面为首尾相隔的非完整剖面(即在测点之间有漏区)，静态效应相对明显。

(9)常见干扰：①静态效应。在大地电磁测深法中，当地表存在电性不均匀体时，在电流流过不均匀体界面时，形成界面积累电荷，由此产生一个与外电场成正比的附加电场，给大地电磁测深响应带来畸变，这种影响称为静态效应。MT测深计算表明，当有一根电极靠近不均匀体边界时，静态偏移就会产生，所以要尽可能避免边界，如果避免不了，那就得改变极距大小,研究表明这样畸变就会减弱,不过不能决定减弱到什么程度,所以数据仍需要进行静态偏移改正。实践表明连续完整覆盖观测方式可有效压制静态效应。②电网干扰。如高压线、大型用电设备、铁路等对电磁场的观测有较强的干扰,一般测点布置应远离它们,距离至少 300 ~ 500 m。同时数据采集时必须增设 50 Hz 陷波器。③电台、有线广播等引起的干扰。在靠近它们的闭合圈时,磁道的观测将受到严重的干扰。布点时应远离它们。④共模干扰。干扰源在一对输入线上产生的大小相等方向相同的信号,称为共模信号,该干扰称为共模干扰。⑤风的干扰。当传输电缆被风吹动而在地磁场中摆动时,传输线中可产生感应电流,对此固定可克服这种干扰。⑥工业游散电流的干扰。在工业城市附近,常有用电装置漏电电流,此时对电磁测深数据有干扰,且较难克服。⑦地形效应。是一种地质噪声,起伏不平的地形改变了外电场(即一次场)的分布规律,导致一次场电流密度在正地形时减少,在负地形时增加,从而导致电阻率分布畸变。

2. EH4 电磁测深分辨率

测深分辨率的高低直接关系到对物探资料的分析与解译。横向(水平方向)分辨率主要与电极距的大小有关,但也受静态效应影响的限制;对于纵向(垂向方向)分辨率,主要由仪器的采样频点决定,另外,垂向分辨率与地下介质的平均电阻率密切相关,即垂向分辨率在低阻地区高于高阻地区。分辨率跟工作效率是一对矛盾,无论是纵向或是横向,如果分得太细太密,势必影响测量效率和探测成本。

1)横向(水平方向)分辨率

横向分辨率主要与电场偶极子的尺寸有关,根据一般的规律,沿测线方向的横向分辨率粗略等于偶极子的尺寸大小,虽然更小的目标也是可以探测的,但要分辨其位置仍然取决于电场偶极子的大小,也就是说,分辨小尺寸的目标体应使用小的电偶极子。电偶极子尺寸,也即电极距的大小,在前面复杂地质地形条件下的探测研究中作过叙述,电极距尽可能大一些,主要考虑到地表电性不均匀体的影响。

上述是地表浅部的横向(水平方向)分辨率问题,深部的横向分辨率是信号波长(频率)和排列尺寸的函数。在低频时,由于长波信号勘查范围的扩大,分辨能力会降低。

在电偶极子尺寸确定的情况下,横向分辨率取决于波长 λ,且 $\lambda = 2\pi\delta \approx 3\ 160 \times (\rho/f)^{1/2}$。从上式可以看出,波长 λ 与大地的平均电阻率(ρ)及频率(f)有关。在 f 确定的情况下,则与 ρ 有关,例如当 $\rho = 100\ \Omega \cdot m$,$f = 100$ Hz 时,其横向分辨率为 3 160 m;当 $\rho = 1\ \Omega \cdot m$,$f = 100$ Hz 时,横向分辨率为 316 m。由此可见,对良导体的分辨率会显著提高。

这也并不意味着极距越小,横向分辨率就越强,还会受静态效应等因素的影响和限制。

2)纵向(垂向)分辨率

对于横向分辨率,通过加密工作点距可以得到改善,以提高对物体的水平分辨能力,而对于纵向(垂向)分辨能力,则无法进行人为改善。一般来说,对地下地质构造的纵向分辨能力,取决于地质体的横向尺寸、厚度、埋深以及与围岩的电阻率关系。良导层相对高阻层(相对)要容易分辨,一个粗略的经验是:如果层的厚度(ΔH)与埋深(h)之比大于层与围岩的电阻率之比的平方根的 0.2 倍,即 $\Delta H/h \geqslant 0.2 \times (\rho_{层}/\rho_{围})^{1/2}$,那么该层就可以被分辨出来。

对一般电阻层而言,其厚度与埋深之比为 0.1 时,只有当与围岩的电阻率之比在

0.25 以内时，才可分辨出来。当探测深埋较大地质体时，一般要求地质体要具有一定的规模，且与围岩存在明显的电性差异。由此可见，该系统在低阻地区的垂向分辨率会明显高于高阻地区的垂向分辨率，良导层的垂向分辨率会高于高阻层的垂向分辨率。

3. EH4 资料处理与解释

EH4 电磁系统自带的简易数据处理软件操作处理流程为：启动 IMAGEM→修改图形显示坐标 OPTIONS(含电极坐标、频率比例、电阻率比例、深度比例、相关度、数据坐标等)→数据分析 DATA ANALYSIS(查看数据等)→一维电阻率剖面分析 1 - D ANALYSIS(分析删除电阻率曲线)→二维电阻率剖面分析 2 - D ANALYSIS(含圆滑系数、剖面起始点、剖面终点、反演绘图、保存反演数据文件等)→surfer 绘图→修饰调整→最终成果图。

应指出的是，对于 EH4 测试结果尚有多种专门数据处理软件，它们在去噪声、地形改正等方面均较该系统自带的简易处理方法具有很大的进步，选用时应注意其对干扰的压制特点及其处理界面友好方便等。

4. EH4 仪器性能指标

工作原理：天然的和人工的磁大地电流张量场。

频率范围：10 Hz ~ 100 kHz。

发射机：代垂直天线线圈的 TxIM2 型发射机。

频率：500 Hz ~ 70 kHz。

冲量：400 Amp - m^2。

天线尺寸：2 个 4 m^2 的垂直叉线圈。

电源：12 V，60 Ah 电瓶。

电极：4 个 BE - 26 型带缓冲器的有效高频偶极子以及 4 个 SSE 不锈钢电极，25 m 电缆。

磁棒探头：2 个 BF - IM 磁感应棒(10 Hz ~ 100 kHz)，10 m 电缆。

模拟终端：1 台 AFE - EH4 模拟信号调节器，用它将一对电极和一对磁棒的数据传至采集单元。

数据采集单元：道数：4 道(2 电，2 磁)。

内置计算机：IBM 兼容 80486CPU、8MbRAM 和软盘。

硬盘：1.2 GB 或更大。

模数转换：18 位。

数字信号：处理器：32 位浮点；带宽：DC - 96 kHz。

显示器：液晶 VGA。

打印机：内置 4″(11 cm)打印机。

电源：12 V，40 Ah。

操作：工作温度：0 ~ 50 ℃。

仪器箱体：便携、坚固、防水。

选件：配置 Strata View™；

地震仪做地震勘探：可配 12 道、24 道或 48 道。

低频 MT 磁棒：1 Hz ~ 10 kHz。

电极:4 个 BE－50 型带缓冲器的有效高频偶极子和 50 m 电缆。

大功率天线:频率范围:300 Hz～35 kHz。

冲量:6 000 Amp－m^2。

尺寸:2 个 45 m^2 垂直叉线圈。

3.2.1.4　瞬变电磁法

瞬变电磁法(TEM)或称时间域电磁法已有 40 多年的发展历史,在我国的研究、应用也有 30 余年。它是利用阶跃波或其他脉冲电流场源激励,测量由地下介质产生的二次感应电磁场随时间变化的衰减特性,从而推断地下目标体的分布性态,已广泛应用于矿产勘查、水利、交通、工程地质等领域。本节简要介绍瞬变电磁法的基本理论、工作技术和资料处理解释方法。

该法以地下介质之间的导电性和导磁性差异为物理基础,利用不接地回线(磁性源)或接地导线(电性源)向地下发送一次脉冲电磁场(一次场),在其激发下,地下地质体中激励起的感应涡流将产生随时间变化的感应电磁场(二次场)。由于二次场包含有地下地质体丰富的地电信息,在一次脉冲磁场的间歇期间,利用线圈或接地电极观测二次场(或称响应),通过对这些响应信息的提取或分析,从而达到探测地下地质体的目的。

1. 工作方法和技术

如瞬变电磁法是观测纯二次场,不存在一次场源的干扰,这称为时间上的可分性;但发射脉冲是多频率的合成,不同延时观测的主要频率不同,相应时间的场在地层中传播速度不同,探测深度也就不同,这称为空间的可分性。

基于上述两个可分性,瞬变电磁法具备如下特点:

(1)把频率域的精度问题转化成灵敏度问题,加大功率和灵敏度就可以提高信噪比,加大勘探深度。

(2)重叠回线时,在高阻围岩区地形起伏不会产生假异常,在低阻围岩区,由于是多道观测,早期道的地形影响也较易分辨。

(3)可以采用同点组合(同一回线、重叠回线、中心回线)进行观测,由于与勘探目标的耦合紧密,取得的异常响应强,形态简单,分层能力强。

(4)对线圈位置、方位或收发距要求相对不高,测地工作简单,工效高。

(5)有穿透高阻的能力,探测深度大。

(6)剖面测量和测深工作同时完成,提供了较多的有用信息,减少了多解性。

(7)由于观测的是磁场或磁场随时间的变化率,不受静态效应的影响。

(8)采用不同的时间窗口和采样率,纵向分辨率高。

1)地面工作方式与装置

A. 剖面法的基本装置形式

(1)重叠回线装置见图 3-131。重叠回线是发送回线(T_x)与接收回线(R_x)重合敷设的装置,由于 TEM 方法的供电和测量在时间上是相分开的,因此 T_x 与 R_x 可以共用一个回线,称之为共圈回线。观测参数:用 R_x 回线观测 V/I 或 $\dot{B}/I$。

(2)中心回线装置见图 3-132。用 R_x 线圈观测 1～3 个分量的 V/I 或 $\dot{B}/I$。

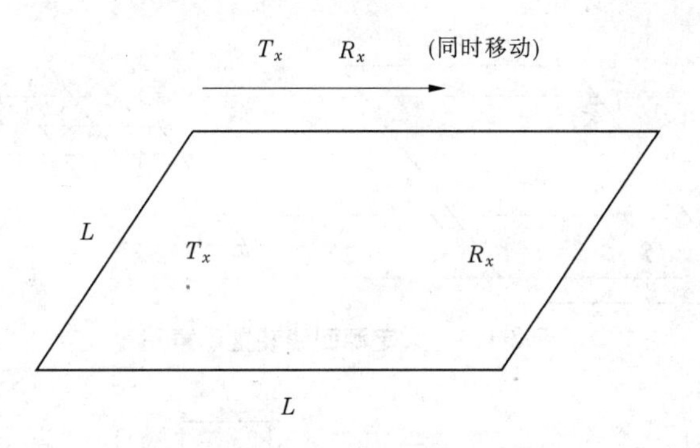

图 3-131　重叠回线装置示意图

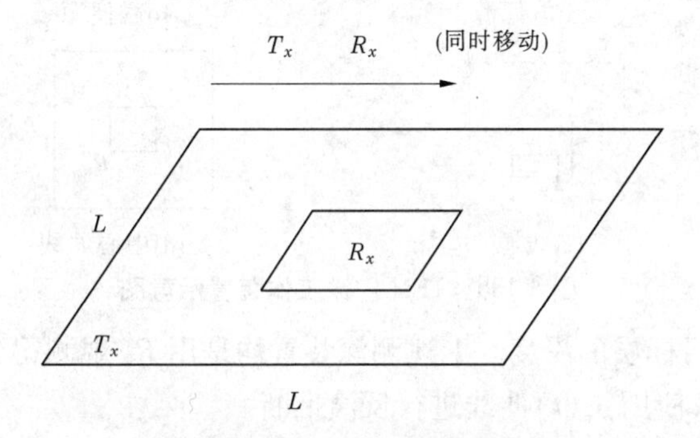

图 3-132　中心回线装置示意图

(3)偶极装置见图 3-133。偶极装置与频率域水平线圈法相类似,T_x 与 R_x 要求保持固定的发、收距,沿测线逐点观测 V/I 或 $\dot{B}/I$。偶极装置具有轻便灵活的特点,它可以采用不同位置和方向去激发导体及观测多个分量,对矿体有较好的分辨能力。但是,偶极装置是动源装置,发送磁矩不可能做得很大,因此其探测深度受到限制。

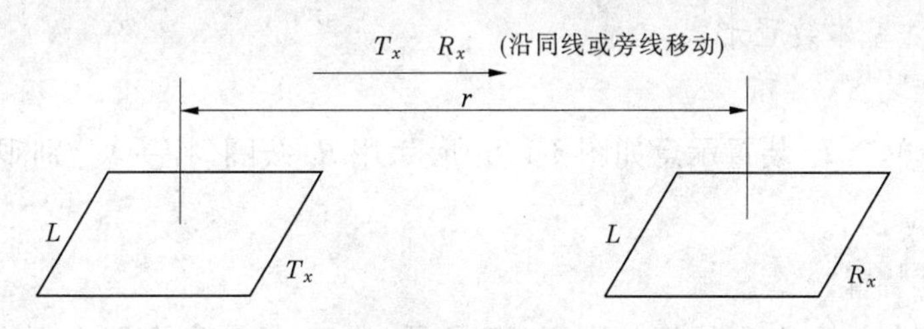

图 3-133　偶极装置示意图

(4)大定源回线装置见图 3-134。大定源回线装置的 T_x 采用边长达数百米的矩形回线,R_x 采用小型线圈(或探头)沿垂直于 T_x 长边的测线逐点观测磁场三个分量的 dB/dt。

B. 测深法的基本装置形式

常用的测深装置为中心回线装置、电偶源、磁偶源和线源装置,如图 3-135 所示。

中心回线装置是使用小型多匝 R_x(或探头)放置于边长为 L 的发送回线中心观测的装置,常用于探测 1 km 以内浅层的测深工作。电偶源和线源装置主要用于深部构造的测

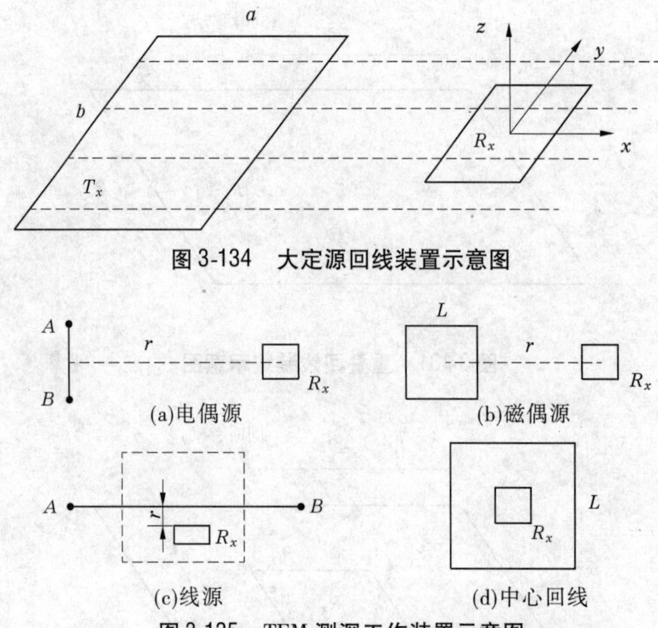

图 3-134　大定源回线装置示意图

图 3-135　TEM 测深工作装置示意图

深，偶极距 r 约等于目标层的深度。上述测深装置均是用 R_x 观测得到的 dB/dt 值换算成视电阻率 $\rho_\tau(t)$ 参数，使用 $\rho_\tau(t)$ 曲线进行反演推断。

其中，同点装置因频率域方法无法实现而常用于矿产勘查；偶极和大回线源装置观测的都是 dB/dt 值。中心回线装置常用于 1 km 以内的浅层测深工作；而电偶源、磁偶源和线源装置则多用于深部构造的测深。瞬变电磁法观测三种参数：感应电动势、磁场和电场。测量电场属于接地系统，测量磁场最有意义，因为电动势是磁场的微分，且理论研究和数据处理多以磁场为基础和出发点，但磁探头技术还满足不了要求。因此，目前主要测量感应电动势，装置上也多采用不接地磁源类型装置。

2）地—井法基本装置形式

A. 单 T_x 框装置

井中 TEM 单个 T_x 装置示意如图 3-136 所示，用 R_x 线圈（探头）分别观测井轴分量或多分量的 V/I 或 $\dot{B}/I$。

B. 多 T_x 框装置

井中 TEM 多个 T_x 装置示意如图 3-137 所示，当 T_x 框分别布置在不同位置时，R_x 线圈（探头）观测井轴分量或多分量的 V/I 或 $\dot{B}/I$。

3）瞬变电磁法野外工作参数

A. 剖面法工作装置、发送回线边长选择

（1）重叠回线装置：是适于轻便型仪器的工作装置，主要应用于地质普查或矿产勘查工作。一般情况下，回线边长 L 大约等于探测目标的最大埋深。

（2）中心回线装置要求同（1）。

（3）大定源回线装置：是探测深度较大，对探测目标的分辨能力较强的装置，主要应用于详查或矿产勘查工作。发送线框依据探测深度，一般在 100 m×200 m 至 300 m×600 m 范围内选用，通常长边平行地质体走向敷设。

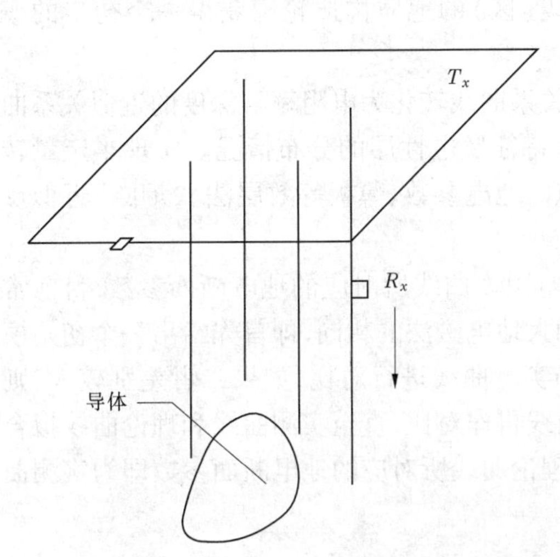

图 3-136　井中 TEM 单个 T_x 装置示意图

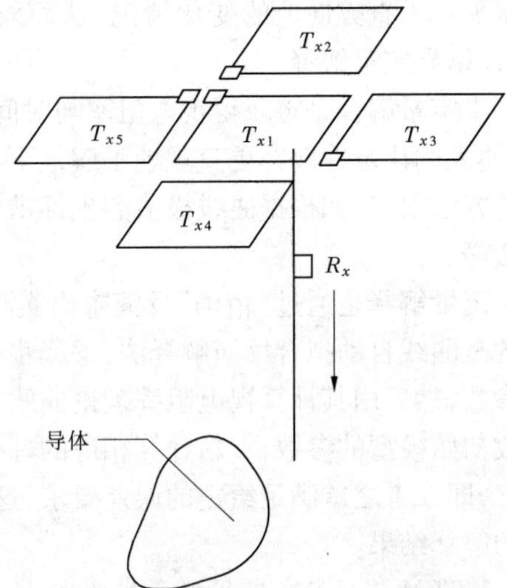

图 3-137　井中 TEM 多个 T_x 装置示意图

(4)偶极装置:常用的偶极装置有同线偶极装置及定源旁线偶极装置两种。前者主要适用于陡倾斜良导目标物的探测。定源旁线偶极装置是适用于确定目标物埋深、倾角及形态等几何参数的装置，发送线圈固定放置于目标物走向线上，接收线圈沿垂直目标物走向的剖面观测。

B. 测深法的工作装置、发送回线边长、偶极距的选择和发送电流的选择

瞬变电磁测深的最佳工作装置是中心回线装置，发送回线边长和发送电流可参照式(3-89)合理确定。中心回线装置估算极限探测深度的公式为

$$H = 0.55\left(\frac{IL^2\rho_1}{\eta}\right)^{\frac{1}{5}} \tag{3-89}$$

$$\eta = R_{\mathrm{m}}N \tag{3-90}$$

式中　I——发送电流；

L——发送回线边长；

ρ_1——上覆电阻率；

η——最小可分辨电平，一般为 0.2～0.5 nV/m²；

R_{m}——最低限度的信噪比；

N——噪声电平。

C. 时窗范围的选择

时窗范围的确定，取决于测区内所要探测的目标物的规模及电性参数的变化范围、地电断面的类型及层参数、勘探深度等诸多因素，具体时窗范围应通过生产试验确定。

2. TEM 资料整理及解释

观测数据处理的主要内容包括:①原始数据的滤波处理;②发送电流切断时间影响的改正处理;③换算视电阻率、视深度、视时间常数、视纵向电导等参数。

TEM 的资料解释也分为定性解释、半定量解释和定量解释。定性解释的目的是在资料分析与处理的基础上,通过制作各种必要的图件,概括地了解测线(或测区)地电断面沿水平和垂直方向上的变化情况,从而对测线(区)的地质构造轮廓获得一个初步的概念,以指导定量解释。

半定量解释是将获得视电阻率与时间的关系曲线转化为电阻率与深度的近似关系曲线,使人们比定性解释更直观地了解地下电性特征及电性层的分布情况。实现半定量转换的方法很多,如根据曲线极值点坐标求近似的地电参数、薄板等效层法、"烟圈"近似反演法等。

定量解释是通过"精确"反演求出实测视电阻率曲线所对应的地电断面参数,目前常用的是曲线自动拟合反演解释法,解释步骤和大地电磁法的相同,即首先给出一个初始模型参数,然后用其计算视电阻率理论曲线并和实测曲线进行对比,如果二者差别较大,则修改初始模型的参数,重新计算相应的理论曲线再作对比,直至实测曲线和理论曲线拟合最好,即二者之差满足给定的误差要求,这时理论曲线所对应的地电断面参数即为实测曲线的解释结果。

3. TEM 仪器设备及性能指标要求

瞬变电磁法应选用具有多通道、采样率与采样长度可调、信号叠加功能的仪器,主要技术指标应满足:

发射电压:12 ~ 400 V。

最大发射电流大于 5 A。

发射基频频率:2.5 ~ 225 Hz 范围内分档。

测试道:大于 12 道。

带宽:10 Hz ~ 7.5 kHz。

时窗范围:0.05 ~ 160 ms。

通道灵敏度:0.5 μV。

动态范围:大于 140 dB。

对工频干扰抑制大于 60 dB。

目前瞬变电磁法仪器主要有美国 Zonge 公司生产的 GDP32 电法工作站、加拿大凤凰公司(PHOENIX)生产的 V6 - A、V8 等均具备 TEM 法测试功能,我国重庆地质仪器厂、重庆奔腾数控研究所、国土资源部物化探研究所等单位也在研制商业化 TEM 仪器并在工程中得到应用。

3.2.2　探地雷达法

探地雷达法是运用电磁波传播理论进行探测的一种地球物理方法。通过发射天线向地下介质发射广谱、高频电磁波,当电磁波遇到电性(包括介电常数、电阻率、磁导率等)差异界面时就会发生反射和折射现象,同时介质对传播的电磁波也会产生吸收滤波和散射作用,接收天线接收并记录来自地下的电磁波信号,经过资料整理和数据处理获得探地雷达测试剖面图像,根据这些图像结合测试对象的物质组成、工程特点或地质特征就能够对测试介质的情况进行分析判断,进而作出符合客观实际的推断解释。

3.2.2.1　应用范围与条件

1. 应用范围

(1)针对浅层地质勘察:可用于覆盖层探测与分层,岩溶、构造破碎带、滑坡、塌陷等不良地质探测,堤坝隐患、地下水位线、地下管线探测,隧洞施工超前地质预报等。一般采用中低频天线的雷达系统。

(2)针对工程质量检测:可用于混凝土内部缺陷检测,衬砌混凝土厚度、脱空、钢筋分布等检测,截渗墙完整性、碾压土层均一性等检测。一般采用中高频天线的雷达系统。

2. 应用条件

(1)探测目标体与周边介质存在明显的电性差异。所采用的探地雷达系统应能接收和识别来自目标体的反射或散射能量。设目标体相对介电常数为 ε_m、围岩介质相对介电常数为 ε_w,则目标体功率反射系数 P_r 的估算公式为

$$P_r = \left| \frac{\sqrt{\varepsilon_w} - \sqrt{\varepsilon_m}}{\sqrt{\varepsilon_w} + \sqrt{\varepsilon_m}} \right|^2 \tag{3-91}$$

一般情况下,目的体的功率反射系数应不小于 0.01。

(2)目标体深度应在探地雷达的可探测范围内。如果目标体深度超出探地雷达系统探测深度或距离的 50%,则无法使用探地雷达法。探地雷达系统探测深度或距离可用雷达探距方程计算。

(3)目标体空间几何形态(尺寸与方向)满足探测分辨率要求,其中包括垂向分辨率、水平(横向)分辨率和目标体尺寸与埋深的比值关系。

(4)周围介质的不均匀性尺度必须有别于目标体的尺度,否则目标体的响应将淹没在围岩变化特征之中而无法辨认和识别。

(5)测区电磁干扰小。当测区内存在大范围的金属物或无线电磁射频源时,将使测量结果受到严重干扰,此时,应采用屏蔽天线进行测试,以减少外界干扰,同时应记录外界干扰源的位置和干扰类型,达到真实可靠的判定目标体的异常位置和特征。

3. 优点和局限性

(1)优点主要有:①方法简易,灵活方便,测试效率高;②方向性好,分辨率高,剖面直观。

(2)局限性(缺点)主要有:①探测深度或距离有限,一般较小;②一般不能确定地下目标体(2D 或 3D)的横向尺寸,如管径大小、球状体或空洞的直径及范围较小的沟槽宽度等;③受场地电磁干扰大。

3.2.2.2　基本原理

探地雷达技术是研究高频($10^7 \sim 10^9$ Hz)短脉冲电磁波在地下介质中的传播规律的一门学科。在场源距 r、时间 t、以单一频率 ω 振动的电磁波的场值 P 可以用下列数学公式表示:

$$P = |P| e^{-i\omega\left(t - \frac{r}{V}\right)} \tag{3-92}$$

式中　P——电磁波的场值;

　　ω——角频率;

t——时间；

V——电磁波速度；

$\frac{r}{V}$——r 点的场值变化滞后于源场变化的时间。

因为角频率 ω 与频率 f 的关系为 $\omega = 2\pi f$，波长 $\lambda = V/f$，式(3-92)变换为

$$P = |P| e^{-i\omega\left(t-\frac{r}{V}\right)} = |P| e^{-i\left(\omega t-\frac{2\pi fr}{V}\right)} = |P| e^{-i(\omega t-kr)} \tag{3-93}$$

式中 k——传播常数，也称波数，$k = \frac{2\pi}{\lambda}$；

f——频率；

λ——波长。

k 是一个复数，从 Maxwell 方程中可推导出：

$$k = \omega\sqrt{\mu\left(\varepsilon + i\frac{\sigma}{\omega}\right)} \tag{3-94}$$

式中 μ——磁导率；

ε——介电常数；

σ——电导率。

若将式(3-94)写成 $k = \alpha + i\beta$ 的形式，则有：

$$\alpha = \omega\sqrt{\mu\varepsilon}\sqrt{\frac{1}{2}\left(\sqrt{1+\left(\frac{\sigma}{\omega\varepsilon}\right)^2}+1\right)} \tag{3-95}$$

$$\beta = \omega\sqrt{\mu\varepsilon}\sqrt{\frac{1}{2}\left(\sqrt{1+\left(\frac{\sigma}{\omega\varepsilon}\right)^2}-1\right)} \tag{3-96}$$

将基本波函数 $e^{ikr} = e^{i\alpha r} \cdot e^{-\beta r}$ 代入电磁波表达式，即式(3-93)，则为

$$P = |P| e^{-i(\omega t-kr)} = |P| e^{-i(\omega t-\alpha r)} \cdot e^{-\beta r} \tag{3-97}$$

式中 α——相位系数，电磁波传播时的相位项，波速的决定因素；

β——吸收系数，电磁波在空间各点的场值随着离场源的距离增大而减小的变化量。

介质电磁波速度 V 的计算公式为

$$V = \frac{\omega}{\alpha} \tag{3-98}$$

自然界中，常见的岩土介质一般为非磁性、非导电介质，即以位移电流为主的介质，这些介质在探地雷达所采用电磁波的频率范围内，一般有 $\frac{\sigma}{\omega\varepsilon} \ll 1$，于是介质的电磁波速度近似为

$$V = \frac{c}{\sqrt{\varepsilon}} \tag{3-99}$$

式中 c——电磁波在真空中的传播速度，0.3×10^9 m/s。

当雷达波传播到存在介电常数差异的两种介质交界面时，雷达波将发生反射，反射信号的大小由反射系数 R 决定，R 表达式如下：

$$R = \frac{\sqrt{\varepsilon_1} - \sqrt{\varepsilon_2}}{\sqrt{\varepsilon_1} + \sqrt{\varepsilon_2}} \tag{3-100}$$

式中 ε_1——上层介质的介电常数；

ε_2——下层介质的介电常数。

根据反射波的到达时间及已知的波速,可以准确计算出界面位置。根据雷达波的大小,从已知的上层介质的介电常数出发,可以计算出下层介质的介电常数,结合工程地质及地球物理特征推测其物理特性。

3.2.2.3 测量方式

探地雷达采用高频电磁波的形式进行地下的探测。因而其运动学规律与地震勘探方法类似,固地震勘探方法的数据采集装置也被借鉴到探地雷达方法的野外测量方式,其中包括反射、折射和透射的测量方式。

1. 反射测量方式

探地雷达的野外工作,必须根据探测对象的状况及所处的地质环境,采用相应的测量方式并选择合适的测量参数,才能保证雷达记录的质量。目前用的双天线探地雷达测量方式主要有两种:剖面法和宽角法。

1) 剖面法与多次覆盖

A. 剖面法

剖面法是发射天线(T)和接收天线(R)以固定间距沿测线同步移动的一种测量方式(见图3-138)。当发射天线与接收天线间距为零,亦即发射天线与接收天线合二为一时称为单天线形式,反之称为双天线形式。

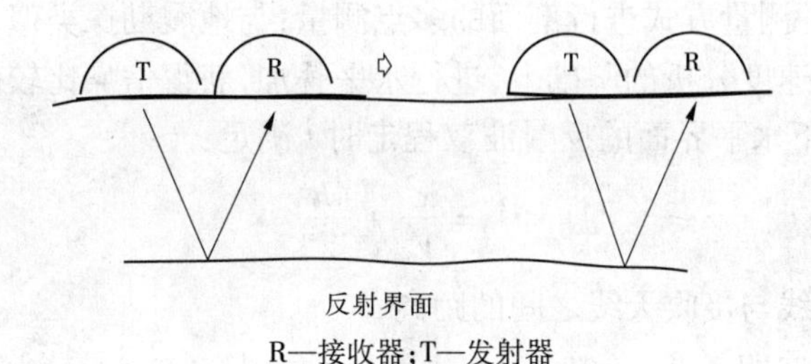

R—接收器;T—发射器

图3-138 剖面法测试示意图

剖面法的测量结果可以用探地雷达时间剖面图像来表示(见图3-139)。该图像的横坐标记录了天线在地表的位置,纵坐标为反射波双程走时表示雷达脉冲从发射天线出发经地下界面反射回到接收天线所需的时间。这种记录能准确反映测线下方地下各反射界面的形态。

B. 多次覆盖

由于介质对电磁波的吸收,来自深部界面的反射波会由于信噪比过小而不易识别,这时可应用不同天线距的发射、接收天线在同一测线上进行重复测量,然后把测量记录中相同位置的记录进行叠加,这种记录能增强对深部地下介质的分辨能力。

2) 宽角法或共中心点法

当一个天线固定在地面某一点上不动,而另一个天线沿测线移动,记录地下各个不同

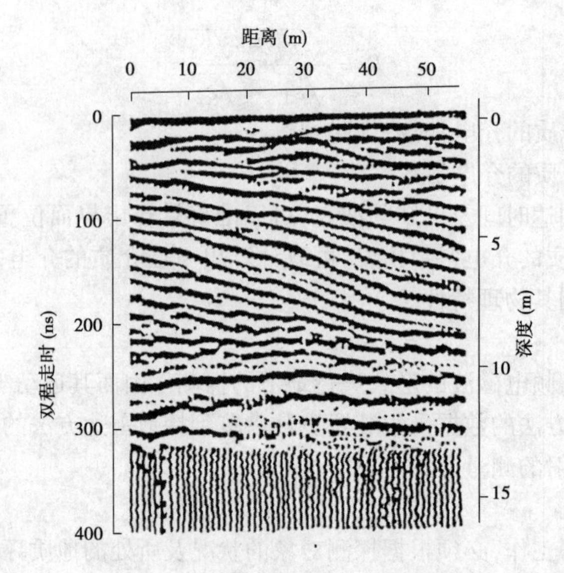

图 3-139　剖面法测试雷达图像剖面

界面反射波的双程走时，这种测量方式称为宽角法。其测量方式和数据处理方式与反射地震勘探的 CMP 和 CDP 方式类似。也可以用两个天线，在保持中心点位置不变的情况下，不断改变两个天线之间的距离，记录反射波双程走时，这种方法称为共中心点法(CMP)(见图 3-140(c))。当发射天线不动，而接收天线移动时则为共深度点测量(CDP)(见图 3-140(a)、(b))。当地下界面平直时，这两种方法结果一致。这两种测量方式的目的是求取地下介质的电磁波传播速度。

目前也常用这种测量方式进行剖面的多点测量，与地震勘探类似，测量的结构通过静校正和动校正后，在速度分析的基础上，进行水平叠加，获得信噪比较高的探地雷达资料。

深度为 D 的地下水平界面的反射波双程走时 t 满足：

$$t^2 = \frac{x^2}{V^2} + \frac{4h^2}{V^2} \tag{3-101}$$

式中　x——发射天线与接收天线之间的距离；

h——反射界面的深度；

V——电磁波的传播速度。

地表直达波可看成是 $h=0$ 的反射波。式(3-101)表示当地层电磁波速度不变时，t^2 与 x^2 成线性关系。因此，由宽角法或中心点法测量所得到的地下界面反射波双程走时 t，再利用式(3-101)就可求得到地层的电磁波速度。

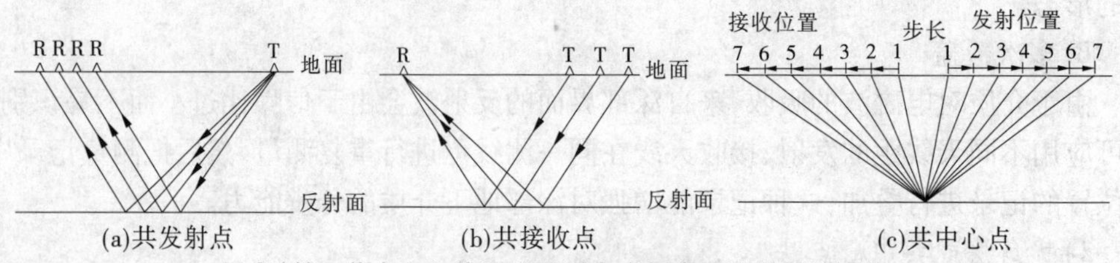

图 3-140　共中心和共深度观测方式示意图及其雷达图像

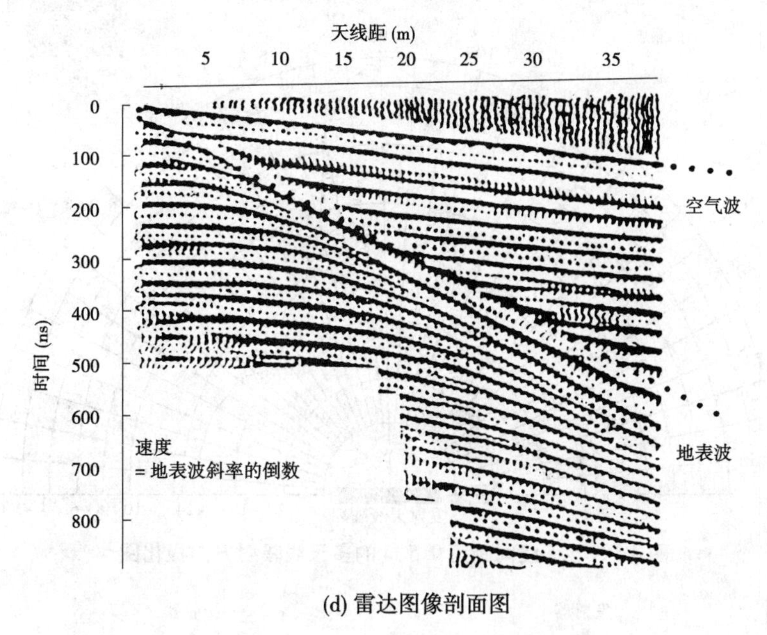

(d) 雷达图像剖面图

续图 3-140

3) 多天线法或天线阵列法

多天线法是利用多个天线进行测量的。每个天线使用的频率可以相同也可以不同。每个天线道的参数如点位、测量时窗、增益等都可以单独用程序设置。多天线测量主要使用两种方式：第一种方式是所有天线相继工作，形成多次单独扫描，多次扫描使得一次测量所覆盖的面积扩大，从而提高工作效率；第二种方式是所有天线同时工作，利用时间延迟器推迟各道的发射时间和接收时间，可以形成一个叠加的雷达记录，改善系统的聚焦特性即无线的方向特性。聚焦程度取决于各天线之间的间隔。图 3-141 给出了天线间距为 0.5 m 的多天线辐射方向极化图。不同天线间距的结果表明，各天线之间间距越大，聚焦效果越好。

2. 折射测量方式

探地雷达的折射测量方法实际是宽角测量的一种形式，是近年发展起来的一种测量方式，类似于折射地震勘探。探地雷达折射测量方式也有两个条件：①雷达波的入射角足够大，或发射天线和接收天线的距离足够大；②雷达波在下伏地层（或介质）中的传播速度大于上覆介质的速度。

满足上述条件时，如图 3-142 所示，雷达波以一定角度入射时，当电磁波达到层 1 和层 2 界面时，电磁波将发生反射和折射。当入射角足够大时，折射角将等于 90°，沿界面传播。当天线置于地面时，在接收天线处将接收到如图 3-143 所示的波形图。通过对波形图的到时进行分析，可以得到如图 3-144 所示的时距曲线图。根据时距曲线的分析可以确定界面的深度、界面的起伏形态和界面上下层的介电参数等。

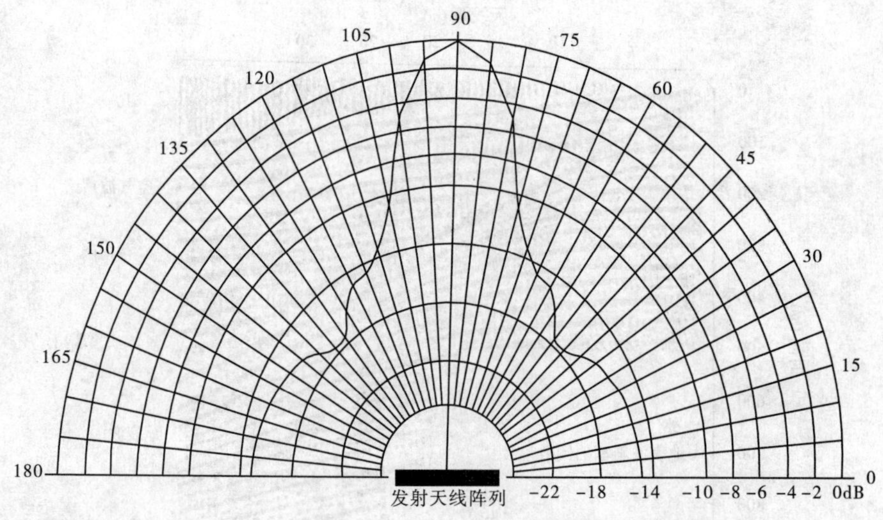

图 3-141　天线间距为 0.5 m 的多天线辐射方向极化图

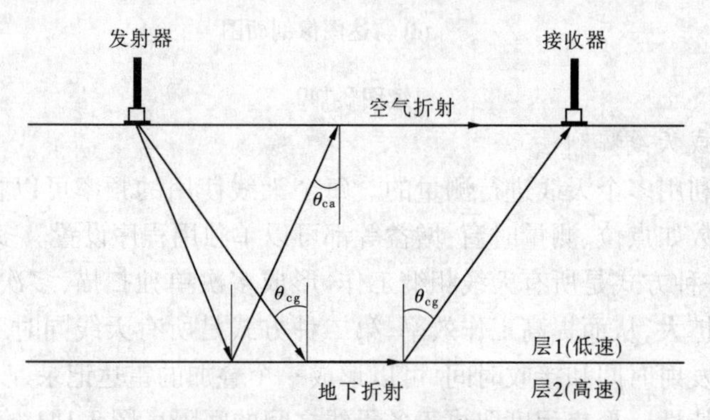

图 3-142　电磁波入射到界面时发生反射、折射的示意图

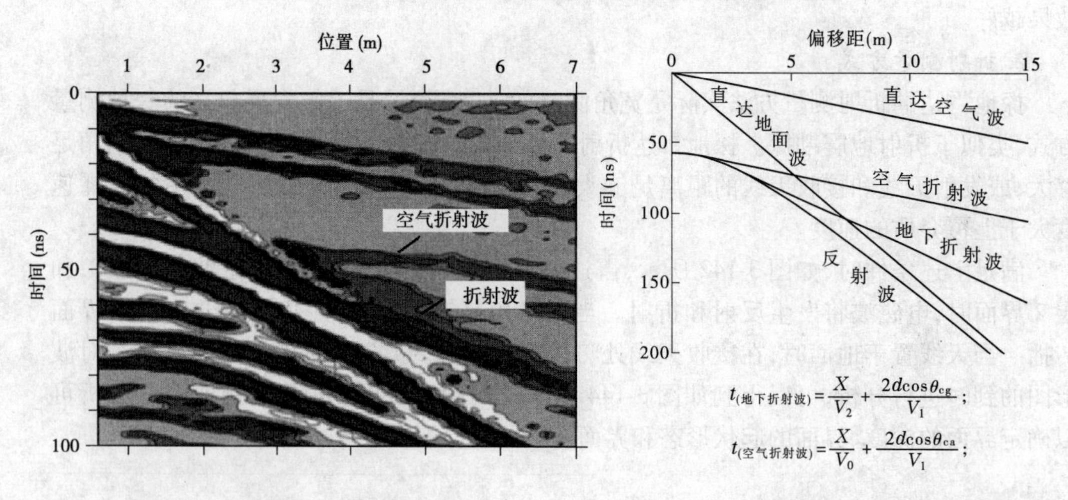

图 3-143　接收天线获得的波形图　　　　图 3-144　接收天线得到的时距曲线图

3. 透射测量方式

透射测量方法主要测量雷达波透过目标体后的电磁信号。这种测量方式广泛应用于井中探地雷达测量、目标体 CT 成像等。本节以跨孔探测为例,介绍透射测量的方式和数据处理方法。跨孔探测是在两个钻孔中分别放入发射天线和接收天线进行探测。在跨孔模式下,发射天线和接收天线置于不同钻孔中。当发射天线固定在一个位置上时,接收天线在另一个钻孔中扫描整个长度;然后,发射天线往下移动一步,接收天线再扫描整个长度。重复进行,直到发射天线覆盖整个钻孔为止。跨孔测量数据的处理和解释方法通常分为反射方法和层析成像方法。

1)跨孔反射分析

跨孔反射分析主要针对的是发射器与接收器位于不同的钻孔时,直达波的后面出现了反射波或散射波。直达波是唯一对层析成像有用的信息。反射信号作为一种副产品,可提供探测介质内部有关的特征信息,如是否存在节理裂隙(或裂缝)及其产状。

与地表反射和单孔测量相比,由于发射的几何形态发生了变化,原来无法显现的裂隙带也会显示出来,比如有些接近水平的裂隙(或裂缝),有关裂隙(或裂缝)方位(产状)信息也可能得到。从理论上讲,跨孔反射测量能够完整地确定裂隙(或裂缝)的方位。该方法的缺点在于这种情况下,分析变得更加复杂,另外,反射信号比起单孔反射测量来说要传播到更远的距离。

对于反射数据,可以采用与普通地震反射勘探偏移一样的方法进行数据处理,只是发射和接收的位置发生了相应的变化而已。

2)层析成像分析

跨孔探测方式的一个重要用途在于层析成像,用两种记录数据做层析成像:透射波的振幅和传播时间。透射波振幅主要受介质对电磁波衰减的影响,而传播时间受介电常数大小影响,因此可以用来确定钻孔之间具有介电常数和电导率差异的目标体如充水的断裂带或溶洞等。

跨孔层析成像最早由 Dines 和 Lytle 于 1979 年提出的。从那时开始,层析反演在唯一性和畸变性方面、射线弯曲与射线的不完全覆盖等方面取得了很大的进展。层析成像已被广泛用于跨孔地震数据及跨孔雷达数据的处理和解释中(见图 3-145)。

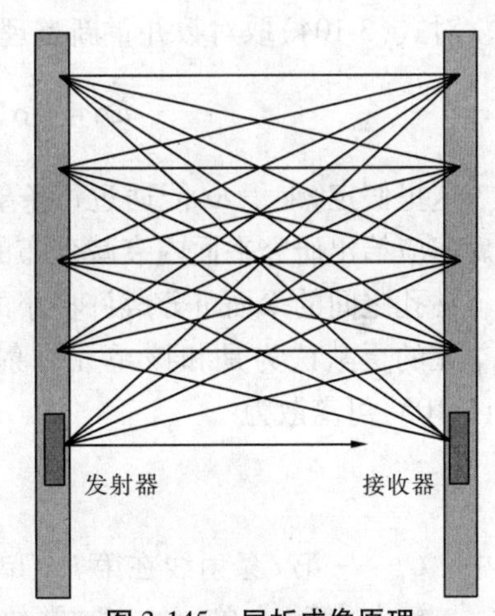

图 3-145　层析成像原理

在层析成像重建中,常用区域边界上的测量值来确定内部物质的性质。一般来说,发射器和接收器位于某一区域的边界上,发射器和接收器之间的每条射线从原理上都可认为描述了射线所经过岩石性质的平均值。为了获得某一点岩石性质的估计值,有必要使得若干条射线通过某点附近时各条射线具有不同的方向和不同信息含量。要求好几条射线交于同一点,对于井的布置来说是一个很强的约束。主要的限制在于发射器和接收器以及钻孔必须在同一平面内。

跨孔测量时,发射器和接收器之间的直达波(或初至)的传播时间和幅度可以提取出

来。假定传播时间可用速度 V 的倒数(即慢度)的线性积分来表示,对每条射线来说,

$$d_i = \int_{L_i} \frac{1}{V(x)} \mathrm{d}s = \int_{L_i} s(x) \mathrm{d}s \tag{3-102}$$

射线 L_i 假定为直线,使得方程为线性的,同时也简化了反问题。这种假定在速度差异较小介质(小于 10% ~15%)时是成立的,有时即使存在大的速度对比,如低异常镶嵌于高速介质中时也成立。

幅度不能从线性积分直接获得,但通过取对数,问题变成线性层析成像反演。电场幅度 E 随距离 r 衰减可表示为

$$E = \frac{C_t a(\theta) \mathrm{e}^{-\alpha r}}{r} \tag{3-103}$$

式中　α——介质衰减常数;

$a(\theta)$——天线指向性;

C_t——天线辐射功率的一个常数。

接收信号的幅度也取决于接收天线的指向性增益。信号的幅度可通过式(3-103)乘以接收天线的指向性增益来获得。若发射和接收使用同样接收天线的指向性增益和发射天线相同,则接收信号的幅度 E_m 表示为

$$E_m = E_0 \frac{a(\theta_1) a(\theta_2) \mathrm{e}^{-\alpha r}}{r} \tag{3-104}$$

式中　E_0——与系统有关的归一化常数。

对式(3-104)取对数并重新整理得:

$$\alpha r = \int_{L_i} \alpha(x) \mathrm{d}s = \ln \frac{E_0 a(\theta_1) a(\theta_2)}{r E_m} \tag{3-105}$$

这里假定,乘积 αr 能通过每条射线衰减的线性积分来建立。因此,接收信号幅度对数反演应给出研究平面内衰减分布的估计。

钻孔之间的平面可分成许多小的单元,线性积分通过求和的方法来计算,其中来自每个单元的贡献认为是和该单元中射线的长度成正比。假定射线为直线,式(3-102)和式(3-105)可离散为

$$d_i = \sum_{j=1}^{n} G_{ij} b_j \tag{3-106}$$

式中　G_{ij}——第 i 条射线在第 j 个单元中的长度;

b_j——第 j 个单元的衰减常数或慢度。

跨孔层析成像测量布置(网格分解和射线格式)如图 3-146 所示。

该线性方程组的求解是建立在最小二乘意义上的,它能减小相对于欧几里德范数的误差。层析成像的方程组通常很大且稀疏,这使得直接求解法不太适用。直接求解法需要大量计算机时间和内存空间,如代数重建法(ART)和实时迭代重建法(SIRT)。然而,最常见的方法还是共轭梯度(CG)法,它属于一种投影方法。与代数重建法和实时迭代重建法相比,共轭梯度法的优点在于收敛速度快。共轭梯度法的缺点在于它需要更多的内存,且很难像 ART 和 SIRT 一样把选择性的光滑因子加进来。跨孔测量所记录的雷达信

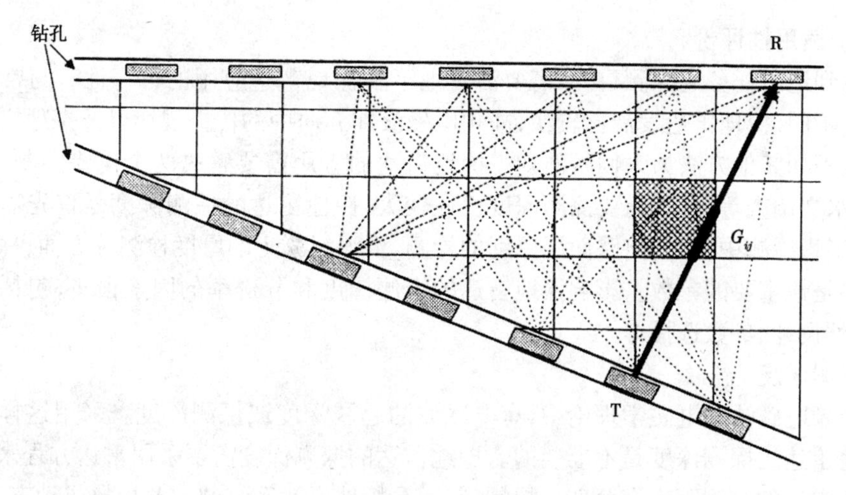

R—发射器;T—接收器

图 3-146　跨孔层析成像测量布置(网格分解和射线格式)

号的典型例子如图 3-147 所示。由于跨孔测量时通常包括大量的射线,需要采取一些能自动提取数据的方法技术。前人设计了一个算法,该算法能自动提取每道信号的最大值和最小值以及波初至的时间。传播时间定义为脉冲最大值或最小值的时间,幅度定义为最大值和最小值之间的差异,即峰—峰幅度。应该注意,传播时间的定义会导致一定的偏差。

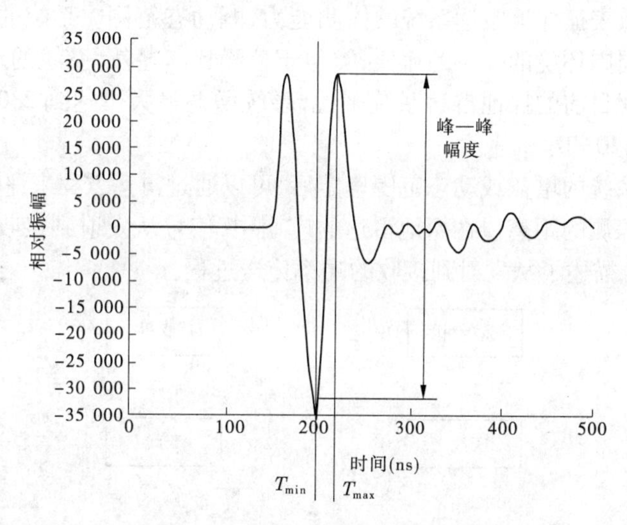

图 3-147　跨孔测量的雷达信号(用于自动提取传播时间和幅度)

这种方法对于雷达信号来说是有用的,因为此时第一脉冲常常是最大的。该法通常用于跨孔测量,由于这时最大信号通常不在最初的脉冲周期中。雷达波的初至通常有一个极小和两个几乎等幅的极大值。由于频散的影响,两个最大值的相对大小会发生变化,最大传播时间将从这两个最大值中获得。传播时间对波形的小变化非常敏感,因而不同射线获得的最大传播时间会不一致。而最小传播时间则不然,因而经常用于实际计算。峰—峰幅度尽管受脉冲频散的影响,但通常能给出满意的数据集。

3.2.2.4　适用性评价

要达到地质任务或探测目的,需要清楚地了解探地雷达应用的可行性。与常规地球物理方法不同,探地雷达发展比较快,高频电磁波在介质中的传播规律以及探地雷达的野外实践也不如其他方法为人们所熟知。探地雷达的应用需要解决两个重要问题,即在地质调查、水文调查等方面,需要探测深度往往较大,探地雷达的探测深度是首先需要了解的;而在工程检测中,如公路路面层厚度的检测、水泥混凝土的厚度检测等方面,探地雷达的分辨率是最重要的参数。影响探地雷达的探测深度和分辨率的因素很多,包括天线的性能、野外设计、参数选择等。

1. 探测深度

在低频电磁法和电磁学理论中,有电磁波的趋肤深度或探测深度。采用这样的深度作为探地雷达的探测深度是不准确的。探地雷达的探测深度需要采用雷达方程来确定。

探地雷达的探测距离有两部分控制:其一是探地雷达系统的增益指数或动态范围;其二是探地雷达应用中介质的电性质,特别是电阻率和介电常数。

探地雷达系统的增益定义为最小可探测到的信号电压或功率与最大的发射电压或功率的比值,通常用 dB 作为单位来表示。如果以 Q_s 表示系统的增益,W_{min} 为最小可探测的信号功率,W_T 为最大发射的功率,则

$$Q_s = 10\lg\left|\frac{W_T}{W_{min}}\right| \tag{3-107}$$

还有一个参数表征探地雷达系统的探测能力,既动态范围。系统的动态范围为最大可探测的信号与周围环境的噪声的比值,类似于信噪比。显然,系统的动态范围越大,探测能力就越强。就目前的探地雷达系统来说,系统增益最大可达到 230 dB,而商用探地雷达系统一般在 120 dB。

当探地雷达系统的增益或动态范围确定后,可以通过雷达方程来评价能量的损失,进一步确定最大可探测的距离。在探地雷达的应用中,信号从发射到接收过程中能量会逐渐损耗。图 3-148 描述了从发射到接收的功率传送过程。

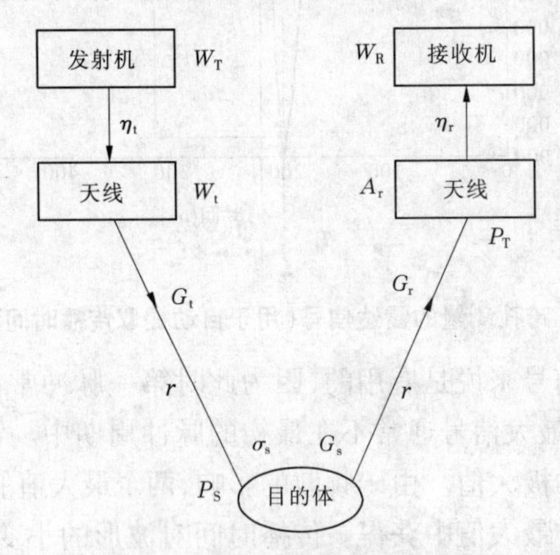

图 3-148　探地雷达发射—接收雷达波功率传送过程图

雷达系统从发射到接收过程中的功率损耗 Q 与探空雷达类似,可由雷达探距方程来

描述：

$$Q = 10\lg\left(\frac{\eta_t\eta_r G_t G_r g S\lambda^2 e^{-4\beta r}}{64\pi^3 r^4}\right) \tag{3-108}$$

式中　η_t、η_r——发射天线与接收天线效率；

G_t、G_r——在入射方向与接收方向上天线的方向性增益；

g——目标体向接收天线方向的向后散射增益；

S——目标体的散射截面；

λ——介质中雷达子波波长；

β——介质的吸收系数；

r——天线到目的体的距离。

满足 $Q_s + Q \geqslant 0$ 的距离 r，称为深地雷达的探测深度或距离，亦即处在距离场范围内的目标体的反射信号可以为雷达系统所探测。当探地雷达系统确定后，η_t、η_r、G_t、G_r 是已知的，在通常的情况下，发射天线和接收天线方向增益系数一致，而且有：

$$G = \frac{a^2}{\left(\frac{\lambda^2}{4\pi}\right)} = \frac{4\pi a^2 f^2 \varepsilon_r}{c^2} \tag{3-109}$$

式中　a——天线的开口尺寸；

f——介质中雷达波的频率；

c——真空中雷达波速度；

ε_r——介质的相对介电常数。

发射和接收天线的效率需要进行测定或商业的探地雷达系统的天线的效率是给定的，可以根据厂家提供的参数进行计算。

目的体的有效散射截面 S 可以根据第一菲涅尔带来进行计算，即

$$S = \pi\left(\frac{\lambda r}{2} + \frac{\lambda^2}{16}\right) \approx \frac{\pi\lambda r}{2} \tag{3-110}$$

而目标体的后散射增益 g 取决于目标体的形态和表面的粗糙程度以及目标介质与周围介质的电性差异。反射测量目标体的反射系数通常用介质的阻抗差异来表示。不同形体后散射增益如表 3-20 所示。

表 3-20　不同形体后散射增益

目标形态	点状	粗糙界面	光滑界面	光滑薄层
后散射增益 g	-5.37	8.60	19.85	-38.72

雷达波在传播过程中的能量损耗是重要的能量损失。探地雷达的介质吸收造成的能量衰减，是由介质的电磁性质决定的，是影响探地雷达探测深度的另一个主要因素，也是探地雷达进行探测的重要的物理基础。电磁波在介质中的传播波数可以表示为

$$k = \alpha + i\beta \tag{3-111}$$

因而，电磁波在介质中沿 r 方向传播的振幅变化可以表示为

$$E = E_0 e^{-\beta r} \tag{3-112}$$

式中,α、β 的表达式与含义见式(3-95)~式(3-97)。

式(3-112)表明:当介质的吸收系数(或称衰减系数)一定时,电场强度的变化与时间没有关系,而是一个距离的函数,表示了电磁波的能量随距离的增大而减少,不同的介质的衰减的幅度不同。

综合探地雷达系统所有的参数的影响,Cook(1972)给出了探地雷达在不同介质中探测距离的简单图示(见图3-149)。图中给出的是两种探地雷达系统的增益指数下,探地雷达的探测距离与频率的关系图。

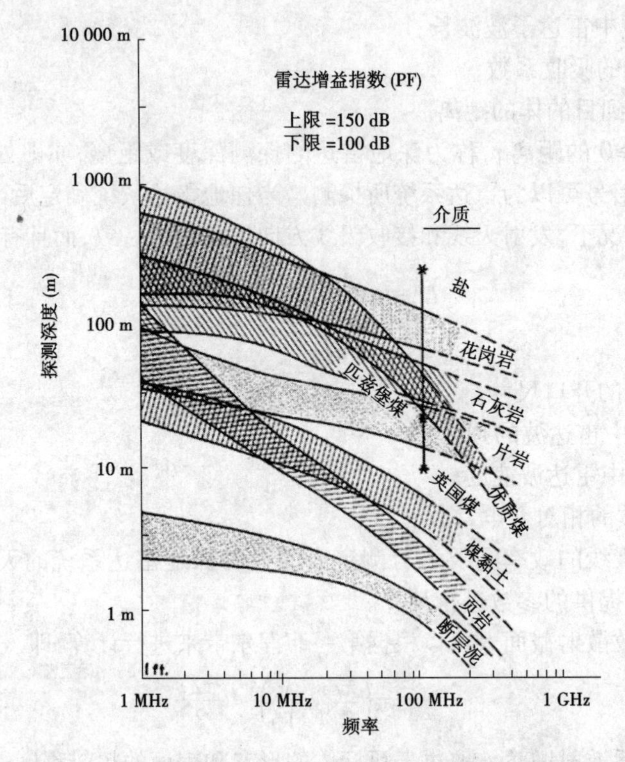

图3-149　探地雷达系统在介质中的探测深度与频率的关系

2. 分辨率

分辨率是分辨最小目的体的能力。要研究探地雷达的分辨率,必须要了解探地雷达天线发射的子波形态。目前的商用探地雷达系统通常采用高斯脉冲形式的调幅脉冲源,但该脉冲经过天线后,其波形相当于进行了一次微分运算。其子波形态与地震勘探中的子波形态相似。设子波形式为

$$f(t) = t^2 e^{-\beta t} \sin\omega_0 t \tag{3-113}$$

式中　β——衰减系数;

ω_0——中心频率;

t——时间。

脉冲的衰减速率取决于系数 β,该子波的频谱为

$$F(\omega) = \frac{2\omega_0[3(\beta - i\omega)^2 - \omega_0^2]}{[(\beta - i\omega)^2 + \omega_0^2]^3} \tag{3-114}$$

该子波形式是分析探地雷达分辨率的基础。分辨率可分为垂向分辨率和横向分辨率。

1）垂向分辨率

类似于地震勘探，将探地雷达剖面中能够区分一个以上反射界面的能力称为垂向分辨率。

为研究方便，选用处于均匀介质中一个厚度逐渐变薄的楔形地层模型。电磁波垂直入射时，则有来自地层顶面、底面的反射波以及层间的多次波。考虑到多次波的能量较弱，则所得的雷达信号为顶面反射波与底面反射波的合成。依照相应地层厚度的时间关系所得地层顶底面的反射波合成雷达信号见图 3-150。由图 3-150 可以得出以下结论：

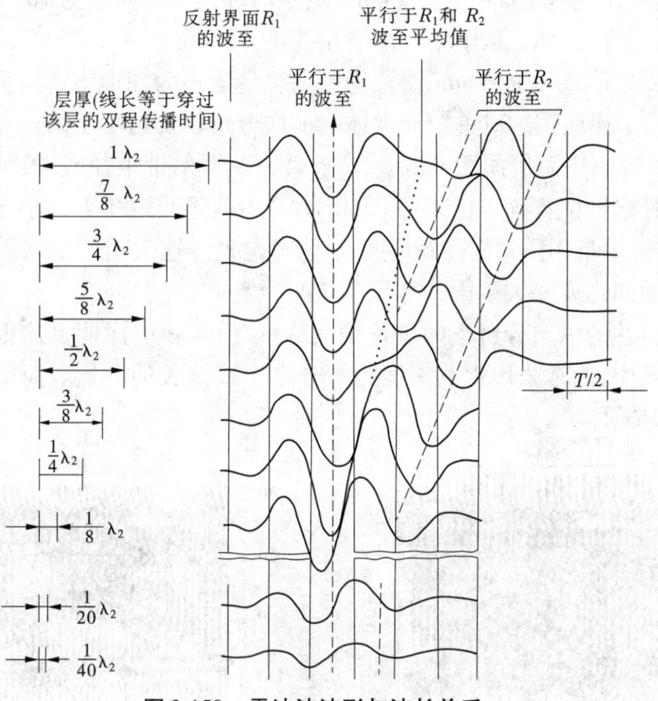

图 3-150　雷达波波形与波长关系

（1）当地层厚度 $b>\lambda/4$（四分之一波长）时，复合反射波形的第一波谷与最后一个波峰的时间差正比于地层厚度。地层厚度可以通过测量顶面反射波的初至 R_1 和底界反射波的初至 R_2 之间的时间差确定出来。因此，一般把地层厚度 $b=\lambda/4$ 作为垂直分辨率的下限。

（2）当地层厚度 $b<\lambda/4$（四分之一波长）时，复合反射波形变化很小，其振幅正比于地层厚度。这时已无法从时间剖面确定地层厚度。

2）横向分辨率

探地雷达在水平方向上所能分辨的最小异常体的尺寸称为横向分辨率。雷达剖面的横向分辨率通常可用菲涅尔带加以说明。设地下有一水平反射面，以发射天线为圆心，以其到界面的垂距为半径，作一圆弧与反射界面不同切，再以多出 1/4 及 1/2 子波长度的半径画弧，在水平界面的平面上得到两个圆。其内圆称为第一菲涅尔带，二圆之间的环形带称作第二菲涅尔带。根据波的干涉原理,法线反射波与第一菲涅尔带外线的反射波的光程差 $\lambda/2$(双程光路),反射波之间发生相长性干涉,振幅增强。第一带以外诸带彼此消长,对反射的贡献不大,可以不考虑。

设反射界面的埋深为 h,发射天线、接收天线的距离远远小于 h 时,第一菲涅尔带半径可按下式计算:

$$r_f = \sqrt{\frac{\lambda h}{2}} \tag{3-115}$$

式中　λ——雷达子波的波长。

图 3-151 为处于同一埋深、间距不同的两个金属管道的探地雷达图像。该图像在水槽中获得,实验使用钢管 5 cm,铁管 3 cm。测量时使用中心频率为 100 MHz 天线,其在水中的子波波长 λ = 0.33 m。从图中可以看出:

(1)处在深度 1.05 m 的 3 cm 铁管仍可以很清晰地为探地雷达所分辨。由于其管径约为 $1r_f$,这说明了探地雷达对单个异常体的横向分辨率要远小于第一菲涅尔带的半径。

(2)图 3-151(a)中两管间距 0.5 m 大于第一菲涅尔带半径 r_f = 0.42 m,由雷达图像可以准确把两管水平位置确定出来;图 3-151(b)中两管间距 0.4 m 小于第一菲涅尔带半径 r_f = 0.42 m,已很难用雷达图像确定两管精确位置。这表明两个水平相邻异常体要区分开来的最小横向距离要大于第一菲涅尔带半径。

可见探地雷达的纵向分辨率的理论值为 $\lambda/4$,但实际中探地雷达很难达到这一分辨率。在野外估算中,通常采用探测深度的十分之一或波长的一倍。而横向分辨率通常采用式(3-115)来估算。

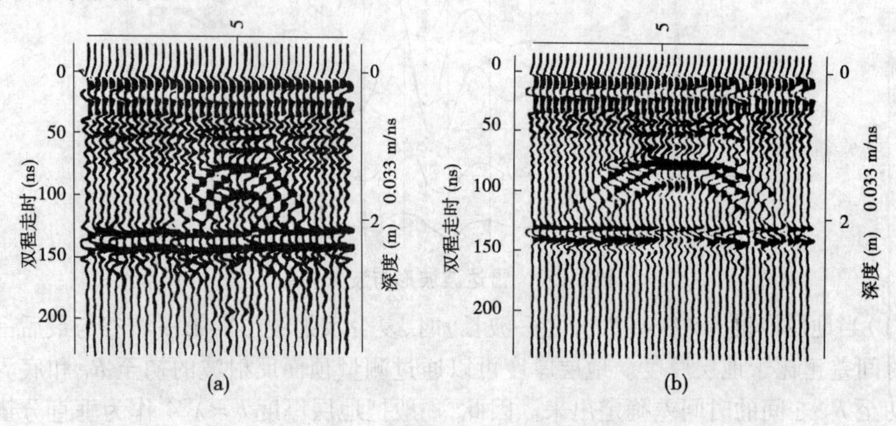

图 3-151　金属管道探地雷达图像

3.2.2.5　外业工作

探地雷达法外业工作包括外业准备工作、生产前的试验工作、测网测线布置、仪器参数的选定、资料的检查与评价等。

1. 外业准备工作

(1)外业工作之前,应对测区地质和地球物理条件、检测对象的工程结构特征和施工情况,特别是探测深度、分辨率要求、目的体与围岩的电性差异、场地电磁干扰情况作全面的了解和分析,作为工作的指导和参考。

(2)外业工作前,应对仪器设备进行全面的检查、检修,各项技术指标应达到出厂规定。

2.生产前的试验工作

生产前需进行必要的试验工作,尤其测区工程结构和地质条件复杂或物性前提不清时。试验工作的目的有:

(1)探地雷达适用性基本估计和评价,包括速度和介电参数测定、衰减参数测定、探测深度估计、分辨率估计、干扰水平估计等,确保后期工作的有效性。

(2)确定探测时采用的各项技术参数,包括测线和测网布置、天线中心频率选择、天线距选择、测量方法、时窗选择、采样率选择、测量点距选择、天线极化方向等。

试验工作应符合下列要求:

(1)试验前,应根据测区任务要求、地形地质条件(或工程结构特征)、地球物理条件拟订试验方案。试验成果可作为生产成果的一部分。

(2)试验工作应遵循由已知到未知、由简单到复杂的原则。试验工作应具有代表性,宜选择在物探工作测线上,有钻孔时应通过钻孔。

(3)试验方法一般采用宽角法或共中心点法、连续剖面法和点测法,采用不同的参数进行试验和分析工作,最后计算或估计要取得的各参数,确定探测有最佳方法。

(4)如果要探测方向未知的长轴目的体,则应采用方格网测量方式,先找出目的体的走向。

3.测网和测线布置

探测工作进行之前必须首先建立测区坐标系统,以便确定测线的平面位置。

(1)根据横向分辨率要求确定测线或测网的密度:测线的距离一般要求是0.5~1倍最小探测目的体的尺寸。

(2)测线应垂直目的体的长轴。

(3)基岩面等二维目标体调查时,测线应垂直二维体的走向,线路取决于目的体沿走向方向的变化程度。

(4)精细了解地下地质构造时,可以采用三维探测方式,获得地下三维图像,并可以分析介质的属性。

(5)尽量避开或移除各种不利的干扰因素,否则应作详细记录。

(6)工程质量检测的测线和测网布置一般按业主的要求布置,业主没有明确要求时按横向分辨率要求布置。

4.仪器参数的选定

探测仪器参数选择合适与否关系到探测的效果。探测仪器参数包括天线中心频率、时窗、采样率、测点点距与发射、接收天线间距、增益控制。

1)天线中心频率选择

通常需要考虑三个主要因素,即设计的空间分辨率、杂波的干扰和探测深度。根据每一个因素的计算都会得到一个中心频率。

(1)一般来说,在满足分辨率且场地条件又许可时,应该尽量使用中心频率较低的天线。如果要求的空间分辨率为x(m),围岩相对介电常数为ε_r,则天线中心频率可由下式初步选定：

$$f_{\mathrm{c}}^{R} > \frac{75}{x\sqrt{\varepsilon_{\mathrm{r}}}} \quad (\mathrm{MHz}) \tag{3-116}$$

根据初选频率,利用雷达探距方程式(3-108)计算探测深度。如果探测深度小于目标埋深,需降低频率以获得适宜的探测深度。

(2)当野外条件较复杂时,在介质中通常包含有非均匀体的干扰,频率越高其响应越明显。但频率增加到一定程度时,很难分辨主要目标体和干扰体的响应。可见降低频率能提高较大目标体的响应,而减小散射体的干扰。假设地下非均匀体尺寸为 ΔL(m),选择的探地雷达中心频率为

$$f_{\mathrm{c}}^{C} > \frac{30}{\Delta L\sqrt{\varepsilon_{\mathrm{r}}}} \quad (\mathrm{MHz}) \tag{3-117}$$

(3)根据探测深度,也可以获得中心频率的选择值。假设探测深度为 D(m),则

$$f_{\mathrm{c}}^{D} < \frac{1\,200\sqrt{\varepsilon_{\mathrm{r}}-1}}{D} \quad (\mathrm{MHz}) \tag{3-118}$$

(4)通常探测时,三种频率都能计算出来,如果野外参数如相对介电常数获得较准确、探测设计较合理,将会看到:

$$f_{\mathrm{c}}^{R} < f_{\mathrm{c}} < \min(f_{\mathrm{c}}^{C}, f_{\mathrm{c}}^{D}) \tag{3-119}$$

当根据分辨率获得的中心频率大于根据干扰体或深度得到的中心频率时,说明设计的空间分辨率与干扰体尺寸或探测深度相矛盾。

表3-21为天线的中心频率与探测深度对应的简表。

表3-21　天线的中心频率与探测深度对应的简表

中心频率(MHz)	探测深度(m)	
	土壤	岩石
10	35	50.0~60.0
25	25	40.0~50.0
50	20	30.0~40.0
100	12	20.0~25.0
200	8	15.0~20.0
250	5	8.0~10.0
500	3.5	5.0~6.0
800	2	2.0~2.5
1 000	1.5	1.0~2.0
1200		0.5~1.0
1600		0.3~0.5
2300		0.2~0.4

注:由于地下介质情况复杂多变,因此本表所提供的雷达波探测深度仅供参考。

2)时窗选择

时窗 W 主要取决于最大探测深度 h_{max} 与地层电磁波速度 V。可由下式估算：

$$W = 1.3 \times \frac{2h_{max}}{V} \tag{3-120}$$

式(3-120)中的时窗选用值增加30%，是为地层速度与目标深度的变化所留出的余量。表3-22针对不同介质探测时建议选择的时窗值。

表3-22　不同介质时窗选择建议表

探测深度(m)	建议时窗(ns)		
	岩石	湿土壤	干土壤
0.5	12	24	10
1.0	25	50	20
2.0	50	100	40
5.0	120	250	100
10.0	250	500	200
20.0	500	1 000	400
50.0	1 250	2 500	1 000
100.0	2 500	5 000	2 000

3)采样率选择

采样率是记录的反射波采样点之间的时间间隔。采样率由Nyquist采样定律控制，即采样率至少应达到记录的反射波中最高频率的2倍。为使记录波形更完整，建议采样率为天线中心频率的6倍。对于中心频率 f(MHz)，采样率 Δt(ns)为

$$\Delta t = \frac{1\ 000}{6f} \tag{3-121}$$

野外测量时也可以采用表3-23进行简单选择。

表3-23　中心频率对应最大采样间隔表

直接设置采样间隔的雷达		利用时窗和样点数控制采样间隔的雷达		
中心频率(MHz)	最大采样间隔(ns)	中心频率(MHz)	时窗(ns)	每道样点数(点)
1 000	0.17	1 000	15	≥512
500	0.33	500	60	≥512
200	0.83	200	200	≥512
100	1.67	100	300	≥512
50	3.30	50	500	≥512
25	8.30	25	750	≥512
10	16.70	10	1 000	≥512

4）测量点距选择

在离散测量时，测点点距选择取决于天线中心频率与地下介质的介电特性。为确保地下介质的响应在空间上不重叠，亦应遵循 Nyquist 定律，测量点距或雷达时程迹线采集间隔 Δx(m)应为围岩中子波波长的 1/4，即

$$\Delta x = \frac{75}{f\sqrt{\varepsilon_r}} \tag{3-122}$$

式中 f——天线中心频率，MHz；

ε_r——围岩的相对介电常数。

当介质的横向变化不大时，点距可适当放宽、工作效率将提高。

在连续测量时，天线最大移动速度取决于扫描速率、天线宽度以及目的体尺寸。

5）天线间距选择

使用分离式天线时，适当选取发射天线与接收天线之间的距离，可使来自目的体的回波信号增强。偶极天线在临界角方向的增益最强，因此天线间距 S 的选择应使最深目的体相对接收与发射天线的张角为临界角的 2 倍，即

$$S = \frac{2D_{max}}{\sqrt{\varepsilon_r - 1}} \tag{3-123}$$

式中 D_{max}——目的体最大深度；

ε_r——围岩的相对介电常数。

实际测量中，天线距的选择常常小于该数值。原因之一是天线间距加大，增加了测量工作的不便；原因之二是随着天线间距增加，垂向分辨率降低，特别是当天线距 S 接近目的体深度的一半时，该影响将大大加强。

6）天线的极化方向

天线的极化方向或偶极天线的取向是目标体探测的一个重要方面，在近年的研究中越来越重要，主要原因是通过不同极化方向的雷达波探测，不仅可以确定目标体的形状，而且有可能研究目标体的性质。

图 3-152 为应用不同天线的极化方向获得的探测实例。从图 3-152 可见，天线取向不同获得的图像有明显的不同，而且背景也有较大的差异。

7）增益控制

现场探测对雷达数据加增益，主要优点是可直接观察分析探测效果。现场增益一般要求是：最大反射信号经增益后不超过数据可存储最大值的一半。

5. 野外观测注意事项

在进行外业测试时，除上述参数合理设计外还应注意以下几点，才能真正获得可靠的测试数据：

（1）地形起伏大，障碍物多的测区，应采用点测法进行探测。

（2）探测深度相对较大，目的体反射信号弱的工作，应使用点测法进行工作，且叠加次数不应小于 128 次。

（3）非空气耦合天线进行工作时，必须尽量使天线与地面的耦合良好。

（4）尽可能使用高的发射电压和低的信号发射脉冲率。

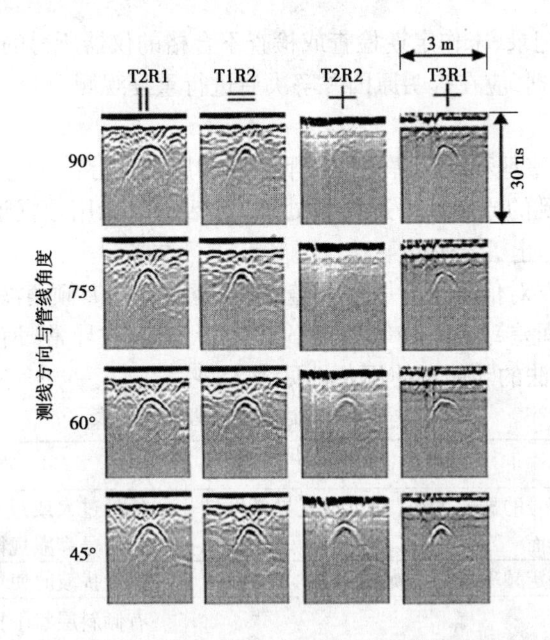

图3-152　不同天线取向测试的地下管线图像

(5)现场探测,应做基本的资料分析工作,确保效果并在可能时排除不利的因素。

(6)详细记录干扰情况。

(7)详细记录各种已知的信息。

(8)在检测深度有保证的情况下,尽可能使用高频率的天线进行检测。

6. 重复观测

重复观测工作应符合下列要求:

(1)重复观测的工作量不小于总工作量的10%。

(2)对探测成果有怀疑时,应对相应的剖面(段)进行重复观测。

(3)对存在异常的剖面(段)应进行重复观测。

7. 资料的检查和评价

1)资料的检查应符合的要求

(1)现场操作员应对全部原始记录进行自检。

(2)专业技术负责人应组织人员对原始记录进行检查和评价,抽查率应大于30%。

(3)原始记录应符合下列要求:

①原始记录应包括仪器检查、检修记录、生产前试验记录、生产记录和班报等。

②记录数据的磁盘、光盘等应标识清楚,并与班报一致。

2)资料的评价

复检数据图像与初检数据图像特征(异常形态和位置、反射界面起伏和深度情况等)对应良好、整体一致性好,且不出现下述情况为探测数据质量合格,否则为不合格:

(1)干扰背景强烈影响有效波识别或准确读取旅行时的记录。

(2)探测时窗未满足探测深度要求。

(3)记录编号或主要内容与班报不符,又无法还原改正的记录。

(4)无仪器检查记录、未作定期检查或检查不合格的仪器所得的全部记录。

不合格的检测数据,应在查明原因并解决后进行重复观测。

3.2.2.6 资料整理

探地雷达的资料整理和资料解释按以下步骤和原则进行:

(1)对现场采集到的原始数据进行预处理,包括删除无用数据道、水平比例归一化、编辑各类标识、编辑起止桩号等。

(2)根据实际需要对信号进行增益调整、频率滤波、f—k 倾角滤波、反褶积、偏移、空间滤波(道平均和道间差)、点平均等处理,以达到突出有效异常,消除部分干扰等目的。地质雷达数据处理方法的功能和使用条件见表 3-24。

表 3-24 地质雷达数据处理方法列表

处理方法	功能用途	使用条件
增益调整	调整信号的振幅大小,利于观查异常区域和反射界面	信号过大或过小,或者现有的增益不符合信号衰减规律
频率滤波	除去特定频率段的干扰波	有干扰波时使用
f—k 倾角滤波	去除倾斜层状干扰波	有倾斜层状干扰波。使用前应进行水平比例归一化和地形校正。当有同样倾角的有效层状反射波时限制使用
反褶积	压制多次反射波、压缩反射子波,提升垂直方向厚度的可解释能力	反射子波明显影响厚度解释精度或有明显多次反射波时使用。当反射信号弱、数据信噪比低、反射子波非最小相位限制时使用
偏移	将倾斜层反射波界面归位,将绕射波收敛	反射信号弱、数据信噪比低
空间滤波	道平均方法去除空间高频干扰,使界面连续性更好;道间差去除空间低频信号,突出独立的异常体或起伏大的反射界面。两方法都是为提高数据图像的空间解释性	空间高频或低频信号对解释产生影响时使用
点平均	去除信号中的高频干扰	信号中高频干扰明显时

(3)结合工程地质情况、结构物征和地球物理特征,通过现场复核、筛选干扰异常,在原始图像上通过反射波波形、能量强度、反射波初始相位、反射界面延续情况等特征判断识别和筛选异常(有效反射界面),确定异常体的性质、规模等。

(4)读取各导常点的界面反射波到达时间 t,根据异常延伸长度确定异常水平向规模。

(5)求取各导常点埋深 $h = Vt/2$,得到混凝土厚度、导常体的垂向规模等信息。

3.2.2.7 仪器设备

探地雷达仪器生产厂较多,但目前国内使用较多的探地雷达主要为美国地球物理探测公司(GSSI 公司)、瑞典 MALA 地球科学仪器公司、加拿大探头及软件公司(SSI 公司)、意大利 RIS 公司等所生产(主要技术性能指标见表 3-25)。

表 3-25 部分商用探地雷达的主要技术指标

型号	生产厂	脉冲重复频率	数据位数	动态范围（dB）	样点数/道	迭加次数	分辨率（ps）	采样模式	天线兼容性	硬件通道(个)	工作温度（℃）	特点
SIR－20	美国地球物理探测公司	500 kHz	16	>110	128～8192	1～32768	5	距离/时间/手动	GSSI 公司的所有天线	2	－10～＋40	后处理软件功能齐全，硬件一体化程度高，结实耐用，技术性能稳定，操作方便，用户数量多
SIR－3000		100 kHz	16	未标明	128～4096	1～32768	5			1	－10～＋40	
CU Ⅱ	瑞典	100 kHz	16	未标明	128～8192	1～32768	1.3	距离/时间/手动	MALA 公司的所有天线	2～4	－20～＋50	后处理软件功能齐全，硬件一体化程度高，仪器性能稳定，操作方便，分离式天线可完成 CMP、透视法等测试，用户数量多
Pro Ex	MALA 地球科学仪器公司	100 kHz	16	未标明	128～8192	1～32768	5			2	－20～＋50	
Plus EKKO_PRO	加拿大探头及软件公司	100 kHz	16	186	10～31000	1～32768	50	距离/时间/手动	SSI 公司的所有天线	1	－10～＋40	后处理软件功能齐全，硬件一体化程度高，分离式天线可完成 CMP、透视法等测试，发射电压可调
K2	意大利 RIS 公司	400 kHz	16	>160	128～8192	1～32768	5	距离/时间	兼容所有 RIS 天线	2	－10～＋40	

注：除 SIR 系列雷达外其他雷达均要求单独外置计算机。

3.3　地震探测方法与技术

地震探测是依据岩土层的弹性差异,通过研究人工激发的地震波在岩土层中的传播规律以探测浅部(地面以下一二百米范围内)的地质构造、划分地层或测定岩土力学参数的一种地球物理方法。

根据地震波的传播方式,可将地震勘探分为折射波法、反射波法、瑞雷波法、透射波法(直达波法)和地震多波法。本节主要介绍折射波法、反射波法、瑞雷波法。

3.3.1　折射波法

折射波法是按一定的观测系统,利用人工激发的地震波在岩土界面上产生的折射现象,追踪、接收折射波,对浅部具有速度差异的地层或构造进行探测的一种地震勘探方法。

3.3.1.1　应用范围与条件

1. 应用范围

(1)探测第四纪覆盖层厚度及其分层,或探测基岩面埋藏深度、埋藏深槽、古河床及其起伏形态。

(2)探测风化卸荷带厚度。

(3)探测隐伏构造(断层、裂隙带、破碎带)。

(4)探测塌滑体厚度。

(5)探测松散层中的地下水位,确定含水层厚度。

(6)测试岩土体纵波速度,用速度对岩体进行完整性分类。

(7)检测建基岩体质量。

2. 应用条件

(1)适用于层状和似层状介质的探测。

(2)被追踪地层的速度应大于上覆各层的速度,即 $V_1 < V_2 < V_3 < \cdots < V_n$,且各层之间存在明显的波速差异。

(3)被追踪地层应具有一定的厚度,中间层厚度宜大于其上覆层厚度。

(4)沿测线被追踪地层的视倾角与折射波临界角之和应小于90°。

(5)被追踪地层界面起伏不大,折射波沿界面滑行时无穿透现象。

(6)被探测的目的体(断层、洞穴等)与周边介质之间存在明显的波速差异,并具有一定的规模。

3. 优点和局限性

折射波法的优点主要有:

(1)初至折射波比较容易识别。

(2)探测深度范围广,从几米至几十米乃至一二百米皆可。

(3)不仅可得到折射波的旅行时间,并且可得到能反映岩性及岩体完整性的界面速度。

(4)解决的地质问题面较广,从探测覆盖层厚度及其分层到解决构造问题,地质效果一般较好。

折射波法的局限性(缺点)主要有:

(1)受速度逆转限制,不能探测高速层下部的地质情况。

(2)分层能力弱,一般限于3~4层。

(3)因为存在折射波盲区以及旁侧影响,要求勘探场地较开阔。

(4)所需激发能量大,当松散层厚度超过10 m时,一般需使用炸药震源;当探测深度大于40 m时,需使用较大的炸药包,在居民区、农、林、渔区难以开展工作。

3.3.1.2　**基本原理**

如图3-153所示,当地表O点激发的地震波OA在地下传播过程中,遇到性质不同(波速不同)的地层界面时,在界面上将产生透射现象。在W_2层中产生透射波AB(此处的透射波实为物理学中的折射波,因地震勘探中的折射波另有新的含义,所以称为透射波),且入射角α和透射角γ遵循斯奈尔定律(折射定律,见式(3-124)):

$$\frac{\sin\alpha}{V_1}=\frac{\sin\gamma}{V_2} \tag{3-124}$$

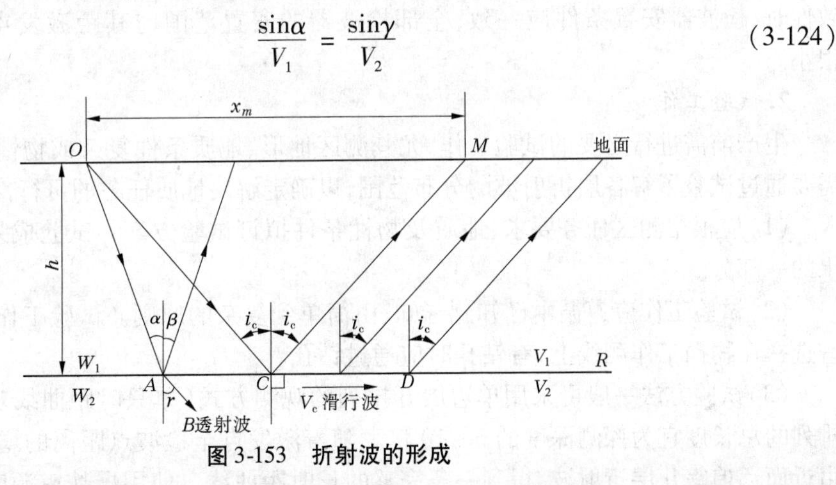

图3-153　折射波的形成

透射角γ的大小与波速V_2有关,当下层波速V_2大于上层波速V_1时,γ必大于α,且随入射角的增大而增大。当入射角增大至某一临界角i_c时,透射角$\gamma=90°$,于是透射波变成了沿界面滑行的滑行波CD,滑行波的波速$V_c=V_2$。此时$\sin i_c=V_1/V_2$,即临界角$i_c=\arcsin(V_1/V_2)$。如果将滑行波看作新的入射波,有如从W_2层中以入射角$\alpha=90°$向W_1层中传播,显然它将在W_2层中产生透射角为i_c的透射波CM,在地震勘探中称为折射波(或称为首波)。当界面为平面、速度为常数时,折射波是以临界角i_c射出的一组平行线,并向地面传播。在距离震源点大于OM的测线上,用专门的地震检波器和地震仪接收并记录折射波所引起的地面振动情况,以及波从震源出发至地面各接收点的传播时间,即进行地震波数据采集并获得地震记录。依据地震记录可绘出折射波时距曲线,并计算出折射波在地层中的传播速度和折射界面的埋藏深度等资料。

由此可知:

(1)界面下层速度大于其上层速度是进行折射波法探测的必要条件之一。

(2)震源附近接收不到折射波的范围称为盲区,只有在盲区以外地段能够接收到折射波。盲区大小为

$$x_m=2h\tan i_c \tag{3-125}$$

式中　x_m——盲区距离；

h——水平界面深度；

i_c——折射临界角。

3.3.1.3　**野外工作方法与技术**

折射波法外业工作包括下列内容：外业准备工作、生产前的试验工作、测网测线布置、观测系统的选择、仪器参数的选定、地震波的激发与接收、速度参数的测定、资料的检查与评价等。

1. 外业准备工作

（1）应对测区地形、地质和地球物理条件及以前工作的技术成果作全面的了解和分析，作为工作的指导和参考。

（2）应对仪器设备进行全面的检查、检修，各项技术指标应达到出厂规定。测试道一致性时，检波器安置条件应一致，全部检波器的安置范围与其距激发点的距离相比应很小。

2. 试验工作

生产前需进行必要的试验工作，尤其测区地形、地质条件复杂或物性前提不清时，更需要通过试验了解各层折射波的分布范围，以确定解决地质任务的可行性和解决程度。

（1）应根据测区任务要求、地质及物性条件拟订试验方案。试验成果可作为生产成果的一部分。

（2）试验工作应遵循由已知到未知、由简单到复杂的原则。试验工作应具有代表性，宜选择在物探工作测线上，有钻孔时应通过钻孔。

（3）试验方法一般可采用单边展开排列的观测方式（单只时距曲线观测系统），接收排列的总长度宜为探测深度的6～10倍。随着激发点至检波点距离的增加，可在测线上由近而远追踪几层折射波，得到一条完整的长时距曲线。使用爆炸震源时检波点距一般采用5 m或10 m。

若需确定探测断层破碎带的可行性，试验方法宜采用相遇观测系统。

（4）试验内容与目的。

①通过试验了解盲区的大小和各层折射波的分布范围，以确定观测系统（炮检距、排列长度、检波点距）。

②通过试验了解激发和接收条件、干扰背景，确定炸药量和滤波档。当测区不允许进行爆炸作业时，需进行锤击或落重震源的激发能量和垂直叠加、信号增强试验，检波点距一般为3～5 m，确定激发能量能否满足勘探深度要求。

③通过试验评价折射波法解决地质任务的可行性和解决程度。若确认不具备完成地质任务的基本条件，可申述理由，请求改变方法或撤销任务。

3. 测网和测线布置

测网布置应根据工作任务要求、探测目的体的规模与埋深等因素综合确定。测网和工作比例尺的选择应能反映探测目的体，并可在平面图上清楚地标识出其位置和形态。

测线布置应符合下列要求：

（1）测线力求为直线，尽量垂直地层或构造的走向，便于控制构造形态以利于资料的整理与分析。

(2)测线宜布置在地形起伏较小和表层介质相对均匀的地段并应避开干扰源,以减少地形起伏和表层介质不均匀的影响以及外界干扰。

(3)测线宜与地质勘探线和其他物探测线一致,以便资料的对比与综合分析。

(4)当地层倾角较大时,应注意改变测线方向,避免盲区过大或接收不到折射波。

(5)在山区布置测线时,宜沿等高线或顺山坡布置;若地形起伏不大,可沿坡度相近的山坡布置长测线;若地形起伏较大,尤其是在山脊或山谷两侧,应分段布置短测线以防止产生穿透现象。并保证各段测线资料能独立解释。

(6)在坡脚和峡谷布置测线应考虑旁侧影响。

(7)河谷区测线宜垂直河流或顺河流布置。但当河谷狭窄垂直河流布置测线使折射波相遇段较短或无相遇段时,可斜交河流布置测线以加长相遇段。

4. 排列长度与道间距选取

进行地震波的激发接收时,将布置检波器的接收地段称为接收排列。接收排列的长度(第一道到最后一道的距离)称为排列长度。为便于外业施工及内业资料整理、成果分析对比,通常同一测线上检波点是等间距布置的,排列长度也是相同的。相邻两个检波器之间的距离称为道间距(或称检波点距)。很明显,地震仪的记录道为 N,道间距为 Δx 时,排列长度为 $L=(N-1)\Delta x$。对层厚小于一二十米的二层结构,一般要求排列长度能同时接收到直达波和折射波,并保证折射波的初至区至少有 4 个有效检波点。对总厚度小于一二十米的三层结构,一般要求排列长度能同时接收到直达波和第二层、第三层的折射波,并保证每层折射波的初至区至少有 4 个有效检波点。12 道仪器接收满足不了上述要求时,宜选用 24 道仪器接收。仅当探测深度较大时采用两个或两个以上的接收排列分别接收不同界面的折射波。道间距的大小要适中,一要满足有效波相位的追踪和对比的需要,二要保证每一个折射波的初至区有不少于 4 个有效检波点,同时还要兼顾工作效率。折射波道间距一般可根据经验选定,通常多采用 5 ~ 10 m 道间距,探测薄层、小断层及进行岩土参数测试时,可适当减小为 2 ~ 3 m。当地质条件较复杂时,排列长度和道间距需通过试验确定。

当测线长度大于排列长度时,可通过相邻排列间首尾相接,即将最后一个检波点作为下一个排列的第一个检波点,进行排列转移,以完成整条测线的测量。排列间的重复点称为连接点。

5. 激发点位置及激发点间距的选择

折射波的接收地段必须在盲区范围之外。要求偏移距(第一个接收点到激发点的距离)小于盲区。盲区的范围随折射界面深度、倾斜情况以及临界角大小而变化,因此一般需通过试验了解各层折射波可追踪段后选取激发点位置以及激发点间距。

对于二层结构,通常激发点位选在排列端点,激发点间距等于排列长度即可同时接收到直达波和折射波,并能连续追踪目的层折射界面。

对于三层或三层以上结构,除在排列两端布置激发点外,还须在排列两侧布置一、二个追逐炮,追逐炮的偏移距应略大于所追踪界面的临界距离,并兼顾几个折射界面的需要。为了施工方便,通常激发点间距采用半个排列长度的整数倍。此时虽不能保证每个追逐炮都能反映完整一个层位，但可根据追逐时距曲线的平行性，判别是否来自同一反射界面的折射波，并通过时距曲线的平移连接达到连续追踪目的折射层界面。

6. 折射波法的观测系统

进行折射波数据采集时，通常测线呈直线布置，沿测线布置多个长度相等的接收排列，各个排列的检波点距相同，相邻排列间首尾相接。为了可靠追踪有效波，要求激发点和接收排列之间以及接收排列与接收排列之间保持必要的相对位置关系，这种相对位置关系称为观测系统。在实际工作中一般是根据测区的地震地质条件、任务要求，通过试验或结合邻区的工作经验选择观测系统。

根据接收点和激发点的相对位置，折射波法测线分为纵测线和横测线两大类。当激发点和接收点在一条直线上时，称为纵测线。当激发点和接收点不在一条直线上时称为非纵测线。纵测线观测系统，野外工作布置方便，获得的资料较简单、直观，易于对比和解释，是基本观测系统。非纵测线观测系统，一般不能对界面深度进行较可靠的解释，但可辅助纵测线解决一些特殊的地质构造，如判断构造破碎带和岩性陡立接触界面等。

1) 纵测线观测系统

纵测线观测系统包括单支时距曲线观测系统、相遇时距曲线观测系统、追逐时距曲线观测系统和双重(或多重)时距曲线观测系统。

A. 单支时距曲线观测系统

激发点位于测线一端固定不动，移动排列接收，随着偏移距(炮检距)增加，可在测线上由近而远追踪几层折射波，得到一条完整的时距曲线。

用截距时法可求得激发点下方几个界面深度。

单支时距曲线观测系统的优点是效率高，缺点是不能反映界面的起伏形态，一般只适用于探测规则平缓的界面(视倾角≤15°)。要求在时距曲线上每层至少有 4 个折射波数据。

B. 相遇时距曲线观测系统

在排列(或测线)两端 O_1 和 O_2 点激发，在同一排列接收，可得到同一界面正反向接收的相遇时距曲线 S_1 和 S_2。

依据 S_1 和 S_2 曲线，可求出相遇段各检波点下方的界面深度和界面速度，但不能提供排列两端非追踪段的情况。相遇时距曲线观测系统是折射波法的基本观测系统，允许沿测线地面和被追踪界面有一定的起伏，但应使排列长度足够长，确保在相遇段内至少有 4 个检波点能有效接收折射波，以便能可靠确定该层折射波速度和界面起伏情况。

C. 追逐时距曲线观测系统

将两个激发点 O_1 和 O_2 置于排列的同一侧，在同一排列上分别接收 O_1 和 O_2 激发的地震波，得到两条同一方向的时距曲线 S_1 和 S_2，称 S_1 为 S_2 的追逐时距曲线。按规程 SL 326—2005 规定采用追逐时距曲线观测系统时，应保证被追踪段至少有 4 个检波点能重复接收同一界面的折射波。

追逐时距曲线观测系统，可用于识别折射界面有无穿透现象，判定沿测线是否存在陡倾界面(不同岩性接触界面)以及用来延长某些需要加长的时距曲线。

D. 双重(或多重)时距曲线观测系统

双重(或多重)时距曲线观测系统是相遇观测系统与追逐观测系统的组合,又称完整对比观测系统,是复杂地震地质条件下最常用的观测系统。

在排列(或测线)两端 O_1、O_2 分别进行激发,得到一组相遇时距曲线 S_1、S_2,然后将激发点各向外侧移动一段距离(要求大于临界距离,通常等于排列长度)至 O_3、O_4 再进行激发,又得到一组追逐的相遇时距曲线 S_3、S_4。另外,当排列较长时,为了解表层横向速度变化,可增加一个中间激发点。

利用追逐时距曲线的平行性,将追逐时距曲线平移至相遇时距曲线的盲区以填补 O_1、O_2 非追踪段的空缺,达到沿测线连续追踪界面的目的。

当需要连续追踪两个或两个以上的地质界面(要求每层厚度足够大)时,可采用三重或四重观测系统。为此,需要通过试验了解各层折射波可追踪地段,合理选择相遇段和追踪段,在测线上分别追踪其相应的层位,达到折射分层的目的。

2)非纵测线观测系统

非纵测线观测系统主要包括横测线观测系统和弧形测线观测系统。

A. 横测线观测系统

将激发点布置在排列的旁侧,排列 AB 接收 O 点激发的折射波,得到双曲线形状的折射波时距曲线 S。

要求激发点至排列的距离 r 大于折射波的临界距离,且大于排列的长度 AB。若需要提供界面深度,要求 AB 排列上某点的界面深度已知(如通过钻孔或通过地震纵测线获得)。

横测线可作为纵测线的辅助手段,验证纵测线发现的构造破碎带、陡立地层接触界面等。一般做法是垂直纵测线推测的构造带走向,布置两条横测线。依据横测线地震记录上出现波形、振幅、视周期等突变的位置,划出和确定构造破碎带、陡立地层接触界面的位置和走向。

B. 弧形测线观测系统

将检波点沿弧形测线均匀布置,激发点位于圆心。可用于测试岩土波速的各向异性情况。测试土层波速的各向异性时,激发点至测点的距离应小于盲区。测试岩石波速的各向异性时,一般限于在岩石露头上进行。

7. 地震波的接收

浅层折射波法可使用 12 道或 24 道工程地震仪进行数据采集。当地面比较平坦或勘探深度大于三四十米时宜选用 24 道仪器接收,有较高的工作效率。地面工作宜使用固有频率为 20 ~ 30 Hz 的动圈式垂直检波器。每道使用一个检波器检收。在同一测线上,检波点距和排列长度应保持一致。

1)仪器工作参数选择

仪器工作参数包括采样间隔与记录长度、延时、滤波挡等。应根据测区干扰背景、激发接收条件、探测任务、探测深度、地球物理条件及安全等因素选择。

A. 采样间隔与记录长度的选择

为提高读数精度(尤其探测断层破碎带时),首先要求采样间隔不宜大于 0.25 ms。其次记录长度(记录长度等于采样间隔乘以采样点数),必须能够记录最深目的层的折射波,并留有一定的余量,以此确定地震道的采样点数,通常多选用 1 024 个样点。当采用高采样率接收又不想采用过多的采样点数时可配合使用延时。

B. 滤波挡的选择

折射波法的滤波挡一般采用全通(即不滤波)。为压制干扰波需要使用高通、低通或带通时,在一个测区或测段工作时应使用同一种滤波挡。因特殊需要改变滤波挡时应有对比记录。

C. 垂直叠加次数的选择

当使用锤击或落重震源时,可采用重复激震进行信号叠加。叠加次数以记录信噪比合格为准。经验表明,叠加次数超过 10 次往往难以保证记录质量,此时宜采取措施增加单次激发能量,以减少叠加次数。

2)检波点距选择

在同一测线上,宜采用同一检波点距。检波点距应根据探测任务和地球物理条件确定,通常多采用 5 ~ 10 m,在探测风化带、断层和进行岩土测试时可适当减小为 2 m 或 3 m。

3)检波器安置

检波器安置应符合下列要求:

(1)位置准确,埋置条件一致,并与地面接触牢固,防止漏电和背景干扰。

(2)当受地形、地面条件限制,检波器不能安置在原设计点位时,可沿垂直测线方向移动,其偏移距离应小于 1/5 检波点距。

8. 水域折射波法勘探

进行水域折射波法观测时,宜采用固定排列,使用爆炸震源和漂浮电缆(内置压电式检波器,检波点距宜为 5 m)。当水流湍急、干扰背景强烈时,可采用将激发点和接收点互换的观测方式,沿测线逐点放炮,炮点距一般为 5 m,在河流两岸各布置两个检波器接收信号(检波点距应大于临界距离)。

当布置横河向纵测线并采用相遇观测系统时,应考虑河床宽度是否具备探测任务所需要的相遇段。当布置横河方向非纵测线时,应考虑界面速度变化的影响。非纵测线应通过纵测线或钻孔、基岩露头,测线长度宜小于爆炸点到测线的距离。

水域作业期间,应及时测量水边线高程和沿测线(各测点)的水深。当水位变化超过 0.5 m 时,应进行校正。

9. 速度参数测试

(1)进行折射波法勘探时,沿测线宜每隔 100 m 或每个排列的两端进行覆盖层有效速度测试。当发现相邻速度差大于 20% 时,应在该测段内增加速度测试工作。

(2)当表层低速带波速变化大时以及低速带厚度变化大的测区,宜做专门的低速带测定工作。可采用变检波点距的单边展开排列求覆盖层的有效速度和低速带厚度,以提高有效速度的测试精度。如 1 ~ 12 道的检波点间距依次为 2 m、2 m、2 m、3 m、3 m、3 m、5 m、5 m、5 m、10 m、10 m、10 m。当检波点距大于或等于覆盖层厚度时,用交点法求得的覆盖层有效速度的精度偏低,此时亦宜用上述的变检波点距的展开排列进行速度测试。

(3)当测区有钻孔可利用时,宜进行地震波速测井以求得覆盖层各层速度和厚度。

3.3.1.4　资料整理及解释

浅层折射波法资料整理一般包括如下几个方面的内容:对地震记录进行波的对比分析,识别有效波;提取直达波和各层折射波的初至时间并进行相应校正;绘制时距曲线图;平均速度和有效速度取值;构制折射界面。

除波的对比必须由人工来做外,其余工作既可以由人工来做也可以由计算机自动完成。

1. 波的对比分析

波的对比分析就是在地震记录上判别有规律的同相轴上哪些是有效波,哪些是干扰波,是否来自同一界面的过程。

折射波的对比分析就是利用折射波的动力学和运动学特征,依据波的同相性、波形的相似性以及振幅衰减等标志在地震记录上辨认、追踪沿地表传播的直达波和来自各折射面的初至折射波的同相轴以及它们的置换。

波的对比分析应符合下列要求:

(1)波的对比分析,应选择靠近有效波的起始相位处,可采用单相位或多相位对比。在裂隙发育区宜采用多相位对比。

(2)对来自同一界面和来自不同界面的有效波,可根据相邻道波形的相似性(视周期、相位数、视振幅以及振动的延续度的相似性)和同相性(相同相位到达相邻两道时间应相近;在记录上相同相位的连线即同相轴,应较平滑并有延伸较长;相邻相位的同相轴应是平行的)以及振幅随远离爆炸点衰减的规律性等特征进行对比分析。

(3)对不同层位的有效波的对比,还可依据波的置换。波的置换应根据两组波同相轴相交、波形或视振幅的突然变化、视周期或视速度的突然变化等特征加以确定。

(4)同一排列上分辨来自不同界面的折射波时,除考虑同相轴斜率的变化外,还需要考虑是否存在振幅的差异。

(5)对相遇时距曲线的互换道,应根据旅行时的相等性进行对比,对相邻排列的连接道,应根据旅行时的相等性以及波形相似性进行对比连接。

同一排列的互换道及相邻排列连接道的旅行时差经爆炸深度校正后应小于 3 ms。若经爆炸深度校正后互换道时差或连接道时差仍然较大,需仔细检查波的振幅衰减和变化情况,很可能某支时距曲线因相位丢失造成旅行时误读所致。

(6)在两重或多重时距曲线观测系统中进行折射波对比,还可根据追逐时距曲线的平行性来判别同一层位或不同层位的折射波、是否存在穿透现象、弯曲界面等。经校正拼接后的综合时距曲线互换时间应小于 5 ms。

2. 平均速度和有效速度取值

在地震资料解释中常把地震界面以上的多层介质简化为某一速度的均匀介质来研究,从而使解释工作变得简单易行。在折射波资料解释中可使用平均速度 $\overline{V}$ 或有效速度 V_{ef} 求界面深度。

1)平均速度取值

当测区有一定数量的钻孔时,应利用地震测井资料计算平均速度,并对其他方法求得的有效速度进行评价和修正。

依据地震测井资料求得的各分层厚度 h_1、h_2、…、h_n 和地震波垂直穿过各分层的旅行

时 t_1、t_2、…、t_n 值，按式(3-126)计算第 n 层以上多层的平均速度：

$$\overline{V} = \frac{h_1 + h_2 + \cdots + h_n}{\frac{h_1}{V_1} + \frac{h_2}{V_2} + \cdots + \frac{h_n}{V_n}} = \frac{\sum_{i=1}^{n} h_i}{\sum_{i=1}^{n} t_i} \tag{3-126}$$

式中 h_i——各分层厚度，m；

t_i——地震波垂直穿透各地层的旅行时，ms。

2)有效速度取值

当测区有钻孔但未作地震测井时，可用孔旁折射波 t_0 值按式(3-127)反推覆盖层有效速度：

$$V_{ef} = \frac{2h}{t_0} \tag{3-127}$$

式中 h——钻孔探明的基岩顶板埋深，m；

t_0——孔旁基岩顶板折射波旅行时，ms。

对于多层折射波时距曲线，S_1、S_2、S_3 斜率的倒数分别为各对应层的层速度。如果目的层是求 V_2 和 V_3 的界面，则可将 V_1 和 V_2 看成一个综合层，求这个综合层的速度 $V_{1,2}$，找出时距曲线 S_2 和 S_3 的交点 N，从 N 到坐标原点 O 连线，此直线的斜率倒数便是综合层的有效速度，即

$$V_{1,2} = \frac{\Delta x}{\Delta t} \tag{3-128}$$

交点法适用于水平界面且无"隐蔽层"的情况，否则误差较大。

根据反射波时距曲线用 x^2—t^2 坐标法求覆盖层有效速度，适用于水平界面。

确定平均速度或有效速度时应考虑近地表介质不均匀性、低速带与下伏层厚度的相对变化的影响。当地层低速带厚度变化引起平均速度或有效速度明显变化时，应先进行低速带校正，然后以低速带的下伏地层的有效速度构制界面。

根据速度测试结果，绘制速度沿测线的变化曲线，按曲线对应的速度值构制界面。

在同一测线上没有充分资料说明有效速度突变时，不应分段采用有效速度构制界面，避免引起界面深度的突变。

3. 时距曲线的绘制

用经过校正后的旅行时将其绘在以时间为纵坐标、以检波点位置为横坐标的直角坐标系中。首先绘出每个排列的时距曲线，称为观测时距曲线。然后根据相遇时距曲线的互换性和追逐时距曲线的平行性，将各排列的观测时距曲线进行适当调整，最后绘成沿整条测线的大相遇时距曲线，称为综合时距曲线。对于长测线，可按几个排列为一段，分段绘制综合时距曲线。

时距曲线的绘制应符合下列要求：

(1)绘制时距曲线的比例尺应根据实际观测精度加以选择，人工绘制时水平比例尺可采用 1∶1 000 或 1∶2 000，垂直(时间)比例尺可采用 1 cm 代表 10 ms 或 20 ms。

(2)时距曲线的检查。时距曲线绘制后，可根据互换时间的相等性、追逐时距曲线的

平行性、炮点两侧截距时间相等性的原则进行检查。出现非正常现象时,应检查地震记录对应道的读数并进行修改。

(3)个别道旅行时的修正。时距曲线中个别道出现旅行时突变时,应对照相应地段的相遇或追逐时距曲线旅行时进行检查,查明原因并进行必要的修正。

(4)绘制综合时距曲线之前,需要对各观测时距曲线互换点时差进行合理分配,一方面应以记录质量较好的时距曲线为基准,又要兼顾与相邻排列的连接。重点是调整好大相遇两端的观测时距曲线。

4. 折射界面的构制

构制浅层折射界面的方法,应根据地球物理条件、解释方法的特点和精度要求选择。

通常情况下,应由相遇时距曲线求取界面深度和速度。只有在近似水平层状介质、地面和界面起伏较小,且沿测线界面速度无明显变化时或由于条件所限无法获得相遇时距曲线时,方可采用单支时距曲线求取界面深度。

1)单支时距曲线的解释方法

单支时距曲线的解释方法一般常用截距时间法和临界距离法,两者可互为校核。通常最多可求解四层结构。其中,截距时间法是依据单支时距曲线的截距时间,计算各折射层厚度;而临界距离法是当折射波时距曲线的拐点较清晰时,可根据拐点在 x 轴上的投影位置确定其临界距离,并计算激发点下方各折射层的厚度。

2)相遇时距曲线的解释方法

(1) t_0 法:又称 t_0、θ 差数时距曲线法,是一种利用相遇时距曲线作 $t_0(x)$ 和 $\theta(x)$ 曲线,然后通过 $t_0(x)$ 曲线计算界面深度,用 $\theta(x)$ 曲线求界面速度的解释方法。该方法具有简便快捷的优点,可求得沿测线各测点下方的折射界面深度和界面速度,是最常用的方法之一。

(2)延迟时法:又称表层除去法,是一种利用相遇时距曲线作表层除去线,再通过表层除去线求取界面速度和延迟时间,进而求出各测点下方界面深度的解释方法。

(3)共轭点法:是以折射界面上的一个出射点与地面两个共轭接收点为基础,设计的一种用作图方法解释相遇时距曲线的解释方法。

(4)时间场法:又称波前法,是一种通过作两支相遇时距曲线的等时线簇(时间场),然后依据两支等时面的时间和恒等于其互换时间的交点构制折射界面的解释方法。

(5)广义互换时法:又称广义相遇法,是近年来常用的折射波资料解释方法之一。与 t_0 法类似,广义互换时法也包含两部分,即用速度分析函数 t_V 求界面速度,用时深函数 t_g 求界面深度,并通过时深偏移将深度点从检波点下方的位置偏移到其实际位置。

5. 折射波资料地质解释要点

根据时距曲线特征,结合已知地质资料,判断地下折射界面的数量,求得各折射界面的埋深和界面速度之后,应依据任务要求,在分析测区内有关地质、钻探及其他物探资料的基础上做出地质解释。折射波资料地质解释要点如下:

(1)应依据钻孔或物性资料确定折射界面与地质界面的对应关系。当物性层与地质层不一致时,应使用物性层厚度确定物性参数,并在成果报告中加以说明。

(2)应结合测区地形地质资料分析波速在水平方向的变化,以推断水平方向岩性的变化。

(3)对低速带应分析原始记录上有无伴随振幅衰减、波形变化等现象,以确定低速带与断层破碎带的对应关系。

(4)应依据覆盖层与下伏风化带和基岩之间存在的速度差异,说明覆盖层解释厚度是否包含基岩强风化带。

3.3.1.5 震源和仪器设备

1. 震源

地震勘探中,要求用于激发地震波的震源能产生高频脉冲,满足勘探深度要求。折射波法勘探震源有爆炸震源、锤击震源、落重震源等,一般多使用激发能量较大的爆炸震源。

(1)爆炸震源:由炸药、雷管、爆炸机、爆炸线和计时线等组成。常用于浅坑爆炸激发地震波(纵波)。炸药常使用岩石硝铵炸药和胶质炸药。陆地工作时上述两种炸药皆可使用。水域、沼泽地工作时宜使用具抗水性的胶质炸药。要求炸药不结块、不变质。

雷管应使用瞬发电雷管(一般使用 8 号瞬发电雷管),有足够的引爆力,确保安全起爆。起爆必须使用专用的爆炸机,性能安全可靠。爆炸线和计时线宜用双股胶质线,要求抗拉强度大,绝缘性能好。起爆线和计时线宜为不同颜色,以利于安全生产。

(2)锤击震源:由大锤、触发器、锤击垫板和连接线等组成。用大锤锤击地面垫板激发地震波(纵波)。大锤质量宜为 6.8 kg 或 8.2 kg。触发器可采用触发开关或用检波器。锤击垫板是为了减少锤击时地面变形引起的能量损耗,提高激发能量而采用的。锤击垫板可采用钢板或硬质铝合金板。直径(或边长)宜大于 20 cm,厚度大于 2 cm。锤击时激发信号由触发器经由电缆输入仪器记录系统。要求锤击震源重复性好,计时信号延时误差小于 0.5 ms。通常采用垂直叠加提高信噪比。用锤击震源进行折射波法的勘探深度一般小于 10 m。

(3)落重震源:由三角架、滑轮组、脱钩装置、垫板、触发器和连接线等组成。利用三角架和滑轮组吊起重锤,用脱钩装置使重锤自由落下冲击地面垫板激发地震波。用安置在垫板旁的检波器作触发器。重锤质量 50 ~ 80 kg,三角架高 3 m 左右,落高可控,其激发能量比锤击震源大,配合垂直叠加信号增强,折射波法的勘探深度可达一二十米。缺点是装置较笨重,搬运不方便。适用于不允许使用爆炸震源地形较平坦而锤击震源勘探深度不够的测区。

2. 仪器设备

用于浅层地震数据采集的地震仪器设备主要包括地震检波器和工程地震仪。

1)地震检波器

地震检波器又称拾震器,是安置在地面、水中或井下以拾取大地振动的地震波接收器。它实质是将地震波所引起的质点微弱机械振动转换成电信号的换能装置。

常用的地震检波器有动圈电磁式(用于陆地勘探)和压电式(用于水域或沼泽勘探)两种。根据用途,检波器可分为纵波检波器、横波检波器、三分量检波器。根据检波器输出信号与质点运动速度的关系又可分为速度检波器和加速度检波器。

检波器的固有频率对地震波有频率选择作用。速度检波器的频率特征曲线见图 3-154。

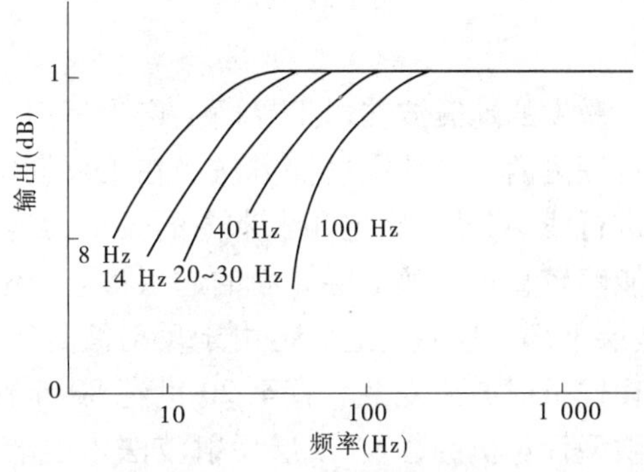

图3-154　检波器的频率特性

由图3-154可见,检波器具有高通滤波特性,如果地震波信号频率高于固有频率,则全部通过,而低于固有频率则被压制。

目前使用的检波器有几赫兹、十几赫兹、几十赫兹乃至上百赫兹等多种,可根据有效波和干扰波频谱选择某种固有频率的检波器。进行折射波法时其频谱为30~60 Hz,由于折射波为初至波,因此可不考虑面波干扰,可选用固有频率为20~30 Hz的检波器。

同时,检波器之间固有频率相差应小于10%,灵敏度相差应小于10%,相位差应小于1 ms。

水下使用的检波器应有良好的防水性能。检波器的绝缘电阻不小于10 MΩ。

2)工程地震仪

工程地震仪是在采集地震数据时,将检波器输出的电信号进行放大、显示并记录下来的专用仪器。一般皆有滤波、放大、信号叠加、高精度计时及数字记录、屏幕显示和微机处理等功能。

地震仪的主要技术参数要求如下:

(1)通道数:指地震仪总的地震道数和可以选择使用的道数。如24通道的地震仪可选择1、4、6、12、24通道采集数据。

(2)采样间隔:指离散数据之间的时间间隔。通常有0.05 ms、0.10 ms、0.20 ms(或0.25 ms)、0.50 ms、1.0 ms可选。

(3)采样点数(记录长度):指一个地震道离散采样的个数。采样间隔确定之后,采样点数实际表示了一个地震道的记录时间长度。通常记录长度有512、1024、2048样点/道可选。

(4)A/D转换精度:指一个样点值用多少个二进制数表示。要求A/D转换精度不小于12 bit。

(5)动态范围:指最大记录电压范围,以dB表示。要求动态范围不小于120 dB。

(6)通频带:指放大器频率的响应范围,要求通频带为2~2 000 Hz。

(7)放大器内部噪声,不大于1 μV。

(8)地震记录道一致性要求:①各道之间的相位差应小于1.5 ms;②各道之间的振幅差应小于15%。

3.3.2 反射波法

反射波法是利用人工激发的地震波在岩土界面上产生反射的原理，对浅层具有波阻抗差异的地层或构造进行探测的一种地震勘探方法。在工程勘察中，浅层反射波法主要用于探测覆盖层厚度和进行浅层分层，确定几十米内的较小的地质构造以及寻找局部地质体等。浅层反射波法能够较直观反映地层界面的起伏形态，还可克服折射波法的某些局限性，如探测高速屏蔽层下部的地质构造。但由于反射波是续至波，所受干扰波多，其野外数据采集和资料处理比折射波法复杂。直至 20 世纪 80 年代后期，随着信号增强型工程地震仪的问世以及微型计算机的普及，浅层反射波法才逐渐成为工程地震勘探的常规方法。

3.3.2.1 应用范围与条件

1. 应用范围

浅层反射波法适用于层状和似层状介质勘探，不受地层速度逆转限制，可以探测高速地层下部的地质情况。其应用范围与折射波法相近，主要有：

(1)探测第四纪覆盖层厚度及其分层或探测基岩面的埋藏深度及其起伏形态。

(2)划分沉积地层层次。

(3)探测风化带厚度(全风化、强风化)。

(4)探测有明显断距的隐伏断层构造。

(5)探测滑坡体厚度。

(6)探测喀斯特溶洞。

(7)探测松散层中的地下水位和确定含水层厚度。

(8)岩土体纵横波速测试。

(9)防渗墙质量检测(垂直反射法)。

通常多选用效率较高、探测深度较大的纵波反射法解决上述工程地质问题，仅在探测浅部(<30 m)松散含水地层时，宜采用具有较强分层能力的横波反射法。

2. 应用条件

(1)被追踪地层应是层状和似层状介质。

(2)被追踪地层与其相邻层之间应存在明显的波阻抗差异。

(3)被追踪地层应具有一定的厚度，且应大于有效波长的 1/4。

(4)地层界面较平坦，入射波能在界面上产生较规则的反射波。

(5)被探测的断层应有明显的断距。

3. 优点和局限性

优点有：

(1)不受地层速度逆转限制，可探测高速地层下部的地质情况，尤其在软基勘探中横波反射法有较强的分层能力。

(2)水平叠加时间剖面图、等偏移时间剖面图、地震映像波形图、地震深度剖面图能较直观反映地层的起伏形态和地层的尖灭点及断层的位置、断距。

(3)所需震源能量较小，在勘探深度小于四五十米时，一般可使用锤击震源(与垂直叠加信号增强配合使用)从而免除使用爆炸震源时购买、运输、保管、使用雷管炸药的诸多麻烦,确保生产安全,并可在居民区、农田、果园等不允许进行爆破作业的测区进行反射波法勘探。

(4)所需勘探场地较小,可在较狭窄的河谷、山谷开展工作。

局限性有:

(1)反射波法所受干扰波多(包括面波、声波、直达波、浅层折射波、多次反射波、背景噪声以及各反射波组间的相互干扰),野外数据采集、资料处理比折射波法复杂,工作效率低,尤其探测深度小于 20 m 时,浅层反射波法的工作效率较低(因为要求检波点距较小)。

(2)探测基岩面埋藏深度时,因为不能较准确求得基岩波速,有时识别基岩顶板反射波同相轴较困难(尤其基岩面较平坦时),需借助折射波法资料或钻孔资料确定。

(3)横波(SH 波)反射法激发工作效率较低,勘探深度较小(一般小于四五十米)。

3.3.2.2　基本原理

在地表 O 点人工激发的地震波向地下各个方向传播,遇到波阻抗不同的(即 $V_1\rho_1 \neq V_2\rho_2$,V_1 和 ρ_1 分别为界面上部地层的速度和密度,V_2 和 ρ_2 分别为界面下部地层的速度和密度)地层界面时,会发生反射波和透射波。其中,反射波将按照反射角等于入射角的规律返回地面,见图 3-155。用专门的地震检波器和地震仪在地面沿测线接收并记录反射波所引起的地面振动情况,以及波从震源出发至地面各接收点的传播时间,即进行地震数据采集和地震记录。依据地震记录可绘出反射波时距曲线,并计算出反射波在地层中的传播速度和反射界面的埋藏深度。

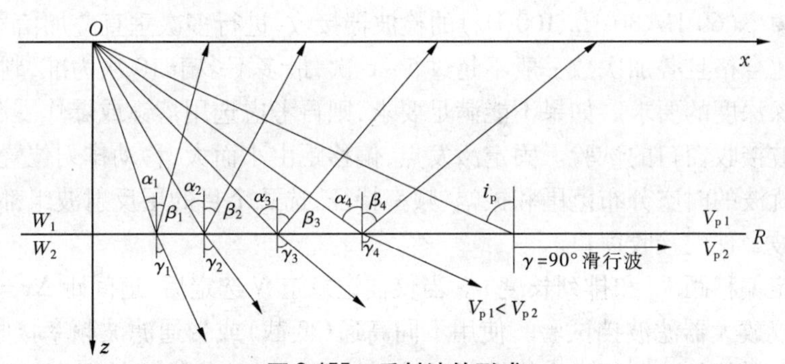

图 3-155　反射波的形成

弹性波理论和生产实践均证明,反射波的产生条件与折射波的产生条件有所不同,地震波向地下传播时,在两种地层的分界面上,无论界面的波阻抗是增大还是减小,都能产生反射波。即使上下地层波速相同,只要密度不同,其分界面也能产生反射波。折射波则不同,仅当下层速度大于上层速度时地层分界面才能产生折射波。所以,反射波法比折射波法有较强的分层能力。

3.3.2.3　野外工作方法与技术

反射波法的外业工作内容和步骤与折射波法基本相同,包括出工前的准备工作和生产前试验工作、测网和测线的设计和布置、观测系统和仪器参数的选择、地震波的激发和接收、速度参数的测定、资料的检查和质量评定等。

1. 外业准备工作

外业准备工作之前应对测区地形、地质、地震条件和以前工作技术成果进行收集和分析,作为工作的指导和参考;对仪器设备应进行全面的检查检修,各项技术指标应达到出厂要求。

2. 测网和测线的布置

反射波法测网和测线设计及布置原则与折射波法相同。

3. 生产前的试验工作

由于反射波为续至波,所受干扰多,尤其在激发点附近反射波常被面波淹没,因此在一个新测区进行生产前的试验工作十分必要。要通过试验评价反射波法解决地质问题的有效性以及选定观测系统和仪器的工作参数。

试验内容和方法步骤包括:

(1)试验剖面选择:在测区选择一条长度为300~500 m、地表比较平坦且地质情况有所了解的测线作为试验剖面。

(2)展开排列试验:在试验剖面上均匀布置3~5个测段进行展开排列试验。

若界面比较平坦,可采用单边展开排列(又称单边激发排列)观测方式;若界面倾斜,宜采用双边展开排列(又称中间激发排列)观测方式。即激发点固定,前者在激发点一边接收,后者在激发点两边接收。移动排列,依次观察几个排列。

接收排列的单边总长度宜为探测深度的2~3倍,道间距一般为2~3 m。展开排列试验内容包括:

①震源选择。首先测试锤击震源的激发能量能否满足勘探深度要求。先分别用几种不同的固有频率(60 Hz、80 Hz、100 Hz)的检波器接收,进行多次垂直叠加信号增强,以地震记录信噪比合格且叠加次数一般不超过5~6次,最多不多于10次为准,判定锤击震源能否满足勘探深度的要求。如果不能满足要求,则再考虑选用落锤或爆炸震源。

②反射波接收窗口的试验。固定激发点,偏移距由小而大,移动排列位置接收。依据有效波和干扰波的时空分布范围和振幅、频率特征,选几个目的层反射波组都较清晰的地段作为反射波最佳的接收窗口。

据此选定偏移距X_0和排列长度L。当仪器记录道N选定后,道间距$\Delta x = L/(N-1)$。

③地震仪放大器滤波挡试验。使用不同高通(低截)或带通滤波频率接收,从中选定一个滤波效果最佳的滤波频率。依据展开排列地震记录的信噪比情况,判定能否使用一次覆盖观测系统进行剖面测量。如果不能则需进行多次覆盖(共深度点叠加)试验。

(3)共深度点叠加试验:一般采用有一定偏移距的单端激发6次叠加的观测系统。界面倾斜时,激发点位于界面下倾方向,接收排列位于界面上倾方向。从测线一端开始观测,保持激发点和接收排列的偏移距不变,完成第一次激发、接收后,激发点和接收排列同步沿测线移动一个激发点距(激发点距$d = (N/2n)\Delta x$,式中,N为仪器记录道数,n为覆盖次数,Δx为测波点距)再激发、接收。重复上述步骤,直至完成300~400 m剖面测量。然后对共激发点记录滤波→抽CDP道集→速度扫描→动校正→共深度点叠加,得到水平叠加时间剖面。若时间剖面的信噪比符合要求,则为所选叠加次数;若信噪比偏低,则需增加叠加次数。

（4）试验成果：通过试验，评价反射波法解决地质任务的可行性和解决程度；选定反射波法的观测系统（包括偏移距、排列长度、检波点距、叠加次数）、震源类型、检波器固有频率和仪器工作参数（采样间隔、记录长度、滤波频率）等。

4. 反射波法的观测系统

进行反射波数据采集时，为了追踪目的层位，连续有效地获取地下构造信息，要求按照一定的规律布置激发点和接收排列，这种激发点与接收排列的相互位置关系称为观测系统。依据激发点与接收排列的相对位置，反射波法的观测系统可分为单边激发排列和中间激发排列（又称单边展开排列、双边展开排列）两种观测系统。沿测线连续测量时，沿一个方向移动激发点和接收排列比较方便，所以多采用单边激发排列。在界面倾斜时通常在下倾方向激发，上倾方向接收。

根据对反射界面上的每个反射点的测量次数，反射波法的观测系统又可分为单次覆盖和多次覆盖两类。单次覆盖观测系统是对反射界面上的每个反射点只进行一次测量的观测系统；多次覆盖观测系统是对反射界面上的每个反射点进行多次测量的观测系统。

1）反射波法观测系统的图示

反射波法的观测系统可用时距平面图或综合平面图表示。时距平面图用时距曲线表示激发点和接收排列关系，即把所要观测的地段，用时距曲线的形式表示出来。综合平面图是将测线作横坐标，并从测线上的各个激发点分别向两侧作与测线成 45°的斜线构成坐标网，然后将测线上各接收段分别投影到通过相应激发点的斜线上，并用粗线或彩色线段标出。

2）单次覆盖观测系统

单次覆盖观测系统一般仅适用于地震地质条件比较简单、地质层位较稳定、外界干扰较弱、反射波振幅较强（相对干扰波而言）的测区。单次覆盖观测系统包括简单连续观测系统、间隔连续观测系统、延长时距曲线观测系统、展开排列观测系统和等偏移观测系统。水利水电浅层反射波法勘探时单次覆盖观测系统较多采用后两者。

（1）简单连续观测系统：沿测线布置多个长度相等，首尾相接的排列，排列上等间距布置检波点。对于测线上的每一个接收排列都在该排列的两端激发，获得左右两支反射波时距曲线的激发接收方式，称为简单连续观测系统。简单连续观测系统，在激发点附近接收，便于施工且较少受直达波和折射波的干扰，但常受面波的强大干扰。一般在勘探深度小于 30 m 时较少使用。

（2）间隔连续观测系统：为了避开激发点附近的强大的面波干扰，可采用间隔连续观测系统。沿测线布置多个长度相等，首尾相接的排列，排列上等间距布置检波点。对于测线上的每一个接收排列，都在排列两侧各间隔一个排列（偏移距等于排列长度）的点上激发，获得左右两支时距曲线的激发接收方式，称为间隔连续观测系统。通过时距曲线的互换首点和互换尾点，可连续追踪反射界面。

这种观测系统可避开激发点附近强大的面波和声波干扰，有利于获得信噪比较高的记录，达到连续追踪界面的目的。

（3）延长时距曲线观测系统：当在测线上遇到小河、池塘等障碍物时，简单连续观测系统和间隔连续观测系统将无法进行观测，可采用下面介绍的延长时距曲线观测系统探测小河下部的反射界面。但该系统不能够使障碍物两侧时距曲线互换对比,并且对障碍物过宽时,该系统也就无效了。

(4)展开排列观测系统:包括单边展开和双边展开排列(单端激发排列和中间激发排列)观测系统,是激发点固定,在激发点一边或两边接收,排列连续移动,依次观测几个排列的观测方式。

适用于了解测区有效波和干扰波的分布范围及振幅特性,为选择反射波最佳窗口、确定偏移距、排列长度、检波点距提供依据。也可用于速度参数测量。

(5)等偏移观测系统(又称最佳偏移距技术):沿测线布置间距相同的测点,进行剖面测量时,在展开排列地震记录上选目的层反射波最清晰的源检距作为偏移距,从测线一端开始,每次激发时只在一个测点接收,并记录一道,获得激发点和检波点的中点下方反射界面上一点的反射波。完成一个测点的测量后,激发点和检波点同步沿测线移动一个测点距,再激发接收。完成12(或24)道记录后得到一张等偏移记录。重复上述过程,直到完成整条剖面的测量。

等偏移时间剖面可直观反映反射界面的起伏形态,适用于地震地质条件较好,外界干扰较弱,反射波振幅相对较强的测区。追踪单一目的层(如基岩界面的起伏形态)时,常可获得较好的效果。

3)多次覆盖观测系统

多次覆盖观测系统是为实现共深度点叠加而设计的一种观测系统。它适用于地震地质条件比较复杂的测区,是浅层反射波法最广泛使用的观测系统。也是压制规则干扰波,提高信噪比的最主要的方法。

为了使测线范围内的界面上全部反射点都能得到相同次数的观测,选用本观测系统时,首先需依据地震仪的记录道数 N 和要求的共深度点叠加次数 n 以及道间距 Δx,设计一个合理的激发点距 d。激发点距 d、激发点距与道间距的比值 ν 由式(3-129)确定。

$$\left.\begin{aligned} d &= \frac{SN}{2n}\cdot\Delta x \\ \nu &= \frac{d}{\Delta x} = \frac{SN}{2n} \end{aligned}\right\} \tag{3-129}$$

式中　S——系数,单边激发时为1,双边激发时为2,如选用24道仪器、6次覆盖时,炮点距 $d=2\Delta x$,$\nu=2$。

外业工作时,从测线一端开始,完成第一个激发点的激发接收,获得一张共炮点记录后,激发点和接收排列同步沿测线移动一个激发点距 d(即 $\nu=2$ 个道间距),再激发、接收。重复上述步骤,直到完成全测线的测量,得到多张共炮点记录。

采用上述有规律的激发和接收,即可实现对测线范围内的界面上每一个反射点进行相同次数的测量。在界面倾斜时,宜在界面下倾方向激发,在界面上倾方向接收。24道接收的单端激发6次覆盖观测系统如图3-156所示。

5. 反射波的激发与接收

1)反射波的激发

(1)进行浅层纵波反射法勘探时,陆地工作一般可采用锤击震源,并与垂直叠加、信

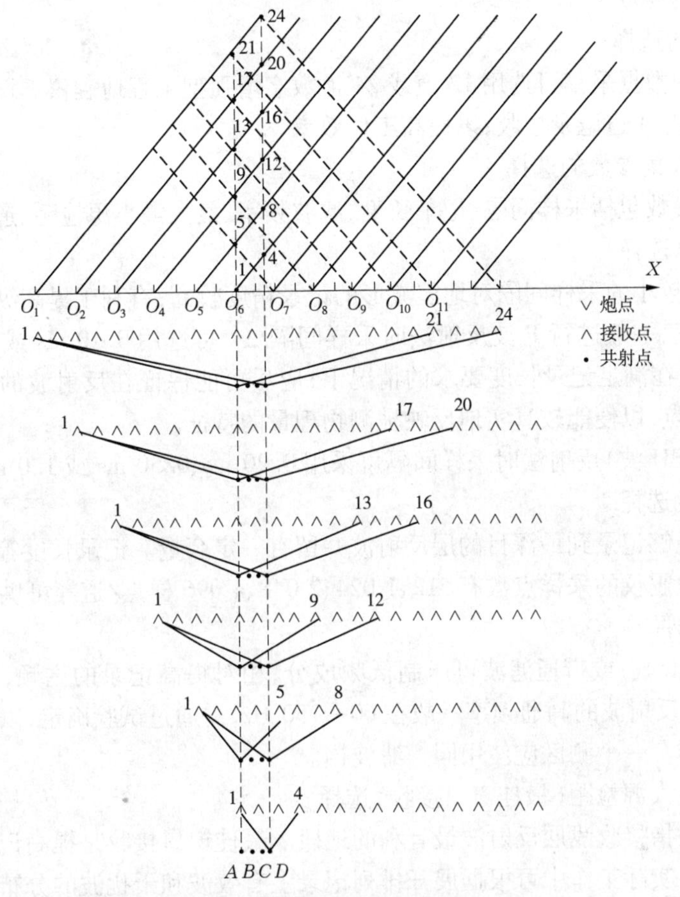

图3-156　多次覆盖观测系统

号增强联合使用。当锤击能量满足不了信噪比要求时，可采用落重震源或小药包爆炸震源。水域工作宜采用电火花震源。

垂直叠加是指不改变激发点和接收点位置，在同一个激发点上进行多次激发，在同一排列上多次接收，利用地震仪的信号增强功能将每次激发的记录存储并叠加在一起，最后得到一张有效记录的激发接收方法。对有效波而言，多次激发的波形和波的达到时间是相同的，而对随机干扰则是无规律的，根据统计效应，n 次叠加后，有效波振幅有可能增加 n 倍，随机干扰只能增加$\sqrt{n}$倍，垂直叠加结果记录信噪比可提高$\sqrt{n}$倍，是提高记录信噪比的一种简易方法。经验表明，叠加次数一般以不超过5～6次为宜（当次数多于5～6次时，信噪比提高不明显而劳动强度显著增加）。

P波反射法的激发点应选在较密实的土层上，必要时应清除激发点附近的杂草、浮土或预先夯实。锤击板应与地面接触良好，不应反跳造成二次触发。

（2）进行横波（SH波）反射法勘探时，一般多使用扣板震源，也与垂直叠加、信号增强联合使用。木板的长轴应垂直测线，且长轴的中点应在测线上（或测线延长线上），木板上应加足够的重物或安装抓钉，保持扣板与地面的紧密接触。

2）反射波的接收

A. 地震仪的选择

反射波法的数据采集可选用12道或24道数字增强型工程地震仪。探测深度大于四五十米时宜采用24道记录接收，以提高工作效率。

B. 地震仪采集参数的选择

需选择的参数包括采样间隔、记录长度、滤波频率、最大最小源检距、道间距等。

a. 采样间隔选择

一般来说，较小的采样间隔对地震波形的记录精度较高，有利于提高纵向分辨率和作较精细的动校正，一般进行P波反射法时采样间隔ΔT可选用0.10 ms或0.20 ms（0.25 ms）或0.50 ms，在满足记录长度要求的情况下，应尽可能保证在反射波的每个视周期内有10～12个样点，以便能较真实地反映被测物理量的特征。

进行横波（SH波）反射法时采样间隔可采用0.20 ms、0.50 ms或1.0 ms。

b. 记录长度选择

必须保证能够记录到最深目的层反射波并留有一定余量。记录长度等于采样间隔乘以采样点数。地震仪的采样点数有512、1 024、2 048、4 096样点/道等可供选择。

c. 滤波挡选择

采用高通（低截）或带通滤波可压制低频成分，相对提高记录的主频，有利于提高纵向分辨率。P波反射波的高通频率一般在60～150 Hz，需通过试验确定，以不过多增强垂直叠加次数为准。一个测区应使用同一滤波挡。

d. 最小和最大源检距（最佳窗口接收）选择

最佳窗口是指接收浅层反射波最有利的地段。最佳窗口接收是提高记录信噪比的简便有效的方法。实际工作中可根据展开排列记录上有效波和干扰波的分布情况和振幅特性确定最小和最大源检距。

最小源检距X_{min}也称偏移距，应尽量小些，便于分析各种波速与时间的关系。但在面波强干扰时，最小源检距应以避开面波干扰为准。最大源检距X_{max}大一点对速度分析有利，但太大会带来广角反射的畸变影响（出现相位突变，影响共深度点叠加效果）。最大源检距应以主要反射波同相轴连续性好、易于识别为准。经验上取X_{max}与目的层深度相近，一般在目的层深度的0.7～1.5倍选取。

e. 道间距（检测点距）的选择

同一测线上，宜采用相同的道间距和排列长度接收。

道间距Δx取决于排列长度（最大和最小源检距之差）、地震仪记录道数、空间采样率和空间分辨率。一般应遵循下列原则：

（1）选择Δx要考虑接收排列长度L和地震仪记录道数N，当L和N选定后，$\Delta x = L/(N-1)$。

（2）Δx的选择要有利于有效波的对比。为了有利于有效波的对比，Δx的大小应满足$\Delta x < T/2$（T为有效波视周期）。由于视速度$V^* = \Delta x/\Delta t$，因此Δx应小于$V^* T/2$。

（3）Δx的选择应考虑对反射界面进行充分采样，在地层倾角较大或有断层存在时，Δx应小一些。

（4）选择 Δx 要考虑压制空间假频的需要。应根据采样定理来设计。Δx 选择过大造成空间采样率不足，在某些条件下会产生假频。一般要求 $\Delta x \leqslant 1/2k_{max} = V_{min}/f_{max}$。$k_{max}$ 为最大波数，V_{min} 为有效波最小视速度，f_{max} 为有效波最高频率。

综合考虑各方面要求，浅层纵波反射法的检波点距多在 2～5 m，探测深度较小（如小于 20 m）时，检波点距需采用 1～2 m。

C. 检波器的选择

检波器固有频率可根据反射波的频率响应和提高分辨率的技术要求加以选择。

（1）地面浅层纵波反射法宜选用固有频率为 100 Hz（或 80 Hz）垂直检波器。它可以在 75～500 Hz 频段稳定工作，并可衰减不需要的低频信号。因为不能用半波长组合检波有效压制面波的干扰，所以通常每道只用一个检波器接收。

（2）浅层横波反射法宜选用固有频率为 40～60 Hz 的水平检波器。

（3）水上反射波应使用压电式检波器（水听器），它多封装在充油的漂浮电缆中，固有频率为 100 Hz。

D. 检波器安置的要求

（1）位置应准确，埋深条件应一致，并与地面接触牢固，防止漏电和背景干扰。

（2）当受地形、地面条件限制，检波器不能安置在原设计点位时，可沿垂直测线方向移动，其偏移距离应小于 1/5 检波点距。

（3）使用水平检波器接收横波时，应保证检波器水平安置，灵敏轴应垂直测线方向且取向一致。

（4）在水域使用水听器接收时，应将水听器沉放于水面以下 1 m 深处。

6. 水域浅层反射波法勘探

（1）水域地震勘探测线既可以横河向布置也可顺河向布置。采用 GPS 定位。

（2）进行水域浅层反射波法测量时，宜采用移动排列，用船拖电火花震源和漂浮电缆，沿测线同步移动。一边移动，一边激发、接收。要求拖船航速稳定，并保持电缆沉放深度 1 m 左右。

（3）水域作业期间，应及时测量水边高程和沿测线的水深。当水位变化超过 0.5 m 时，应进行校正。

7. 速度参数测试

（1）沿测线每 100 m 使用小折射单支时距曲线测量，了解表层厚度和速度变化情况。

（2）在有钻孔可利用的测区宜进行地震波速测井。

3.3.2.4　资料处理及分析

反射波资料处理内容包括波的对比，叠加速度、层速度、平均速度和有效速度的取值，反射波数据的电算处理与绘制地震地质剖面图。

1. 波的对比

反射波的对比就是根据反射波的运动学和动力学特征在共激发点地震记录上和水平叠加时间剖面图上识别和追踪有效波的同相轴的过程。

1）共激发点地震记录波的对比

多次覆盖的共激发点地震记录波的对比应在收集、分析测区地质钻孔资料基础上，与展开排列记录相结合，并利用反射波的运动学和动力学特征识别有效波和干扰波。反射波同相轴呈双曲线形状，有别于各种直线状的干扰波。另外，反射波与声波、面波、工频50周波、直达波和折射波等规则干扰波在视速度、视频率及时空位置上存在差别，可定性判断哪些是干扰波。因为反射波震源能量较小，一般可不考虑深度大于15 m界面的折射波干扰。区分多次波和侧面波难度较大，需结合测区地质物探资料反复对比才能识别。

同一界面的反射波可利用波形的相似性、同相性和强振幅特性等三个标志进行。

不同界面的反射波可依据反射波同相轴彼此不平行，且随着源检距的增大，彼此逐渐靠近，以致出现同相轴的干涉和叠加，产生不规则的相位等特征进行识别。

此外，还可利用正常时差特性，用常速扫描方法检测一个共深度点道集上或共激发点记录上的某个同相轴是否为反射波，并与水平叠加时间剖面上的同相轴进行对比。

2）水平叠加时间剖面波的对比

在水平叠加时间剖面上，根据反射波的运动学和动力学的特性来识别和追踪同一反射界面反射波过程，称为时间剖面的对比，又称为波的相位对比或同相轴对比。识别共激发点记录上同一反射波的三个标志，即波形的相似性、同相性以及强振幅特性，也适用于时间剖面对比。

时间剖面的对比方法和步骤应满足下列要求：

（1）时间剖面对比应在收集和分析测区地质、钻孔资料及其他物探资料的基础上进行，并从主测线开始对比。

（2）时间剖面的对比应与共激发点记录的波的对比相结合，通过互相比照，建立两者同相轴的对应关系。

（3）重点对比标准层：当地质剖面有几个反射层时，应由浅至深依次编号，如 T_1、T_2、T_3 等，并选取振幅较强、同相轴连续性较好，可在整个测区内追踪的目的反射层作为标准层。它往往是主要的地层或岩性分界面，如覆盖层与基岩分界面（基岩顶板）。

（4）相位对比：当一个反射界面在时间剖面上包含几个强度不等的同相轴时，应选振幅最强、连续性最好的某个同相轴进行追踪，即进行强相位对比；当反射层无明显强相位时，可对比反射波的几个相位（称为多相位对比）。

（5）波组和波系对比：波组是指由三、四个数目不等的同相轴组合在一起形成的，或指较靠近的若干界面所产生的反射波组合。由两个或两个以上波组所组成的反射波系列，称为波系。利用这些组合关系进行波的对比，可以更全面地考虑反射层之间的关系。

（6）剖面间的对比：在对时间剖面进行初步对比后，可以把沿地层倾向或走向的各个剖面按次序排列起来，纵观各反射波的特征及其变化，借以了解地质构造、断裂在横向上和纵向上的变化，这有助于对剖面作地质解释和作构造图等。

（7）特殊波的对比：在利用上述对比方法的同时，应根据各种地质现象在时间剖面上表现出的特殊波（如回转波、发散波、绕射波、断面波、多次波）的特点或识别标志来指导波的对比。

2. 叠加速度、层速度、平均速度和有效速度的取值

浅层反射资料的动校正精度和水平叠加剖面的质量，主要取决于叠加速度的准确程度。水平叠加剖面的时深转换精度主要取决于层速度或平均速度（或有效速度）。叠加

速度、层速度、平均速度(或有效速度)可依据共激发点的反射波记录、CDP道集、折射波记录和地震测井资料求取。

1)速度参数的求取

(1)依据直达波时距曲线的斜率求表层速度 V。适用于地面较平坦。

$$V = \frac{x}{t} \tag{3-130}$$

(2)依据折射波时距曲线,用斜率倒数求层速度,用截距时间求层厚度,进而计算平均速度 $\overline{V}$。适用于水平界面。

$$\overline{V} = \frac{h_1 + h_2 + h_3}{h_1/V_1 + h_2/V_2 + h_3/V_3} \tag{3-131}$$

(3)由折射波时距曲线,用交点法求有效速度 V_{ef}。适用于水平界面。

$$V_{ef} = \frac{\Delta x}{\Delta t} \tag{3-132}$$

(4)由单边反射波时距曲线,用 $x^2—t^2$ 坐标法求覆盖层有效速度 V_{ef},适用于界面倾角 $\varphi < 15°$ 的界面。

$$V_{ef} = \sqrt{\frac{\Delta X}{\Delta T}} = \sqrt{\frac{\Delta x^2}{\Delta t^2}} \tag{3-133}$$

(5)由反射波相遇时距曲线,用差异时距曲线法($u—x$ 坐标法)求有效速度 V_{ef},适用于界面倾角 $\varphi < 7° \sim 10°$。

$$u = t_1^2 - t_2^2 \tag{3-134}$$

$$V_{ef} = \sqrt{\frac{\Delta x}{\Delta u} \cdot 2L\cos 2\varphi} \tag{3-135}$$

当 $\varphi < 7° \sim 10°$ 时,

$$V_{\delta} = \sqrt{\frac{\Delta x}{\Delta u} \cdot 2L} \tag{3-136}$$

(6)由双边反射波时距曲线,用 $x^2—t_{平}^2$ 坐标法求有效速度 V_{ef},适用于界面倾角 $\varphi > 15°$。

$$V_{ef} = \sqrt{\frac{\Delta X}{\Delta T_{平}}} = \sqrt{\frac{\Delta x^2}{\Delta t_{平}^2}} \tag{3-137}$$

$$t_{平}^2 = (t_{左}^2 + t_{右}^2)/2 \tag{3-138}$$

式中　$t_{左}$、$t_{右}$——激发点两侧炮检距相同的检波点反射波旅行时。

(7)依据共深度点道集,用速度分析方法(常速扫描,叠加速度谱)求取叠加速度(在水平层状介质时即为均方根速度),并用迪克斯公式计算层速度和平均速度。适用于界面倾角 $\varphi < 15°$,且各层厚度较大时。

求第 n 层速度的迪克斯公式为

$$V_n = \sqrt{\frac{t_{0,n} V_{\sigma,n}^2 - t_{0,n-1} V_{\sigma,n-1}^2}{t_{0,n} - t_{0,n-1}}} \tag{3-139}$$

式中　$t_{0,n}$、$t_{0,n-1}$——第 n 层底界面以上各层的总旅行时和第 $n-1$ 层底界面以上各层的总旅行时，即 $t_{0,n}=2\sum_{i=1}^{n}t_i$、$t_{0,n-1}=2\sum_{i=1}^{n-1}t_i$；

$V_{\sigma,n}$——第 n 层的均方根速度；

$V_{\sigma,n-1}$——第 $n-1$ 层的均方根速度；

t_i——第 n 层的旅行时。

求第 n 层底界面以上的平均速度为

$$\overline{V}(n)=\frac{\sum_{i=1}^{n}V_i(t_{0,n}-t_{0,i-1})}{t_{0,n}}=\frac{\sum_{i=1}^{n}\sqrt{(t_{0,i}V_{\sigma,i}^2-t_{0,i-1}V_{\sigma,i-1}^2)(t_{0,i}-t_{0,i-1})}}{t_{0,n}} \tag{3-140}$$

(8)依据地震波速测井资料求层速度和平均速度，有较高的精度，可对其他方法求取的速度进行评价和校核，但要防止一孔之见。

当测区有钻孔但未进行地震波速测井时，可以用孔旁基岩顶板反射波的 t_0 时和钻孔探明的基岩顶板埋深 h，按下式反推覆盖层的有效速度：

$$V_{\mathrm{ef}}=\frac{2h}{t_0} \tag{3-141}$$

2)对速度取值的要求

(1)动校正之前，应根据速度分析结果绘制叠加速度沿测线分布图(变化曲线)，并按图上对应的速度值进行动校正。

(2)进行时深转换之前，应根据综合分析确定的层速度或平均速度(或有效速度)资料，绘制沿线层速度或平均速度(或有效速度)的分布图，并按图上对应的速度值进行时深转换。

(3)确定平均速度或有效速度时，应考虑近地表介质不均匀性、低速带与下伏层厚度的相对变化的影响。当表层低速带厚度变化引起有效速度明显变化时，应先进行低速带校正，然后以低速带的下伏地层的有效速度构制界面。

(4)在同一测线上没有充分资料证明平均速度或有效速度突变时，不应分段采用平均速度或有效速度进行时深转换(或构制界面)，以避免引起界面深度的突变。

3. 浅层反射波资料的数字处理

目前国内浅层反射波资料处理系统的主要处理内容和一般流程如图 3-157 所示。

(1)原始数据输入(格式转换)和显示：野外采集的共激发点记录数据是以一定的格式(SEG—Y、SEG—D 或其他)存储在地震仪的硬盘中，因此处理资料时，首先必须将整个剖面的地震记录依次逐个输入计算机，并将数据的格式和顺序转换成与处理系统要求的格式相一致，才能进行其他各项处理。另外，在输入地震记录后，还应在计算机屏幕上将其波形显示出来，以检查记录质量并为处理方法选择提供依据。

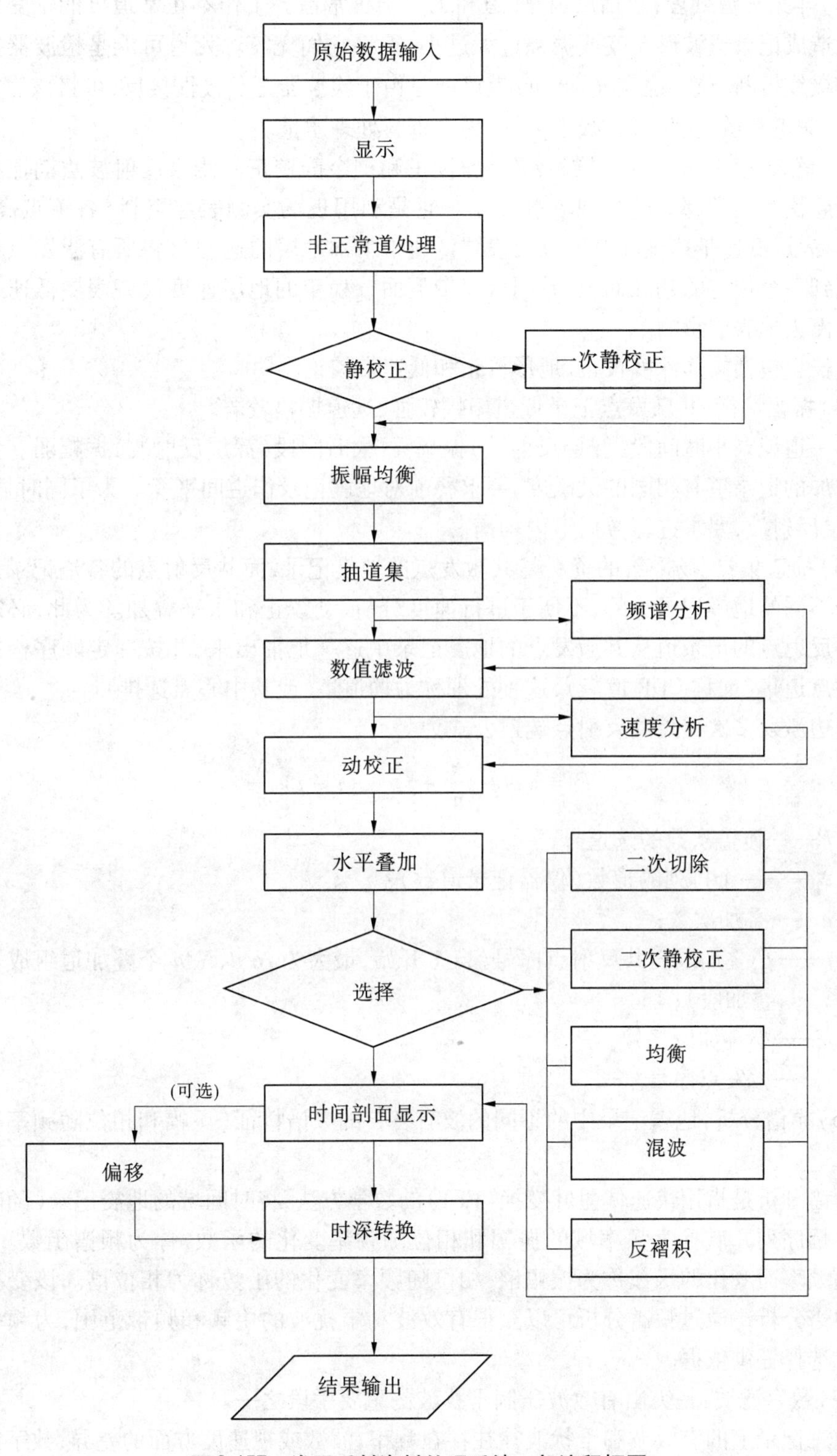

图3-157　浅层反射资料处理系统一般流程框图

(2)非正常道处理:包括反道、死道和工作不正常道。工作不正常道可能是受外界严重干扰造成记录道波形畸变或振幅过大过小,需将它们充零。死道可能是检波器接触不良或连接线折断所致,也应充零。反道可能是由于检波器正负极性接反,可将该道数据乘以 -1。非正常道处理,可以减小干扰,提高资料处理质量。

(3)静校正:一般分为现场(一次)静校正和剩余静校正。浅层反射波法勘探在沿测线地形起伏时通常都要进行现场静校正。它是利用现场实测表层资料(各测点高程、爆炸深度、表层低速带速度和厚度以及表层低速带下部地层的速度),将所有激发点和检波都校正到一个选定的基准面上,并用低速带下面较稳定的地层速度代替表层低速带的速度。从而去掉表层影响。

静校正包括爆炸深度校正、地形校正和低速带校正。

(4)振幅均衡:共激发点记录近道振幅较强,远道振幅较弱。

同一道记录小时间段(浅层反射波)振幅强,大时间段(深层反射波)振幅弱。为了使参与叠加的记录道有相同的灵敏度,要求叠前对地震记录作道间平衡。为了同时显示浅、中、深层反射波,要求进行叠后道内均衡。

(5)抽道集:现场采集的资料是共激发点的地震记录,而共反射点的各道记录是分散在各个不同的地震记录中的,不便于进行速度分析、动校正和水平叠加。为此,必须首先将各共反射点的记录道从共激发点的地震记录中逐一地抽出来,并按一定顺序构成新的共反射点道集(又称 CDP 道集),这种处理称为抽道集(或共中心点选排)。

单边激发多次覆盖共反射点选道公式为

$$P = (N - \frac{N}{n} + j) - (i - l)\frac{N}{n} \tag{3-142}$$

式中 P——覆盖次数的选道号;

N——一个排列的道数(仪器记录道数);

n——叠加次数;

j——小叠加段内共反射点序号(自 1 开始,最大为 N/n,N/n 个叠加道组成一个小叠加段);

l——小叠加段序号;

i——激发点序号。

(6)频谱分析:地震记录中的不同的波有各自的频谱特征(振幅和相位随频率变化的特性)。

频谱分析是指用快速傅里叶变换(FFT)的数学方法,将时间域的地震记录(随时间变化的振幅序列),转换为频率域的振幅和相位随频率变化的函数,称为频谱函数。其中,振幅随频率而变化的函数称为振幅谱,相位随频率变化的函数称为相位谱。该变换过程称为频谱分析。通过频谱分析可以获得有效波和干扰波的主频和频带范围,为频率滤波的参数选择提供依据。

(7)数字滤波:是突出有效波压制干扰波的重要手段之一。

地震记录上的有效波和干扰波往往存在频率、波数或视速度方面的差异,数字滤波就是利用这些差异来提高记录信噪比的数字处理方法。

利用有效波和干扰波的频率差异进行的滤波称为频率滤波。因为频率滤波只需对单道地震信号进行运算，所以又称为一维频率滤波。

利用有效波和干扰波的视速度差异进行的滤波称为视速度滤波。因为视速度滤波需同时对多道地震记录进行运算才能得到输出，所以又称为二维滤波。

(8)速度分析：利用地震记录求取叠加速度(又称为动校正速度)的方法称为速度分析。求取叠加速度有常速扫描和叠加速度谱两种方法。

常速扫描：用一组连续递增的试验速度分别对共深度点道集进行常速动校正。继而将动校正后的记录排成一排，观察同相轴被拉直的情况。根据某一时刻同相轴校正得比较平直为标准，对应的速度即为该时刻的叠加速度。

叠加速度谱：首先用一组连续递增的试验速度分别对共深度点道集进行常速动校正，然后进行叠加。观察不同叠加速度的叠加效果，拾取叠加效果好、能量强所对应的速度即为最佳叠加速度。

(9)动校正：又称正常时差校正，是将共中心点道集中源检距不同的记录道减去正常时差变换成零偏移距记录道(将来自同一界面同一点的反射波到达时校正为共中心点处双程垂直时间)的一种处理方法。动校正的目的是使各道反射波的到达时相同，在叠加时可以同相位叠加，得到振幅最强的反射波。

(10)水平叠加：将经过静校正和动校正后的共中心点道集内各记录道按式(3-143)进行同一时刻的振幅相加。

$$A_{st} = \frac{1}{n}\sum_{i=1}^{n} A_{ki} \tag{3-143}$$

式中　k——采样点序号；

i——叠加道序号；

n——叠加次数；

A_{ki}——经动静校正后参与叠加的记录道输入；

A_{st}——共反射点记录道叠加的结果。

动校正是针对一次反射波的速度进行的，使一次反射波接近同相位叠加，叠后振幅明显加大(可能增加 n 倍，n 为覆盖次数)。而对多次波和其他干扰波(包括规则干扰波如折射波、侧面反射波、声波和其他类型干扰波等背景噪声)，由于动校后存在剩余时差，不仅不可能做到同相位叠加甚至还会互相抵消。

通过水平叠加得出的垂直时间剖面，其横坐标表示各 CDP 点在地面的位置，两个 CDP 点的间距为道间距离的一半，纵坐标为共中心点的 t_0 时。同相轴可以定性地反映出反射界面的起伏形态，但还需要进一步的处理，如进行剩余静校、偏移以及时深转换，才能作为最终的地质解释之用。

(11)剩余静校正(二次静校正)：由于表层参数如表层低速带速度及厚度等测量不准，经过野外(一次)静校正后还有剩余值且分布较凌乱，为了进一步提高叠加剖面的质量，还需作剩余静校正。

提取表层影响的剩余校正值并加以校正称为剩余静校正。

两道之间的剩余校正值由计算机用互相关的方法求取。

在一组共反射点道集内，任选一道 $y(t)$ 当作参考道，用待求相对时差的记录道 $x(t)$ 与参考道 $y(t)$ 改变时移 τ 作互相关。相关系数 $\gamma_{xy}(\tau)$ 为最大时，对应的时移值便是所求的相对静校正值。

$$\gamma_{xy}(\tau) = \sum_{t=T_1}^{T_2} x_t y_{t+\tau} \tag{3-144}$$

求出各记录道相对模型道的相对时差后，还要应用统计原理从时差中分离出激发点和接收点的剩余校正值。

(12)反褶积(反滤波)：由于大地的滤波作用，在震源处的尖脉冲地震波在接收点退化为有一定时间延续的短脉冲地震波，导致反射波分辨率的普遍降低。反褶积是为了把反射波恢复到震源处的形状，以提高时间分辨率的一种数学处理方法。较常用的反褶积有最小平方反滤波(反褶积)、同态反褶积等。

(13)时间剖面显示：经过动校正，共深度点叠加(或再经偏移)处理之后，得到的时间剖面如图 3-158 所示。

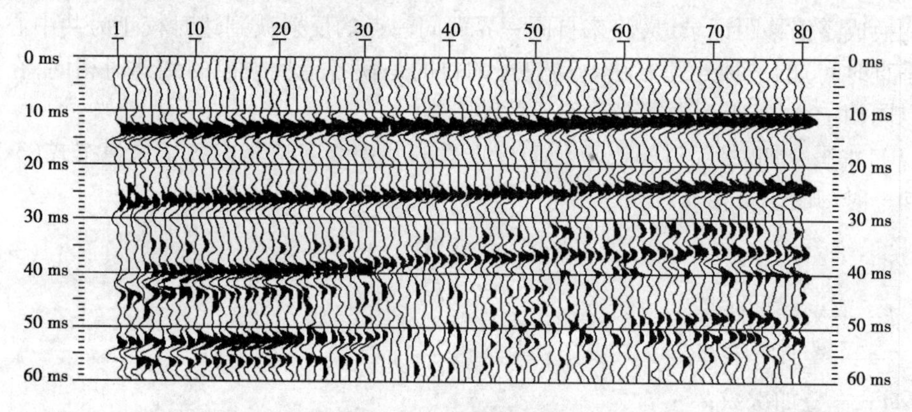

图 3-158　时间剖面图

图 3-158 中纵轴向下，表示共深度点自激自收双程垂直反射 t_0 时间，在剖面两侧标有 0 ms、10 ms、20 ms 等坐标值为相应的 t_0 时间，并每隔 10 ms 有一条水平线，为计时线。横坐标表示各 CDP 点在地面的位置，两个 CDP 点之间的距离为道间隔的二分之一。每个 CDP 点记录道的振动图形，均采用波形正半周为变面积、负半周为波形的方法表示。这样既能显示波形的特征，又能更醒目地表示强弱不同的波动情况，便于波形对比和同相轴的追踪。由于反射界面总有一定的稳定延伸范围，所以在时间剖面上形成一定长度的清晰同相轴。因为地震波的双程垂直旅行时间大致和界面的法线深度成正比，所以可以根据同相轴的变化定性了解岩层起伏及地质构造情况，是进行地质解释的基础资料。

(14)偏移：常规的水平叠加处理是以水平层状介质为基础的，当反射界面产状变化较大时(如倾斜界面、凹形界面及断层等)，这时按水平界面原理得出的 CDP 道集就不是真正意义上的共反射点道集，致使水平叠加剖面中的反射界面形态失真。偏移处理就是要把失真的反射界面归位到真实的位置，所以又称为偏移归位。

偏移处理可以在水平叠加之前进行，称之为叠前偏移；也可以在叠加之后进行，称之为叠后偏移。

(15)时深转换:由于通过水平叠加或偏移等处理所得出的地震剖面,其纵坐标以时间来表示,所以称之为时间剖面。在时间剖面中,和反射信息对应的纵坐标是其零偏移距的走时 t_0,它虽然可以定性地反映出反射界面的轮廓,但界面的确切深度和产状还和速度参数密切相关。为此,必须输入相应的速度参数,并逐次计算出反射界面的深度,将时间剖面转换为深度剖面,以便更好地进行地质解释。深度剖面是进行地质解释的基础图件。

3.3.2.5　浅反资料的地质解释

1. 水平叠加时间剖面的地质解释

时间剖面地质解释内容:确定地震波组与地质层位的对应关系;确定地层厚度变化及接触关系;分析时间剖面上波组分叉、合并、中断、尖灭等现象,得出与地层、岩性、构造的变化关系,划分断层或破碎带。

标准层的确定和追踪:结合测区已知地质、钻探以及其他物探资料,在时间剖面上找出振幅较强、同相轴连续性较好且具有地质意义的反射波同相轴,作为全区解释中进行对比的标准层,以便对全区时间剖面的对比和解释。

通过对比分析,确定标准层以及各波组与地质层位的对应关系。经验表明,对于浅层反射波时间剖面,基岩顶板反射波常可作为标准层。尤其当基岩面有一定起伏时,同相轴也有相应的起伏形态,可作为识别基岩顶板反射波的重要标志。

基岩顶板以上的同相轴常是松散层中的地下水面或松散地层与密实地层(如砂砾石层与砂层、砂砾石层与土层)分界面的反射波,其同相轴多呈水平状。

断层的识别:浅层反射波法划分的断层、断层破碎带主要是指沉积层中有一定垂直断距的断层或断层破碎带。

识别断层的主要标志有:

(1)反射波同相轴发生错断。时间剖面断层处的反射波组与波系发生错断,但断层两侧波组关系或波系相对稳定,这是一般中小型断层的反映。由于断层规模较小,对断层两侧地层产状变化不大,故断层两侧波组波系仍保持相对稳定。

(2)反射波同相轴的数目突然增减或消失,波组间隔突然变化。这些往往是较大断层的反映。其原因是断层上升盘由于沉积地层少,甚至未接受沉积,因而在地震剖面上反射波同相轴少,甚至缺失。在下降盘沉积层多,因而在地震剖面上反射同相轴数目明显增多。

(3)标准反射同相轴发生分叉、合并、扭曲、强相位转换等现象,而且有时只在一层反射波上出现。这是识别小断层的重要依据。但应注意,这类变化有时可能是由于地表条件变化或地层岩性变化及波的干涉等引起的。对于地表条件引起的同相轴扭曲,一般对不同深度的同相轴都是扭曲的,为了加以区别要综合考虑上、下波组的关系,作具体的分析。

(4)反射波同相轴产生突变,反射零乱或出现空白带。这是由于断层错动引起两侧地层产状突变,以及断层的屏蔽作用引起断面下反射波形畸变等原因造成的。

(5)特殊波的出现是识别断层的重要标志,在反射层错断处,往往伴随出现断面波、绕射波等。当断层特征明显和绕射波、断面波清晰时,还可从时间剖面上确定断层的产状要素:

①断层面的确定。当浅、中、深层都有绕射波出现时,那么各层绕射波极小点的连线就是断层面。如果有断面波出现,在偏移剖面上它能正确归位,从而反映出断面的位置。

②断层升降盘及落差的确定。根据反射层位在断层两盘的升降点来确定升降盘,两盘的垂直深度差即为断层的落差。在时间剖面上断层两盘的升降点的相对时差,即为 t_0 时间落差。

断层落差:

$$\Delta h = \frac{V\Delta t}{2} \tag{3-145}$$

③断面倾角的确定。当测线与断层走向垂直时,地震剖面上断层的倾角为真倾角;当测线与断层面斜交时,可得到断层面的视倾角。

不整合面的确定。不整合分为平行不整合与角度不整合两种。沉积岩层中的不整合面往往是侵蚀面,因长期风化剥蚀而凹凸,其波阻抗变化较大,故反射波的波形和振幅也有较大的变化。特别是角度不整合,时间剖面上常出现多组视速度有明显差异的反射波组,并且沿水平方向有逐渐合并和尖灭的趋势。

2. 反射界面的深度计算及界面构制

反射界面的深度计算包括共激发点记录和时间剖面的反射界面深度计算。

构制浅层反射界面的方法有圆法、椭圆法、交汇法和时间场法,应依据地球物理条件、解释方法的特点及精度要求选择。

1) 圆法

圆法适用于倾角小于10°的界面、且覆盖层介质较均匀、平均速度变化不大的共激发点记录的反射波时距曲线和水平叠加或等偏移时间剖面的反射界面构制。

A. 单边或双边的共激发点记录的反射波时距曲线的界面深度计算及界面构制

反射界面深度按下式计算:

$$h_i = \frac{\sqrt{(Vt_i)^2 - x_i^2}}{2} \tag{3-146}$$

式中 h_i——某记录道的反射界面的法线深度,m;

V——反射界面以上介质的平均速度,m/s;

t_i——记录道的旅行时,s;

x_i——记录道的源检距,m。

反射界面构制:沿 x 轴方向,以 $x_i/2$ 为圆心,h_i 为半径画圆弧,其包络线即为反射界面 R。

B. 水平叠加时间剖面的界面深度计算及反射界面构制

设时间剖面上有一反射波同相轴,且已知其平均速度为 V,则各 CDP 点下方界面深度用 t_0 法计算:

$$h_i = \frac{Vt_{0i}}{2} \tag{3-147}$$

沿测线以各 *CDP* 点为圆心,以 h_i 为半径画圆弧,其包络线即为所求反射界面 R。

C. 等偏移时间剖面的界面深度计算及界面构制

各记录点下方的反射界面深度按下式计算：

$$h_i = \frac{\sqrt{(Vt_i)^2 - L^2}}{2} \tag{3-148}$$

式中　V——反射界面以上各层的平均速度,m/s;

t_i——各接收点记录道的旅行时,s;

L——偏移距,m。

反射界面构制:沿测线以各记录点(由接收点向激发点方向移动 $L/2$)为圆心,以 h_i 为半径画圆弧,其包络线即为反射界面。

2)椭圆法

椭圆法适用于水平和倾斜界面,且覆盖层介质较均匀、平均速度变化不大的共激发点记录反射波时距曲线的界面构制。

反射界面由椭圆(双曲线)方程式(3-149)决定的下半椭圆轨迹的参数方程用式(3-150)计算。

$$\frac{x'^2}{a^2} + \frac{y'^2}{b^2} = 1 \tag{3-149}$$

其中:

$$\left.\begin{aligned} x' &= x - L/2 = x - c \\ y' &= y = b - \sqrt{1 - (\frac{x - c}{a})^2} \\ a &= Vt/2 \\ b &= h = \frac{\sqrt{(Vt)^2 - L^2}}{2} \\ c &= L/2 \end{aligned}\right\} \tag{3-150}$$

式中　L——源检距。

x 从 $0 \sim L$,以检波点距为步长,用式(3-149)计算出下半椭圆轨迹 $L/\Delta x$ 个参考点 $M(x'、y')$,并以包络线构制反射界面。

3)交汇法

交汇法又称交点法、镜像法,适用于水平和倾斜界面、且覆盖层介质较均匀、平均速度变化不大的共激发点记录反射波时距曲线的界面构制。各检波点 S_0、S_1、S_2、S_3、…、S_1'、S_2'、S_3'、…对应的源检距为 0、x_0、x_1、x_2、…、$-x_1$、$-x_2$、…。按照虚震源原理,反射面应是震源 O 和虚震源 O^* 的对称面。震源到观测点的距离正好等于虚震源到观测点距离。

以各检波点 S_0、S_1、S_2、S_3、…、S_1'、S_2'、S_3'、…为圆心,分别以 $r_0 = Vt_0$、$r_1 = Vt_1$、$r_2 = Vt_2$、…、$r_1' = Vt_1'$、$r_2' = Vt_2'$、…为半径画圆弧,在测线下交汇得一个多角形(如果给定的 V 是精确的,则多角形将汇集成一点),取多角形的中心即为虚震源 O^*。做 O 和 O^* 的连线 $\overline{OO^*}$,则 $\overline{OO^*}$ 的中垂线即为反射界面 R。界面长度限于最外面的两检波点与 O^* 的连线之间。反射界面的深度、倾角可由图中量得。

如果是绕射波产生的时距曲线,O^* 点将是绕射源。

4)时间场法

时间场法适用于水平或倾斜界面时间剖面时深转换,当覆盖层介质不均匀、平均速度变化较大时,可采用时间场法构制反射界面。

3.3.2.6　震源和仪器设备

1. 震源

震源是提高记录信噪比的重要保证,也是提高分辨率的关键措施。用于浅层反射波法的震源,首先要保证满足勘探深度所需的激发能量,还要使激发的地震波频谱特性(主谱高,频带宽)满足分辨率的要求,同时还需考虑安全、成本、效率等因素。

当勘探深度小于四五十米时,陆地工作一般可采用锤击震源(与垂直叠加信号增强联合使用);当勘探深度较大时可选用落重震源或爆炸震源。水域工作宜使用电火花震源。横波(SH 波)反射法勘探一般可使用叩板震源。锤击震源、落重震源和爆炸震源的组成与折射法相同。

(1)电火花震源:由发电机(或蓄电瓶组、变流器)、高压柜(升压、整流)、储能电容器、控制开关、传输电缆和电极系统等组成。利用电容器进行高压储能(7.5 kV、1 万~2 万 J)。然后使用火花头(电极系统)在水中或地表充水的浅孔中进行瞬间脉冲放电,产生脉冲压力激发地震波。其特点是频谱较宽,高频成分丰富,重复性好,能量可调,安全高效。缺点是价格较高,比较笨重,较适合在江河水域或水网地区使用。电火花震源的勘探深度可达几十米。

(2)叩板震源:由大锤、木板和锤击开关组成。大锤一般用 26.5~33 kg。木板为长 2.5~3.0 m、宽 25~30 cm、厚 8~10 cm 的硬木,为防止木板被敲裂,可在两端镶约 5 mm 厚的钢板。

锤击开关宜用电子式。

数据采集时,木板垂直测线平放在地面,在木板上加 300 kg 以上的重荷,通常是用汽车后轮压上或站上五六个人,用大锤水平方向敲击木板的一端,可产生优势 SH 波。为了增加木板与地面间的摩擦力以提高激发能量,常采用平整夯实激发点处的地面以及在木板贴地的一面安装钢钉或专门制作有齿槽的橡胶带等方法。

2. 仪器设备

反射波法的地震仪器主要包括工程地震仪、地震检波器、检波电缆等。

(1)工程地震仪:是在地震勘探时采集地震信号的仪器。浅层反射波法勘探可使用 12 道或 24 道工程地震仪(探测深度小于四五十米时,可用 12 道地震仪;探测深度大于四五十米时,宜用 24 道地震仪)。与折射波法相比,反射波法对地震仪性能要求要更高些,如折射波数据采集可使用动态范围为 96 dB 的固定增益工程地震仪,反射波法数据采集宜采用动态范围大于 120 dB、具有瞬时浮点放大器的数字增强型工程地震仪,以确保浅、中、深层能量相差十分悬殊的地震信号能同时记录下来。

(2)地震检波器:地面纵波浅层反射波法,当探测深度小于四五十米时反射波频谱多在 100~150 Hz,面波频谱多在 10~40 Hz,宜使用固有频率为 100 Hz 的动圈式垂直检波器;当探测深度大于四五十米时反射波频谱多在 60~120 Hz,宜使用固有频率为 60 Hz 或 80 Hz 的动圈式垂直检波器。水上纵波反射波法,宜使用固有频率 100 Hz 压电式水听器。

横波反射法，宜采用固有频率为 40 ~ 60 Hz 的动圈式水平检波器。

(3)检波电缆：当进行地面展开排列时可使用类似折射波法勘探用的带固定抽头的检波电缆，抽头间隔 3 m 或 4 m。

当进行多次覆盖或等偏移测量时宜采用机械式或电子式的覆盖电缆，也可采用分离式简易覆盖电缆，但效率较低。

3.3.3　瑞雷波法

面波勘探也称为弹性波频率测深。面波是在地表自由界面附近传播的波，水平偏振的面波称为勒夫波，垂直偏振的面波称为瑞雷波。目前常用的面波勘探方法主要是瞬态激发、多道接收、利用基阶瑞雷波进行探测。

3.3.3.1　应用范围和条件

1. 应用范围

(1)查明工程区地下介质速度结构并进行地层划分。

(2)对岩土体的物理力学参数进行原位测试。

(3)工业与民用建筑的地基基础勘察。

(4)地下管道及埋藏物探测。

(5)地下空洞、岩溶、古墓及废弃矿井的埋深、范围等探测。

(6)软土地基加固处理效果评价及饱和砂土层的液化判别。

(7)公路、机场跑道质量的无损检测。

(8)江河、水库大坝(堤)中软弱夹层的探测和加固效果评价等。

(9)场地土类别划分及滑坡调查等。

(10)断层及其他构造带的测定与追踪等。

2. 应用条件

(1)探测场地地表不宜起伏太大，并避开沟、坎等复杂地形的影响，相邻检波器之间的高差应控制在 1/2 道间距之内，且被探测地层具层状或似层状介质。

(2)被探测地层与其相邻层之间应具有明显的波速差异，一般瑞雷波速度差应大于 10%。

(3)被探测地质体具有一定范围时，如透镜体、洞穴、岩溶、垃圾坑等，其在水平方向的分布范围应不小于瑞雷波探测排列长度的 1/4。

(4)单点瑞雷波探测时地层界面应相对平坦，否则探测结果误差将会增大。

(5)被探测断层应具有明显的断距。

3. 优点与局限性

1)优点

(1)不受地层速度逆转限制，可探测高速地层下部的地质情况。

(2)具有较高的薄层分辨率(分辨能力可以达到 0.1 ~ 0.5 m)，当连续进行瑞雷波探测时(点距小于 30 m)，可较直观反映地层的起伏形态、异常体分布情况及滑动面分布特征。

(3)所需震源能量较小，勘探深度小于 50 m 时一般使用锤击或落重震源即可满足要求。

(4)勘探场地要求较小,探测深度与测点排列长度基本相当,可在较狭窄的河谷、山谷等开展工作。

(5)测点瑞雷波资料经过反演处理可以得到岩土介质的剪切波速、纵波波速和泊松比,以及介质的其他动力参数。

2)局限性

(1)瑞雷波探测是对整个瑞雷波测试排列长度范围内地下介质的综合反映,对于地表或地层界面起伏较大或水平方向地层变化较大时,容易增加单点瑞雷波反演解释的误差,此时需要减少点距、加大连续剖面探测工作量。

(2)瑞雷波速度剖面反演分析计算时,需借助测区钻孔资料或钻孔剪切波测试资料才能进行定量分析。

3.3.3.2　基本原理

面波是一种特殊的地震波,与地震勘探中常用的纵波(P 波)和横波(S 波)不同,它是一种地滚波。弹性波理论分析表明,在层状介质中,拉夫波(L 波)是由 SH 波与 P 波干涉而形成的,而瑞雷波(R 波)是由 SV 波与 P 波干涉而形成的,且 R 波的能量主要集中在介质自由表面附近,其能量的衰减与$\frac{1}{\sqrt{r}}$成正比,因此比体波(P 波、S 波$\propto\frac{1}{r}$)的衰减要慢得多。在传播过程中,介质的质点运动轨迹呈现一椭圆极化,长轴垂直于地面,旋转方向为逆时针方向,传播时以波前面约为一个高度为 λ_R(R 波长)的圆柱体向外扩散。

在各向均匀半无限空间弹性介质表面上,当一个圆形基础上下运动时,由它产生的弹性波入射能量的分配率已由 Miller(1955 年)计算出来,见表 3-26。由表 3-26 可知:R 波的能量占全部激振能量的 2/3,因此利用 R 波作为勘探方法,其信噪比会大大提高。

表 3-26　各种波所占能量

波的类型	相对全部能量的百分比
纵波	7%
横波	26%
瑞雷波	67%

综合分析表明 R 波具有如下特点:

(1)在地震波形记录中振幅和波组周期最大、频率最小、能量最强。

(2)在不均匀介质中 R 波相速度(V_R)具有频散特性,此点是面波勘探的理论基础。

(3)由 P 波初至到 R 波初至之间的 2/3 处为 S 波组初至,且 V_R 与 V_S 具有很好的相关性,其相关式为: $V_R = V_S(0.87 + 1.12\mu)/(1 + \mu)$。式中:$\mu$ 为泊松比。此关系奠定了 R 波在测定岩土体物理力学参数中的应用。

(4)R 波在多道接收中具有很好的直线性,即一致的波震同相轴。

(5)质点运动轨迹为逆转椭圆,且在垂直平面内运动。

(6)R 波是沿地表传播的,且其能量主要集中在距地表一个波长(λ_R)尺度范围内。

依据上述特性，通过测定不同频率的面波速度 V_R，即可了解地下地质构造的有关性质并计算相应地层的动力学特征参数，达到岩土工程勘察的目的。

瑞雷面波法根据震源形式不同可分为人工源瑞雷波法、天然源瑞雷波法两大类。而人工源瑞雷波法可分为稳态法和瞬态法。

1. 人工源瑞雷波法

1) 稳态法

早期的面波勘探主要以稳态激振方法为主，即利用谐波电流推动电磁激振器对地面产生稳态瑞雷波，由相隔一定距离的拾振器接收并进行相关计算，得出频散曲线。

激发接收方式为单点激发、双点接收。激发方式可以选择单边、双边或中点进行激发，并保持一定的偏移距。

激发震源主要有两类，即电磁式激振器与机械偏心式激振器，尤以电磁式激振器较为常用。

激发频率一般采用降频扫描方式，其频率范围与间隔的选择可根据探测深度、精度及分辨率的要求确定。一般而言，探测深度越大，扫描频率越低；精度及分辨率要求越高，频点间隔越小，即频点密度越大。

2) 瞬态法

瞬态法可分为表面瑞雷波谱分析法、多道瞬态瑞雷波法等。

表面瑞雷波谱分析法采用一点激发、两点接收。激发方式为瞬态震源。

多道瞬态瑞雷波法采用一点激发、多点（一般为 6 道、12 道、24 道）接收的激发接收方式，通过对多道检波信号进行逐道频谱分析和相关计算，并进行叠加，从而消除大量随机干扰、强化瑞雷波、压制纵横波。

2. 天然源瑞雷波法

地球表层时刻存在着的一种微弱波动，主要由自然界和人类的各种活动激发产生。如风、潮汐、气候等自然现象的变化和火山活动引起的地面震动，这种地面微动信号中携带着与地表浅层介质有关的面波信息。

天然源信号可以看作是一种稳定的随机过程，是随时间和位置适量而变化的一种自然现象，某一时间段的微动记录可以作为稳定随机过程的样本函数来看待。同时，可用时间与空间上的平稳随机过程进行描述。

天然源面波（微动）勘探方法就是以这种平稳随机过程理论为依据，利用大地微动中的长周波部分（周期大于 1 s），从微动信号中提取面波频散曲线，然后通过对频散曲线的反演，获得一维地下横波的速度结构剖面，可以探测数十米至二三千米深度范围内的地质构造。

本节主要介绍工程上应用较为广泛的多道瞬态瑞雷波勘探方法。

3.3.3.3　野外工作方法与技术

多道瞬态瑞雷波法的外业工作内容和步骤与折射波法相近，包括出工前的准备工作、生产前试验工作、测网和测线的设计与布置、观测系统和仪器参数选择、瑞雷波的激发与接收等。

1. 准备工作

外业工作之前对测区地形、地质、地震条件和以前工作技术成果进行收集和分析，作为工作的指导和参考；对仪器设备进行全面的检查检验，各项指标应达到出厂要求，符合计量认证的有关规定。

2. 生产前试验工作

正式数据采集工作之前应进行试验工作，试验工作内容主要应包括：

1）仪器通道和检波器的频率与幅度的一致性检查

选择介质均匀的地点，将检波器密集地安插牢固，在大于 10 m 外激振并采集瑞雷波记录。将记录数据分析与处理，分析输出的频率与幅度曲线等是否符合要求。

2）检波器的选用原则

根据不同的勘察与检测目的，选择不同频率的检波器。一般利用检波器的频率 $f = V_R / \lambda_R$ 和探测深度 $H \approx \lambda_R / 2$ 估算选用的检测器频率。瑞雷面波勘探的检波器不仅要求频响特性好，而且低频段比通常使用的地震检波器低得多。幅频特性好的低频率检波器有益于大勘探深度的实现。

3）干扰波调查

在瑞雷面波勘探中瑞雷波是有效波，而直达波、折射波、声波、反射波，以及瑞雷波的反射、绕射、散射等均为干扰波。在目前的多道瞬态瑞雷波勘探技术中，高阶瑞雷波对于基阶瑞雷波也视为干扰波。

干扰波调查通过展开排列获得地震波记录。一般展开排列的总长度控制在 2 倍勘探深度即可。在展开排列记录上分析全波列波序的传播时序，根据基阶瑞雷面波的优势段，权衡选择合理的采集参数，如偏移距、道间距、采样间隔和采集记录长度等。

4）震源试验

（1）瑞雷面波的频率特性与激发脉冲的能量和激发地点地层的刚度相关。

（2）对于锤击方式，锤子的质量大小、锤子的材质不同会激发出不同频率范围的地震波；对于落重方式，落重体的质量不同、落距不同会激发出不同频率范围的地震波，或者落重体的制作方式不同，例如制作由多层钢板和橡皮板相间组合的落重体，由于落重体落地后施加作用力时间的加长，因而可以产生富含低频成分的冲击波。

（3）在刚性锤击点可采用刚性垫板或塑性垫板，以改变冲击震源向着提升高频或者增加低频成分的方向发生变化。在水稻田中激震制作楔形的木墩嵌入软泥层作为激震点，也不失为是一种好的选择。

（4）脉冲震源能量的传播与地形有关，例如激震点与检波点之间不宜有沟槽地形，沟槽距离震源点越近，对瑞雷波能量的衰减越大。

3. 测网和测线的设计与布置

（1）瑞雷面波测网和测线设计及布置原则与折射波法基本相同。

（2）在具有钻探资料的场地，优先考虑布置测线通过钻孔，以便资料的对比和分析。

（3）对于条带状地质体勘察，如地下构造破碎带、古河床调查等，测线布置宜垂直于调查对象的走向，便于在正常背景下突显有效异常。

（4）对于滑坡体、泥石流等项目的勘探中，以沿主滑方向布置测线为主，适当布置横向联络测线。

(5)对于岩溶、土洞、采空区等项目的勘探中,测线一般采用纵横网格布置,以利于提高勘察精度。

4. 排列长度与检波间距的选择

应用多道瞬态瑞雷波探测进行激发、接收时,把检波器的接收地段称为接收排列,其第一道至最后一道的距离称为排列长度,排列中间位置点等效为瑞雷波勘探点。

设记录检波器为 N 个,检波间距为 Δx 时,排列长度 $L=(N-1)\Delta x$。排列长度的选择要与探测目的层的最大深度相适应,一般要求排列长度应达到1/2波长。探测深度较大时,排列与探测深度相当。

为使相邻两道检波器接收的信号具有足够的相位差,检波间距应满足下式:

$$\frac{\lambda_R}{3} < \Delta x < \lambda_R \tag{3-151}$$

则相邻两检波信号的相位差 $\Delta\varphi$ 满足下式:

$$\frac{2\pi}{3} < \Delta\varphi < 2\pi \tag{3-152}$$

所以,随着勘探深度的增大,即 λ_R 增大,Δx 的距离也要相应增大。

检波间距的大小要适中,一要满足薄层探测的需要,二要保证探测最大深度的需要,同时还要兼顾工作效率。一般在探测深度≤40 m时,检波点距≤3 m;当探测深度>40 m时,检波点距大于探测深度与仪器道数的比值;当地质条件较复杂时,排列长度和检波点距需通过试验确定。

5. 激发点位置及偏移距的选择

激发点位置应选择在地表含土量较大的硬质地层上面,若激发点位置较软,应把地层处理密实在进行激发;若激发点位置较硬(基岩或路面等),应在地表垫层薄土后再进行激发。

瑞雷波探测时的偏移距应根据试验剖面,选取瑞雷波与各种干扰波(如反射波、声波等)已经分离的接收地段或基阶、高阶瑞雷波分离的情况下,选取基阶瑞雷波明显的接收地段。从理论上讲偏移距越大越好,且易采用两端对称激发,有利于瑞雷波的对比、分辨和识别,但偏移距增大就要求震源能量加大和仪器设备性能的改善。就目前的仪器设备条件和反演技术水平,在探测深度≤40 m时,选用偏移距5~20 m即可获得较好的测试结果;当探测深度>40 m时,偏移距的选取应根据震源能量等因素综合确定。

6. 观测系统

测线一般呈直线布设,沿测线设置多个长度相等的排列,各个排列的检波点距相同。

瑞雷波法的观测系统根据激震点与接收排列的相对位置关系,可分为单端激发排列观测系统、中点激发排列观测系统、双端激发排列观测系统。为了降低地层起伏所引起的解译误差,实际工作中多采用双端激发排列观测系统。在各岩层界面较平坦时,通常采用单端激发排列观测系统。

7. 数据采集

在瑞雷面波采集工作中,以激震点分类,一般有单端激震法和双端激震法;以排列移动方式分类，一般有全排列移动、半排列移动和根据勘探点间距移动排列的方法。

(1)对于简单地质地形条件一般采用单端激震，复杂地质地形条件下尽量采用双端激震。当双端激震条件下获得的资料不同时，应分析原因，决定取舍，或者重新采集。

(2)仪器放大器的输入设置为全通状态，不采用模拟滤波器或数字滤波器等限波的方式。对于定点式仪器各道增益设置一致，以利于研究瑞雷面波的衰减。

(3)采样间隔的选择视采集记录的长度要求。记录长度应满足最大源检距基阶瑞雷面波的采集需要，瑞雷面波记录的长度与地震折射波和反射波不同。一般瑞雷面波记录长度为最大源检距基阶瑞雷波初至时间的2倍左右为好。

(4)检波器的安置。一般条件下检波器的尾锥能与地表牢固安装。在特殊条件下，例如在松散地表条件可改换长尾锥来保证检波器与地表牢固插接；在表面坚硬的条件下，可采用托盘或采用单向磁座技术使检波器与被测介质的表面牢固安装；在地表为稻田或潮湿条件下，要采取防止漏电的措施；在风力较大的条件下工作，铲除检波器周围的杂草等或挖坑埋置检波器对于接收是有利的。

(5)采集记录中基阶波应为强势波，发现基阶波和高阶波在调整偏移距离能够分离时，应该改变偏移距离重新采集。采集记录的长度应满足最大源检距基阶面波利用的目的。

3.3.3.4 数据处理和解释

资料处理解释的一般程序包括数据整理和预处理、时空域提取瑞雷波、频散曲线计算、频散曲线解释、绘制成果图件。

(1)资料预处理：对原始资料进行整理核对、编录，并结合测区不同地质单元对瑞雷波探测资料进行分类。

(2)通过成批调入与显示采集记录，检查现场采集参数的输入是否正确，对错误的输入予以改正；检查记录中瑞雷波多振形的发育情况；分析瑞雷波与体波以及基阶、高阶瑞雷波的时间—空间域分布特征，尤其观察基阶波组分和干扰波的发育情况；检查采集记录的质量；根据基阶瑞雷波在时间—空间域中的分布特征提取瑞雷波。

(3)对瑞雷波信号进行1D、2D傅里叶变换，建立频率—波数(F—K)域振幅谱等值线图，在频率—波数(F—K)域的谱图上圈定基阶瑞雷波的能量峰脊(最大值)，计算出频散数据，形成频散曲线。正常的频散曲线应遵循收敛原则，若频散点点距过大则不收敛，变化的起点处一般可解释为地质界线，不收敛的频散曲线段不能用于地层速度的计算。

(4)利用频散曲线进行分层，应根据曲线的曲率和频散点的疏密变化综合分析，而后反演计算地质层厚度和该层剪切波速。反演过程遵循由浅及深逐步调试，使正、反演结果相接近，完成剪切波速和层厚的反演处理。

(5)成果图件一般包含测区工作布置图、频散曲线类型图、频散曲线反演断面等值线图等。

3.3.3.5 震源和仪器设备

1. 震源

勘探深度小，需要高频率震源；勘探深度大，需要低频震源。

震源的选择应根据勘探深度和现场环境条件进行试验。激震效果是通过采集的记录进行频谱分析，检查接收的频带宽度是否满足勘探深度和分辨薄层的需要，据此确定最佳激振方式。

目前,常用的震源有锤击震源、落重震源和炸药震源三种方式,它们的组成与折射波法使用震源相同。锤击震源一般可实现勘探深度为0~15 m,落重震源一般可实现勘探深度为0~50 m,炸药震源一般可实现勘探深度为50 m以上。

2. 仪器设备

多道瞬态瑞雷波勘探仪器设备配置与常规浅层地震勘探仪器相似。因瑞雷波勘探的实质为“频率测深”,因此瑞雷波勘探仪器的放大器在频率响应和相位一致性方面要求严格。

1)仪器要求

(1)多道瞬态瑞雷波勘探仪器应具有采集和处理双重功能,以及具有现场自检功能。

(2)仪器放大器的通道数应满足不同面波模态采集的要求,一般应不少于6通道。

(3)仪器放大器的通频带应满足采集瑞雷波频率范围的要求,对于岩土工程勘察,其通频带低频端不宜高于0.5 Hz,高频端不宜低于4 000 Hz。

(4)仪器放大器各通道的幅度和相位应一致,各频率点的幅度差小于5%,相位差不应大于所用采样时间间隔的一半。

(5)仪器采样时间间隔应满足不同瑞雷波周期的时间分辨,保证在最小周期内采样4~8点,仪器采样时间长度应满足在距震源最远通道采集完瑞雷波最大周期的需要。

(6)仪器动态范围不应低于120 dB,模数转换(A/D)的精度不宜小于16 bit。

2)检波器要求

①应采用竖直方向的速度型检波器。

②宜使用固有频率不大于4 Hz的低频检波器。

③同一排列的检波器之间的固有频率差不应大于0.1 Hz,灵敏度和阻尼系数差不应大于10%。

3.4　放射性探测方法与技术

工程探测中放射性测量主要包括γ测量、α测量等,测量方式有地面测量、地面浅孔测量等。

3.4.1　应用范围和条件

3.4.1.1　应用范围

(1)γ测量是通过测量γ场的分布来寻找隐伏断层破碎带和地下储水构造,辅助进行地质填图。

(2)α测量可通过测量覆盖层中气体或土样的氡浓度来探查水文地质工程地质问题,可以解决的工程地质问题与γ测量相同。

α测量也可以用于研究地层岩体塌陷或滑坡等现象。

3.4.1.2　应用条件

放射性测量适用于各种地形、地貌和气候条件。但在测量中应保持测量几何条件一

致。寻找隐伏断层破碎带和地下储水构造时,若具备下列条件,有较好的探测效果:

(1)被探测对象和周围地层有明显的放射性差异。

(2)构造破碎带和地下储水构造埋深较浅。第四纪覆盖层无潜水层等“屏蔽”层形成。

(3)岩浆岩地区。

(4)地形平坦或变化缓慢、表层均匀,无大范围人工填土。

3.4.1.3　优点和局限性

1. 优点

(1)放射性测量一般不受地形条件的影响,γ 测量不受气候条件影响。

(2)放射性测量方法相对简单。

(3)放射性异常与构造、岩性、地层等关系密切,可与其他勘探方法对比进行综合分析。

2. 局限性

(1)采用放射性勘探寻找隐伏构造和地下储水构造、采空区或滑坡体时,放射性异常仅可作定性分析。

(2)地面探测时,勘探深度较小。

3.4.2　基本理论

3.4.2.1　天然放射性核素

1. 天然放射性系列

自然界中大多数现存的放射性核素都是由三个半衰期很长的核素衰变而来。每一个母核素(或称母体)都自发衰变产生子核素(或称子体),而子核素又衰变产生下一代子核素,如此继续下去,直到形成最后一代稳定的子核素。起始母核素连同它衍生的各代子核素组成一个放射性系列。以它们各自的起始母核素命名,分别称为铀(^{238}U)系、钍(^{232}Th)系和锕铀(^{235}U)系。各系的衰变过程及各代子核素的名称及半衰期示于图 3-159 中。

三个放射性系列具有以下共同特征:

(1)起始核素都是长寿命的,半衰期在 $7.1\times10^{8}\sim1.4\times10^{10}$ a,因此三个系列才能在自然界同时存在。

(2)每个系列各有一代原子序数为 86 的惰性气体子核素,它们都是氡的放射性同位素,称为射气。铀系的射气是氡(^{222}Rn),半衰期为 3.82 d;钍系的射气称为钍射气(^{220}Rn),半衰期为 55.6 s;锕铀系的射气称为锕射气(^{219}Rn),半衰期为 3.96 s。

(3)气态核素之后各有一串固态子核素,它们通常附着在物体表面,称为放射性沉淀物。铀系中氡的衰变子核素分为短寿(^{218}Po、^{214}Pb、^{218}At、^{214}Bi、^{214}Po 及 ^{210}Ti)及长寿(^{210}Pb、^{210}Bi、^{210}Po)两类沉淀。钍系和锕铀系中射气的衰变子核素都是短寿沉淀物。

(4)各系列的最终产物 ^{206}Pb、^{208}Pb 和 ^{207}Pb 都是铅的稳定同位素。

2. 不成系列的放射性核素

自然界中除成系列的放射性核素外,还有一些不成系列的放射性核素。它们经一次衰变后就形成稳定的核素,例如钾、铷、铯等。目前已知的这类核素有 180 多种,它们的半衰期从几秒到几亿年。常见的不成系列的天然放射性核素见表 3-27。

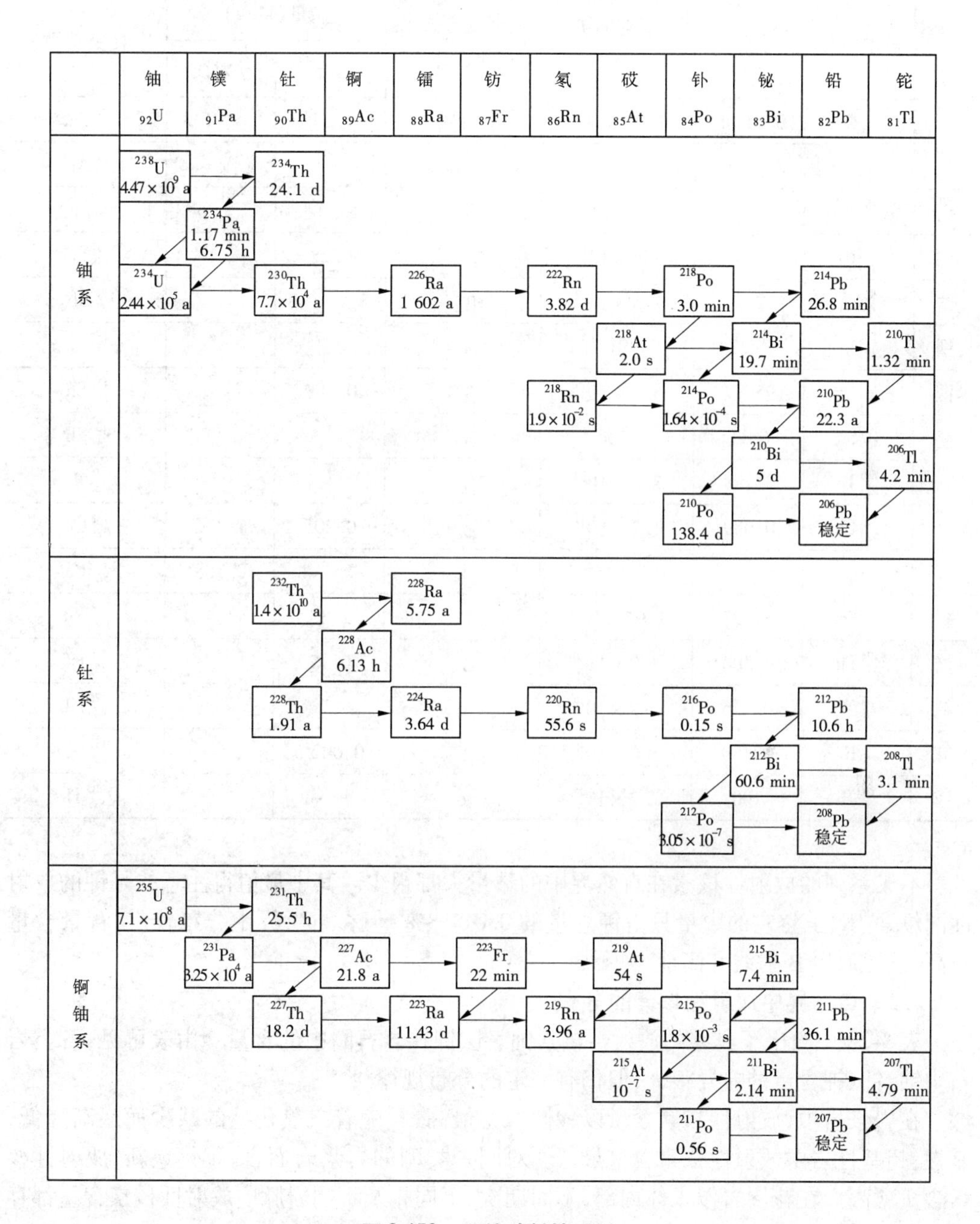

图3-159　天然放射性系列

表 3-27 不成系列的天然放射性核素

核素名称	核素符号	丰度(%)	半衰期 T (a)	衰变方式(衰变百分比)	能量(MeV)		衰变产物
					粒子	γ射线	
钾	$^{40}_{19}K$	0.011 8	1.27×10^{9}	β^-(89%)	1.31	1.46	$^{40}_{20}Ca$
				k(11%)			$^{40}_{18}Ar$
钙	$^{48}_{20}Ca$	0.185	$\geqslant10^{21}$	β^-			$^{48}_{21}Sc$
铷	$^{87}_{37}Rb$	27.85	4.6×10^{10}	β^-	0.28		$^{87}_{38}Si$
锆	$^{96}_{40}Zr$	2.8	$>5\times10^{17}$	β^-			$^{96}_{41}Nb$
铟	$^{113}_{49}In$	4.23	$>10^{14}$	β^-			
铟	$^{115}_{49}In$	95.77	5.1×10^{14}	β^-	0.480		$^{115}_{50}Sn$
锡	$^{124}_{50}Sn$	6.11	$>1.5\times10^{17}$	β^-			$^{124}_{51}Sb$
碲	$^{130}_{52}Te$	34.48	8.2×10^{20}	β^-			$^{130}_{53}I$
镧	$^{138}_{57}La$	0.089	1.2×10^{11}	β^-	0.205	1.436	$^{138}_{58}Ce$
				k		0.788	$^{138}_{56}Ba$
钐	$^{143}_{62}Sm$	14.97	1.07×10^{11}	α	2.23		$^{143}_{60}Nd$
镥	$^{176}_{71}Lu$	2.588	3.0×10^{10}	β^-	0.42		$^{176}_{72}Hf$
钨	$^{180}_{74}W$	0.126	$>9\times10^{14}$	α			$^{176}_{72}Hf$
铼	$^{187}_{75}Re$	62.50	5.0×10^{10}	β^-	0.002 5		$^{187}_{76}Os$
铋	$^{209}_{83}Bi$	100	$>2\times10^{18}$	α			$^{205}_{81}Tl$

不成系列的放射性核素在自然界中的数量大都很少。其中最值得注意的是钾的放射性同位素^{40}K,虽然它的数量只占钾总量的0.011 8%,但在自然界中分布较广,背景含量较高,且能放出β射线和高能γ射线。

3.4.2.2 自然界中放射性核素的分布

表3-28中给出了典型的放射性核素铀、钍、钾在岩石圈中的含量。由表可见,各类岩石中铀、钍、钾含量的差异很大,但仍有一定的分布规律。

在岩浆岩中,放射性核素含量以酸性岩为最高,且随着二氧化硅的减少而逐渐降低,基性、超基性岩中放射性核素含量最低。对同一类型的岩浆岩而言,年代愈新,放射性核素含量愈高。在花岗岩侵入体内部,不同期次、不同相及不同岩脉中放射性核素含量都存在差异。

沉积岩中放射性核素的含量比岩浆岩要低一些,分布也要均匀些。不同沉积岩的放射性核素含量差别也很大。页岩、黏土岩中铀、钍、钾含量较高,碳酸盐岩中铀、钍含量很低,砂岩中铀含量变化很大,且取决于颗粒的组分,岩盐及石膏中放射性核素含量最低。

表 3-28 岩石圈中天然放射核素含量

地质体		$w(U)/10^{-6}(\%)$	$w(Th)/10^{-6}(\%)$	$w(K)(\%)$	$w(Th)/w(U)$
铀矿区	矿石	300×10^4	10~100	1~5	<0.1
	原生晕	50~300	5~30	1~4	≤0.1
	次生晕	10~100	5~30	1~4	≤0.1
	地下水	10^{-4}~10			
	植物灰	±100		±14	
侵入岩	超基性岩(纯橄榄岩)	0.03	0.08	0.10	2.7
	基性岩(辉长岩)	0.6	1.8	0.70	3.0
	中性岩(闪长岩)	1.8	6.0	1.8	3.3
	酸性岩(花岗岩)	4.5	18.0	4.0	4.0
	碱性岩(正长岩)	3.0	13.0	3.8	4.3
喷出岩	玄武岩、辉绿岩	0.7	2.3	1.0	3.2
	英安岩	2.5	10.0	2.3	4.0
	流纹岩	4.7	19.0	3.7	4.0
	霏细岩	4~6	20~40	3~4	5.0
	粗面流纹岩	3~8	30~50	2~4	4~10
沉积岩	砾岩	2.4	9.0		3.7
	砂岩、粉砂岩	2.9	10.4	2.1	3.6
	泥岩、黏土	4.0	11.5	2.7	2.9
	炭质-泥质页岩	10~20	15		1.0
	灰岩	1.6	1.8	0.3	1.1
	泥灰岩	1.2	3.0		2.5
	钾岩	0.9	1.0		1.1
	油页岩	5~100	10~ 15		<0.5
	煤	3.4	4.8		1.4
变质岩	黑云母片麻岩	1.6	8.0		5.0
	结晶片岩	1.3	4.2		3.2
	石英岩	1.0	4.0		4.0
	角闪岩	0.8	3.2		4.0
	大理岩	1.1	1.8		1.6
	混合岩	3.2	16.1		5.2
疏松沉积物	花岗岩风化壳	2.8	12.4	3.0	4.4
	灰岩风化壳	1.2	7.0	1.2	5.8
	土壤(平均值)	1.0	6.0	1.36	6.0

注:引自 Г. Ф. 诺维柯夫,1989。

变质岩中放射性核素的含量取决于变质作用前原岩中放射性核素的含量,以及变质过程中它们的分散或富集程度。铀、钍、钾在石墨化片岩、千枚岩、白云岩化—黑云母化片麻岩中含量较高,而在大理岩、石英岩中含量偏低。深变质作用发育地区,由于变质、交代和花岗岩化等作用多次叠加,放射性核素的分布将大为复杂。

土壤中放射性核素的含量取决于形成土壤的基岩的放射性,并在此过程中铀、钍、镭将发生分离。

随着钾含量的增高,各类岩石的放射性都将增大。

天然水中所含放射性核素很少,通常只含微量的铀、镭及氡。由表3-29可见,不同条件下水中放射性核素变化范围很大,可相差5~6个数量级。水中镭的含量仅为岩石中的千分之一,但流经铀矿床的地下水,其铀、镭及氡的含量都显著增高。钍及其化合物不易溶解,故水中钍的含量比岩石中低数千倍,且水中钾的含量也很低。

大气中的放射性核素主要是从岩石、土壤和水中放出的氡及其衰变产物,以及宇宙射线与氮作用产生的^{14}C和^{3}H。大气中放射性核素的浓度在空间分布上变化很大。^{222}Rn半衰期较长,可在远离地表的大气层中出现,而半衰期极短的^{220}Rn则只存在于距地表不超过100 m的空间。在不同地区、不同季节,大气中放射性核素的浓度也有起伏。

3.4.2.3　天然放射性核素的射线能谱

某种放射性核素可能放出一种或几种能量的射线,将这些射线按能量的顺序排列起来,就构成了该核素的射线能谱。某核素的能谱仅由一种能量的射线组成,称为单色谱。由几种能量的射线组成,则称为复杂谱。根据能谱曲线的差异,可以鉴别出待测元素及其相应的含量。

1. α射线能谱

放射性核素发射的α粒子的能量是不连续的,因而它们的能谱是不连续的线谱。图3-160是^{238}U的α射线能谱,图中横坐标表示射线的能量,纵坐标表示衰变的百分比(核素衰变时放出的某种能量的粒子数量占该核素放出的该种粒子总量的百分比)。

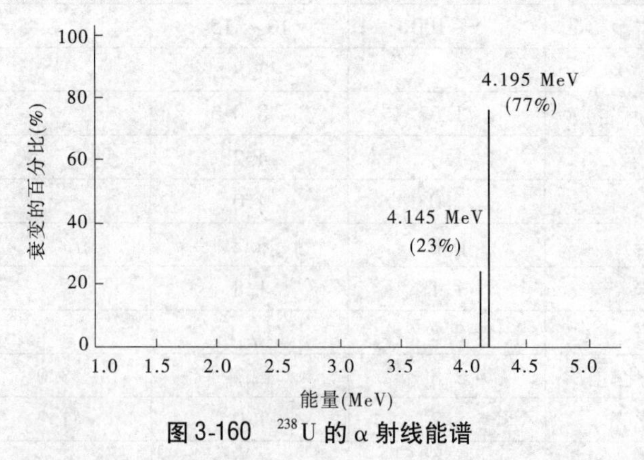

图3-160　^{238}U的α射线能谱

天然放射性核素放出的α粒子能量为4~10 MeV。铀系分成两个组:铀组(由原子序数等于90~92的核素组成)和镭组(由原子序数≤88的核素组成)。铀组主要有三个α辐射体,即^{238}U、^{234}U和^{230}Th。镭组主要有五个α辐射体,即^{226}Ra、^{222}Rn、^{218}Po、^{214}Po和^{210}Po。

表3-29 天然水中铀、镭、氡的含量及镭铀比

类型	自然环境	$\rho(U)(kg/m^3)$			$\rho(Ra)(kg/m^3)$			$c(Rn)$(3.7 Bq/L)			$w(Ra)/\omega(U)$
		最大	最小	平均	最大	最小	平均	最大	最小	平均	
地表水	洋和海	2.5×10^{-6}	3.6×10^{-8}	2×10^{-6}	4.5×10^{-11}	8×10^{-14}	1×10^{-13}	0	0	0	5×10^{-8}
	湖	4×10^{-2}	2×10^{-7}	8×10^{-6}	8×10^{-12}	1×10^{-13}	1×10^{-12}	0	0	0	1×10^{-7}
	河	5×10^{-2}	2×10^{-8}	6×10^{-7}	4.2×10^{-12}	2.5×10^{-13}	2×10^{-13}	0	0	0	3×10^{-7}
沉积岩地下水	水交替强烈带	8×10^{-6}	2×10^{-7}	5×10^{-6}	6×10^{-12}	1×10^{-12}	2×10^{-12}	50	1	15	5×10^{-7}
	水交替迟缓带	6×10^{-6}	3×10^{-8}	2×10^{-7}	1×10^{-8}	1×10^{-11}	3×10^{-10}	20	1	6	1×10^{-3}
酸性岩浆岩地下水	水交替强烈带	3×10^{-5}	2×10^{-7}	7×10^{-6}	7×10^{-12}	1×10^{-12}	2×10^{-12}	400	10	100	2×10^{-6}
	水交替迟缓带	8×10^{-6}	2×10^{-7}	4×10^{-6}	9×10^{-12}	2×10^{-12}	4×10^{-12}	400		100	2×10^{-8}
铀矿床地下水	水交替强烈带	9×10^{-2}	5×10^{-5}	6×10^{-4}	2×10^{-9}	8×10^{-12}	8×10^{-11}	>5 000	50	1 000	1×10^{-7}
	水交替迟缓带	3×10^{-5}	2×10^{-6}	8×10^{-6}	8×10^{-10}	1×10^{-11}	6×10^{-11}	3 000	50	500	1×10^{-5}

它们的 α 辐射能量总和占铀系 α 辐射能量总和的 68.2%，其中^{214}Po 放出的 α 粒子能量达 7.687 MeV，是铀系中能量最大的 α 粒子。钍系有七个 α 辐射体，即^{232}Th、^{228}Th、^{220}Ra、^{220}Rn、^{216}Po、^{212}Bi 和^{212}Po，其中^{212}Po 辐射的 α 粒子能量最大，达到 8.785 MeV。自然界中锕铀系总是与铀系共生，但^{235}U 却很少，因此它对辐射测量的影响可不予考虑。

2. β 射线能谱

β 射线能谱与 α 射线能谱有明显的区别，它是一条连续分布的曲线（见图 3-161），称为连续谱。这就表明，放射性核素发出的 β 粒子的能量可以是某一确定上限以下的任何数值的能量。为了有一个比较核素能量的统一标准，我们规定，某核素的 β 粒子能量就是该核素放出的 β 粒子能量的最大值。

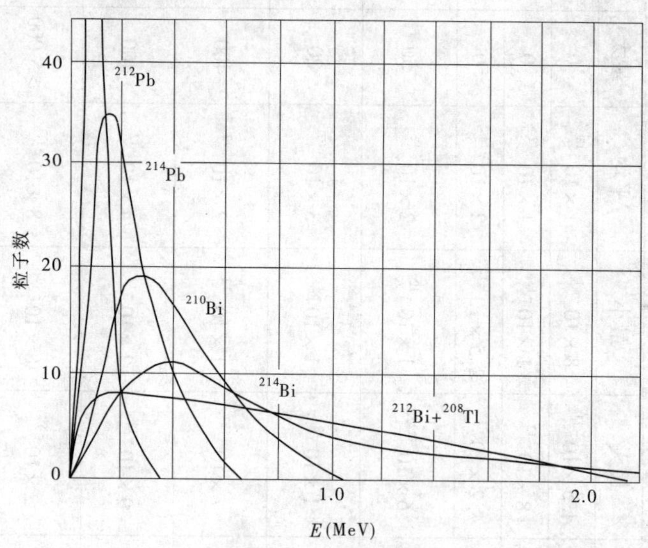

图 3-161　β 射线能谱

天然放射性核素放出的 β 射线能量在 0.02～3.2 MeV。铀系中，铀组主要的 β 辐射体为^{234}Pa，其 β 辐射能量总和占铀系 β 辐射能量总和的 38.3%；镭组主要 β 辐射体为^{214}Pb、^{214}Bi 和^{210}Bi，它们的 β 辐射能量总和占铀系 β 辐射能量总和的 59.5%，其中^{214}Bi 放出的 β 粒子在铀系中能量最大，达 3.2 MeV。钍系的主要 β 辐射体有^{228}Ac、^{212}Pb、^{212}Bi 和^{208}Tl，其中^{212}Bi 放出 2.25 MeV 的 β 射线，在钍系中能量最大。

3. γ 射线能谱

原子核发生能级跃迁时，放射出不同能量的 γ 射线，因此 γ 射线能谱是与 α 射线能谱类似的线状不连续谱。不同核素的原子核有不同的能级结构，因而每种核素都有特定的 γ 能谱特征。

铀系的主要 γ 射线如图 3-162 所示。铀组的主要 γ 辐射体为^{234}Th，其中能量为 0.093 MeV 的 γ 射线产生概率大，是一条重要的谱线。镭组放出的 γ 射线多，能量高，主要 γ 辐射体为^{214}Pb 和^{214}Bi，主要谱线有^{214}Pb 的 0.352 MeV 和^{214}Bi 的 0.609 MeV、1.12 MeV、1.764 MeV 和 2.204 MeV 谱线，它们的 γ 辐射能量的总和占铀系 γ 辐射能量总和的 98%。铀系中能量大于 1 MeV 的 γ 辐射都是^{214}Bi 产生的。

钍系的 γ 射线能谱如图 3-163 所示。主要的 γ 辐射体为^{228}Ac、^{208}Tl，其次为^{212}Pb 和

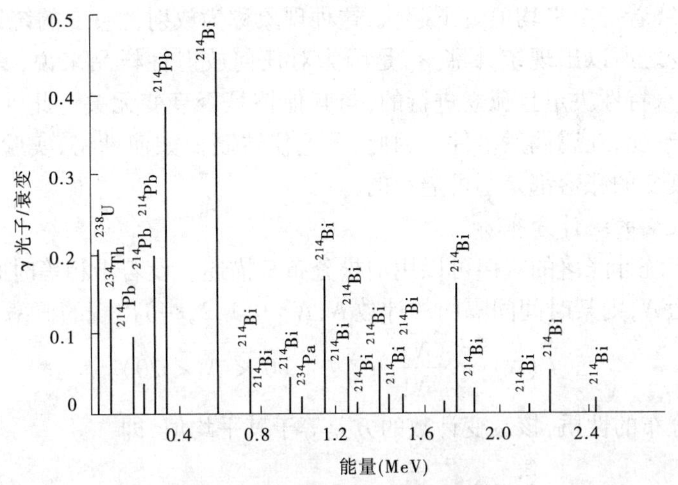

图 3-162　铀系的 γ 射线能谱

^{212}Bi,其中^{228}Ac 的 0.908 MeV、^{212}Pb 的 0.239 MeV 和^{208}Tl 的 2.62 MeV 能量的三条特征 γ 射线很重要。尤其是 2.62 MeV 的 γ 射线能量高,其 γ 辐射能量总和占钍系 γ 辐射能量总和的 46%,经常用来作为表明钍系核素存在的一条特征谱线。

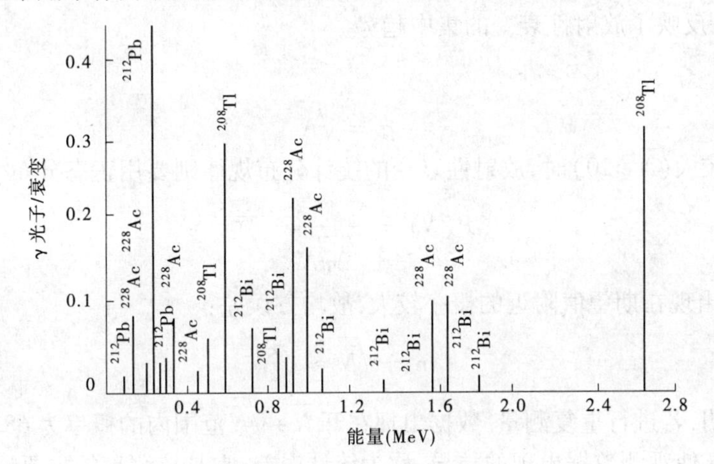

图 3-163　钍系的 γ 射线能谱

锕铀系中天然放射性核素辐射的 γ 射线能量都小于 1 MeV,且总能量只占岩石中 γ 射线总能量的 0.6%,因此其影响可以忽略。

不成系列的天然放射性核素中,^{40}K 放出的 γ 射线能量最强,约占岩石中全部 γ 射线总能量的 42%。^{40}K 以 k 俘获形式衰变时,伴随放出能量为 1.46 MeV 的单能 γ 射线,因而^{40}K 的 γ 射线谱是单色谱。

3.4.2.4　放射性衰变的统计分布

1. 放射性衰变的统计涨落

放射性衰变的基本规律可以通过精确的实验证明,但前提条件必须是原子核数目无限多。一般情况下,即使所有条件都稳定不变,重复测量中每次测得的结果也不会完全相同,甚至会出现很大差别。可见,同一放射性样品在相同时间间隔内,其衰变计数并不完全相同，而是围绕着一个平均值上下起伏，这种现象称为放射性衰变的统计涨落。

放射性衰变之所以出现统计涨落，是因为对任何放射性样品来说，其中每个核的衰变，都是由其自身特性决定且孤立进行的，与其他核是否衰变无关。此外，哪一个核先衰变，哪一个核后衰变，纯属偶然事件。因此，无论仪器制得如何精密，实验做得如何准确，测量过程中核衰变的涨落都是不可避免的。

2. 放射性衰变的统计分布

放射性衰变统计涨落的规律可以用泊松分布来描述。设若干相等时间间隔内核衰变计数的平均值为 $\overline{N}$，则某时间间隔内的计数 $N(N=0,1,2,\cdots)$ 出现的概率 $P(N)$ 为

$$P(N) = \frac{(\overline{N})^N}{N!}e^{-\overline{N}} \quad (0 < \overline{N} < 20) \tag{3-153}$$

根据泊松分布的性质，核衰变计数的方差等于其平均值，即

$$\sigma^2 = \frac{\sum_{N=0}^{\infty}(N-\overline{N})^2}{m} = \sum_{N=0}^{\infty}(N-\overline{N})^2 P(N) = \overline{N} \tag{3-154}$$

式中　m——相等时间间隔的数目，即测量次数；

σ——核衰变计数方差，反映了放射性衰变涨落的大小；

$\overline{N}$——反映了放射性衰变的集中趋势。

或均方误差：

$$\sigma = \sqrt{\overline{N}} \tag{3-155}$$

当计数较大（$\overline{N} \geqslant 20$）时，放射性衰变的统计分布规律则要用正态分布表示，即

$$P(N) = \frac{1}{\sqrt{2\pi\overline{N}}}e^{-\frac{(N-\overline{N})^2}{2N}} \tag{3-156}$$

由于 N 出现在期望值附近的概率较大，故均方误差：

$$\sigma = \sqrt{\overline{N}} \approx \sqrt{N} \tag{3-157}$$

可以证明，若进行重复测量，数据出现在开 $\overline{N}+\sqrt{\overline{N}}$ 范围内的概率为68.27%。

统计涨落使观测数据出现的差异，称为统计误差，它是核测量的主要误差来源。若用相对均方误差 ε 来表示测量的精度，则有：

$$\varepsilon = \frac{\sigma}{N} = \frac{1}{\sqrt{N}} \tag{3-158}$$

可见，计数 N 越大，相对误差 ε 越小。也就是说，提高测量精度的途径是要有足够的计数。当计数率（单位时间的计数值）一定时，可采用延长测量时间的办法来增大计数，从而提高测量精度。

3.4.2.5　放射性度量单位

（1）放射性活度：单位时间内核素衰变的次数，单位为贝可（勒尔），符号为 Bq，1 Bq = 1 S^{-1}。表示放射性核素每秒钟蜕变或同质异能跃迁一次即为1贝可（勒尔）。

居里、贝可（勒尔）表示每秒蜕变次数，而非粒子数。因此，贝可（勒尔）数相同的两种放射性物质，所放出射线数目不一定相同。

(2)照射量:X 或 γ 射线在空气中产生电离能力大小的一个物理量。它不适用于其他类型的射线,也不能用于其他物质,只适用于空气介质。照射量单位为库(仑)每千克,符号为 C/kg。

(3)氡浓度:单位体积中放射性物质的活度。因为氡在大气中的比重极少,难以用重量浓度来表示,因此氡浓度一般指氡的活度浓度。氡浓度单位为贝可/立方米,符号为 Bq/m^3。

3.4.3　测网布置

(1)测网密度可通过试验确定,在已知的地段上开展不同精度的测量,把获得的资料与已知的地质情况比较,确定最佳的测网密度;在无已知条件时,参考电法勘探、地震勘探等测网密度布置。

(2)测线方向应垂直主要探测对象,或根据野外实际情况,将测线布置成直线或折线;山区测量时,可按等高线布置。

(3)测线间距在工作比例尺平面图上应为 2 ~ 4 cm,并不少于 3 条测线通过主要探测对象;测点间距在工作比例尺平面图上应为 0.5 ~ 2 cm,实测点距一般为 5 ~ 10 m。

3.4.4　γ 测量

岩石和土壤中广泛分布着放射性元素,放射性元素衰变时放出 α、β、γ 三种射线。岩石、土壤和地下水在漫长的地质年代中,长期互相作用(在特定的地球化学和水动力条件下)放射性元素会产生相对富集与贫化。当地下水沿裂隙或断层上升于地表时,将会形成辐射场差异。

自然伽马测量:通过测量伽马场的分布,寻找隐伏断层破碎带和地下贮水构造。在坝区和水工建筑物区进行环境放射性检测等。

3.4.4.1　**现场测试**

(1)开始野外工作之前,应对测试仪器作性能测试和本底测量。

性能测试主要是检查仪器工作稳定性。连续工作时,测试读数相对于每次测量的平均值,其变化偏差不超过 ±10%,说明仪器工作正常,测量结果质量可靠。

仪器本底是由宇宙射线、仪器材料中的放射性核素、仪器噪声等引起的总计数率组成的。测量仪器本底常用水面测量方法;要求水域附近没有岩壁,水域范围 10 m 以上,水深超过 1 m。测量时仪器探测器放在水域中央。

(2)一个测区尽可能使用一台仪器测试。如使用两台以上仪器测试,需要注意仪器的一致性,通过平行测量,验证相对误差在允许的范围内。

(3)由于放射性的自然特点,每次测量读数都不会相同,重复测量和检查是必要的,正常情况检查工作量应不少于总工作量的 10%,检查测点均匀分布。在异常点和突变点,需要加密测试和重复测试。

(4)测量点尽可能避开陡壁以及建筑物等人为影响,各测点保持探测器高度一致。

3.4.4.2 **主要仪器及特性**

1. 地面γ辐射仪

地面γ测量使用的辐射仪由γ探测器和记录器组成。最常用的γ探测器是闪烁计数器,它由闪烁体(荧光体)和光电倍增管组成,其功能是将光能转换成电能(见图3-164)。当射线射入闪烁体时,使它的原子受到激发,被激发的原子回到基态时,将放出光子,出现闪烁现象。这些光子打击在光电倍增管的光阴极上,产生光电效应而使光阴极放出光电子,再经过光电倍增管中各倍增电极的作用,使光电子不断加速和倍增,最后形成电子束,在阳极上输出一个将初始光信号放大了10^5~10^8倍的电压脉冲。辐射射线强,单位时间产生的脉冲数目多;辐射粒子能量大,脉冲的幅度也大。因此,闪烁计数器既可测量射线的强度,又可测量射线的能谱。

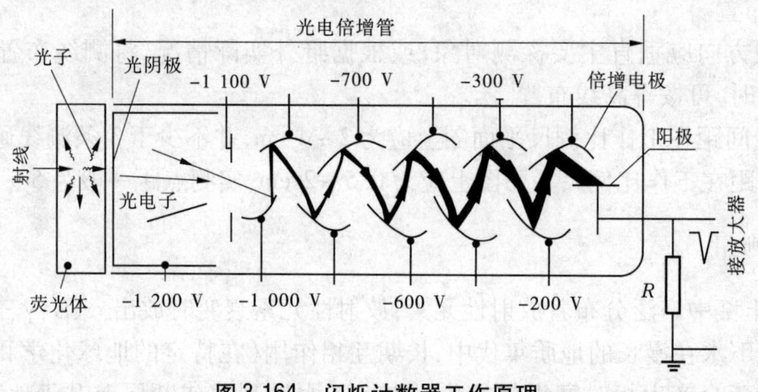

图3-164 闪烁计数器工作原理

闪烁体可分为无极闪烁体(NaI、CsI、ZnS等)和有机闪烁体(蒽、联三苯等)两大类。常用的NaI(Tl)晶体是在碘化钠晶体渗入铊作激化剂,使晶体可以发出光,并防止光被晶体自身吸收。由于晶体发光时间仅为10^{-7}s,因而最大计数率可达到10^5 cps。测量γ射线要使用大体积晶体,而测量X射线则使用薄晶体(厚度1~2 mm)。

辐射仪的记录装置由一套电子线路组成,闪烁计数器输出的电压脉冲经放大、甄别(选择一定幅度的脉冲)、整形(将不规则脉冲变成矩形脉冲)和计数后,由线路的读数部分显示出来。

2. 地面γ能谱仪

地面γ能谱仪的闪烁计数器可将γ射线的能量转换成电脉冲输出,输出脉冲的幅度与γ射线的能量成正比,因而能谱测量实际上是对脉冲幅度进行分析。完成这个功能的电路称为脉冲幅度分析器。其原理见图3-165(a),它由上、下甄别器和反符合电路组成。甄别器是一种只允许幅度高于某一数值(甄别阈值)的脉冲通过的装置。上甄别器的阈值电压较高,除允许较大幅度的脉冲(如9号脉冲)通过外,幅度介于上、下甄别器之间的脉冲(如3、5、8号脉冲)也能通过。两甄别器输出的信号均送到反符合电路相互抵消。因此,反符合电路输出的只是介于上、下甄别阈值电压之间的脉冲(如3、5、8号脉冲),然后进行计数和记录。

上、下甄别阈值电压的差值称为道宽。道宽固定以后,通过调节下甄别阈电压(上甄别阈电压相应地变化),可把幅度不等的脉冲逐段分选出来,这种脉冲幅度分析方法称为

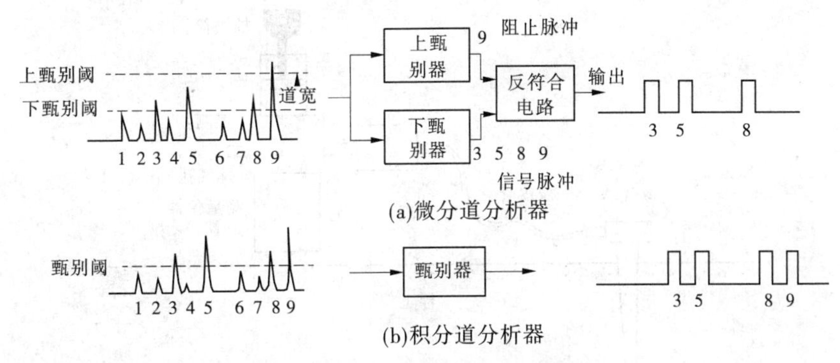

(a)微分道分析器

(b)积分道分析器

图3-165　脉冲幅度分析器原理

微分测量。所测得的谱线称为微分谱。

如果脉冲幅度分析器只用一个下甄别器,则所有幅度超过下甄别器阈电压的脉冲(见图3-165(b)中3、5、8、9号脉冲)都被记录,这种脉冲幅度分析方法称为积分测量。所测得的谱线称为积分谱。

3. 测量仪器要求

用测低能谱段的伽马谱仪,谱段可调,有稳谱装置,连续8 h工作,读数相对误差小于1%。

辐射仪做积分测量时,应能测量数十到数千百电子伏特能量伽马射线。

辐射仪灵敏度高,在自然底数不大于0.72 PC/(kg·s)(10 μR/h)时,灵敏阀不大于0.143 PC/(kg·s)(2 μR/h)。

辐射仪在0~3.6 PC/(kg·s)(0~50 μR/h)范围内呈线性。

3.4.5　α测量

岩层中裂隙带或构造破碎带的放射性气体作用比周围致密岩石放射性气体逸散能力强。同时,氡气在运移过程中,要自行衰变,其衰变产物RaA、RaB、RaC等一系列子体,以固体物的形态存在于放射性气体的行迹之中。同样寄存于地表土壤的空隙中,即是较厚的覆盖层,可用放射性测量方法发现放射性辐射场的差异,找寻隐伏断层构造带和断层裂隙水。

我们知道,三个天然放射性系列中各有一个气体核素(^{222}Rn、^{220}Rn和^{219}Rn),它们是氡的放射性同位素,称为射气。以测量射气及其短寿衰变子体产生的α粒子而建立起来的各种天然核辐射测量方法,总称为α测量方法。其中,射气测量是一种瞬时测氡方法,其余方法(包括径迹测量、Po-210法、α卡法,活性碳法等),都是累积测氡方法。

3.4.5.1　瞬时测氡法

1. 测试原理

射气测量的仪器称为测氡仪,其工作原理与γ辐射仪类似,如图3-166所示。先在测点上打深0.5~1 m的取气孔,再将取气器埋入孔中,用抽气筒将土壤中的氡吸入测氡仪的探测器中,然后经光电倍增管转换为电脉冲信号进行测量。测量完毕后立即排气,然后移至下一测点,逐点进行测量。

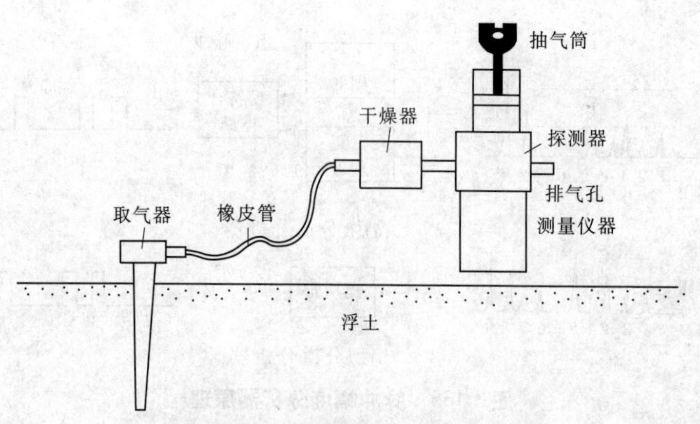

图 3-166 射气测量工作过程示意图

不同地区观测的射气浓度有各自的底数，高于底数 1.5～3 倍的浓度值称为异常。由于氡（^{222}Rn）的半衰期比钍射气（^{220}Rn）长得多，锕射气（^{219}Rn）半衰期仅 4 s 左右，其影响可不予考虑。因此，可用以下方法判断异常的性质：①若在最初 5～10 min 内仪器读数不减小或读数反而增加，则认为异常为氡引起；②若 1 min 后读数减小大约一半，则认为异常为钍射气引起；③若读数随时间增大而减少，但每隔 1 min 减小量不到原读数的一半，则认为异常由氡、钍射气共同引起。

射气测量的重现性较差，但也应当进行一些检查测量，以了解异常的变化趋势是否改变，异常位置是否大致可靠等。

2. 现场测试

土壤氡测量常用的是浅孔测量，一般土壤层厚度不超过 5 m 时，取样孔深 80 cm 左右。如土壤层较厚（10 m 以内），可做深孔测量，孔深可达 2 m 或更深一些。

先用铁锤和六棱钢钎，在测点处土壤层打孔。然后取出钢钎，插入取样器，周围用土壤封紧以免进入空气。

用橡皮管连接取样器和仪器，放入探测片，打开仪器，抽取地下气样，等待一定时间，使氡在带负高压的探测片上沉积。

将探测片取出，放入测量仪的探测器室，进行测量。

为了了解仪器的工作稳定性，早、晚用 α 源进行检查测量。

3. 数据处理

铀、钍混合异常点的读数为^{222}Rn 和^{220}Rn 浓度之和。利用停止抽气后 t_1 时刻的读数 n_1 和 t_2 时刻的读数 n_2，可以按下式分别计算^{222}Rn 和^{220}Rn 的浓度。

$$\left.\begin{aligned}\rho_1 &= \rho_{(\mathrm{Rn})} P_1 + \rho_{(\mathrm{Th})} \mathrm{e}^{-\lambda_{\mathrm{Th}} t_1} \\ \rho_2 &= \rho_{(\mathrm{Rn})} P_2 + \rho_{(\mathrm{Th})} \mathrm{e}^{-\lambda_{\mathrm{Th}} t_2}\end{aligned}\right\} \tag{3-159}$$

式中 ρ_1、ρ_2——停止抽气后 t_1、t_2 时刻的总浓度；

P_1、P_2——t_1、t_2 时刻^{222}Rn 的增长率；

$\mathrm{e}^{-\lambda_{\mathrm{Th}} t_1}$、$\mathrm{e}^{-\lambda_{\mathrm{Th}} t_2}$——$t_1$、$t_2$ 时刻^{220}Rn 的衰减率；

λ_{Th}——钍的衰变常数。

解上述联立方程组，即可得到：

$$\rho_{(Rn)} = \frac{\rho_1 e^{-\lambda_{Th}t_2} - \rho_2 e^{-\lambda_{Th}t_1}}{P_1 e^{-\lambda_{Th}t_2} - P_1 e^{-\lambda_{Th}t_1}} \tag{3-160}$$

$$\rho_{(Th)} = \frac{\rho_1 P_2 - \rho_2 P_1}{P_2 e^{-\lambda_{Th}t_1} - P_1 e^{-\lambda_{Th}t_2}} \tag{3-161}$$

根据式(3-160)和式(3-161)可计算^{222}Rn和^{220}Rn浓度的比值K,即

$$K = \frac{\rho_{(Rn)}}{\rho_{(Th)}} = \frac{Ce^{-\lambda_{Th}t_1} - Ce^{-\lambda_{Th}t_2}}{P_2 - CP_1} \tag{3-162}$$

式中,$C=\rho_2/\rho_1$。

利用统计方法还可以确定射气底数和异常下限。

3.4.5.2　α卡测量

1. 测试原理

α卡法探测对象是氡的子核素^{218}Po、^{214}Po和^{212}Po等α辐射体。^{218}Po系^{222}Rn直接衰变而来,半衰期为3.05 min,经10倍半衰期,即30 min左右,^{218}Po积累的原子核数达最大。生成的核若得不到补充,再经30 min就衰变完毕。^{214}Po是^{218}Po经多次衰变而来,衰变系列中^{214}Pb的半衰期(26.8 min)最长,故需要10倍^{214}Pb的半衰期,即4.5 h,系列才能达到平衡。若^{218}Po得不到补充,整个系列经4.5 h时消失。^{212}Po是^{220}Rn的子核素^{212}Pb经两次衰变而成,衰变系列中^{212}Pb半衰期(10.6 h)最长,故此系列需要4.4 d才能达到平衡。因此,埋卡时间和测量时间不同,将得到不同的信息。埋0.5 h后立即测量,探测的主要是^{218}Po;埋卡4~5 h立即测量,得到的是^{218}Po、^{214}Po和^{212}Po的贡献。若放置0.5 h后再测量,得到的是^{214}Po和^{212}Po的贡献。放置4 h后再测量,探测的则主要是^{212}Po。

根据上述分析,设取卡后立即测量取得的计数率为I_1,其中^{222}Rn的子核素(^{218}Po、^{214}Po等)引起的计数率为I_{Rn},^{220}Rn的子核素(^{212}Po等)引起的计数率为I_{Th},4 h后第二次α测量获得的计数为I_2,则有

$$I_{Rn} + I_{Th} = I_1 \tag{3-163}$$

$$I_{Th} = I_2/e^{-\lambda t} \approx I_2 \tag{3-164}$$

由于放射性系列平衡时,子核数量的变化应遵从半衰期最长的子核素衰变的规律,因此式(3-164)中的衰变常数应是^{212}Pb的衰变常数$\lambda=0.065/h$。由于$t=4$ h,$e^{-\lambda t}=1$,故代入式(3-163),还可以得到:

$$I_{Rn} = I_1 - I_{Th} \approx I_1 - I_2 \tag{3-165}$$

由式(3-164)和式(3-165),有

$$\frac{I_{Rn}}{I_{Th}} \approx \frac{I_1}{I_2} - 1 \tag{3-166}$$

以上$I_{Rn}+I_{Th}$、I_{Th}、I_{Rn}、I_{Rn}/I_{Th}四组数据在资料解释中是有实用价值的。

2. 仪器特性

α卡是一种固体材料,固体表面的分子或原子未被其他形似分子或原子包围时会存在未饱和价键力(称为范德华力),所以任何固体表面都有从周围气体中吸附分子、原子或离子的能力。这样,将固体卡片(或塑料杯)埋在地下,其表面就会吸附氡的子核素,形成放射性薄层。同时,氡的子核素多是带正电的,很容易附着在空气中的尘埃上,形成放

射性气溶胶。α 卡自身带负电,在电场力作用下,正离子会迅速聚集在 α 卡上,形成放射性薄层。

虽然氡也能被固体物质吸附,但 α 卡对氡的吸附能力较小。因此,可以认为氡不会附着在 α 卡上。

实际工作中使用的 α 卡可用镀铝聚酯薄膜、铜片、铝片、橡皮或塑料制成。还有一种 α 卡由过氯乙烯细纤维制成,在制作过程中使其自身带有数百伏的静电(负)电压,因而称为静电 α 卡。静电 α 卡有较高的灵敏度,有利于发现微弱的异常。

3. 测量仪器要求

(1)尽量用大闪烁体制作闪烁探测器,探测射线的效率不应小于 60%。

(2)使用环境温度 -5 ~ +40 ℃,湿度 95% ±3%,40 ℃极限条件下读数与正常条件读数误差不超过 15%。

(3)一周内不做调整,重复读数误差不超过 15%。

4. 现场测试

静电 α 卡测量是在覆盖层中埋卡测量,但在道路及人畜活动场所无法埋卡。在阴雨季节,静电 α 卡易受潮,α 卡不易保持静电电压,不宜测量。静电 α 卡法埋卡的小坑,坑底要平坦、无黏土、碎石等杂物。

野外工作中,静电 α 卡埋置时间以 4 ~6 h 为宜,其他 α 卡埋置时间可大于 12 h。同一地区埋卡时间应相同,取卡后应立即进行 α 卡测量。因为 ^{218}Po、^{214}Po 等半衰期短,不尽快测量,它们会很快衰变掉。

由于 α 卡要有一定的总计数,因此当 α 卡上收集到的氡的子核素太少时,应适当延长测量时间,以保证数据的精度要求。

应当指出,氡的运移受多种因素的影响,规律比较复杂,使得测量结果重现性差。实践表明,尽管重复观测中数值会有改变,但异常的形态、曲线的趋势都是相似的。有时,重复测量中异常会消失,说明该测点处氡的浓度变化很大,测点附近可能有构造存在。

3.4.6　放射性测量成果分析

凡伽马射线强度高于底数 3 倍以上,即为异常点。但根据统计资料表明,断层破碎带和地下储水构造带上的伽马强度,只有背景值的 1.1 ~1.8 倍。因此,工程勘测中,若伽马强度偏高,虽然未达异常值,但受构造控制者,即为异常点;或者强度偏高,有一定规模,而覆盖层较厚或有水体屏蔽影响,亦可称异常点。

异常成因分析如下:

(1)地质条件:从岩性构造、破碎带出露形态分析异常产生的背景。

(2)地球化学条件:由坡积、冲积层沉积特点,地表土及植被发育情况,岩石风化程度,地形水系特点及原生晕、次生晕、水晕发育情况,判断放射性气体氡及其子体的来源和贮存部位。

(3)物理条件:根据土壤各层发育情况、孔隙度、地表屏蔽条件、通气条件判断氡气来源和迁移的难易程度。裂隙发育氡气可沿裂隙上升到地表,氡子体会在覆盖层中积累,显示异常。

灰岩地区常出现负异常的原因：

(1)铀在石灰岩地区呈碳酸盐铀铣结合物形式存在,加之岩溶地下水径流作用很强,加强了氧化和搬运作用。

(2)岩溶漏斗附近地势低洼,是地表水补给地下水的排泄通道,大气降水、地表水放射性物质含量很低,长期冲刷会减少天然放射性物质的含量。

α 测量用于隐伏构造勘探。氡浓度的异常幅度、剖面形状常受断层规模、倾角、岩性、断层破碎带宽度,充填物及覆盖层的厚度、成分、密度、孔隙度以及地貌、植被等多种因素的影响,定量解释有一定困难。但观其趋势,可以得到一定信息。如当断层近乎垂直、断层破碎带较开放、覆盖层不厚时,氡气常形成单峰高值。对于倾斜断层,则氡异常随土壤盖层厚度增大而展宽。

3.5　钻孔物理探测方法与技术

钻孔物理探测(简称测井)是应用地球物理方法研究钻孔地质剖面,从而解决某些地下地质问题的一门技术学科。可分为石油测井、煤田测井、金属及非金属矿测井、水文及工程测井。同时根据所获取与利用的物理参数的不同,分为电测井、声测井、核测井等三大方法。

在引调水工程勘察中,为了进一步研究钻井剖面中岩性的变化情况、含水层的性质以及解决其他一系列问题广泛地应用着地球物理综合测井方法。它是在钻井完成以后,借助于电缆及其他专门的仪器和设备把探测器下到井内而进行一系列的物探方法测量,所以又称之为井中物探或地下物探。合理运用测井方法可以弥补钻探取芯率不足并且在有利的条件下可使钻探取芯的工作量减到最小程度,甚至可以不取芯,而且还可能提供更完善、更充足的地质资料。因而可以节约资金、降低成本、缩短勘探周期,使水利水电工程地质勘察工作多快好省。

由于生产的需要,随着现代科学技术的飞速发展,新技术不断被引入,使工程地球物理测井方法内容越来越丰富,所解决的地质问题也越来越多,目前它已成为工程地质勘探中一个不可或缺的重要手段。

目前常用的测井方法有电测井、放射性测井、声波测井以及其他测井方法(如温度测井、磁测井、钻孔全孔壁数字成像等)。

3.5.1　应用范围

综观国内外测井技术的发展,自 20 世纪 70 年代以来,无论在数量上或在质量上,也无论在应用的深度上及广度上都有了明显的发展。随着计算机和数学技术的迅速发展和普及,测井方法系列化,测井仪器的刻度化、组合化、轻便化,测井记录数据化,测井资料解释自动化、定量化,使得测井资料在应用上远远超出了单个钻孔中的分层定厚等狭小应用范围。在现代水利水电工程、水文地质、工程地质、公路交通、铁路等工程应用领域,综合测井有着广泛而有效的应用范围,归纳起来有如下几个方面:

(1)划分钻井地质剖面、区分岩性。

(2)确定含水层的位置、厚度,划分咸淡水分界面。

(3)研究含水层的有关水文地质参数,如孔隙度、渗透系数、地下水矿化度、流速、流向、涌水量以及相互补给关系等。

(4)确定岩石的物理参数,如电阻率、弹性波速度、密度、磁性等。

(5)研究并了解井壁以及钻井技术情况,其中包括探测裂隙、溶洞,测量井径、井斜、井温、套管接箍等钻井工艺问题。

针对上述问题,一般运用一种或多种测井方法进行综合研究以取得较好的效果。

3.5.2 电测井

电测井主要包括视电阻率测井、微电极系测井、自然电位测井、感应测井、激发极化测井以及电磁波测井等。

电测井几乎在需要做工程测井的每一个钻孔中进行。当然,有些电测井方法,比如感应测井等有时在实际运用中较少采用。在工程勘察中,主要运用视电阻率测井。

3.5.2.1 视电阻率测井

视电阻率测井原理与地面电阻率法一样,视电阻率测井也是以研究岩石电阻率的差异为基础的,测试时有电源、电流表、可变电阻 R 以及供电电极 A、B 组成供电回路;测量电极 M、N 接到地面记录仪器 ΔU 组成测量回路。根据稳定电流场的理论,设地下空间为无限均匀各向同性的介质,其电阻率为ρ,当由供电电极 A 流出的电流为 I 时,可测得介质的电阻率为

$$\rho = \frac{4\pi \overline{AM} \cdot \overline{AN}}{\overline{MN}} \cdot \frac{\Delta U_{MN}}{I} = K\frac{\Delta U_{MN}}{I} \tag{3-167}$$

式中　K——电极系装置系数。

对于一定电极系来说,K 是已知的,因此只要测出 ΔU_{MN} 值和 I 值,根据式(3-167)就可求得岩层电阻率 ρ 的数值。但实际上,地下介质是不均匀的,由于钻孔的存在,而且孔内充满泥浆,而泥浆的电阻率 ρ_c 与岩层的电阻率 ρ_2,以及围岩的电阻率 ρ_1、ρ_3 往往是不同的,岩层厚度 h 也不可能是无限的,另外在渗透性地层中泥浆滤液将向地层中渗透,渗透带的电阻率 ρ_Δ 与岩层电阻率也是不同的。综上所述,根据式(3-167)计算出的电阻率值并非某岩层的真电阻率值,而是各种电阻率综合反映的结果,它和真电阻率具有相同的量纲,我们称之为视电阻率,用符号 ρ_s 表示,即

$$\rho_s = K\frac{\Delta U_{MN}}{I} \tag{3-168}$$

所谓视电阻率测井,就是沿井身测量各点的视电阻率变化曲线。所记录的视电阻率值 ρ_s 除与电极系周围岩层电阻率有关外,还与地层厚度 h、井径 d、泥浆电阻率 ρ_c、泥浆渗透程度以及电极系的结构和类型等因素有关。

在实际工作中,根据电极系装置形式不同从而出现不同的视电阻率测井方法,在水文、工程测井中最常用到的有普通电极系的视电阻率测井(简称为视电阻率测井)、微电极系测井及井液电阻率测井等,这些方法从不同角度反映岩层的特性,从而在不同场合得到不同的应用。其中普通视电阻率测井应用最为广泛,同时它也是最基本的一种测井方法。

1. 普通电极系

普通电极系通常由三个电极所组成:一个供电电极、两个测量电极或两个供电电极、一个测量电极。第四个电极放在地面靠近井口的地面或接在套管上。在电极系中,作为供电用的电极称为供电电极,用字母 A、B 表示,作为测量用的电极称为测量电极,用字母 M、N 表示。

实际工作中依据电极之间位置和距离的特点,将电极系划分为梯度电极系和电位电极系两种类型。

(1)梯度电极系:成对电极之间的距离比中间电极到不成对电极之间的距离小得多时,这种电极系称为梯度电极系。当成对电极之间的距离无限靠近时($\overline{MN}$或$\overline{AB}\to 0$)称为理想梯度电极系。

(2)电位电极系:成对电极之间的距离比中间电极到不成对电极距离大得多时的电极系称为电位电极系。当成对电极之间的距离为无穷大时($\overline{MN}$或$\overline{AB}\to\infty$)称为理想电位电极系。

2. 微电极系

微电极系测井是在普通视电阻率测井基础上发展起来的一种电测井方法。由于普通视电阻率测井所使用的电极距比较大,测量结果受邻层、围岩的影响分辨能力较差,尤其是对于划分薄层或薄的交互层更是困难,而微电极测井能比较有效地解决这些问题。

为了克服高阻邻层和围岩的影响,电极系的电极距应尽量缩小,但电极距太小时泥浆的影响会变得很大。为了克服这种矛盾,使用微电极系,它是把电极嵌在绝缘板上并使之紧贴着井壁进行测量。三个铜制电极 A、M、N 之间的距离均为 2.5 cm,嵌在硬绝缘板上,三个互成120°的弹簧片使仪器主体位于井轴上,绝缘板安放在其中一个弹簧片上,借助于弹簧力量使电极紧贴着井壁,每个电极从极板的背面引出导线与电缆相连。由于电极嵌在绝缘板上,绝缘板阻止了电流线向井内泥浆的分流,同时由于电极紧贴着井壁电流直接进入地层之中,因此使微电极系测量结果受泥浆的影响大大减小。

由于微电极系的电极距很小,它的探测深度(垂直于井壁方向的深度)很浅,一般不超过10 cm,故所测得的视电阻率主要反映井壁附近一个很小范围内的介质情况。对于渗透性地层,由于泥浆滤液侵入的结果在地层中形成"侵入带",而在"侵入带"中泥浆滤液部分或全部代替了地层水因而其电阻率 ρ_{Δ} 与岩层中的电阻率 ρ_{n} 不同。同时在渗透性地层上由于泥浆滤液的渗透结果在井壁上形成了泥饼,泥饼的电阻率 ρ_{s} 主要取决于泥浆的电阻率,一般情况下它比岩层电阻率要低很多,通常只有几欧姆·米。因此,在渗透性地层上微电极测量结果主要受泥饼和"侵入带"的影响,在非渗透性地层上则主要受极板和井壁间的泥浆薄膜和岩层电阻率的影响。

微电极测井的测量原理与普通视电阻率法基本相同,其视电阻率值仍由式(3-168)来计算,与普通视电阻率法不同之处只是微电极系系数 K 不能由计算取得(不满足点源场条件),而只能由实验方法确定。

3. 井液电阻率法测井

在水文地质调查中,为了解决含水层位置、水文地质参数、地下水运动状态以及检查井内漏水(或进水)的位置等一些问题,均可通过测量井内液体电阻率的方法来实现。另外，在解释视电阻率和自然电位测井资料时，为了正确估计井内泥浆的影响也都需要确定井内液体电阻率值。因此，井液电阻率的测量是很重要的一项工作。

井液电阻率的测量原理和普通电阻率法一样，只是所采用的电极系形式不同。井内液体电阻计实质上就是一个电极距很短的电极系，为了测得井内液体的电阻率，将电极系固定于一铁制的屏蔽罩中，屏蔽罩能够防止井壁及周围岩层对其测量结果的影响，同时又能使井内液体能够顺利流过。井液电阻计的电极可以是环状、点状或球状等。

由于电极之间的距离很小（一般为 2 ~ 5 cm），因此和微电极系一样，其电极系系数 K 需要通过实验的方法来确定。

井内液体电阻率的测量原理与普通视电阻率法完全一样，只是把井下电极系换成井液电阻计就可。

为了研究钻孔中各个含水层的水文地质特性，根据不同情况，有时需要将井液进行盐化或淡化以使井液与地层水的导电性具有一定的差异，然后利用井液电阻计在不同时间沿井身进行测量。

具体做法有扩散法、提捞法和注入法等。

（1）扩散法。当地下水的矿化度与井液的矿化度不同时，高浓度溶液中的盐离子将向低浓度溶液中扩散，结果使井液的电阻率随时间发生变化。如地下水为淡水，可事先将井液进行盐化，然后每隔一定时间测量一条井液电阻率曲线，直到能够明显反映出异常。

当钻井剖面上含有多个相同性质的含水层而且流向一致时，由扩散法不仅可以确定含水层的位置，还可以根据异常幅度的变化大致比较各含水层的富水性。当在钻孔中存在几个水位不同的含水层从而发生相互补给关系时，扩散法往往只能确定含水层的顶板或底板位置。

（2）提捞法（抽水法）。与扩散法一样，它也是测量井液电阻率随时间的变化。其特点是用抽水来加速这一变化过程，ρ_0 为盐化前所测曲线，ρ_{01} 为盐化后立即所测曲线，ρ_{02}、ρ_{03}、…、ρ_{05} 分别为相隔一定时间，每次抽水后所测曲线，显然抽一次水，由于地层水流向钻孔冲淡了井液，使相应的 ρ_{0i} 值增高，直到最后曲线的电阻率值接近于盐化前的电阻率 ρ_0 值。异常部位便是钻孔中出水的位置，对于含水层来说便是其底板位置。

（3）注入法（挤压法）。与提捞法相反，注入法是井液盐化后，连续向钻孔中注入淡水，用井液电阻计测量咸淡水分界面随时间的移动，直至该界面移动到含水层，这时，界面的深度便是钻孔中进水的位置，亦即含水层的底界面位置。

注入法和提捞法只能确定含水层的底界面，而不能确定含水层顶面位置。它们适合于在涌水量较小的钻孔中使用。

3.5.2.2　自然电位测井

在视电阻率测井时，即使不向井下供电，仍可测到明显的电位差变化。这是由于在钻孔中存在着自然电场。沿着钻孔测量井中自然电场的变化，并利用它研究钻孔剖面中岩性的变化，判断含水层位置和含水性以及解决其他各种地质问题，这就是自然电位测井。

1. 井中自然电场产生的原因

钻井中自然电场的形成比较复杂，它主要与岩石的岩性、钻孔中泥浆性质以及井下的物理化学条件有关。根据理论研究，井中自然电场产生的原因如下：

(1)当岩层与离子溶液接触时,在界面上发生获得电子和失去电子的氧化还原反应(氧化还原电位)而产生自然电场。

(2)由泥浆液柱与地层水压力差造成的离子溶液沿孔隙孔道过滤(或渗透)而引起的所谓电动电位(或过滤电位)而产生自然电场。

(3)由于井液与地层水的矿化度不同,在接触面上产生的扩散—吸附作用(扩散—吸附电位)而产生自然电场。

上述各种因素,在不同岩性的岩石及不同地质条件下所起的作用是不同的。在水文钻井中(如砂泥岩地质剖面)通常以扩散—吸附作用占主导地位,电动电位只有当地层与泥浆柱的压力差很大而且液体电阻率较高时才比较明显,在一般情况下常被忽略,而氧化还原电位则主要发生在电子导体的岩(矿)层中。所以,在此只着重研究由扩散—吸附作用所引起的自然电场。

2. 自然电位测量原理

自然电动势通过泥浆、地层、围岩构成电流闭合回路。进行自然电位测井时,将 M 电极置于井内,N 电极固定在地表,随电极系的移动,测量可动电极 M 相对于地面参考电极 N 间的电位差。如将 N 电极作为零电位,则所测的电位差实质上就是自然电流在泥浆柱上所产生的欧姆电位降。这就是通常所称的自然电位测井曲线。

自然电位曲线的异常幅度主要取决于自然电动势,此外还与自然电流的分布状态有关。

自然电位曲线的幅值与自然电动势 E_s 成正比,并与回路中各介质对自然电流的等效电阻有关。当井径增大(即泥浆柱对自然电流的截面增加),以及泥浆电阻率减少时,β 值也减少,因此自然电位幅值下降。当岩层厚度增加(岩层对自然电流的截面增大)或岩层电阻率减少时,β 值增大,因此自然电位幅值增高。当岩层厚度相当大时,岩层和围岩的等效电阻比泥浆要小得多,这时自然电流的电位降基本上落在泥浆柱中,$\beta \approx 1$,因此自然电位的幅度 ΔU_s 接近于自然电动势值 E_s。

自然电位测井主要用于定性解释,在作定量解释时需要对地层厚度、井径以及岩层电阻率等因素作相应的校正。

此外,在实际测量过程中常常出现一些干扰因素使自然电位曲线发生畸变,引起干扰的因素很多,常遇到的有以下几种情况:

(1)由于各种电网接地线引入的工业游散电流干扰。

(2)由于电极极化电位不稳定引起的干扰。

(3)由于重锤的电腐蚀作用而引起的干扰。

(4)由绞车磁化作用而引起的干扰等。

3.5.3　声波测井

利用声波在岩石中的传播性质来研究钻井剖面的方法称为声波测井,由于声波测井仪器所使用的声波频率一般都大于 20 kHz,故工程上又称之为超声波测井。

目前普遍应用的声波测井方法主要有以下几种:一是根据声波传播速度研究岩层性质的声波速度测井;二是根据声波幅度的衰减反映岩石性质的声波幅度测井;三是利用声波在井壁上的反射特性,借以了解井壁结构情况的声波成像测井。它们在水文、工程地质勘探中均有不同程度的应用。

3.5.3.1　声速测井

声速测井是测定声波在地层中的传播速度。不同的岩石由于其物质成分、结构的不同因此对声波的传播速度也不同。一般来说，波速的大小主要与岩石的密度、表面破碎程度、裂隙或节理发育程度以及岩石的孔隙度、胶结程度、风化程度等因素有关。

目前在声速测井中主要是利用纵波，所以下面所讨论的一般是指岩石的纵波传播速度。对于常见的一些介质和岩石其纵波速度如表3-30所示。

表3-30　常见介质及岩石的纵波速度

性质	材料	速度 V_P(m/s)
无空隙固体	白云岩	7 010
	石灰岩	6 400
	方解石	6 130
	硬石膏	6 100
	钢	6 100
	花岗岩	6 010
	石膏	5 790
	石英	5 760
	套管	5 350
	混凝土	3 660
饱和原生水的孔隙岩石	白云岩(孔隙度5%~20%)	6 100~4 560
	石灰岩(孔隙度5%~20%)	5 640~3 960
	页岩	5 180~2 130
	砂岩(孔隙度5%~20%)	4 880~3 510
	砂岩(未固结,孔隙度5%~20%)	3 510~2 740
液体	咸水	1 680~1 590
	淡水	1 470
	泥浆	1 610

1. *声速测井原理*

声速测井是在声速测井仪中装有声波发生器(T)，在距离发生器为L(m)处装有声波接收器(R)。当声波由发生器发出后，经过井液射向井壁，一部分透过井壁进入岩层(透射波)，一部分反射回来(反射波)，其中以临界角i入射的部分则在井壁上产生滑行波，另外还有一部分直接沿泥浆传播称为直达波。为了反映岩石的传播特性，在声速测井中需要记录的是滑行波。

由于井液的声速V_1总是低于岩层的声速V_2，因此到达接收器的各种波先后具有一定的规律：当发射器和接收器的距离 L（称为源距）比较小时，接收器位于折射波的盲区，所以只能记录到直达波和反射波，显然这种情况不能采用。当源距增大时，由于岩层的声速大于泥浆的声速，因此首先到达接收器的初至波是滑行波，其次是直达波，而反射波到达接收器的路径总是大于直达波，所以反射波总是最后到达接收器。因此，必须适当选择源距，使几种波到达接收器的时间先后不同，并且让仪器只记录与地层性质有关的初至波（即最先到达的滑行波）。

目前国内声速测井仪主要采用具有一发双收的装置。两个接收器 R_1、R_2 的距离为 l（称为仪器的间距）。仪器记录滑行波到达两个接收器的时间差 Δt。

2. 影响声速测井曲线的因素

声波时差曲线基本上反映了岩层的波速变化，对应于高速岩层 Δt 显示为低值，对应于低速岩层 Δt 显示高值，这就是利用声速曲线研究钻井剖面的物理依据。实际上除岩性因素外，还有源距 L、间距 l、井径等因素对其也有所影响。

1）源距、间距的影响

选择源距应该满足测量的基本要求，即保证滑行波最先到达接收器，为此应该选择足够大的源距。但源距过大将会使工作造成困难，同时波的衰减增加，信号变小，造成记录困难，因此必须选择一个最佳源距。为此，首先需要求出直达波与滑行波同时到达接收器的源距长度 L_{min}（称为最小源距），所选择的最佳源距比 L_{min} 稍大一点即可满足滑行波最先到达接收器的基本要求。

对于一发双收仪器，间距越小则仪器分辨地层的能力越强；反之，则分辨能力越差。目前国产的综合测井仪系列的声速测井仪一般采用 0.5 m 的间距，普通声速测井探头一般采用 0.2 m 的间距。

2）井径的影响

对于双接收器测量来说，井径无变化时 Δt 值不受井径的影响。当井径发生变化时（常遇到的情况），声速曲线在井径变化部位上将出现异常。对于目前所用的仪器，在发射器在上、接收器在下的情况下，在井径扩大部分的上部边界时差增大，下部边界时差减少。这是由于：

（1）当井下仪器由下而上测量时，当 R_1 进入井径扩大部位时，R_2 仍在下部，由于声波经过井径扩大处的泥浆到达 R_1 路程增加使 t_1 增大，而 t_2 仍不变，因此 $\Delta t(t_2 - t_1)$ 在井径扩大部位的下端显著降低，低于岩层的真 Δt 值。

（2）当 R_1、R_2 都在井径扩大部位时，Δt 没有变化。

（3）当 R_1 进入井径未扩大部位，R_2 仍在井径扩大部位时，t_1 不变，t_2 增大，故 Δt 也增大，因此在井径扩大部位的上端时差增大。

相反，若将接收器放在上部，发射器放在下部，则由于井径变化对 Δt 的影响出现与以上相反情况，即在井径扩大部位的上边界时差曲线减少，下边界时差增大。

3.5.3.2　声幅测井

以研究声波幅度的衰减特性为基础的方法称为声波幅度测井，简称声幅测井。声幅测井通常是记录初至波的波峰幅度，以 mV 为单位。当采用单发射、单接收仪器时，从发射器发出的声波最先到达接收器的是沿井壁（或套管壁）传播的滑行波。声波在传播过程中为了克服质点之间的摩擦力需要损耗能量,因而声波幅度发生衰减。

声波幅度在岩石中的衰减性质主要与岩石的结构、空隙中液体的性质有关,在裂隙、破碎带和孔隙地层中声波发生强烈的衰减,借此可以根据声幅曲线的低值异常来划分含水裂隙带或破碎带以及解决其他某些地质、工程问题。

3.5.3.3　全波列测井

1. 基本原理

为了对声波测井问题进行理论分析,建立柱状井孔简化模型。设井中充满井液,其密度为 ρ_0,速度为 V_1,井孔外侧为各项均匀地层,密度为 ρ_1,纵波速度为 V_p,横波速度为 V_s。引入纵波函数 Φ 和横波函数 Ψ,根据弹性力学理论,纵波及横波均满足波动方程,在流体中纵波函数 Φ_1 有:

$$\nabla^2 \Phi_1 - \frac{1}{V_1^2}\frac{\partial^2 \Phi_1}{\partial t^2} = 0 \tag{3-169}$$

在地层中纵波函数 Φ_2 及横波函数 Ψ_2 有:

$$\nabla^2 \Phi_2 - \frac{1}{V_p^2}\frac{\partial^2 \Phi_2}{\partial t^2} = 0 \tag{3-170}$$

$$\nabla^2 \Psi_2 - \frac{1}{V_s^2}\frac{\partial^2 \Psi_2}{\partial t^2} = 0 \tag{3-171}$$

在单源激励情况下,利用变量分离法,解得:

$$\Phi_1 = \int_{-\infty}^{\infty} K_0(\mu_l r)\mathrm{e}^{ikz}\mathrm{d}k + \int_{-\infty}^{\infty} A \cdot I_0(\mu_l r)\mathrm{e}^{ikz}\mathrm{d}k \tag{3-172}$$

$$\Phi_2 = \int_{-\infty}^{\infty} B \cdot K_0(\mu_p r)\mathrm{e}^{i(\omega t - kz)}\mathrm{d}k \tag{3-173}$$

$$\Psi_2 = \int_{-\infty}^{\infty} C \cdot K_1(\mu_c r)\mathrm{e}^{i(\omega t - kz)}\mathrm{d}k \tag{3-174}$$

式中　k——z 轴方向的波数;

μ_l——井液波的纵向波数;

μ_p——地层纵波的径向波数;

μ_c——地层横波的径向波数;

I_0——第一类零阶虚宗量贝塞尔函数;

K_0——第二类零阶虚宗量贝塞尔函数;

K_1——第二类一阶虚宗量贝塞尔函数;

A、B、C——由边界条件确定的待定系数。

根据理论计算,点声源在高速地层中将激励滑行纵波、滑行横波、伪瑞利波和斯通利波,而在地层的横波速度小于液体声速的低速地层中只存在滑行纵波和斯通利波。滑行纵波以井壁岩体的纵波速度沿着井轴方向不衰减的传播,滑行横波以略低于岩体横波速度沿着井轴方向不衰减地传播。典型的声波全波列信号如图 3-167 所示。

不同模式的声波传播速度不同,经过的路径也不尽相同,在短源距情况下,不同模式的声波存在明显的叠加现象,数据处理很困难,当源距足够长时,在时域上能够使得不同模式声波能得到分离,从而较为准确地计算其速度。

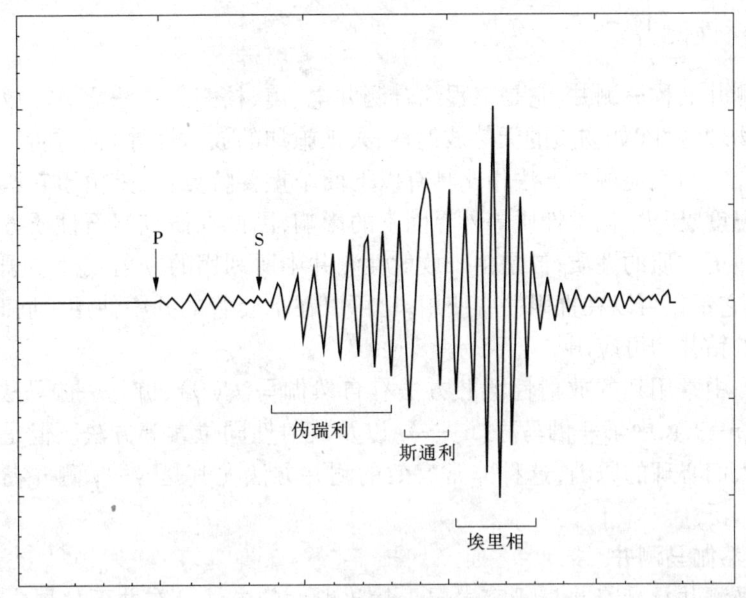

图3-167　典型的声波全波列信号

2. 数据处理

声波全波列一般采用一发双收装置，纵波到达时间最早，根据两道首波到达时间 t_{p1} 和 t_{p2}，可以得到纵波速度为

$$V_p = \frac{l}{t_{p2} - t_{p1}} \tag{3-175}$$

式中　l——两个接收传感器之间的距离。

纵波提取还可以采用子波相关方法，即取近道首波作为子波，与远道波形进行相关计算，在合理范围内取最大值作为纵波延时 Δt_p，计算得到 $V_p = \frac{l}{\Delta t_p}$。

横波的到达时间一般为纵波的1.4～2.1倍，确定横波到达时间一般采用两种方法，即相似相关法和过零点法。

(1)相似相关法：取3～4个波形构成子波，求取该子波的瞬时能量曲线。然后对远道和近道的能量曲线进行相关计算。如果声波以单一速度传播，两道之间的延时应为一个常数，表现为曲线平行延时；如果分别由纵波、横波两个成分，由于纵波速度高，横波速度低，引起的延时大，两个波之间的延时随着纵横波比例的变化而之间增大；当纵波分量消失，面波到达之前，单纯的横波将产生单一的延时，在曲线上将出现一段平行区域，该区段的延时即为横波延时。在相关曲线中，以曲线的峰值时刻作为横波时差，来求取横波速度。

(2)过零点法：在远道和近道分别开时间窗口($1.4t_p$～$2.1t_p$)，找出其中所有的过零点(包括正向过零点及负向过零点)，求取满足 $1.4\Delta t_p \leqslant \Delta t_s \leqslant 2.1\Delta t_p$ 条件的 Δt_s 即为横波时差。

$$V_s = \frac{l}{\Delta t_s} \tag{3-176}$$

3.5.4　放射性测井

放射性测井又称核测井，它是工程综合测井电、声、核三大方法之一。放射性测井利用元素的核物理特性（如物质的天然放射性、人工施加的放射性等）而进行工作的一种井中物探方法。它与其他测井方法相比具有以下两个重要特点：一是由于它所利用的核性质一般不受温度、压力、化学性质等外界因素的影响，因此在研究岩石性质方面放射性测井具有更直接更本质的性质；二是由于放射性测井中所利用的 γ 射线及中子流具有较强穿透本领，故它不仅可以在裸眼井中使用，也可以在下套管的井中使用。同时，对于空井或油基泥浆的钻井均可应用。

目前生产中常用到的放射性测井方法有自然伽马法（γ）、伽马—伽马法（γ—γ）、中子—中子法（n—n）、中子—伽马法（n—γ），以及放射性同位素等方法。但是由于核安全与环境以及人们心理的原因，这种非常有效的测井方法尤其是 γ—γ 测井在工程实践中应用不是很广泛。

3.5.4.1　自然伽马测井

自然伽马测井是沿着井身研究岩层天然放射性的方法。在井下仪器中装有 γ 探测器，它将所接收到的 γ 射线转变成电脉冲输出，并经电子线路放大、整形后通过电缆传送到地面。地面测量仪器中设有计数率测量线路，它将电脉冲变换成与脉冲计数率成正比的直流电压，最后输送到记录仪中进行记录得到 γ 测井曲线。

测井中使用的 γ 探测器有闪烁计数器、γ 计数管、半导体探测器等类型。

实际测试及解释时应注意以下几点。

1. 测井速度 V、时间常数 τ 对放射性测井曲线的影响

自然伽马理论曲线是测速视为零的条件下由计算所得。实际上，井下仪器是以一定的速度 V 沿着井身连续移动进行测量的，由于在仪器的计数率测量线路中存在积分电路，而积分线路具有一定的时间常数 $\tau = RC$，故它对电位差表现出一定的惰性，因此实测的 γ 曲线（包括其他放射性测井曲线）与上述的理论曲线有所不同，一方面曲线的形态及幅度发生了改变，另一方面曲线向井下仪器的移动方向产生偏移，而且随着 $V\tau$ 的变大这种畸变的影响越明显。

因此，提升测量和下降测量时，放射性测井曲线不能重合。另外，在进行放射性测井时，为了获得合格的曲线，必须限制测速 V，并且积分线路的时间常数 τ 也不能过大。在解释放射性测井曲线时，需要根据 V、τ、h 的数值，对解释结果（层位、厚度、幅值）利用图板进行必要的校正。

2. 放射性测井曲线的统计涨落误差

放射性测井曲线与其他所有测井曲线比较，一个显著的特点就是具有统计起伏性质。这是由于地层中每一个原子核的蜕变是完全独立的、偶然的。这就造成即使对于同一岩层，用同一测井仪器在相同条件下进行读数，每次测量的结果也不会相等，而是围绕着某一平均值附近变化。因此，放射性测井曲线与其他测井曲线相比在外观上具有较多的小锯齿。

理论计算表明，积分线路的时间常数越大，相对标准误差越小，测量的精度越高，但随

τ 值增大,曲线的畸变影响增加,所以二者是矛盾的。因此,积分线路的时间常数的选取必须二者兼顾,在实际工作中,一般 τ 值取 2～12 s。

另外,随着地层厚度 h 增加和测速 V 的降低,平均值的相对误差减少,测量精度提高。正是这个原因放射性测井时的测速比其他测井都要低,一般小于 200 m/h。

引起放射性测井曲线上读数的变化有两种因素,一种是由于统计起伏现象引起的;另一种是由岩层的放射性强度的变化所引起的。因此,放射性测井曲线图解释的第一步,首先计算出放射性曲线上各点读数的标准误差 σ_i(用该地层上的平均计数率 n 来代表)。然后将 $\pm\sigma_i$ 画在平均值两侧。当曲线变化在 $2\sigma_i$ 范围以内时,则认为所研究的岩层是均匀的,曲线上一些微小的变化是由统计起伏误差所造成的。一般当曲线的变化超过 $3\sigma_i$ 时才能当作异常来解释。此外,在利用放射性测井曲线进行定量解释时,常取岩层的平均值。

3. 井的参数对伽马测井曲线的影响

由于伽马测井的探测半径不大,只有几十厘米,因此 γ 曲线受井径、泥浆、套管、井下仪器的直径等一系列因素的影响是不能忽略的。为了正确解释 γ 曲线必须估计这些因素的影响程度,在定量解释时还需作相应的校正。

井径、泥浆、套管对 γ 测量结果的影响可以看作是两种因素的综合,一是它们对岩石自然 γ 射线的吸收;二是它们自身的自然放射性附加在测量结果上。一般情况下,吸收是主要的。当井下仪器由泥浆部分进入空井部分时,γ 读数将要升高;从没有套管的部分进入有套管的部分时,γ 读数减少,在井径扩大的井段由于泥浆吸收结果 γ 读数也要降低。值得注意的是,当泥浆中含有放射性物质时,自然伽马曲线就不能真实反映出岩层的放射性。因此,当利用 γ 测井曲线进行定量解释时,需要对上述各项因素进行校正。具体方法是,将各种井条件下所测得的结果校正到某一"标准"条件下的读数,这样就便于进行对比以及确定岩层的真正放射性含量。

3.5.4.2　伽马—伽马(γ—γ)测井

与自然伽马法不同,γ—γ 测井是在井下仪器中放入一个人工 γ 射线源,探测器记录 γ 射线经过与井周围的介质作用后散射的 γ 射线强度。由于 γ—γ 测井读数反映了介质的密度情况,所以通常将 γ—γ 测井称为密度测井。

密度测井的探测深度很浅,一般不超过十几厘米,故井参数对 γ—γ 测量结果的影响非常显著。在井径扩大处,井的影响增大,相当于在探测范围内介质的平均密度减少,所以 γ—γ 读数相应要升高。

为了克服井的影响,如微电极系那样,使井下仪器紧贴着井壁进行测量,同时在贴井壁方向留有窗口利用特殊的铅屏使 γ 源和探测器只沿一方向发射和接收。为了消除由于泥饼厚度的变化以及井壁不平整所引起的影响,可以采用双源距测量装置的井眼补偿密度测井仪。它有两个探测器,一个是长源距探测器(离 γ 源较远),另一个是短源距探测器(离 γ 源较近)。在该仪器的面板中装有模拟计算机,利用它可以对泥饼和接触不均匀的影响进行自动校正,因此利用这种仪器可以直接得到地层的密度变化曲线。

γ—γ 测井曲线和 γ 曲线一样,同样具有统计起伏误差,测速 V 和时间常数 τ 对曲线存在畸变的影响。

3.5.4.3 中子测井

利用中子和物质作用产生的各种效应来研究钻井剖面中岩石性质的一组测井方法称为中子测井。中子测井的测量装置和 γ—γ 测井相似,所不同的只是将 γ 源改为快中子源。根据探测器所记录的射线性质不同,中子测井可以分为中子—伽马测井和中子—中子测井两大类。中子—伽马测井是用 γ 探测器记录热中子被岩石原子核俘获以后所放射出的二次 γ 射线强度($J_{n\gamma}$)。中子—中子测井是用热中子探测器记录热中子的密度(J_{nn})。

3.5.4.4 放射性同位素测井

放射性同位素测井是利用放射性同位素作指示剂,来研究钻井地质剖面和检查井内技术情况的测井方法。在水文地质、工程地质中运用这种方法可以探测地下水的流速、流向、流量,渗透系数等水文参数。

同位素测井方法的实质就是把具有放射性同位素的物质(如溶有放射性物质的泥浆、水以及其他物质)放入井内(投放井),当它与地下水一起流动时,在邻近的钻井中(检测井)测量 γ 射线强度(γ 测井),或在投放井本身测量放射性浓度随时间的变化情况。根据测量结果即可确定地下水的流动特性以及井内的技术状况,如出水位置、套管破裂位置等。

在放射性同位素测井中,同位素的选择非常重要,它应满足以下几个基本要求:

(1)同位素应能放射出能量较强的 γ 射线,以便能够穿过套管及井下仪器外壳而被探测器记录。

(2)同位素的半衰期应适宜,太短了不利于观测,也不利于保存和运输;太长了污染时间长,同时使钻孔在相当长的时间内具有强的放射性,影响以后进行放射性测井工作。

(3)在研究地下水运动时,所使用的指示剂应该受介质吸附作用很小,即流过介质时指示剂损失很小。

(4)易于制作、价格便宜而又安全。

根据上述要求,目前常用的放射性同位素以及其特性列于表 3-31 中。

表 3-31 常用同位素及其特征

同位素名称	化合物名称	γ 射线能量(MeV)	半衰期
铁(Fe^{59})	$FeCl_3$	1.10 ~ 1.30	45.3 d
锆(Zr^{95})	$Zr(C_2O_4)_2$	0.39 ~ 1.0	65 d
锌(Zn^{65})	$ZnCl_2$	1.12	250 d
碘(I^{131})	KI、NaI	0.58 ~ 0.78	1.7 a
铯(Cs^{134})	Cs_2CO_2	0.5 ~ 1.1	3.7 a
钴(Co^{60})	$CoCl_2$	1.1 ~ 1.3	5.3 a

3.5.5 钻孔全孔壁数字成像

3.5.5.1 工作原理

钻孔全孔壁数字成像是近年在钻孔电视基础上发展起来的一项新技术。其工作原理是在探头前端安装一个高清晰度、高分辨率的光学摄像头,摄录通过锥形镜或曲面镜反射回来的钻孔孔壁图像,随着探头在钻孔中的不断移动,形成连续的孔壁扫描图像及影像。

由于在锥形镜或曲面镜顶部的反射面积较小,形成的图像分辨率较差,一般在工作中将该部分图像裁剪,主要取外侧圆环部分作为有效图像范围。通过对实时摄录的圆环图像按照一定的方位顺序进行展开,并根据记录的深度进行连续拼接,形成展开式钻孔孔壁图像。

3.5.5.2 工作方法

钻孔全孔壁数字成像是一种光学观测方法,所以主要适用于在清水孔或无水孔中进行。在进行观测之前,要求进行如下准备工作:

(1)对探头与电缆接头部位进行防水处理,一般用硅脂等材料。

(2)对深度计数器进行零点校正,一般将取景窗中心位于地面水平线的位置定为深度零点。

(3)确定孔口孔径及钻孔变径情况,以便确定观测窗口及深度增量等参数。

(4)将孔口定位器固定好,使探头在孔中居中,并调节摄像头焦距、光圈,使得能够得到井壁的清晰反射图像。

在观测过程中,要注意观测速度,并且对采集过程进行监视,避免图像的重复采集或漏采。

3.5.5.3 资料处理及解释

钻孔全孔壁数字成像资料的处理主要分为图像展开、图像拼接及图像处理三部分。为了进行实时监控,其中绝大部分设备都将图像采集与展开同步进行。

1. 图像展开

实时采集获取的是井壁经过锥形镜或曲面镜反射的圆环形图像,为了后续的图像拼接工作,需要将圆环形图像转换为按照一定方位顺序的矩形图像。首先要根据数字罗盘或普通罗盘确定图像的方位,将圆环图像沿着指北的方向切开,因圆环内圈图像的实际深度位置大于外圈,故在展开时按照由内到外,方向按照 N—E—S—W—N 的顺序。由于内外圈成像的像素不同,内圈的图像以一定的比例进行插值,使展开图像为一个规则的矩形。

在观测过程中,如果出现探头不居中的情况,采集的图像会发生变形,在图像展开过程中要对其进行校正。

2. 图像拼接

每一个展开图像均为一段孔深范围的井壁图像,为了形成完整的全井剖面,要按照孔深依次进行拼接。

3. 图像处理

由于采集中光照不均匀、探头偏心等原因,拼接完成后的图像经常会出现百叶窗现象,要对图像进行亮度均衡等处理。

资料解释主要包括两个方面:

(1)对观测到的地质现象进行描述,包括岩性变化、地下水位、渗漏、裂隙发育情况、岩溶洞穴发育情况、混凝土浇筑质量等。

(2)对深度、产状进行计算。拼接结果中包含了深度刻度,根据刻度与地质现象的相对垂直位置可以确定其深度;对于裂隙、岩脉等产状,可以根据其顶底方位、高差结合孔径进行计算。

3.5.5.4 仪器设备

为了取得较好的观测效果,对钻孔全孔壁数字成像设备及处理软件作如下要求:

(1)附带良好的照明光源。

(2)有较好的防水抗压性能。

(3)有精度较高的方位确定方法及深度计数方法。

(4)能够准确地分析获取倾向、倾角、距离等参数。

3.5.6 超声成像测井

超声成像测井实质上就是反射法超声波测井,它与钻孔电视一样,能够直接观察井壁的变化情况,这是其他任何测井方法所不能达到的。与一般的光学电视测井相比,超声成像具有结构简单、测速高,其最大的优点还在于它可以在泥浆井中使用(而光学电视测井目前只能在清水井中使用)。

多年来,超声成像测井在油田、煤田、水文工程等方面获得了应用。

综合起来,超声成像测井可以解决如下一些问题:

(1)探明井壁(或套管壁)的裂隙,溶洞、裂缝及砂眼的分布情况。

(2)探测岩层的产状,裂隙的方向和倾角。

(3)划分某些具有明显反射特性的岩层,如煤层、纯黏土层等。

超声成像测井的原理与雷达相似,雷达是利用电磁波的反射来发现目标,超声成像是利用超声波被井壁的反射回波来反映井壁的形象。

在超声成像测井的仪器中,声波的发生和接收由同一晶体换能器交替进行,换能器产生的超声波(其频率约为 2 MHz)以每秒约 2 000 次的脉冲频率(以很窄的脉冲束)定向射向井壁。一部分能量被井壁反射回到换能器由同一晶体进行接收,并以电脉冲形式输出信号。

该信号的强弱与反射界面的反射系数 R 成正比,而反射系数与界面上两个介质的声阻抗有密切关系,即与介质的密度与声速的乘积有如下关系:

$$R = \frac{\rho_2 V_2 - \rho_1 V_1}{\rho_2 V_2 + \rho_1 V_1} \tag{3-177}$$

式中 ρ_1、ρ_2——井液与岩层密度;

V_1、V_2——井液与岩层声速。

因此,输出电脉冲信号的大小直接反映了井壁的情况。

超声成像测井仪的井下部分除装有发射和接收声波用的换能器外还有测量地磁场和

确定记录方位用的磁通门地磁仪,随着井下仪器沿井孔移动的同时,由马达带动换能器和地磁仪绕仪器轴心以一定的转速自转,因此超声脉冲是沿着一定螺距的螺旋线射向井壁,反射回来的信号则是由同一换能器接收并输往地面仪器进行记录。因此,所得到的声波电视记录实际上是一幅井壁表面的展开平面图像。如果用自动照相机将它拍摄下来就成为永久记录的超声图像。在换能器转到磁北方向的瞬间,地磁仪及其联合电路便产生一个脉冲(指北脉冲)。因为换能器和地磁仪都是恒速旋转的,所以根据指北脉冲的到达时间,就可以知道换能器在任何时间里的方位角。

在地面,由指北脉冲、反射信号和深度信号组成统一记录系统。指北脉冲触发示波器的 x 轴(水平轴)的扫描发生器,从而产生锯齿波,它即从左到右线性地扫描阴极射线示波管的电子束。每当换能器沿井壁扫描一周(360°)指北脉冲出现一次电子束立即回到左边起始位置,然后又线性地扫描到右边,因此每张超声图像总是以同一方位(比如北方位)开始的。另外,当井下仪器沿井轴移动时,通过传动系统带动深度电位差计产生一个与深度成正比的电压信号,加到示波器的 y 轴,控制地面显示器的垂直扫描。与来自井壁的反射信号成比例的电压脉冲加到示波器的 z 轴,由 z 轴控制电子束的强度或辉光亮度,电子束的强度与反射信号的幅度成正比。当井壁表面平滑时,反映信号具有均匀的幅度,因此在示波器上扫描轨迹的强度也是均匀的。对于不连续的井段如裂隙、空洞或破碎带,则反射信号被衰减,轨迹的强度减弱。因此,在屏幕上就显现出相应的纹理图像。每张图像代表的井壁长度与测速和换能器沿井壁扫描频率有关。目前国产仪器,每幅图像代表1 m的长度。也可采用连续记录的方式,为此使水平扫描线固定在某一位置上,让胶卷与电缆提升速度按一定比例移动,于是在胶片上留下了连续的明暗图像。

3.5.7 温度测井

井内的温度测量可以解决一系列地质和工程技术问题。如在地热勘探中测量岩层的温度、地温梯度、井内温度,确定井内出水位置以及管外液体流动情况等。

井内温度可用普通水银温度计或电温度计进行测量。在温度测井中,目前常用热敏电阻温度计连续记录井内温度随深度的变化曲线。

在测量过程中,由于电桥平衡被破坏,在 MN 间产生了电位差 ΔU_{MN},它是温度的函数。根据计算结果有如下关系式:

$$T = T_0 + K\frac{\Delta U_{MN}}{I} \tag{3-178}$$

式中　T_0——电桥平衡时的温度(仪器的零点温度);

K——井温仪的常数,$K = \dfrac{2}{\alpha R_0}$;

I——供电电流。

若事先用校验的办法求出井温仪的 T_0 和 K 值,并在测量过程中保持供电电流不变,则 MN 之间的电位差变化反映了温度的变化。

由于钻井过程井液对地层原始温度存在较大影响,故温度测井一般应在钻井结束两天后进行。测量方式可以采用点测或连续测量。温度测量过程中,下放速度不宜太快,避免因对井液扰动而造成测量误差。

3.5.8 井径、井斜测量

3.5.8.1 井径测量

在钻井过程中，由于泥浆的浸泡以及起、下钻具和钻杆时井壁受到撞击等原因，井的实际井径经常和钻头的直径不同。井径的大小和岩性也有一定的关系，在第四纪沉积地层中，松散的砂层往往容易坍塌，而黏土层则经常出现缩径现象。而对于其他砂泥岩地质剖面，泥质岩层又常常出现井径扩大，渗透性大的砂岩层，由于泥浆渗透时井壁形成一层泥饼而使井径缩小。当岩层由一些易溶解的矿物所组成时（如岩盐），井径会明显扩大（1～2倍以上）。在一般的砂层、砂岩、磷酸盐岩层、石膏、硬石膏和其他一些岩层中井径接近于钻头直径。因此，分析井径曲线的变化有助于了解钻井剖面上岩性的变化情况。此外，在解释许多测井资料时也常常需要井径这一参数值，由此可见井径的测量是测井工作中的一项重要内容。

测量井径的仪器称为井径仪或井径规。井径仪的结构和形式是多种多样的，目前国内最常用的是电阻井径仪。它由反映井径变化的机械结构和把机械位移变成电信号的机电转换装置组成。井径仪的四个测量臂（腿）在弹簧作用下其端点可以张开并压向井壁，当井径变化时，长臂的倾斜程度改变，通过机械传递带动连杆上下移动，连杆和可变电阻的滑动接触点相连，这样随着井径的变化，可变电阻也随之按比例改变。

在实际操作时，下放仪器时将井径仪的四个臂合在一起缚上，当井径仪放到井底后，借助于一个电流引爆装置或机械系统把测量臂打开，然后向上提升即可测得井径曲线。通常，为了提高测井效率，井径的测量往往与其他测井一起同时进行。

3.5.8.2 井斜测量

在实际工作中，由于地质条件的差异和钻井技术上的原因，钻探井相对于垂直线（铅垂线）常有偏移。为了检查偏移的情况需要进行井斜测量，在解释测井曲线时也经常用到井斜的资料，当进行定向钻井时必须在井斜测量的指导下才能达到预定的目标。

井内某深度上的井斜由两个参数表示：一个是倾角，另一个是方位角。

倾角又叫顶角，即井轴偏离垂直方向的角度 δ。方位角即井轴（沿深度增加方向）在水平面上的投影与磁北方向的夹角 φ。测量井的倾角和方位角的仪器称为井斜仪。

可以根据不同的原理测量井斜的两个参数，目前国内普遍使用电阻式井斜仪，其基本原理是将倾角和方位角的变化转变为电位器可变电阻值的变化，然后利用校验的方法将电阻值（或电位差值）换算成角度的大小。

井斜的测量方式根据仪器的性能不同，可以是一次下入井中进行逐点测量，也可以一次下井进行连续测量。电测时，测点距宜小于 5 m，井斜变化较大（相邻两个测点倾角差大于 2°，方位角大于 20°）时，应加密测点。在测量过程中，应采用推靠装置使井斜仪贴壁或居中。

3.5.9 钻孔电视

钻孔电视是指钻孔摄像仪器利用平面反光方式观测钻孔井壁图像，反映钻孔井壁结构、裂隙发育程度、井中其他地质现象等的测井方法。

经过多年的技术发展,钻孔电视已经由最初的黑白影像发展到彩色影像,由录像机录制,电视机观测发展到由工控机控制录像及观测,使得成像的质量、观测精度和效果大大提高,操作也更为简便快捷。

钻孔电视一般采用 CCD 摄像头在孔中摄像,观测平面反光镜反射的井壁图像,观测范围一般为 35°视角,观测者可以根据实际情况进行探头的 360°旋转、提升或下放来追踪观测感兴趣的目标物。钻孔电视成像一般采用 1∶1,即屏幕上成像的大小与实际大小相同,故可以对目标物的规模(如裂隙宽度、岩脉的厚度等)进行精确度量,同时根据钻孔深度、旋转角度对岩脉、裂隙、构造进行产状的测量和计算。由于钻孔彩色电视采用的是动态录像的方式,对于孔中的渗漏、孔壁变化等现象反映更为真实,而且成像的比例为 1∶1,所以比一般的钻孔孔壁成像精度更高。

3.5.10　综合测井顺序与速度

3.5.10.1　综合测井顺序

由于不同的测井方法对钻孔环境(如孔径、井中液体类型)的要求不同,在同一个钻孔进行综合测井时,宜按照下列顺序进行:①温度测井→②钻孔全孔壁数字成像、钻孔电视→③超声成像→④井径、井斜测量→⑤γ 测井、γ—γ 测井、中子测井→⑥电测井→⑦声波测井→⑧其他井中试验。

3.5.10.2　井中测试速度

连续测井方法对于井中测试速度有一定的要求,在测试中电缆的升降速度应保持恒定并不超过表 3-32 中的限速要求。

表 3-32　连续测井电缆升降速度限速建议值

测井方法	限速建议值(m/min)		
	成图比例 1∶200	成图比例 1∶100	成图比例 1∶50
电测井(不含微电极系)	20	10	5
微电极系、井径	10	6	3
声波、放射性、温度、电磁波	5	3	2
全孔壁数字成像、钻孔电视、超声成像	以观察清晰为宜		

3.5.10.3　井中测试方向

井中温度测试、井液电阻率测试、钻孔全孔壁数字成像、钻孔电视宜在电缆下井过程中进行正式测量,其他测井方法宜在电缆提升过程中进行正式测量。

3.6　引调水工程物理探测工作原则

目前,物理探测技术已成为引调水工程勘察工作中不可缺少的手段,合理选用物理探测方法常常能取得传统地质工作方法无法取得的成效,而不恰当地开展物理探测工作也可能造成劳而无功的结果。因此,各勘察阶段物理探测工作的开展尤为重要。下面结合引调水工程勘察不同阶段的要求,简要介绍物理探测工作的原则。

3.6.1 规划阶段

本阶段面临多条引调水路线方案的比选问题,因此该阶段的地质工作应从工程地质角度对各套方案的优劣进行比选。所做的工作主要在于收集研究已有的资料,在此基础上开展大面积地质调查及少量必要的勘探、物探工作,其目的在于宏观了解区域地质特征,并基本查明控制方案的地质构造格局,以对各套方案工程地质条件进行比较。

该阶段的物探工作主要收集研究区域物探资料,如区域重力资料、航磁资料、航空 γ 测量资料等,结合区域地质资料分析了解各类地层的分布及其物性差异,主要断裂的分布、走向、宽度及物性特点等。

当收集不到有关资料时,可以考虑结合航测遥感工作,开展航空磁测、航空 γ 测量及雷达测试等工作。

根据收集到的物探资料经必要的处理后进行分析、判译,可能会取得更多的地质信息和解释效果。例如,对航磁资料进行化极(直)处理,有可能使磁异常的位置与地质体实际位置吻合更好,进行向上不同高度的延拓处理,则有利于突出大型深埋地质体,有利于了解大型宏观的地层及构造;进行垂向求导则有利于突出局部、浅层地质情况等。

在对上述资料分析研究的基础上,针对一些对方案比选至关重要的重大工程地质问题,结合引调水工程方案布置少量地面物探,可结合具体情况做以下工作:

(1)布置几条磁测剖面以对航磁重点异常进行校对。

(2)利用电法、地震对大型断层带的位置、宽度、破碎情况进行大致了解。

(3)了解主要岩性分带的弹性波速度参数。

(4)利用 γ 仪测量主要岩体,特别是酸性、中酸性岩体放射性强度参数。

(5)选择少量地段采用大地电磁测深类方法,了解大型断裂深部延伸情况和典型地段深部岩溶发育情况等。

在综合分析上述资料的基础上,对影响未来工程的重大工程地质问题做出评价并比较各套引调水线路方案的优劣,推荐初测方案。

3.6.2 可研阶段

该阶段的主要目的是查明各主要比选方案的工程地质条件,对推荐方案和比选方案就工程地质条件做出比选,并为初步设计提供地质资料。物探工作也应围绕这一地质目的进行布置。

此时物探工作的布置应尽量靠近引调水线路,其测线长度虽不一定沿线贯通,但应涵盖线路长度范围,测点点距应满足方案比选要求。

物探方法的选择要能满足利用物探资料对线路通过地段的工程地质条件做出评价,例如:

(1)以弹性波速度为参数判断引调水渠道或隧洞通过路线不同围岩的类别,统计各类围岩所占长度和比例为多少?

(2)引调水线路通过断层破碎带有多少？每条断层破碎带的宽度是多少？破碎程度如何？含水情况怎样？

(3)引调水线路通过岩溶地段有多少？其中岩溶发育段多少？不发育段多少？

(4)引调水线路通过高放射性地段有多少？强度大小？其中超过国家规定安全防护标准地段多少？

(5)有可能产生高地温热害的地段有多少？

(6)地下水的分布情况及其矿化度等如何？

将上述问题汇总后可以比较不同引调水线路方案地质条件的优劣,其中有些重要问题可能直接决定方案的取舍。

本阶段物探工作的另一部分重要内容是指导钻孔布置及钻孔完成后的综合测井工作。

依据物探资料提出要进一步钻探查明的地质问题,或物探判译有疑问需要钻探证实的问题,物探要取得物性参数的问题等与地质人员共同研究下一步钻探工作布置。

物探依据井中综合测试需要提出钻探设计及工艺要求,如孔深、井径、护壁、捞渣、洗井、注水、投盐、提水、抽水等各项工艺技术要求。

在钻探工作进行中,依据所揭示的地质情况及时安排井中测试工作,如井斜、井径、井温、电阻率、自然电位、密度、纵波速度、横波速度、水文测井等按工程需要而定。

通过综合测井可以解决以下问题：

(1)准确划分各类地层。

(2)验证物探资料及判译结果。

(3)取得原位状态下的各类物探参数。

(4)修正以至重新分析判译物探资料。

(5)定量了解地下水情况。

(6)利用钻孔开展二维物探工作,如 CT 等。

(7)利用钻孔开展长期动态观测等。

(8)利用孔中岩芯样品进行各类物性测试。

3.6.3　初设阶段

本阶段要求详细查明采用引调水线路方案的工程地质条件,为初步设计提供资料。有时由于初设方案是在可研方案上优化而来,故引调水线路又有所变化,有时由于可研阶段中各种条件的影响,对有些地质问题尚未能完全查明,或了解的精度尚不能满足初步设计要求,故在初设阶段物探工作原则上应在线路位置布设。测点间距应能满足设计要求,同时也要符合物探工作特点及规程规范要求。物探工作方法及内容应与可研阶段大致相同,主要针对引调水线路沿线工程地质问题选择地面物探和井中物探测试,如以直流电法、电磁测深技术、综合测井方法为主,异常地段再辅以其他物探方法。此外初设阶段往往因为钻探工作量增加,物探配合钻探工作也将增加,因此通过综合测井资料取得各项物性参数的量化指标也将增加,并可由此结合地面物探资料综合分析。

3.6.4 技施阶段

技施阶段主要物探工作可能具有以下方面:

(1)施工过程中发现地质情况变化,为修改设计而在已施工的引调水线路上做一些测试工作或补充勘察工作。

(2)为了工程需要增加一些斜井、竖井位置的勘察工作。

(3)针对引调水线路施工中出现的重大工程地质问题进行专门研究等。

(4)引水隧洞开挖掌子面前方的不良地质现象预测预报。

对于前三项应针对不同问题进行具体研究,采用的物探方法也多为现有常规的技术方法,这里不再重复说明。但对于超前预测预报除采用超前平行导洞、超前钻探、施工地质编录等传统方法外,近年来较多采用了物探技术手段,并取得了较好的应用效果。

3.6.5 综合物探

(1)针对不同工程地质问题需要采用不同的物探方法进行勘测,如测量弹性波速度应用地震法或声波法测量,测量放射性应开展 γ 射线测量。

(2)对于同一个地质问题往往也需要用两种或两种以上的物探方法。这是因为一种方法是建立于对某一种物理参数测量的基础之上的,它只能反映该地质问题的一个方面,要全面了解某一地质问题需要多方面、多参数的综合分析。例如断层破碎带,地震法可以了解破碎带宽度以及破碎程度,但要了解断层破碎带的含水情况,还需要电法或电磁法勘探,要了解断层破碎带是否为地热通道还需要地温测量,等等。

(3)就某种物探技术方法的作用而言,应视其解决具体地质或工程问题的适宜性和效果进行评判,无论哪一种先进的物探技术方法,由于它们所测试的物性特征参数各异,往往也只是其他方法的补充和印证,而不是对常规物探方法的取代或覆盖。事实表明,采用综合物探技术和综合分析解释,使各方法成果相互佐证,取长补短是提高物探资料解释精度和可靠性的必由之路。

无论综合物探或综合勘探决不是多种方法和手段的任意罗列,也不是投入的方法和手段越多越好,而应是最佳方法或手段的优化组合,使其达到“技术先进、安全可靠、经济合理”,达不到这一要求的地质勘探和物探决不能说是真正的综合勘探和综合物探。

3.6.6 物理探测技术探讨

(1)物探与钻探一样同是地质工作的一种手段,但物探能提供更丰富的地质信息。地质是物探工作的基础,只有从已知地质资料获得物性参数才能根据物探曲线特征对未知的地质问题做出推断解释。可见,物探人员掌握的地质资料越多,对物探曲线的解释推断就越合理、越准确。过去存在一种错误现象,即地质人员对地质资料有意封锁,或只笼统提供一点区域性地质资料。看物探结果是否与自己掌握的情况一致。多数情况物探成果应该与地质调绘结果是一致的,对于与地质调绘不一致的,也不能说物探成果肯定就是错的,需地质人员重新思考,再次调查分析。既然把物探做为地质工作的一种手段,是为地质服务的,就应该把自己掌握的地质资料充分提供,满足物探解释的需要,达到提高整体勘察质量的目的。

(2)物探是一种间接的勘探手段,是通过地质体的物性表现推断解释未知的地质问题。数据采集受地形、地质、物性不均等人文和自然多种因素的影响,因此物探成果做出的地质推断需要其他直接手段如地质调绘、钻探等代表性的验证,以了解其真实的地质内涵。根据验证结果,应该允许物探做再解释以完善物探最后成果。这是正常解释程序,不是有些人说的"根据地质资料修改物探成果"。

(3)没有万能的勘探手段。钻探虽然准确,但毕竟是一孔之见,成本高昂,不能大量采用。物探具有轻便、快捷、成本低的优点,但有"精度相对不高"的缺点,甚至有误判的可能性。既不能说物探能解决所有问题,也不能把它说的一无是处,只要应用得当,可以发挥其他勘探手段不可替代的作用。

(4)物探是一种间接的勘探手段,其取得的成果需经其他勘察手段做代表性的验证,然后经地质专业人员与其他勘察手段所取得的资料汇总分析,去伪存真后,再纳入岩土工程勘察报告才能提供设计使用。

上面叙述的主要是地质工作与物探工作的配合以及不同勘察阶段如何用好物探,突出了地质这一主要矛盾方面。地质和物探作为甲乙双方都希望提高物探成果质量,但目的似有不同,地质作为物探资料的应用方,需高质量的物探成果,提高勘察质量,降低成本;物探作为物探成果的提供方,靠高质量的物探成果赢得市场,但加大了成本。所以,物探专业工作时派地质人员配合工作也不是好办法,而且只有综合勘察单位才能做到。即使采用这种配合模式,由于工作重点不同,掌握地质资料的广度、深度有限,故乙方的地质人员也不可能起到甲方地质人员的全部作用。

上面提出的地质配合物探要做的工作内容无论采用哪种配合方式,只要有人去做就行,但目前的状况往往是第一阶段仅下简单的任务书,第二、三阶段的工作基本无人去做,致使物探工作质量不易提高,即使有完整的物探资料也缺乏人去研究利用。原因是多方面的,如不按勘测设计程序办事、不重视物探,地质人员不太懂物探。另外有一种不应有的现象是地质人员不愿做艰苦、细致的地质调绘,把问题推给物探了事,甚至把物探成果不与其他手段获得的资料汇总分析,直接把物探资料送交设计应用。上面提出的第一种模式,甲方地质人员仅下简单任务书,之后再没有配合,这样既不能协助提高物探工作质量,更不能用好物探成果。比较好的配合方式应该是甲方地质人员全过程配合,认真做好每个程序阶段应该完成的工作内容,达到既提高了物探工作的质量,又能及时应用好物探成果的目的。

总之,引调水工程建设中各类建筑物,如深埋长引水隧洞的出现,给传统的工程地质工作方法提出了新的挑战。实践证明,没有高水平的工程物探做支撑,要详细查明深部的工程地质条件是不可能的,只有在综合勘探中大力推广高水平的物探,再辅以专职地质专业人员的密切配合,方能收到良好的效果。在这一点上勘察单位的管理者和主要技术负责人务必要有明确的认识。

参考文献

[1] 中国水利电力物探科技信息网．工程物探手册[M]．北京：中国水利水电出版社，2011.

[2] 刘康和，练余勇．深埋长隧洞地球物理勘察及施工超前预报[M]．天津：天津科学技术出版社，2010.

[3] 刘康和，段伟，王光辉，等．深埋长隧洞勘测技术及超前预报[M]．北京：学苑出版社，2013.

[4] SL 326—2005 水利水电工程物探规程[S]．北京：中国水利水电出版社，2005.

[5] SL 629—2014 引调水线路工程地质勘察规范[S]．北京：中国水利水电出版社，2014.

[6] 刘康和．浅议水利水电工程物探的应用和发展[J]．人民长江，1995(1)：50～53.

[7] 王孝起，刘康和．物探在南水北调中线天津干渠勘探中的应用[J]．西北水资源与水工程，2001(1)：41～43，48.

[8] 刘康和．堤防隐患的综合物探勘察[J]．长江职工大学学报，2000(2)：15～19，34.

[9] 刘康和．应用 K 剖面法探测堤坝隐患[J]．地质与勘探，1993(2)：40～43.

[10] 刘康和，庞学懋．黄河大柳树坝址区物探方法及其效果浅析[J]．人民黄河，1994(1)：30～32，47.

[11] 刘康和，王清玉，庞学懋．高密度电阻率法的初步试验[J]．勘察科学技术，1992(2)：54～56.

[12] 刘康和．电阻率法的数据处理及在断层探测中的应用[J]．人民长江，1994(4)：28～31.

[13] 刘康和．物探技术在水利水电工程中的应用简介[J]．水利水电科技进展，1999(4)：51～53.

[14] 刘康和．自然电场法在城市水源保护工程中的应用[J]．电力勘测，2002(3)：59～62.

[15] 刘康和，王志豪．充电法探测输水工程渗漏的应用研究[J]．水利水电工程设计，2009(3)：46～47.

[16] 刘康和，刘成怀．EH4 电磁测深在煤层采空区勘察中的应用[J]．工程勘察，2012(5)：86～90.

[17] 刘康和．探地雷达及其应用[J]．水利水电工程设计，1998(4)：38～39.

[18] 刘康和．地质雷达在水利工程质量检测中的应用[J]．长江职工大学学报，2001(1)：10～13.

[19] 刘康和，魏树满．瞬态面波勘探及应用[J]．水利水电工程设计，2001(2)：31～33.

[20] 刘成怀，刘康和．综合物探在水电站勘查中的应用[J]．水利技术监督，2012(3)：52～55.

第4章　无损检测技术与方法

4.1　弹性波法

弹性波法包括声波法和地震波法。声波法主要包括单孔声波法、穿透声波法、表面声波法、声波反射法、脉冲回波法和全波列声波测井，地震波法主要包括地震测井、跨孔地震波速测试和连续地震波速测试(包括地表纵波、横波测试)。虽然两种方法都可以用于分析弹性波在岩体内的传播特征，但各有特点，可相互补充，而不能彼此取代。

4.1.1　声波法

4.1.1.1　应用范围

(1)单孔声波可用于测试岩体或混凝土纵波、横波速度和相关力学参数，探测不良地质结构、岩体风化带和卸荷带，测试硐室围岩松弛圈厚度，检测建基岩体质量及灌浆效果等。

(2)穿透声波可用于测试具有成对钻孔或其他二度体空间的岩土体或混凝土波速，探测不良地质体、岩体风化和卸荷带，测试硐室围岩松弛圈厚度，评价混凝土强度，检测建基岩体质量及灌浆效果等。

(3)表面声波可用于大体积混凝土、基岩露头、探槽、竖井及硐室的声波测试，评价混凝土强度和岩体质量。

(4)声波反射可用于检测隧洞混凝土衬砌质量及回填密实度，检测大体积混凝土及其他弹性体浅部缺陷。

(5)脉冲回波可用于检测地下硐室明衬钢管与混凝土接触状况，也可用于检测混凝土衬砌厚度和内部缺陷。

(6)全波列声波测井可用于获得纵波速度(V_p)、横波速度(V_s)、声波衰减系数(β)、声波频率特性、泊松比及动弹性模量等参数及其他系列资料，根据取得资料划分岩体结构。

4.1.1.2　观测条件

(1)单孔声波应在无金属套管、宜有井液耦合的钻孔中测试。

(2)穿透声波在孔间观测时宜有井液耦合，孔距大小应确保接收信号清晰。

(3)表面声波、声波反射和连续地震波速测试应在混凝土、基岩露头、探槽、竖井及硐室比较平整的表面进行。

(4)脉冲回波宜在目的体与周边介质有明显的波阻抗面，并在目的体内能产生多次回波信号的表面进行。

(5)需要进行动、静弹性模量对比和相关转换的工区，应在具有代表性的不同岩组上同时进行静力法和动力法的测试。

(6)竖井中测试时,应备有照明设备、井口三脚架、吊滑装置及安全设施。

4.1.1.3　基本原理

声波法按照传播路径可分为透射法、折射法、反射法,按照测试对象的测试条件可分为平面测试、孔中测试。声波检测方法汇总见图4-1。

1. 单孔声波

单孔声波检测反映的是沿钻孔方向孔壁附近岩体波速值的变化情况,就垂直孔而言,对缓倾角节理裂隙反应灵敏,反映的是微观的、局部的测试结果。

实测时井中一般使用一发双收换能器,其原理是利用声波在一定距离沿井壁岩体滑行的传播时间来测定岩体的声波速度(见式(4-1))。

$$V_p = \frac{L}{t_{p2} - t_{p1}} \tag{4-1}$$

式中　V_p——孔壁岩体纵波速度;

L——两接收换能器距离;

t_{p1}、t_{p2}——两接收换能器纵波初至时间。

单孔声波与声波测井是有区别的,单孔声波主要是声速动力学参数测试,每个测点都有独立的测试波形;声波测井包括声速测井、声幅测井、全波列测井,其结果是测井曲线,每个测点无独立的波形。

2. 穿透声波

穿透声波与单孔声波具有相同的检测原理。其主要目的是了解孔间岩体的质量,反映的是两钻孔间岩体波速值的变化情况。就垂直孔而言(两孔均垂直),对缓倾角结构面、节理裂隙等反应灵敏,反映的是宏观的、整体的测试结果。

实测时将发射换能器T、接收换能器R分别置于A、B钻孔中,由A孔中T发射的声波穿透岩体到达B孔由R接收,通过主机显示器判读声波的旅行初至时间t。由于T、R位置确定并可应用空间坐标计算两者间的距离L,由此取得岩体的声波速度V_p(见式(4-2)),进而根据声波速度评价两孔之间的岩体质量。

$$V_p = \frac{L}{t} \tag{4-2}$$

穿透声波两测试孔的间距应根据场地地球物理条件、仪器精度和分辨率、激发能量等综合确定,以接收信号清晰可变为准。

3. 表面声波

表面声波与穿透声波的检测原理类似,只是将发射换能器、接收换能器设置于被检测对象的表面,其主要目的用于了解表面两换能器位置点间被检测介质体的质量。在引调水工程中主要应用于水源水库坝基岩体质量检测、大坝碾压混凝土初疑点检测、纵向围堰碾压混凝土初疑点检测、混凝土结构检测等,在输水隧洞中应用于围岩质量检测、衬砌混凝土质量检测等,在输水渠道和其他输水建筑物中应用于衬砌以及结构混凝土的质量检测,水工混凝土裂缝及其他缺陷检测等。

4. 冲击回波

冲击回波法是由机械冲击在被测物体表面施加一短周期应力脉冲,由此产生弹性应

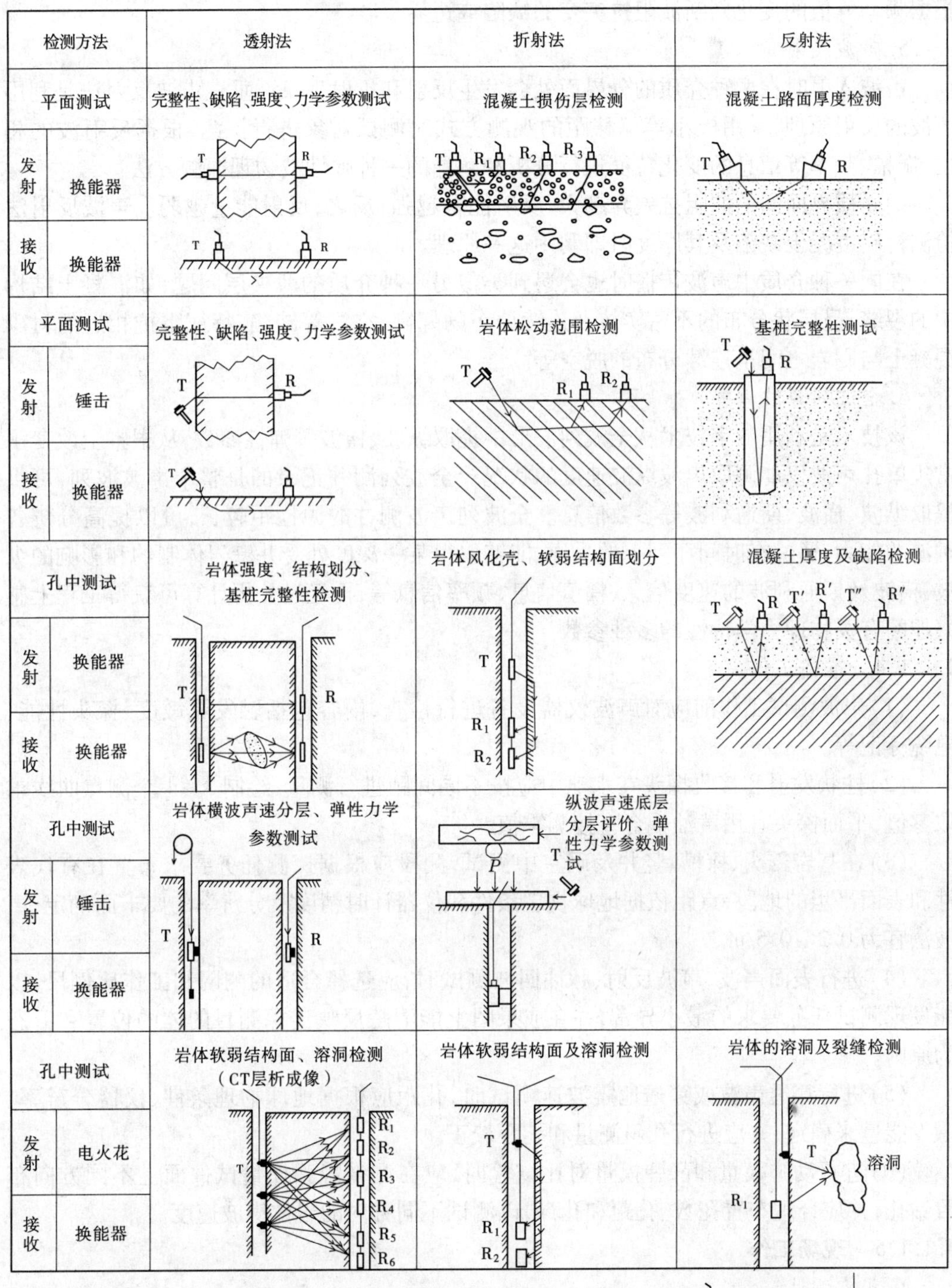

图4-1　声波检测方法汇总

力波。当应力波在传播过程中遇到波阻抗突变的缺陷或边界时，应力波在这些介面发生往返反射，且波阻抗差异越大，反射越强。接收这种反射回波并进行频谱分析，读取主频，根据频率峰值的变化判断波阻抗突变的缺陷或边界。

5. 声波反射

声波入射时在两种介质的分界面处会发生反射和折射现象。垂直声波反射法是利用声波的反射原理,采用极小等偏移距的观测方式对测试对象进行探测,根据反射波的相位、振幅、频率等信息的变化特征进行分析和解释的一种弹性波物理探测方法。

两介质界面间的波阻抗差异越大,反射能量越强;反之,反射能量越弱。声波反射法检测衬砌混凝土缺陷及其厚度时即利用这一原理。

在同一种介质中声波传播时也会遇到类似另一种介质的薄夹层问题,如混凝土结构中的裂缝,呈层状分布的不密实体及连续分布的蜂窝、空洞等缺陷,特征阻抗相近的衬砌混凝土与围岩之间呈连续分布的脱空等。

6. 全波列声波测井

该技术是利用数字技术从全波列波形中提取纵波、横波等弹性参数,从根本上改变了常规单孔声波仅能测取声波纵波速度的状况。全波列测井记录的是整个声波波列,可供提取纵波、横波、斯通利波等参数信息。全波列声波测井的源检距较长,可以提高分辨各种波的能力,通过在时间序列上的采样,能够取得某一深度处受井壁岩体制约和影响的纵波、横波及斯通利波的速度信息、幅值信息、频率信息等,再经过分析计算可获得工程上感兴趣的有关物理力学特性的多种参数。

4.1.1.4　准备工作

(1)声波测试工作前应对声波仪器设备进行检查,内容包括触发灵敏度、探头性能、电缆标记等。

(2)柱状发射和接收探头在水池中应按不同间距进行测量,绘制 3 ~4 个测点曲线求取零值,平面探头宜用黄油耦合直接测零值。

(3)在基岩露头、探槽、竖井及硐室中测试,测段应根据探测任务要求布置在有代表性和表面平坦的地段,点距依据地球物理条件和仪器计时精度及分辨率的要求而确定,声波法宜为 0.2 ~0.5 m。

(4)进行表面声波、声波反射、脉冲回波测试时,应选择合适的测网和工作比例尺,以能发现测试任务要求的最小异常,并在成果图上能清楚反映出探测目的体的位置和形态为原则。

(5)进行穿透声波或穿透地震波速测试时,孔距应根据地球物理条件、仪器分辨率、激发能量来确定,并应进行孔斜测量和孔距校正。

(6)进行动弹模量和静弹模量对比试验时,应在测试静弹模量试件面上不同方向布置钻孔,并应合理布置孔数、孔距和孔深,以测试不同方向的岩体声波速度。

4.1.1.5　现场工作

1. 孔中测试

(1)应先用直径和质量略大于测试探头的重物对测试孔进行探孔,斜度较大的钻孔和上斜孔宜使用探棍,以检查所测试钻孔的畅通性。

(2)电缆深度标识应准确明显。

(3)钻孔有套管时,宜将套管以外的空隙用水、砂土等填实。

2. 单孔声波测试

(1)宜使用一发双收声波探头。

(2)在干孔中进行声波测试时应使用干孔声波探头,并保持探头与孔壁接触良好、接收信号清晰。

(3)宜从孔底向孔口测试,点距0.2 m,每测试10个点应校正一次深度。

(4)孔壁较破碎或钻孔较深时,宜采用大功率发射探头或采用具有前置放大功能的接收探头。

3. 穿透声波测试

(1)可采用水平同步、斜同步等观测方式。

(2)具有两个相对临空面的混凝土体或岩体,应选用适当频率的平面声波探头测试,并用耦合剂耦合,发射探头和接收探头间距离应测量准确。

4. 表面声波测试

(1)应选用平面声波探头。

(2)可采用单支或相遇时距曲线观测系统测试声波速度。

(3)当距离较大或声波衰减较快时,可采用大功率发射探头或采用具有前置放大功能的接收探头。

(4)安置探头处应平整,并使用耦合剂耦合。

5. 声波反射和脉冲回波测试

(1)应在已知地段进行试验,选择合适的偏移距、激发能量和仪器参数等。

(2)应采用声波平面探头进行等偏移测试,声波接收探头应具有高灵敏度、中等阻尼的性能。

(3)声波反射可选用超磁质伸缩、回弹锤等窄脉冲的外触发震源。脉冲回波宜根据测试要求选用不同频率的回弹球。

(4)安置探头表面应平整,宜用耦合剂耦合。

6. 全波列测井

(1)选择适当的长源距声系确保在时域中将不同的波分离开。

(2)探头下放要匀速,确保采集信号质量。

采用声波法读数时应选择合适的衰减或增益挡,使振幅适当,初至点或反射波清晰易读。测振幅时应保持测试条件不变,读取同一相位振幅值,并注明所读相位。

采用间歇式发射或锤击时应分析波形的初至或反射波、波形形态,选择初至及反射清晰、波形稳定的信号。

对波形曲线剧变或测点跳变的测段,应采用叠加方式或加大发射能量进行重复测试,以三次重复测试的平均值为测试结果。

4.1.1.6 资料处理和解释

(1)声波测试的成果分析与整理,要求在野外测试资料准确可靠的基础上进行。解释人员应通过综合测试资料,反复对比分析,充分考虑地质情况和测试结果的内在联系与可能的干扰因素。

(2)测试成果分析与解释前,应作零点校正、孔斜校正、高差校正、偏移校正等。

(3)单孔或跨孔测试成果图应将各测点时间值绘制纵(横)波时距曲线或纵(横)波速度随孔深变化曲线,跨孔原位测试成果图主要绘制纵(横)波速度、弹性模量、剪切模量随孔深变化曲线。

(4)应按任务要求,以获取的弹性参数为依据,进行岩体分类、分段和评价。利用速度计算岩体完整性系数时,一个测区内,对于同类岩性应使用新鲜完整岩块的同一波速,岩体完整性系数按相关公式计算,并按岩体完整性系数分类表的要求进行评价。

(5)在取得纵波速度、横波速度和密度值的情况下,可计算动弹模量;可通过动静对比建立相关关系。

(6)脉冲回波应进行频谱分析,对比分析各个峰值,找出目的层或缺陷的回波频率,并依据测试的速度参数计算出目的层厚度或缺陷埋深。

(7)穿透声波还应进行波列分析。

(8)变形模量测试应结合地质及其他检测成果对测试压力变形曲线进行分析,绘制钻孔波速、变形模量测试曲线图,建立波速与变形模量的相关关系,综合评价建基岩体质量。

4.1.1.7　**仪器设备**

(1)声波仪要求:

①最小采样间隔:0.1 μs;

②采样长度:≥512 样点/道,可选;

③触发方式:宜有内、外、信号、稳态等方式;

④频带宽:10 Hz ~ 500 kHz;

⑤声时测量精度:±0.1 μs;

⑥发射电压:100 ~ 1 000 V;

⑦发射脉宽:1 ~ 500 μs 可选。

(2)声波反射宜使用具有波列显示功能的浮点放大仪器,震源能量可控、一致性好,接收探头频率特性好、阻尼适中。

(3)脉冲回波应使用频带宽、采样率高、采样长度大、具有频谱分析功能的仪器。

(4)电火花和超磁质伸缩震源要求:

①仪器设备的防护和使用应符合高压电器的要求;

②震源应能激发高频声波脉冲、能量可控;

③记时信号起跳尖锐、稳定,与接收仪器同步,延时误差应小于读数误差的 2 倍。

(5)全波列测井测试仪器要求:

①通道数:1 ~ 3 道可选;

②采样间隔:0.02 ~ 4 ms(可选 0.02,0.05,0.1,0.2,0.5,1,2,4);

③采样点数:512 ~ 4 096(可选 512,1 024,2 048,4 096);

④各道时间一致性:≤0.1 ms;各道振幅一致性:<3%;

⑤频率范围:5 ~ 1 000 Hz;

⑥前放增益:18 ~ 60 dB(各道独立可调,可选 18,24,30,36,42,48,54,60);

⑦A/D 转换精度:16 bit;

⑧触发方式:脉冲、通断。

4.1.2　地震波法

4.1.2.1　应用范围

（1）地震波法测试是指在孔中或地面采用地震法对岩（土）体进行波速测试，对地层进行波速分段。在松散地层中以测定横波速度为主；在基岩中测定纵波速度、横波速度，并进一步求得有关物理力学参数，确定裂隙和破碎带的位置及固结灌浆效果的检测。

（2）地震测井可用于测试地层波速，确定裂隙和破碎带位置。

（3）跨孔地震波速测试可用于测试岩土体纵波速度、横波速度，也可圈定大的构造破碎带、喀斯特等速度异常带，检测建基岩体质量和灌浆效果等。

（4）连续地震波测试可用于硐室、基岩露头、探槽、竖井等岩体纵波、横波速度测试，也可检测建基岩体质量，探测风化带和卸荷带。

4.1.2.2　观测条件

（1）地层层次不多，并具有一定的厚度。如所测地层或岩体波速较低，要求受高速临层或围岩的影响要小。

（2）钻孔垂直，孔壁光滑，孔壁不坍塌掉块。

（3）松散地层（特别是水下砂层或砂砾石层）的钻孔，应由钻机组事先造孔，安置塑料套管，套管内径一般为76～100 mm，在孔壁和塑料套管之间的环状孔隙中注入水泥砂浆或用水砂冲填，以保证观测效果。

（4）地下洞室（或探洞）的洞壁应尽可能平整，存在掉块的洞段应有支护措施。

（5）地震测井和跨孔地震波速测试应在无金属套管的钻孔中进行。

（6）跨孔地震波速测试宜在钻孔、平洞或临空面间进行；用于探测时，被探测目的体与周边介质间应有明显的波速差异且具有一定规模。

4.1.2.3　基本原理

地震波法主要方法包括地震测井、跨孔地震波速测试和连续地震波测试（包括地表纵波、横波测试）。地震检测方法汇总见图4-2。

1. 地震测井

利用地面与钻孔内斜向或垂向穿透的地震波（纵波、横波）进行地层岩性检层测试，确定裂隙密集带、构造破碎带位置，评价固结灌浆效果，初判砂性土层地震液化，地震小区划等。利用地震测井随孔深变化的时距曲线，可以计算岩土层的地震波层速度和不同深度以上的地层平均波速，为浅层折射波法和浅层反射波法资料解释提供速度参数。

2. 跨孔地震波速测试

该法是用来测定孔间岩土体等介质的波速参数，利用波速评价孔间岩土体等的质量。地震跨孔测试时，在一个钻孔中激发，在另一个钻孔中接收或两个钻孔中接收，通过获取两孔间地震波的旅行时间求取传播速度。钻孔深度应以空口为准，换算成绝对高程或相对高程，以便与钻孔柱状图吻合。

3. 连续地震波测试

该法是对浅层具有波速差异的地层或构造进行探测的一种测试方法。地震折射波法的前提条件是下层介质波速必须大于上层介质波速，当地震波以临界角入射到界面时，在

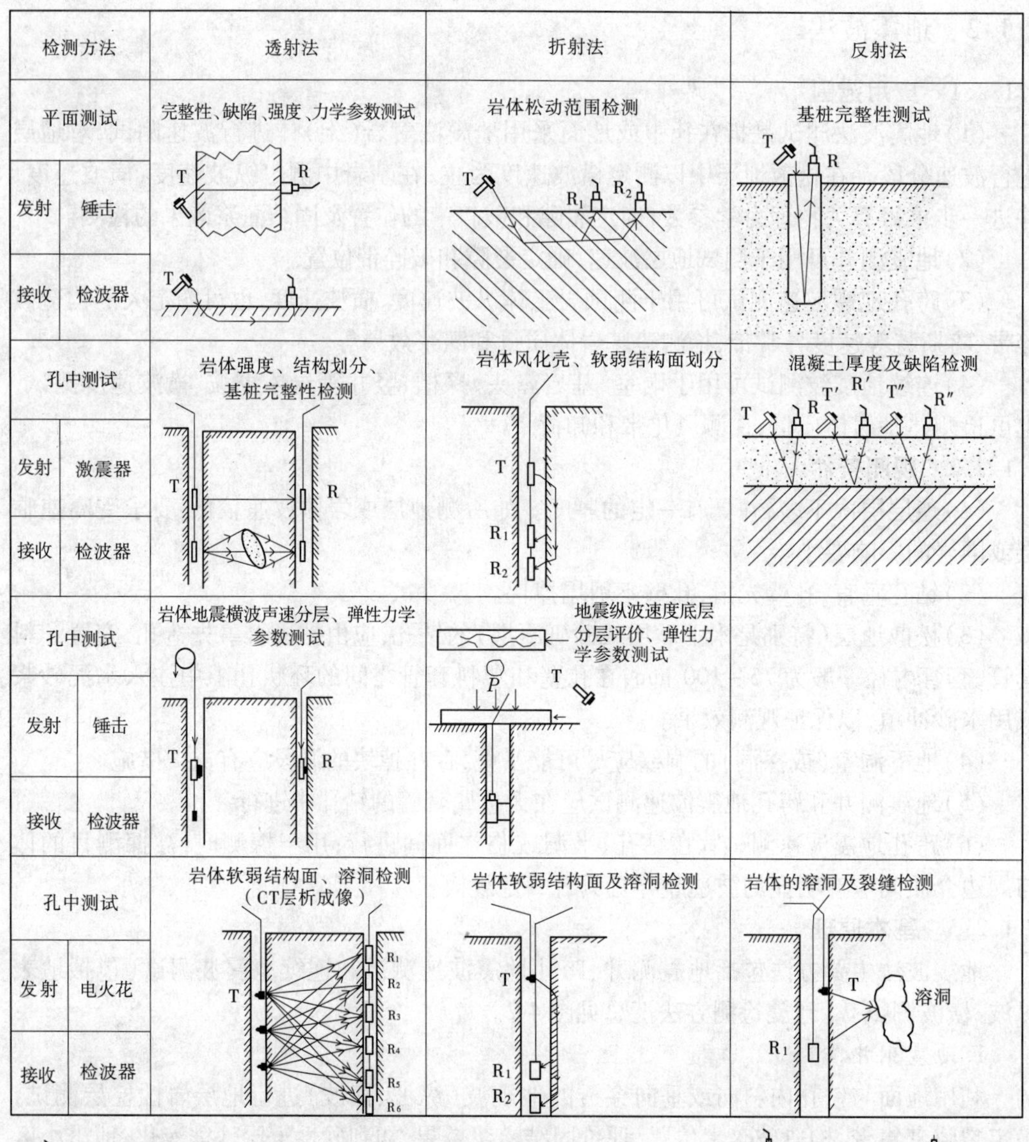

图 4-2 地震检测方法汇总

两界面处产生滑行波，通过滑行界面附近的质点震动带动上层介质的质点震动，使地震波返回地表面，此波称为首波或折射波。地震连续波速剖面是岩体质量分类、风化卸荷分带、确定建基面高程的重要依据，也可计算动泊松比、动弹性模量、动剪切模量等动力弹性参数，并结合隧洞、建基面地质素描图进行岩体分类、分段和评价。

4.1.2.4 准备工作

（1）地震波测试工作可在地面激发、井中接收，井中激发、地面接收，或同在井中激发、接收，具体采用何种方式，应根据地质、钻探设备条件确定。无论在井中激发或接收，工作前均应检查井壁，清除松动岩块，以防发生事故。

(2)外业工作前，应对仪器设备进行检查，并提交记录。

(3)测试道一致性时，检波器安置条件应一致，全部检波器安置范围与其距震源距离相比应很小。

(4)联结电缆及检波电缆应进行绝缘检查，绝缘电阻应大于 200 kΩ。

(5)应了解测区的地球物理条件、有效波和干扰波的分布情况，试验压制干扰波的措施，选择激发接收方式、仪器工作参数及观测方式等。

(6)在岩浆岩和厚层岩体中地下硐室内测试的连续剖面应布置在洞壁的同一高度，在层状岩体测试中可沿岩层的同一层次布置测线，点距应依据地球物理条件和仪器计时精度及分辨率的要求而确定。

4.1.2.5　现场工作

(1)地震波法测井时，应从井底开始自下而上进行测试，最好按地质分层测试单一层的波速。

(2)采用井中激发地面接收时，检波器尽量安置在孔口附近 1～2 m 处，各次接收检波器安置条件应保持一致，并尽量保证激发深度准确。

(3)当地层倾角较大时，地面激发孔中接收点位置或地面接收孔中激发点位置，应选择在地层下倾方向一边。

(4)地震波速测试的激发和接收：

①井中爆炸时，宜有水或泥浆耦合，爆炸点的位置和深度应准确；

②锤击和落重震源要求激发点应选在较密实的土层上，必要时应清除激发点的浮土或预先夯实；

③使用叩板震源时，木板的长轴应垂直测线，且长轴的中点应在测线上或测线延长线上，木板上应加压足够的重物或安装抓钉，保持叩板与地面接触牢固；

④使用钉耙震源时，应将固定耙齿打入土层中，必要时可加打活动耙齿，以使钉耙与地面接触牢固；

⑤使用井中剪切锤震源宜自下而上移动，深度应准确、贴壁应牢固。

(5)检波器间距应根据选用方法、探测任务要求确定，在同一孔中应采用同一检波点距；检波器固有频率可根据有效波的频率响应和提高分辨率的技术要求加以选择；检波器布置应位置准确，并防止漏电和背景干扰，使用水平检波器接收横波时，应保证检波器水平安置，灵敏轴应垂直测线方向，且取向一致；使用井中三分量检波器接收横波时，观测前应检查检波器贴壁是否牢固，采用三分量检波器测试横波时，检波器应贴壁。

(6)仪器工作参数应根据测区干扰背景、激发和接收条件及安全等因素选择；在一个测段工作时，应使用同一种滤波挡，因特殊需要改变滤波挡时，应有对比记录；当信噪比较低时，可采用重复激振进行信号叠加。

(7)地震测井可采用地面孔口激发、孔中接收观测方式，地震测井地面激发点到孔口距离可通过试验确定，宜为 2～4 m；测点点距应根据地层波速确定，覆盖层中宜为 1～2 m，基岩中宜为 2～3 m。

(8)跨孔地震波速测试宜沿岩层倾向采用同步观测方式，进行同一直线上的三个孔的观测时宜采用一孔发射、另两孔接收的一发双收方式,各激发点与接收点之间的距离宜根据钻孔测斜资料校正;孔间穿透地震波速测试宜选用电火花震源,且应有水或泥浆耦合,当孔距较大时也可选用爆炸震源;洞间或临空面间穿透地震波速测试可视距离或地球物理条件选择爆炸震源或锤击震源。

(9)地表纵波测试宜选择岩体表面起伏不大的地段,并按地质结构、岩性、风化程度、岩体完整程度布置测段;排列长度应根据岩体的完整程度和仪器的读数精度要求确定,并保证在排列内相邻道的纵波传播时间大于仪器可读数精度的5倍。

(10)地表横波测试在基岩露头宜采用叩板震源,在平洞宜使用洞壁支撑器,并采用正、反向激发,地面激发横波的木板尺寸:长2.5~3.0 m,宽0.3~0.4 m,厚0.06~0.10 m,木板上应压重物。当测试深度为30~40 m时,一般应大于500 kg,通常以汽车的前轮作为激发板的载重物,既方便,效果也好。为了改善木板与地面的接触条件,在湿度大的地层上,垫上一层干砂或干土,也可在木板上钉上一定数量的铁钉。激发板中心置于孔口旁,距孔口一般为2~4 m,敲击板的一端或两端,为避免浅处高速地层界面可能造成的折射波的影响,最小测试深度应大于激发板至孔口的距离。

(11)孔中接收采用三分量贴壁检波器,测试前应检查检波器沉放深度是否准确、贴壁是否牢固。

(12)用地震波法进行钻孔连续剖面测试时,每个孔段在测取纵波的同时应尽可能测取横波,横波的测取量不少于纵波资料的60%。现场横波记录的识别与判断,可根据以下特点进行综合分析加以识别:

①纵波的初至波比横波提前到达,当横波初至特征不明显,但横波波列清晰时,可判读第一个波峰或第一波谷,然后通过多点时距法测试,作时距曲线求得横波速度。

②正、反向激发的横波相应出现180°的改变。可根据正、反向激发180°相位变化极性波的交点,读取横波初至。

③根据纵、横波速比及泊松比的关系,在已测得纵波速度的情况下,可结合地质岩性判别所得横波速度的可靠性。

4.1.2.6 资料处理和解释

(1)地震波测试资料整理与成果分析,应在现场测试资料准确可靠的基础上进行。根据任务要求,结合地质条件与测试成果的内在联系,进行反复对比,综合分析,排除干扰因素,提供真实反映岩体物理力学特征的测试成果。

(2)地震测井是利用地面与钻孔内斜向或垂向穿透的地震纵波、横波速度进行地层岩性检层,确定裂隙密集带和构造破碎带的位置及固结灌浆效果检查。地震测井采用叩板激发时,一般激发点离孔口一定距离,应将地震纵横波斜距走时校正为垂距时间,并根据测试深度的时距关系计算速度。利用地震测井随孔深变化的时距曲线,可计算出地层的层速度和不同深度以上地层的平均速度,为浅层折射和浅层反射资料解释提供速度参数。

(3)跨孔地震波测试记录整理计算时,钻孔深度应以孔口为准,换算成绝对高程或相对高程,以便和钻孔柱状图吻合。跨孔原位测试应根据孔斜测量的方位、倾角、孔口距离及高差等数据,进行孔距校正,取得跨孔组各测试高程的孔间距离。

(4)地震连续波速测试是岩体质量分类、风化卸荷分带、确定建基高程的重要依据,测试资料的整理与分析主要有以下方面:

①准确可靠地读取测段上每个地震道的纵波、横波至时间,绘制相遇追逐时距曲线,利用差异时距曲线计算纵波、横波速度,并以直方图形式绘制测线上的地震连续波速剖面;也可按任务要求计算并绘制泊松比、弹性模量、剪切模量等动力学参数剖面,并结合探硐地质素描图进行岩体分类、分段和评价。

②利用测线上每个测段两端点的相遇观测资料,可参照浅层折射的解释方法,求取硐室围岩的应力松弛范围,并绘制测线岩壁的松弛厚度剖面。

③地震波测试应采用统一的测试技术和成果分析方法进行,测试资料应按工程部位、地质单元分类统计,综合分析。

(5)有声波测试成果时,力求建立地震波与声波速度的相关规律及声波波速与变形模量的静动对比关系,以扩大地震波速的应用范围,为地质、设计提供实用指标。

(6)用三分量检波器在孔中接收时,从震源到达测点的时间,纵波应采用竖向传感器记录的波形,横波应采用横向传感器记录的波形。

(7)检波器或震源距孔口有一定距离(2~4 m)时,应将地震波行走的斜距时间校正为垂距时间。

4.1.2.7 仪器设备

1.震源

(1)地震波法可使用爆炸震源、电火花震源、锤击震源和落重震源等。

(2)震源应能激发所选工作方法需要的主频地震脉冲,能量可控并符合探测深度要求。

(3)爆炸机性能应安全可靠,并具备记时回路触发功能。

(4)锤击震源和落重震源应操作方便、重复性好。

2.地震仪

(1)宜选用12道或24道浅层数字地震仪,具有信号增强、延时、内外触发、前置放大、滤波、数字采集等功能。

(2)采样率可选、最小采样间隔:≤0.05 ms。

(3)记录长度:≥1 024样点/道,且可选。

(4)A/D转换精度:≥12 bit。

(5)动态范围:≥96 dB。

(6)通频带:2~2 000 Hz。

(7)放大器内部噪声:≤1 μV。

3.检波器

(1)各道检波器之间固有频率相差小于10%,灵敏度相差小于10%,相位差小于1 ms。

(2)绝缘电阻:≥10 MΩ。

(3)井下和水下使用的检波器,应有良好的防水性能。

4.1.3　声波、地震波速度差异与应用分析

4.1.3.1　声波、地震波速度差异机理分析

(1)弹性波在岩石等弹性黏滞介质中传播时,存在能量吸收现象,吸收系数与频率成正比。这时岩体相当于一个低通滤波器,随着弹性波在岩体中传播距离的增大,高频成分很快被吸收,最后只剩下较低的频率成分。

(2)地震波的频率较低,一般为 $n \times 10 \sim n \times 10^2$ Hz,其频率对波速的影响可以忽略不计,其波速值较接近于完全理想弹性介质中的波速值。声波的频率较高,一般为 $n \times 10^3 \sim n \times 10^5$ Hz,频率对波速的影响不能忽略,波速与圆频率的平方根成正比。由此可知,地震波和声波的波速差异首先是由其自身的频率不同造成的。

(3)激发条件不同造成的差异。由于人工激发的地震波能量较大、频率较低,可以在岩体中传播较远的距离。在实际工作中地震波测试一般是在地面基岩露头、基础开挖面或勘探平硐的硐壁上进行的,其波速主要是反映岩体表面的质量情况,测试间距中岩体的陡倾角或垂直方向的裂隙和构造是影响其波速的主要因素之一。声波一般由磁致伸缩振子激发超声波脉冲,频率较高,能量较小,在岩石等弹性黏滞介质中传播距离较短。在实际工作中,声波测试多用于钻孔测井。波速主要反映岩体内部的质量情况,测试孔中的缓倾角或水平方向的裂隙和构造是影响其波速的主要因素之一。

(4)测试间距不同造成的影响。不同测试间距中岩体的波速值是其中岩块的裂隙数量、大小、充填物性质、风化程度、完整程度等岩块质量指标的综合反映。测试间距越小,其中的岩块单元越单一,波速曲线起伏越大,越能反映出其中岩体质量的细微变化情况,如细小裂隙、岩面不平整、风化破碎等。随着测试间距的增大,波速曲线会逐渐趋于平缓,岩体的裂隙、风化破碎等影响因素被周围的完整岩体平均掩盖了,这时波速主要是反映测区里岩体的整体质量情况。

(5)其他影响因素。若测井探头贴壁不紧,则从探头振源到孔壁要经过一小段水传播,从孔壁再反射回检波器,又要经过一小段水传播,无形中就会降低所测岩体的波速。由于声波测井的检波器间距一般较短,有时贴壁不紧的影响是比较大的。因此,在实际工作中一定要注意使探头紧贴孔壁,才能使声波测井真正地反映所测钻孔岩体的真实情况。此外,由于钻探技术原因造成的孔壁粗糙不平、掉块也会使二者波速之间有差异。

4.1.3.2　声波、地震波速度合理应用

声波测试和地震波测试从测试方法、测试位置到影响因素都各不相同,两种方法各有优缺点,在应用时可根据不同的测试目的而灵活选用或相互配合使用。

(1)针对岩体内部波速分层,研究其内部节理、裂隙的发育情况及测定硐室的爆破松动圈时,声波测试资料能起到较好的分层、分带效果。

(2)针对岩体质量进行宏观评价时,由于地震波速度能较好地综合反映测试岩体的整体质量情况,由其确定的岩体力学参数对整个工程更有指导意义。

(3)测定混凝土构件内部缺陷时,由于混凝土构件内部缺陷一般规模较小,一般采用小点距测试条件下的声速资料来反映缺陷的位置与大小,此时宜使用声波测试资料来判定。

(4)在建立岩体波速与静力试验指标的相关关系时,一般宜使用声速测试资料进行相关分析。因为声速测试容易做到与静力试验同位同向,声速—静力试验指标具有较好的可比性。

(5)当声波测试资料和地震波测试资料综合利用时,由于声波波速多反映岩体内部的微观情况,而地震波波速多反映岩体宏观情况,两者不能简单地类比。工程实践表明,岩体的声波速度一般要大于地震波速度。图4-3为大柳树坝址探洞岩体(岩性为变质长石石英砂岩、砂岩夹板岩等)所测声速与地震波速之间的对比成果图。

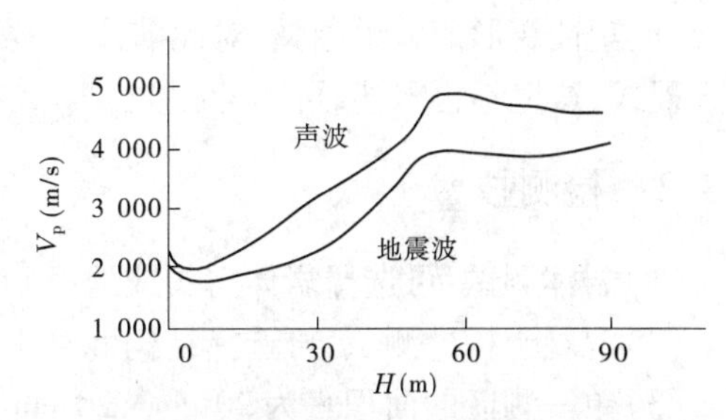

图4-3 声速与地震波速度实测对比

由图4-3知:该坝址岩体的声速一般高于地震波速10%~20%,其均值为15%。由此关系可将声波资料与地震波资料联系起来,达到定量评价岩体质量的目的。如在计算岩体完整性系数时可将砂岩岩块声速均值5 500 m/s修正为地震波速度,即5 500×(1-15%)≈4 700(m/s)。该值与洞壁岩体地震波测试成果中的最大值4 540 m/s接近(略高),因此4 700 m/s可作为计算岩体完整性系数的岩块地震纵波速度较为符合客观地质实际。

4.2 雷达法

在水利水电工程质量无损检测中,探地雷达法可用于混凝土内部缺陷检测,衬砌混凝土厚度、脱空、钢筋分布等检测,截渗墙完整性、碾压土层均一性等检测。一般采用中高频屏蔽天线进行测试。具体如下:

(1)检测混凝土内部缺陷、硐室衬砌质量时,宜选择400~900 MHz的屏蔽天线。

(2)检测混凝土内配筋时,宜选用900~1 500 MHz的屏蔽天线。

(3)检测截渗墙、碾压土层均一性时,宜选择100~250 MHz。

(4)进行孔中检测时,应根据任务要求及检测对象条件选用自发自收的单孔天线或一发一收的跨孔天线,天线频率应根据探测范围、探测精度要求选用。

(5)采用移动较快的车载测量方式,宜选用空气耦合天线。

在实际测试中,空间采集点距相对地质勘察时一般较小。

当检测混凝土内部缺陷、衬砌混凝土厚度、脱空、钢筋分布时,还可采用三维(3D)雷达系统进行测试,以获得更好的测试结果。

4.3 回弹法

4.3.1 基本原理

回弹法测试的是岩体或混凝土的回弹值。回弹值是当回弹仪重锤冲击岩体或混凝土表面后,剩余势能与原有势能之比的平方根。换言之,回弹值是重锤冲击岩体或混凝土表面过程中能量损失的反映。因此,岩体或混凝土表面回弹值与岩体或混凝土本身的抗压强度、变形模量、弹性模量等物理力学参数有着密切的关系,并存在很好的相关性。即岩体或混凝土表面硬度不同,其回弹值亦不相同,回弹值越大表示岩体或混凝土表面硬度越大,其抗塑性变形能力也越强,对此前人已做过大量的对比研究工作,得出相应的相关关系方程式,这里不再赘述,可参考相关文献或有关规程规范。

4.3.2 检测技术

(1)岩体测试:可选择岩体露头或地下硐室岩体表面进行测试。

(2)混凝土构件测试:可选择结构混凝土一面或两个对称面上进行测试。

(3)单一测区的面积宜为 20 cm×20 cm。

(4)相邻两测区的间距应控制在 2 m 以内,测区离构件端部或施工缝边缘的距离不宜大于 0.5 m,且不宜小于 0.2 m。

(5)检测面应为岩体或混凝土表面,并应清洁、平整,不应有疏松层、浮浆、油垢、涂层以及蜂窝、麻面,必要时可用砂轮清除疏松层和杂物,且不应有残留的粉末或碎屑。

(6)对弹击时产生颤动的薄壁、小型构件应进行固定。

(7)常用仪器设备为"L"形回弹仪。

4.3.3 回弹值计算

(1)计算测区平均回弹值,应从该测区的 16 个回弹值中剔除 3 个最大值和 3 个最小值,余下的 10 个回弹值应按下式计算:

$$R_m = \frac{\sum_{i=1}^{10} R_i}{10} \tag{4-3}$$

式中 R_m——测区平均回弹值,精确至 0.1;

R_i——第 i 个测点的回弹值。

(2)非水平方向检测岩体或混凝土浇筑表面时,应按下式修正:

$$R_m = R_{m\alpha} + R_{a\alpha} \tag{4-4}$$

式中 $R_{m\alpha}$——非水平状态检测区的平均回弹值,精确至 0.1;

$R_{a\alpha}$——非水平状态检测时回弹值修正值,参见《回弹法检测混凝土抗压强度技术规程》(JGJ/T 23—2011)附录 C。

(3)水平方向检测混凝土浇筑顶面或底面时,应按下列公式修正:

$$R_m = R_m^t + R_a^t \tag{4-5}$$

$$R_m = R_m^b + R_a^b \tag{4-6}$$

式中 R_m^t、R_m^b——水平方向检测混凝土浇筑表面、底面时测区的平均回弹值,精确至 0.1;

R_a^t、R_a^b——混凝土浇筑表面、底面回弹值的修正值,应按《回弹法检测混凝土抗压强度技术规程》(JGJ/T 23—2011)附录 D 采用。

(4)若检测时回弹仪为非水平方向且测试面为非混凝土的浇筑侧面,应先按《回弹法检测混凝土抗压强度技术规程》附录 C 对回弹值进行角度修正,再按该规程附录 D 对修正后的值进行浇筑面修正。

4.3.4　回弹值应用

(1)针对岩体测试:可直接应用回弹值结合其他原位测试技术(如弹性波法、点荷载试验等)对测试岩体进行质量评价。

(2)针对混凝土测试:可根据混凝土测强曲线由回弹值结合碳化深度推定结构混凝土的强度值,详见《回弹法检测混凝土抗压强度技术规程》(JGJ/T 23—2011)。

4.4　钢筋扫描法

4.4.1　工作原理

施测采用电磁感应法,它是人工向混凝土构件发射脉冲电磁波并对其内部的金属物(如钢筋)产生电磁感应作用,从而使该金属物产生感应电流,于是在其周围形成二次电磁场,通过钢筋扫描仪器观测感应电磁场的变化或异常即可确定混凝土内部钢筋的位置和埋深(保护层厚度)。

4.4.2　测试技术

现场施测首先选定待测混凝土构件,并在该构件上确定测试面,然后使探针轴线平行于设计钢筋走向并从混凝土测试面的边部或任意一点在垂直探针轴线的方向上移动探针来测定钢筋位置和保护层厚度。当混凝土内分布有主筋和箍筋时应分别测定,首先圈定主筋(或箍筋)的位置和展布情况,然后在两个相邻箍筋(或主筋)的中间部位顺其走向进行测试,即可精确测定主筋(或箍筋)的位置和保护层厚度。

4.5　基桩检测

4.5.1　基桩分类

(1)按成桩方法对土层的影响分类:①挤土桩;②部分挤土桩;③非挤土桩。

(2)按桩材分类:①木桩;②钢桩;③混凝土桩;④组合桩。

(3)按桩的功能分类:①抗轴向压桩,细分为摩擦桩、端承桩、端承摩擦桩或摩擦端承桩;②抗侧压桩;③抗拔桩。

(4)按成桩方法分类:①打入桩;②就地灌注桩,细分为沉管灌注桩、钻孔灌注桩、人工挖孔灌注桩、夯扩桩、复打桩、支盘桩等;③静压桩;④螺旋桩;⑤水泥土搅拌桩;⑥碎石桩。

4.5.2　基桩检测技术简介

基桩检测主要是指工程基桩的承载力和桩身完整性的检测与评价,现行检测方法及其检测内容详见表 4-1。

表 4-1 检测方法及其检测内容

检测方法	检测内容
单桩竖向抗压静载试验	①确定单桩竖向抗压极限承载力； ②判定竖向抗压承载力是否满足设计要求； ③通过桩身内力及变形测试,测定桩侧、桩端阻力； ④验证高应变法的单桩竖向抗压承载力检测结果
单桩竖向抗拔静载试验	①确定单桩竖向抗拔极限承载力； ②判定竖向抗拔承载力是否满足设计要求； ③通过桩身内力及变形测试,测定桩的抗拔摩阻力
单桩水平静载试验	①确定单桩水平临界和极限承载力,推定土抗力参数； ②判定水平承载力是否满足设计要求； ③通过桩身内力及变形测试,测定桩身弯矩
钻芯法	①检测灌注桩桩长、桩身混凝土强度、桩底沉渣厚度； ②判定或鉴别桩端岩土性状,判定桩身完整性类别
低应变法	检测桩身缺陷及其位置,判定桩身完整性类别
高应变法	①判定单桩竖向抗压承载力是否满足设计要求； ②检测桩身缺陷及其位置,判定桩身完整性类别； ③分析桩侧和桩端土阻力
声波透射法	检测灌注桩桩身缺陷及其位置,判定桩身完整性类别

表 4-1 中的检测方法按其原理可把低应变法、高应变法和声波透射法归为物理检测方法,其他则为直接测试方法。

(1)低应变法:作用在桩顶上的动荷载远小于桩的作用荷载,能量小,只能使桩土产生弹性变形,一般情况下只产生 10^{-5} 动应变。目前国内外研究并应用的低应变动测方法主要有反射波法、机械阻抗法、水电效应法、动力参数法、共振法、球击法等。

(2)高应变法:应用能使桩土间产生永久变形或较大动位移的动力检测基桩承载力的一类方法。主要包括打桩公式法、锤击贯入法、Smith 波动方程法、CASE 法、CAPWAP 法、静动法等。

(3)声波透射法:应用声波在桩身介质中传播的特征参数(如波速、波频、波幅等)检测桩身介质的缺陷及其位置并判定桩身完整性类别。

参考文献

[1] 中国水利电力物探科技信息网. 工程物探手册[M]. 北京:中国水利水电出版社,2011.

[2] SL 326—2005 水利水电工程物探规程[S]. 北京:中国水利水电出版社,2005.
[3] 刘康和,段伟,何灿高. 南水北调中线工程实体质量无损检测探析[C]//. 中国地球物理学会勘探地球物理委员会 2014 年技术研讨会论文集. 北京:中国地球物理学会,2014.
[4] 刘康和. 浅析声波测试中的几个问题[J]. 人民长江,1995(8):21~24.
[5] 刘康和,杨萍,王慧芳. 地下硐室岩体横波测试技术的初步实践[J]. 勘察科学技术,1994(1):63~64,62.
[6] 刘康和. 应用弹性波法评价岩体质量[J]. 物探与化探,1993(2):156~159.
[7] 刘康和,王清玉. 原位快速测试技术在水电工程中的应用[J]. 人民长江,1992(12):16~19.
[8] 刘康和,段伟. 岩体原位测试技术及其应用[J]. 水文地质工程地质,1994(2):55~57.
[9] 童广才,刘康和. 场地卓越周期的确定[J]. 电力勘测设计,2000(2):43~46.
[10] 杨萍,刘康和. 混凝土非破损检测技术应用及探讨[J]. 电力勘测设计,2003(2):21~24,45.
[11] 刘康和. P.S 测井技术的工程应用[J]. 华北地震科学,2001(1):18~22.
[12] 刘康和. 超声回弹综合法的工程应用[J]. 长江职工大学学报,2003(1):10~12.
[13] 杨萍,刘康和. 地下连续墙质量检测成果分析[J]. 探矿工程(岩土钻掘工程),2004(11):18~20.
[14] 苏向前,刘康和. 面波法与单孔检层法波速测试的工程应用[J]. 长江工程职业技术学院学报,2006(3):1~5.
[15] 刘康和. 塑性混凝土防渗墙质量评价研究[J]. 水利水电工程设计,2008(2):40~42.
[16] 白万山,刘康和. 塑性混凝土地连墙质量检测分析[J]. 工程勘察,2013(3):93~96.
[17] 王孝起,魏树满,刘康和. 坝基岩体灌浆效果检测的弹性波测试技术[J]. 四川水力发电,2002(4):72~74.
[18] 刘康和. 浅析声测岩石试件尺寸的确定[J]. 物探化探计算技术,1997(4):348~350.
[19] SL 352—2006 水工混凝土试验规程[S]. 北京:中国水利水电出版社,2006.
[20] JGJ 106—2014 建筑基桩检测技术规范[S]. 北京:中国建筑工业出版社,2014.

第5章　工程实践

5.1　实例1——固原引调水工程

5.1.1　工程概况

5.1.1.1　简述

宁夏固原地区(宁夏中南部)城乡饮水安全水源工程是将宁夏固原地区南部六盘山东麓雨量较多、水量相对较丰沛的泾河流域地表水,经拦截、调蓄,向北输送到固原中北部干旱缺水地区的区域性水资源优化配置工程。

本工程以泾河上游为水源地,从泾河干支流多条河流分散取水;输水总干线起自泾河干流龙潭水库,沿途逐渐纳入策底河、泾河其他支流、暖水河、颉河等河流截引的水量,向北穿越泾河与清水河分水岭,引水至固原市南郊,向干旱缺水的宁夏中南部地区的固原市原州区和彭阳、西吉以及中卫市海原县部分城镇居民生活和农村人畜供水,解决城乡饮水安全问题。

供水范围包括原州区、彭阳县、西吉县以及位于海原县黄河水难以达到的南部地区,涉及一个市区、三个县城、44个乡镇、603个行政村、3 559个自然村。2009年供水总人口为110.80万,其中农村89.40万,城镇21.40万。

首部取水工程为龙潭水库,输水线路末端的中庄水库为主调节水库,新建暖水河(秦家沟)水库作为暖水河线外调节水库,另外布置截引工程5处,涉及泾河干流以及策底河、暖水河、颉河三条支流,设计引水流量3.75 m^3/s。

输水线路全长74.39 km,其中隧洞11座,单洞长595~10 775 m,总长36.45 km;管道长37.94 km。

工程等级为Ⅲ等中型工程。

5.1.1.2　地质简况及地球物理特征

工程区位于六盘山区,主峰海拔2 942 m,一般海拔1 500~2 500 m,属低中山地貌区。工程区多年平均气温5.7~6.1 ℃,最冷1月平均气温-7.0~-8.4 ℃,极端最低气温-26.3~-28.1 ℃,一般结冻时间为11月下旬,解冻时间为翌年的3月中旬。多年平均降水量733.5~556.3 mm,由南向北递减,年降雨天数一般90~130 d,多年降雪天数一般30~45 d,年积雪厚度4~10 cm。

出露的地层主要为奥陶系、白垩系、第三系及第四系。

工程区位于祁吕贺兰山字型构造体系的脊柱——贺兰褶带的南段,陇西系旋卷构造六盘山旋回褶皱带的中部及伊陕盾地的西南部,是贺兰褶皱带与六盘山旋回褶皱带的交织复合部位,区域地质构造背景较复杂。工程区地震动反应谱特征周期为0.40 s,地震动峰值加速度为0.20g(g为重力加速度),地震基本烈度为Ⅷ度。

输水线路沿线地形以山前低山丘陵为主,地面高程在1 900 ~2 300 m。

输水线路位于两大冲断层之间,略靠近西侧的开城—北面河冲断层。两断层均为活动性断层。开城—北面河冲断层及小黄峁山—三关口—沙南冲断层相距12 ~13 km。输水线路靠近开城—北面河冲断层,最近处相距2.7 km,最远处相距6 km,平均相距4.5 km。

隧洞轴线及附近小断层较发育,多为正断层,断层带宽度较小,倾角较陡,延伸不远。裂隙较发育,岩体完整性较差。

线路主要岩性为白垩系泥岩、泥灰岩;第三系砂质泥岩、泥岩和第四系松散堆积物为主,其中K_{1m}泥岩夹泥灰岩18.096 km,占全长24.3%;K_{1n}泥岩27.573 km,占全长37.1%;E_{3q}砂质泥岩、泥岩1.866 km,占全长2.5%;E_{2s}泥质砂岩10.065 km,占全长13.5%;Q_1砾岩0.31 km,占全长0.1%;Q_3^m黄土8.126 km,占全长10.9%;角砾、壤土等8.555 km,占全长11.6%。

岩体风化强烈,小型崩塌等地质灾害较为发育。

1 911 m高程自流线路隧洞总长36.448 km,Ⅳ类围岩段长29.848 km,占隧洞总长的81.9%;Ⅴ类围岩段长6.60 km,占隧洞总长的18.1%。

输水隧洞可能存在的主要工程地质问题有软岩变形、黄土湿陷性、围岩的膨胀性、环境水土腐蚀性、涌水问题、围岩的稳定性问题等。

输水管道长约37.94 km,可能存在的主要工程地质问题有冻胀性、黄土的湿陷性、粗粒土的震动液化、环境水土腐蚀性等。

根据实测物探成果,第四系地层(含粉土、砂砾石等)的地震纵波速度一般为450 ~1 050 m/s,剪切波速度一般为100 ~331 m/s,电阻率一般为30 ~800 Ω·m;白垩系地层(泥岩、泥灰岩等)的声波纵波速度一般为1 700 ~4 600 m/s,地震纵波速度一般为2 030 ~2 700 m/s,电阻率一般为20 ~200 Ω·m。由此可见,上述探测对象的弹性参数和电性参数具有一定的差异,具备声波测井、钻孔剪切波测试、地震折射波法、高密度电法、EH4大地电磁测深法等物探方法的地球物理前提。

5.1.1.3　任务要求

本工程物理探测工作任务和目的主要为:

(1)利用EH4大地电磁测深法、高密度电法和地震折射波法查明输水隧洞或输水管线处的断层及地下水分布特征。

(2)利用高密度电法和地震折射波法查明山前支洞处覆盖层厚度以及隐伏活断裂的构造形迹。

(3)利用声波测井和平硐地震波测试测定工程区岩体弹性波速,并计算动弹性模量、动泊松比等参数,据此评价岩体完整性、软弱夹层及其风化卸荷情况,为工程岩体质量分类和评价提供依据。

(4)利用水文综合测井查明钻孔处的水文地质特征,划分含水层及隔水层的空间位置及其厚度,提供有关水文地质参数。

(5)应用钻孔剪切波测试对输水管线埋管段地基基础进行施测,判别地基基础场地类别,并查明地基砂性土的震动液化特征。

(6)选择输水隧洞沿线中的部分钻孔进行钻孔弹模测试,提供原位饱和状况下岩体的弹性模量和变形模量。

(7)对输水管线部位进行土壤腐蚀性测试,现场主要测定管线附近土体的电阻率、氧化还原电位、酸碱度(pH 值)等,再结合室内试验评价管线附近土体的腐蚀性。

5.1.2　物探方法与技术

5.1.2.1　工作布置

根据物探任务要求,结合现场场地条件,本区物理探测工作布置情况如下:

选择 4#、7#、9#隧洞洞线进行 EH4 大地电磁测深法探查;在输水管道、隧洞的进出口以及支洞处选择 19 处布置综合物探测线,进行高密度电法及地震折射波法勘探;在输水线路沿线进行 23 个钻孔的声波测井、2 个钻孔的弹模测试、11 个钻孔的水文综合测井、18 个钻孔的剪切波测试、63 组土壤腐蚀性测试。

5.1.2.2　方法技术

1. EH4 电磁测深法

使用美国 EMI 与 Geometrics 公司联合研制生产的 EH4 大地电磁测深系统,该套仪器使用天然场源的大地电磁信号进行接收天然电场和天然磁场,其工作频率范围为 10 Hz ~ 100 kHz。它是通过同时对一系列当地电场和磁场波动的测量来获得地下介质的电阻抗,其高频数据受到浅部或附近的地质体的影响,而低频数据受到深部或远处地质体的影响。同一测点当观测频率由高到低进行数据采集时,可实现由浅部到深部的测深过程。探测结果为一维曲线和二维视电阻率剖面。

考虑到测区地形起伏变化较大,现场施测采用单点测深,测线采用 EMAP 连续观测技术进行观测(首尾相连的连续观测系统),点距 25 ~ 40 m,测点选择或确定遵循下列原则:

(1)采用 GPS 定位仪确定测点位置,其测点误差范围执行《水利水电工程测量规范》(SL 197—97)。

(2)测点周围应相对开阔,至少两对不极化电极布设范围内地形相对平坦。

(3)测点处应注意布设电极范围内地表土质的均匀程度,不能将测点布设在有明显的局部电性非均质体附近。

(4)当测点位置由于外因而必须进行调整时,其调整范围应尽可能小;一般要求小于测量点距的 20%。

(5)测点位置应尽可能地远离电磁干扰源,如输变电线路、电台、寻呼台、雷达站等。

测点选定后,就要具体考虑测站电极的敷设,一般情况下,应遵循以下原则:

(1)电偶极方向采用罗盘仪指示,方便快捷;用皮尺测量偶极水平距离,并进行地形改正,误差小于 1 m,方位差小于 1°。

(2)在正式开展工作之前做平行试验,检测仪器是否工作正常,两个磁棒相隔 5 m,平行放在地面,两个电偶极子也平行。观测电场、磁场通道的时间序列信号,分别为低频和高频段磁场、电场信号波形图,只要两个方向通道的波形形态和强度均基本一致,说明仪器工作正常。

(3)工作用四个电极,每两个电极组成一个电偶极子,与测线方向一致的电偶极子为X－Dipole;与测线方向垂直的电偶极子为Y－Dipole。为了保证X－Dipole方向与Y－Dipole方向相互垂直,要用罗盘仪定向,误差<±1°。电偶极子的水平长度用测绳测量,误差小于±0.5 m。

(4)磁棒布置应离前置放大器至少5 m,为了消除人文因素干扰,两个磁棒最好埋在地下,保证其平稳,用罗盘仪定向使HX、HY两磁棒相互垂直,且两磁棒距离至少2～3 m,误差控制在<±1°,且水平。所有的工作人员离开磁棒至少5 m,尽量选择远离房屋、电缆、大树的地方布置磁棒。

(5)AFE(前置放大器)布置技术:电、磁道前置放大器放在测量点上,即两个电偶极子的中心,为了保护电、磁道前置放大器,应首先接地,远离磁棒至少5 m。

(6)主机布置技术:主机要放置在远离AFE(前置放大器)至少5 m的一个平台上,而且操作员最好能看到AFE和磁棒的布置。

(7)布设电极时不能将其置于树根处、流水旁或沟坎内等存在表层电性不均匀体的地方。

(8)为减少人文等干扰,电极应入土,一般入土深度5～20 cm,且保证电极与土壤具有良好的接触,以减小电极的接地电阻。需要时可多极并联或浇水等以降低接地电阻。

2.高密度电法

采用高密度电法对输水管道和隧洞支洞处的覆盖层厚度、基岩埋深或隐伏断层破碎带进行探测。

现场采用温纳尔装置,单一排列选用30根或60根集中式电极,基本电极距3～10 m,电极隔离系数9～18,供电电压不小于360 V。

使用国产WDA－1电法仪及附属设备。

3.地震折射波法

采用地震折射波法对输水管道和隧洞支洞处的覆盖层厚度、基岩埋深或隐伏断层破碎带进行探测。

地震波折射法根据现场场地、地质情况采用炮检互换法的相遇时距曲线观测系统,检波器间距5 m,24道接收。偏移距由现场试验及场地情况确定。锤击震源。

使用国产DZQ48地震仪及其附属设备。

4.声波测井

采用声波测井测定工程区钻孔岩体声波速度,进而计算动弹性模量、动泊松比等参数,并评价岩体完整性、软弱夹层、风化等情况。

现场施测采用单孔声波测井,孔内装置为一发双收换能器,测点距为0.2 m。换能器与待测岩体以水耦合,测试自下而上。为获得岩石声波速度,应对不同岩性的新鲜岩芯进行声波测试(对穿法)。

使用国产WSD－2A声波仪及其附属设备。

5.平硐地震波测试

采用小地震法对平硐硐壁岩体进行纵、横波速度测定。

现场施测采用小相遇时距曲线观测系统,单一排列长度12～24 m,检波点距1 m。检波器与侧壁岩体以石膏耦合，锤击震源。

考虑到平硐岩体开挖爆破的松动影响，地震测试的排列长度应尽量大且在硐壁岩体松动稳定后测试为佳。

使用国产 DZQ48 地震仪及其附属设备。

6. 钻孔弹模测试

采用孔内千斤顶法加压试验，将钻孔千斤顶放入孔内预定试验段定向后施加 0.5 MPa 的初始压力固定千斤顶，读取初始读数。

试验最大压力根据岩体强度和工程设计要求确定，分级宜按最大压力等分 7～10 级。

使用国产 HX－JTM－02J/Φ76—Φ91 钻孔弹模仪及附属设备。

7. 水文综合测井

使用国产 JBS－1A 型综合测井仪，有效测试深度大于 300 m。测试参数应包括井温、井径、流量等。其中，井径只在无套管的孔段测试。

井温参数测试在测试段内由上而下连续测量，测试时，电缆下井速度保持恒定，下井速度为 2 m/min。

井径参数测试在测试段内由下而上连续测量，测试时，电缆提升速度保持恒定，提升速度为 2～5 m/min。

流量测井按地质要求进行，分段测试地下水流速、流量，并判定含水层与隔水层的空间分布等。

水文测井的终孔孔径不小于 75 mm。测试一般在终孔后一次完成，特殊情况下分段测试。

8. 钻孔剪切波测试

现场施测采用单孔检层测试技术，孔口正反向激发、孔内使用三分量检波器接收的观测系统，地面扣板震源中心距孔口 1～3 m 并使孔口位于扣板的中垂线上，测点距为 1.0 m。孔内三分量检波器与待测岩土体以泥浆耦合或支撑贴壁，在裸孔段测试。

使用国产 DZQ48 高分辨率工程地震仪及其附属设备。

9. 土壤腐蚀性测试

(1) 土壤电阻率测试：使用国产 ZC－8 型接地电阻测定仪。现场测试采用对称四极交流电法。将 4 只金属探针垂直等距(10 m)插入土壤，将探针连接至仪器，仪器水平放置，摇动仪器手柄，调整测量标度盘和倍率钮，使仪器指针居中，加快摇动速度，使其转速大于 120 r/min，当指针处在中心线上并稳定时，即可读数。同时测定该土壤的温度。根据电阻值及装置系数即可求得电阻率值。

(2) 土壤氧化还原电位测试：使用国产 QX6530 型氧化还原电位测定仪。现场测试采用铂电极法。先将 5 只铂电极插入欲测土壤中，平衡 1 h 后，铂电极接仪器正极，插在附近土壤中的饱和甘汞电极接仪器负极进行测定，同时测定该土壤的温度。

(3) 土壤酸碱度(pH 值)测试：使用国产数字式 pH 计，采用以饱和氯化钾甘汞电极为参比电极、锥形玻璃电极为指示电极的原位测试系统。现场挖探坑至钢结构或混凝土管道的埋置深度，平整坑底土层表面，在适中位置插入参比电极，深度不小于 3 cm，然后以参比电极为中心，在以 20 cm 为半径的圆周上，按 3 等分或 5 等分插入指示电极，深度与参比电极相同,待平衡后测读指示电极的pH值,进行算术平均后即为该土层在该点处的pH值测试结果。

5.1.3 资料解释与成果分析

5.1.3.1 EH4大地电磁测深法

1. 资料解释

EH4大地电磁测深法是重点解决浅、中深度范围内工程地质等问题的一种双源型电磁系统,工作频率范围在10 Hz ~ 100 kHz。

该电磁测深法是通过同时对一系列地面电场和磁场波动的测量来获得地表的电阻抗。通过野外测量适时进行傅里叶变换以后以能谱存储起来。这些通过能谱值计算出来的表面阻抗是一个复杂的频率函数,在这个频率函数中,高频数据受到浅部或附近的地质体的影响,而低频数据受到深部或远处地质体的响应。一个大地电磁测量给出了测量点以下垂直电阻率的估计值,同时也表明了在测量点的地电复杂性。在那些点到点电阻率分布变化不快的地方,电阻率的探测是对测量点下地电分层的一个合理估计。

EH4是一种电法勘探仪器,它所涉及的物理量是物质的电阻率参数,与直流电法仪的不同之处在于它不是直接利用欧姆定律$R=U/I$,而是通过观测记录电磁场信号,然后经傅里叶变换将时间域的电磁信号变成频谱信号,得到地表E_x、E_y、H_x、H_y值,来计算卡尼亚电阻率$\rho=\frac{1}{5f}\left|\frac{E}{H}\right|^2$(式中,$f$为频率,$E$为电场强度,$H$为磁场强度)从而计算反映地下物质的电性结构。

在不均匀层状介质情况下用公式$\rho=\frac{1}{5f}\left|\frac{E}{H}\right|^2$得出的"电阻率值"称为视电阻率。一般来说,视电阻率不是某层介质的真正电阻率,而是地下层状介质电性参数分布的综合反映。视电阻率与地电断面参数及观测电场信号的频率有关。一定频段的大地电磁场有一定的穿透深度和影响范围,而视电阻率就表示这一范围内地电断面的"平均"效应。

根据卡尼亚电阻率公式$\rho=\frac{1}{5f}\left|\frac{E}{H}\right|^2$,其电阻率随频率变化而变化,而电磁波的穿透深度或趋肤深度也与频率有关。因此,不同的频率反映不同深度的电阻率。

本次EH4测试数据的室内整理与处理流程为:启动IMAGEM→修改图形显示坐标OPTIONS(包括电极坐标、频率比例、电阻率比例、深度比例、相关度、数据坐标等)→数据分析DATA ANALYSIS(查看数据等)→一维分析1-D ANALYSIS(分析删除电阻率曲线)→二维电阻率剖面分析2-D ANALYSIS(包括圆滑系数、剖面起始点、剖面终点、反演绘图、保存反演数据文件等)→surfer绘图→修饰调整→最终成果图。

根据处理后的二维电阻率剖面最终成果图,结合本测区(段)各岩性层的电阻率特征值,用电阻率值的高低及分布形态来区分或判定岩性。岩带划分解释原则:首先依据岩性与电阻率值的对应关系结合工程地质勘察要求对实测剖面电阻率值及其形态做出分析判断,并初步划分物性分段,推断各段的岩性分布,由于电阻率值是岩层工程性质的综合反映,如矿物成分、厚度、裂隙、含水量等都会影响电阻率值的大小,因此只依据物性确定岩层名称具有一定的局限性,必须结合地质测绘进行地层岩性划分才能使解释结果较符合客观地质实际。

2. 成果分析

1)4#隧洞 27+787~30+818 桩号段

4#隧洞 27+787~30+818 桩号段 EH4 大地电磁测深视电阻率等值线断面图如图 5-1 所示。

综合分析本次物探测试成果,结合工程地质条件,对本桩号段 EH4 剖面解释如下:

表层受冻土影响(测试时间 2012-02-28~2012-03-18),加之地表不均匀电性体的综合作用,多出现相对高阻透镜体,最高电阻率可达 200 Ω·m,反映深度一般不超过 40 m。

随探测深度的增加,电阻率值呈现逐渐增高的趋势,但不甚明显。洞身处电阻率值变化范围多在 20~150 Ω·m,其值变化相对均一。

图中白色粗短线为推测断层或岩体破碎带,共 7 处,这些断层或破碎带处的电阻率值均小于 30 Ω·m,且低阻等值线多向下延伸。其中,桩号 28+107、28+636、29+266、29+885、30+235、30+364、30+534 处的断层或岩体破碎带穿过隧洞洞身或接近隧洞洞身。

尤其须说明的是:在桩号 29+887 处出现极低阻体,最低电阻率小于 10 Ω·m,且位于沟部,此处岩体相当破碎并含水。而 30+235、30+364 两处的断层破碎带在地表有出露。其他部位为推测断层或破碎带。

根据上述分析取得 4#隧洞 27+787~30+818 桩号段构造分布及其特征,详见表 5-1。

2)7#隧洞 39+987~41+245 桩号段

7#隧洞 39+987~41+245 桩号段 EH4 大地电磁测深视电阻率等值线断面图如图 5-2 所示。

综合分析本次物探测试成果,结合工程地质条件,对本桩号段 EH4 剖面解释如下:

表层受冻土影响(测试时间 2012-02-08~2012-02-11),加之地表不均匀电性体的综合作用,多出现相对高阻透镜体,最高电阻率可达 150~200 Ω·m,反映深度一般不超过 50 m。

随探测深度的增加,电阻率值呈现逐渐增高的趋势。洞身处电阻率值变化范围多在 40~200 Ω·m,其值变化相对均一。

图中白色粗短线为推测断层或岩体破碎带,共 2 处,这些断层或破碎带处的电阻率值均小于 30 Ω·m,且低阻等值线多向下延伸。其中,桩号 40+185 处的断层或岩体破碎带穿过隧洞洞身或接近隧洞洞身。

尤其须说明的是:在桩号 40+404、40+602、41+029 等三处呈现向上凸出的相对高阻体,最高电阻率可达 300~400 Ω·m。其中 41+029 处为孤立高阻体,而另外 2 处高阻体底部相连。

根据上述分析取得 7#隧洞 39+987~41+245 桩号段构造分布及其特征,详见表 5-2。

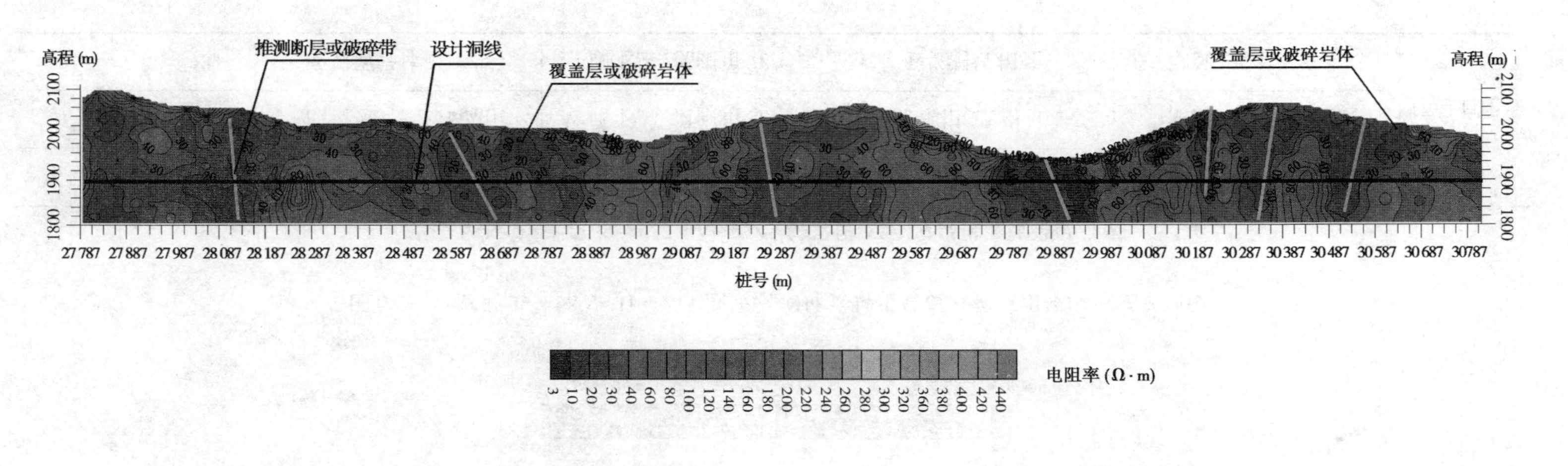

图 5-1　4#隧洞 27 + 787 ~ 30 + 818 桩号段 EH4 大地电磁测深视电阻率等值线断面图

表 5-1　4#隧洞 27 + 787 ~ 30 + 818 桩号段 EH4 成果推测构造特征表

序号	对应桩号	推测性质	倾向、倾角	洞线处宽度	推测富水性	备注
1	28 + 107	推测为岩体破碎带	倾下游、视倾角 86°	与洞线相交,约 150 m	潮湿、基本无富水	序号自上游至下游
2	28 + 636	推测为岩体破碎带	倾下游、视倾角 61°	与洞线相交,约 60 m	潮湿、基本无富水	
3	29 + 266	推测为岩体破碎带	倾下游、视倾角 83°	与洞线相交,60 ~ 230 m	潮湿、基本无富水	
4	29 + 885	推测为断层带	倾下游、视倾角 68°	与洞线相交,约 230 m	可能富水	
5	30 + 235	推测为断层带	倾上游、视倾角 86°	与洞线相交,约 30 m	潮湿、基本无富水	
6	30 + 364	推测为断层带	倾上游、视倾角 79°	与洞线相交,约 65 m	潮湿、基本无富水	
7	30 + 534	推测为岩体破碎带	倾上游、视倾角 75°	与洞线相交,约 65 m	潮湿、基本无富水	

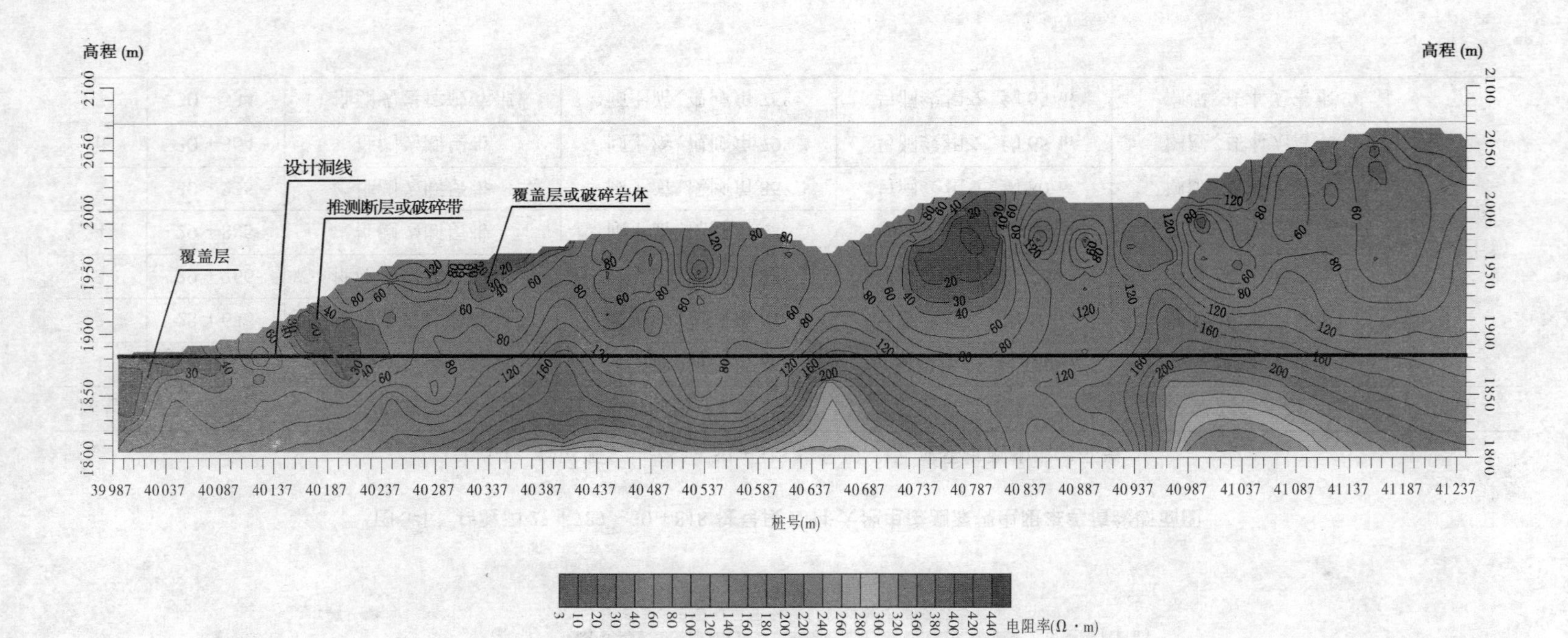

图 5-2　7#隧洞 39 + 987 ~ 41 + 245 桩号段 EH4 大地电磁测深视电阻率等值线断面图

表 5-2　7#隧洞 39 + 987 ~ 41 + 245 桩号段 EH4 成果推测构造特征表

序号	对应桩号	推测性质	倾向、倾角	洞线处宽度	推测富水性	备注
1	40 + 185	推测为岩体破碎带	倾下游、视倾角 56°	与洞线相交，约 40 m	潮湿、基本无富水	序号自上游至下游
2	40 + 781	推测为岩体破碎带	倾下游、视倾角 78°	不与洞线相交	潮湿、基本无富水	

3)7#隧洞41+235~43+826桩号段

7#隧洞41+235~43+826桩号段EH4大地电磁测深视电阻率等值线断面图如图5-3所示。

综合分析本次物探测试成果,结合工程地质条件,对本桩号段EH4剖面解释如下:

表层受冻土影响(测试时间2012-01-31~2012-02-05),加之地表不均匀电性体的综合作用,多出现相对高阻透镜体,最高电阻率可达400~500 Ω·m,反映深度一般不超过50 m。

随探测深度的增加,电阻率值呈现逐渐增高的趋势。洞身处电阻率值变化范围多在40~200 Ω·m,其值变化相对均一。

图中白色粗短线为推测断层或岩体破碎带,共7处,这些断层或破碎带处的电阻率值均小于30~40 Ω·m,且下部相对高阻的电阻率等值线均下凹。其中,桩号41+434、41+682、42+010、43+319处的断层或岩体破碎带穿过隧洞洞身或接近隧洞洞身。其他均位于隧洞洞身上部,且距洞身具有一定距离。

尤其须说明的是:在桩号41+812、42+278、42+983等三处出现直立状相对高阻体,最高电阻率可达300 Ω·m。其中,41+812处的近直立状高阻体的电阻率值相对42+278、42+983两处较低。

根据上述分析取得7#隧洞41+235~43+826桩号段构造分布及其特征,详见表5-3。

4)7#隧洞43+813~46+483桩号段

7#隧洞43+813~46+483桩号段EH4大地电磁测深视电阻率等值线断面图如图5-4所示。

综合分析本次物探测试成果,结合工程地质条件,对本桩号段EH4剖面解释如下:

表层受冻土影响(测试时间2012-02-13~2012-02-18),加之地表不均匀电性体的综合作用,多出现相对高阻透镜体,最高电阻率可达400~500 Ω·m,反映深度一般不超过50 m。

随探测深度的增加,电阻率值呈现逐渐增高的趋势。洞身处电阻率值变化范围多在30~200 Ω·m,其值变化相对均一。

图中白色粗短线为推测断层或岩体破碎带,共5处,这些断层或破碎带处的电阻率值均小于30 Ω·m,且下部相对高阻的电阻率等值线均下凹。其中,桩号44+012、44+459、44+806、45+352、45+947处的断层或岩体破碎带穿过隧洞洞身或接近隧洞洞身。

尤其须说明的是:在桩号46+145等处出现直立状相对高阻体,最高电阻率可达300 Ω·m。

根据上述分析取得7#隧洞43+813~46+483桩号段构造分布及其特征,详见表5-4。

5)7#隧洞46+483~49+066桩号段

7#隧洞46+483~49+066桩号段EH4大地电磁测深视电阻率等值线断面图如图5-5所示。

综合分析本次物探测试成果,结合工程地质条件,对本桩号段EH4剖面解释如下:

表层受冻土影响(测试时间2012-02-19~2012-02-23),加之地表不均匀电性体的综

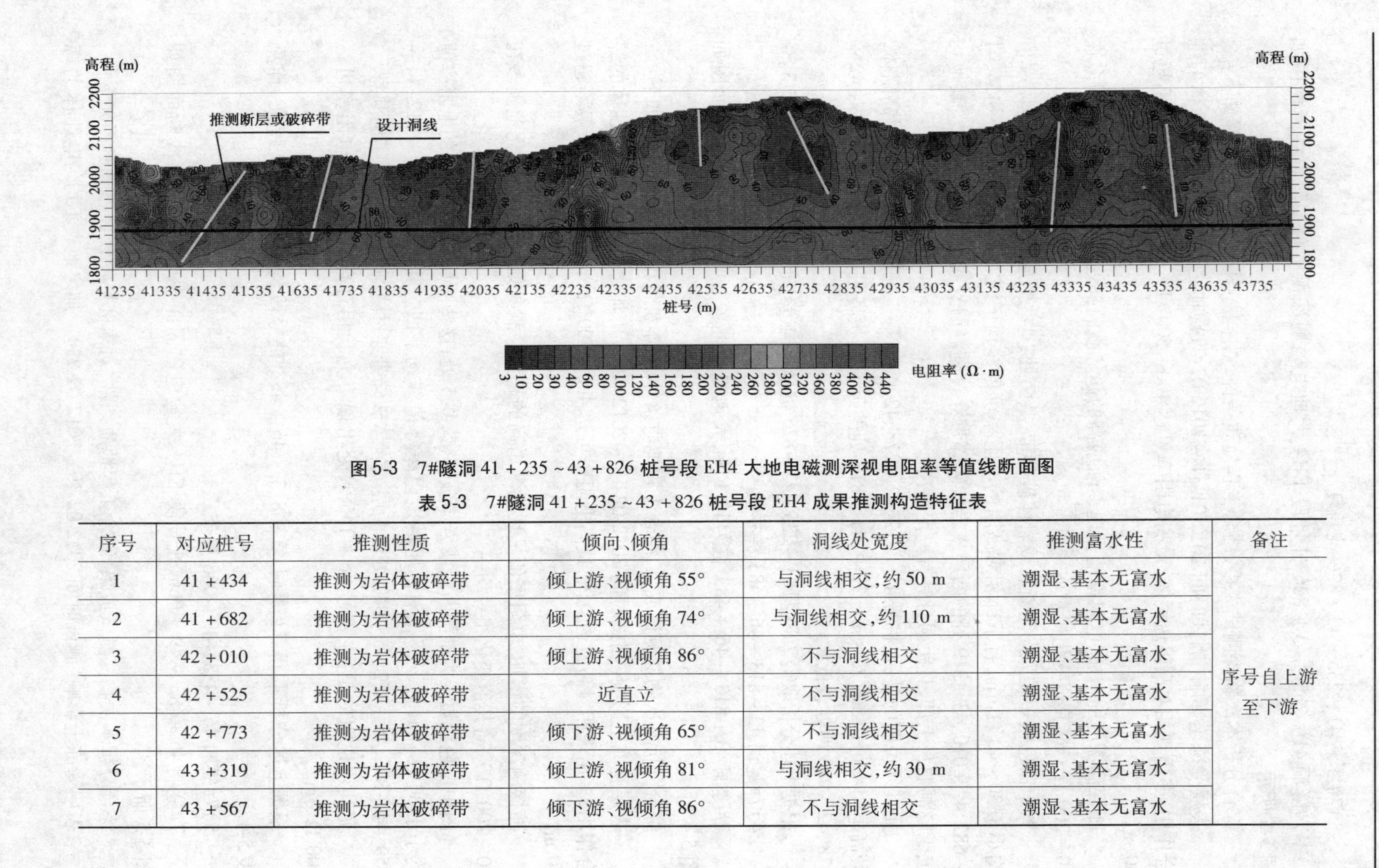

图 5-3 7#隧洞 41 +235 ~ 43 +826 桩号段 EH4 大地电磁测深视电阻率等值线断面图

表 5-3 7#隧洞 41 +235 ~ 43 +826 桩号段 EH4 成果推测构造特征表

序号	对应桩号	推测性质	倾向、倾角	洞线处宽度	推测富水性	备注
1	41 +434	推测为岩体破碎带	倾上游、视倾角 55°	与洞线相交,约 50 m	潮湿、基本无富水	序号自上游至下游
2	41 +682	推测为岩体破碎带	倾上游、视倾角 74°	与洞线相交,约 110 m	潮湿、基本无富水	
3	42 +010	推测为岩体破碎带	倾上游、视倾角 86°	不与洞线相交	潮湿、基本无富水	
4	42 +525	推测为岩体破碎带	近直立	不与洞线相交	潮湿、基本无富水	
5	42 +773	推测为岩体破碎带	倾下游、视倾角 65°	不与洞线相交	潮湿、基本无富水	
6	43 +319	推测为岩体破碎带	倾上游、视倾角 81°	与洞线相交,约 30 m	潮湿、基本无富水	
7	43 +567	推测为岩体破碎带	倾下游、视倾角 86°	不与洞线相交	潮湿、基本无富水	

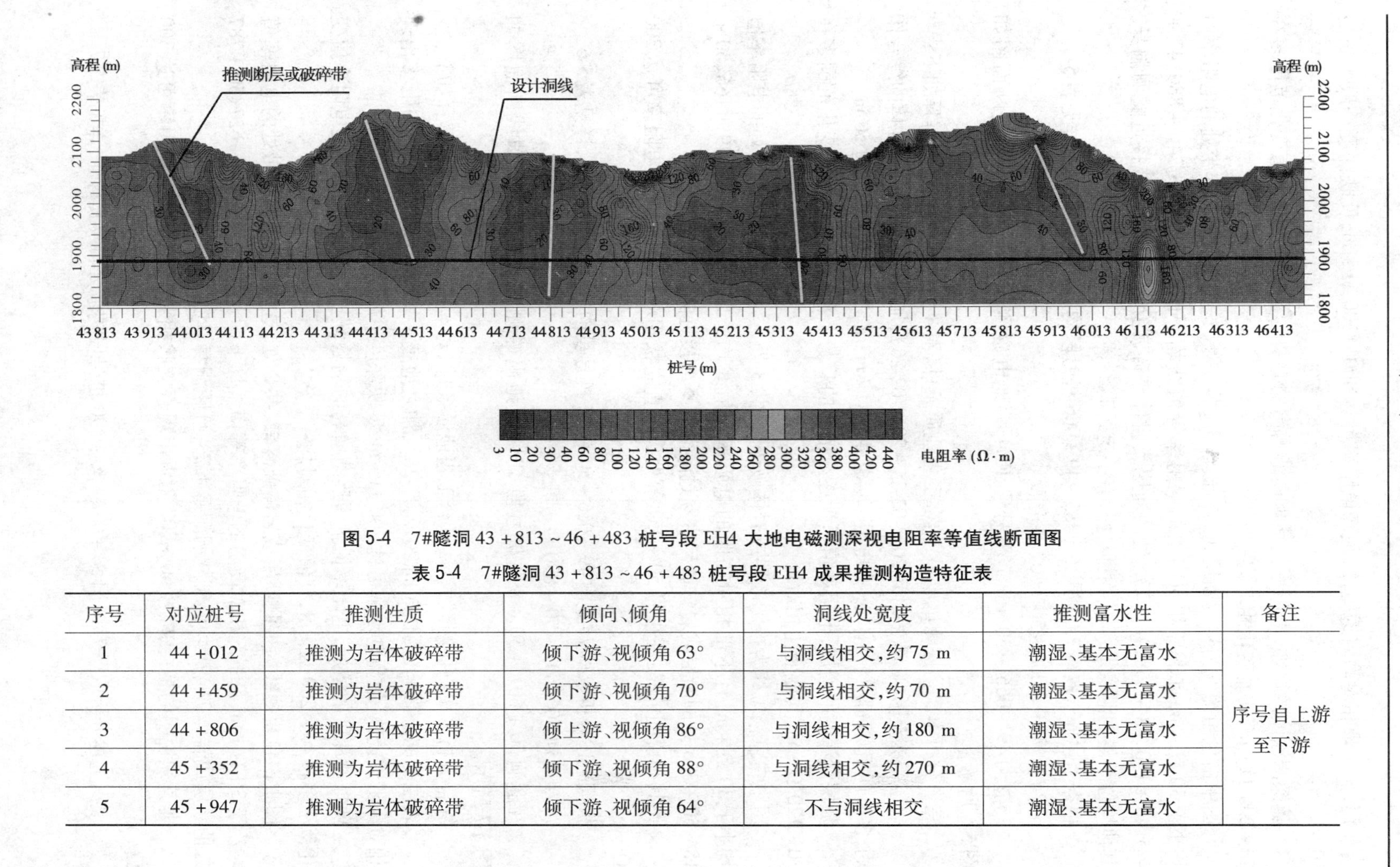

图 5-4 7#隧洞 43 +813 ~46 +483 桩号段 EH4 大地电磁测深视电阻率等值线断面图

表 5-4 7#隧洞 43 +813 ~46 +483 桩号段 EH4 成果推测构造特征表

序号	对应桩号	推测性质	倾向、倾角	洞线处宽度	推测富水性	备注
1	44 +012	推测为岩体破碎带	倾下游、视倾角 63°	与洞线相交，约 75 m	潮湿、基本无富水	序号自上游至下游
2	44 +459	推测为岩体破碎带	倾下游、视倾角 70°	与洞线相交，约 70 m	潮湿、基本无富水	
3	44 +806	推测为岩体破碎带	倾上游、视倾角 86°	与洞线相交，约 180 m	潮湿、基本无富水	
4	45 +352	推测为岩体破碎带	倾下游、视倾角 88°	与洞线相交，约 270 m	潮湿、基本无富水	
5	45 +947	推测为岩体破碎带	倾下游、视倾角 64°	不与洞线相交	潮湿、基本无富水	

合作用,多出现相对高阻透镜体,最高电阻率可达 400 ~ 500 Ω · m,反映深度一般不超过 50 m。

随探测深度的增加,电阻率值呈现逐渐增高的趋势。洞身处电阻率值变化范围多在 20 ~ 200 Ω · m,其值变化相对均一。

图中白色粗短线为推测断层或岩体破碎带,共 6 处,这些断层或破碎带处的电阻率值均小于 30 Ω · m,且下部相对高阻的电阻率等值线均下凹。其中,桩号 46 + 880、47 + 475、48 + 140、48 + 368、48 + 735 处的断层或岩体破碎带穿过隧洞洞身或接近隧洞洞身。其他均位于隧洞洞身上部,且距洞身具有一定距离。

根据上述分析取得 7#隧洞 46 + 483 ~ 49 + 066 桩号段构造分布及其特征,详见表 5-5。

6)7#隧洞 49 + 066 ~ 50 + 607 桩号段

7#隧洞 49 + 066 ~ 50 + 607 桩号段 EH4 大地电磁测深视电阻率等值线断面图如图 5-6 所示。

综合分析本次物探测试成果,结合工程地质条件,对本桩号段 EH4 剖面解释如下:

表层受冻土影响(测试时间 2012-02-25 ~ 2012-02-26),加之地表不均匀电性体的综合作用,多出现相对高阻透镜体,最高电阻率可达 400 Ω · m,反映深度一般不超过 50 m。

随探测深度的增加,电阻率值呈现逐渐增高的趋势。洞身处电阻率值变化范围多在 30 ~ 120 Ω · m,其值变化相对均一。

图中白色粗短线为推测断层或岩体破碎带,共 3 处,这些断层或破碎带处的电阻率值均小于 30 Ω · m,且下部相对高阻的电阻率等值线均下凹。其中,桩号 49 + 166、50 + 186、50 + 326 处的断层或岩体破碎带穿过隧洞洞身或接近隧洞洞身。

尤其须说明的是:在桩号 50 + 257 等处出现直立状相对高阻体,最高电阻率可达 300 Ω · m。

根据上述分析取得 7#隧洞 49 + 066 ~ 50 + 607 桩号段构造分布及其特征,详见表 5-6。

7)7#隧洞 50 + 607 ~ 50 + 890 桩号段

7#隧洞 50 + 607 ~ 50 + 890 桩号段 EH4 大地电磁测深视电阻率等值线断面图如图 5-7 所示。

综合分析本次物探测试成果,结合工程地质条件,对本桩号段 EH4 剖面解释如下:

表层受冻土影响(测试时间 2012-02-26),加之地表不均匀电性体的综合作用,多出现相对高阻透镜体,最高电阻率可达 200 Ω · m,反映深度一般不超过 50 m。

随探测深度的增加,电阻率值呈现逐渐增高的趋势,但不甚明显。洞身处电阻率值变化范围多在 40 ~ 200 Ω · m,其值变化相对均一。

图中白色粗短线为推测断层或岩体破碎带,共 2 处,这些断层或破碎带处的电阻率值均小于 30 Ω · m,且下部相对高阻的电阻率等值线均下凹。其中,桩号 50 + 627、50 + 787 处的断层或岩体破碎带均位于隧洞洞身下部,且距洞身具有一定距离。

尤其须说明的是:在桩号 50 + 707 附近出现直立状相对高阻体,最高电阻率可达 300 Ω · m。

根据上述分析取得 7#隧洞 50 + 607 ~ 50 + 890 桩号段构造分布及其特征,详见表 5-7。

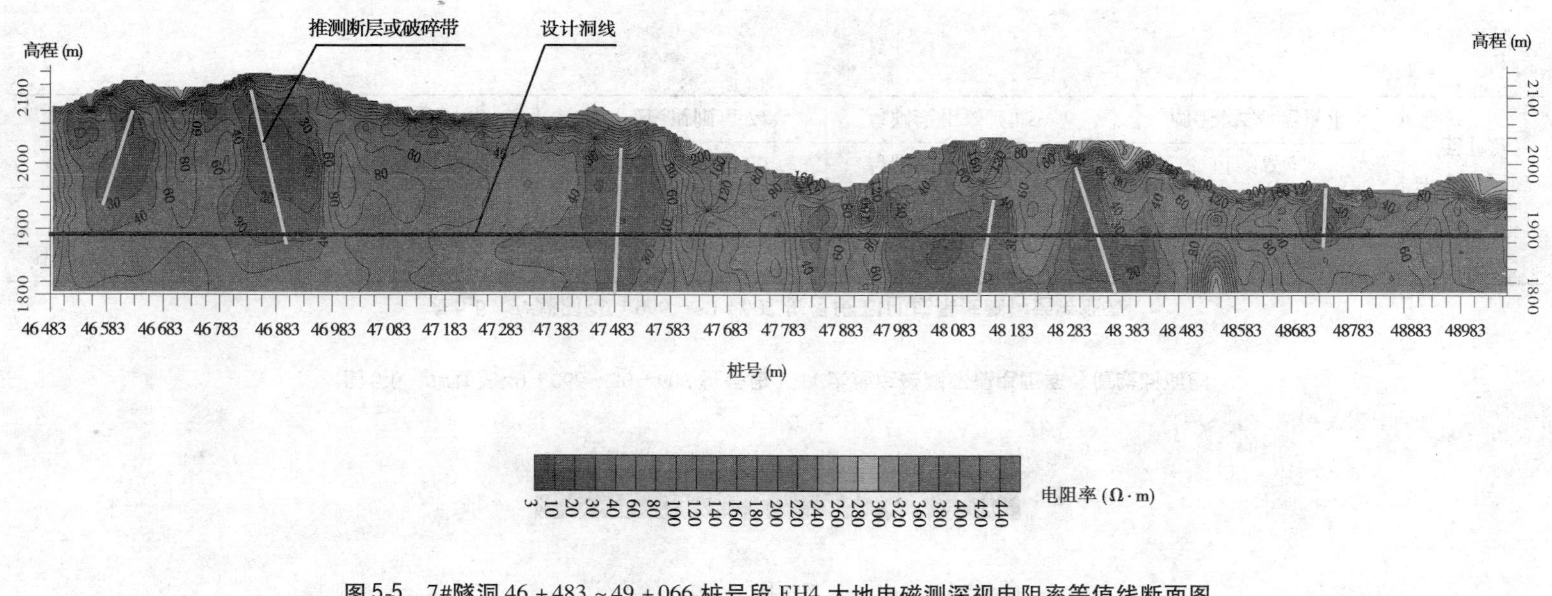

图 5-5　7#隧洞 46 +483 ~49 +066 桩号段 EH4 大地电磁测深视电阻率等值线断面图

表 5-5　7#隧洞 46 +483 ~49 +066 桩号段 EH4 成果推测构造特征表

序号	对应桩号	推测性质	倾向、倾角	洞线处宽度	推测富水性	备注
1	46 +582	推测为岩体破碎带	倾上游、视倾角 70°	不与洞线相交	潮湿、基本无富水	序号自上游至下游
2	46 +880	推测为岩体破碎带	倾下游、视倾角 73°	与洞线相交，约 110 m	潮湿、基本无富水	
3	47 +475	推测为岩体破碎带	倾上游、视倾角 86°	与洞线相交，约 130 m	潮湿、基本无富水	
4	48 +140	推测为岩体破碎带	倾上游、视倾角 76°	与洞线相交，约 220 m	潮湿、基本无富水	
5	48 +368	推测为岩体破碎带	倾下游、视倾角 69°	与洞线相交，约 160 m	潮湿、基本无富水	
6	48 +735	推测为岩体破碎带	倾上游、视倾角 87°	与洞线相交，约 40 m	潮湿、基本无富水	

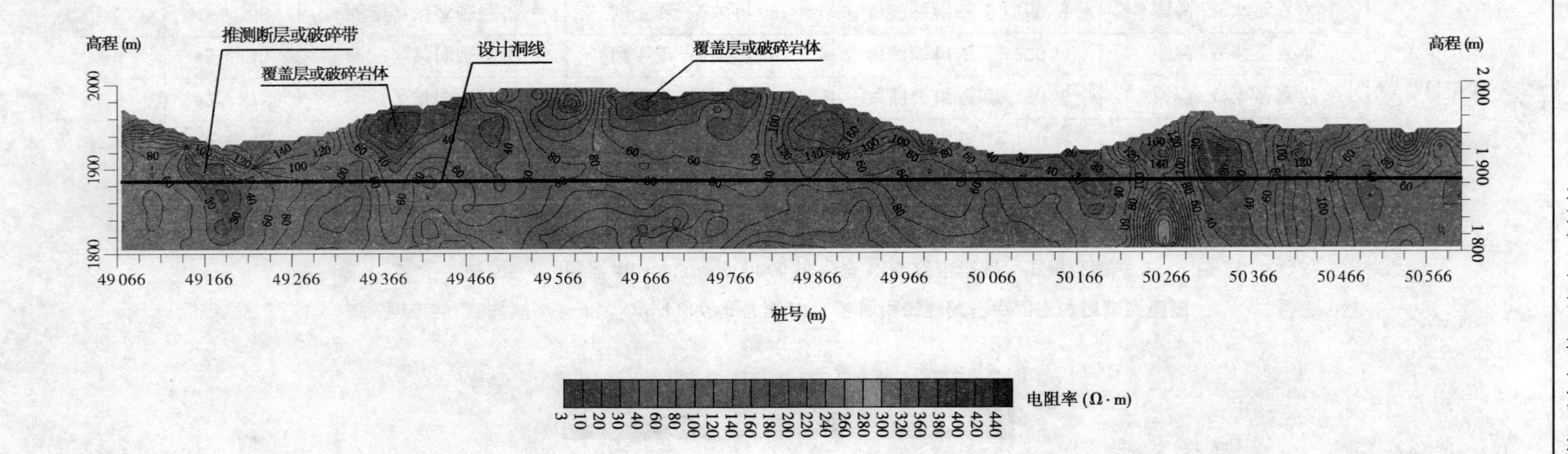

图 5-6　7#隧洞 49 + 066 ~ 50 + 607 桩号段 EH4 大地电磁测深视电阻率等值线断面图

表 5-6　7#隧洞 49 + 066 ~ 50 + 607 桩号段 EH4 成果推测构造特征表

序号	对应桩号	推测性质	倾向、倾角	洞线处宽度	推测富水性	备注
1	49 + 166	推测为断层破碎带	倾下游、视倾角 68°	与洞线相交，约 40 m	可能富水	序号自上游至下游
2	50 + 186	推测为断层破碎带	倾下游、视倾角 60°	与洞线相交，约 40 m	可能富水	
3	50 + 326	推测为岩体破碎带	倾下游、视倾角 74°	与洞线相交，约 50 m	潮湿、基本无富水	

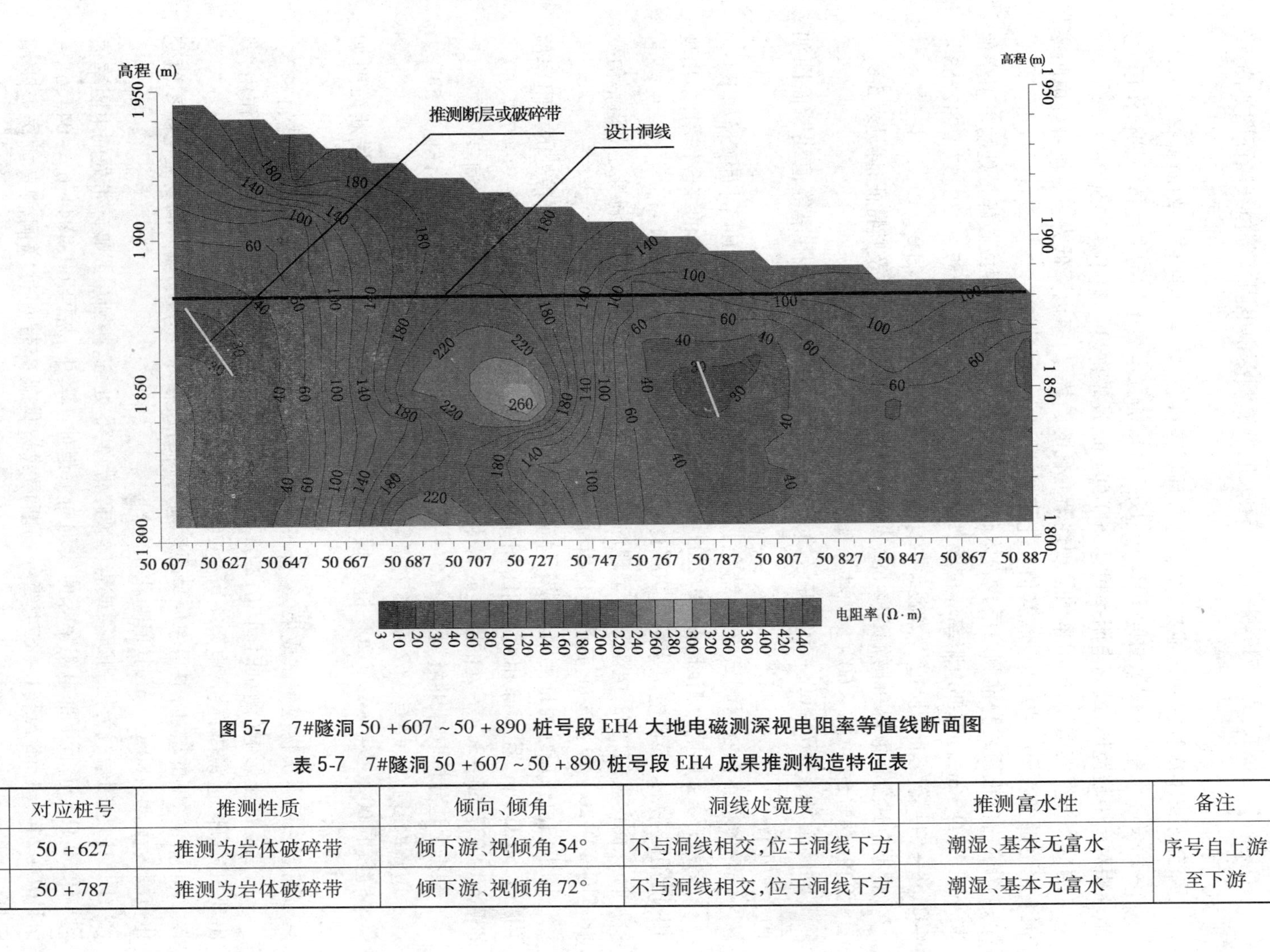

图 5-7 7#隧洞 50+607~50+890 桩号段 EH4 大地电磁测深视电阻率等值线断面图

表 5-7 7#隧洞 50+607~50+890 桩号段 EH4 成果推测构造特征表

序号	对应桩号	推测性质	倾向、倾角	洞线处宽度	推测富水性	备注
1	50+627	推测为岩体破碎带	倾下游、视倾角 54°	不与洞线相交,位于洞线下方	潮湿、基本无富水	序号自上游至下游
2	50+787	推测为岩体破碎带	倾下游、视倾角 72°	不与洞线相交,位于洞线下方	潮湿、基本无富水	

8)9#隧洞 57 + 682 ~ 58 + 719 桩号段

9#隧洞 57 + 682 ~ 58 + 719 桩号段 EH4 大地电磁测深视电阻率等值线断面图如图 5-8 所示。

综合分析本次物探测试成果,结合工程地质条件,对本桩号段 EH4 剖面解释如下:

表层受冻土影响(测试时间 2012-03-12 ~ 13),加之地表不均匀电性体的综合作用,多出现相对高阻透镜体,最高电阻率可达 200 Ω · m,反映深度一般不超过 50 m。

随探测深度的增加,电阻率值呈现逐渐变化的趋势,但多以降低为主。洞身处电阻率值变化范围多在 20 ~ 40 Ω · m,其值变化相对均一。

图中白色粗短线为推测断层或岩体破碎带,共 4 处,这些断层或破碎带处的电阻率值均小于 20 Ω · m,且下部电阻率等值线均向下延伸。其中,桩号 57 + 732、57 + 932、58 + 402、58 + 644 等处的断层或岩体破碎带穿过隧洞洞身或接近隧洞洞身。

根据上述分析取得 9#隧洞 57 + 682 ~ 58 + 719 桩号段构造分布及其特征,详见表 5-8。

9)9#隧洞 59 + 667 ~ 60 + 517 桩号段

9#隧洞 59 + 667 ~ 60 + 517 桩号段 EH4 大地电磁测深视电阻率等值线断面图如图 5-9 所示。

综合分析本次物探测试成果,结合工程地质条件,对本桩号段 EH4 剖面解释如下:

表层受冻土影响(测试时间 2012-02-27),加之地表不均匀电性体的综合作用,多出现相对高阻透镜体,最高电阻率可达 200 Ω · m,反映深度一般不超过 50 m。

随探测深度的增加,电阻率值呈现逐渐增高的趋势,但不甚明显。洞身处电阻率值变化范围多在 20 ~ 80 Ω · m,其值变化相对均一。

图中白色粗短线为推测断层或岩体破碎带,共 4 处,这些断层或破碎带处的电阻率值均小于 30 Ω · m,且下部相对高阻的电阻率等值线均下凹。其中,桩号 59 + 767、59 + 887、60 + 037、60 + 367 等处的断层或岩体破碎带穿过隧洞洞身或接近隧洞洞身。

根据上述分析取得 9#隧洞 59 + 667 ~ 60 + 517 桩号段构造分布及其特征,详见表 5-9。

10)9#隧洞 60 + 494 ~ 62 + 206 桩号段

9#隧洞 60 + 494 ~ 62 + 206 桩号段 EH4 大地电磁测深视电阻率等值线断面图如图 5-10 所示。

综合分析本次物探测试成果,结合工程地质条件,对本桩号段 EH4 剖面解释如下:

表层受冻土影响(测试时间 2012-03-07 ~ 09),加之地表不均匀电性体的综合作用,多出现相对高阻透镜体,最高电阻率可达 200 Ω · m,反映深度一般不超过 50 m。

随探测深度的增加,电阻率值呈现逐渐增高的趋势,但不甚明显。洞身处电阻率值变化范围多在 20 ~ 80 Ω · m,其值变化相对均一。

图中白色粗短线为推测断层或岩体破碎带,共 6 处,这些断层或破碎带处的电阻率值均小于 30 Ω · m,且下部电阻率等值线均向下延伸。其中,桩号 60 + 844、61 + 044、61 + 144、61 + 244、61 + 374、61 + 674 等处的断层或岩体破碎带穿过隧洞洞身或接近隧洞洞身。

根据上述分析取得 9#隧洞 60 + 494 ~ 62 + 206 桩号段构造分布及其特征,详见表 5-10。

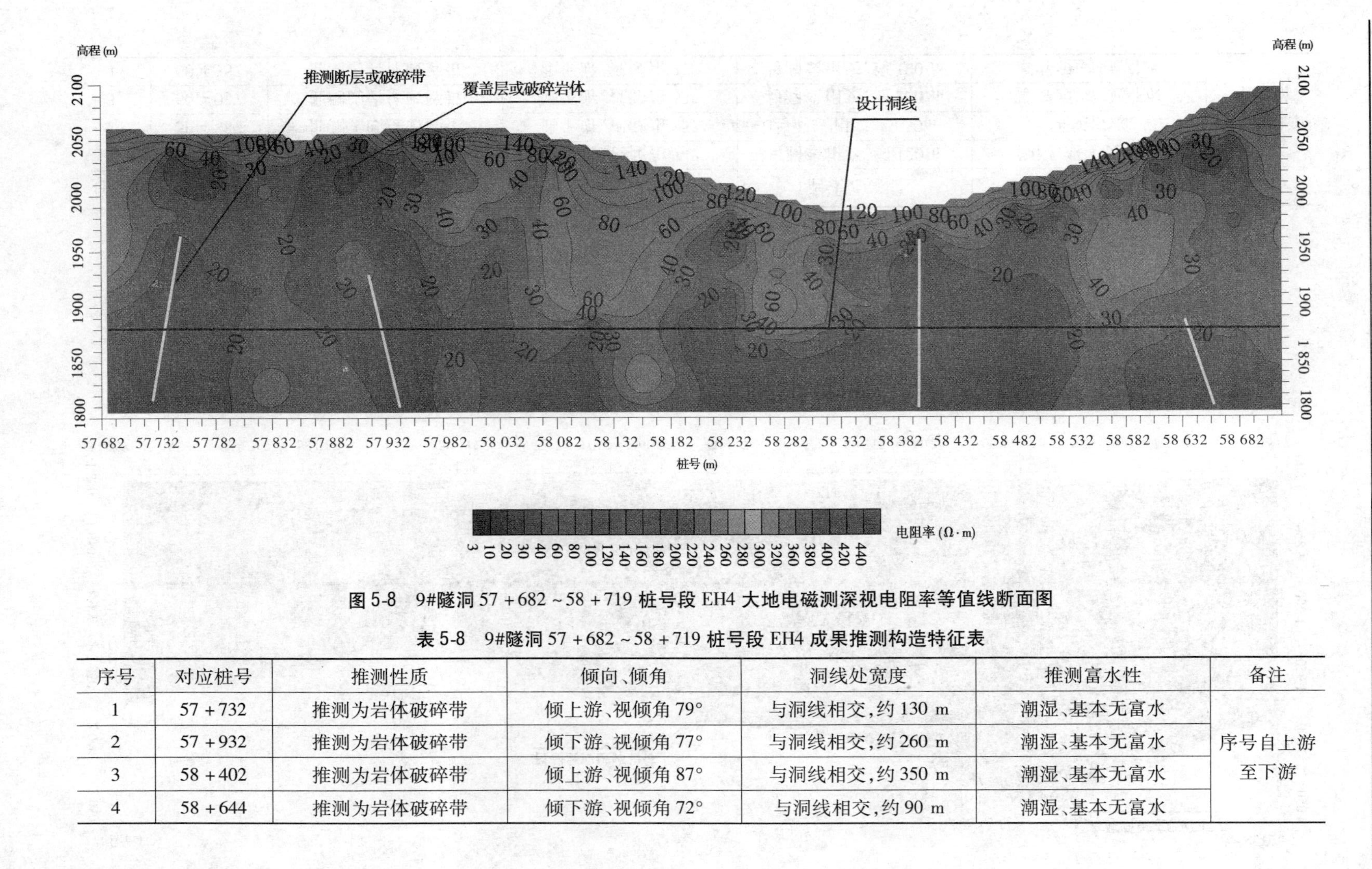

图 5-8　9#隧洞 57 +682 ~ 58 +719 桩号段 EH4 大地电磁测深视电阻率等值线断面图

表 5-8　9#隧洞 57 +682 ~ 58 +719 桩号段 EH4 成果推测构造特征表

序号	对应桩号	推测性质	倾向、倾角	洞线处宽度	推测富水性	备注
1	57 +732	推测为岩体破碎带	倾上游、视倾角 79°	与洞线相交,约 130 m	潮湿、基本无富水	序号自上游至下游
2	57 +932	推测为岩体破碎带	倾下游、视倾角 77°	与洞线相交,约 260 m	潮湿、基本无富水	
3	58 +402	推测为岩体破碎带	倾上游、视倾角 87°	与洞线相交,约 350 m	潮湿、基本无富水	
4	58 +644	推测为岩体破碎带	倾下游、视倾角 72°	与洞线相交,约 90 m	潮湿、基本无富水	

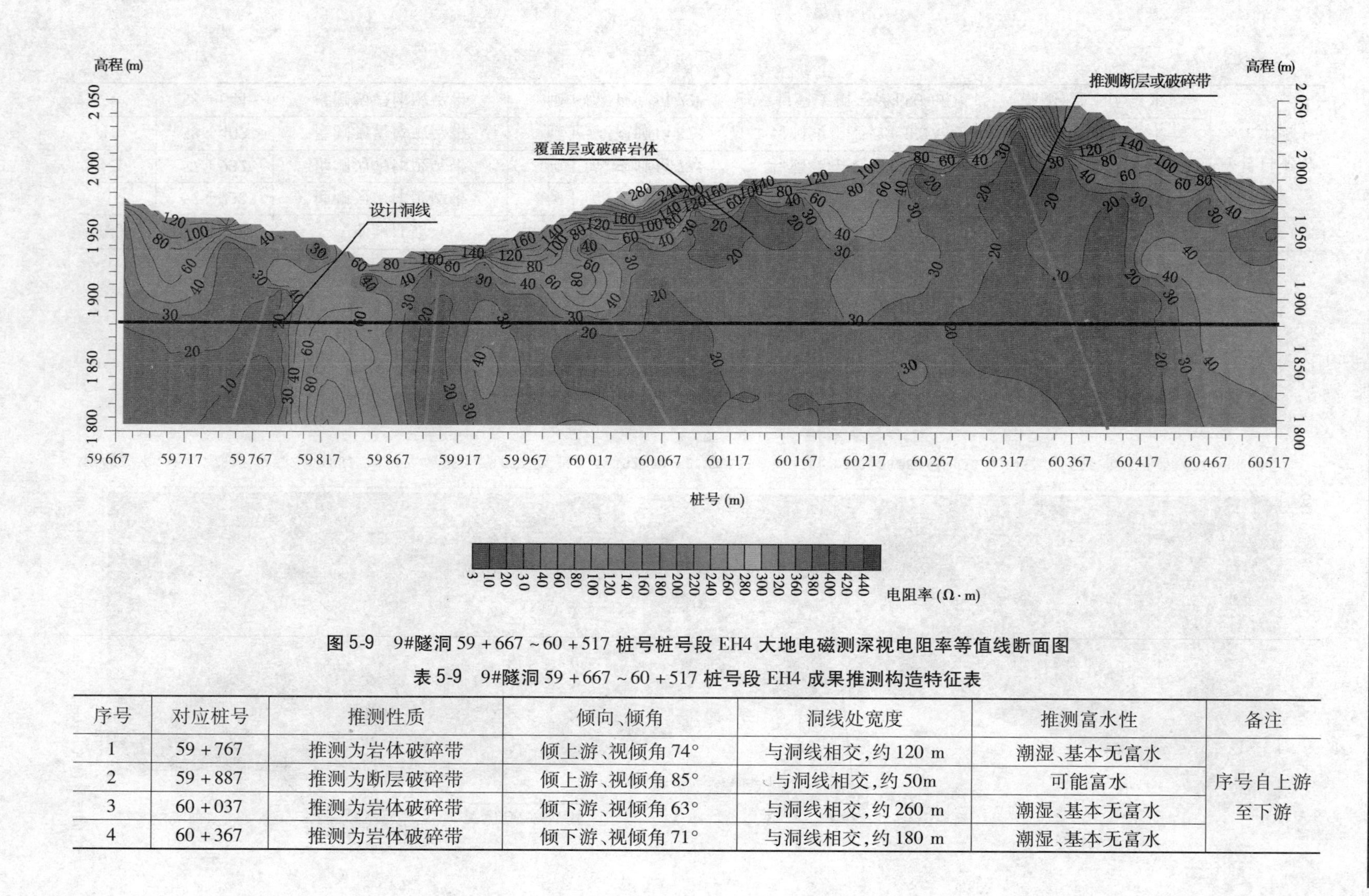

图 5-9 9#隧洞 59 +667 ~60 +517 桩号桩号段 EH4 大地电磁测深视电阻率等值线断面图

表 5-9 9#隧洞 59 +667 ~60 +517 桩号段 EH4 成果推测构造特征表

序号	对应桩号	推测性质	倾向、倾角	洞线处宽度	推测富水性	备注
1	59 +767	推测为岩体破碎带	倾上游、视倾角 74°	与洞线相交,约 120 m	潮湿、基本无富水	序号自上游至下游
2	59 +887	推测为断层破碎带	倾上游、视倾角 85°	与洞线相交,约 50m	可能富水	
3	60 +037	推测为岩体破碎带	倾下游、视倾角 63°	与洞线相交,约 260 m	潮湿、基本无富水	
4	60 +367	推测为岩体破碎带	倾下游、视倾角 71°	与洞线相交,约 180 m	潮湿、基本无富水	

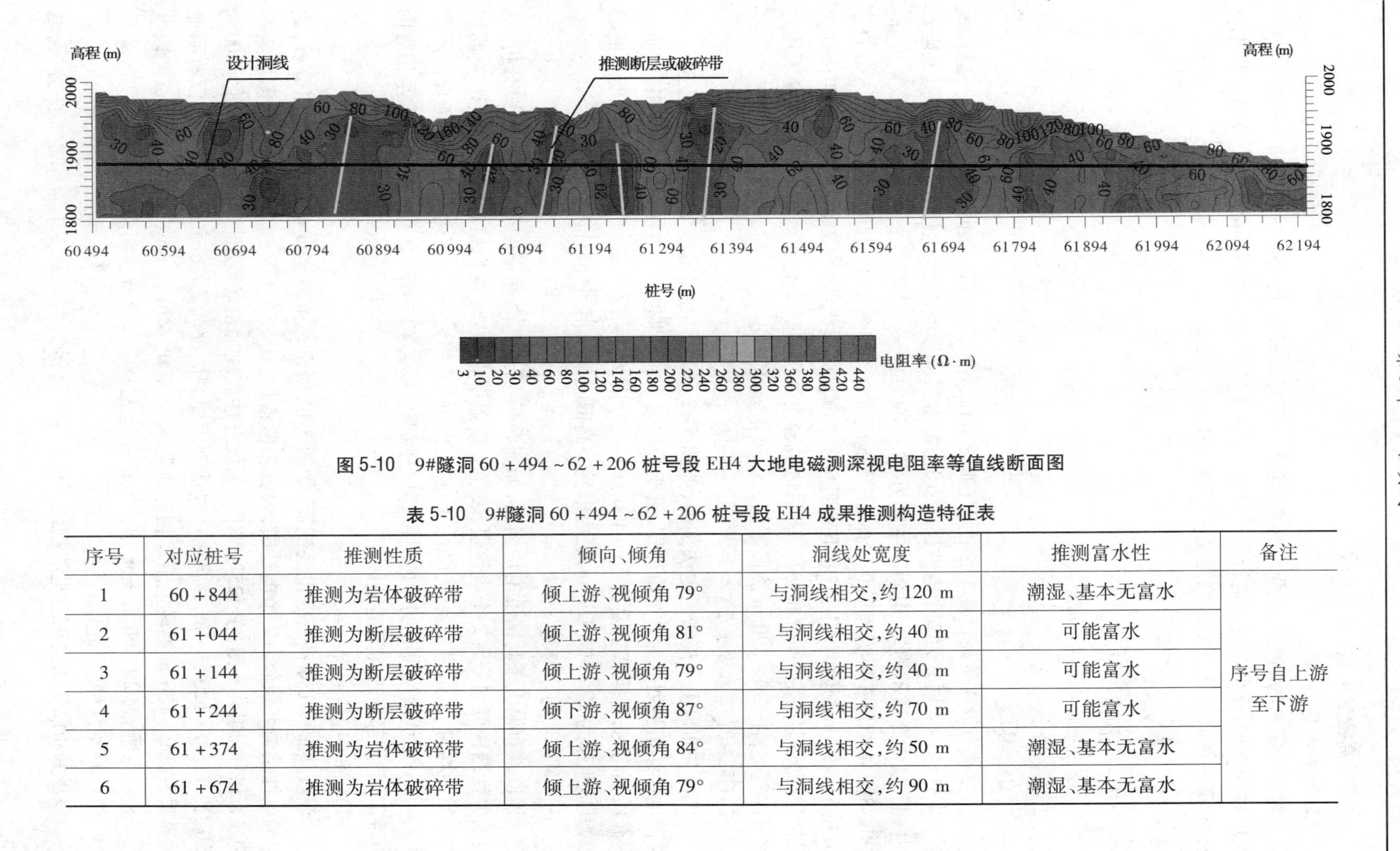

图 5-10　9#隧洞 60 + 494 ~ 62 + 206 桩号段 EH4 大地电磁测深视电阻率等值线断面图

表 5-10　9#隧洞 60 + 494 ~ 62 + 206 桩号段 EH4 成果推测构造特征表

序号	对应桩号	推测性质	倾向、倾角	洞线处宽度	推测富水性	备注
1	60 + 844	推测为岩体破碎带	倾上游、视倾角 79°	与洞线相交，约 120 m	潮湿、基本无富水	序号自上游至下游
2	61 + 044	推测为断层破碎带	倾上游、视倾角 81°	与洞线相交，约 40 m	可能富水	
3	61 + 144	推测为断层破碎带	倾上游、视倾角 79°	与洞线相交，约 40 m	可能富水	
4	61 + 244	推测为断层破碎带	倾下游、视倾角 87°	与洞线相交，约 70 m	可能富水	
5	61 + 374	推测为岩体破碎带	倾上游、视倾角 84°	与洞线相交，约 50 m	潮湿、基本无富水	
6	61 + 674	推测为岩体破碎带	倾上游、视倾角 79°	与洞线相交，约 90 m	潮湿、基本无富水	

5.1.3.2 高密度电法

1. 资料解释

对野外实测的高密度电阻率数据，应用高密度电法处理软件进行编辑、圆滑、调整等处理后，再利用最小二乘法进行反演处理，最终获得高密度电阻率断面图。结合前期勘探成果，本测区高密度电法探测深度可按式(5-1)进行估算。

$$h = \left(\frac{1}{5} \sim \frac{1}{6}\right) \times AB \tag{5-1}$$

式中 h——深度，m；

AB——供电极距，m。

2. 成果分析

1) GM－1(输水管道1)

该段共布设4条高密度电法剖面，如图5-11所示。由高密度电阻率断面图分析，地层的电性结构可划分为2个电性层，表层为覆盖层或全风化层，电性表现为相对高低阻晕团，表明层内介质不均匀，电阻率主要为40～450 Ω·m，厚度为2～9 m，其中0～50 m、790～890 m测段表层为强风化岩体；下伏地层没有明显的界限，其电阻率为60～550 Ω·m；在55～90 m测段两侧围岩电阻率明显高于测段内电阻率；在230～500 m测段内地层电性呈高低阻晕团相间分布特征，表明地层岩性存在明显变化或岩体的风化程度不均匀和岩体破碎；在790～890 m测段下伏岩体风化程度不均一。

2) GM－2(输水管道2)

该段共布设1条高密度电法剖面，如图5-12所示。由高密度电阻率断面图分析，地层的电性结构可划分为2个电性层，表层为覆盖层，电性表现为相对高低阻晕团，表明层内介质不均匀，电阻率主要为70～400 Ω·m，厚度为2～12.5 m；下伏地层没有明显的界限，其电阻率为20～500 Ω·m，层内电性呈高低阻晕团相间分布特征。

3) GM－3(输水管道3)

该段共布设1条高密度电法剖面，如图5-13所示。由高密度电阻率断面图分析，地层的电性结构可划分为2个电性层，表层为覆盖层，电性表现为相对高低阻晕团，表明层内介质不均匀，电阻率主要为100～1 000 Ω·m，局部更高，该高密度电法剖面探测厚度为2～9 m；下伏地层没有明显的界限，其电阻率一般为20～800 Ω·m，层内电性呈相对低阻特征，但局部呈现高阻透镜体。

4) GM－4(输水管道4)

该段共布设1条高密度电法剖面，如图5-14所示。由高密度电阻率断面图分析，地层的电性结构可划分为2个电性层，表层为覆盖层，在15～125 m、230～285 m测段电性表现为相对高阻体晕团，在125～230 m测段电性表现为相对低阻体，电阻率分别为100～750 Ω·m、40～120 Ω·m，该高密度电法剖面探测厚度为3～6.5 m；下伏地层没有明显的界限，在30～170 m测段电阻率相对高阻体，为100～270 Ω·m，在170～250 m测段电阻率相对低阻，为20～60 Ω·m，层内电性在地表180 m处差异明显。

5) GM－5(1#隧洞进口)

该段共布设2条高密度电法剖面，如图5-15所示。由高密度电阻率断面图分析，地

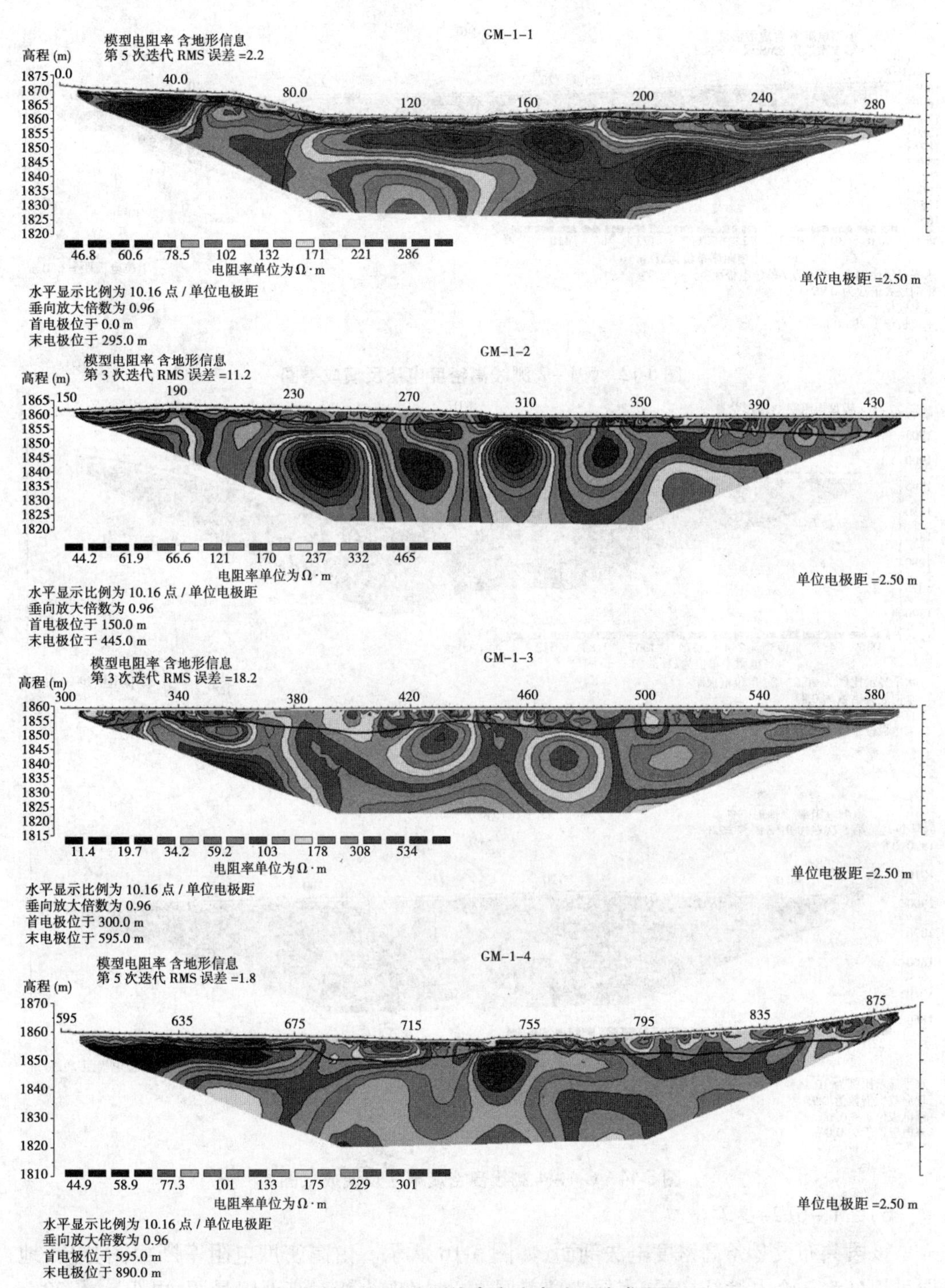

图5-11　GM-1测线高密度电法反演成果图

层可划分为3个电性结构层，表层为覆盖层，电性表现为相对高低阻晕团，电阻率为20～950 Ω·m，厚度为2.5～7.5 m；中部为不均匀风化岩体，电阻率为10～60 Ω·m，厚度为5～30 m；下伏为相对完整岩体反映。

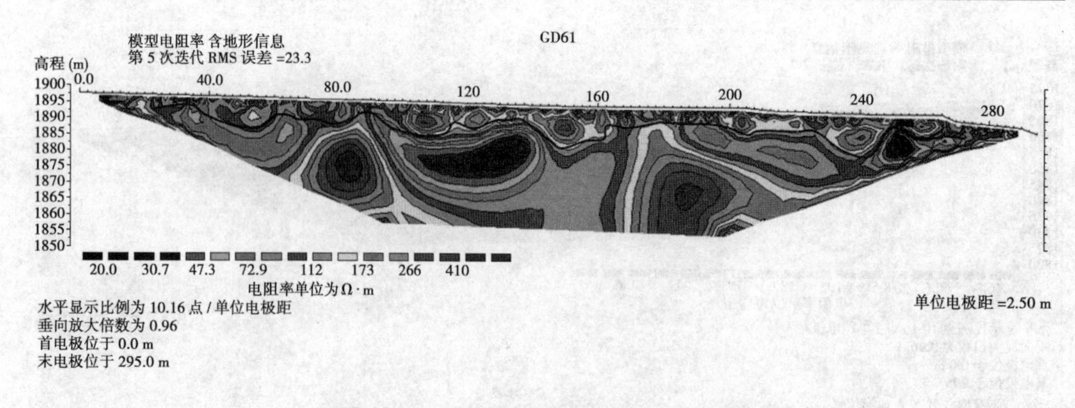

图 5-12　GM－2 测线高密度电法反演成果图

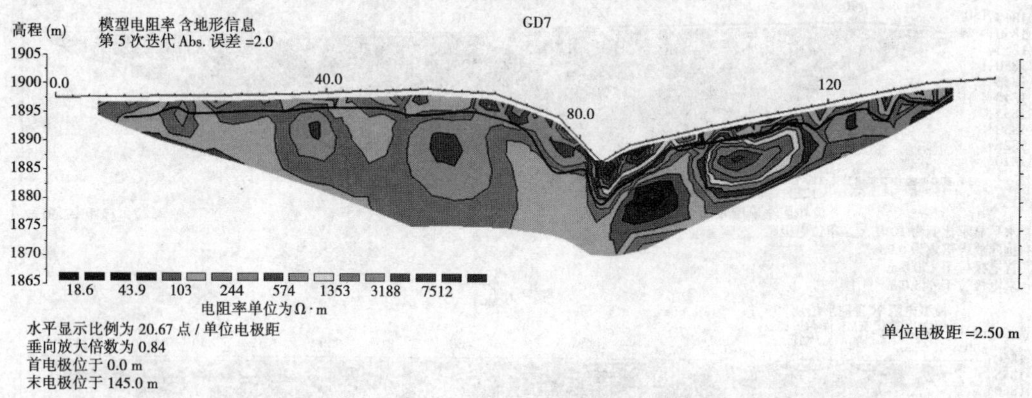

图 5-13　GM－3 测线高密度电法反演成果图

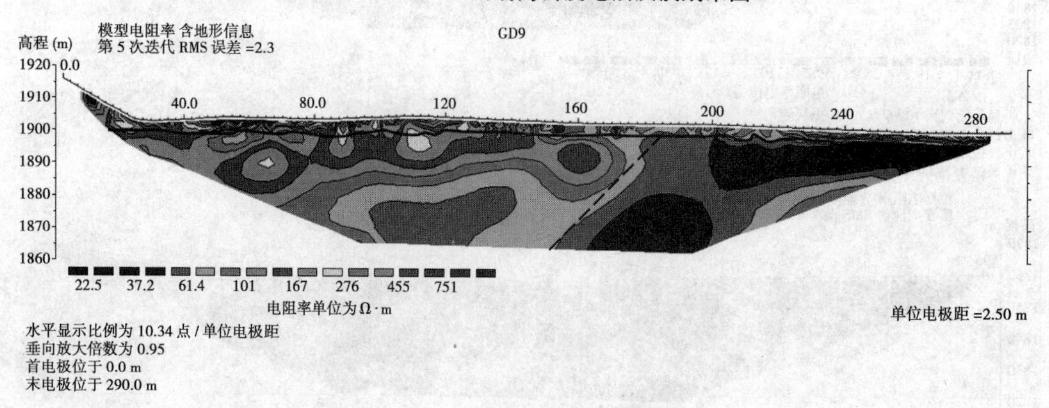

图 5-14　GM－4 测线高密度电法反演成果图

6)GM－6(2#隧洞出口)

该段共布设 2 条高密度电法剖面,如图 5-16 所示。由高密度电阻率断面图分析,地层可划分为 2 个电性结构层,表层为覆盖层,电性表现为相对高低阻晕团,电阻率为 20～350 Ω·m,其中测段 0～240 m 覆盖层内电阻率相对差异较小,电阻率一般为 20～160 Ω·m,而测段 240～440 m 覆盖层内电阻率相对变化较大,电阻率一般为 30～360 Ω·m,该高密度电法剖面探测覆盖层厚度为 2.5～22.5 m,山坡处厚度相对较薄,台地处厚度相

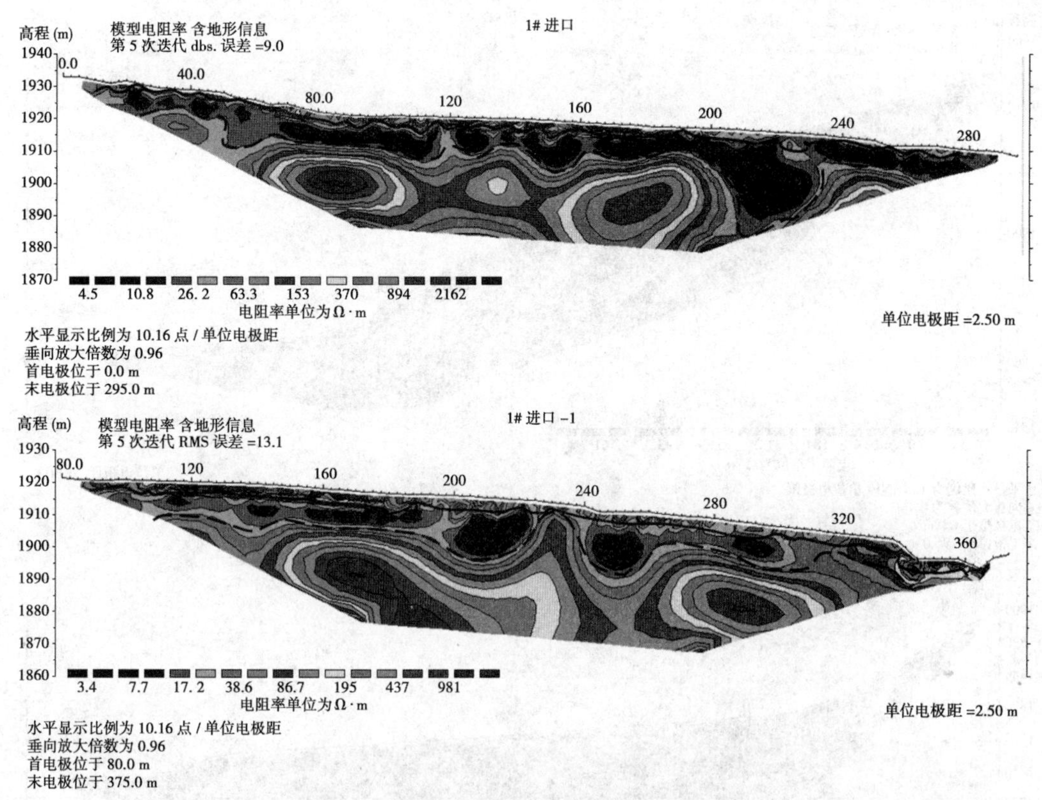

图 5-15　1#隧洞进口测线高密度电法反演成果图

对较大;下部为不均匀风化岩体,电性呈高低阻晕团,电阻率为 10～360 Ω·m,其中在坡脚处(200～230 m)岩体电性呈明显低阻特征,推测其风化厚度一般为 10～30 m。

7)GM－7(3#隧洞进口斜交洞线)

该段共布设 1 条高密度电法剖面,如图 5-17 所示。由高密度电阻率断面图分析,地层可划分为 3 个电性结构层,表层为覆盖层,电性表现为相对高低阻晕团,其中在测段 99～192 m 内覆盖层电阻率变化较大,出现多个相对高阻透镜体,说明层内介质极不均匀,该段覆盖层电阻率一般为 45～550 Ω·m,而在测段 0～99 m、192～345 m 两段内覆盖层电阻率变化相对较小,说明层内介质相对较均一,其电阻率一般为 20～60 Ω·m,该高密度电法剖面探测覆盖层厚度为 3.5～8.5 m;中部为不均匀风化岩体或松动破碎岩体,该层电阻率一般为 30～100 Ω·m,其厚度一般为 5～20 m;下伏为相对完整岩体反映,其电阻率一般为 10～50 Ω·m。尤其须说明的是在测段 100～354 m 内沿完整岩体顶面存在滑坡的潜势。

8)GM－8(3#隧洞进口顺洞线)

该段共布设 1 条高密度电法剖面,如图 5-18 所示。由高密度电阻率断面图分析,地层可划分为 2 个电性结构层,表层为覆盖层,电性表现为相对高低阻晕团,表明覆盖层电阻率变化较大,且出现多个相对高阻透镜体,层内介质极不均匀,该层电阻率一般为 45～110 Ω·m,该高密度电法剖面探测覆盖层厚度一般为 3～25 m,其层厚变化相对较大;下伏为基岩岩体,电阻率一般为 20～40 Ω·m。尤其须说明的是在测段 160～330 m、360～

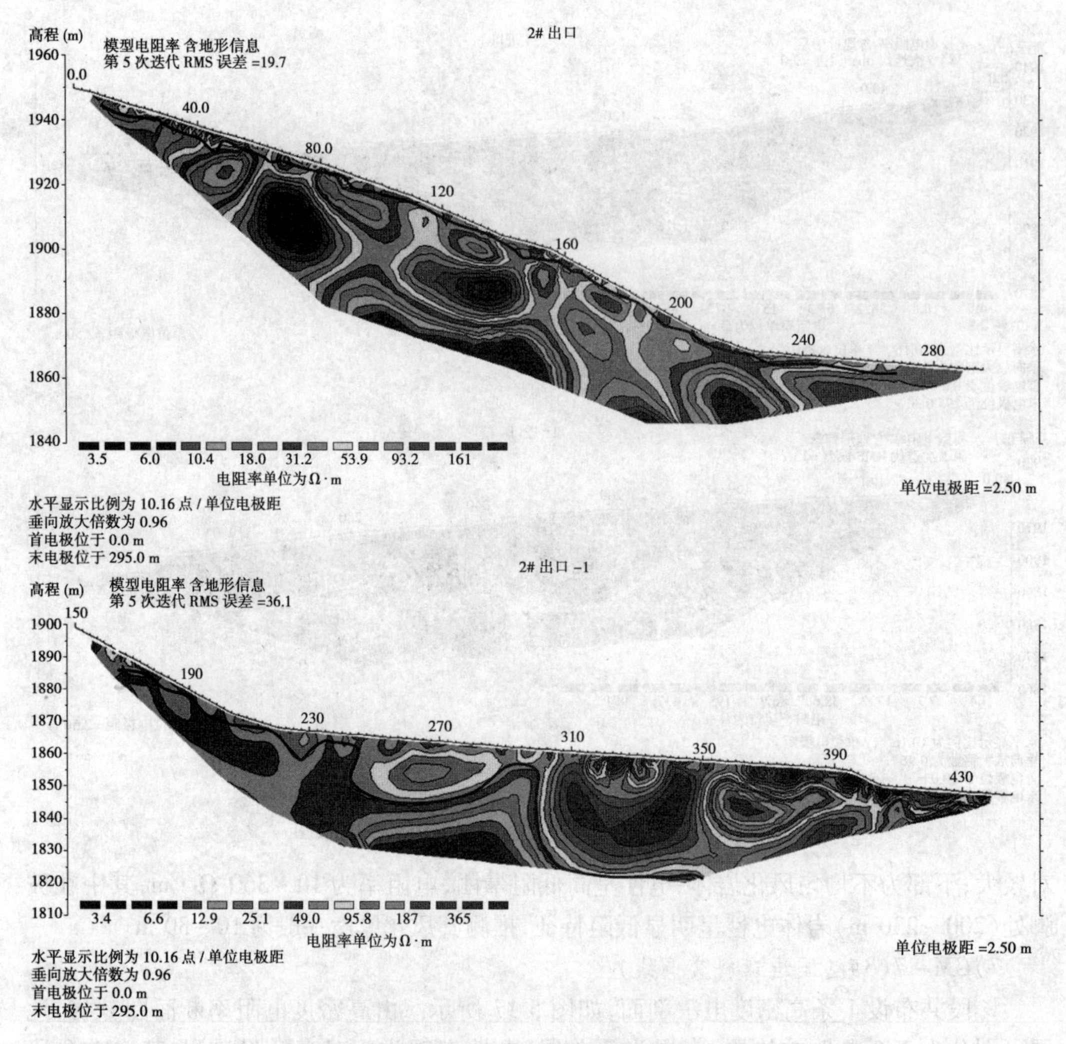

图 5-16　2#隧洞出口测线高密度电法反演成果图

490 m 内沿完整岩体顶面存在滑坡的潜势。

9）GM－9（3#隧洞出口）

该段共布设 1 条高密度电法剖面，如图 5-19 所示。由高密度电阻率断面图分析，地层可划分为 2 个电性结构层，表层为覆盖层，电性表现为相对高低阻晕团，表明覆盖层电阻率变化较大，且出现多个相对高阻透镜体，层内介质极不均匀，该层电阻率一般为 30～530 Ω·m，但在测段 0～130 m 内覆盖层电阻率相对较低，该段电阻率一般为 30～200 Ω·m，该高密度电法剖面探测覆盖层厚度为 2.5～7 m；下伏为基岩岩体，电阻率为 20～60 Ω·m。

10）GM－10（4#隧洞 1 支洞）

该段共布设 1 条高密度电法剖面，如图 5-20 所示。由高密度电阻率断面图分析，地层可划分为 3 个电性结构层，表层为覆盖层，电性表现为相对高低阻晕团，表明覆盖层介质相对不均匀，电阻率为 30～200 Ω·m，覆盖层厚度为 3～7 m；中部为风化岩体反映，电阻率为 20～60 Ω·m，厚度为 2～11 m。下部为较完整基岩岩体，电阻率为 40～90 Ω·m。

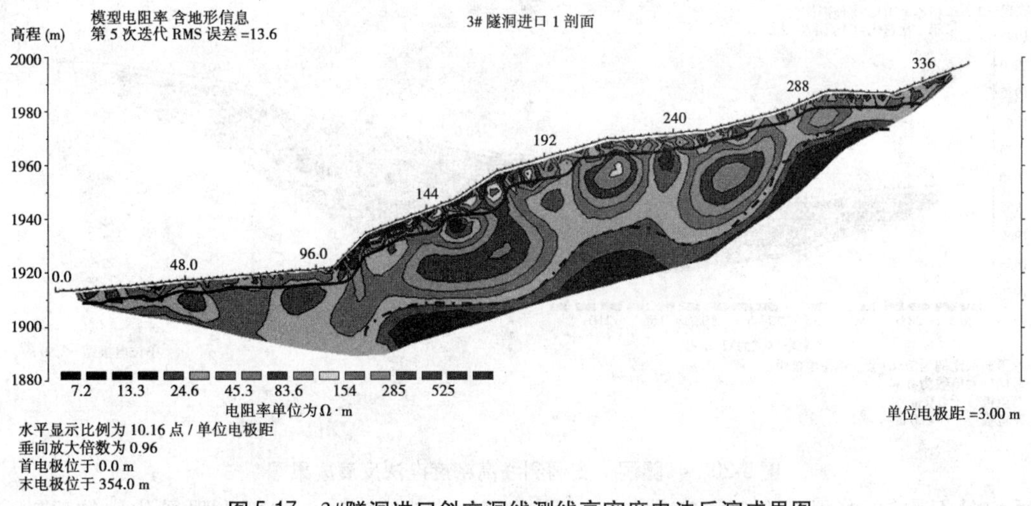

图 5-17 3#隧洞进口斜交洞线测线高密度电法反演成果图

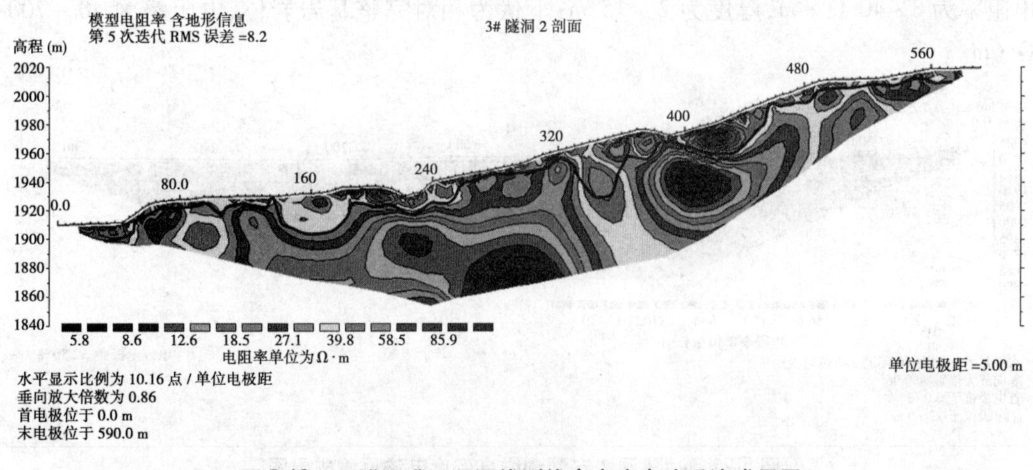

图 5-18 3#隧洞进口顺洞线测线高密度电法反演成果图

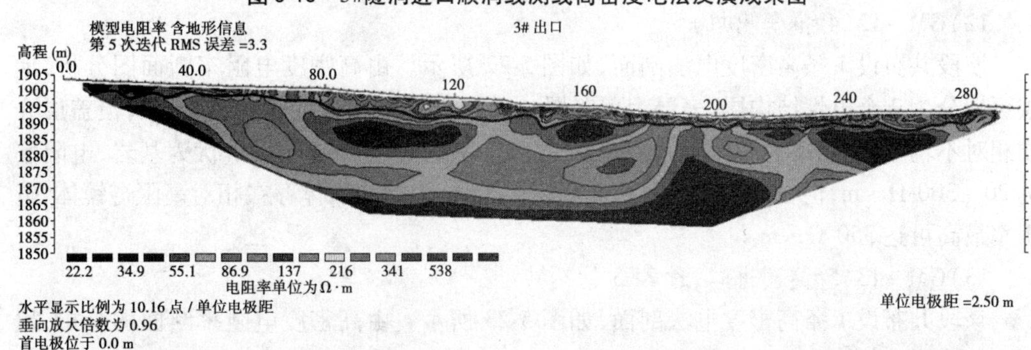

图 5-19 3#隧洞出口测线高密度电法反演成果图

11)GM－11(4#隧洞2支洞)

该段共布设1条高密度电法剖面,如图5-21所示。由高密度电阻率断面图分析,地层可划分为3个电性结构层,表层为覆盖层,电性表现为相对高低阻晕团,表明覆盖层介

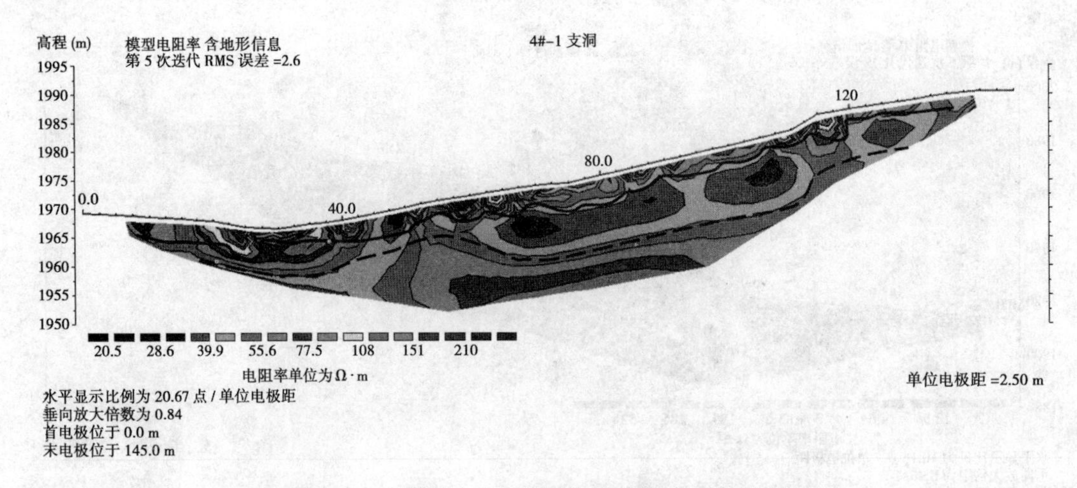

图 5-20　4#隧洞 1 支洞测线高密度电法反演成果图

质相对不均匀，电阻率为 70 ~ 700 Ω · m，覆盖层厚度为 2 ~ 7 m；中部为强风化岩体反映，电阻率为 8 ~ 40 Ω · m，厚度为 2 ~ 15 m；下伏为相对完整基岩岩体，电阻率为 40 ~ 700 Ω · m。

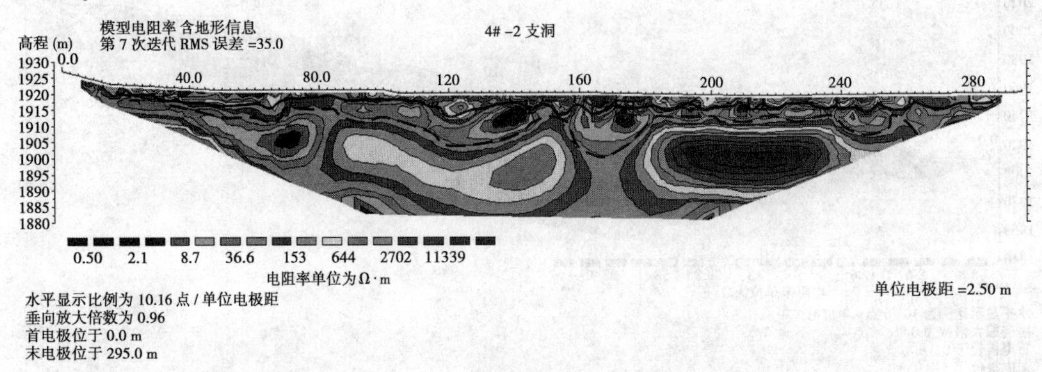

图 5-21　4#隧洞 2 支洞测线高密度电法反演成果图

12）GM – 12（4#隧洞出口）

该段共布设 1 条高密度电法剖面，如图 5-22 所示。由高密度电阻率断面图分析，地层可划分为 2 个电性结构层，表层为覆盖层，电性表现为相对高低阻晕团，表明覆盖层介质相对不均匀，电阻率为 40 ~ 350 Ω · m，覆盖层厚度为 4. 5 ~ 27 m；下伏为基岩，电阻率为 20 ~ 300 Ω · m，但在测段 85 ~ 100 m、205 ~ 235 m 内基岩岩体存在相对高阻透镜体，电阻率最高可达 350 Ω · m。

13）GM – 13（5#隧洞进口，过 ZK5 钻孔）

该段共布设 1 条高密度电法剖面，如图 5-23 所示。由高密度电阻率断面图分析，地层可划分为 2 个电性结构层，表层为覆盖层，电性表现为高低阻晕团，表明覆盖层内介质不均匀，电阻率为 40 ~ 250 Ω · m，厚度为 1. 5 ~ 9. 5 m；下伏为相对低阻体，推测为泥岩岩体，在泥岩岩体的上部 5 ~ 10 m 范围内为强风化带，下部为较完整岩体，电阻率一般为 24 ~ 70 Ω · m。尤其须说明的是，该剖面下伏泥岩岩体在 82 ~ 145 m 测段内存在潜在的滑坡趋势，即滑坡体的电阻率不均匀，且比完整岩体的电阻率高，其电阻率一般为 70 ~ 150 Ω · m。

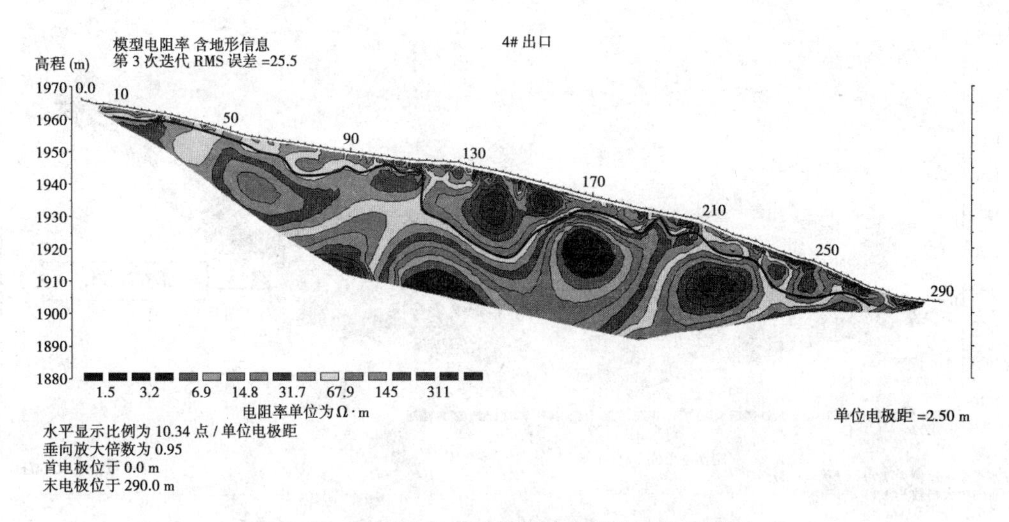

图5-22　4#隧洞出口测线高密度电法反演成果图

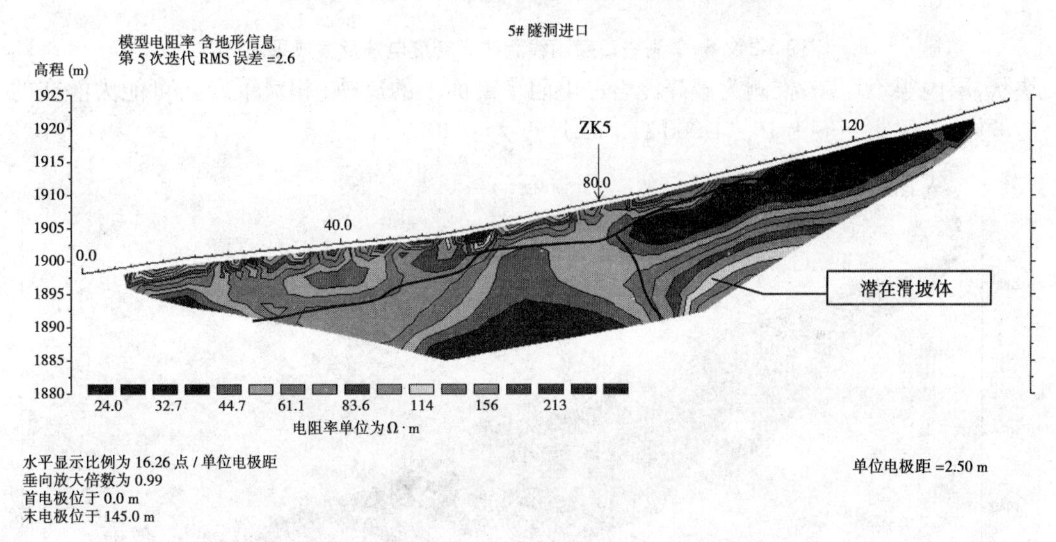

图5-23　5#隧洞进口测线高密度电法反演成果图(过ZK5钻孔)

14)GM-14(5#隧洞进口顺洞线)

该段共布设1条高密度电法剖面,如图5-24所示。由高密度电阻率断面图分析,地层可划分为3个电性结构层,表层为覆盖层,电性表现为高低阻晕团,表明覆盖层内介质不均匀,电阻率一般为20~300 Ω·m,厚度为1.0~5.0 m;中部电阻率等值线表现为团块状,层内很不均匀,推测为破碎泥岩在电性剖面上的反映(相对干燥),可能为潜在的滑坡体,电阻率一般为10~500 Ω·m,厚度为21.0~40.0 m;下伏为低阻体,推测为泥岩岩体,相对完整,电阻率一般为10~50 Ω·m。

15)GM-15(5#隧洞进口斜交洞线)

该段共布设1条高密度电法剖面,如图5-25所示。由高密度电阻率断面图分析,地层可划分为2个电性结构层,表层为覆盖层,电性表现为高低阻晕团,表明覆盖层内介质不均匀,电阻率一般为15~300 Ω·m,厚度为1.0~5.0 m;下伏电阻率等值线表现为团

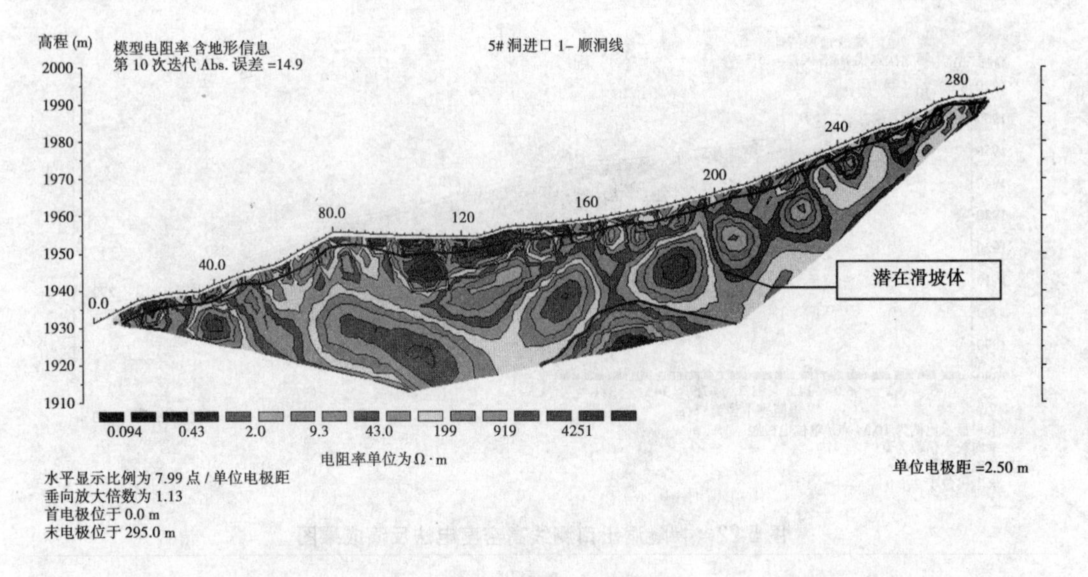

图 5-24　5#隧洞进口顺洞线测线高密度电法反演成果图

块状,层内很不均一,推测为破碎泥岩在电阻率剖面上的反映(相对干燥),可能为潜在的滑坡体,电阻率一般为 10 ~ 1 000 Ω · m,厚度大于 40.0 m。

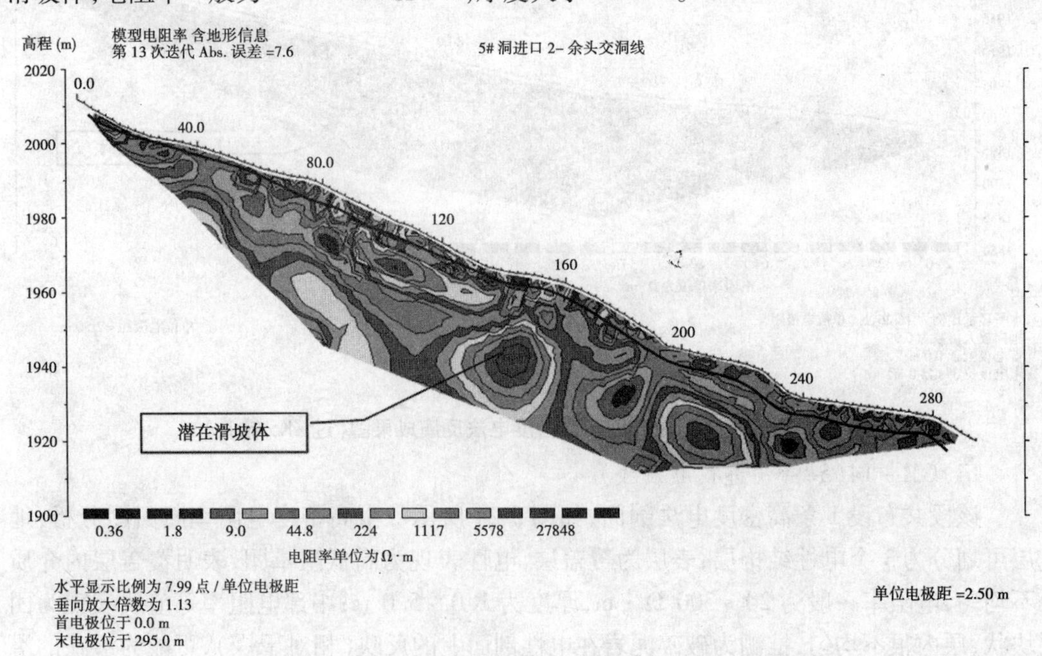

图 5-25　5#隧洞进口斜交洞线测线高密度电法反演成果图

16) GM – 16(6#隧洞出口)

该段共布设 1 条高密度电法剖面,如图 5-26 所示。由高密度电阻率断面图分析,地层可划分为 2 个电性结构层,表层为覆盖层,电性表现为高低阻晕团,表明覆盖层内介质不均匀,电阻率为 40 ~ 200 Ω · m,厚度为 2 ~ 7 m;下部为基岩岩体,电性呈相对高低阻晕团,表明风化岩体内风化强度不一,风化界限不明显,岩体电阻率为12~70 Ω·m。

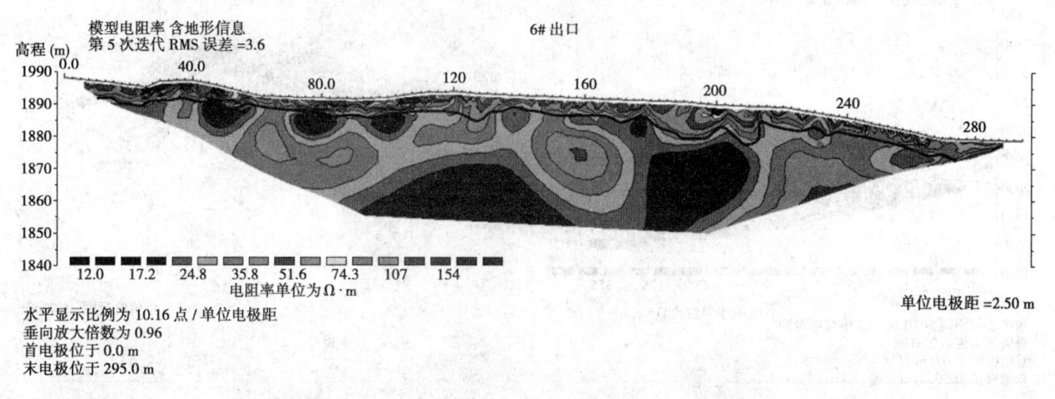

图5-26 6#隧洞出口测线高密度电法反演成果图

17)GM-17(7#隧洞1支洞,原设计线)

该段共布设1条高密度电法剖面,如图5-27所示。由高密度电阻率断面图分析,地层可划分为3个电性结构层,表层为覆盖层,电性表现为高低阻晕团,表明覆盖层内介质不均匀,其中在测段0~200 m、520~580 m内覆盖层电阻率一般为50~120 Ω·m,而在测段200~520 m内覆盖层电阻率一般为60~600 Ω·m,覆盖层厚度一般为1~10 m;中部电性呈相对低阻晕团,表明风化岩体内风化强度不一,但在测段0~160 m范围内岩体风化界限不明显,风化岩体电阻率为12~70 Ω·m,其厚度为5~20 m;下伏为相对完整岩体,岩体电阻率为30~300 Ω·m。

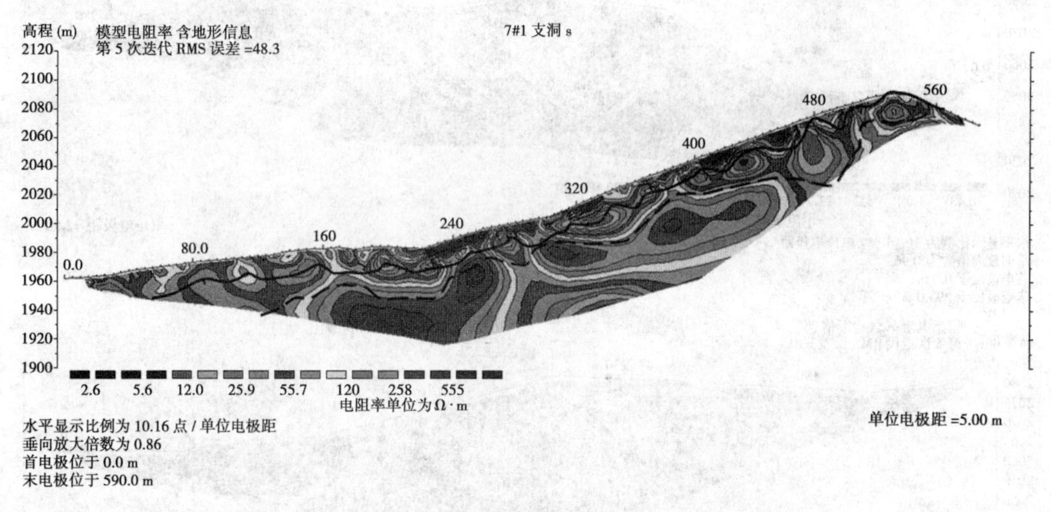

图5-27 7#隧洞1支洞(原设计线)测线高密度电法反演成果图

18)GM-18(7#隧洞1支洞,新选线)

该段共布设1条高密度电法剖面,如图5-28所示。由高密度电阻率断面图分析,地层可划分为2个电性结构层,表层为覆盖层,电性表现为高低阻晕团,表明覆盖层内介质不均匀,其电阻率为50~400 Ω·m,厚度为2~7 m;下部电性呈相对低阻,岩体内电性稍有变化,风化界限不明显,岩体电阻率为20~90 Ω·m。

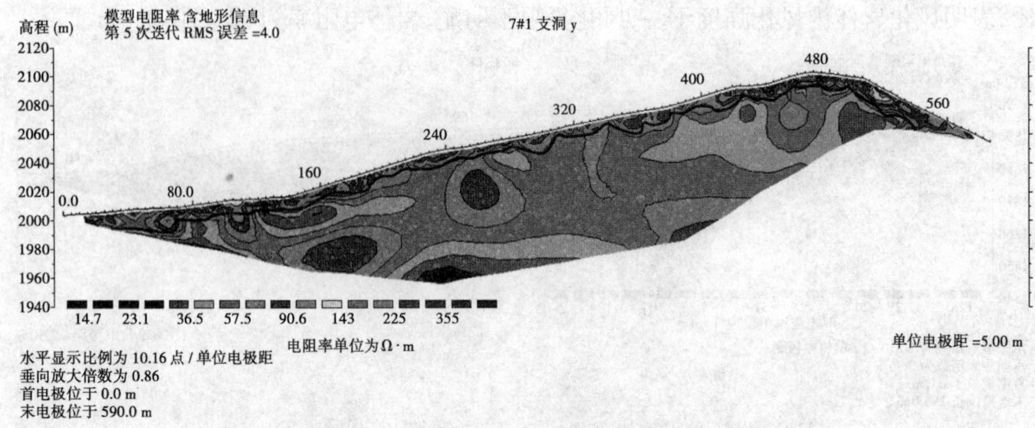

图 5-28　7#隧洞 1 支洞(新选线)测线高密度电法反演成果图

19) GM－19(7#隧洞 2 支洞)

该段共布设 2 条高密度电法剖面,如图 5-29 所示。由高密度电阻率断面图分析,地层可划分为 2 个电性结构层,表层为覆盖层,电性表现为高低阻晕团,表明覆盖层内介质不均匀,电阻率一般为 70～350 Ω · m,厚度为 2.5～11.5 m;下伏地层为基岩岩体,该岩体层内电阻率呈晕团反映,表明岩体内介质风化不均或存在岩性的变化,层理界限不甚明晰,电阻率一般为 5～1 050 Ω · m。

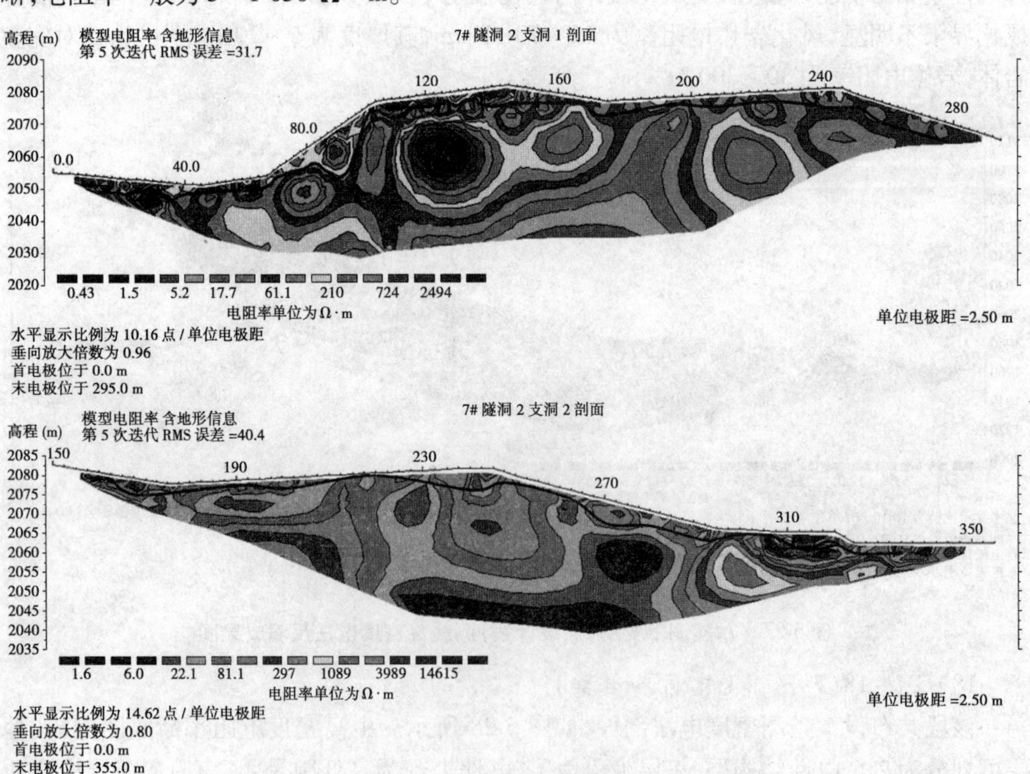

图 5-29　7#隧洞 2 支洞测线高密度电法反演成果图

20)GM－20(7#隧洞3支洞,顺支洞线)

该段共布设1条高密度电法剖面,如图5-30所示。由高密度电阻率断面图分析介质,地层可划分为3个电性结构层,表层为覆盖层,电性表现为高低阻晕团,表明覆盖层内介质不均匀,电阻率一般为60～160 Ω·m,厚度为3～11.2 m,其中测段0.0～100.0 m内覆盖层电阻率较低,一般小于80 Ω·m,而测段111～174 m内覆盖层电阻率相对较高,一般为80～160 Ω·m;中部电性呈现较低阻,可能为饱水风化岩体反映,电阻率为40～70 Ω·m,厚度为5～12.5 m;下伏为基岩,岩体表现为相对低电阻特征,其电阻率为20～60 Ω·m,但局部较高。

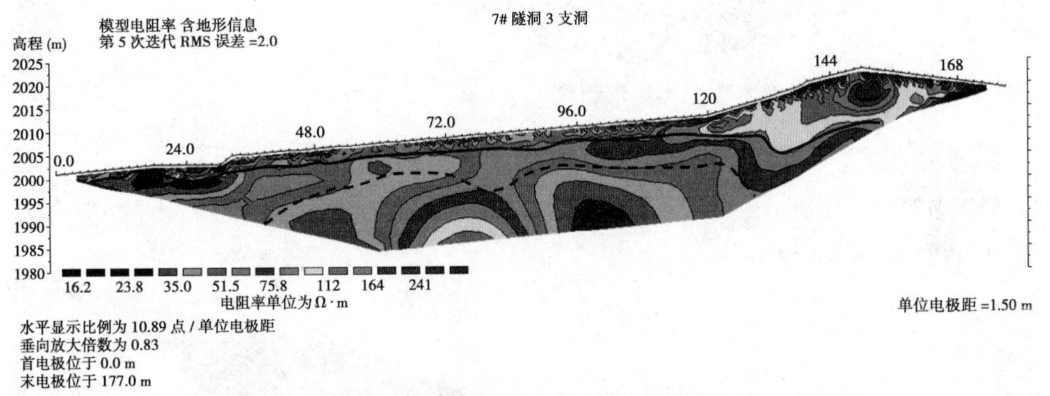

图5-30 7#隧洞3支洞测线高密度电法反演成果图(顺支洞线)

21)GM－21(7#隧洞3支洞,斜交支洞线)

该段共布设1条高密度电法剖面,如图5-31所示。由高密度电阻率断面图分析,地层可划分为3个电性结构层,表层表现为高低阻晕团,为覆盖层反映,电阻率为50～300 Ω·m,厚度为2.5～10 m;中部电性呈相对低阻,可能为饱水风化岩体反映,电阻率为20～60 Ω·m,厚度为5～30 m,其中测段80.0～100.0 m内存在相对高阻,倾向小桩号;下伏为完整基岩,电阻率为50～90 Ω·m。

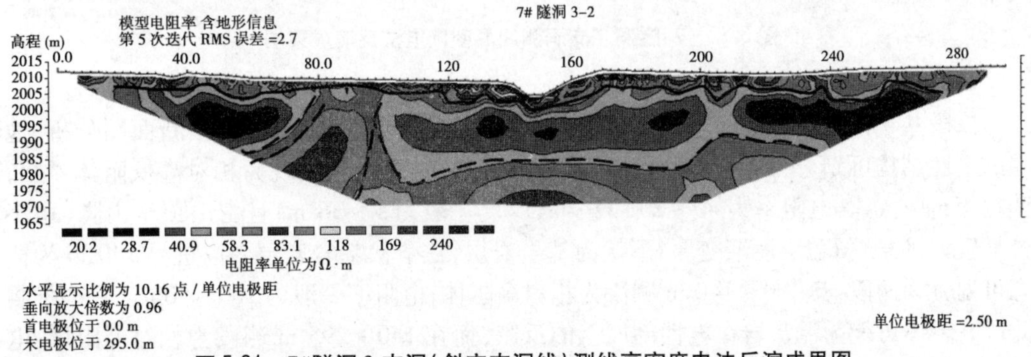

图5-31 7#隧洞3支洞(斜交支洞线)测线高密度电法反演成果图

22)GM－22(7#隧洞4支洞)

该段共布设2条高密度电法剖面,如图5-32所示。由高密度电阻率断面图分析,地层可划分为3个电性结构层,表层表现为高低阻晕团,为覆盖层反映,电阻率为60～300 Ω·m,厚度为1～10 m;中部电性呈相对低阻,可能为饱水风化岩体反映,电阻率为20～

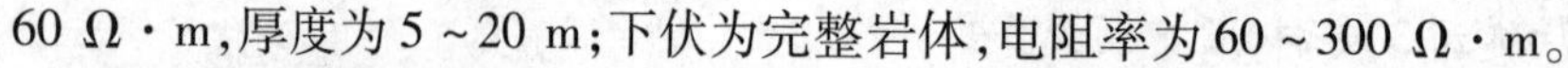
60 Ω · m,厚度为 5 ~ 20 m;下伏为完整岩体,电阻率为 60 ~ 300 Ω · m。

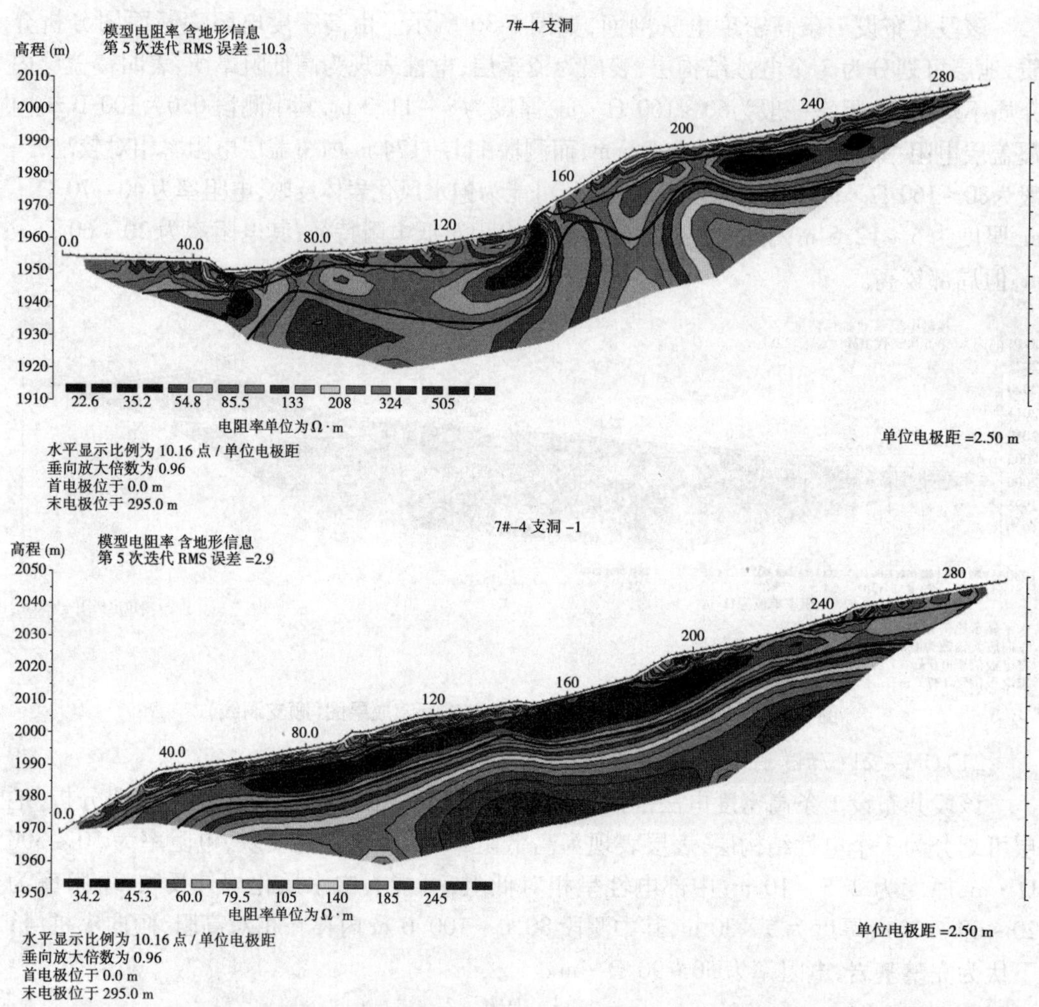

图 5-32　7#隧洞 4 支洞测线高密度电法反演成果图

23)GM - 23(7#隧洞出口)

该段共布设 1 条高密度电法剖面,如图 5-33 所示。由高密度电阻率断面图分析,地层的电性结构可划分为 2 个电性层,表层为覆盖层,表层电性表现为相对高低阻体晕团,变化相对较大,其电阻率为 40 ~ 200 Ω · m,厚度一般为 5 ~ 36 m,且由山顶至山脚(由小桩号至大桩号)覆盖层逐渐变厚;下伏为基岩岩层,在下伏基岩岩层中以桩号 140 m 为标志可划分为两段,其中 0 ~ 140 m 测段为相对高阻体,电阻率一般为 100 ~ 500 Ω · m,推测此段高阻体可能为泥灰岩在电性剖面上的反映,而在 140 ~ 295 m 测段为相对低阻体,电阻率一般为 20 ~ 60 Ω · m,推测此段低阻体可能为泥岩在电性剖面上的反映。

24)GM - 24(9#隧洞 1 支洞)

该段共布设 2 条高密度电法剖面,如图 5-34 所示。由高密度电阻率断面图分析,地层电性结构可划分 3 个电性层,表层为覆盖层,电性表现为高低阻晕团,表明层内介质不均匀,电阻率主要为 60 ~ 250 Ω · m,厚度为 1.5 ~ 5.5 m;中部电阻率存在相对变化,电阻

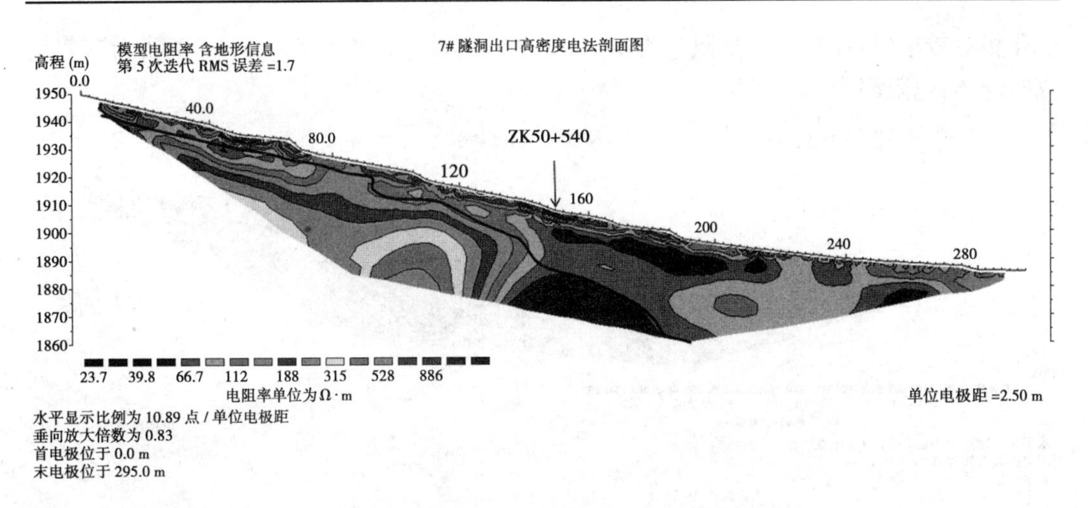

图 5-33 7#隧洞出口测线高密度电法反演成果图

率为 30～300 Ω·m，表明岩体风化程度变化较大，其厚度为 8～21 m；下伏为原岩岩体，电阻率为 20～60 Ω·m。

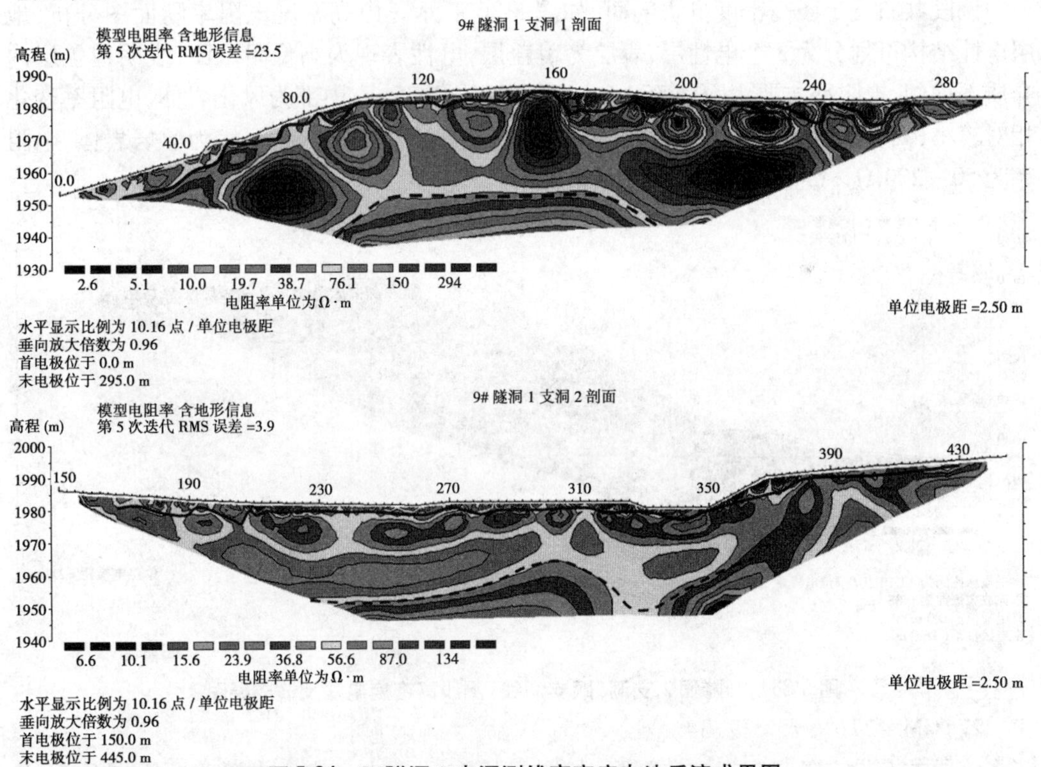

图 5-34 9#隧洞 1 支洞测线高密度电法反演成果图

25）GM－25（9#隧洞 2 支洞，斜交支洞线）

该段共布设 1 条高密度电法剖面，如图 5-35 所示。由高密度电阻率断面图分析，地层的电性结构可划分为 3 个电性层，表层为覆盖层，电性表现为高低阻晕团，表明覆盖层内介质不均匀，电阻率主要为 60～550 Ω·m，厚度为 2～10 m；中部为风化岩体，电阻率变化相对较小(可能含水),电阻率为 10 ~ 60 Ω · m,其厚度为 2.5 ~ 15 m;下伏为基岩较完整岩体,电阻率为 60 ~ 550 Ω · m。

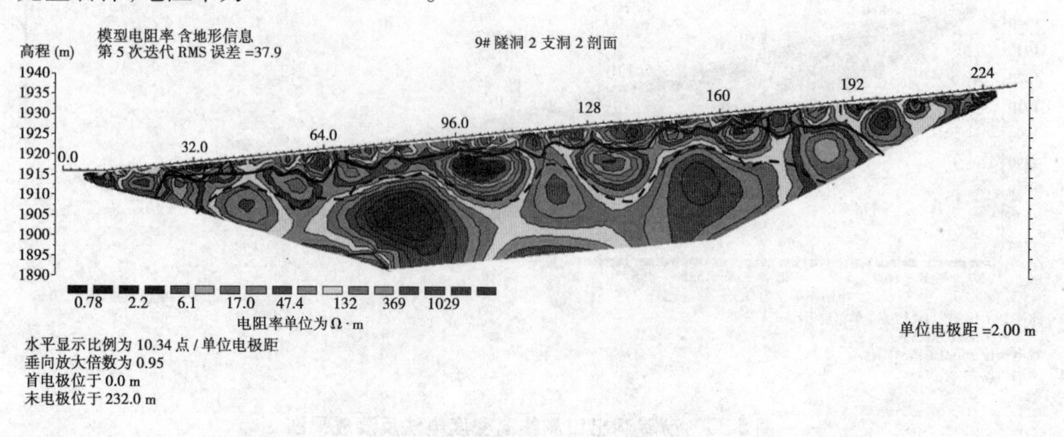

图 5-35　9#隧洞 2 支洞(斜交支洞线)测线高密度电法反演成果图

26) GM – 26(9#隧洞 2 支洞,顺支洞线)

该段共布设 1 条高密度电法剖面,如图 5-36 所示。由高密度电阻率断面图分析,地层电性结构可划分为 3 个电性层,表层为覆盖层,电性表现为高低阻晕团,表明覆盖层内介质不均匀,电阻率主要为 60 ~ 550 Ω · m,厚度为 2 ~ 5 m;中部为风化岩体,电阻率变化相对较小(可能含水),电阻率为 20 ~ 60 Ω · m,其厚度为 4 ~ 7 m;下伏为原岩岩体,电阻率为 50 ~ 200 Ω · m。

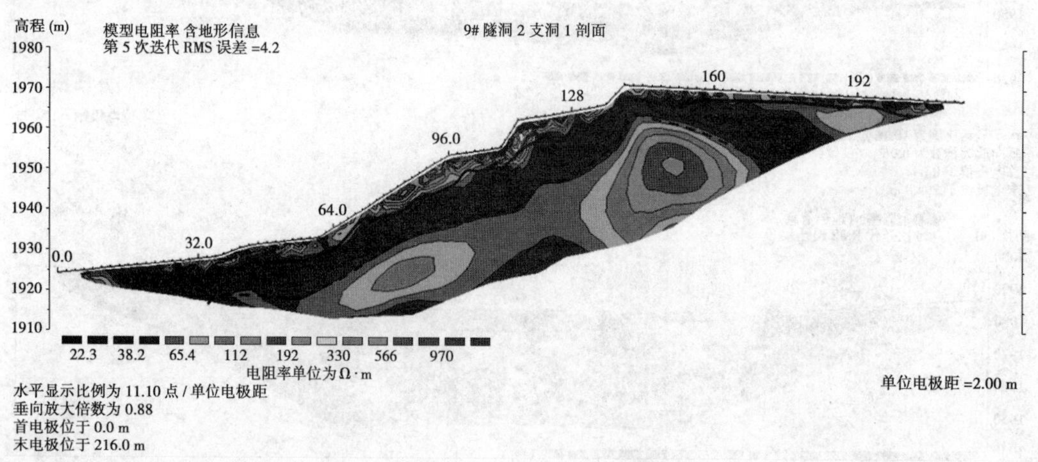

图 5-36　9#隧洞 2 支洞(顺支洞线)测线高密度电法反演成果图

27) GM – 27(输水管线,3#测线)

该段共布设 1 条高密度电法剖面,如图 5-37 所示。由高密度电阻率断面图分析,地层电性结构可划分为 2 个电性层,表层为覆盖层,电性表现为高低阻晕团,表明覆盖层内介质不均匀,电阻率主要为 70 ~ 300 Ω · m,厚度为 2 ~ 15 m;下伏为原岩岩体,电阻率为 10 ~ 150 Ω · m,但在测线桩号 250 m 处推测有隐伏活断层,倾向小桩号(上游)。

28) GM – 28(输水管线,2#测线)

该段共布设 1 条高密度电法剖面,如图 5-38 所示。由高密度电阻率断面图分析,地

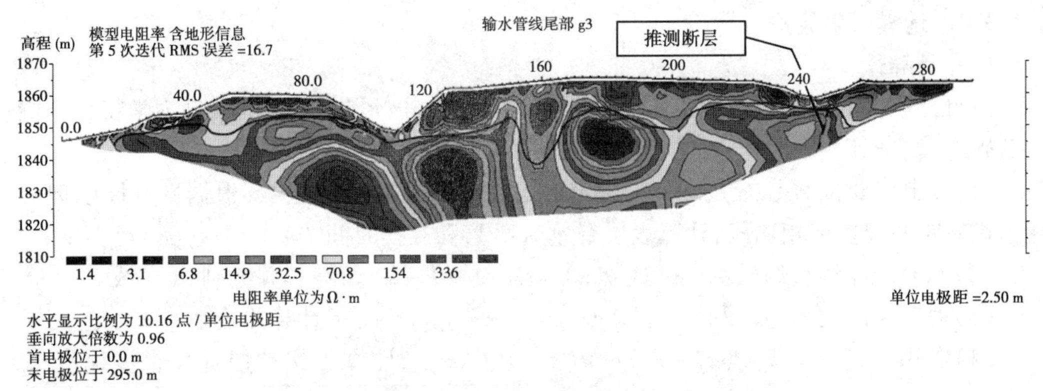

图 5-37　输水管线 3#测线高密度电法反演成果图

层电性结构可划分为 2 个电性层，表层为覆盖层，电性表现为高低阻晕团，表明覆盖层内介质不均匀，电阻率主要为 50 ~ 200 Ω · m，厚度为 1 ~ 9.5 m；下伏为原岩岩体，电阻率为 10 ~ 60 Ω · m，但在测线桩号 220 m 处推测有隐伏活断层，倾向小桩号（上游）。

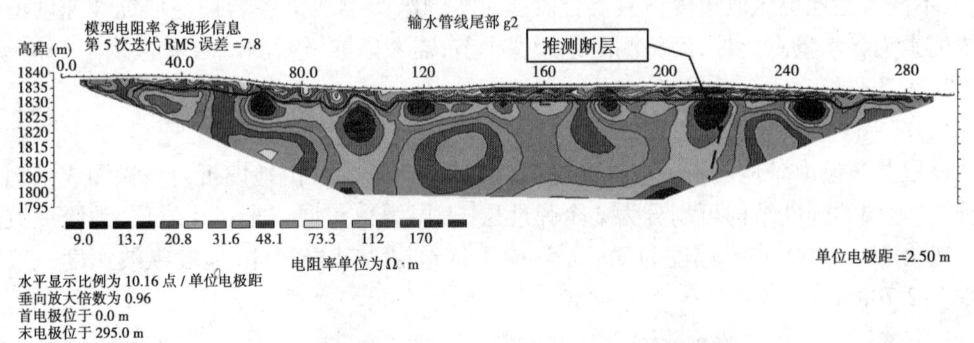

图 5-38　输水管线 2#测线高密度电法反演成果图

29）GM－29（输水管线，1#测线）

该段共布设 1 条高密度电法剖面，如图 5-39 所示。由高密度电阻率断面图分析，地层电性结构可划分为 2 个电性层，表层为覆盖层，电性表现为高低阻晕团，表明覆盖层内介质不均匀，电阻率主要为 50 ~ 650 Ω · m，厚度为 2 ~ 30 m；下伏为原岩岩体，电阻率为 10 ~ 70 Ω · m，但在测线桩号 145 m 处推测有隐伏活断层，倾向小桩号（上游）。

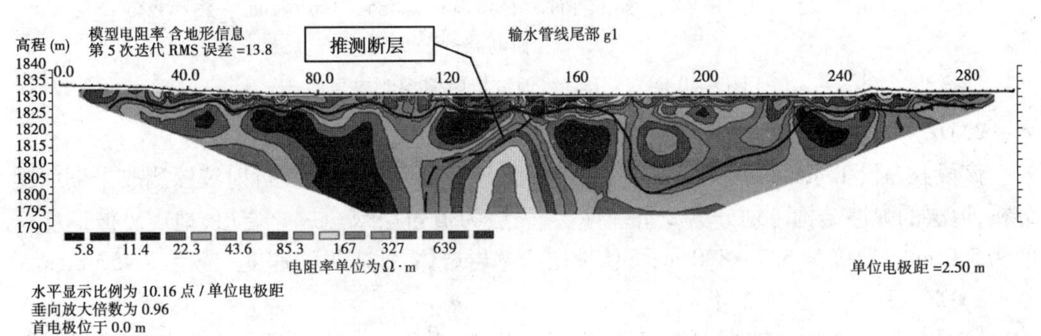

图 5-39　输水管线 1#测线高密度电法反演成果图

5.1.3.3　地震折射波法

1. 资料解释

由野外取得的地震折射波原始波形记录，在对实测波形进行运动学、动力学特征分析的基础上读取各记录道初至时间，使用 t_0 法进行解释，方法步骤如下：

(1)绘制时距曲线 $t_1(x)$、$t_2(x)$，确定时距曲线所反映的地层数，根据平行性原理利用追逐时距曲线扩展相遇段，计算表层有效速度 V_1 和互换时间 T。

(2)对时距曲线相遇段利用公式 $\theta(x)=t_1(x)+T-t_2(x)$ 计算并绘制 $\theta(x)$ 线。

(3)对时距曲线相遇段利用公式 $t_0(x)=t_1(x)+t_2(x)-T$ 计算并绘制 $t_0(x)$ 线。

(4)利用公式 $V_2=2\times(x_2-x_1)/[\theta(x_2)-\theta(x_1)]$ 计算下伏地层界面纵波速度 V_2 (m/s)。

(5)利用公式 $h(x)=V_1\times V_2\times t_0(x)/[2\times(V_2^2-V_1^2)^{1/2}]$ 计算测线上各检波点处下伏地层顶面埋深 h。

除岩性外，影响岩土体纵波速度的主要因素是岩土体的密实度、含水量及结构、构造等，故不同岩性地层纵波速度值有重合段。在本测区影响浅部各岩性地层纵波速度值的主要因素为含水量。此外，因施测时是严寒季节，需考虑冻土对测试结果的影响。

2. 成果分析

1) DZ－1(输水管道1处)

该段共布设1条地震折射波探测剖面，如图5-40所示。由地震折射波探测成果剖面图分析，地层的弹性结构可划分为2个弹性层，表层为覆盖层或全风化岩层，地震纵波速度一般为450～500 m/s，厚度为2～6.5 m；下伏地层为基岩岩体，地震纵波速度一般为2 450～2 700 m/s。

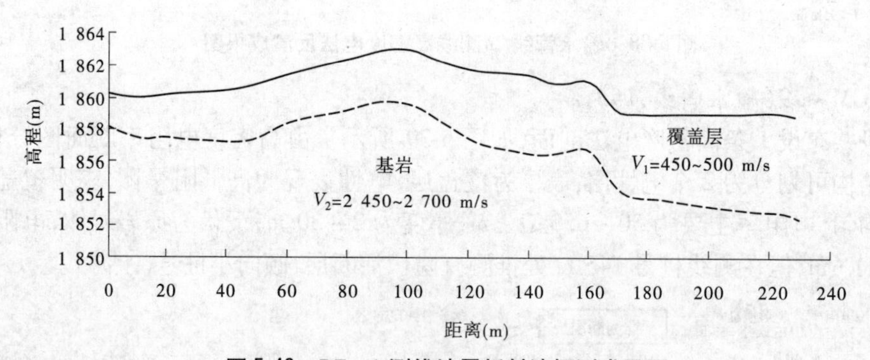

图5-40　DZ－1测线地震折射波探测成果图

2) DZ－2(输水管道1处)

该段共布设1条地震折射波探测剖面，如图5-41所示。由地震折射波探测成果剖面图分析，地层的弹性结构可划分为2个弹性层，表层为覆盖层或全风化岩层，地震纵波速度一般为500 m/s，厚度为5.5～8.0 m；下伏地层为基岩岩体，地震纵波速度一般为2 450 m/s。

3) DZ－3(输水管道2处)

该段共布设1条地震折射波探测剖面，如图5-42所示。由地震折射波探测成果剖面图分析，地层的弹性结构可划分为2个弹性层，表层为覆盖层或全风化岩层，地震纵波速

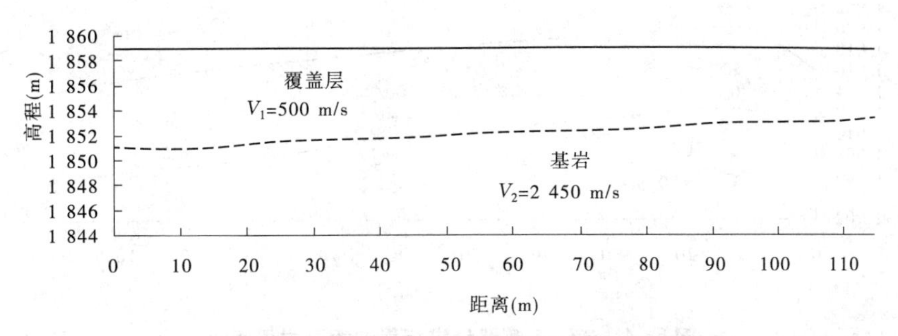

图5-41 DZ－2测线地震折射波探测成果图

度一般为550～650 m/s，厚度为5～8 m；下伏地层为基岩岩体，地震纵波速度一般为2 500～2 800 m/s，岩层顶板起伏变化相对较大。

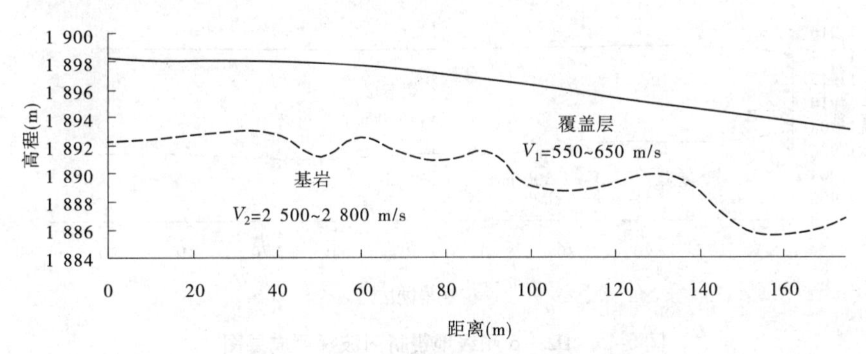

图5-42 DZ－3测线地震折射波探测成果图

4）DZ－4（输水管道3处）

该段共布设1条地震折射波探测剖面，如图5-43所示。由地震折射波探测成果剖面图分析，地层的弹性结构可划分为2个弹性层，表层为覆盖层或全风化岩层，地震纵波速度一般为600 m/s，厚度为4.1～5 m；下伏地层为基岩岩体，地震纵波速度一般为2 100 m/s。

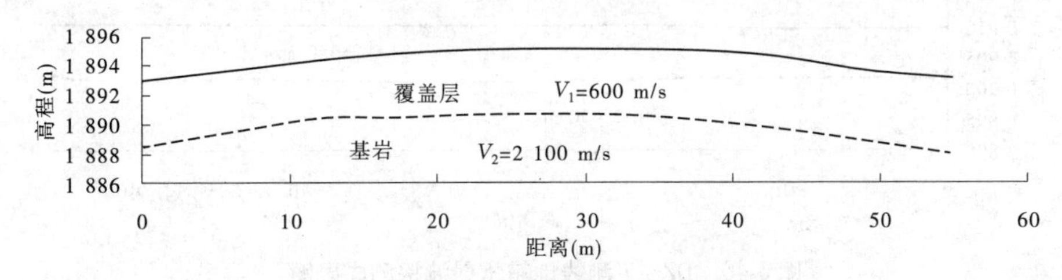

图5-43 DZ－4测线地震折射波探测成果图

5）DZ－5（输水管道4处）

该段共布设1条地震折射波探测剖面，如图5-44所示。由地震折射波探测成果剖面图分析，地层的弹性结构可划分为2个弹性层，表层为覆盖层或全风化岩层，地震纵波速度一般为650 m/s，厚度为7.3～9 m；下伏地层为基岩岩体，地震纵波速度一般为2 150 m/s。

6）DZ－6（输水管道4处）

该段共布设1条地震折射波探测剖面，如图5-45所示。由地震折射波探测成果剖面图

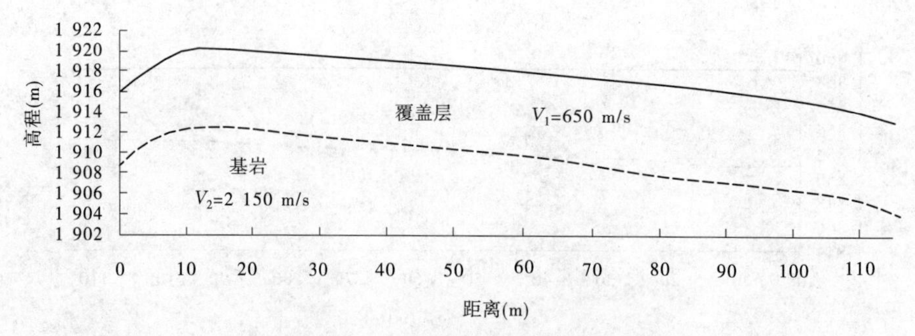

图 5-44　DZ－5 测线地震折射波探测成果图

分析，地层的弹性结构可划分为 2 个弹性层，表层为覆盖层或全风化岩层，地震纵波速度一般为 500 m/s，厚度为 6.5～9.3 m；下伏地层为基岩岩体，地震纵波速度一般为 2 500 m/s。

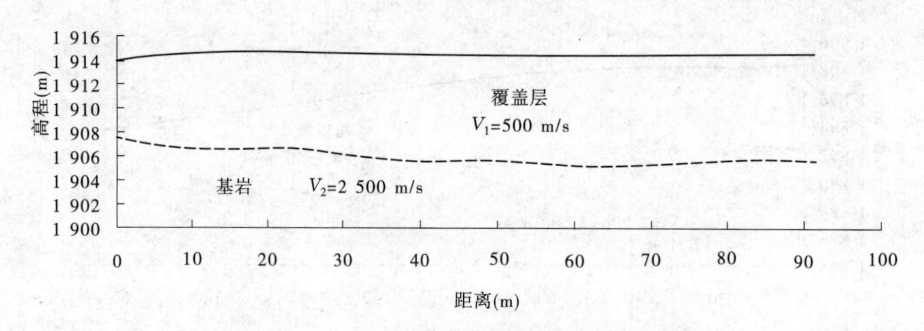

图 5-45　DZ－6 测线地震折射波探测成果图

7）DZ－7（输水管道 4 处）

该段共布设 1 条地震折射波探测剖面，如图 5-46 所示。由地震折射波探测成果剖面图分析，地层的弹性结构可划分为 2 个弹性层，表层为覆盖层或全风化岩层，地震纵波速度一般为 550 m/s，厚度为 8.4～9.2 m；下伏地层为基岩岩体，地震纵波速度一般为 2 450 m/s。

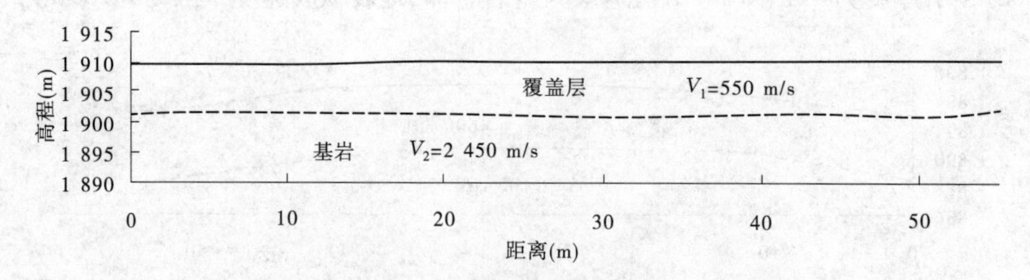

图 5-46　DZ－7 测线地震折射波探测成果图

8）Z－8（1#隧洞进口处）

该段共布设 1 条地震折射波探测剖面，如图 5-47 所示。由地震折射波探测成果剖面图分析，地层的弹性结构可划分为 2 个弹性层，表层为覆盖层或全风化岩层，地震纵波速度一般为 900 m/s，厚度为 3.2～6.7 m；下伏地层为基岩岩体，地震纵波速度一般为 2 220 m/s。

9）DZ－9（1#隧洞进口处）

该段共布设 1 条地震折射波探测剖面，如图 5-48 所示。由地震折射波探测成果剖面图分析，地层的弹性结构可划分为 2 个弹性层，表层为覆盖层或全风化岩层，地震纵波速

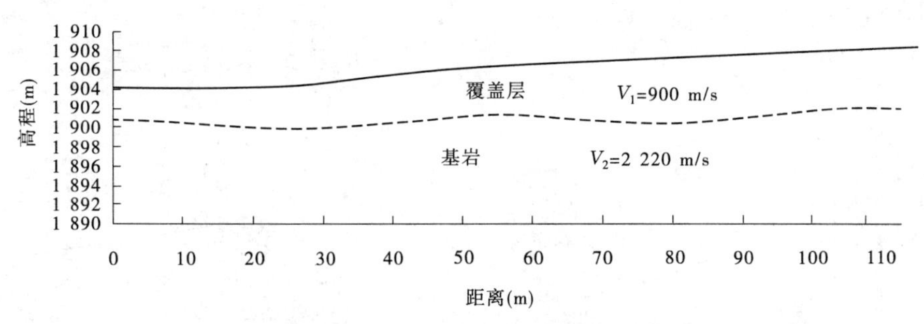

图5-47　DZ－8测线地震折射波探测成果图

度一般为600 m/s,厚度为3.5～6.0 m;下伏地层为基岩岩体,地震纵波速度一般为2 030 m/s。

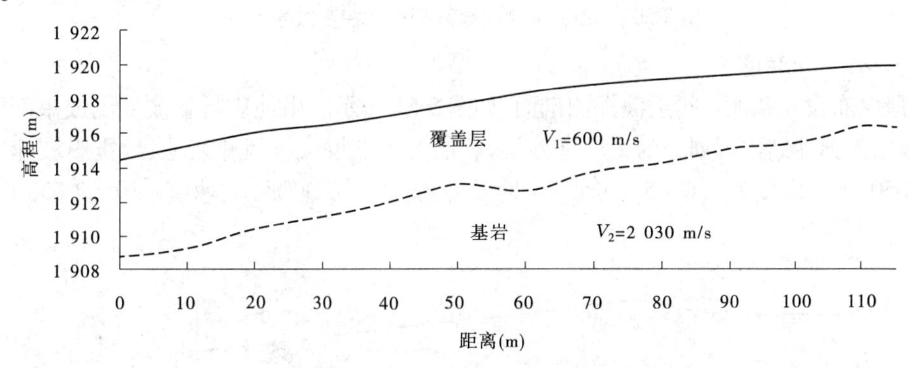

图5-48　DZ－9测线地震折射波探测成果图

10)DZ－10(1#隧洞进口处)

该段共布设1条地震折射波探测剖面,如图5-49所示。由地震折射波探测成果剖面图分析,地层的弹性结构可划分为2个弹性层,表层为覆盖层或全风化岩层,地震纵波速度一般为600 m/s,厚度为3.2～7.0 m;下伏地层为基岩岩体,地震纵波速度一般为2 030 m/s。

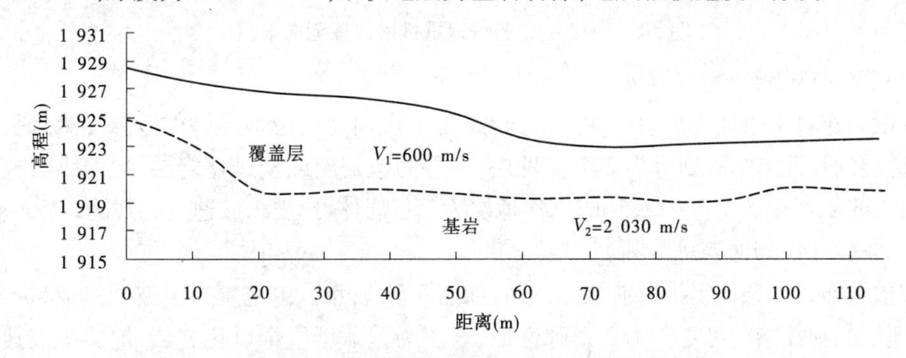

图5-49　DZ－10测线地震折射波探测成果图

11)DZ－11(2#隧洞出口处)

该段共布设1条地震折射波探测剖面,如图5-50所示。由地震折射波探测成果剖面图分析,地层的弹性结构可划分为2个弹性层,表层为覆盖层或全风化岩层,地震纵波速度一般为550～600 m/s,厚度为5.8～11.6 m;下伏地层为基岩岩体,地震纵波速度一般为2 550～2 650 m/s。

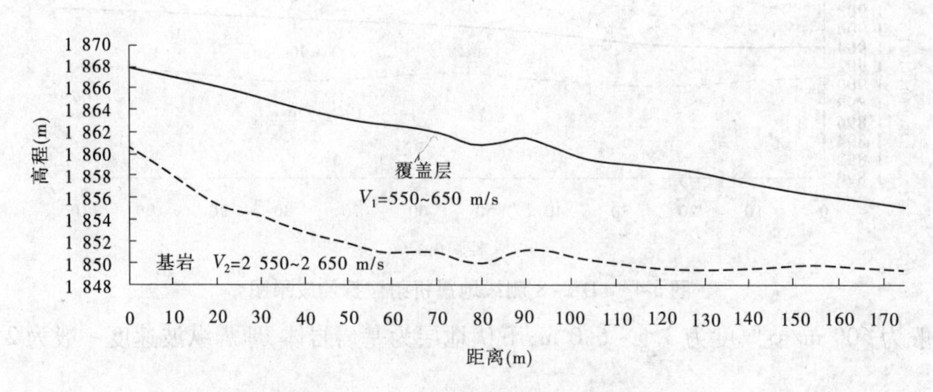

图5-50 DZ－11 测线地震折射波探测成果图

12）DZ－12(2#隧洞出口处)

该段共布设1条地震折射波探测剖面,如图5-51所示。由地震折射波探测成果剖面图分析,地层的弹性结构可划分为2个弹性层,表层为覆盖层或全风化岩层,地震纵波速度一般为1 050 m/s,厚度为2.6～5.3 m;下伏地层为基岩岩体,地震纵波速度一般为2 650 m/s。

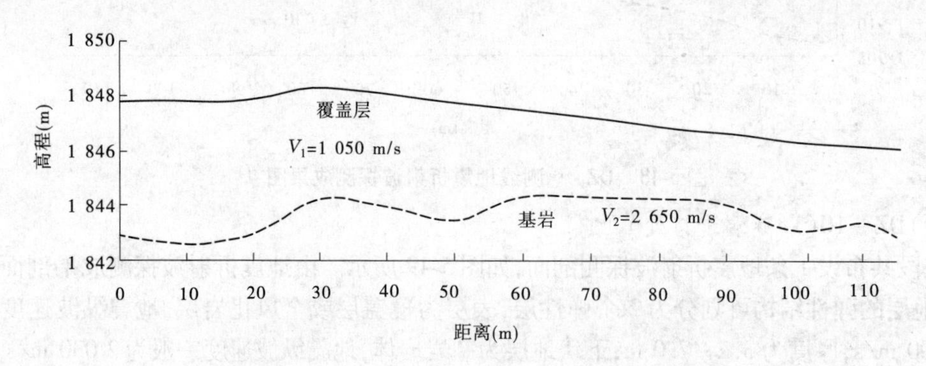

图5-51 DZ－12 测线地震折射波探测成果图

13）DZ－13(5#隧洞进口处)

该段共布设1条地震折射波探测剖面,如图5-52所示。由地震折射波探测成果剖面图分析,地层的弹性结构可划分为2个弹性层,表层为覆盖层或全风化岩层,地震纵波速度一般为500 m/s,厚度为7.3～12.5 m;下伏地层为基岩岩体,地震纵波速度一般为2 750 m/s。

14）DZ－14(5#隧洞进口处)

该段共布设1条地震折射波探测剖面,如图5-53所示。由地震折射波探测成果剖面图分析,地层的弹性结构可划分为2个弹性层,表层为覆盖层或全风化岩层,地震纵波速度一般为630 m/s,厚度为10.5～12.3 m;下伏地层为基岩岩体,地震纵波速度一般为2 310 m/s。

15）DZ－15(7#隧洞3支洞)

该段共布设1条地震折射波探测剖面,如图5-54所示。由地震折射波探测成果剖面图分析,地层的弹性结构可划分为2个弹性层,表层为覆盖层或全风化岩层,地震纵波速度一般为530 m/s,厚度为3.5～14.0 m;下伏地层为基岩岩体,地震纵波速度一般为2 650 m/s。

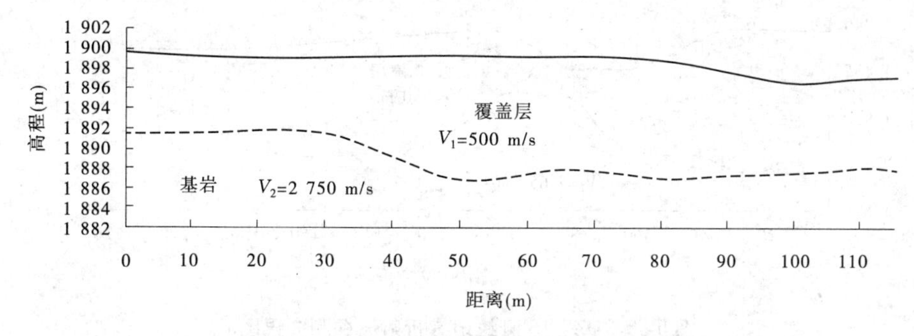

图5-52 DZ-13测线地震折射波探测成果图

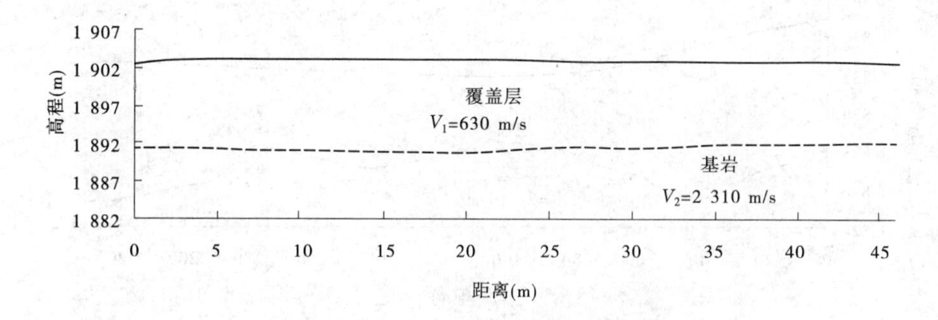

图5-53 DZ-14测线地震折射波探测成果图

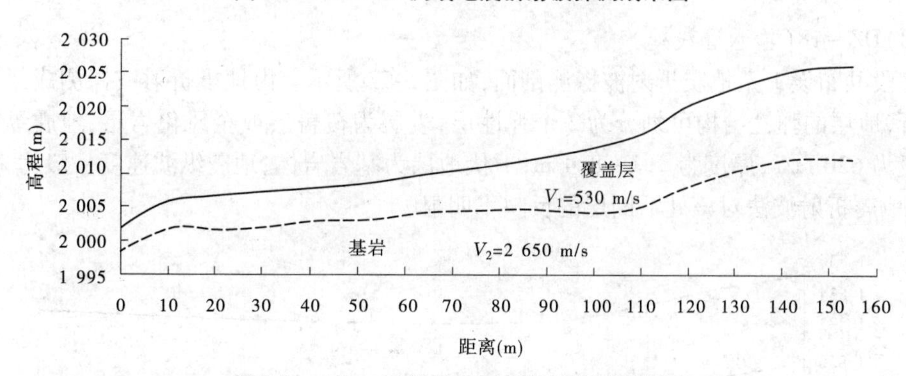

图5-54 DZ-15测线地震折射波探测成果图

16)DZ-16(输水管线处)

该段共布设1条地震折射波探测剖面,如图5-55所示。由地震折射波探测成果剖面图分析,地层的弹性结构可划分为2个弹性层,表层为覆盖层或全风化岩层,地震纵波速度一般为650 m/s,厚度为4.1~8.2 m;下伏地层为基岩岩体,地震纵波速度一般为2 650 m/s。地震折射波法对该处活断层的反映不明显。

17)DZ-17(输水管线处)

该段共布设1条地震折射波探测剖面,如图5-56所示。由地震折射波探测成果剖面图分析,地层的弹性结构可划分为2个弹性层,表层为覆盖层或全风化岩层,地震纵波速度一般为630 m/s,厚度为10.5~13.8 m;下伏地层为基岩岩体,地震纵波速度一般为2 310m/s。地震折射波法对该处活断层的反映不明显。

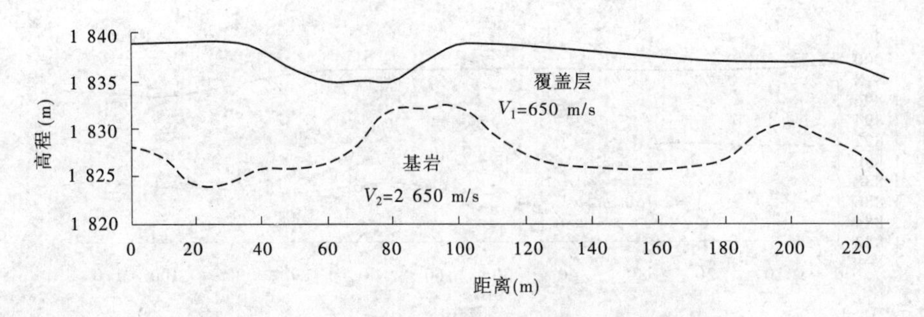

图 5-55　DZ－16 测线地震折射波探测成果图

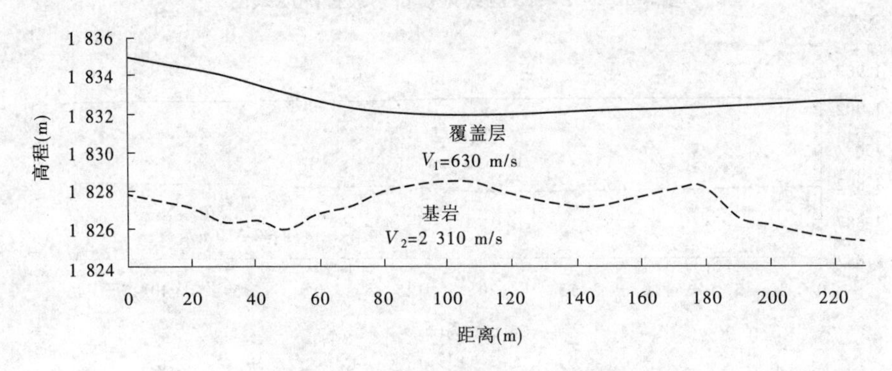

图 5-56　DZ－17 测线地震折射波探测成果图

18）DZ－18（输水管线处）

该段共布设 1 条地震折射波探测剖面，如图 5-57 所示。由地震折射波探测成果剖面图分析，地层的弹性结构可划分为 2 个弹性层，表层为覆盖层或全风化岩层，地震纵波速度一般为 620 m/s，厚度为 4.1～8.4 m；下伏地层为基岩岩体，地震纵波速度一般为 2 700 m/s。地震折射波法对该处活断层的反映不明显。

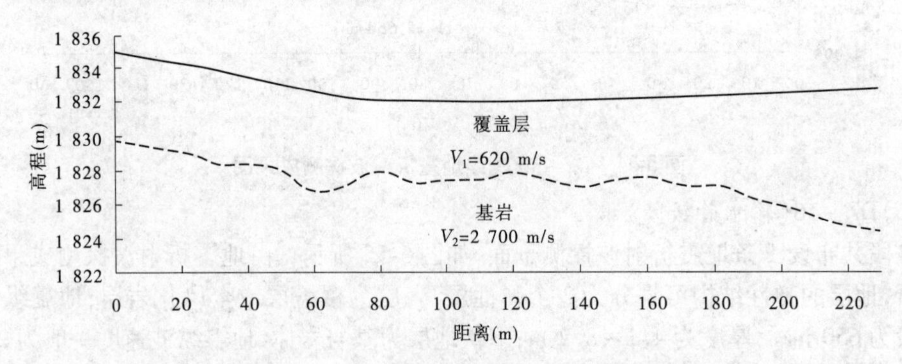

图 5-57　DZ－18 测线地震折射波探测成果图

5.1.3.4　声波测井

1. 资料解释

声波测井获得原始数据为声波在两接收换能器间 L(m)范围内孔壁岩体的旅行时间差 Δt(s)，则两接收换能器间孔壁岩体声波纵波速度 V_p(m/s)为

$$V_p = \frac{L}{\Delta t} \tag{5-2}$$

由 V_p 值绘制声波测井曲线,依此进行速度层位划分和参数计算,并划分风化界线。

根据岩块测试所取得的岩块声波速度 V_{pr},按式(5-3)、式(5-4)计算岩体风化波速比 K_w、完整性系数 K_v,由此判断岩体的风化程度和完整性。

$$K_w = \frac{V_p}{V_{pr}} \tag{5-3}$$

$$K_v = \left(\frac{V_p}{V_{pr}}\right)^2 \tag{5-4}$$

影响岩体声波速度的主要因素除岩性外主要为岩体结构、构造发育情况等。一般而言,岩体的结构面发育程度与岩体风化程度直接相关,故可根据实测孔内岩体波速值结合岩性间接划分岩体风化带界限。

2. 成果分析

1)钻孔岩芯声波速度随时间的变化特征

为了解泥岩岩芯从钻孔取出并失去围岩应力后的声波速度变化情况,特安排对取自ZK7、ZK10两个钻孔的部分岩芯进行测试,测试从岩芯取出即开始,然后按照一定的时间间隔进行测试,直至岩芯声波速度稳定为准。测试成果见表5-11和图5-58~图5-64。

表5-11　钻孔岩芯声波速度随时间变化测试成果

孔号	孔深(m)	芯长(mm)	日期(年-月-日)	测试时间(时:分)	测试间隔(h)	声波速度(km/s)	环境温度(℃)
ZK7	278.25~278.43	180	2012-03-25	18:00	0	4.79	3.0
				20:00	2	4.68	15.0
				22:00	4	4.56	16.0
			2012-03-26	00:00	6	4.44	14.0
				08:00	14	4.24	14.0
				12:00	18	4.17	15.0
				20:00	26	4.08	16.0
			2012-03-27	00:00	30	4.07	16.0
				08:00	38	4.04	15.0
				12:00	42	4.02	17.0
				18:00	48	4.01	18.0
			2012-03-28	12:00	66	3.99	20.0
				20:00	74	3.99	21.0
	276.40~276.62	220	2012-03-25	18:00	0	4.74	3.0
				20:00	2	4.61	15.0
				22:00	4	4.57	16.0
			2012-03-26	00:00	6	4.51	14.0
				08:00	14	4.33	14.0
				12:00	18	4.30	15.0
				20:00	26	4.24	16.0
			2012-03-27	00:00	30	4.21	16.0
				08:00	38	4.16	15.0
				12:00	42	4.14	17.0

续表 5-11

孔号	孔深(m)	芯长(mm)	日期(年-月-日)	测试时间(时:分)	测试间隔(h)	声波速度(km/s)	环境温度(℃)
ZK7	276.40~276.62	220	2012-03-27	18:00	48	4.09	18.0
			2012-03-28	12:00	66	4.04	20.0
				20:00	74	4.01	21.0
	278.43~278.59	160	2012-03-25	18:00	0	3.80	30.0
				20:00	2	3.29	15.0
				22:00	4	3.17	16.0
			2012-03-26	00:00	6	3.14	14.0
				08:00	14	3.03	14.0
				12:00	18	2.99	15.0
				20:00	26	2.91	16.0
			2012-03-27	00:00	30	2.85	16.0
				08:00	38	2.77	15.0
				12:00	42	2.75	17.0
				18:00	48	2.73	18.0
			2012-03-28	12:00	66	2.72	20.0
				20:00	74	2.72	21.0
	280.26~280.40	140	2012-03-25	18:00	0	3.58	3.0
				20:00	2	3.47	15.0
				22:00	4	3.39	16.0
			2012-03-26	00:00	6	3.27	14.0
				08:00	14	3.10	14.0
				12:00	18	3.02	15.0
				20:00	26	2.96	16.0
			2012-03-27	00:00	30	2.93	16.0
				08:00	38	2.90	15.0
				12:00	42	2.89	17.0
				18:00	48	2.89	18.0
ZK10	293.50~293.65	150	2012-04-02	17:00	0	4.26	20.0
				20:00	3	4.04	18.0
			2012-04-03	08:00	15	3.93	13.5
				18:00	25	3.84	11.0
				20:00	27	3.74	10.0
			2012-04-04	09:00	40	3.63	14.0
				11:00	42	3.62	15.0
				20:00	51	3.61	13.5
			2012-04-05	00:00	55	3.61	12.5
				08:00	63	3.59	10.0
				12:00	67	3.59	14.0
				16:00	71	3.62	14.5
				18:00	73	3.61	14.0
				22:00	77	3.57	13.5
			2012-04-06	08:00	87	3.59	17.5
				12:00	91	3.57	19.5
	293.65~293.825	175	2012-04-02	17:00	0	4.29	20.0
				20:00	3	4.25	18.0
			2012-04-03	08:00	15	4.11	13.5
				18:00	25	3.94	11.0
				20:00	27	3.86	10.0

续表 5-11

孔号	孔深(m)	芯长(mm)	日期(年-月-日)	测试时间(时:分)	测试间隔(h)	声波速度(km/s)	环境温度(℃)
ZK10	293.65～293.825	175	2012-04-04	09:00	40	3.66	14.0
				11:00	42	3.65	15.0
				20:00	51	3.66	13.5
			2012-04-05	00:00	55	3.65	12.5
				08:00	63	3.64	10.0
				12:00	67	3.62	14.0
				16:00	71	3.63	14.5
				18:00	73	3.61	14.0
				22:00	77	3.62	13.5
			2012-04-06	08:00	87	3.61	17.5
				12:00	91	4.29	19.5
	293.825～293.995	170	2012-04-02	17:00	0	4.55	20.0
				20:00	3	4.35	18.0
			2012-04-03	08:00	15	4.11	13.5
				18:00	25	3.96	11.0
				20:00	27	3.91	10.0
			2012-04-04	09:00	40	3.75	14.0
				11:00	42	3.73	15.0
				20:00	51	3.71	13.5

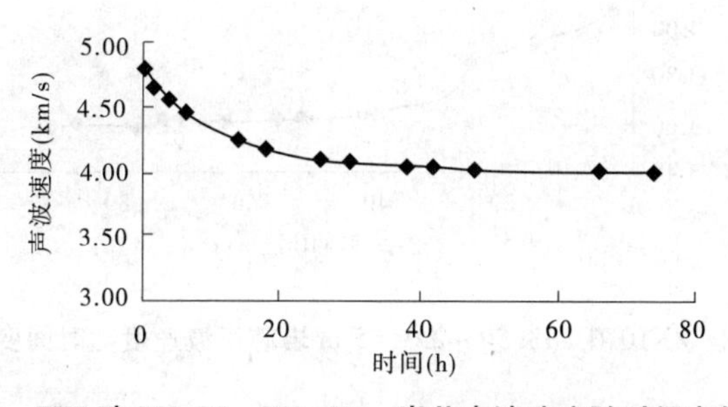

图 5-58　ZK7 孔 278.25～278.43 m 岩芯声波速度随时间变化关系

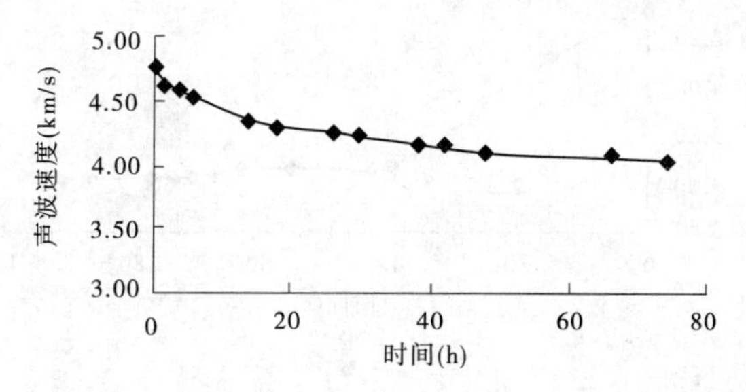

图 5-59　ZK7 孔 276.40～276.62 m 岩芯声波速度随时间变化关系

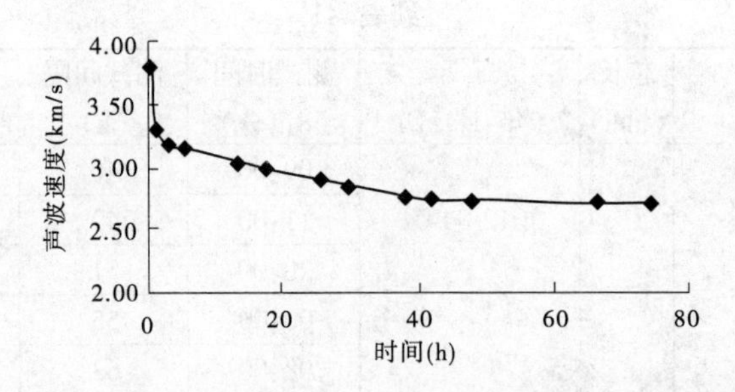

图 5-60　ZK7 孔 278.43 ~ 278.59 m 岩芯声波速度随时间变化关系

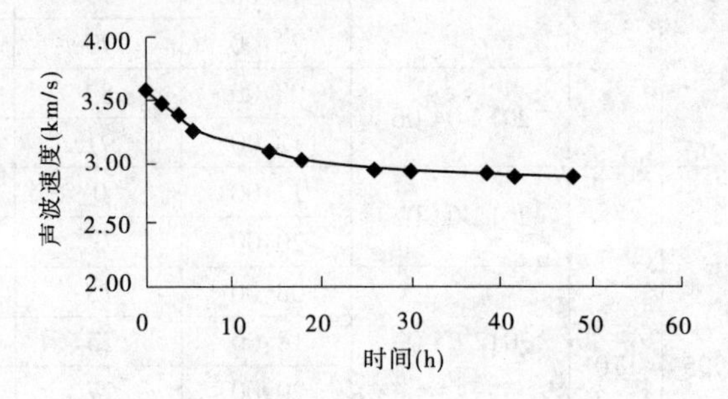

图 5-61　ZK7 孔 280.26 ~ 280.40 m 岩芯声波速度随时间变化关系

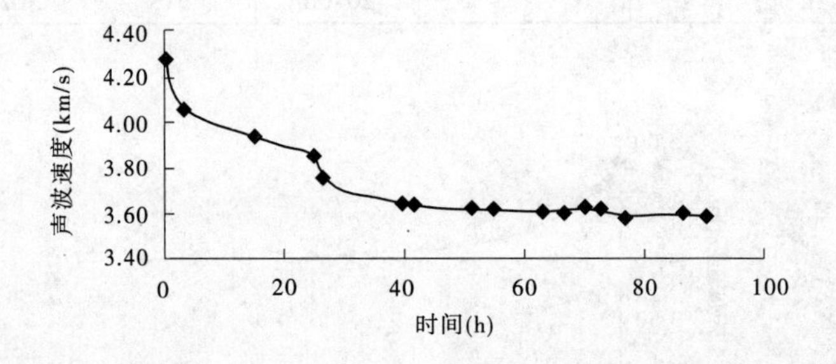

图 5-62　ZK10 孔 293.50 ~ 293.65 m 岩芯声波速度随时间变化关系

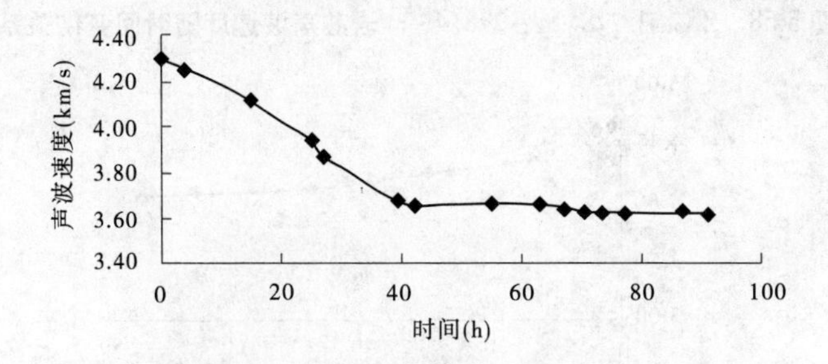

图 5-63　ZK10 孔 293.65 ~ 293.825 m 岩芯声波速度随时间变化关系

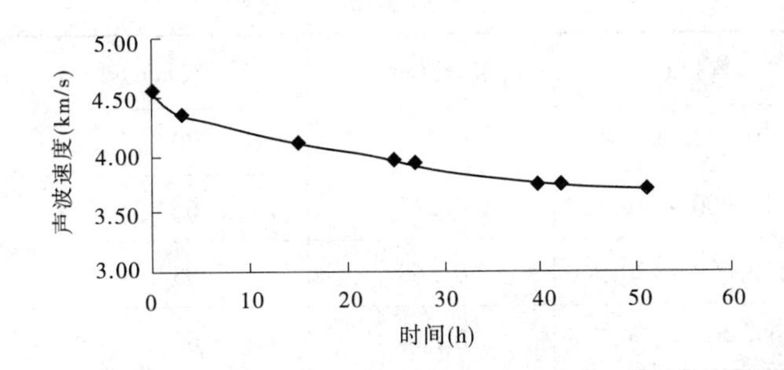

图 5-64　ZK10 孔 293.825～293.995 m 岩芯声波速度随时间变化关系

由表 5-11 和图 5-58～图 5-64 综合分析可得表 5-12。

表 5-12　岩芯声波速度随时间变化特征统计

孔号	深度(m)	岩芯长度(mm)	基本稳定时间(h)	声波速度降低率(%)	综合分析
ZK7	278.25～278.43	180	48	16.5	①岩芯声波速度基本稳定的时间为 38～66 h; ②岩芯声波速度至稳定时的波速降低率为 15%～28.1%; ③岩芯质量越好,声波速度降低率越小,且波速达到稳定的时间越长
	276.40～276.62	220	66	15.2	
	278.43～278.59	160	48	28.1	
	280.26～280.40	140	38	19.0	
ZK10	293.50～293.65	150	40	15.0	
	293.65～293.825	175	42	15.0	
	293.825～293.995	170	40	18.0	

2)岩芯声波测试(钻孔结束一定时间后)

为取得钻孔岩芯的声波速度,选取 13 个钻孔的 83 块泥岩岩芯进行测试(均为钻孔完全结束一定时间后测试结果),其结果详见表 5-13。

表 5-13　钻孔岩芯声波测试成果

孔号	深度(m)	芯长(m)	直径(mm)	声波速度(m/s)
ZK4	95.826～96.000	0.173	65	3 050
	96.000～96.225	0.225	65	4 170
ZK7	288.570～288.700	0.130	70	4 210
	309.630～309.750	0.120	70	2 930
ZK8	88.300～88.630	0.330	70	2 870

续表 5-13

孔号	深度(m)	芯长(m)	直径(mm)	声波速度(m/s)
ZK8	90.643 ~ 90.900	0.257	70	3 980
	116.400 ~ 116.613	0.213	65	2 240
	130.000 ~ 130.260	0.260	65	4 640
	188.400 ~ 188.714	0.314	65	4 130
	186.500 ~ 186.806	0.306	65	2 570
	192.000 ~ 192.185	0.185	65	3 610
ZK9	49.290 ~ 49.500	0.210	90	2 010
	93.838 ~ 94.000	0.170	90	1 730
	95.100 ~ 95.635	0.535	90	2 320
	115.000 ~ 115.235	0.235	70	2 100
	122.700 ~ 122.910	0.210	70	3 800
	134.600 ~ 134.810	0.210	70	3 410
	145.250 ~ 145.505	0.255	90	2 840
	182.000 ~ 182.250	0.250	55	4 370
	188.670 ~ 188.840	0.170	55	3 740
	189.000 ~ 189.170	0.170	55	3 860
	189.700 ~ 189.837	0.137	55	3 170
ZK10	128.600 ~ 128.915	0.315	70	3 140
	132.750 ~ 132.970	0.220	70	3 290
	152.300 ~ 152.520	0.220	70	2 500
	156.000 ~ 156.250	0.250	70	3 190
	196.000 ~ 196.200	0.200	70	3 570
	207.000 ~ 207.200	0.200	70	2 720
	212.900 ~ 213.125	0.225	70	4 260
	213.400 ~ 213.550	0.150	70	3 440
	254.600 ~ 254.710	0.110	70	3 310
	288.500 ~ 288.775	0.275	70	4 120
	291.245 ~ 291.600	0.355	70	3 810

续表 5-13

孔号	深度(m)	芯长(m)	直径(mm)	声波速度(m/s)
ZK11	28.000 ~ 28.230	0.230	90	2 760
	43.245 ~ 43.625	0.380	90	2 390
	50.000 ~ 50.218	0.218	70	4 430
	53.000 ~ 53.233	0.233	70	3 940
	56.600 ~ 56.750	0.150	70	4 030
	64.300 ~ 64.480	0.180	70	2 270
	65.000 ~ 65.205	0.205	70	3 350
	67.500 ~ 67.712	0.212	70	4 140
	72.500 ~ 72.864	0.364	70	3 110
	70.000 ~ 70.170	0.170	70	3 600
	75.000 ~ 75.297	0.297	70	2 530
	80.000 ~ 80.227	0.227	70	4 110
	85.000 ~ 85.182	0.182	70	3 860
	92.600 ~ 92.780	0.180	70	3 980
	95.100 ~ 95.291	0.191	70	4 420
	95.291 ~ 95.485	0.194	70	4 290
	97.400 ~ 97.626	0.226	70	4 250
	97.626 ~ 97.850	0.224	70	4 550
ZK13	27.500 ~ 27.775	0.275	70	4 230
	60.000 ~ 60.300	0.300	65	1 760
	61.500 ~ 61.725	0.225	65	1 970
	83.000 ~ 83.260	0.260	65	1 920
	86.000 ~ 86.215	0.215	65	2 020
	88.000 ~ 88.255	0.255	65	3 090
ZK14	65.700 ~ 65.990	0.290	70	2 480
	82.950 ~ 83.200	0.250	70	2 400
	83.200 ~ 83.500	0.300	70	2 400
	92.000 ~ 92.270	0.270	70	1 820
	109.700 ~ 110.00	0.300	70	2 080
ZKZ4 − 1	14.105 ~ 14.500	0.395	90	3 870
	17.550 ~ 17.780	0.230	90	3 240
	23.000 ~ 23.320	0.320	70	4 210
	23.460 ~ 23.640	0.180	70	2 020

续表 5-13

孔号	深度(m)	芯长(m)	直径(mm)	声波速度(m/s)
ZKZ7-1	34.040~34.230	0.190	70	2 410
ZKZ7-1′	32.100~32.220	0.120	90	3 160
	32.220~32.340	0.120	90	3 050
	32.340~32.460	0.120	90	3 190
	32.460~32.575	0.115	90	3 120
	32.690~32.790	0.100	90	2 700
ZKZ7-3	6.900~7.130	0.230	90	2 710
	7.130~7.294	0.164	90	2 650
	7.294~6.624	0.330	90	2 610
	13.000~13.195	0.195	70	2 850
	15.920~16.155	0.235	70	3 190
	17.810~17.940	0.130	70	3 870
	23.500~23.620	0.120	70	3 170
ZKZ9-2	26.000~26.150	0.150	70	2 370
	26.600~26.710	0.110	70	2 130
	29.600~29.749	0.149	70	2 690
	29.910~30.000	0.090	70	2 980

分析表 5-13 可得:泥岩岩芯的声波速度最小为 1 730 m/s,最大为 4 640 m/s,平均为 3 183 m/s。根据上述岩芯声波测试结果并综合考虑声波测井成果数据选定新鲜泥岩岩块的声波速度为 4 500 m/s,以此计算岩体完整性系数和岩体风化波速比等参数。

3)声波测井

该线路实施声波测井钻孔 23 个。宁夏固原地区(宁夏中南部)城乡饮水安全水源工程输水线路声波测井成果如表 5-14 所示。

根据实测数据并结合以往工程经验,综合地质资料分析,本区域内泥岩的新鲜岩块声波速度 V_{pr}取 4 500 m/s,密度取 2.40 g/cm^3(岩石密度由地质工程师提供)。

一般而言,在风化带内岩体结构面破碎必然发育,岩体声波速度相对较低,但因本测区基岩内构造引发的结构面、构造破碎带发育,导致随孔深的增加岩体纵波速度递增的趋势不甚显著,只根据单一的声波速度指标较难划分岩体风化带界限。根据工程经验和声波测试成果,结合岩性可以认为,孔内泥岩及泥灰岩多属弱风化—微风化岩体。

表 5-14　宁夏固原地区(宁夏中南部)城乡饮水安全水源工程输水线路声波测井成果

孔号	岩性	测段长度(m)	纵波速度(m/s)	动弹性模量(GPa)	完整性系数	风化波速比	完整程度	风化程度
			范围值 平均值	范围值 平均值	范围值 平均值	范围值 平均值		
ZK1	砂质砾岩、砾岩和泥质砂岩	35.1~73.5	1 820~2 860 2 360	3.96~12.48 8.12	0.16~0.40 0.28	0.40~0.63 0.53	较破碎	强风化
		73.5~78.1	2 440~3 130 2 770	8.17~16.31 11.86	0.24~0.48 0.38	0.54~0.69 0.62	完整性差	弱风化
		78.1~80.9	2 220~3 030 2 410	6.78~15.33 8.35	0.24~0.45 0.29	0.49~0.67 0.54	较破碎	
		80.9~88.3	2 560~3 700 3 190	10.05~24.64 17.19	0.32~0.68 0.51	0.57~0.82 0.71	完整性差	
		88.3~111.5	2 000~2 700 2 180	4.80~11.17 6.52	0.20~0.36 0.23	0.44~0.60 0.48	较破碎	
ZK2	泥岩和泥灰岩	19.8~34.4	1 980~2 750 2 300	4.72~11.54 7.37	0.19~0.37 0.26	0.44~0.61 0.51	较破碎	强风化
		34.4~42.8	2 550~3 250 2 980	9.95~17.60 14.40	0.32~0.52 0.44	0.57~0.72 0.66	完整性差	弱风化
		42.8~49.6	2 380~2 980 2 600	7.78~13.54 10.01	0.28~0.44 0.34	0.53~0.66 0.58	较破碎	
		49.6~77.2	2 580~3 620 3 070	10.15~23.57 15.60	0.33~0.65 0.47	0.57~0.81 0.69	完整性差	
		77.2~80.0	3 090~3 570 3 400	15.90~22.90 19.64	0.47~0.63 0.57	0.69~0.79 0.76	较完整	
		80.0~114.2	2 690~3 680 3 190	11.05~24.27 17.04	0.36~0.67 0.50	0.60~0.82 0.71	完整性差	弱风化
		114.2~117.2	2 980~3 620 3 350	13.54~23.57 19.02	0.44~0.65 0.56	0.66~0.81 0.74	较完整	

续表 5-14

孔号	岩性	测段长度(m)	纵波速度(m/s) 范围值 平均值	动弹性模量(GPa) 范围值 平均值	完整性系数 范围值 平均值	风化波速比 范围值 平均值	完整程度	风化程度
ZK2	泥岩和泥灰岩	117.2~134.4	2 840~3 730 3 260	12.34~25.00 18.03	0.40~0.69 0.53	0.63~0.83 0.73	完整性差	弱风化
		134.4~138.2	3 010~3 730 3 420	15.15~25.00 20.29	0.45~0.69 0.58	0.67~0.83 0.76	较完整	
		138.2~140.0	2 940~3 730 3 320	13.23~25.00 18.98	0.43~0.69 0.55	0.65~0.83 0.74	完整性差	
ZK3	泥岩	5.6~19.2	2 000~2 810 2 300	4.80~12.07 7.43	0.20~0.39 0.26	0.44~0.62 0.51	较破碎	强风化
		19.2~64.0	2 430~3 430 2 840	8.09~19.59 12.57	0.29~0.58 0.40	0.54~0.76 0.63	完整性差	弱风化
		64.0~74.6	2 020~2 910 2 340	5.58~12.92 7.83	0.22~0.42 0.27	0.45~0.65 0.52	较破碎	
		74.6~90.8	2 480~3 570 2 930	8.41~22.90 13.71	0.30~0.63 0.43	0.55~0.79 0.65	完整性差	
		90.8~105.6	2 070~3 130 2 390	5.86~16.31 8.34	0.21~0.48 0.29	0.46~0.69 0.53	较破碎	
		105.6~125.0	2 690~3 910 3 230	11.05~27.40 17.47	0.36~0.75 0.52	0.60~0.87 0.72	完整性差	
ZK4	泥岩	7.6~19.2	2 000~3 180 2 580	4.80~16.83 10.02	0.20~0.50 0.33	0.44~0.71 0.57	较破碎	强风化
		19.2~45.0	2 220~3 920 3 040	6.78~27.63 15.29	0.24~0.76 0.46	0.49~0.87 0.68	完整性差	弱风化
		45.0~47.8	2 740~3 920 3 340	11.48~27.63 19.13	0.37~0.76 0.56	0.61~0.87 0.74	较完整	

续表 5-14

孔号	岩性	测段长度(m)	纵波速度(m/s) 范围值/平均值	动弹性模量(GPa) 范围值/平均值	完整性系数 范围值/平均值	风化波速比 范围值/平均值	完整程度	风化程度
ZK4	泥岩	47.8~51.6	2 330~3 280 / 2 810	7.43~17.95 / 12.43	0.27~0.53 / 0.40	0.52~0.73 / 0.62	完整性差	弱风化
		51.6~53.6	3 130~3 850 / 3 450	16.31~26.57 / 20.52	0.48~0.73 / 0.59	0.69~0.85 / 0.77	较完整	
		53.6~63.0	2 270~3 640 / 2 910	7.09~23.74 / 13.55	0.26~0.65 / 0.42	0.51~0.81 / 0.65	完整性差	
		63.0~64.6	3 130~3 770 / 3 500	16.31~25.58 / 21.31	0.48~0.70 / 0.61	0.69~0.84 / 0.78	较完整	
		64.6~69.8	2 350~3 390 / 2 880	7.6~19.19 / 13.24	0.27~0.57 / 0.41	0.52~0.75 / 0.64	完整性差	
		69.8~100.6	2 820~4 650 / 3 720	12.13~43.49 / 25.09	0.39~1.00 / 0.69	0.63~1.00 / 0.83	较完整	微风化
ZK5	泥岩和泥灰岩	17.2~22.4	2 130~2 900 / 2 390	6.22~12.85 / 8.17	0.22~0.42 / 0.28	0.47~0.64 / 0.53	较破碎	强风化
		22.4~24.0	2 740~3 280 / 2 940	11.48~17.95 / 13.74	0.37~0.53 / 0.43	0.61~0.73 / 0.65	完整性差	弱风化
		24.0~40.0	3 280~3 770 / 3 470	17.95~25.58 / 20.94	0.53~0.70 / 0.60	0.73~0.84 / 0.77	较完整	
ZK6	泥岩和泥灰岩	10.6~19.0	1 940~2 580 / 2 210	4.50~10.15 / 6.74	0.19~0.33 / 0.24	0.43~0.57 / 0.49	较破碎	强风化
		19.0~52.2	2 100~3 850 / 3 150	6.06~26.57 / 16.72	0.22~0.73 / 0.50	0.47~0.85 / 0.70	完整性差	弱风化
		52.2~55.4	3 570~3 850 / 3 740	22.89~26.62 / 25.17	0.63~0.73 / 0.69	0.79~0.86 / 0.83	较完整	微风化

续表 5-14

孔号	岩性	测段长度(m)	纵波速度(m/s) 范围值/平均值	动弹性模量(GPa) 范围值/平均值	完整性系数 范围值/平均值	风化波速比 范围值/平均值	完整程度	风化程度
ZK6	泥岩和泥灰岩	55.4~60.0	2 780~4 030 / 3 350	11.80~31.04 / 19.44	0.38~0.80 / 0.54	0.62~0.90 / 0.73	完整性差	微风化
		60.0~115.4	2 690~4 310 / 3 380	11.05~35.46 / 19.88	0.36~0.92 / 0.57	0.60~0.96 / 0.75	较完整	
		115.4~117.4	2 400~2 870 / 2 620	7.93~12.63 / 10.38	0.29~0.41 / 0.34	0.53~0.64 / 0.58	较破碎	
		117.4~139.2	2 720~4 310 / 3 370	11.29~35.46 / 19.59	0.36~0.96 / 0.56	0.60~0.96 / 0.75	较完整	
		139.2~156.0	2 530~3 570 / 2 960	9.75~22.90 / 14.18	0.31~0.63 / 0.44	0.56~0.79 / 0.78	完整性差	
ZK7	泥岩和泥灰岩	20.8~21.2	2 650~2 700 / 2 670	10.71~11.18 / 10.88	0.35~0.36 / 0.35	0.59~0.60 / 0.59	较破碎	强风化
		21.2~77.0	2 480~3 970 / 2 940	8.41~28.28 / 13.87	0.30~0.78 / 0.43	0.55~0.88 / 0.65	完整性差	弱风化
		77.0~106.8	2 720~4 710 / 4 640	11.29~47.37 / 43.19	0.36~1.00 / 1.00	0.60~1.00 / 1.00	完整	微风化
		106.8~137.6	2 630~3 600 / 3 040	10.59~23.24 / 14.95	0.34~0.64 / 0.46	0.58~0.80 / 0.67	完整性差	
		137.6~144.8	2 980~3 760 / 3 410	13.54~25.38 / 19.95	0.44~0.70 / 0.58	0.66~0.84 / 0.76	较完整	
		144.8~154.4	2 790~3 520 / 3 090	11.93~25.38 / 15.62	0.39~0.61 / 0.47	0.62~0.78 / 0.69	完整性差	
		154.4~198.0	2 960~3 970 / 3 520	13.39~28.28 / 21.64	0.43~0.78 / 0.61	0.66~0.88 / 0.78	较完整	

续表 5-14

孔号	岩性	测段长度（m）	纵波速度（m/s）范围值/平均值	动弹性模量（GPa）范围值/平均值	完整性系数 范围值/平均值	风化波速比 范围值/平均值	完整程度	风化程度
ZK8	泥岩	14.6~19.2	1 850~2 900 / 2 420	4.11~12.85 / 8.63	0.17~0.42 / 0.29	0.41~0.64 / 0.54	较破碎	强风化
		19.2~25.4	2 560~3 450 / 2 900	10.05~19.85 / 13.34	0.32~0.59 / 0.42	0.57~0.77 / 0.64	完整性差	弱风化
		25.4~26.2	2 220~3 330 / 2 600	6.78~18.55 / 10.43	0.24~0.55 / 0.34	0.49~0.74 / 0.58	较破碎	
		26.2~29.0	2 740~3 640 / 3 270	11.48~23.74 / 18.01	0.37~0.65 / 0.53	0.61~0.81 / 0.73	完整性差	
		29.0~29.6	2 380~2 860 / 2 610	7.78~12.48 / 10.03	0.28~0.40 / 0.34	0.53~0.63 / 0.58	较破碎	
		29.6~37.0	2 380~3 640 / 3 160	7.78~23.74 / 16.67	0.28~0.65 / 0.50	0.53~0.81 / 0.70	完整性差	
		37.0~39.0	2 990~3 700 / 3 510	13.63~24.64 / 21.50	0.44~0.68 / 0.61	0.66~0.82 / 0.78	较完整	
		39.0~42.6	2 530~3 390 / 2 920	9.8~19.19 / 13.64	0.32~0.57 / 0.42	0.56~0.75 / 0.65	完整性差	
		42.6~43.6	3 080~3 640 / 3 330	15.81~23.74 / 19.08	0.24~0.65 / 0.55	0.68~0.81 / 0.74	较完整	
		43.6~47.2	2 380~3 640 / 2 990	7.78~23.74 / 14.61	0.28~0.65 / 0.45	0.53~0.81 / 0.66	完整性差	
		47.2~50.0	2 130~2 820 / 2 500	6.22~12.13 / 9.14	0.22~0.39 / 0.31	0.47~0.63 / 0.56	较破碎	
		50.0~72.4	2 150~3 620 / 2 730	6.35~23.57 / 11.75	0.23~0.65 / 0.37	0.48~0.81 / 0.61	完整性差	

续表 5-14

孔号	岩性	测段长度(m)	纵波速度(m/s) 范围值/平均值	动弹性模量(GPa) 范围值/平均值	完整性系数 范围值/平均值	风化波速比 范围值/平均值	完整程度	风化程度
ZK8	泥岩	72.4~92.6	2 600~4 310 / 3 600	10.37~35.46 / 23.18	0.33~0.92 / 0.65	0.58~0.96 / 0.80	较完整	微风化
		92.6~103.6	2 210~3 850 / 3 010	6.72~26.57 / 15.12	0.24~0.73 / 0.46	0.49~0.85 / 0.67	完整性差	
		103.6~172.6	3 210~4 710 / 3 960	17.15~44.73 / 29.16	0.51~1.00 / 0.78	0.71~1.00 / 0.88	完整	新鲜
		172.6~198.0	3 330~4 630 / 4 130	18.55~43.09 / 32.46	0.55~1.00 / 0.85	0.74~1.00 / 0.92		
ZK9	泥岩和泥灰岩	8.0~11.0	2 700~3 390 / 3 050	11.17~19.19 / 15.12	0.35~0.57 / 0.46	0.60~0.75 / 0.68	完整性差	弱风化
		11.0~13.8	3 020~3 830 / 3 490	15.24~26.36 / 21.47	0.45~0.72 / 0.60	0.67~0.85 / 0.77	较完整	
		13.8~32.6	2 750~3 940 / 3 210	11.54~27.84 / 17.33	0.37~0.77 / 0.51	0.61~0.87 / 0.71	完整性差	
		32.6~35.2	3 040~3 920 / 3 550	15.43~27.63 / 22.31	0.46~0.76 / 0.62	0.68~0.87 / 0.79	较完整	
		35.2~43.4	2 760~3 600 / 3 140	11.61~23.24 / 16.29	0.37~0.64 / 0.49	0.61~0.80 / 0.71	完整性差	
		43.4~47.0	2 780~3 850 / 3 370	19.19~32.86 / 19.54	0.38~0.74 / 0.57	0.62~0.85 / 0.75	较完整	
		47.0~54.6	3 390~4 150 / 3 780	6.35~23.57 / 25.76	0.57~0.85 / 0.71	0.75~0.92 / 0.84	较完整	微风化
		54.6~67.2	3 510~4 440 / 3 990	22.11~37.70 / 26.69	0.61~0.98 / 0.79	0.78~0.99 / 0.89	完整	

续表 5-14

孔号	岩性	测段长度(m)	纵波速度(m/s) 范围值/平均值	动弹性模量(GPa) 范围值/平均值	完整性系数 范围值/平均值	风化波速比 范围值/平均值	完整程度	风化程度
ZK9	泥岩和泥灰岩	67.2～71.4	3 440～4 180 / 3 790	19.71～33.42 / 25.91	0.58～0.86 / 0.71	0.76～0.93 / 0.84	较完整	微风化
		71.4～74.2	3 450～4 500 / 4 000	19.85～38.57 / 29.95	0.59～1.00 / 0.80	0.71～1.00 / 0.89	完整	
		74.2～78.2	3 440～4 240 / 3 800	19.71～34.27 / 26.06	0.58～0.89 / 0.72	0.76～0.94 / 0.85	较完整	
		78.2～80.8	3 440～4 590 / 4 070	19.71～42.30 / 31.54	0.58～1.00 / 0.82	0.76～1.00 / 0.90	完整	
		80.8～103.8	3 440～4 240 / 3 800	19.71～34.27 / 26.06	0.58～0.89 / 0.72	0.76～0.94 / 0.85	较完整	
		103.8～106.8	3 470～4 310 / 3 920	20.13～34.57 / 27.45	0.60～0.92 / 0.76	0.77～0.96 / 0.87	完整	
		106.8～110.2	3 460～3 970 / 3 400	19.99～28.28 / 23.85	0.59～0.78 / 0.66	0.77～0.88 / 0.81	较完整	
		110.2～113.6	3 400～4 550 / 4 060	19.31～41.53 / 31.40	0.57～1.00 / 0.82	0.76～1.00 / 0.90	完整	
		113.6～117.0	3 440～4 240 / 3 850	19.71～34.27 / 26.86	0.58～0.89 / 0.73	0.76～0.94 / 0.85	较完整	
		117.0～124.6	3 400～4 590 / 4 050	19.31～42.30 / 30.79	0.57～1.00 / 0.81	0.76～1.00 / 0.90	完整	
		124.6～129.6	3 430～4 530 / 3 870	19.59～41.16 / 27.53	0.58～1.00 / 0.75	0.76～1.00 / 0.86	较完整	
		129.6～132.8	3 390～4 240 / 3 940	19.19～34.27 / 29.08	0.57～0.89 / 0.77	0.75～0.94 / 0.88	完整	

续表 5-14

孔号	岩性	测段长度(m)	纵波速度(m/s) 范围值/平均值	动弹性模量(GPa) 范围值/平均值	完整性系数 范围值/平均值	风化波速比 范围值/平均值	完整程度	风化程度
ZK9	泥岩和泥灰岩	132.8 ~ 134.4	3 340 ~ 4 150 / 3 640	18.67 ~ 32.86 / 23.56	0.55 ~ 0.85 / 0.66	0.74 ~ 0.92 / 0.81	较完整	微风化
		134.4 ~ 139.8	3 480 ~ 4 550 / 4 020	20.27 ~ 41.53 / 30.33	0.60 ~ 1.00 / 0.81	0.77 ~ 1.00 / 0.89	完整	
		139.8 ~ 143.0	3 390 ~ 4 240 / 3 820	19.19 ~ 34.27 / 26.53	0.57 ~ 0.89 / 0.72	0.75 ~ 0.94 / 0.85	较完整	
		143.0 ~ 156.0	3 580 ~ 4 530 / 3 980	23.07 ~ 41.16 / 29.52	0.63 ~ 1.00 / 0.78	0.80 ~ 1.00 / 0.88	完整	
		156.0 ~ 159.6	3 520 ~ 4 120 / 3 820	22.27 ~ 32.33 / 26.72	0.61 ~ 0.84 / 0.72	0.78 ~ 0.91 / 0.85	较完整	
		159.6 ~ 161.6	3 920 ~ 4 410 / 4 110	27.63 ~ 37.05 / 31.88	0.76 ~ 0.96 / 0.84	0.87 ~ 0.98 / 0.91	完整	新鲜
		161.6 ~ 163.0	3 700 ~ 3 950 / 3 840	24.64 ~ 28.06 / 26.52	0.68 ~ 0.77 / 0.73	0.82 ~ 0.88 / 0.85	较完整	
		163.0 ~ 190.0	3 770 ~ 4 570 / 4 170	25.58 ~ 41.91 / 32.88	0.70 ~ 1.00 / 0.86	0.84 ~ 1.00 / 0.93	完整	
ZK10	泥岩和泥灰岩	124.0 ~ 126.8	2 170 ~ 3 210 / 2 620	6.49 ~ 17.15 / 10.56	0.23 ~ 0.51 / 0.35	0.48 ~ 0.71 / 0.58	较破碎	强风化
		126.8 ~ 142.0	2 510 ~ 4 350 / 3 110	9.66 ~ 36.09 / 16.28	0.31 ~ 0.93 / 0.49	0.56 ~ 0.97 / 0.69	完整性差	弱风化
		142.0 ~ 170.0	2 020 ~ 3 400 / 2 610	5.62 ~ 19.31 / 10.32	0.20 ~ 0.57 / 0.34	0.45 ~ 0.76 / 0.58	较破碎	
		170.0 ~ 173.6	2 490 ~ 3 430 / 2 980	8.50 ~ 19.59 / 14.57	0.31 ~ 0.58 / 0.44	0.55 ~ 0.76 / 0.66	完整性差	

续表 5-14

孔号	岩性	测段长度(m)	纵波速度(m/s) 范围值/平均值	动弹性模量(GPa) 范围值/平均值	完整性系数 范围值/平均值	风化波速比 范围值/平均值	完整程度	风化程度
ZK10	泥岩和泥灰岩	173.6~176.0	2 510~3 210 / 2 730	9.66~17.15 / 11.49	0.31~0.51 / 0.35	0.56~0.71 / 0.59	较破碎	弱风化
		176.0~194.4	2 390~3 910 / 2 940	7.86~27.40 / 14.00	0.28~0.75 / 0.43	0.53~0.87 / 0.65	完整性差	
		194.4~195.6	2 350~3 210 / 2 610	7.56~17.15 / 10.47	0.27~0.51 / 0.34	0.52~0.71 / 0.58	较破碎	
		195.6~198.0	2 560~3 680 / 2 970	10.05~24.27 / 14.23	0.32~0.67 / 0.44	0.57~0.82 / 0.66	完整性差	
ZK11	泥岩和泥灰岩	21.0~24.8	3 030~3 640 / 3 360	15.33~23.74 / 19.42	0.45~0.65 / 0.56	0.67~0.81 / 0.75	较完整	弱风化
		24.8~30.0	2 740~4 170 / 3 300	11.48~33.15 / 18.72	0.37~0.86 / 0.54	0.61~0.93 / 0.73	完整性差	
		30.0~42.0	2 560~4 350 / 3 470	10.05~36.09 / 21.10	0.32~0.93 / 0.60	0.57~0.97 / 0.77	较完整	
		42.0~44.0	2 600~3 450 / 3 150	10.31~19.85 / 16.39	0.33~0.59 / 0.49	0.58~0.77 / 0.70	完整性差	
		44.0~96.8	2 600~4 650 / 3 510	10.31~43.49 / 21.64	0.33~1.00 / 0.61	0.58~1.00 / 0.78	较完整	
		96.8~100.0	3 510~4 440 / 3 830	22.11~37.70 / 26.72	0.61~0.98 / 0.73	0.78~0.99 / 0.85	较完整	微风化
ZK13	泥岩和泥灰岩	19.0~24.8	2 250~2 990 / 2 650	6.93~13.63 / 10.65	0.25~0.44 / 0.35	0.50~0.66 / 0.59	较破碎	强风化
		24.8~30.2	2 630~3 130 / 2 810	10.59~16.31 / 12.18	0.34~0.48 / 0.39	0.58~0.69 / 0.62	完整性差	弱风化

续表 5-14

孔号	岩性	测段长度（m）	纵波速度（m/s） 范围值/平均值	动弹性模量（GPa） 范围值/平均值	完整性系数 范围值/平均值	风化波速比 范围值/平均值	完整程度	风化程度
ZK13	泥岩和泥灰岩	30.2～31.2	2 440～2 820 2 620	8.17～12.13 10.36	0.29～0.39 0.34	0.54～0.63 0.58	较破碎	弱风化
		31.2～52.4	2 700～3 570 3 090	11.17～22.90 15.56	0.36～0.63 0.47	0.60～0.79 0.69	完整性差	
		52.4～57.2	2 940～3 770 3 370	13.23～25.58 19.52	0.43～0.70 0.56	0.65～0.84 0.75	较完整	
		57.2～62.4	2 900～3 510 3 140	12.85～22.11 16.31	0.42～0.61 0.49	0.64～0.78 0.70	完整性差	
		62.4～63.4	3 130～3 570 3 400	16.31～22.90 19.81	0.48～0.63 0.57	0.69～0.79 0.75	较完整	
		63.4～87.4	2 820～3 570 3 120	12.13～22.90 15.97	0.39～0.63 0.48	0.63～0.79 0.69	完整性差	
		87.4～93.8	2 860～3 770 3 400	12.48～25.58 20.07	0.40～0.70 0.57	0.63～0.84 0.75	较完整	
		93.8～96.0	2 900～3 510 3 170	12.85～22.11 16.67	0.42～0.61 0.50	0.64～0.78 0.70	完整性差	
		96.0～98.4	3 180～3 640 3 470	16.83～23.74 20.71	0.50～0.65 0.59	0.71～0.81 0.77	较完整	
		98.4～103.0	2 900～3 640 3 180	12.85～23.74 16.88	0.42～0.65 0.50	0.64～0.81 0.71	完整性差	
		103.0～107.4	3 080～3 770 3 410	15.81～25.58 20.22	0.47～0.70 0.58	0.68～0.84 0.76	较完整	
ZK14	泥岩和泥灰岩	40.2～58.4	1 890～3 180 2 380	4.27～16.83 8.15	0.18～0.50 0.28	0.42～0.71 0.53	较破碎	强风化

续表 5-14

孔号	岩性	测段长度（m）	纵波速度(m/s) 范围值 平均值	动弹性模量(GPa) 范围值 平均值	完整性系数 范围值 平均值	风化波速比 范围值 平均值	完整程度	风化程度
ZK14	泥岩和泥灰岩	58.4~109.0	2 130~3 640 2 990	6.22~23.74 14.46	0.22~0.65 0.44	0.47~0.81 0.66	完整性差	弱风化
ZK16	泥岩	3.0~80.0	1 750~2 290 2 100	3.66~7.22 5.99	0.15~0.26 0.22	0.39~0.51 0.47	较破碎	强风化
ZK17	泥岩	5.6~26.8	1 770~3 030 2 300	3.76~15.33 7.59	0.15~0.45 0.27	0.39~0.67 0.51	较破碎	强风化
		26.8~40.0	2 250~3 450 2 850	6.93~19.85 13.03	0.25~0.59 0.41	0.50~0.77 0.63	完整性差	弱风化
ZKZ4-1	泥岩	9.0~10.8	2 110~2 940 2 320	6.08~13.23 7.57	0.22~0.43 0.27	0.47~0.65 0.51	较破碎	强风化
		10.8~35.0	2 740~3 510 3 010	11.48~22.11 14.65	0.37~0.61 0.52	0.61~0.78 0.67	完整性差	弱风化
ZKZ7-1	泥岩	8.0~14.4	2 020~2 820 2 320	5.60~12.13 7.82	0.20~0.39 0.27	0.45~0.63 0.52	较破碎	强风化
		14.4~16.6	2 630~3 080 2 790	10.59~15.81 12.04	0.34~0.47 0.39	0.58~0.68 0.62	完整性差	弱风化
		16.6~17.8	2 330~2 780 2 550	7.43~11.80 9.41	0.27~0.38 0.32	0.52~0.62 0.57	较破碎	
		17.8~35.0	2 500~3 570 3 070	8.58~22.90 15.55	0.31~0.63 0.47	0.56~0.79 0.68	完整性差	
		18.2~23.5	2 100~2 940 2 490	6.06~13.23 9.10	0.22~0.43 0.31	0.47~0.65 0.55	较破碎	强风化
		23.5~33.0	2 160~3 380 2 940	6.38~19.05 13.82	0.23~0.56 0.43	0.48~0.75 0.65	完整性差	弱风化

续表 5-14

孔号	岩性	测段长度(m)	纵波速度(m/s) 范围值/平均值	动弹性模量(GPa) 范围值/平均值	完整性系数 范围值/平均值	风化波速比 范围值/平均值	完整程度	风化程度
ZKZ7 - 2	泥岩	5.8 ~ 13.6	1 910 ~ 3 450 / 2 460	4.38 ~ 19.87 / 8.31	0.18 ~ 0.59 / 0.30	0.42 ~ 0.77 / 0.55	较破碎	强风化
		13.6 ~ 20.2	2 150 ~ 3 390 / 3 760	6.35 ~ 19.19 / 11.87	0.23 ~ 0.57 / 0.38	0.48 ~ 0.75 / 0.61	完整性差	弱风化
		20.2 ~ 21.6	2 200 ~ 2 860 / 2 560	6.63 ~ 12.48 / 9.62	0.24 ~ 0.40 / 0.33	0.49 ~ 0.63 / 0.57	较破碎	弱风化
		21.6 ~ 29.4	2 170 ~ 3 640 / 2 960	5.96 ~ 23.74 / 14.19	0.23 ~ 0.65 / 0.44	0.48 ~ 0.81 / 0.66	完整性差	
		29.4 ~ 30.2	2 130 ~ 2 990 / 2 460	6.49 ~ 13.63 / 9.08	0.22 ~ 0.44 / 0.31	0.47 ~ 0.66 / 0.55	较破碎	
		30.2 ~ 43.8	2 300 ~ 4 000 / 3 190	7.26 ~ 28.74 / 17.21	0.26 ~ 0.79 / 0.51	0.51 ~ 0.71 / 0.62	完整性差	
		43.8 ~ 45.0	3 030 ~ 3 570 / 3 390	15.33 ~ 22.90 / 20.08	0.45 ~ 0.63 / 0.57	0.67 ~ 0.79 / 0.75	较完整	
		45.0 ~ 52.2	2 700 ~ 3 770 / 3 260	11.17 ~ 25.58 / 18.02	0.36 ~ 0.70 / 0.53	0.60 ~ 0.84 / 0.72	完整性差	
		52.2 ~ 53.6	3 080 ~ 3 700 / 3 500	15.81 ~ 24.64 / 21.33	0.47 ~ 0.68 / 0.61	0.68 ~ 0.82 / 0.78	较完整	
		53.6 ~ 64.2	2 630 ~ 3 920 / 3 270	10.59 ~ 27.63 / 18.05	0.34 ~ 0.76 / 0.53	0.58 ~ 0.87 / 0.73	完整性差	
		64.2 ~ 70.2	3 280 ~ 4 080 / 3 650	17.95 ~ 31.81 / 23.78	0.53 ~ 0.82 / 0.66	0.73 ~ 0.91 / 0.81	较完整	微风化
ZKZ7 - 3	泥岩	3.2 ~ 5.6	2 220 ~ 3 030 / 2 520	6.78 ~ 15.33 / 9.57	0.24 ~ 0.45 / 0.32	0.49 ~ 0.67 / 0.56	较破碎	强风化

续表 5-14

孔号	岩性	测段长度(m)	纵波速度(m/s) 范围值/平均值	动弹性模量(GPa) 范围值/平均值	完整性系数 范围值/平均值	风化波速比 范围值/平均值	完整程度	风化程度
ZKZ7 -3	泥岩	5.6~12.4	2 470~3 510 / 3 070	8.37~22.11 / 15.53	0.30~0.61 / 0.47	0.56~0.78 / 0.68	完整性差	弱风化
		12.4~15.8	2 220~2 990 / 2 590	6.78~13.63 / 9.91	0.24~0.44 / 0.33	0.49~0.66 / 0.58	较破碎	
		15.8~17.4	2 900~3 770 / 3 260	12.85~25.58 / 17.96	0.42~0.70 / 0.53	0.64~0.84 / 0.72	完整性差	
		17.4~32.2	2 150~3 450 / 2 620	6.35~19.85 / 10.39	0.23~0.70 / 0.34	0.48~0.77 / 0.58	较破碎	
		32.2~35.0	2 530~3 130 / 2 910	9.80~16.31 / 13.34	0.32~0.48 / 0.42	0.56~0.69 / 0.65	完整性差	
ZKZ7 -4	泥岩	23.2~25.6	1 740~3 080 / 2 170	3.63~15.81 / 6.73	0.15~0.47 / 0.24	0.39~0.68 / 0.48	较破碎	强风化
		25.6~35.0	2 350~3 450 / 2 900	7.70~19.85 / 13.39	0.27~0.59 / 0.42	0.52~0.77 / 0.64	完整性差	弱风化
ZKZ9 -1	泥岩	18.8~26.8	2 080~2 990 / 2 510	5.96~13.63 / 9.30	0.21~0.44 / 0.31	0.46~0.66 / 0.56	较破碎	强风化
		26.8~28.4	2 630~3 080 / 2 850	10.59~15.81 / 12.93	0.34~0.47 / 0.40	0.58~0.68 / 0.63	完整性差	弱风化
		28.4~29.2	2 220~2 670 / 2 420	6.78~10.88 / 8.55	0.24~0.35 / 0.29	0.49~0.59 / 0.54	较破碎	
		29.2~32.6	2 630~3 180 / 2 940	10.59~16.83 / 13.59	0.34~0.50 / 0.43	0.58~0.71 / 0.65	完整性差	
ZKZ9 -2	泥岩	15.6~35.0	2 050~2 750 / 2 370	5.76~11.54 / 7.96	0.21~0.37 / 0.28	0.46~0.61 / 0.53	较破碎	强风化

注:白垩系泥岩新鲜岩块波速 $V_{pr}=4\ 500$ m/s,密度 $\rho=2.40$ g/m^3。

5.1.3.5　平硐地震波测试

1. 资料解释

地震折射波法用于平硐硐壁岩体波速测试，布置在引水隧洞平硐的左右岩壁上。

由野外获得的原始波形曲线资料，在波形、相位对比的基础上，绘制时距曲线，采用“t_0”法进行解释，并计算测试岩体的波速参数，同时以时距曲线特征，划分硐壁岩体的松动范围。

计算出硐壁岩体的纵波速度 V_p(m/s)、横波速度 V_s(m/s)后，进而计算泊松比和动弹性模量。

2. 成果分析

测试成果详见成果表 5-15。

表 5-15　输水隧洞 PD01 平硐岩体地震波测试成果

位置	硐深(m)	岩性	纵波速度(m/s)	泊松比 μ	动弹性模量(GPa)	完整性系数 K_v
左壁	0 ~ 6	泥岩及泥灰岩	980	0.42	0.90	0.07
	6 ~ 10		1 670	0.38	3.58	0.19
	10 ~ 13		1 000	0.42	0.94	0.07
	13 ~ 16		1 050	0.40	1.23	0.08
	16 ~ 19		1 110	0.40	1.38	0.08
	19 ~ 21		1 540	0.38	3.04	0.16
	21 ~ 25		1 110	0.40	1.38	0.08
	25 ~ 28		1 250	0.40	1.75	0.11
	28 ~ 31		2 220	0.36	7.04	0.34
	31 ~ 35		1 670	0.38	3.58	0.19
	35 ~ 40		1 430	0.40	2.29	0.14
	40 ~ 45		2 220	0.36	7.04	0.34
	45 ~ 53		1 820	0.38	4.25	0.23
	53 ~ 61		2 860	0.34	12.75	0.56
	61 ~ 68		2 500	0.36	8.93	0.43
	68 ~ 71		2 380	0.36	8.09	0.39
	71 ~ 75		1 820	0.38	4.25	0.23
	75 ~ 81		2 500	0.36	8.93	0.43
	81 ~ 87		3 330	0.32	18.60	0.76
	87 ~ 90		2 860	0.34	12.75	0.56
	90 ~ 97		2 500	0.36	8.93	0.43
	97 ~ 100		2 220	0.36	7.04	0.34

续表 5-15

位置	硐深(m)	岩性	纵波速度(m/s)	泊松比 μ	动弹性模量(GPa)	完整性系数 K_v
右壁	0～9	泥岩及泥灰岩	1 020	0.40	1.17	0.07
	9～18		1 270	0.40	1.81	0.11
	18～23		1 730	0.38	3.84	0.20
	23～26		1 670	0.38	3.58	0.19
	26～30		1 550	0.38	3.08	0.16
	30～33		2 210	0.36	6.97	0.33
	33～45		2 080	0.36	6.18	0.29
	45～53		1 800	0.38	4.15	0.22
	53～57		3 000	0.34	14.03	0.61
	57～64		2 140	0.36	6.54	0.31
	64～69		2 630	0.34	10.79	0.47
	69～73		2 800	0.34	12.22	0.53
	73～75		1 800	0.38	4.15	0.22
	75～85		2 520	0.34	9.90	0.43
	85～89		1 820	0.38	4.25	0.23
	89～90		2 090	0.36	6.24	0.30
	90～95		2 320	0.36	7.69	0.37
	95～97		1 880	0.38	4.53	0.24
	97～100		2 810	0.34	12.31	0.54

注:$\rho = 2.40\ g/cm^3$ 系地质组提供,新鲜岩块地震纵波速度 $V_{pr} = 3\ 830\ m/s$。

由测试成果知,平硐岩体地震波随硐深的变化具有以下规律:输水隧洞 PD01 平硐岩性主要为泥岩及泥灰岩,硐口处岩体受物理风化及卸荷作用,裂隙大部分张开,其地震纵波速度较低,一般为 980～1 800 m/s,岩体完整性系数 0.07～0.22,动弹性模量为 0.90～4.15 GPa。随硐深的增加,动弹性模量有逐渐变大的趋势,一般以硐深 28 m 左右为界线,小于 28 m 时,地震纵波速度小于 2 000 m/s,岩体完整性系数小于 0.27,动弹性模量小于 5.13 GPa;硐深大于 28 m 时,地震纵波速度一般为 2 000～3 330 m/s,岩体完整性系数一般为 0.27～0.76,动弹性模量一般为 5.13～18.60 GPa。

5.1.3.6　钻孔弹模测井

1. 资料解释

钻孔弹性模量测试技术获得的原始数据为承压板压力 P、承压板径向平均位移 d,根据以上数据绘制 ΔP 与 Δd 曲线。

当采用钻孔千斤顶法进行测试时,岩体变形参数按下式计算:

$$E = KDB\frac{\Delta P}{\Delta d}T(\mu,\beta) \tag{5-5}$$

式中　K——三维问题的影响系数和设计标定系数之积；

D——钻孔直径，mm，测试钻孔的实际直径；

B——压力传递系数，由仪器供应商提供数据表；

ΔP——表压力增量，MPa；

Δd——径向位移变形增量，mm；

$T(\mu,\beta)$——与承压板角度（接触孔壁时圆周角大小为45°）和岩体泊松比有关的系数，由仪器供应商提供数据表。

计算岩体的弹性模量时，式(5-5)中的 ΔP、Δd 取压力变形曲线高压部分的线性段增量值；计算岩体的变形模量时，式(5-5)中的 ΔP、Δd 取压力变形起始点以上全过程的增量值。

影响岩体弹性模量和变形模量的主要因素除岩性外主要为岩体结构、构造发育情况等。

2. 成果分析

该输水线路实施钻孔弹性模量测井2孔共7个点。

依据实测压力 P 和径向位移变形 d，绘制 ΔP—Δd 关系图，详见图5-65、图5-66，解释结果见表5-16。

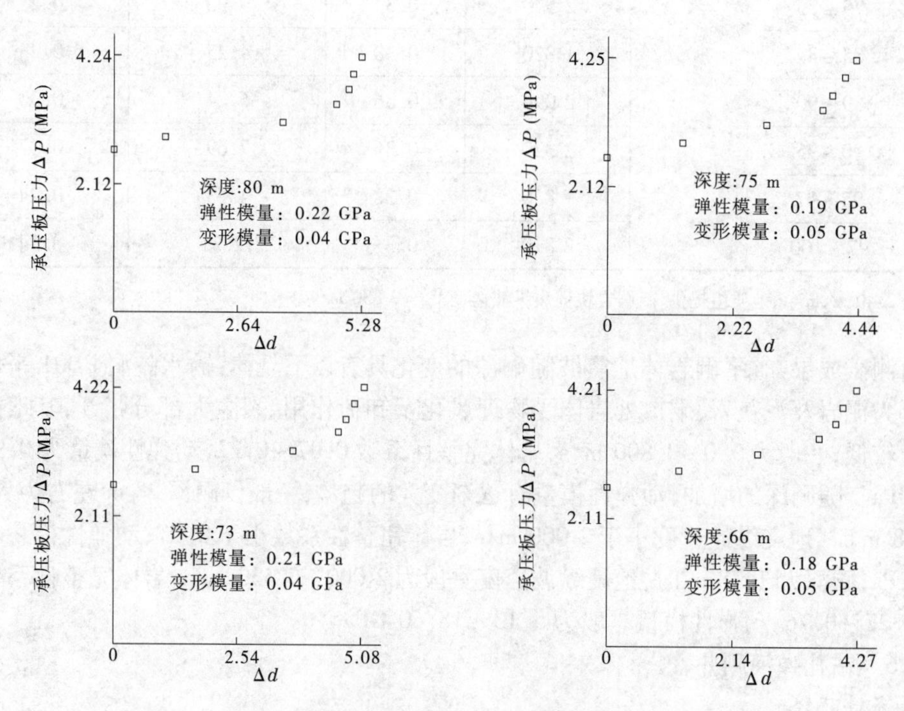

图5-65　ZK13孔深80 m、75 m、73 m、66 m时的钻孔 ΔP—Δd 关系图

根据钻孔实际情况并结合以往工程经验，综合地质资料分析，ZK13、ZK14钻孔 K 取1.02；B 取0.526；$T(\mu,\beta)$ 取1.366。

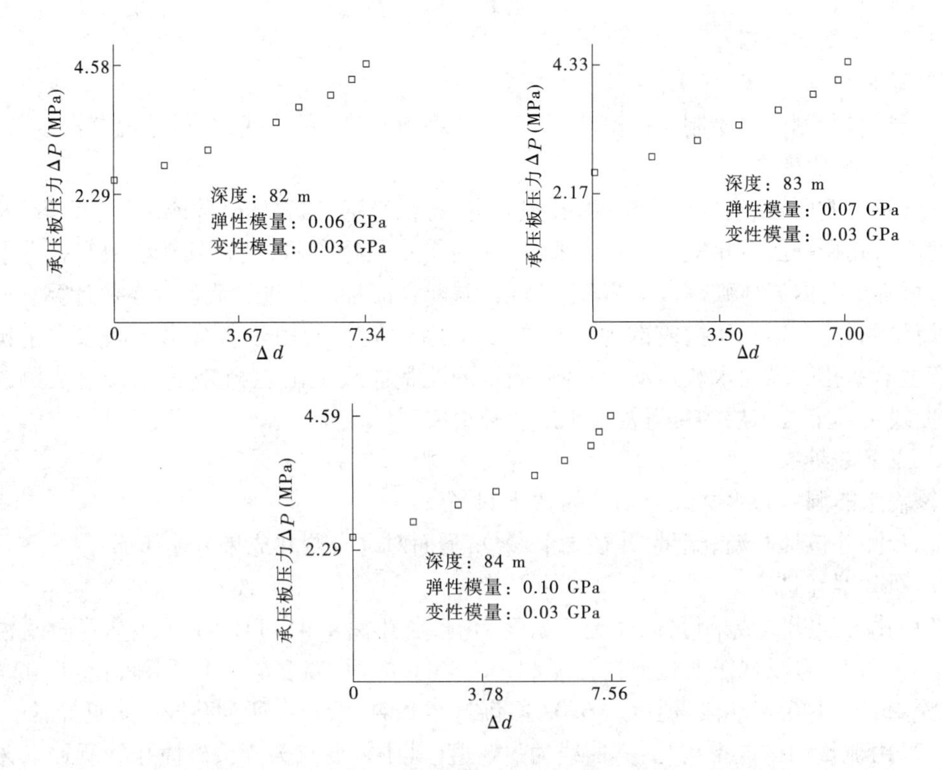

图5-66 ZK14孔深82 m、83 m、84 m时的钻孔ΔP—Δd关系图

表5-16 钻孔弹性模测试成果表

孔号编号	地层岩性	测点深度(m)	弹性模量(GPa)	变形模量(GPa)
ZK13	泥岩	66	0.18	0.05
		73	0.21	0.04
		75	0.19	0.05
		80	0.22	0.04
ZK14	泥岩	82	0.06	0.03
		83	0.07	0.03
		84	0.10	0.03

(1)ZK13:该孔测试点揭示岩性主要为泥岩。弹性模量测试点孔深为66 m、73 m、75 m和80 m,实测弹性模量为0.18~0.22 GPa,变形模量为0.04~0.05 GPa。实测弹性模量及变形模量均较低,分析其原因可能是泥岩孔壁存在遇水软化现象,使其强度降低。

(2)ZK14:该孔测试点揭示岩性主要为泥岩。弹性模量测试点孔深为82 m、83 m和84 m,实测弹性模量为0.06~0.10 GPa,变形模量为0.03 GPa。实测弹性模量及变形模量均较低,分析其原因可能是泥岩孔壁存在遇水软化现象,使其强度降低。

5.1.3.7　水文综合测井

1. 资料解释

井温：由所测资料绘制孔内温度（℃）与孔深（H）的关系曲线，分析地温与深度关系，并计算地温变化梯度。

井径：一般而言，当岩体完整时，孔壁光滑，孔径稳定；当岩体破碎或裂隙、节理结构面较发育时，孔径一般有相应的变化。所以，利用实测井径资料，结合其他参数和钻孔取芯状况，可确定孔内岩体破碎段及裂隙发育段，并配合流量测井进行流量等参数计算。

流量测井：在钻孔所揭露的地层存在含水层的情况下，由于各含水层间水力平衡作用，产生沿钻孔的纵向水流运动，并在所测试的流量曲线上出现相应变化，结合实测井径参数曲线可确定含水层的位置及含水层间补给关系。

2. 成果分析

该输水隧洞实施水文综合测井的钻孔 11 个。

综合测井包括井温、流量、井径 3 个参数，下面对综合测井成果分述如下：

1）ZK2 解释说明

（1）由井温测试成果可知：受地面温度影响，在孔深 4.4 ~ 11.3 m 段（套管内），温度在 7.11 ~ 8.35 ℃没规律变化。在孔深 11.3 ~ 45.0 m 段，温度从 7.11 ℃渐降至 6.02 ℃。在孔深 45.0 ~ 146.8 m 段，温度从 6.02 ℃渐升至 8.40 ℃。在所测孔段内未见异常。

（2）由流量测试成果可见：其曲线为一定值（其中畸变点为探头碰撞孔壁所致），未见有异常段。由此可得：在所测孔段内没发现含水层段。

（3）由井径测试成果可知：孔深 9.0 ~ 19.6 m 段为套管。在孔深 19.6 ~ 37.0 m 段，扩孔严重。在孔深 37.0 ~ 99.7 m、113.0 ~ 117.4 m 段，扩孔较严重，岩体完整性较差。

综合分析井温、流量、井径测试曲线，该孔测段内未见含水层。

2）ZK3 解释说明

（1）由井温测试成果可知：受地面温度影响，在孔深 4.6 ~ 10.8 m 段，温度从 14.17 ℃降至 5.88 ℃。在孔深 10.8 ~ 64.8 m 段，温度从 5.88 ℃渐升至 7.89 ℃，未见异常。在孔深 64.8 ~ 69.6 m 段，温度从 7.89 ℃升至 8.86 ℃，变化较大，此段可能存在含水层。在孔深 69.6 ~ 134.9 m 段，温度从 8.86 ℃渐升至 11.84 ℃，未见异常。

（2）由流量测试成果可见：其曲线为一定值（其中畸变点为探头碰撞孔壁所致），未见有异常段。由此可得：在所测孔段内没发现含水层段。

（3）由井径测试成果可知：孔深 4.8 ~ 33.0 m 段，岩体破碎且多见扩孔现象。在孔深 33.0 ~ 104.6 m 段多见扩孔现象，尤其在孔深 63.0 ~ 68.8 m 段，扩孔严重，此段岩体完整性差。在孔深 114.8 ~ 126.0 m 段，多见缩孔现象。

综合分析井温、流量、井径测试曲线，该孔测段内未见含水层。

3）ZK4 解释说明

（1）由井温测试成果可知：在孔深 8.2 ~ 22.8 m，温度从 2.7 ℃升至 6.2 ℃，变化较大；在孔深 22.8 ~ 49.9 m，温度从 6.2 ℃渐升至 6.7 ℃，变化不大；在孔深 22.8 ~ 49.9 m，温度从 6.2 ℃渐升至 6.7 ℃，变化不大；在孔深 49.9 ~ 51.3 m，温度从 6.7 ℃升至 7.5 ℃，变化较大；在孔深 51.3 ~ 96.6 m，温度从 7.5 ℃渐升至 8.2 ℃，变化不大；在孔深 96.6 ~

99.0 m,温度从 8.2 ℃渐升至 10.8 ℃,变化较大。分析认为:在孔深 8.2 ~ 22.8 m、49.9 ~ 51.3 m、96.6 ~ 99.0 m 存在温度异常点。

(2)由流量测试成果可见:其曲线为一定值(其中畸变点为探头碰撞孔壁所致),未见明显异常段。由此可得:在所测孔段内未发现出水较大的含水层段。

(3)由井径测试成果可知:孔内岩体完整性较差,在孔深 12.2 ~ 19.9 m、27.4 ~ 30.9 m、49.8 ~ 50.5 m、58.1 ~ 68.8 m 段扩孔严重。

综合分析井温、流量、井径测试曲线可得:①孔深 8.2 ~ 22.8 m 段井温变化引起的原因是浅部地表温度较低,而深部地下水温度逐渐升高并达到稳定的温度;②孔深 49.9 ~ 51.3 m 井温变化较大,加之此处井径也有扩孔现象,推测该段有含水层出水点;③孔深 96.6 ~ 99.0 m 虽然井温变化较大,但井径变化不大,该段不存在含水层。

4)ZK5 解释说明

(1)由井温测试成果可知:在孔深 4.8 ~ 21.8 m 无水段,温度在 4.4 ℃左右,没有大的变化,进水后直到孔底,温度从 8.1 ℃渐升至 9.2 ℃,未见异常。

(2)由流量测试成果可见:其曲线为一定值(其中畸变点为探头碰撞孔壁所致),未见有异常段。由此可得:在所测孔段内没发现含水层段。

(3)由井径测试成果可知:岩体除在孔深 11.9 ~ 21.7 m 段较为破碎外,其余段较为完整。

综合分析井温、流量、井径测试曲线,该孔测段内未见含水层。

5)ZK6 解释说明

(1)由井温测试成果可知:在孔深 4.9 ~ 12.9 m 无水段,井温由 19.67 ℃渐降至 18.71 ℃,进水后在孔深 12.9 ~ 21.8 m 段,井温由 18.71 ℃降至 10.64 ℃。在孔深 21.8 ~ 45.2 m 段,井温由 10.64 ℃渐升至 10.80 ℃,未见异常。在孔深 45.2 ~ 46.3 m 段,井温由 10.80 ℃升至 11.41 ℃,变化较大,此段可能为含水层段。在孔深 46.3 ~ 157.8 m 段,井温由 11.41 ℃渐升至 15.94 ℃,未见异常。

(2)由流量测试成果可见:其曲线为一定值(其中畸变点为探头碰撞孔壁所致),未见有异常段。由此可得:在所测孔段内没发现含水层段。

(3)由井径测试成果可知:在孔深 17.9 ~ 138.7 m 段,岩体破碎,完整性较差。

综合分析井温、流量、井径测试曲线,该孔测段内未见含水层。

6)ZK7 解释说明

(1)由井温测试成果可知:在孔深 4.8 ~ 67.0 m 无水段,井温由 20.13 ℃渐降至 15.98 ℃。进水后至孔深 309.9 m,井温由 6.85 ℃渐升至 17.3 ℃。在所测孔段内未见异常。

(2)由流量测试成果可见:其曲线为一定值(其中畸变点为探头碰撞孔壁所致),未见有异常段。由此可得:在所测孔段内没发现含水层段。

(3)由井径测试成果可知:在孔深 29.6 ~ 75.5m 段扩孔严重,岩体完整性较差。在孔深 104.7 ~ 123.5 m、138.7 ~ 269.9 m 段多见扩孔现象,岩体完整性稍差。

综合分析井温、流量、井径测试曲线,该孔测段内未见含水层。

7)ZK8 解释说明

(1)由井温测试成果可知:在孔深5.2～14.5 m无水段,受地表温度影响,温度从7.2 ℃渐降至6.7 ℃。进水后,在孔深14.5～19.8 m段,温度从6.7 ℃渐降至5.3 ℃。在孔深19.8 m至孔底,温度从5.3 ℃渐升至16.2 ℃,未见异常段。

(2)由流量测试成果可见:其曲线为一定值(其中畸变点为探头碰撞孔壁所致),未见有异常段。由此可得:在所测孔段内没发现含水层段。

(3)由井径测试成果可知:孔深6.0～33.1 m段为套管。孔深33.1～124.1 m段岩体完整性较差,且多见扩孔现象,其中在孔深54.5～65.8 m、92.1～104.0 m段最为严重。孔深139.6～157.9 m段,岩体较破碎。

综合分析井温、流量、井径测试曲线,该孔测段内未见含水层。

8)ZK10 解释说明

(1)由井温测试成果可知:在孔深4.8～89.8 m无水段,温度由14.36 ℃渐降至9.11 ℃。进水后,在孔深94.5～294.9 m段,温度从6.02 ℃渐升至17.30 ℃,在所测孔段内未见异常。

(2)由流量测试成果可见:其曲线为一定值(其中畸变点为探头碰撞孔壁所致),未见有异常段。由此可得:在所测孔段内没发现含水层段。

(3)由井径测试成果可知:在孔深123.9～130.5 m段,扩孔较严重。在孔深141.6～176.0 m段,多见扩孔现象,尤其在孔深141.6～155.3 m段较严重,此段岩体完整性较差。在孔深187.0～234.5 m段,岩体完整性较差,尤其在孔深187.0～194.4 m、214.9～232.3 m段,岩体破碎且扩孔较严重。孔深234.5～292.7 m段,岩体较整性。

综合分析井温、流量、井径测试曲线,该孔测段内未见含水层。

9)ZK13 解释说明

在孔深30～106.6 m段进行了由上而下的流量测试工作。由所测成果可见,其曲线为一直线,而未见有变化段。由此可得:在所测孔段内未见含水层。

10)ZK14 解释说明

(1)由井温测试成果可知:在孔深5.9～19.4 m无水段,受地表温度影响,温度从6.3 ℃渐降至7.9 ℃。进水后,在孔深43.1 m至孔底,温度从4.8 ℃渐升至8.7 ℃,未见异常段。

(2)由流量测试成果可见:其曲线为一定值(其中畸变点为探头碰撞孔壁所致),未见有异常段。由此可得:在所测孔段内没发现含水层段。

(3)由井径测试成果可知:在孔深8.2～19.4 m段,岩体破碎且扩孔严重。孔深19.4～38.9 m段为套管。孔深38.9～54.6 m段,岩体完整性差,且多见扩孔现象。孔深58.2～82.0 m段,岩体较破碎。

综合分析井温、流量、井径测试曲线,该孔测段内未见含水层。

11)ZK16 解释说明

(1)由井温测试成果可知:受地面温度影响,在孔深4.9～12.8 m段,温度在7.76 ℃至8.22 ℃之间变化。在孔深12.8～23.4 m段,温度从8.06 ℃渐降至7.28 ℃。在孔深23.4～79.9 m段,温度从7.28 ℃渐升至10.56 ℃。在所测孔段内未见异常。

(2)由流量测试成果可见:其曲线为一定值(其中畸变点为探头碰撞孔壁所致),未见

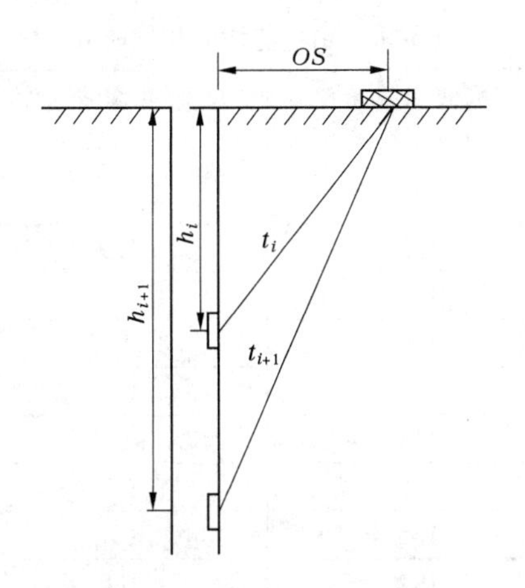

图5-67　单孔检层法测试示意图

有异常段。由此可得:在所测孔段内没发现含水层段。

(3)由井径测试成果可知:在孔深5.2~10.9 m段,岩体较破碎。在孔深12.2~12.9 m、13.7~14.7 m、24.0~24.5 m、26.4~27.3 m段,扩孔较严重。其他孔段岩体较完整。

综合分析井温、流量、井径测试曲线,该孔测段内未见含水层。

5.1.3.8　钻孔剪切波测试

1.资料解释

根据现场正反向激发(见图5-67)所获得的剪切波原始记录进行相位分析,读取剪切波初至时间,利用式(5-6)将剪切波斜距走时校正为垂直走时 t_i',在此基础上利用时距曲线计算相应测试地层的剪切波速度。

$$t_i' = \frac{t_i h_i}{\sqrt{OS^2 + h_i^2}} \tag{5-6}$$

根据《水利水电工程地质勘察规范》(GB 50487—2008)中给定的计算砂性土振动液化上限剪切波速度,初步判定砂性土是否液化(当实测砂性土剪切波速度小于上限剪切波速度时,则该土层液化)。依据《建筑抗震设计规范》(GB 50011—2001)给定的公式计算地层等效剪切速度,根据建筑场地类别判定标准(见表5-17)判别建筑场地类别。

表5-17　建筑场地类别判定标准

等效剪切速度(m/s)	场地类别				备注
	Ⅰ	Ⅱ	Ⅲ	Ⅳ	
$V_{se}>500$	**0**				表中黑体部分为覆盖层厚度(m)
$500\geq V_{se}>250$	**<5**	**≥5**			
$250\geq V_{se}>140$	**<3**	**3~50**	**>50**		
$V_{se}\leq 140$	**<3**	**3~15**	**>15~80**	**>80**	

2.成果分析

该工程区实施剪切波测试的钻孔18个,详见表5-18。

表 5-18 钻孔剪切波测试成果

钻孔编号	孔深(m)	岩性	实测剪切波速度 V_s(m/s)	上限剪切波速度 V_{st}(m/s)	液化判别	土的类型
XSXZK1	0~1	砂砾石	121	91.5	不液化	中硬性土
	1~2		133	129	不液化	
	2~3		160	157	不液化	
WLSZK1	0~1	卵砾石	100	91.5	不液化	中硬性土
	1~2		132	129	不液化	
BSZK1	0~1	砾质土	114	91.5	不液化	软性土
	1~2		135	129	不液化	
	2~3		165	157	不液化	
	3~4		192	180	不液化	
	4~5		205	201	不液化	
	5~6	砂砾石	142	219	液化	中硬性土
	6~7		267	235	不液化	
	7~8		277	250	不液化	
	8~9		284	263	不液化	
	9~10		287	276	不液化	
SYZK1	0~1	砂砾石	139	91.5	不液化	
	1~2		113	129	液化	
	2~3		162	157	不液化	
	3~4		192	180	不液化	
	4~5	黏土	206	201	不液化	
	5~6		233	219	不液化	
XSHZK1	0~1	砾石	173	91.5	不液化	
	1~2		170	129	不液化	
XSLZK1	0~1	碎石	187	91.5	不液化	中硬性土
	1~2	砾质土	200	129	不液化	
	2~3		211	157	不液化	
	3~4	壤土	225	180	不液化	
	4~5		236	201	不液化	
	5~6		256	219	不液化	
	6~7	黏土	270	235	不液化	
	7~8		275	250	不液化	
	8~9		280	263	不液化	
	9~10		233	276	液化	
	10~11	含土砾石	290	286	不液化	
	11~12		315	296	不液化	
	12~13		321	304	不液化	

续表 5-18

钻孔编号	孔深（m）	岩性	实测剪切波速度 V_s（m/s）	上限剪切波速度 V_{st}（m/s）	液化判别	土的类型
XSLZK2	0～1	壤土	156	91.5	不液化	
	1～2		123	129	液化	
	2～3		173	157	不液化	
	3～4		196	180	不液化	
	4～5	含土砾石	171	201	液化	
	5～6	砾石	199	219	液化	
	6～7		254	235	不液化	
	7～8		267	250	不液化	
BJZK1	0～1	砂卵砾石	161	92	不液化	硬性土
	1～2		168	129	不液化	
	2～3		217	157	不液化	
BGZK1	1～2	砂砾石	131	129	不液化	中硬性土
	2～3		115	157	液化	
	3～4		191	180	不液化	
	4～5		249	201	不液化	
	5～6		273	219	不液化	
	6～7		280	235	不液化	
WYZK1	0～1	砂砾石	122	91.5	不液化	中硬性土
	1～2		187	129	不液化	
	2～3		201	157	不液化	
	3～4		239	180	不液化	
	4～5		259	201	不液化	
	5～6		264	219	不液化	
	6～7		278	235	不液化	
	7～8		229	250	液化	
	8～9		293	263	不液化	
WYZK2	0～1	壤土	171	91.5	不液化	中软性土
	1～2		165	129	不液化	
	2～3	砂卵砾石	174	157	不液化	中硬性土
	3～4		166	180	液化	
	4～5		218	201	不液化	
	5～6		221	219	不液化	
	6～7		242	235	不液化	
	7～8		257	250	不液化	
	8～9		269	263	不液化	
	9～10	含砾中细砂	285	276	不液化	
	10～11		300	286	不液化	
	11～12		276	296	液化	
	12～13		314	304	不液化	

续表 5-18

钻孔编号	孔深(m)	岩性	实测剪切波速度 V_s(m/s)	上限剪切波速度 V_{st}(m/s)	液化判别	土的类型
WTZK1	0~1	砂砾石	132	91.5	不液化	中硬性土
	1~2		138	129	不液化	
	2~3		173	157	不液化	
	3~4		204	180	不液化	
	4~5		216	201	不液化	
	5~6		234	219	不液化	
	6~7		258	235	不液化	
	7~8		267	250	不液化	
	8~9		276	263	不液化	
	9~10		296	276	不液化	
	10~11		302	286	不液化	
WTZK2	0~1	砾质土	119	91.5	不液化	中硬性土
	1~2		136	129	不液化	
	2~3		120	157	液化	
	3~4	含土砾石	189	180	不液化	
	4~5		202	201	不液化	
	5~6		230	219	不液化	
	6~7		246	235	不液化	
	7~8		258	250	不液化	
QSZK1	0~1	砾石	130	91.5	不液化	中硬性土
	1~2		134	129	不液化	
	2~3		165	157	不液化	
	3~4		188	180	不液化	
	4~5		213	201	不液化	
	5~6		193	219	液化	
	6~7		252	235	不液化	
	7~8		272	250	不液化	
	8~9		276	263	不液化	
	9~10		291	276	不液化	
	10~11		311	286	不液化	
	11~12		324	296	不液化	
	12~13		331	306	不液化	

续表 5-18

钻孔编号	孔深(m)	岩性	实测剪切波速度 V_s(m/s)	上限剪切波速度 V_{st}(m/s)	液化判别	土的类型
QSZK2	0~1	壤土	111	91.5	不液化	中硬性土
	1~2		116	129	液化	
	2~3	碎石	167	157	不液化	
	3~4	壤土	194	180	不液化	
	4~5		208	201	不液化	
	5~6		220	219	不液化	
	6~7		251	235	不液化	
	7~8	碎石	285	250	不液化	
	8~9		298	263	不液化	
	9~10		256	276	液化	
	10~11	壤土	299	286	不液化	
	11~12		313	296	不液化	
	12~13		310	304	不液化	
	13~14	粉质黏土	328	312	不液化	
QSHZK1	0~1	砾质土	139	91.5	不液化	中硬性土
	1~2		140	129	不液化	
	2~3		155	157	液化	
	3~4		186	180	不液化	
	4~5		204	201	不液化	
	5~6		221	219	不液化	
	6~7		241	235	不液化	
	7~8		253	250	不液化	
QSHZK3	0~1	砾石	124	91.5	不液化	中硬性土
	1~2		149	129	不液化	
	2~3		102	157	液化	
	3~4		182	180	不液化	
	4~5		221	201	不液化	
	5~6		245	219	不液化	
	6~7		245	235	不液化	
	7~8		248	250	液化	
	8~9		275	263	不液化	
	9~10		288	276	不液化	
	10~11		291	286	不液化	
	11~12		305	296	不液化	
	12~13	粉砂	312	304	不液化	
	13~14		315	312	不液化	
HQZK1	0~1	砾石	125	91.5	不液化	中硬性土
	1~2		134	129	不液化	
	2~3		146	157	液化	
	3~4		185	180	不液化	

根据表 5-18 判定各钻孔的场地类别,判定成果见表 5-19。

表 5-19　钻孔剪切波测试各孔场地类别判定表

钻孔编号	覆盖层厚度(m)	V_{se}(m/s)	场地类别	备注
XSXZK1	3	136	Ⅱ	
WLSZK1	2	114	Ⅰ	
BSZK1	10	186	Ⅱ	
SYZK1	6	164	Ⅱ	
XSHZK1	2	171	Ⅱ	
XSLZK1	13	247	Ⅱ	
XSLZK2	8	182	Ⅱ	
BJZK1	3	179	Ⅱ	
BGZK1	7	183	Ⅱ	
WYZK1	9	216	Ⅱ	
WYZK2	13	223	Ⅱ	
WTZK1	11	210	Ⅱ	
WTZK2	8	172	Ⅱ	
QSZK1	13	215	Ⅱ	
QSZK2	14	213	Ⅱ	
QSHZK1	8	183	Ⅱ	
QSHZK3	14	209	Ⅱ	
HQZK1	4	144	Ⅱ	

综合分析可知该区域场地类别为Ⅱ类。

5.1.3.9　土壤腐蚀性测试

1. 资料解释

1)土壤电阻率

根据现场测得的土壤接地电阻和土壤温度,即可求得土壤电阻率。具体计算过程如下:

(1)计算土壤电阻率(ρ)值。

$$\rho = 2\pi aR \tag{5-7}$$

式中　ρ——土壤电阻率,Ω · m;

a——探针间距,m;

R——接地电阻,Ω。

(2)温度校正:为便于数据的相互比较,土壤电阻率均校正至土壤温度为 15 ℃时的值。

$$\rho_{15} = \rho[1 + \alpha(t - 15)] \tag{5-8}$$

式中　ρ_{15}——土壤温度为 15 ℃时的土壤电阻率,Ω · m;

α——温度系数,取值 2%;

t——实测的土壤温度,℃。

2)土壤氧化还原电位

根据现场测得的土壤氧化还原电位和土壤温度,即可求得可对比的土壤氧化还原电位。具体计算如下:

(1)实测值($E_{实测}$):取5次铂电极测试值进行平均,即为该测点的实测值,它是土壤在铂电极处的电位与甘汞电极处的电位差值。

(2)计算值:

$$E_{h土壤} = E_{实测} + E_{甘汞电极} \tag{5-9}$$

式中　$E_{h土壤}$——土壤电位值,mV;

$E_{甘汞电极}$——饱和甘汞电极固有电位值,mV,其值在不同的温度时具有不同的数值,详见表5-20。

表5-20　饱和甘汞电极在不同温度时的电位值

温度(℃)	0	10	12	15	18	20	25	30	35	40	50
电位(mV)	260.1	254.0	253.0	250.8	248.9	247.6	244.6	241.0	237.6	234.2	227.1

(3)pH值校正:为便于数据的相互比较,将$E_{h土壤}$校正至土壤pH=7时的电位值。

$$E_{h7土壤} = E_{h土壤} + 60(pH - 7) \tag{5-10}$$

式中　$E_{h7土壤}$——土壤pH=7时的电位值,mV;

pH——实测土壤酸碱度。

3)土壤酸碱度(pH值)

根据野外现场每个测试点多次测量结果,进行算术平均后即为该土层在该点处的pH值测试结果,参与土壤腐蚀性评价。

4)综合评价

由上述测得的土壤电阻率、氧化还原电位、pH值等参数按照《岩土工程勘察规范》(GB 50021—2001)(2009年修订版)的规定评价土壤腐蚀性等级,具体见表5-21。

表5-21　土对钢结构腐蚀性评价

腐蚀等级	pH值	氧化还原电位(mV)	电阻率(Ω·m)
微	>5.5	>400	>100
弱	5.5~4.5	400~200	100~50
中	4.5~3.5	200~100	50~20
强	<3.5	<100	<20

按照表5-21评价标准,对输水线路沿线所有测试地点的场地土对钢结构的腐蚀性进行综合评价。当同一测试点的各项实测参数评价的土壤腐蚀性等级不同时,应按下列规定综合评价腐蚀性等级:

(1)各项腐蚀介质的腐蚀评价等级中,只出现弱腐蚀,无中等腐蚀或无强腐蚀时,应综合评价为弱腐蚀。

(2)各项腐蚀介质的腐蚀评价等级中,无强腐蚀,腐蚀等级最高为中等腐蚀时,应综合评价为中等腐蚀。

(3)各项腐蚀介质的腐蚀评价等级中,有一个或两个为强腐蚀性时,应综合评价为强腐蚀。

(4)各项腐蚀介质的腐蚀评价等级中,有三个为强腐蚀时,应综合评价为严重腐蚀。

2. 成果分析

沿输水线路管线及隧洞连接段共布设 63 个测试点,每点均测试土壤 pH 值、氧化还原电位、电阻率等参数。具体测试位置、测试成果和评价结果详见表 5-22。

表 5-22　土壤腐蚀性测试结果及评价表

编号	pH 值	氧化还原电位(mV)	电阻率(Ω·m)	pH 值评价	氧化还原电位评价	电阻率评价	综合评价	层位	位置
土 001	7.94	566.0	71	微	微	弱	弱	Q_4^{dl}	1#(北山)进口前段
土 002	8.58	599.8	28	微	微	中	中	Q_3^{al+pl}	
土 003	8.06	569.9	34	微	微	中	中	Q_3^{al}	
土 004	7.98	576.9	92	微	微	弱	弱	Q_3^{al+pl}	
土 005	8.31	612.0	32	微	微	中	中	Q_3^{al}	
土 006	7.98	604.3	43	微	微	中	中	Q_3^{al}	
土 007	8.30	571.5	46	微	微	中	中	Q_3^{al}	
土 008	7.80	553.1	71	微	微	弱	弱	Q_3^{al}	
土 009	7.90	562.3	53	微	微	弱	弱	Q_3^{al+pl}	
土 010	7.40	527.8	140	微	微	微	微	Q_3^{al}	
土 011	7.50	525.0	145	微	微	微	微	Q_3^{al}	
土 012	7.60	539.2	42	微	微	中	中	Q_3^{al}	
土 013	7.40	526.2	94	微	微	弱	弱	Q_4^{1al}	
土 014	7.70	537.0	100	微	微	弱	弱	Q_4^{1al}	
土 015	7.20	510.8	42	微	微	中	中	Q_4^{2al}	1#(北山)—2#(胭脂川)连接段
土 016	7.99	524.3	29	微	微	中	中	Q_3^{al}	2#(胭脂川)—3#(刘家村)连接段
土 017	7.56	498.1	50	微	微	弱	弱	Q_4^{2al}	
土 018	7.78	505.8	94	微	微	弱	弱	Q_3^{al}	
土 019	8.03	550.6	28	微	微	中	中	Q_3^{al}	
土 020	7.65	519.7	30	微	微	中	中	Q_3^{al}	
土 021	7.78	526.8	53	微	微	弱	弱	Q_4^{2al}	
土 022	8.18	552.7	28	微	微	中	中	Q_3^{del}	

续表 5-22

编号	pH值	氧化还原电位(mV)	电阻率(Ω·m)	pH值评价	氧化还原电位评价	电阻率评价	综合评价	层位	位置
土023	7.82	523.8	125	微	微	微	微	Q_4^{1al}	3#(刘家村)—4#(白家村)连接段
土024	7.93	545.3	67	微	微	弱	弱	Q_4^{2al}	
土025	7.54	500.0	30	微	微	中	中	Q_4^{1al}	
土026	7.80	551.7	19	微	微	强	强	Q_4^{1al}	4#(白家村)—5#(半个山)连接段
土027	7.60	538.3	50	微	微	弱	弱	Q_4^{2al}	
土028	8.00	558.5	32	微	微	中	中	Q_3^{del}	
土029	7.80	549.2	38	微	微	中	中	Q_3^{al}	5#(半个山)—6#(卧羊川)连接段
土030	8.00	558.4	27	微	微	中	中	Q_4^{pl}	
土031	7.80	541.1	70	微	微	弱	弱	Q_4^{2al}	
土032	7.50	533.2	46	微	微	中	中	Q_4^{1al}	
土033	7.80	534.9	38	微	微	中	中	Q_3^{m}	
土034	7.80	531.0	27	微	微	中	中	Q_4^{2al}	6#(卧羊川)—7#(大湾)连接段
土035	7.70	531.2	25	微	微	中	中	Q_4^{1al}	
土036	7.90	535.4	50	微	微	弱	弱	Q_4^{1al}	
土037	7.90	536.3	31	微	微	中	中	Q_3^{m}	
土038	8.00	533.5	58	微	微	弱	弱	Q_4^{2al}	
土039	7.70	540.2	90	微	微	弱	弱	Q_4^{1al}	
土040	7.90	528.6	103	微	微	微	微	Q_4^{2al}	
土041	5.30	374.9	51	弱	弱	弱	弱	Q_4^{2al}	
土042	8.40	544.6	49	微	微	中	中	Q_4^{1al}	7#(大湾)—8#(开城南)连接段
土043	7.90	515.9	40	微	微	中	中	Q_4^{1al}	
土044	7.80	523.4	60	微	微	弱	弱	Q_4^{2al}	
土045	8.10	498.2	32	微	微	中	中	Q_4^{1al}	
土046	8.20	495.2	98	微	微	弱	弱	Q_4^{1al}	
土047	8.10	505.2	33	微	微	中	中	Q_4^{1al}	
土048	7.90	499.4	15	微	微	强	强	Q_4^{2al}	
土049	8.30	542.7	27	微	微	中	中	Q_4^{1al}	
土050	8.30	463.8	59	微	微	弱	弱	Q_3^{m}	
土051	8.20	552.0	16	微	微	强	强	Q_4^{2al}	8#(开城南)—9#(开城北)连接段

续表 5-22

编号	pH 值	氧化还原电位(mV)	电阻率(Ω·m)	pH 值评价	氧化还原电位评价	电阻率评价	综合评价	层位	位置
土 052	8.20	557.9	64	微	微	弱	弱	Q_4^{2al}	9#(开城北)—10#(大马庄)连接段
土 053	8.50	557.8	57	微	微	弱	弱	Q_4^{1al}	
土 054	8.10	557.0	65	微	微	弱	弱	Q_4^{2al}	
土 055	8.00	541.8	21	微	微	中	中	Q_4^{2al}	
土 056	8.10	539.9	74	微	微	弱	弱	Q_4^{2al}	
土 057	8.00	522.8	63	微	微	弱	弱	Q_4^{1al}	
土 058	8.60	559.7	64	微	微	弱	弱	Q_4^{1al}	
土 059	8.80	575.3	112	微	微	微	微	Q_3^{m}	
土 060	8.70	420.4	171	微	微	微	微	Q_3^{m}	10#(大马庄)—11#(后河)连接段
土 061	8.40	518.0	39	微	微	中	中	Q_3^{m}	
土 062	8.10	521.8	26	微	微	中	中	Q_4^{1al}	
土 063	7.90	503.5	27	微	微	中	中	Q_3^{m}	11#(后河)隧洞出口

5.1.3.10　基本结论

1. 综合物理探测成果

1)4#隧洞 27 + 787 ~ 30 + 818 桩号段

表层多为第四系覆盖层，受冻土影响加之地表不均匀电性体的综合作用，多出现相对高阻透镜体，最高电阻率可达 200 Ω · m，反映深度一般不超过 40 m。随探测深度的增加，电阻率值呈现逐渐增高的趋势，但不甚明显。洞身处电阻率值变化范围多在 20 ~ 150 Ω · m，其值变化相对均一。该洞段推测断层或岩体破碎带共 7 处，这些断层或破碎带处的电阻率值均小于 30 Ω · m，且低阻等值线多向下延伸。其中，桩号 28 + 107、28 + 636、29 + 266、29 + 885、30 + 235、30 + 364、30 + 534 处的断层或岩体破碎带穿过隧洞洞身或接近隧洞洞身。推测断层或破碎带的构造特征见表 5-1。洞线处断层破碎带的累计宽度约 800 m，占测试洞段长度的 26.4%。

2) 7#隧洞 39 + 987 ~ 50 + 890 桩号段

表层多为第四系覆盖层，受冻土影响加之地表不均匀电性体的综合作用，多出现相对高阻透镜体，最高电阻率可达 150 ~ 500 Ω · m，反映深度一般不超过 50 m。随探测深度的增加，电阻率值呈现逐渐增高的趋势。洞身处电阻率值变化范围多在 20 ~ 200 Ω · m，其值变化相对均一。该洞段推测断层或岩体破碎带共 25 处，这些断层或破碎带处的电阻率值均小于 30 Ω · m，且低阻等值线多向下延伸。其中，桩号 40 + 185、41 + 434、41 + 682、43 + 319、44 + 012、44 + 459、44 + 806、45 + 352、46 + 880、47 + 475、48 + 140、48 + 368、48 + 735、49 + 166、50 + 186、50 + 326 处的断层或岩体破碎带穿过隧洞洞身或接近隧洞洞身。推测断层或破碎带的构造特征见表5-2～表5-7。洞线处断层破碎带的累计宽度约1 615 m,占测试洞段长度的14.7%。

3)9#隧洞57＋682～58＋719桩号段

表层多为第四系覆盖层,受冻土影响加之地表不均匀电性体的综合作用,多出现相对高阻透镜体,最高电阻率可达200 Ω·m,反映深度一般不超过50 m。随探测深度的增加,电阻率值呈现逐渐变化的趋势,但多以降低为主。洞身处电阻率值变化范围多在20～40 Ω·m,其值变化相对均一。推测断层或岩体破碎带,共4处,这些断层或破碎带处的电阻率值均小于20 Ω·m,且下部电阻率等值线均向下延伸。其中,桩号57＋732、57＋932、58＋402、58＋644等处的断层或岩体破碎带穿过隧洞洞身或接近隧洞洞身。推测断层或破碎带的构造特征见表5-8。洞线处断层破碎带的累计宽度约830 m,占测试洞段长度的80.0%。

4)9#隧洞59＋667～62＋206桩号段

表层多为第四系覆盖层,受冻土影响加之地表不均匀电性体的综合作用,多出现相对高阻透镜体,最高电阻率可达200 Ω·m,反映深度一般不超过50 m。随探测深度的增加,电阻率值呈现逐渐增高的趋势,但不甚明显。洞身处电阻率值变化范围多在20～80 Ω·m,其值变化相对均一。推测断层或岩体破碎带共10处,这些断层或破碎带处的电阻率值均小于30 Ω·m,且下部相对高阻的电阻率等值线均下凹。其中,桩号59＋767、59＋887、60＋037、60＋367、60＋844、61＋044、61＋144、61＋244、61＋374、61＋674等处的断层或岩体破碎带穿过隧洞洞身或接近隧洞洞身。推测断层或破碎带的构造特征见表5-9～表5-10。洞线处断层破碎带的累计宽度约1 020 m,占测试洞段长度的40.0%。

5)输水管道

表层为覆盖层或全风化层,电性表现为相对高阻或低阻体,表明层内不均匀,电阻率主要为40～450 Ω·m,地震纵波速度为450～650 m/s,厚度为2～12.5 m;下伏基岩电阻率一般为60～550 Ω·m,地震纵波速度为2 500～2 800 m/s。

6)1#隧洞进口

表层为覆盖层,电性表现为相对高低阻晕团,电阻率为20～950 Ω·m,地震纵波速度为600～900 m/s,厚度为2.5～7.5 m;中部为不均匀风化岩体,电阻率为10～60 Ω·m,厚度为5～30 m;下伏为相对完整基岩,地震纵波速度为2 030～2 200 m/s。

7)2#隧洞出口

表层为覆盖层,电性表现为相对高低阻晕团,电阻率为20～350 Ω·m,地震纵波速度为550～650 m/s,厚度为2.5～22.5 m,山坡处厚度相对较薄,台地处相对厚度较大;下部为不均匀风化岩体,电性呈高低阻晕团,电阻率为10～360 Ω·m,地震纵波速度为2 550～2 650 m/s,推测其风化厚度一般为10～30 m。

8)3#隧洞进口

表层为覆盖层,电性表现为相对高低阻晕团,电阻率一般为45～550 Ω·m,厚度为3.5～8.5 m;中部为不均匀风化岩体或松动破碎岩体,该层电阻率一般为30～100 Ω·m,其厚度一般为5～20 m;下伏为相对完整岩体反映,其电阻率一般为10～50 Ω·m;该处沿完整岩体顶面存在滑坡的潜势。

9)3#隧洞出口

表层为覆盖层,电性表现为相对高低阻晕团,电阻率范围值一般为30~530 Ω·m,厚度为2.5~7 m;下伏为基岩岩体,电阻率为20~60 Ω·m。

10)4#隧洞1支洞

表层为覆盖层,电性表现为相对高低阻晕团,电阻率为30~200 Ω·m,覆盖层厚度为3~7 m;中部为风化岩体反映,电阻率为20~60 Ω·m,厚度为2~11 m。下部为较完整基岩,电阻率为40~90 Ω·m。

11)4#隧洞2支洞

表层为覆盖层,电性表现为相对高低阻晕团,电阻率为70~700 Ω·m,覆盖层厚度为2~7 m;中部为强风化岩体反映,电阻率为8~40 Ω·m,厚度为2~15 m;下伏为相对完整基岩岩体,电阻率为40~700 Ω·m。

12)4#隧洞出口

表层为覆盖层,电性表现为相对高低阻晕团,电阻率为40~350 Ω·m,覆盖层厚度为4.5~27 m;下伏为基岩,电阻率为20~300 Ω·m。

13)5#隧洞进口

表层为覆盖层,电性表现为高低阻晕团,电阻率为40~250 Ω·m,地震纵波速度为500~630 m/s,厚度为1.5~9.5 m;中间层电阻率表现为团块状不均质体,推测为完整性差泥岩岩体,电阻率值一般为10~500 Ω·m,地震纵波速度为2 310~2 570 m/s;下伏相对完整泥岩岩体顶面存在潜在的滑坡趋势。

14)6#隧洞出口

表层为覆盖层,电性表现为高低阻晕团,电阻率为40~200 Ω·m,厚度为2~7 m;下部为基岩岩体,岩体电阻率为12~70 Ω·m。

15)7#隧洞1支洞(原设计线)

表层为覆盖层,电性表现为高低阻晕团,电阻率一般为50~120 Ω·m,覆盖层厚度一般为1~10 m;中部电性呈相对低阻晕团,风化岩体电阻率为12~70 Ω·m,其厚度为5~20 m;下伏为相对完整岩体,岩体电阻率为30~300 Ω·m。

16)7#隧洞1支洞(新选线)

表层为覆盖层,电性表现为高低阻晕团,其电阻率为50~400 Ω·m,厚度为2~7 m;下部电性呈相对低阻,岩体电阻率为20~90 Ω·m。

17)7#隧洞2支洞

表层为覆盖层,电性表现为高低阻晕团,电阻率一般为70~350 Ω·m,厚度为2.5~11.5 m;下伏地层为基岩,电阻率一般为5~1 050 Ω·m。

18)7#隧洞3支洞

表层为覆盖层,电性表现为高低阻晕团,电阻率一般为60~120 Ω·m,地震纵波速度为530 m/s左右,厚度为3~11.2 m;中部电性呈现低阻,可能为饱水风化岩体反映,电阻率为40~60 Ω·m,厚度为5~18 m;下伏为基岩,电阻率为40~80 Ω·m,地震纵波速度为2 650 m/s左右。

19)7#隧洞4支洞

表层表现为高低阻晕团,为覆盖层反映,电阻率为60~300 Ω·m,厚度为1~10 m;中部电性呈相对低阻,可能为饱水风化岩体反映,电阻率为20~60 Ω·m,厚度为5~20 m;下伏为完整岩体,电阻率为60~300 Ω·m。

20)7#隧洞出口

表层为覆盖层,表层电性表现为相对高低阻体晕团,电阻率为40~200 Ω·m,厚度一般为5~36 m,且由山顶至山脚(即由小桩号至大桩号)覆盖层逐渐变厚;下伏为基岩岩层,其中0~140 m测段为相对高阻体,电阻率一般为100~500 Ω·m,推测此段高阻体可能为泥灰岩在电性剖面上的反映,而在140~295 m测段为相对低阻体,电阻率值变化一般为20~60 Ω·m,推测此段低阻体可能为泥岩在电性剖面上的反映。

21)9#隧洞1支洞

表层为覆盖层,电性表现为高低阻晕团,电阻率主要为60~250 Ω·m,厚度为1.5~5.5 m;中部电阻率存在相对变化,电阻率为30~300 Ω·m,表明岩体风化程度变化较大,其厚度为8~21 m;下伏为原岩岩体,电阻率为20~60 Ω·m。

22)9#隧洞2支洞

表层为覆盖层,电性表现为高低阻晕团,电阻率主要为60~550 Ω·m,地震纵波速度为620~650 m/s,厚度为2~5 m;中部为风化岩体,电阻率变化相对较小(可能含水),电阻率为20~60 Ω·m,其厚度为4~7 m;下伏为原岩岩体,电阻率为50~200 Ω·m,地震纵波速度为2 310~2 650 m/s。

23)输水管线

表层为覆盖层,电性表现为高低阻晕团,电阻率主要为70~300 Ω·m,厚度为2~15 m;下伏为原岩岩体,电阻率为10~150 Ω·m,在3条测线均有活断层的反映,倾向上游。

2.声波测试

1)钻孔岩芯声波速度随时间的变化特征

初始实测岩芯声波速度为3 580~4 790 m/s,岩芯稳定声波速度为2 710~4 000 m/s;岩芯声波速度基本稳定的时间为38~66 h;岩芯声波速度至稳定时的波速降低率为15%~28.1%;岩芯质量越好,声波速度降低率越小,且波速达到稳定的时间越长。

2)声波测井

声波纵波速度主要受岩体的完整程度、节理裂隙发育情况以及构造破碎带等控制,导致随孔深的增加岩体纵波速度递增的趋势不甚显著。

白垩系泥岩完整程度为较破碎—完整岩体,声波速度均值一般为1 740~4 710 m/s,平均波速为3 300 m/s;动弹性模量为3.63~44.60 GPa,平均值为26.7 GPa;完整性系数为0.15~1.00,平均值为0.70,岩体一般处于强风化—新鲜风化带内。其中,强风化岩体声波速度值一般为1 740~3 230 m/s,平均波速为2 380 m/s;动弹性模量为3.63~17.42 GPa,平均值为7.78 GPa;完整性系数为0.15~0.52,平均值为0.28。弱风化岩体声波速度值一般为2 000~4 650 m/s,平均波速为3 020 m/s;动弹性模量为4.80~43.47 GPa,平均值为15.23 GPa;完整性系数为0.20~1.00,平均值为0.45。微风化岩体声波速度值一般为2 810~4 650 m/s,平均波速为3 720 m/s;动弹性模量为12.07~43.47 GPa,平均值为24.85 GPa;完整性系数为0.39 ~ 1.00,平均值为0.68。新鲜岩体声波速度值一般为3 200 ~4 710 m/s,平均波速为4 040 m/s;动弹性模量为17.10 ~ 44.60 GPa,平均值为31.16 GPa;完整性系数为0.51 ~1.00,平均值为0.81。

3. 平硐地震波测试

输水隧洞平硐岩性主要为泥岩及泥灰岩,硐口处岩体受物理风化及卸荷作用,裂隙大部分张开,其地震纵波速度较低,一般为980 ~1 800 m/s,岩体完整性系数0.07 ~0.22,动弹性模量为0.90 ~4.15 GPa。随硐深的增加,动弹性模量有逐渐变大的趋势,一般以硐深28 m左右为界线,硐深小于28 m时,地震纵波速度小于2 000 m/s,岩体完整性系数小于0.27,动弹性模量小于5.13 GPa;硐深大于28 m时,地震纵波速度一般为2 000 ~3 330 m/s,岩体完整性系数一般为0.27 ~0.76,动弹性模量一般为5.13 ~18.60 GPa。

4. 钻孔弹模

测试对象岩性为泥岩,实测弹性模量为0.06 ~0.22 GPa,变形模量为0.03 ~0.05 GPa。实测弹性模量及变形模量均较低,分析其原因可能是泥岩孔壁存在遇水软化现象,使其强度降低。

5. 水文综合测井

综合分析井温、流量、井径测试曲线,所测钻孔测段内一般未见含水层。但在ZK4孔孔深49.9 ~51.3 m井温变化较大,加之此处井径有扩孔现象,推测该段有含水层出水点。

6. 钻孔剪切波测试

依据《水利水电工程地质勘察规范》(GB 50487—2008)中关于利用剪切波速度判定地震液化的相关要求,初步判定:BSZK1在孔深5 ~6 m、SYZK1在孔深1 ~2 m、XSLZK1在孔深9 ~10 m、XSZK3在孔深1 ~2 m和4 ~6 m、BGZK1在孔深2 ~3 m、WYZK1在孔深7 ~8 m、WYZK2在孔深3 ~4 m和11 ~12 m、WTZK2在孔深2 ~3 m、QSZK1在孔深5 ~6 m、QSZK2在孔深1 ~2 m和9 ~10 m、QSHZK1在孔深2 ~3 m和8 ~9 m、QSHZK3在孔深2 ~3 m和7 ~8 m、HQZK1在孔深2 ~3 m范围内的饱和砂性土在抗震设防烈度为Ⅷ度时呈现振动液化。

按《建筑抗震设计规范》(GB 50011—2001)的相关条款,判定输水管道的场地类别为Ⅱ类。

7. 土壤腐蚀性测试

沿线共测试63组土壤腐蚀性,其中腐蚀性评价为微的6组,占总测试点的9.5%;腐蚀性评价为弱的25组,占总测试点的39.7%;腐蚀性评价为中的29组,占总测试点的46.0%;腐蚀性评价为强的3组,占总测试点的4.8%。

若按建筑物分段评价:1#(北山)进口前段土壤腐蚀性等级主要为微—中;1#(北山)—2#(胭脂川)连接段土壤腐蚀性等级主要为中;2#(胭脂川)—3#(刘家村)连接段土壤腐蚀性等级主要为弱—中;3#(刘家村)—4#(白家村)连接段土壤腐蚀性等级主要为微—中;4#(白家村)—5#(半个山)连接段土壤腐蚀性等级主要为弱—强;5#(半个山)—6#(卧羊川)连接段土壤腐蚀性等级主要为弱—中;6#(卧羊川)—7#(大湾)连接段土壤腐蚀性等级主要为微—中;7#(大湾)—8#(开城南)连接段土壤腐蚀性等级主要为弱—强;8#(开城南)—9#(开城北)连接段土壤腐蚀性等级主要为强;9#(开城北)—10#(大马庄)

连接段土壤腐蚀性等级主要为微—中;10#(大马庄)—11#(后河)连接段土壤腐蚀性等级主要为微—中;11#(后河)隧洞出口土壤腐蚀性等级主要为中。

5.1.4 隧洞施工围岩变性特征测试与分析

隧洞开挖施工过程中结合不同洞段的地质条件,通过围岩松弛变形测试、围岩表面收敛变形监测及对岩体内部岩石位移变化情况监测,了解围岩波速及其松弛厚度变化特征、围岩变形量、变化过程及持续时间,探讨隧洞及高压管道围岩变形规律及发展趋势,预测围岩稳定状态,为详细划分围岩类别、修正原设计支护类型和参数以及合理选择一次支护时机、优化衬砌类型选择及其灌浆方案设计提供科学依据。

5.1.4.1 现场观测方法

1. 干孔声波法

同一断面沿洞径方向在洞顶、起拱处(或顶角)、腰墙布置5个孔(分顶孔、角孔、腰墙孔)。孔深根据洞室大小、地质情况并应以有效揭示一定深度内的原岩应力为准。洞室跨度愈大孔愈深。为取得测试断面岩体的松弛特征随隧洞掌子面开挖距离及其时间的变化规律,对每一断面按时间顺序分别进行8次观测,连续观测时间约15 d。

2. 小地震折射波法

沿洞壁岩体进行测试。实际观测时视现场开挖、地质条件等情况进行施测,采用相遇时距曲线观测系统。地震波测试进行5次不同时间的观测。

3. 多点位移观测

现场共安装8组多点位移计,每组多点位移计均含3个锚头,分别监测1 m、3 m、5 m处的位移情况。一般进行18~22次不同时间的观测。

4. 收敛观测

断面测线布置形式采用3点3线法。根据地质条件、施工要求、设计目的、施工方法、支护形式、围岩类别及围岩的时间和空间效应等因素,共布置完成9个收敛观测断面。观测天数一般在28 d左右,观测次数从18到23次不等。

5. 岩石含水率试验

根据隧洞开挖进度进行岩样选取与制作,随后称其质量,在105~110 ℃的恒温下烘24 h,然后将试件从烘箱中取出放入干燥器内冷却至室温,称试件质量并计算其含水率。

6. 隧洞环境温度和湿度观测

分别在隧洞不同部位测读隧洞现场环境温度和湿度。观测天数最多为23 d,根据其他不同的测试项目其观测次数从8到23次不等。

5.1.4.2 观测成果与分析

1. 观测成果

(1)隧洞围岩松弛特性:松弛岩体波速一般为1 700~3 500 m/s,原始应力岩体波速一般为3 500~4 350 m/s。洞壁岩体松弛厚度为0.45~1.10 m。

隧洞开挖后由于岩体应力瞬时变化以及爆破等因素的影响,洞壁岩体即呈现0.5 m左右的松弛带,随着观测时间的增加,洞壁岩体的松弛厚度也逐渐加大,其中距首次观测时间41~50 h以内洞壁岩体松弛速度变化梯度最快,距首次观测时间41~260 h左右洞壁岩体松弛速度变化梯度逐渐变缓,距首次观测时间大于260 h以后洞壁岩体松弛速度变化梯度基本稳定;随着掌子面的逐渐变远,洞壁岩体的松弛厚度也逐渐加大,其中距离掌子面15~22 m以内洞壁岩体松弛速度变化梯度最快,距离掌子面15~45 m左右洞壁岩体松弛速度变化梯度逐渐变缓,距离掌子面45 m时洞壁岩体松弛速度变化梯度基本稳定。

(2)隧洞围岩位移特性:由于围岩位移观测时距离掌子面在30~265 m,3个观测断面的围岩变形都属微量,变化很小,且与隧洞环境温度和湿度关系不大。其中,7#隧洞50+281断面变形稍大(最大为0.493 mm),但总体位移量均很小,且观测后期已趋于稳定。

(3)隧洞收敛特性:收敛观测时距离掌子面一般在1.5~167.4 m,其中裸洞收敛观测的2个断面2#隧洞21+643.5和7-1#支洞0+097观测时距离掌子面在3.5~100.54 m,其收敛值变化范围为2.5~23.65 mm,以7-1#支洞0+097断面2-3线围岩收敛最大;其他7个观测断面均在一次支护的表面设置观测点,其收敛值变化范围为0.28~18.88 mm,以7#隧洞50+268.3断面1-3线围岩收敛最大。隧洞收敛与环境温度和湿度关系不大,一般距掌子面大于15~20 m时洞壁收敛变形趋于稳定。

(4)隧洞岩体含水率:岩石含水率与取样时间及环境温度关系不大,主要与取样位置关系密切,其中2#隧洞17+528、17+533两处的岩石含水率最大,其值为11.35%~13.35%;2#隧洞21+694位置处的岩石含水率次之,其值为5.38%~8.24%;其他试验洞段的岩石含水率相对较低,一般小于5.60%。

(5)隧洞环境温度与湿度:隧洞环境温度一般在11~20 ℃变化,环境湿度一般在44%~81%变化。

2.应用分析

1)围岩松弛圈厚度

从围岩松弛圈测量成果来看,围岩的松弛变形是比较明显的。IV_1类围岩松弛圈厚度一般为0.5~1m,IV_2围岩松弛圈略大一些,见表5-23。

表5-23 围岩松弛圈测量成果汇总表

隧洞编号	测试断面桩号	岩性	围岩类别	松弛圈厚度(m)	松弛圈最大厚度/隧洞直径
7-2#	0+208	泥岩	IV_1	0.48~0.99	0.30
2#	17+525	泥岩	IV_1	0.53~0.88	0.27
2#	21+705	泥岩	IV_1	0.48~1.00	0.30
7#	40+214	泥岩	IV_1	0.48~0.93	0.28
7#	50+281	泥岩	IV_2	0.46~1.05	0.32
7#	50+312	泥岩	IV_2	0.45~1.10	0.33

2)围岩变形

从现场检测、观测成果来看,围岩变形主要为卸荷后的松弛变形,没有观测到严重的挤压变形现象。围岩收敛变形，初期相对较大，但均逐渐趋于稳定，没有持续的蠕变现象。具有代表性的两类收敛变形见图5-68、图5-69。

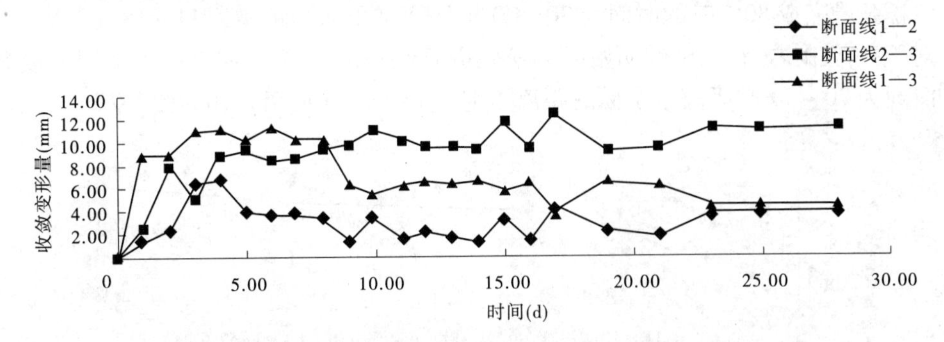

图5-68 7#隧洞进口桩号40+216断面收敛变形量—时间变化曲线

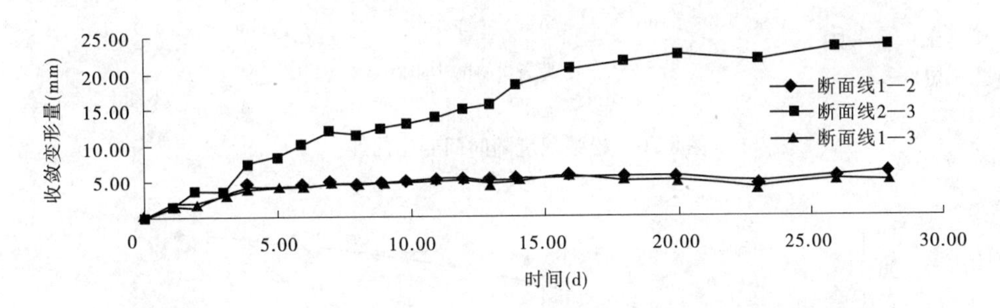

图5-69 7#隧洞1#支洞桩号0+097断面收敛变形量—时间变化曲线

围岩的总收敛变形量量值不大，9个观测断面观测到的变形量多在10 mm以下，最大变形量为23.65 mm，收敛变形量与洞径的比值均小于1%，见表5-24。

表5-24 收敛变形观测成果汇总表

隧洞编号	测试断面桩号	岩性	围岩类别	收敛变形量（mm）	最大收敛变形量/隧洞直径
中庄水库输水洞	0+137.8	黏质粉土		0.28、1.67、0.90	0.05%
2#	21+713.8	泥岩夹薄层泥灰岩	IV_1	3.31、2.39、3.48	0.11%
2#	21+643.5	泥岩夹薄层泥灰岩	IV_1	8.98、2.50、11.23	0.34%
7#	40+216	泥岩为主	V	3.73、11.18、4.30	0.34%
7-1#	0+063	泥岩为主	IV_1	0.61、1.98、0.19	0.06%
7-1#	0+097	泥岩、泥灰岩	IV_2	6.25、23.65、5.33	0.72%
7-2#	0+207.7	泥岩、粉砂质泥岩	IV_2	4.01、1.29、4.82	0.15%
7-3#	0+415.6	泥岩、粉砂质泥岩	IV_1	5.06、4.40、2.00	0.15%
7#	50+268.3	泥岩	IV_2	6.49、8.12、18.88	0.57%

注：收敛变形量观测位置为左边墙、顶拱、右边墙。洞径按3.3 m计。

3)根据松弛圈厚度变化分析一次支护时机

根据松弛圈测试成果,对于IV_1类围岩,在测试的初始时刻松弛圈已经完成45%~55%。松弛圈完成80%时的时间为30~70 h,距离掌子面的距离为11~18 m。

对于IV_2类围岩,在测试的初始时刻松弛圈已经完成44%~48%。松弛圈完成80%时的时间为70~80 h,距离掌子面的距离为11~13 m。详见图5-70~图5-72。

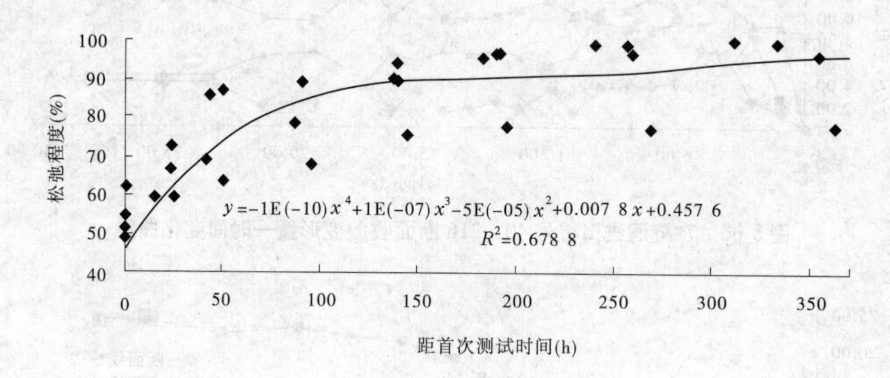

图5-70 松弛程度随时间变化曲线

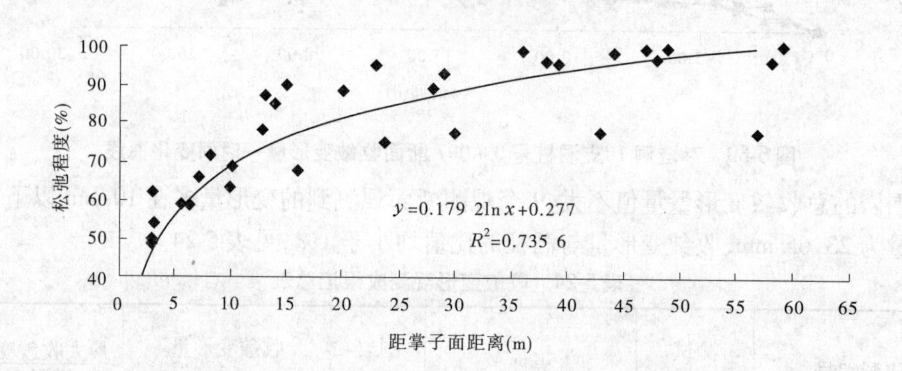

图5-71 松弛程度随距掌子面距离变化曲线

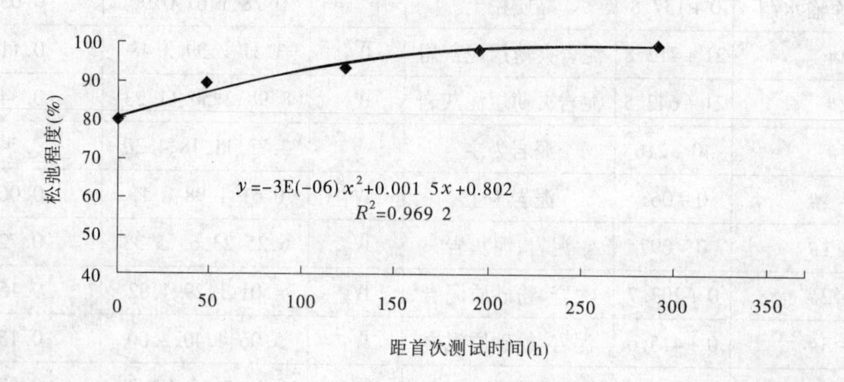

图5-72 7#洞50+306~50+316右壁岩体地震波测试松弛程度随时间变化曲线

4)根据岩体波速变化分析一次支护时机

A. IV_1类围岩

对于IV_1类围岩,在测试的初始时刻,隧洞表层波速为1 970 m/s,约为原岩波速的56%。在松弛过程中,隧洞表层波速逐渐降低,但降低幅度不大。至松弛圈完全形成后,其表层波速为1 750 m/s,约为原岩的50%。

松弛圈范围平均波速也是逐渐降低的,降低幅度不大。在测试的初始时刻,平均波速为2 910~3 350 m/s,为原岩波速的84%~88%。至松弛圈完全形成后,其平均波速为2 040~2 730 m/s,为原岩的68%~77%。平均波速为原岩波速80%时,距离初始测试的时间为40~50 h,距掌子面距离为10~20 m。

B. IV_2类围岩

对于IV_2类围岩,在测试的初始时刻,隧洞表层波速为1 860 m/s,约为原岩波速的53%。在松弛过程中,隧洞表层波速逐渐降低,但降低幅度不大。至松弛圈完全形成后,其表层波速为1 700 m/s,约为原岩的48.6%。

松弛圈范围平均波速也是逐渐降低的,降低幅度不大。在测试的初始时刻,平均波速为2 870~3 260 m/s,为原岩波速的85%~92%。至松弛圈完全形成后,其平均波速为2 390~2 730 m/s,为原岩的72%~73%。平均波速为原岩波速80%时,距离初始测试的时间为40~90 h,距掌子面距离为10~22 m。

5)根据收敛变形观测成果分析一次支护时机

该隧洞裸洞洞径约为3.3 m,埋深一般小于300 m,按表5-25中标准(见《水工隧洞设计规范》(DL/T 5195—2004)、《锚杆混凝土支护技术规范》(GB 50086—2011)),允许的位移相对值为0.4%~1.2%,平均为0.8%。

表5-25 隧洞周边允许位移相对值 (%)

围岩级别	埋深(m)		
	<50	50~300	>300
Ⅲ	0.10~0.30	0.20~0.50	0.40~1.20
Ⅳ	0.15~0.50	0.40~1.20	0.80~2.00
Ⅴ	0.20~0.80	0.60~1.60	1.00~3.00

依据《水工隧洞设计规范》(DL/T 5195—2004),对于不支护或喷锚支护的隧洞,当出现下列情况之一,且收敛速度仍无明显下降时,必须立即采取措施,增强支护,并修改原设计:①围岩表面出现大量裂缝;②围岩表面任何部位的实测相对收敛量达到表5-25所列数据的70%;③用回归分析法计算的总相对收敛值已经接近表5-25所列数据。

从实际观测数据来看,各观测断面围岩都是稳定的,没有出现上述所列三种不利情况。

5.1.4.3 结论

(1)对于隧洞埋深在300 m以下的洞段,Ⅲ、IV_1、IV_2围岩,松动圈厚度一般在1 m左右，围岩的变形量不大，且稳定较快，围岩的整体稳定问题不突出。因此，一次支护主要目的是保证围岩块体稳定，即防止掉块和塌方的发生。

在埋深相对较小的情况下，支护时机的考虑，重点是减少和防止掉块、塌方的危害与影响。因此，尽早采取锚喷措施是最为有利的。

（2）隧洞主要变形量发生在开挖后的 40 ~ 50 h 以内，且初期变形速率较快。隧洞支护应在围岩未发生充分变形的情况下进行。$Ⅳ_2$、Ⅴ类围岩支护时间宜在开挖后数小时内完成，而$Ⅳ_1$类围岩可在开挖后数小时至十几个小时内完成，最长不宜超过 1 d。

5.2　实例 2——南水北调工程质量检测

5.2.1　概述

南水北调中线干线工程，全长 1 427 km，包括南起湖北省丹江口水库、北至北京市颐和园团城湖的输水总干渠（1 273.4 km）和自河北省徐水县西黑山分水闸至天津外环河出口闸的天津干渠（153.8 km）。南水北调中线干线工程共布置各类建筑物 1 800 多座，规模大、战线长、建筑物型式多样、工程地质条件复杂。主体工程采用项目法人直接管理、代建制、委托制相结合的管理模式。

以黄河为界可分为两大段，其中黄河以南实体工程包括淅川段、湍河渡槽、镇平段、南阳市段、南阳膨胀土试验段、白河倒虹吸工程、方城段、叶县段、澧河渡槽、鲁山南 1 段、鲁山南 2 段、沙河渡槽段工程、鲁山北段、宝丰郏县段、北汝河渠倒虹吸工程、禹州长葛段、新郑南段、潮河段、双洎河渡槽、郑州 2 段、郑州 1 段、荥阳段工程共 22 个设计单元，总长 474 km。主要工程除干渠明渠外，有河渠交叉建筑物 71 座、排水建筑物 188 座、渠渠交叉建筑物 56 座、铁路交叉建筑物 14 座、公路交叉建筑物 299 座、控制建筑物 65 座。

黄河以北实体工程包括穿黄工程、温博段、沁河倒虹吸工程、焦作 1 段、焦作 2 段、辉县段、石门河倒虹吸工程、新乡卫辉段、鹤壁段、汤阴段、潞王坟试验段工程、安阳段、穿漳工程、磁县段、邯郸市县段、永年县段、洺河渡槽、沙河市段、南沙河倒虹吸、邢台市区段、邢台县和内邱县段、临城县段、高邑至元氏段、鹿泉市段、石家庄市区段共 25 个设计单元，总长 495 km（注：京石段已于 2008 年建成通水）。穿黄工程主要为双线隧洞，另有河渠交叉建筑物 2 座、排水建筑物 1 座、渠渠交叉建筑物 2 座、公路交叉建筑物 7 座、控制建筑物 2 座；穿漳工程为倒虹吸配 1 座节制闸；其他主要工程除干渠明渠外，有河渠交叉建筑物 81 座、排水建筑物 162 座、渠渠交叉建筑物 42 座、铁路交叉建筑物 25 座、公路交叉建筑物 298 座、控制建筑物 73 座。

针对南水北调中线主体工程现已基本完成的客观实际，为保证输水干线工程整体有效运行，发挥其设计效益，对可能出现的工程质量问题应及时排查、定性并进行处理，防患于未然。根据以往水利水电工程检测经验和能力，并结合目前我国检测技术水平、设备研发的进展情况，考虑到"南水北调中线干线在建工程实体质量检测及技术咨询项目"实施的具体情况，现就中线干线工程实体质量对无损检测的主要内容、方法技术及其检测结论等进行探讨。

5.2.1.1　通水前检测项目

1. 渠道衬砌质量检测

检测内容:混凝土抗压强度、衬砌厚度、平整度、裂缝性状、混凝土密实性及其衬砌底面脱空状况等。

检测方法:①针对衬砌厚度、密实性、底面脱空,采用探地雷达法、混凝土扫描仪测试法、声波垂直反射法、红外热成像法;②针对混凝土抗压强度,采用回弹法、超声回弹综合法;③针对平整度、裂缝:主要用平整尺、钢尺、钢直尺等;④以无损检测为主,必要时采用钻芯法进行验证。

检测结论:以定量为主,但密实性以定性—半定量为主。

2. 土方填筑质量检测

1)渠道高填方土体填筑质量

检测内容:填筑土体的碾压质量。

检测方法:①针对土体碾压质量(均匀性),采用探地雷达法、高密度电法、面波法等;②以无损检测为主,必要时可采用,轻型动力触探法、钻孔取样法、环刀法等进行验证。

检测结论:无损检测填筑土体碾压质量(均匀性)以定性为主,当采用微破损方式时可定量确定填筑土体的压实度。

2)输水建筑物渐变段背后填筑质量

检测内容:①渐变段背后填筑土体的碾压质量;②渐变段混凝土结构(挡墙)与背后填筑土体的接触状况。

检测方法:①针对碾压质量,采用探地雷达法、高密度电法、面波法等;②针对接触状况,采用探地雷达法、弹性波垂直反射法(地震波、声波)等。

检测结论:填筑土体碾压质量(均匀性)以定性为主;挡墙与土体接触状况以定性—半定量为主。

3)穿渠建筑物两侧填筑质量

检测条件:①地表检测穿渠建筑物两侧填筑土体的碾压质量;②涵洞内测试洞壁外侧填筑土体质量。

检测方法:①地表检测时,采用探地雷达法、高密度电法、面波法、弹性波垂直反射法(地震波、声波)等;②涵洞内测试时,采用探地雷达法、弹性波垂直反射法(地震波、声波)等。

检测结论:填筑土体相对密实性,反映的是填筑土体均匀性,以定性为主。

3. 渠堤加固质量检测

1)固结灌浆质量

检测条件:①利用灌浆孔检测固结灌浆质量;②在渠堤表面无损检测固结灌浆质量。

评价方法:①灌前和灌后参数对比分析法;②灌后达标分析法,此法要在灌前由设计根据水力学计算设定满足要求的渠堤土体参数。

检测方法:①有灌浆孔利用时,采用弹性波跨孔测试法、孔间弹性波 CT 技术等;②无灌浆孔利用而在渠堤表面检测时,采用弹性波 CT 技术、面波法、电阻率法等。

检测结论:渠堤土体固结灌浆效果提高率或者是否达标,以定量为主。

2）防渗墙质量

检测条件：①无埋管或钻孔利用时，可在防渗墙顶面无损检测防渗墙质量；②利用埋管或钻孔检测防渗墙质量。

检测方法：①渠堤防渗墙顶面检测时，采用探地雷达法、弹性波垂直反射法、面波法、高密度电法等；②利用埋管或钻孔检测时，采用弹性波 CT 技术等。

检测结论：防渗墙墙体缺陷位置、大致形态，墙体深度、连续性等，以定量—半定量为主。

4. 高地下水渠段检测

主要针对地下排水管网连续性和畅通性质量检测。

检测内容：管网连续性和畅通性。

检测方法：主要采用管道机器人在管道内实时进行录像，直接观看排水管网的连通性和畅通性。但管道直径不能太小，其直径应不小于 10 cm。

检测结论：直接观察得出结果，以定量为主。

5. 后张拉预应力波纹管密实性检测

检测内容：后张拉预应力张拉波纹管灌浆密实性。

检测方法：①预应力混凝土多参数检测法；②三维探地雷达法；③冲击回波法。

检测结论：大致推测，以定性为主。

6. 输水隧洞预应力混凝土衬砌质量检测

检测内容：①衬砌混凝土厚度、脱空及密实性；②衬砌混凝土强度。

检测方法：①针对衬砌厚度、脱空、密实性，采用探地雷达法、混凝土扫描仪测试法、声波垂直反射法、红外热成像法；②针对衬砌混凝土抗压强度，采用回弹法、超声回弹综合法。

检测结论：以定量—半定量为主，但密实性以定性—半定量为主。

7. 跨渠桥梁质量检测

检测内容：跨渠工作桥、交通桥等。

检测项目：桥面系普查，包括桥面铺装、人行道、栏杆、排水设施及伸缩缝等；桥梁及墩台质量检测，包括混凝土强度、裂缝状况等；桥梁承载力评定。

检测方法：①人工桥面系普查测量描述；②回弹法和超声回弹综合法；③桥梁荷载试验、应变试验。

检测结论：以定量—半定量为主。

5.2.1.2　通水后检测项目

1. 检测确定渠堤渗漏位置及渗流通道

检测内容：①散渗位置与范围；②集中渗流通道位置。

检测方法：①检测散渗位置时，采用探地雷达法、高密度电法、瞬变电磁法等，可获得散渗范围、埋深等；②检测集中渗流通道位置时，采用自然电场法、充电法、高密度电法、探地雷达法、瞬变电磁法等，可获得集中渗流通道的位置、埋深、大小范围等。

检测结论：可判定位置、埋深、范围等，以半定量—定量为主。

2. 检测确定暗涵渗漏位置及渗流通道

检测条件：①在地表检测暗涵渗漏位置及渗流通道；②在涵洞内检测暗涵渗漏位置及渗流通道。

检测方法:①地表检测时(一般要求暗涵埋深不大于15 m),采用高密度电法、探地雷达法、瞬变电磁法等;②地表与涵洞内联合检测时,采用管道机器人实时录像观察、高密度电法、探地雷达法、瞬变电磁法、超声波三维成像技术等。

检测结论:可判定暗涵渗漏及渗流通道的大致位置等,以定性—半定量为主。

3. 充水或通水过程中明渠、渡槽、暗涵等水工建筑物出现的不确定情况

此时应具体情况具体分析,以便采取相适应的探测手段来快速确定异常位置,为处理设计提供可靠的依据。

5.2.2　综合检测应用

5.2.2.1　渠道高填方土体填筑质量检测

1. 检测内容

填筑土体的碾压质量。

2. 检测方法

采用探地雷达法对土体碾压均匀性进行无损检测,发现疑似质量问题的部位选用轻型动力触探法、环刀法进行确认。

3. 检测成果与分析

1)探地雷达法

如某高填方渠段右堤桩号38+000~37+790段布设一条雷达测线,其位置距右堤顶左边线1.6 m,图5-73为该段雷达测试成果图。

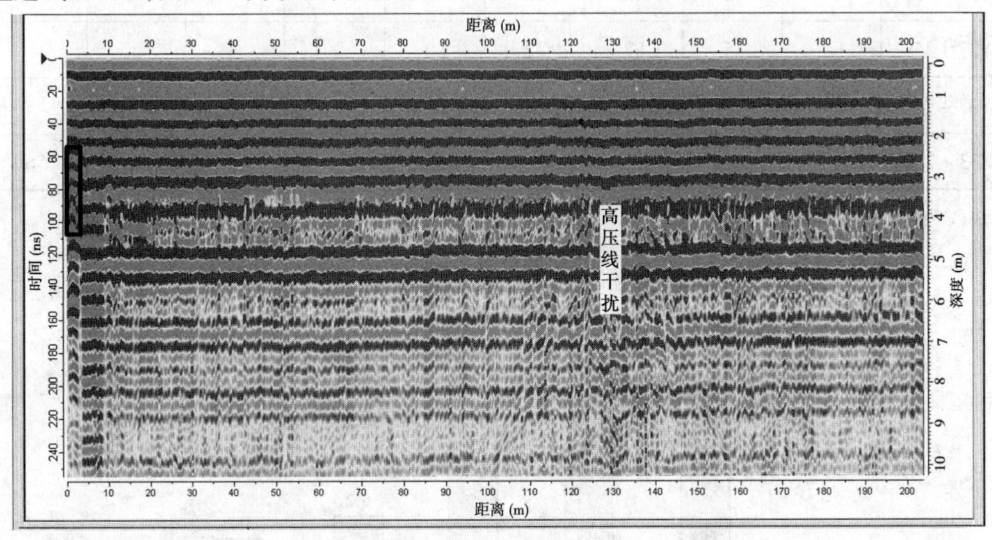

图5-73　高填方渠段填筑土体雷达检测图像

由图5-73知:右堤桩号38+000~37+790测线反映测段内高填方土体填筑基本良好,土体基本较均匀。但在右堤以桩号37+998为中心(见图5-73中方框),宽3~4 m范围内,埋深2~4 m处填筑土体质量均匀性较差。

2)轻型动力触探法

采用轻型动力触探 N_{10} 值(贯入 30 cm 的锤击数)评价填筑土体的密实性,对雷达测试判定的疑似质量问题渠段进行复检。

在雷达检测疑似质量问题区域共布置 10 个轻型动力触探测孔,检测结果见表 5-26;N_{10} 值频率分布见图 5-75。不算表层,共检测 N_{10} 值 65 组数据,其中 38 组 N_{10} 值在 40~80,占全部数据的 58.5%;小于 40 的数据有 21 组,占全部数据的 32.3%。

表 5-26 轻型动力触探检测结果

位置桩号	各深度(cm)N_{10} 值								
	0~30	30~60	60~90	90~120	120~150	150~180	180~210	210~240	240~270
Y37+998	—	49	35	34	24	32	21	26	30
Z37+894	—	30	16	18	78	40	42	46	52
Z37+800	—	30	55	27	72	82	100	95	100
Y37+719	—	65	37	29	41	55	56	35	41
Y37+660	—	75	34	26	60	53	67		
Z37+630	—	76	52	61	69	33	34	55	75
Y37+360	—	42	48	36					
Y37+359	—	75	57	72	60				
Y33+760	—	60	37	64	39				
Z33+780	—	42	48	36	60	65	71	90	56

注:Y 为右堤;Z 为左堤。

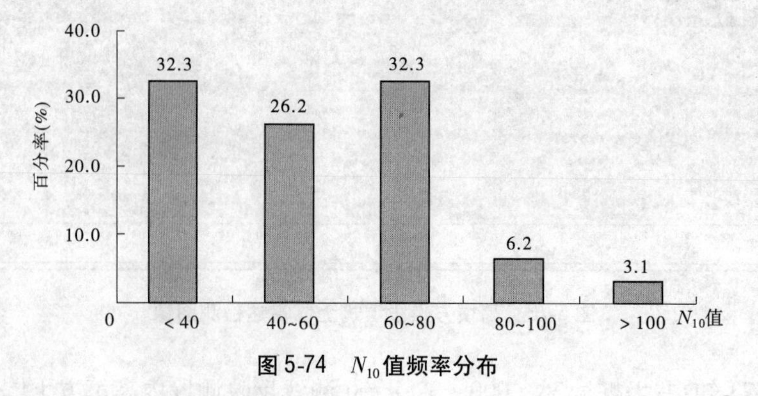

图 5-74 N_{10} 值频率分布

3)环刀法

采用环刀法对 N_{10} 值最低的碾压层进行压实度检测,共检测 3 组,检测结果见表 5-27。

表 5-27　填土压实度检测结果

检测部位			最大干密度（g/cm³）	检测值			压实度（%）	
桩号	偏中距	高程		湿密度（g/cm³）	含水率（%）	干密度（g/cm³）	实测值	工程技术要求
37 + 998	+ 30.15	▽104.9	1.73	1.94	19.78	1.62	93.6	≥98
37 + 719	+ 32.69	▽105.9	1.73	2.03	21.71	1.67	96.5	≥98
37 + 719	+ 32.39	▽106.2	1.73	2.09	20.16	1.73	100.0	≥98

从检测结果可知:有 2 组填土压实度不满足工程技术要求。

检测结果及时提供给业主和施工单位,并对质量问题区段进行再碾压处理,使工程质量得到有效控制。

5.2.2.2　输水隧洞二衬混凝土脱空检测

1. 检测内容

隧洞二衬混凝土脱空情况。

2. 检测方法

采用探地雷达法对二衬混凝土脱空状况进行无损检测,发现脱空部位抽样进行钻探确认。

3. 检测成果与分析

根据衬砌厚度的不同选用不同主频的天线进行检测,一般来说,混凝土厚度小于 0.5 m 时,宜选主频不小于 1 GHz 的天线;混凝土厚度大于 0.5 m 时,天线主频 0.5 ~ 1 GHz。

衬砌混凝土内部质量状况,主要根据雷达图像反射波同相轴连续性、频率和振幅的变化特征对介质的变化实施评价。若反射波同相轴连续性好、振幅强,表明相应介质连续性、密实度较好;若反射波同相轴出现弯曲、错断、紊乱等不连续性异常,表明相应介质连续性、密实度或介质均一性较差。

衬砌混凝土的厚度 D 可通过下式求得:

$$D = Vt/2 \tag{5-11}$$

式中　t——电磁波从发射到接收的双程旅行时间,由主机自动记录;

V——电磁波在混凝土中的传播速度,其大小与混凝土的相对介电常数有关。

由于混凝土的配合比存在差异,雷达波在不同混凝土中的传播速度有一定的变化范围,如果选定的速度值与实际值之间存在偏差,就会影响混凝土厚度的检测精度。为了减小检测数据的系统误差,检测前可通过钻孔取芯对雷达波速进行标定。

如图 5-75 所示为某输水隧洞二衬混凝土设计厚度 45 cm,为查明二衬脱空状况采用探地雷达检测,图 5-75 中测试距离 12.6 ~ 15.6 m 段二衬混凝土呈现脱空,混凝土最薄处位于 14.2 m,厚度只有 17 cm,并由随后的钻探所证实。根据检测结果进行了灌浆处理。

5.2.2.3　渠道衬砌混凝土质量检测

1. 检测内容

渠道衬砌混凝土质量。

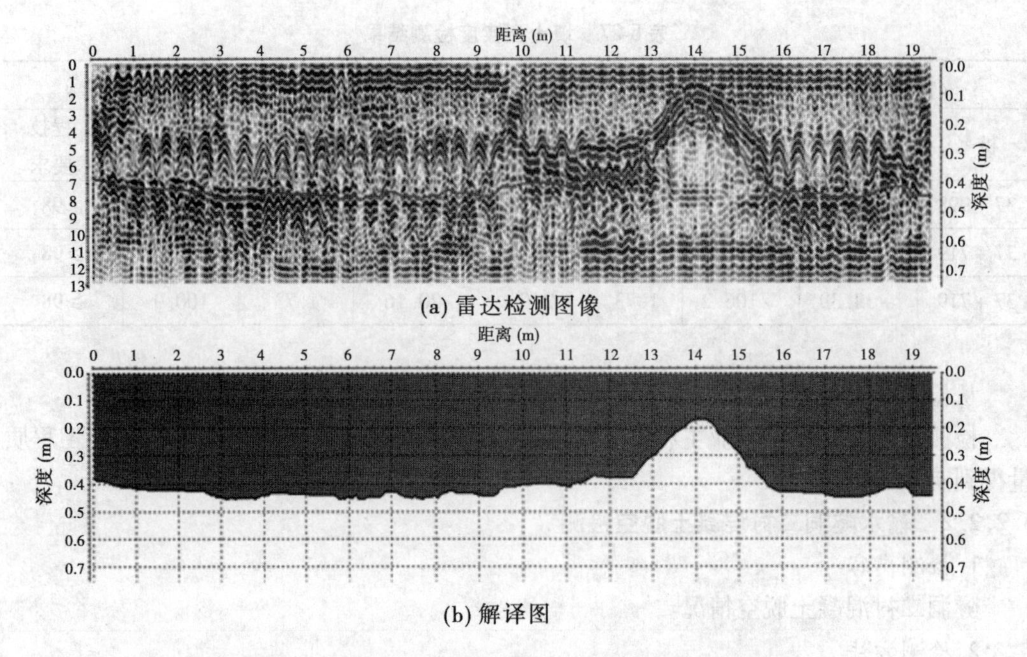

(a) 雷达检测图像

(b) 解译图

图 5-75　隧洞二衬混凝土厚度雷达检测图像及解译图

2. 检测方法

采用探地雷达法对渠道衬砌混凝土质量状况进行无损检测。

3. 检测成果与分析

由图 5-76 可知:该区段混凝土衬砌厚度大部分不足 10 cm(该混凝土衬砌设计厚度 10 cm,混凝土强度 C20),尤其测段 2 ~ 3 m 范围内衬砌厚度小于 8 cm,属严重缺陷部位,为衬砌质量控制提供了科学依据。

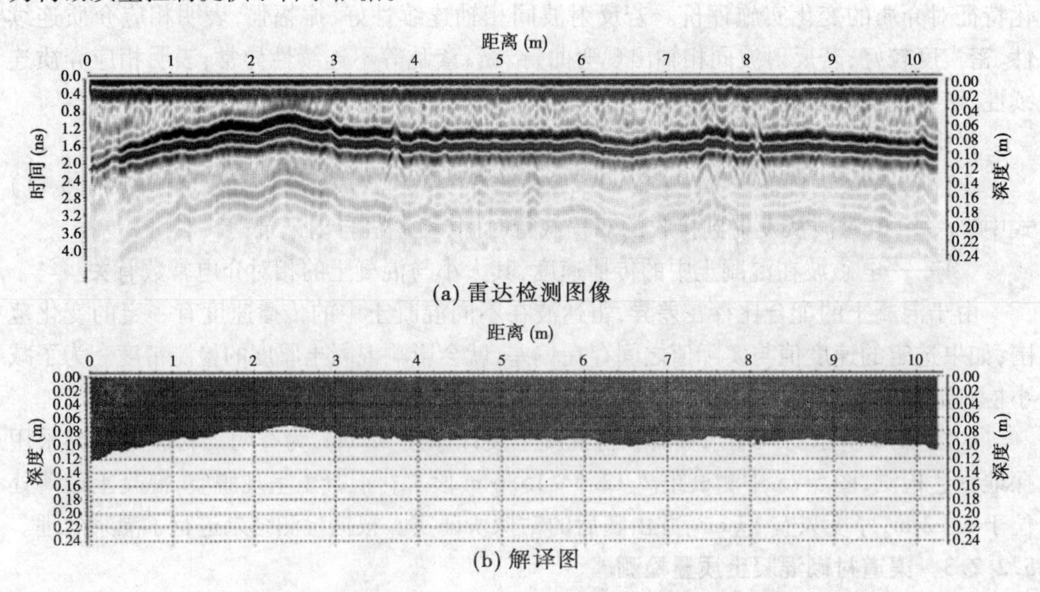

(a) 雷达检测图像

(b) 解译图

图 5-76　渠道混凝土衬砌厚度雷达检测图像及解译图

5.2.2.4 渠道塑性混凝土防渗墙连续性检测

1. 检测内容

塑性混凝土防渗墙质量。

2. 检测方法

采用探地雷达法对塑性混凝土防渗墙质量状况进行无损检测。

3. 检测成果与分析

图5-77中方框内反射波同相轴呈现上凸弧形,且左侧方框内上凸弧形同相轴顶部约4.8 m一直下延到约11 m,推测方框处为夹泥裂缝;而右侧方框内上凸弧形同相轴顶部约3.6 m一直下延到约6.5 m,推测方框处为夹泥洞(经钻孔证实此处无芯样,见图5-78);其他部位反射波同相轴连续可追踪,说明其防渗墙体较连续完整。

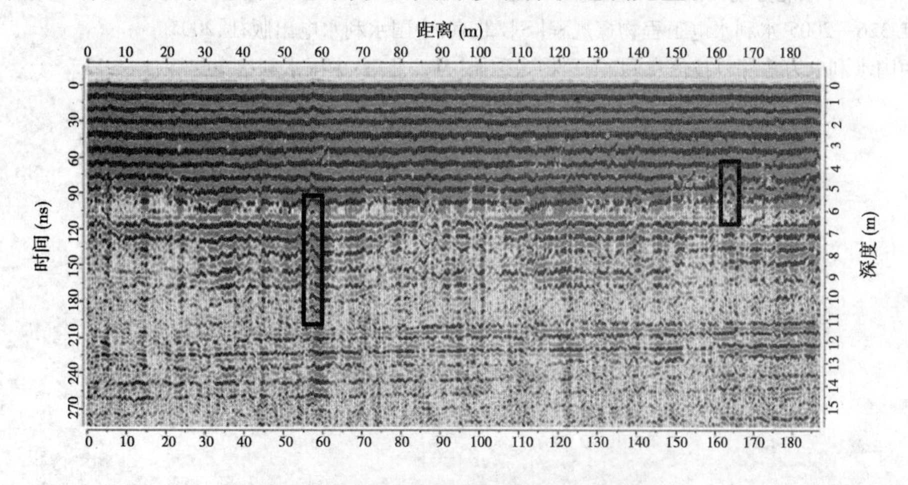

图5-77 塑性混凝土防渗墙雷达检测图像

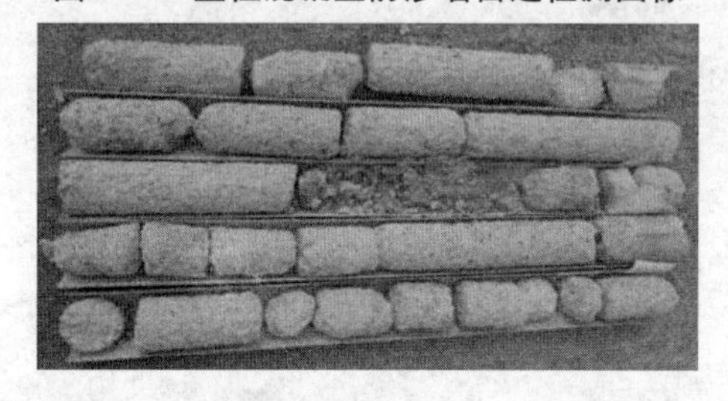

图5-78 钻孔验证图5-77右侧方框处芯样照片

5.2.2.5 结论

工程实践表明,采用多种无损检测方法对高填方土体、渠道衬砌、现浇混凝土结构、防渗墙、渡槽、输水涵洞等水工建筑物进行检测,具有方法科学、技术先进、经济适用、可操作性强、便于大面积测试等优点,必将在工程建设质量控制和既有建筑物健康诊断中发挥越来越重要的作用。

尽管如此,由于各种质量缺陷的复杂性和不确定性,我们自身还有很多技术需要学习和研究,以适应现代水工建筑物质量检测和健康诊断的需要。

参考文献

[1] 刘庆国,刘康和,等. 宁夏固原地区(宁夏中南部)城乡饮水安全水源工程初步设计阶段综合物探成果报告[R]. 中水北方勘测设计研究有限责任公司,2012.

[2] 刘康和,段伟,何灿高. 南水北调中线工程实体质量无损检测探析[C]//中国地球物理学会勘探地球物理委员会 2014 年技术研讨会论文集. 北京:中国地球物理学会,2014.

[3] 刘康和,童广秀,白万山. 平原水库塑性混凝土防渗墙探地雷达检测[J]. 水利水电工程设计,2013(2). 42-45.

[4] 许颜军,刘康和,翟中文. 南水北调中线干线在建工程实体质量检测及咨询Ⅰ标阶段性工作成果汇总[R]. 中水北方勘测设计研究有限责任公司,2013.

[5] SL 326—2005 水利水电工程物探规程[S]. 北京:中国水利水电出版社,2005.

[6] 中国水利电力物探科技信息网. 工程物探手册[M]. 北京:中国水利水电出版社,2011.

作者简介

刘康和 1962年3月出生于河南遂平，大学本科，学士。现任中水北方公司物探专总、教授级高工。注册土木工程师（水利水电）工程师、注册水利工程质量检测员。曾主持10余项大中型水利水电工程物理勘测与检测工作。参编3本行业规程，曾获水利部科技进步三等奖1项，获天津市优秀勘察银奖1项、铜奖1项。公开出版专著3部。公开发表学术论文100余篇。

王志豪 1979年3月出生于内蒙古巴彦淖尔，研究生毕业，硕士学位。现任中水北方勘测设计研究有限责任公司勘察院物探总队副总队长、高级工程师。注册水利工程质量检测员。曾主持或参加过10余项大中型水利水电工程的地球物理勘察工作，获“海河杯”天津市优秀勘察设计二等奖一项，公开出版专著1部，公开发表论文10余篇。

雷　杰 1975年生，宁夏银川人，1998年武汉水利电力学院水利水电建筑工程专业毕业，大学本科，学士。现任宁夏水务投资集团有限公司副总经理、高级工程师。注册投资咨询工程师、造价工程师、监理工程师、高级经营师，自治区招标局、自治区招标办、银川市招标办以及自治区水利厅招标评标专家。主要从事水利工程规划设计、建设管理等工作。曾获自治区2008年度宁东基地生态绿化建设先进个人、2009年度第五届“水利厅十杰青年”、2012年全区水利工作先进个人荣誉称号。获2009年度自治区科学技术进步三等奖1项，公开发表学术论文数十篇。

刘栋臣 1981年8月出生于天津武清，大学本科，学士。现任中水北方公司勘察院办公室主任、工程师。注册水利工程质量检测员。曾主持或参加过10余项大中型水利水电工程物理勘测与检测工作，荣获天津市"海河杯"优秀优秀勘测设计二等奖1项，公开发表学术论文10余篇。

王　杰 1987年出生于内蒙古包头市，中国地质大学（北京）研究生毕业，硕士学位。现就职于中水北方勘测设计研究有限责任公司，工程师，从事水利水电工程物理勘测与检测工作。参与数项大中型水利水电工程地球物理勘测与检测项目。公开发表学术论文3篇。

刘庆国 1984年1月出生于江西萍乡，大学本科，学士。现任中水北方公司物探总队项目负责、工程师。注册水利工程质量检测员。曾主持或参加过10余项大中型水利水电工程物理勘测与检测工作。公开发表学术论文4篇。

段　伟 1965年11月出生于安徽省萧县。1989年毕业于河北地质学院应用地球物理勘探专业，大学本科，学士。现任中水北方勘测设计研究有限责任公司高级工程师，建设部工程动测检测师和天津市地基基础高级检测师，曾主持10余项大中型水利水电工程物探勘测和地基基础检测、试验等工作。公开出版专著1部，公开发表学术论文多篇。